中国国家标准汇编

2008年修订-37

中国标准出版社　编

中国标准出版社
北京

图书在版编目（CIP）数据

中国国家标准汇编：2008 年修订．37/中国标准出版社编．—北京：中国标准出版社，2009

ISBN 978-7-5066-5511-8

Ⅰ．中…　Ⅱ．中…　Ⅲ．国家标准-汇编-中国-2008
Ⅳ．T-652．1

中国版本图书馆 CIP 数据核字（2009）第 185362 号

中国标准出版社出版发行
北京复兴门外三里河北街 16 号
邮政编码：100045
网址 www.spc.net.cn
电话：68523946　68517548
中国标准出版社秦皇岛印刷厂印刷
各地新华书店经销

*

开本 880×1230　1/16　印张 38.75　字数 1 175 千字
2009 年 11 月第一版　2009 年 11 月第一次印刷

*

定价 200.00 元

出 版 说 明

1.《中国国家标准汇编》是一部大型综合性国家标准全集。自1983年起，按国家标准顺序号以精装本、平装本两种装帧形式陆续分册汇编出版。它在一定程度上反映了我国建国以来标准化事业发展的基本情况和主要成就，是各级标准化管理机构，工矿企事业单位，农林牧副渔系统，科研、设计、教学等部门必不可少的工具书。

2.《中国国家标准汇编》收入我国每年正式发布的全部国家标准，分为"制定"卷和"修订"卷两种编辑版本。

"制定"卷收入上年度我国发布的、新制定的国家标准，顺延前年度标准编号分成若干分册，封面和书脊上注明"20××年制定"字样及分册号，分册号一直连续。各分册中的标准是按照标准编号顺序连续排列的，如有标准顺序号缺号的，除特殊情况注明外，暂为空号。

"修订"卷收入上年度我国发布的、被修订的国家标准，视篇幅分设若干分册，但与"制定"卷分册号无关联，仅在封面和书脊上注明"20××年修订-1，-2，-3，……"字样。"修订"卷各分册中的标准，仍按标准编号顺序排列（但不连续）；如有遗漏的，均在当年最后一分册中补齐。需提请读者注意的是，个别非顺延前年度标准编号的新制定的国家标准没有收入在"制定"卷中，而是收入在"修订"卷中。

读者配套购买《中国国家标准汇编》"制定"卷和"修订"卷则可收齐上一年度我国制定和修订的全部国家标准。

3. 由于读者需求的变化，自1996年起，《中国国家标准汇编》仅出版精装本。

4. 2008年制修订国家标准共5946项。本分册为"2008年修订-37"，收入新制修订的国家标准53项。

中国标准出版社

2009年10月

目　录

ICS 13.340.10
C 73

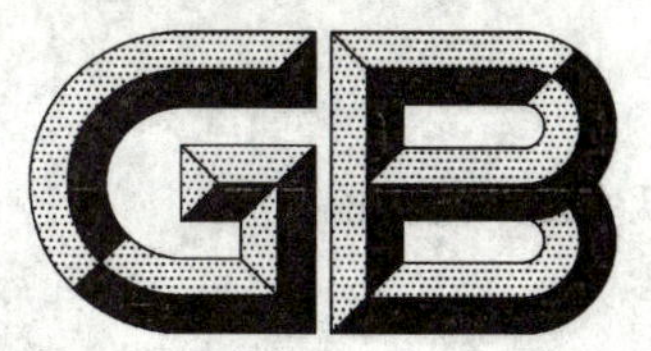

中华人民共和国国家标准

GB/T 6568—2008
代替 GB 6568.1—2000,GB 6568.2—2000

带电作业用屏蔽服装

Screen clothes for live working

(IEC 60895:2002,Live working—Conductive clothing for use at nominal voltage up to 800 kV a.c. and ±600 kV d.c.,MOD)

2008-09-24 发布 2009-08-01 实施

中华人民共和国国家质量监督检验检疫总局
中国国家标准化管理委员会 发布

前　言

本标准修改采用 IEC 60895:2002《用于交流电压 800 kV、直流电压±600 kV 及以下电压等级的带电作业用导电服》。

本标准与 IEC 60895:2002 的主要技术差异：

——衣料电阻试验方法：IEC 60895:2002 采用两端电极方法测量衣料电阻，在衣料表面涂导电胶，用以消除测量误差；本标准采用四端电极方法测量衣料电阻，采用双臂电桥原理，用以消除测量误差；

——增加了耐磨试验；

——在技术指标上，本标准规定整套屏蔽服装电阻不大于 20 Ω，IEC 60895:2002 规定不大于 100 Ω。

本标准代替 GB 6568.1—2000《带电作业用屏蔽服装》和 GB 6568.2—2000《带电作业用屏蔽服装试验方法》。

本标准与 GB 6568.1—2000 和 GB 6568.2—2000 相比主要修改和增加了以下内容：

——本标准是 GB 6568.1—2000《带电作业用屏蔽服装》和 GB 6568.2—2000《带电作业用屏蔽服装试验方法》两个标准的整合，与原标准的章、节不同；

——本标准修改了适用范围，原标准适用于交流 10 kV～500 kV，修改后适用于交流 110 kV(66 kV)～750 kV 和直流±500 kV 及以下电压等级，即增加了直流±500 kV 及以下电压等级；

——本标准修改了分类，原标准按熔断电流分类，修改后按电压等级分类；

——本标准增加了用于交流 750 kV 电压等级的屏蔽服装面罩的技术要求；

——本标准删除了耐汗蚀和透气量试验项目；

——本标准增加了附录 A：使用指南。

本标准的附录 A、附录 B、附录 C 为规范性附录。

本标准由中国电力企业联合会提出。

本标准由全国带电作业标准化技术委员会归口并负责解释。

本标准主要起草单位：国网武汉高压研究院、辽宁省电力有限公司葫芦岛供电公司、河南电力试验研究院、湖北省电力公司。

本标准主要起草人：张丽华、薛岩、阎东、易辉、胡毅、马建国、徐莹、何慧雯。

本标准所代替标准的历次版本发布情况为：

——GB/T 6568.1—1986，GB/T 6568.1—2000。

——GB/T 6568.2—1986，GB/T 6568.2—2000。

带电作业用屏蔽服装

1 范围

本标准规定了带电作业用屏蔽服装分类、技术要求、试验方法、检验规则以及标志和包装。

本标准适用于在交流 110(66) kV～750 kV、直流±500 kV 及以下电压等级的电气设备上进行带电作业时，作业人员所穿戴的屏蔽服装。整套屏蔽服装包括上衣、裤子、手套、短袜、鞋子和面罩。

2 规范性引用文件

下列文件中的条款通过本标准的引用而成为本标准的条款。凡是注日期的引用文件，其随后所有的修改单(不包括勘误的内容)或修订版均不适用于本标准，然而，鼓励根据本标准达成协议的各方研究是否可使用这些文件的最新版本。凡是不注日期的引用文件，其最新版本适用于本标准。

GB/T 1335.1　服装号型　男子

GB/T 2662　棉服装

GB/T 2668　男女单服套装规格

GB/T 14286　带电作业工具设备术语(GB/T 14286—2008,IEC 60743:2001,MOD)

GB/T 16927.1　高电压试验技术　第一部分:一般试验要求(GB/T 16927.1—1997,eqv IEC 60060-1:1989)

IEC 60456　家用洗衣机　性能测量方法

3 术语和定义

除 GB/T 14286 规定的术语外，下列术语和定义适用于本标准。

3.1

分流连接线　shunt conductive wire

安置在衣、裤、袜、帽、手套等接缝处，能承担衣服中的主要电流通路，并能保证良好电气连接的金属软线。

3.2

等电位连线　equal potential binding jumper

等电位作业时，使屏蔽服装与高压带电体形成等电位的连接导线。此线端部附有连接夹头。

3.3

屏蔽效率　screening efficiency

屏蔽效率是衡量屏蔽服装衣料屏蔽性能的一项相对指标，用 *SE* 表示。

屏蔽效率系没有屏蔽时接收电极上的电压(U_{ref})与经屏蔽后接收电极上的电压(U)比值的对数值，用分贝表示，即：$SE=20\lg\left(\frac{U_{ref}}{U}\right)$。

3.4

衣料电阻　clothing material electrical resistance

衣料电阻是衣料表面一个环形面积内的直流电阻值。此环形面积大小是直径为 114 mm 的圆面积与直径为 44 mm 的圆面积之差值。此电阻值可反映导电材料的好坏和导电材料网状交叉点接触电阻的大小，它是衡量屏蔽服装衣料导电性能的一项重要指标。

3.5

整套衣服通流容量　complete clothing current-carrying capability

屏蔽服装各部件连接成整体后，在衣服任意两个最远端之间，通过某一工频电流值并经过一定热稳定时间后，衣服上任何点局部温升为规定限值时的这一电流，即为整套衣服通流容量，它是衡量屏蔽服装的一项综合指标。

3.6

面罩　face screen

由导电材料和阻燃材料编织的网格状织物，网格的大小以不影响视力，又能屏蔽面部的电场强度为原则，面罩与屏蔽服装的帽子电气连接，保护人体面部免受电磁波伤害。

4　分类

由于不同电压等级对屏蔽服装的要求有所区别，屏蔽服装分为二种类型。用于交流 110(66) kV～500 kV、直流±500 kV 及以下电压等级的屏蔽服装为Ⅰ型，用于交流 750 kV 电压等级的屏蔽服装为Ⅱ型。Ⅱ型屏蔽服装必须配置面罩，整套服装为连体衣裤帽。

5　技术要求

5.1　总则

屏蔽服装应有较好的屏蔽性能、较低的电阻、适当的通流容量、一定的阻燃性及较好的服用性能。

屏蔽服装各部件应经过两个可卸的连接头进行可靠的电气连接，应保证连接头在工作过程中不得脱开。

5.2　衣料技术要求

5.2.1　屏蔽效率

用于制作屏蔽服装的衣料，其屏蔽效率不得小于 40 dB。

5.2.2　电阻

用于制作屏蔽服装的衣料，其电阻不得大于 800 mΩ。

5.2.3　熔断电流

用于制作屏蔽服装的衣料，其熔断电流不得小于 5 A。

5.2.4　耐电火花

衣料应具有一定的耐电火花的能力，在充电电容产生的高频火花放电时而不烧损，仅炭化而无明火蔓延。

经过耐电火花试验 2 min 以后，衣料炭化破坏面积不得大于 300 mm^2。

5.2.5　耐燃

衣料与明火接触时，必须能够阻止明火的蔓延。

试样的炭长不得大于 300 mm，烧坏面积不得大于 100 cm^2，且烧坏面积不得扩散到试样的边缘。

5.2.6　耐洗涤

要确保在多次洗涤后，衣料的电气和耐燃性能无明显降低。

衣料应经受 10 次“水洗-烘干”过程。在衣料做过洗涤试验后，其技术性能应满足表 1 要求。

表 1　衣料耐洗涤技术性能

屏蔽效率/dB	熔断电流/A	电阻/Ω	燃烧炭化面积/cm^2
≥40	≥5	≤1	≤100

5.2.7　耐磨损

衣料必须耐磨损，使衣服具有一定的耐用价值。经过 500 次摩擦试验后，衣料电阻不得大于 1 Ω，衣料屏蔽效率不得小于 40 dB。

5.2.8　断裂强度和断裂伸长率

对导电纤维类衣料，衣料的径向断裂强度不得小于 343 N，纬向断裂强度不得小于 294 N，径、纬向断裂伸长率不得小于 10%；对导电涂层类衣料，衣料的径向断裂强度不得小于 245 N，纬向断裂强度不得小于 245 N。径、纬向断裂伸长率均不得小于 10%。

5.3 成品要求

5.3.1 上衣、裤子

为了确保整套屏蔽服装的电阻不大于规定值，分别测量上衣及裤子任意两个最远端之间的电阻均不得大于15 Ω。

5.3.2 手套、短袜

手套及短袜的电阻均不得大于15 Ω。

5.3.3 鞋子电阻

鞋子的电阻不得大于500 Ω。

5.3.4 帽子

必须确保帽子和上衣之间的电气连接良好。

帽子必须通过屏蔽效应试验，帽子的屏蔽效应在整套衣服的屏蔽性能试验中一起进行试验。

对Ⅰ型屏蔽服装，帽子的保护盖舌和外伸边沿必须确保人体外露部位(如面部)不产生不舒适感，并应确保在最高使用电压情况下，人体外露部位的表面场强不得大于240 kV/m。

5.3.5 面罩

用于750 kV电压等级的Ⅱ型屏蔽服装必须配置屏蔽面罩，面罩采用导电材料和阻燃纤维编织，视觉应良好，其屏蔽效率不小于20 dB。

5.3.6 整套屏蔽服装

对屏蔽服装膝部、臀部、肘部及手掌等易损部位，可用双层衣料适当加强，以提高整套屏蔽服装的耐用性能。

为确保整套屏蔽服装的电阻和屏蔽性能符合本标准规定，应对组装好的整套屏蔽服装进行试验检查。

检查整套屏蔽服装各最远端点之间的电阻值均不得大于20 Ω。

在规定的使用电压等级下，测量衣服胸前、背后以及帽内头顶等三个部位的体表场强均不得大于15 kV/m，测量人体外露部位(如面部)的体表局部场强不得大于240 kV/m；测量屏蔽服内流经人体的电流不得大于50 μA。

对屏蔽服装通以规定的工频电流，并经一定时间的热稳定以后，测量屏蔽服装任何部位的温升不得超过50 ℃。

5.3.7 分流连接线及连接头

为了保证整套屏蔽服装有较大的通流容量和较小的电阻，在上衣、裤子、手套、短袜、帽子等适当部位，应安放分流连接线。屏蔽服装每路分流连接线的截面积应不小于1 mm^2，并应具有适当的机械强度，使其不易折断。上衣、裤子均应有两路独立的分流连接线及连接头通道。

衣、裤、帽、手套、短袜等各部件均应有两个连接头。如果手套与上衣之间或短袜与裤子之间能够通过衣料直接接触而使其在电气上导通的话，可以分别只装配一个连接头。

6 试验方法

6.1 衣料试验

6.1.1 屏蔽效率试验

6.1.1.1 主要设备

a) 一台频率为50 Hz、电压有效值为600 V的正弦波电压发生器(波形符合GB/T 16927.1的要求)；

b) 一个按图1制造的黄铜电极，内装2 MΩ负载电阻，总质量为3 kg；

c) 一台输入阻抗大于10 MΩ的电压测量仪器(电压表或示波器)；

d) 一台量程为600 V的电压表；

e) 一块直径为400 mm、厚度为5 mm±0.5 mm的橡胶板，其表面硬度为肖氏级60度～65度；

f) 一块直径为300 mm并带有接线柱的黄铜板；

g) 一块直径为400 mm的圆形绝缘板。

衣料屏蔽效率试验电极装置结构详见图1。

单位为毫米

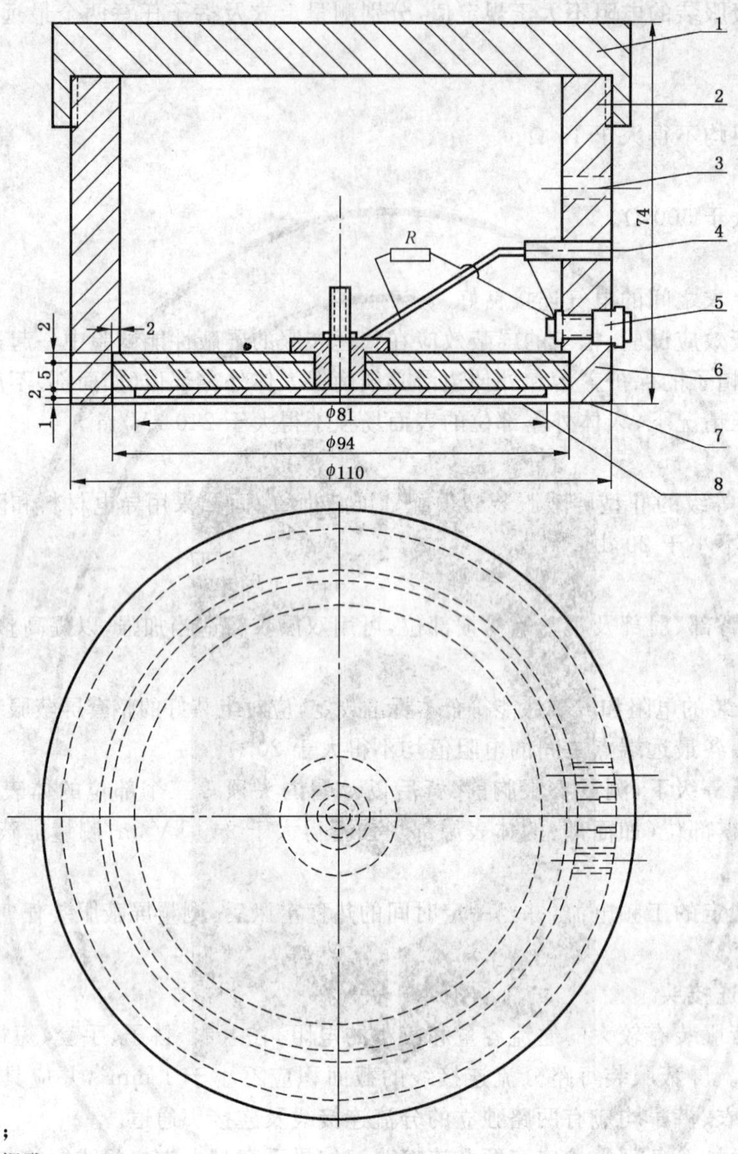

1——上盖；

2——屏蔽外壳；

3——固定电缆螺孔；

4——电缆连接测量仪表；

5——接地螺母；

6——屏蔽电极；

7——绝缘板；

8——接收电极；

R——负载电阻。

图1 衣料屏蔽效率试验电极装置

6.1.1.2 试样

6.1.1.2.1 取样

试样可在大匹布料处剪取。如需在大匹头上剪取时，则必须离开布端至少2 m以上处取样。

试样的中心点必须在样品布料的45°对角线上，试样上不得有影响试验结果的严重疵点及整理剂浸轧不匀等。试样面积根据试验操作要求决定。

6.1.1.2.2 试样的准备

在样品布上距布边至少50 mm处剪取尺寸为180 mm×180 mm的方形试样，共计三块。

6.1.1.2.3 **试样的处理**

试验前需将试样放置在温度为 23 ℃±2 ℃、相对湿度为 45%～55%的环境中 24 h 以上，以适应试验环境。

6.1.1.3 **试验条件**

试验需在温度为 23 ℃±2 ℃及相对湿度为 45%～55%的环境中进行。

6.1.1.4 **试验安装**

6.1.1.4.1 将下列部件按顺序放置在一个水平支架上：

a) 直径为 400 mm 的圆形绝缘板；

b) 直径为 300 mm 的圆形金属板；

c) 直径为 400 mm 的合成橡胶板；

d) 最小尺寸为 120 mm×120 mm 的试样；

e) 电极装置(放置位置不允许超出试样边缘)。

6.1.1.4.2 将下列端子连接在一起并接地：

a) 电压发生器的低压端；

b) 电极装置的接地部分；

c) 电压表的低压端。

6.1.1.4.3 将下列装置连接在一起并对地绝缘：

a) 电压发生器的高压端；

b) 直径为 300 mm 的金属板的连接柱；

c) 电压表的高压端。

6.1.1.5 **试验程序**

a) 在没有试样的情况下，将频率为 50 Hz 的 600 V 电压有效值施加到测量设备的电极之间，在测量仪表上读出电极输出端的电压值，此值即为基准电压，用符号 U_{ref} 表示；

b) 拿起电极装置，将试样紧贴在合成橡胶板的上面铺展平整，放上电极装置，读出电极输出端的电压值，用符号 U 表示。

6.1.1.6 **试验结果**

取 3 块试样屏蔽效率的算术平均值作为衣料的屏蔽效率。

屏蔽服装衣料的屏蔽效率不小于 40 dB。

屏蔽效率按下列公式计算：

$$SE=20\lg\left(\frac{U_{ref}}{U}\right)$$

式中：

SE——屏蔽效率，单位为分贝(dB)；

U_{ref}——基准电压值(没有屏蔽时)，单位为伏(V)；

U——屏蔽后的电压值，单位为伏(V)。

6.1.1.7 **试验报告**

试验报告应包括以下内容：

a) 衣料的型号、名称、制造厂和制造日期；

b) 试样的形状、尺寸和数量；

c) 试样处理条件；

d) 试验设备的名称、型号和规格；

e) 试验数据和结论；

f) 试验环境温度和相对湿度；

g) 试验日期及试验人员。

6.1.2 衣料电阻试验

6.1.2.1 主要设备

a) 一台直流稳压稳流电源，其输出电压为 10 V，负荷电流为 2 A；

b) 一台精度为 0.2 级直流双臂电桥；

c) 一个圆柱形四端环形电极，其四个圆环用厚度为 15 mm 的有机玻璃圆盘装配在一起，底面加工成同一水平面，并镀以 5 μm 厚的黄金。电极柱总高为 53 mm，有效测试面是一个内圆直径为44 mm、外圆直径为 114 mm 的环形面。电极材料选用黄铜，自重 2.8 kg，附加质量 20 kg [电极尺寸详见图 2 a)，电极附加重块尺寸见图 2 b)]。

单位为毫米

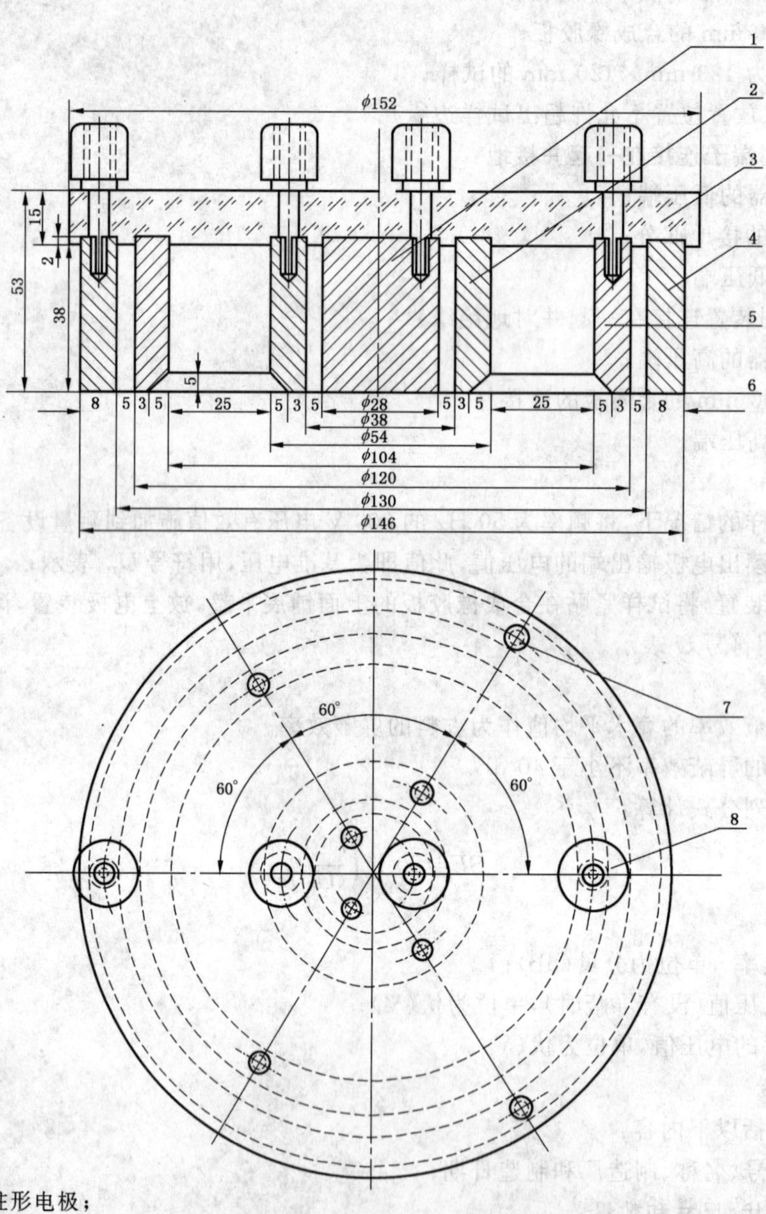

1——中心圆柱形电极；

2,4,5——环形电极；

3——有机玻璃绝缘板；

6——与试样接触的水平表面；

7——定位螺丝；

8——接线柱。

a) 衣料电阻测量电极

图 2 衣料电阻测量电极

单位为毫米

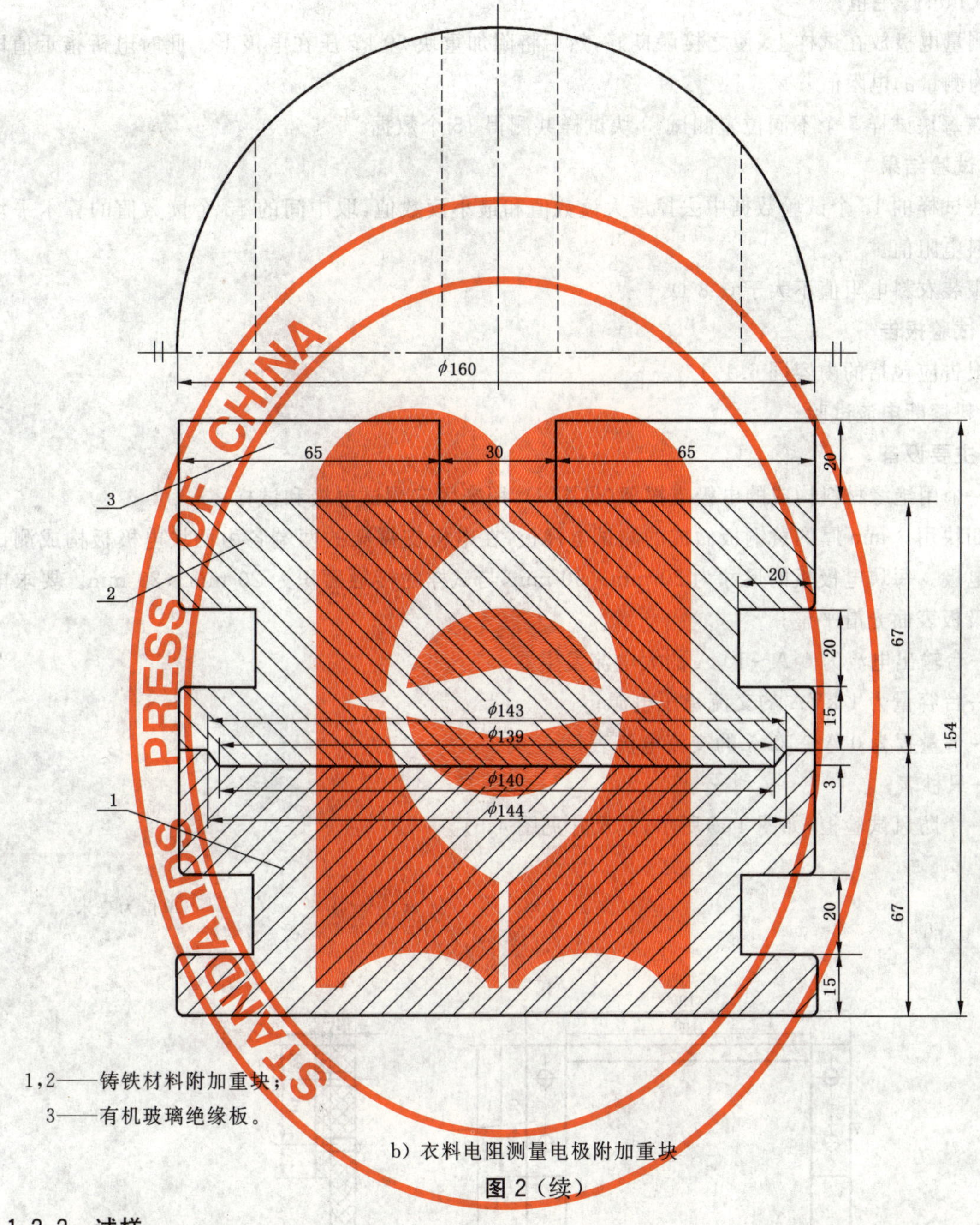

1,2——铸铁材料附加重块；

3——有机玻璃绝缘板。

b) 衣料电阻测量电极附加重块

图 2（续）

6.1.2.2 试样

a) 在试品布上距布边至少 50 mm 处剪取尺寸为 240 mm×240 mm 的方形试样，共计三块；

b) 取样方法同 6.1.1.2.1；

c) 试样的处理同 6.1.1.2.3。

如试品是使用中的旧衣服，则在衣服不同部位测试，不必剪样。

6.1.2.3 试验条件

试验应在温度为 23 ℃±2 ℃、相对湿度为 45%～55%的环境中进行。

6.1.2.4 试验程序

a) 连接双臂电桥与测量电极之间的连接线，电极内、外两个圆电极为电流端，中间两个圆电极为电压端；

b) 将试样用绣花框绷平，以尽量减少试样折皱，然后放在光滑平整的绝缘板上，绝缘板上垫有 5 mm 厚毛毡；

c) 测量电极放在试样上，使之接触良好，然后将附加重块 20 kg 压在电极上。此时电桥指示值即为测量的电阻值。

分别在每块试样 5 个不同位置测试，3 块试样共测得 15 个数据。

6.1.2.5 试验结果

在 3 块试样的 15 个试验数据中去掉最大读数值和最小读数值，取中间的 13 个读数值的算术平均值作为衣料电阻值。

屏蔽服装衣料电阻值不大于 0.8 Ω。

6.1.2.6 试验报告

试验报告应包括的内容同 6.1.1.7。

6.1.3 衣料熔断电流试验

6.1.3.1 主要设备

a) 一个用绝缘材料构成的电极支撑架(见图 3)，用来固定测试电极和试样；

b) 四块用 3 mm 厚的黄铜板做成的测试电极板，在电极支撑架的两端各由两块电极板构成测试电极。每块电极板的尺寸为 20 mm×90 mm，与试样的接触面积为 20 mm×20 mm。要求电极板表面光滑平整；

c) 一台输出电流为 0 A～10 A 的大电流发生器；

d) 一台容量为 1 kVA 的交流稳压电源；

e) 一台量程为 0 A～10 A 的交流电流表；

f) 一只秒表；

g) 一个防风试验柜，如图 4 a)所示，其尺寸见图 4 b)。

单位为毫米

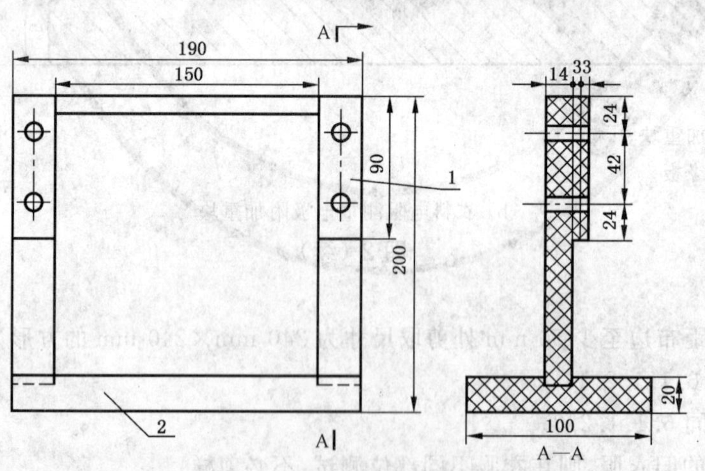

1——电极；

2——绝缘支撑架。

图 3 衣料熔断电流试验装置

单位为毫米

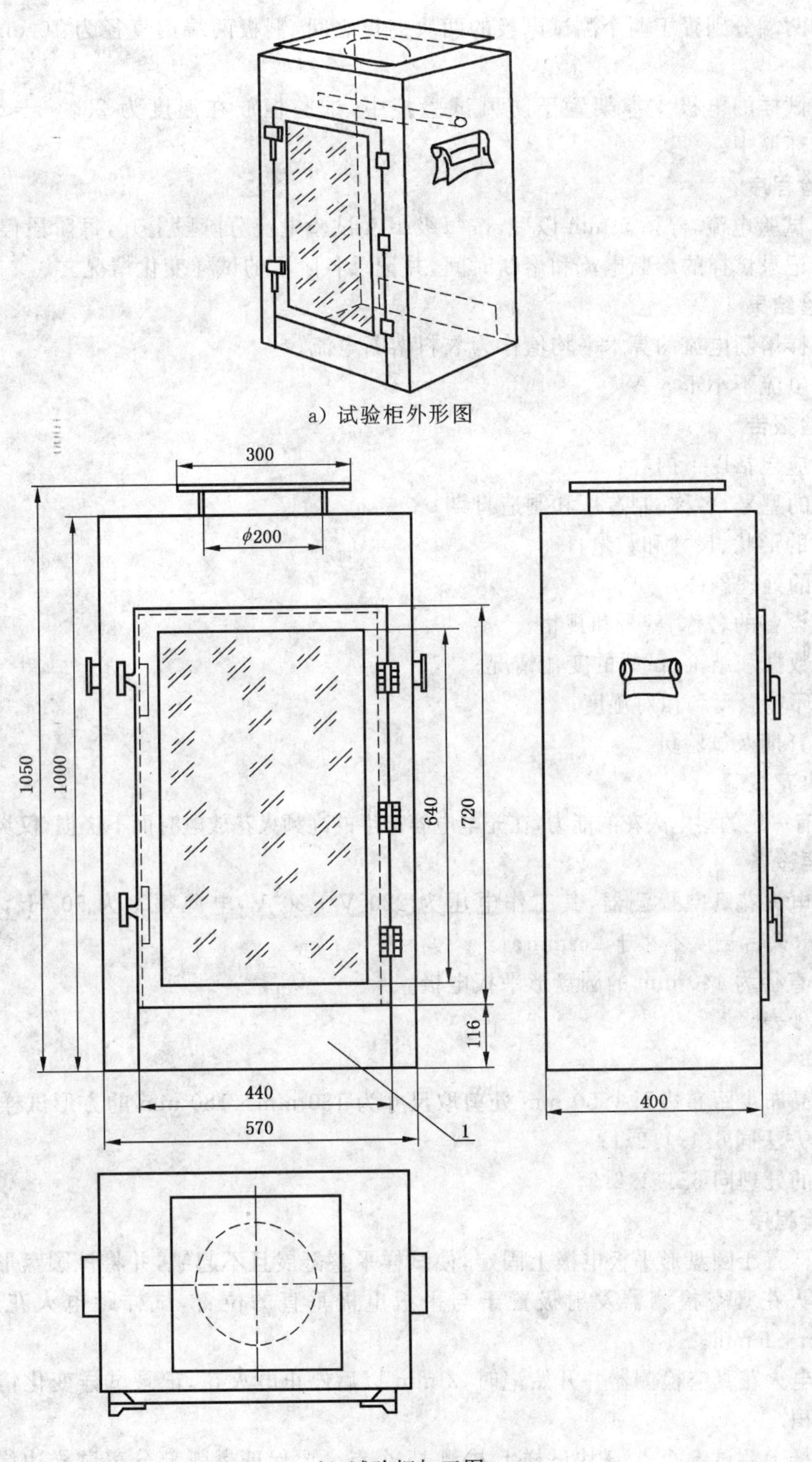

a) 试验柜外形图

1——通气孔。

b) 试验柜加工图

图 4　试验柜

6.1.3.2　**试样**

a)　在样品布上距布边至少 50 mm 处，分别按径向和纬向各剪取 3 块尺寸为 200 mm×25 mm 的矩形试样，共计六块，然后精确修整边纱，使其宽度为 20 mm(公差为二分之一根纱)；

b)　取样方法同 6.1.1.2.1；

c)　试样的处理同 6.1.1.2.3。

6.1.3.3 试样安装

将试样的两端分别置于两个测试电极的两块铜板之间，铜板两端用直径为 10 mm 的螺栓固定，如图 3 所示。

将安装好试样的电极支撑架置于防风试验柜中，试验柜放在温度为 23 ℃±2 ℃、相对湿度为 45%～55%的环境中。

6.1.3.4 试验程序

先加 3 A 试验电流，停留 5 min 以后，按每级 1 A 试验电流分阶段上升，每阶段停留 5 min，直至试样熔断为止。记录试样的熔断电流和熔断时间，并记录各阶段的试样变化情况。

6.1.3.5 试验结果

取 6 块试样熔断电流的算术平均值作为衣料熔断电流。

衣料熔断电流不小于 5 A。

6.1.3.6 试验报告

试验报告应包括以下内容：

a) 衣料的型号、名称、制造厂和制造日期；
b) 试样的形状、尺寸和数量；
c) 试样的处理条件；
d) 试验设备的名称、型号和规格；
e) 试验数据和结论，试样的变化情况；
f) 试验环境温度和相对湿度；
g) 试验日期及试验员。

6.1.4 耐电火花试验

衣料应具有一定的耐电火花的能力，在充电电容产生的高频火花放电时而不烧损，仅炭化而无明火蔓延。

6.1.4.1 主要设备

a) 一台电火花真空检测器，其工作电压为 220 V±20 V，电源频率为 50 Hz，输入功率不大于 60 W，火舌长度不小于 25 mm；
b) 一块直径为 140 mm 的圆盘形平板电极；
c) 一块秒表。

6.1.4.2 试样

a) 在样品布上距布边至少 50 mm 处剪取尺寸为 180 mm×180 mm 的方形试样，共 3 块；
b) 取样方法同 6.1.1.2.1；
c) 试样的处理同 6.1.1.2.3。

6.1.4.3 试验程序

a) 将试样置于圆盘形平板电极上固定，使试样平整舒展且不起皱，并将该圆盘形平板电极接地；
b) 将电火花真空检测器发射极置于与平板电极垂直的位置，试样距电火花发射嘴的距离为 6 mm±1 mm；
c) 启动电火花真空检测器并开始记时，2 min 以后停止电火花，记录试样变化情况并测出炭化破坏面积。

在每块试样上测试 5 个点，3 块试样上共测 15 个点。要保证燃弧部分离试样边缘 20 mm 以上，每点间隔 40 mm 以上。

6.1.4.4 试验结果

a) 试样在电火花的作用下应无明火蔓延，仅炭化；
b) 取 15 个测试点的炭化破坏面积的算术平均值来表征衣料的耐电火花性能，单位为平方毫米，经过耐电火花试验 2 min 以后，衣料炭化破坏面积不得大于 300 mm^2；
c) 试验数据处理。

允许最大相对误差不大于平均值的20%。最大相对误差以百分数表示,并按下式计算:

$$\text{最大相对误差}=\frac{|\text{最大值(或最小值)}-\text{平均值}|}{\text{平均值}}\times 100\%$$

当计算结果超过允许相对误差时,去掉误差最大的观察值,然后将剩余的观察值再按上式计算,直至符合规定为止。舍去的观察值的个数不得超过测试点的40%,否则应重新取样试验。

6.1.4.5 **试验报告**

试验报告应包括的内容同6.1.3.6。

6.1.5 **耐燃试验**

6.1.5.1 **主要设备**

6.1.5.1.1 **试验柜**

试验柜由1.5 mm厚的钢板构成,柜内壁涂成黑色。

试验柜的结构如图4 a)和图4 b)所示:

a) 柜的前后两面由两块钢板组成,分别开有尺寸为116 mm×440 mm(高×长)通气孔一个;

b) 柜子的前面一块钢板的通气孔的上部装有一个玻璃门,以方便安装式样和观察;

c) 柜子的顶板有一个直径为200 mm的孔,一块尺寸为300 mm×300 mm的钢板架设在此孔的上方,构成挡板;

d) 在试验柜中安装一副垂直固定的试样夹具,夹具的下端距离柜内底部约110 mm。

6.1.5.1.2 **试样夹具**

试样夹具用于试验中夹紧试样,它由两部分组成,如图5所示:

单位为毫米

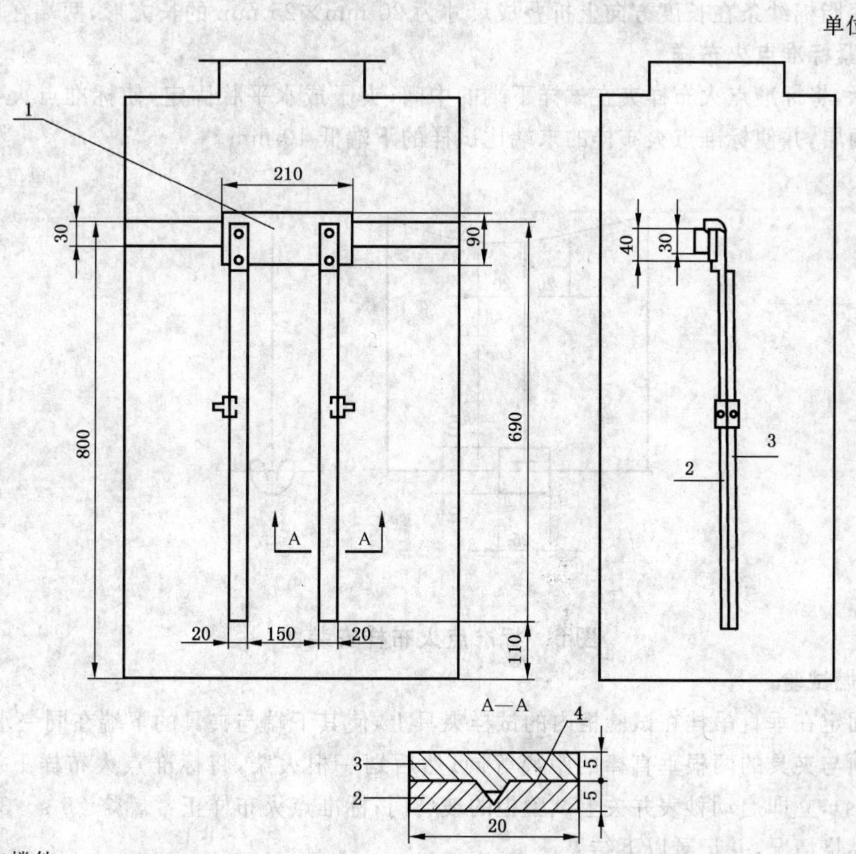

1——夹具支撑件;

2——固定棒;

3——活动棒;

4——试样。

图5 试样夹具

a） 一个夹具支撑件“1”，其上固定有两根厚度为 5 mm、相距 150 mm 的金属棒“2”；

b） 两根厚度为 5 mm 的活动金属棒“3”，用卡钳或钢夹固定在金属棒“2”上。棒“2” 和棒“3”之间夹上试样，以达到很好地悬挂试样的目的。

6.1.5.1.3 附件

a） 标准点火布样，其成分为 65％聚脂、35％棉纱，单位面积上的重量为 110 g/m^2 左右，为未漂白且未经修整的平纹聚脂棉纱织物；

b） 卡钳或钢夹两个；

c） 秒表一只；

d） 尺寸为 600 mm×350 mm 反光镜一块，将其放在试验柜的后壁上，用以观察试样背面的燃烧情况。

6.1.5.2 试样

a） 在试品布上距布边至少 50 mm 处，分别按径向和纬向各剪取 3 块尺寸为 300 mm×190 mm 的矩形试样，共计 6 块。试样固定到试样夹具上以后，其试验面积为 300 mm×150 mm；

b） 取样方法同 6.1.1.2.1；

c） 试样的处理同 6.1.1.2.3。

6.1.5.3 试验程序

6.1.5.3.1 准备标准点火布样

a） 剪取一块尺寸为 80 mm×25 mm 的聚脂棉纱条，其长度方向与径纱方向一致；

b） 将该聚脂棉纱条在长度方向上折叠成尺寸为 20 mm×25 mm 的长方形，两端在里面。

6.1.5.3.2 夹紧标准点火布样

如图 6 所示，将标准点火布样夹在试样下端的中间，夹子成水平状固定，使标准点火布样在试样的前后两侧各有两层，并使标准点火布样的末端比试样的下端低 10 mm。

单位为毫米

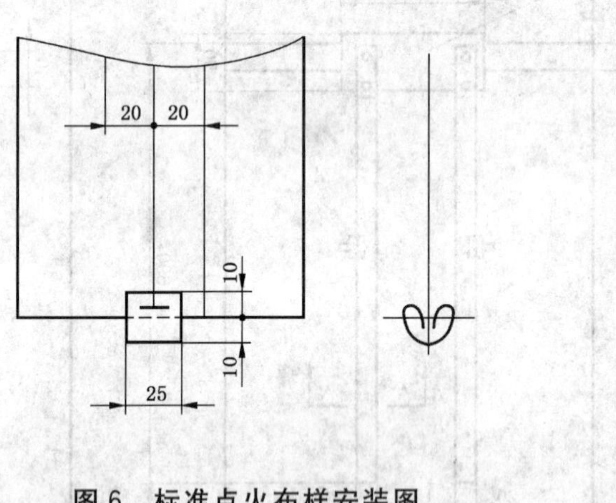

图 6 标准点火布样安装图

6.1.5.3.3 耐燃试验

先将试样固定在垂直吊挂在试验柜内的试样夹具上，使其下端与夹具的下端在同一水平线上，且标准点火布样必须与夹具的两根垂直棒的距离等同；然后划一根火柴，将标准点火布样下端的中间点燃（点火时间为 2 s），立即启动秒表并关上试验柜的玻璃门；标准点火布样正常燃烧 25 s～30 s，观察试样在试验期间的燃烧情况，并记录以下结果：

a） 冒烟情况；

b） 变形情况；

c） 熔断情况；

d） 待试样上的明火消失时，记录明火燃烧时间；

e) 待试样上的残留余辉熄灭时，即记下试样阴燃时间；

f) 取下试样，将其在温度为23 ℃±2 ℃、相对湿度为45%～55%的环境中放置15 min以后，测量圆锥形烧焦处的高度，即为炭长；

g) 测量烧坏面积：用剪刀剪去烧坏或熔化的部分，然后将该试样放在样品上，使其保持形状与样品一样，将烧坏部分描在方格计算绘图纸上，用换算法或几何测量面积的方法来测量烧坏部分的面积。

6.1.5.4 试验结果

试验所取的6块试样均须满足下列条件：

a) 试样的烧坏面未扩散到试样夹具的垂直部位，同时也未扩散到试样的上端边缘，即试样的炭长；

b) 试样的炭长不得大于300 mm，烧坏面积不得大于100 cm^2，且烧坏面积不得扩散到试样的边缘。

6.1.5.5 试验报告

试验报告应包括的内容同6.1.3.6。

6.1.6 耐洗涤试验

为了确保在多次洗涤以后，屏蔽服装的电气性能和耐燃性能不会出现过分损坏，必须采用下述方法进行洗涤。如果不适用这种方法洗涤，制造厂必须相应地作上标记，并注明所采用的洗涤方法。

6.1.6.1 主要设备

6.1.6.1.1 洗衣机

洗衣机应具备以下技术条件：

a) 洗衣机的正常搅拌速度为300 r/min～500 r/min，每个方向交替旋转30 s；

b) 洗涤时间调节在0 min～15 min之间，最小调节时间为1 min；

c) 脱水速度：正常情况下为940 r/min～1 450 r/min。

6.1.6.1.2 洗涤剂

采用的洗涤剂不得含有漂白剂。

可采用国产30型洗涤剂。在有争议的情况下，可参照IEC 60456规定的"标准洗涤剂"中的无过硼酸盐的洗涤剂(Ⅱ型)的配方。

6.1.6.1.3 等效负载

单位面积上的质量约为110 g/m^2 的织好而未染色的聚脂-棉纱纤维布。

6.1.6.2 试样的准备

a) 在样品布上距布边至少50 mm处，按径纱和纬纱垂直方向剪取尺寸为260 mm×260 mm的方形试样，共3块，沿四周边缘缝进毛边；

b) 取样方法同6.1.1.2.1。

6.1.6.3 试验程序

a) 洗涤：将3块试样放入洗衣机内并加入一定量的等效负载，使干织物的总质量等于2 kg；往洗衣机内注入40 L±4 L水，使水温达到50 ℃～70 ℃，并把洗衣机操作在"正常"洗涤位置(如果试样的质量超过2 kg，则水量应按比例增加)；加上足量的洗涤剂并搅拌成皂水，开动洗衣机洗涤2 min；

b) 漂洗：放去皂液，开动洗衣机继续运转进行漂洗，共漂洗3次，每次2 min～3 min；

c) 脱水：将试样和等效负载一起放到脱水桶里进行脱水，时间为1 min～2 min；

d) 在最后一道脱水工序结束后，将试样和等效负载取出，一起放到烘干机里，烘干温度为65 ℃～70 ℃，直至烘干为止。

这样，一次"洗涤-烘干"过程完成。

做完10次“洗涤-烘干”过程后，应将试样展平放在环境温度为23 ℃±2 ℃、相对湿度为45%～55%的条件下存放4 h以上，然后按6.1.1 、6.1.2、6.1.3和6.1.5的方法重新做电气试验和耐燃试验。

6.1.6.4 试验结果

经10次“洗涤-烘干”过程后，衣料的电气性能和耐燃性能无明显降低，其技术性能应满足表1规定。

6.1.6.5 试验报告

试验报告应包括的内容同6.1.3.6。

6.1.7 耐磨试验

6.1.7.1 主要设备

a) 一台圆盘式织物耐磨试验机，其工作盘直径为140 mm，砂轮摩擦轨迹宽24 mm，选用砂轮规格为150粒碳化硅砂轮；

b) 一副求积仪。

6.1.7.2 试样

a) 在样品布上距布边至少50 mm处，按径纱和纬纱垂直方向剪取尺寸为240 mm×240 mm的方形试样，共3块；

b) 取样方法同6.1.1.2.1；

c) 试样处理同6.1.1.2.3。

6.1.7.3 试验条件

试验需在温度为23 ℃±2 ℃、相对湿度为45%～55%的环境中进行。

6.1.7.4 试验程序

a) 修整砂轮，使砂轮露出新摩擦面，并用砂纸手磨砂轮棱角。砂轮每使用500转后，需要重复修整一次，以保证试验的正确性；

b) 将试样放在工作盘上固定，使试样平整舒展，并给试样表面施加一定的压力，其质量为0.25 kg加砂轮自重；

c) 启动耐磨机，同时启动吸尘器，并用毛刷清扫砂轮，保持砂轮上无粉末吸附，磨500转停机，检查试样的表面变化，并按6.1.1所述的方法测量试样的屏蔽效率，按6.1.2所述的方法测量试样电阻。

6.1.7.5 试样耐磨转数的确定

试样在出现下列情况之一时的转数即为试样的耐磨转数：

a) 试样5个位置的测量电阻的平均值不大于1 Ω时；

b) 屏蔽效率不小于40 dB时；

c) 出现网格状损坏面的面积大于或等于6 cm^2 时；

d) 出现个别洞眼的面积大于或等于2 cm^2 时。

6.1.7.6 试验结果

a) 取3块试样耐磨转数的算术平均值作为衣料的耐磨转数；

耐磨转数应不小于500转；

b) 试验数据处理；

允许最大相对误差不大于平均值的40%。最大相对误差以百分数表示，并按下式计算：

$$最大相对误差=\frac{|最大值(或最小值)-平均值|}{平均值}\times 100\%$$

当计算结果超过允许相对误差时，舍去误差最大的试样的测量值，重新补充试样试验，直至符合规定为止。

6.1.7.7 试验报告

试验报告应包括的内容同6.1.1.7。

6.1.8 断裂强度和断裂伸长率试验

6.1.8.1 主要设备

一台具有指示或记录加于试样上使其拉伸直至脱离的最大力以及相应试样伸长率的等速伸长(CRE)试验仪。试验仪指示或记录断裂力的误差应不超过±1%,指示或记录夹钳间距的误差应不超过±1 mm。

仪器两夹钳的中心点应处于拉力轴线上,夹钳的钳口线应与拉力线垂直,夹持面应在同一平面上。夹钳应能握持试样而不使试样打滑,夹钳面应平整,不剪切试样或破坏试样。

如果夹钳不能防止试样滑移,可在夹持面上使用适当的衬垫材料;也可使用其他形式的夹持器,夹持宽度不小于60 mm。

6.1.8.2 试样

6.1.8.2.1 取样

取样方法同6.1.1.2.1。

6.1.8.2.2 试样的准备

剪取并精确修整边纱,使试样宽50 mm,长200 mm。按有关双方协议,试样也可采用其他宽度,在这种情况下,应在试验报告中说明。试样长度方向分别与布料径向和纬向方向一致的各3块,共计6块。

试样可在大匹布料上剪取,也可在样品布上剪取。如在大匹布料上剪取时,必须在离开布端至少2 m以上处取样;如在样品布上剪取,须在距布边至少50 mm处剪取。

试验应在温度为23 ℃±2 ℃、相对湿度为45%~55%的环境中进行。

试样的处理同6.1.1.2.3。

6.1.8.3 试验条件

试验需在温度为23 ℃±2 ℃、相对湿度为45%~55% 的环境中进行。

6.1.8.4 试验程序

a) 在夹钳中心位置夹持试样,并保证拉力中心线通过夹钳中点。

b) 给试样施加10 N的预张力,记录试样长度L_0。

c) 开启试验仪,以100 mm/min的速度拉伸试样至断脱。记录断裂强力,断裂伸长L_1,按下式计算断裂伸长率。

断裂伸长率$=(L_1-L_0)/L_0\times100\%$。

6.1.8.5 试验结果

a) 各以径向及纬向的3块试样试验结果的算术平均值小数二位,按四舍五入法,保留小数一位,作为衣料径向及纬向断裂强度的指标;

b) 径向断裂强度不得小于345 N、纬向断裂强度不得小于300 N;

c) 各以径向及纬向的3块试样断裂伸长率的算术平均值,作为衣料径向及纬向断裂伸长率,以百分数表示,其断裂伸长率均不得小于10%。

6.1.8.6 试验注意事项

a) 在试验中,如果试样在钳口处滑移不对称或滑移量大于2 mm时,应重换试样试验。

b) 操作时,防止夹钳口内试样扭转歪斜。

6.1.8.7 试验报告

试验报告应包括的内容同6.1.1.7。

6.2 成品试验

6.2.1 上衣、裤子电阻试验

6.2.1.1 主要设备

a) 一块量程为0.1 Ω~20 Ω的电阻表,其误差小于或等于1%;

b) 两个带接线柱的黄铜电极，每个电极重 1 kg，底面接触面积为 1 cm^2，详见图 7。

单位为毫米

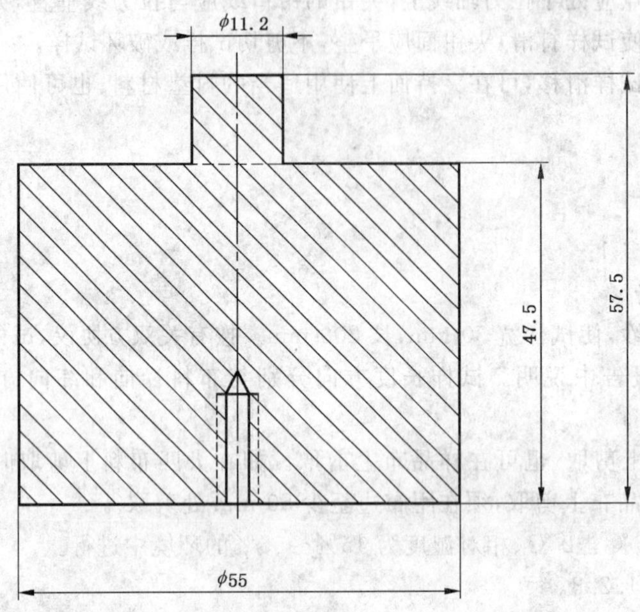

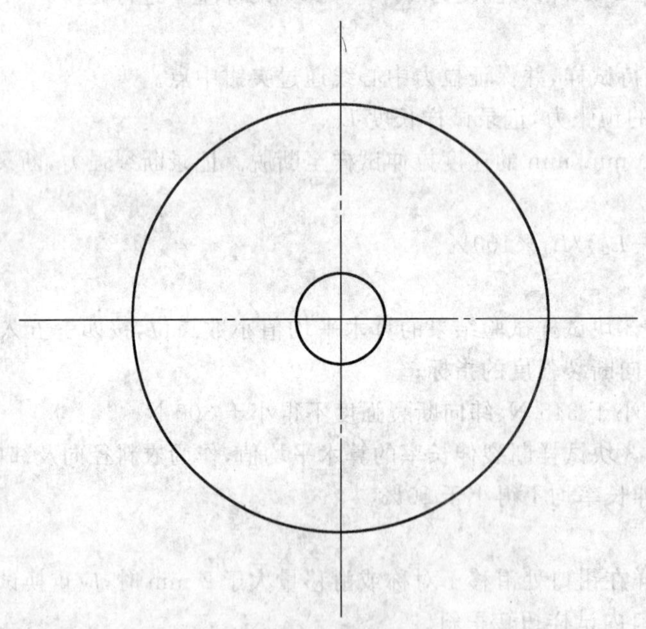

图 7 成品电阻试验电极

6.2.1.2 试验条件

试验需在温度为 23 ℃±2 ℃、相对湿度为 45%～55%的环境中进行。

6.2.1.3 **试验程序**

a) 在试验台面上铺一块厚为 5 mm 的毛毡，将上衣及裤子平铺在毛毡上，其内衬垫一层塑料薄膜，使上衣及裤子各布之间隔开，避免层间电气短路；

b) 将试验电极分别置于上衣或裤子的两个最远端点上，测量上衣或裤子各最远端点之间的电阻。测试点应距各接缝边缘和分流连接线 3 cm 以远。

6.2.1.4 **试验结果**

上衣、裤子各最远端点之间的电阻均应不大于 15 Ω。

6.2.1.5 **试验报告**

试验报告应包括以下内容：

a) 试品的型号、名称、制造厂和制造日期；

b) 试验设备的名称、型号、序号和规格；

c) 试验数据和结论；

d) 试验环境温度和相对湿度；

e) 试验日期及试验员。

6.2.2 **手套、短袜电阻试验**

6.2.2.1 **主要设备**

同 6.2.1.1。

6.2.2.2 **试验条件**

试验需在温度为 23 ℃±2 ℃、相对湿度为 45%～55% 的环境中进行。

6.2.2.3 **试验程序**

a) 在试验台面上铺一块厚为 5 mm 的毛毡，将手套及短袜平铺在毛毡上，其内衬垫一层塑料薄膜，使各布层间相互隔开，避免层间电气短路；

b) 将一个试验电极压在手套的中指指尖或短袜的袜尖处，另一个试验电极压在手套或短袜的开口处的分流连接线上，用欧姆表测量两电极之间的电阻。

6.2.2.4 **试验结果**

手套、短袜各处的电阻均应不大于 15 Ω。

6.2.2.5 **试验报告**

试验报告应包括的内容同 6.2.1.5。

6.2.3 **鞋子电阻试验**

6.2.3.1 **主要设备**

a) 一块量程为 1 Ω～1 000 Ω 的电阻表，其误差小于或等于 1%；

b) 一块尺寸为 300 mm×200 mm 的黄铜平板电极和一个直径为 30 mm、高为 50 mm 带接线柱的圆柱形黄铜电极；

c) 直径为 4 mm 的钢珠数千克。

6.2.3.2 **试验程序**

将鞋子平放在平板电极上，然后将圆柱形电极放在鞋里的底面上，并装上直径为 4 mm 的钢珠铺在电极周围，以将整个鞋底盖住并达到 20 mm 深(如图 8 所示，在脚后跟处测量)，用电阻表测量两电极之间的电阻。

对装有分流连接线的鞋子，将鞋子平放在平板电极上，其内装有直径为 4 mm 的钢珠达 20 mm 深，可在分流连接线与平板电极之间测量电阻。

单位为毫米

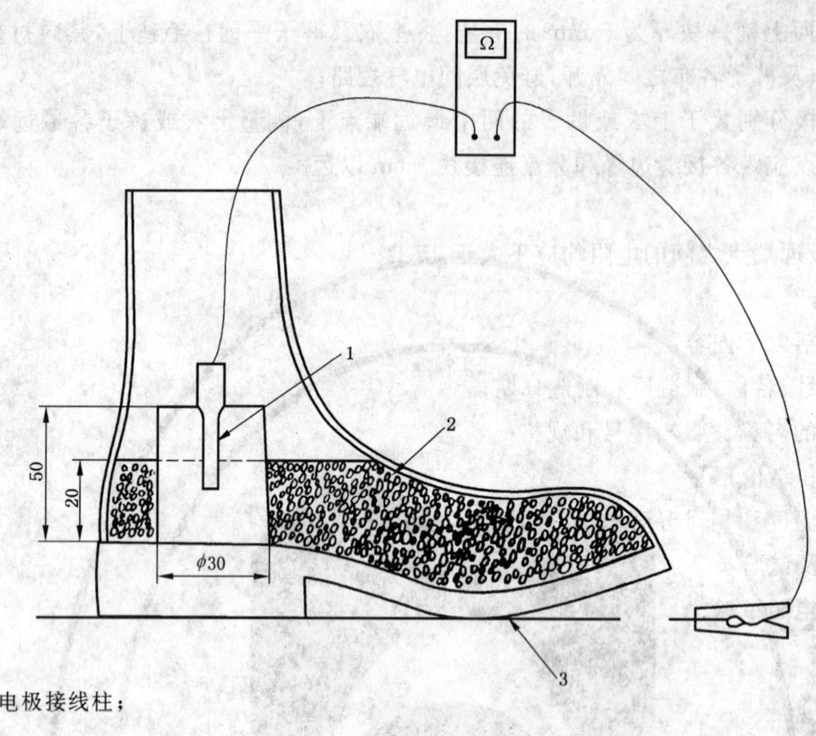

1——测试电极接线柱；

2——钢珠；

3——测试电极。

图 8 鞋子电阻测量示意图

6.2.3.3 试验结果

鞋子电阻不得大于 500 Ω。

6.2.3.4 试验报告

试验报告应包括的内容同 6.2.1.5。

6.2.4 帽子

帽子必须通过屏蔽效应试验。帽子的屏蔽效应在整套衣服的屏蔽性能试验中一起进行试验。

帽子的保护盖舌和外伸边沿必须确保人体外露部位(如面部)不产生不舒适感，并应确保在最高使用电压情况下，人体外露部位的表面场强不得大于 240 kV/m。

必须确保帽子和上衣之间的电气连接良好。

6.2.5 面罩

用于交流 750 kV 电压等级的屏蔽服装必须配备面罩，面罩必须进行屏蔽效率试验，屏蔽效率试验方法同 6.1.1。面罩的屏蔽效率不得小于 20 dB。

6.2.6 整套屏蔽服装(上衣、裤子、手套、短袜、帽子、面罩、鞋子)电阻试验

如果屏蔽服装是由多于一件组成，必须确保各个部件电气连接良好，应对组装好的整套屏蔽服装进行电阻试验。

6.2.6.1 主要设备

a) 一块量程为 0.1 Ω～50 Ω 的电阻表，其误差小于或等于 1%；

b) 两个黄铜电极，每个电极重 1 kg，底面接触面积为 1 cm^2；

c) 一套普通布料服装；

d) 一个模拟人。

6.2.6.2 试验条件

试验需在温度为 23 ℃±2 ℃、相对湿度为 45%～55%的环境中进行。

6.2.6.3 试验程序

a) 先给模拟人穿上一套普通布料服装，然后外面再穿上一套被测屏蔽服装，并将其躺卧在试验用条桌上；

b) 将两个黄铜电极分别垂直平放在各被测点上，检测手套与短袜及帽子与短袜间的电阻，测点位置应距接缝边缘及分流连接线 3 cm 以远。

6.2.6.4 试验结果

整套衣服任何两个最远端点间的电阻不大于 20 Ω。

6.2.7 整套衣服内部电场强度试验

6.2.7.1 主要设备

a) 500 kV(750 kV)模拟塔头及长度为 20 m 的模拟导线，可供Ⅰ型和Ⅱ型屏蔽服装试验使用；

b) 量程为 0 kV/m～30 kV/m、0 kV/m～1 000 kV/m 的场强表两块，其误差小于或等于 1%；

c) 一个可挂在导线上的载人绝缘坐椅；

d) 一个用绝缘材料制成的模拟人；

e) 一副望远镜；

f) 一台 500 kV 以上工频试验变压器及其配套设备(应符合 GB/T 16927.1 的要求)。

6.2.7.2 试验程序

a) 将绝缘坐椅挂在模拟导线的悬垂绝缘子串下面，并将穿好被试屏蔽服装的模拟人安放在绝缘坐椅上，场强表悬挂在模拟人的胸前部，场强表应屏蔽良好；

b) 在场强表探头分别置于屏蔽服装帽子下头顶处及屏蔽服装内胸前、背后等 3 处位置的情况下，按规定的使用电压等级，在模拟导线上施加最高运行电压，然后用望远镜分别读取 3 个数据；

c) 在场强表紧贴模拟人裸露的左面颊和右面颊的情况下，在模拟导线上施加最高运行相电压，然后用望远镜分别读取 3 个数据。

6.2.7.3 试验结果

分别取各测试部位读数的算术平均值作为屏蔽服装内人体各处的体表场强和裸露面的局部体表场强。屏蔽服装内人体表面任何测点的场强不大于 15 kV/m；面部裸露部位的局部体表场强不大于 240 kV/m。

6.2.7.4 试验报告

试验报告应包括的内容同 6.2.1.5。

6.2.8 整套衣服内流经人体电流试验

6.2.8.1 主要设备

a) 模拟线路，可供Ⅰ型和Ⅱ型屏蔽服装试验使用；

b) 一块屏蔽良好的数字式微安表，其精度为 0.1 μA；

c) 一个用绝缘材料制成的模拟人；

d) 一套试验用屏蔽服装及一套普通布料服装(或塑料薄膜绝缘服)；

e) 一个高度为 4 m 以上的绝缘平台；

f) 一台 500 kV 以上工频试验变压器及其配套设备(应符合 GB/T 16927.1 的要求)；

g) 一副望远镜。

6.2.8.2 试验程序

a) 先给模拟人穿上一套导电良好的屏蔽服装作模拟人体表面用，并从此屏蔽服装腰部引出一根屏蔽导线作电流测量引线用，然后在外面穿上一套普通布料服装作绝缘服用，再穿上一套被测屏蔽服装作试验用；

b) 按图 9 所示布置试验现场，连接好测量电流 I_1 的连线和其他试验连线后，将屏蔽良好的微安表悬挂在模拟人的颈上；

c) 在模拟导线上施加试验电压后，用望远镜读出电流 I_1，此电流即为流经屏蔽服装和人体的总

电流[测量原理见图 10 a)];

d) 降低试验电压到 0,断开电源后,按图 9 所示改接微安表到测量电流 I_2 的连线;

e) 在模拟导线上施加试验电压后,用望远镜读取 3 个电流 I_2 数据,此电流即为模拟流经人体的电流[测量原理见图 10 b)]。

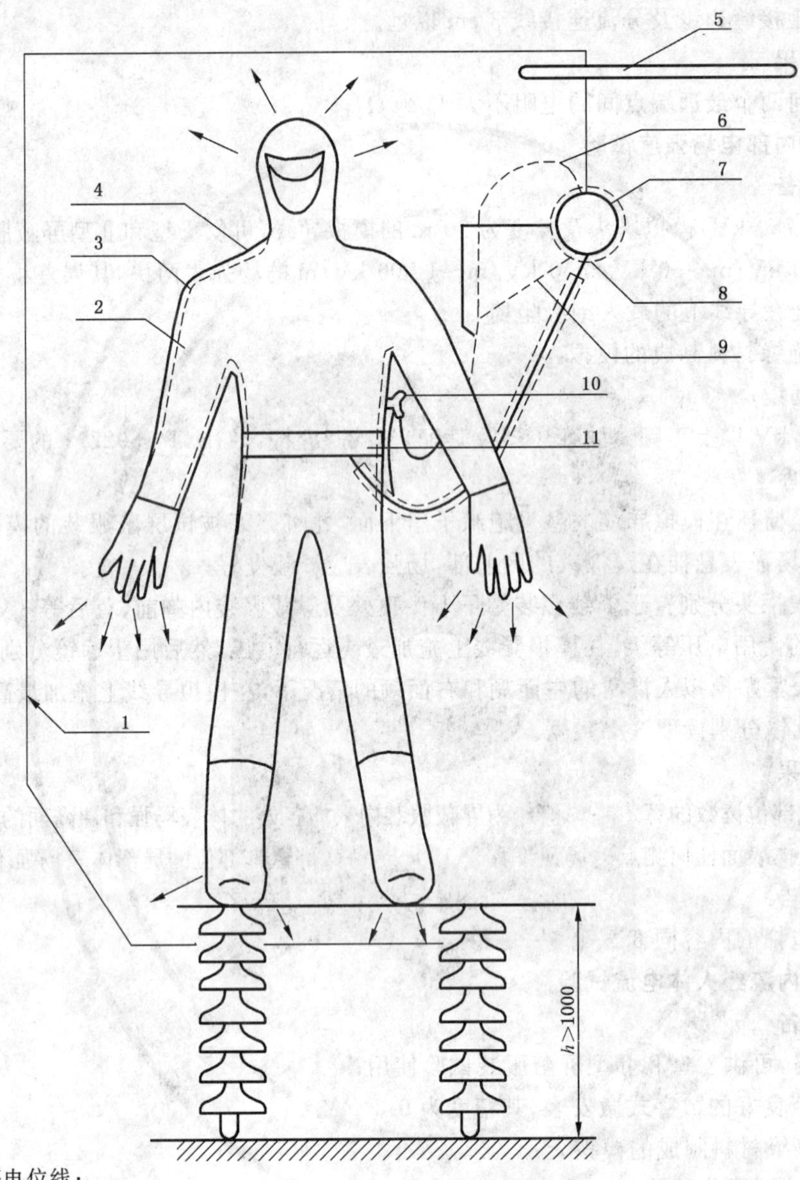

1——旁路等电位线;

2——人体皮肤;

3——绝缘连裤内衣;

4——屏蔽服装;

5——高电位线;

6——测量电流 I_2 时的连线;

7——屏蔽起来的微安表;

8——接点(香蕉触头);

9——测量电流 I_1 时的连线;

10——衣服上的连接处;

11——皮肤上的连接处,通过一根 10 cm 宽的穿孔导电布带紧贴在皮肤上。

图 9 流经屏蔽服装及人体电流测量接线图

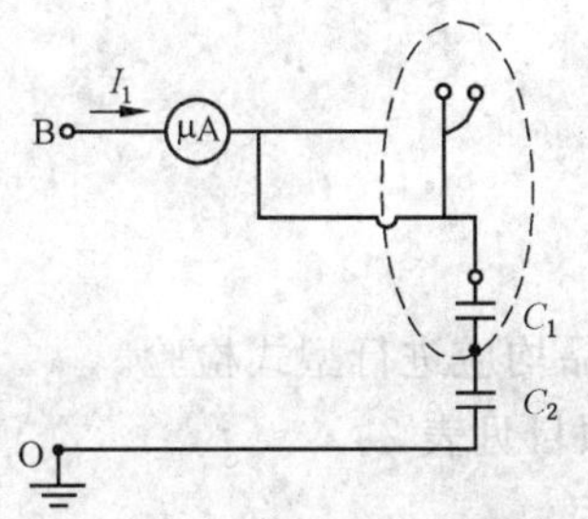

a）流经屏蔽服装和人体电流测量原理图

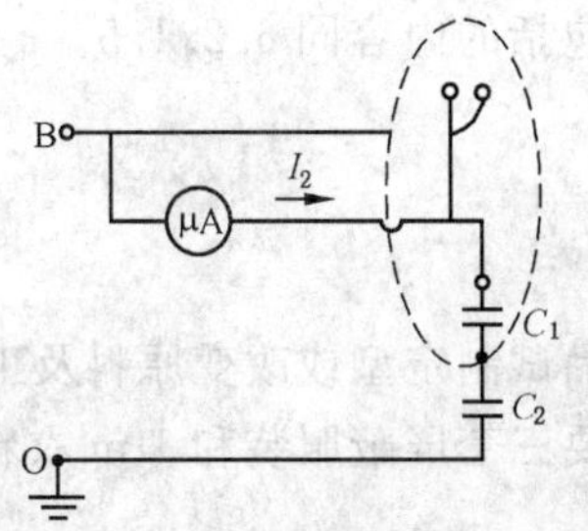

b）流经人体电流测量原理图

C_1——人体与屏蔽服装间电容；

C_2——屏蔽服装与大地间电容。

图 10　电流测量原理图

6.2.8.3　试验结果

取 3 次 I_2 读数的算术平均值为模拟状况下屏蔽服装内流经人体的电流。

屏蔽服装内流经人体的电流不大于 50 μA。

6.2.8.4　试验报告

试验报告应包括的内容同 6.2.1.5。

6.2.9　整套衣服通流容量试验

6.2.9.1　主要设备

a）两副 3 mm 厚的黄铜平板电极，每块尺寸为 20 mm×90 mm，两端用 ϕ10 mm 螺栓固定，电极有效接触面积为 20 mm×32 mm(参见图 3)；

b）一台 50 A 电流发生器及一台调压器；

c）1 台～2 台半导体温度计或其他测温装置；

d）一套普通布料服装；

e）一个模拟人。

6.2.9.2　试验条件

试验需在温度为 23 ℃±2 ℃及相对湿度为 45%～55%环境中进行。

6.2.9.3　试验程序

a）给模拟人先穿一套普通布料服装，再穿一套被试屏蔽服装后，将其放坐在椅子上；

b）用黄铜平板电极分别夹在手套手指部和短袜足尖部，并将电极接入试验回路；电极夹接位置应距接缝部位和分流连接线 3 cm 以远；

c）对屏蔽服装先通以 5 A 试验电流，经过 15 min 热稳定以后，仔细检测屏蔽服装上最热点温度，同时记录试验环境温度；

d）按每级 1 A 试验电流分段上升，每阶段停留 15 min 后，继续检测屏蔽服装上最热点温度，并记录试验环境温度；

e）屏蔽服装上最热点温度与试验环境温度之差为屏蔽服装温升。当屏蔽服装温升超过允许的 50 ℃温升限值时，试验即停止；

f）用黄铜平板电极分别夹在帽子顶部和短袜足尖部，并将电极接入试验回路，电极夹接位置应距接缝部位和分流连接线 3 cm 以远；

g）重复 c)～e)试验。

6.2.9.4　试验结果

屏蔽服装温升小于或等于允许温升限值时的最大试验电流即为屏蔽服装通流容量。

测量屏蔽服装任何部位的温升，其值不得超过 50 ℃。

6.2.9.5 试验报告

试验报告应包括的内容同6.2.1.5。

7 检验规则

7.1 型式试验

工厂在新产品试制定型或改变原料及工艺过程时，产品均应进行型式检验。

型式试验需要三套屏蔽服装和1 m衣料。型式试验项目见表2。

表2 试验项目

序号	试验项目	本标准条文	型式试验	抽样试验	例行试验	验收试验
1	衣料屏蔽效率试验	6.1.1	√	√	—	√
2	衣料电阻试验	6.1.2	√	√	√	√
3	衣料熔断电流试验	6.1.3	√	√	—	—
4	耐电火花试验	6.1.4	√	—	—	—
5	耐燃试验	6.1.5	√	√	—	—
6	耐洗涤试验	6.1.6	√	—	—	—
7	耐磨试验	6.1.7	√	—	—	—
8	断裂强度和断裂伸长率试验	6.1.8	√	√	—	—
9	上衣、裤子电阻试验	6.2.1	√	√	√	√
10	手套、短袜电阻试验	6.2.2	√	√	√	√
11	鞋电阻试验	6.2.3	√	√	—	√
12	帽子	6.2.4	√	√	—	—
13	面罩	6.2.5	√	√	—	√
14	整套屏蔽服装电阻试验	6.2.6	√	√	√	√
15	整套衣服内部电场强度试验	6.2.7	√	—	—	—
16	整套衣服内流经人体电流试验	6.2.8	√	—	—	—
17	整套衣服通流容量试验	6.2.9	√	—	—	—

7.2 抽样检查试验

7.2.1 生产布匹时应进行抽样试验。抽样试验项目见表2。

7.2.2 衣服成品应逐件检查外型、分流连接线及连接头，必须确保其完好无损，并测试整套衣服电阻。

7.2.3 衣服成品出厂，需按GB/T 2662和GB/T 2668中“检验规定”的要求检验产品。

7.2.4 生产厂必须确保制成产品的稳定性和交货的产品与型式试验样品的一致性。厂家除向买方提供抽样试验的结果以外，还可向买方提供对材料和生产过程的检查结果。

7.2.5 抽样方案和判别规则见表3。

表3 抽样方案和判别规则

产品批量数	抽样数量	允许缺陷数量[a]	拒收数[b]
2～5	2	0	1
6～10	3	0	1
11～90	5	1	2

表 3（续）

产品批量数	抽样数量	允许缺陷数量[a]	拒收数[b]
91～150	8	2	3
151～3 200	13	3	4
3 201～3 500	20	5	6

[a] 最大允许缺陷数目。

[b] 如果缺陷等于或者大于这个数目。

7.3 例行试验

7.3.1 如果屏蔽服装的各个部件是由同一制造商提供，则应逐件检查：

a) 匹配性；

b) 电气连续性；

c) 成品电阻。

7.3.2 如果屏蔽服装的各个部件是由不同的制造商提供，则每个制造商应分别逐件检查：

a) 通用式样；

b) 成品电阻。

例行试验项目见表 2。

7.4 验收试验

验收试验是为购买者检验合同的一种试验。验收试验的项目可由用户与生产厂协商，试验可在用户试验室、生产厂试验室或第三方试验室进行。验收试验可以按照例行试验或抽样试验进行，试验项目见表 2。

7.4.1 基本检查

在买方选择的方案上，对任何一批屏蔽服装的全部或部分产品进行以下检查：

a) 外观检查；

b) 电气试验：在屏蔽服装的任意两点之间测量电阻。

7.4.2 附加试验

如买方要求，可以在交货的那批屏蔽服装上进行抽样检查，可以重复进行全部试验或部分试验。经双方协商，也可以进行本标准所未做规定的补充试验。

8 修改

制造厂要对屏蔽服装作任何特性修改时，都必须事先征得买方同意（无论这些特性是本标准中规定的或未规定的）。对屏蔽服装作过任何修改以后，都必须重新进行型式检验，同时要改变型号标准和贮存新的标准试样。如果只做部分型式检验可以使其性能得到验证的话，也可以只进行部分型式检验。

9 标志、包装、贮存

9.1 标志

屏蔽服装必须打上明显且持久的标志。标志应包括如下内容：

a) 制造厂名或商标；

b) 型号名称；

c) 制造年、月；

d) 电压等级。

以上内容用一种蓝色三角形标志来显示。在屏蔽服装的上衣、裤子、帽子、手套、短袜等各部件均必须牢固地装上三角形标志。三角形标志的尺寸（见附录 A 图 A.1）：

a) 外侧是一个深蓝色的三角形框条，框条宽 2 mm；

b) 里面是一个浅蓝色的三角形；

c) 三角形最外边的边长为 40 mm；

d) 三角形和全部字为深蓝色，底色为浅蓝色。

当屏蔽服装中个别部件(如手套、短袜等)不适合此尺寸时，标志尺寸可适当缩小。

屏蔽服装的包装或包装箱外应有防压、易碎、防潮等标志。

9.2 包装

为防止导电织物中的导电材料在周围空气中氧化，必须将屏蔽服装包装好，使其在长期贮藏以后仍然不会被氧化。比如，可以将屏蔽服装包装在一个里面衬有丝绸布的塑料袋里，这层丝绸布的作用是将屏蔽服装与塑料袋隔开以免相互粘住，也可包装在专用箱子中。

整箱包装时，应用硬箱包装，避免屏蔽服装在运输过程中长期受重压而导致导电材料的损坏。

包装袋或包装箱内必须附有产品装箱单及合格证。

9.3 贮存

屏蔽服装应存放在带电作业用库房，避免堆积压放，可用专用包装箱，一套屏蔽服装一个箱子保管。

附 录 A
（规范性附录）
标 志 符 号

A.1 标志符号

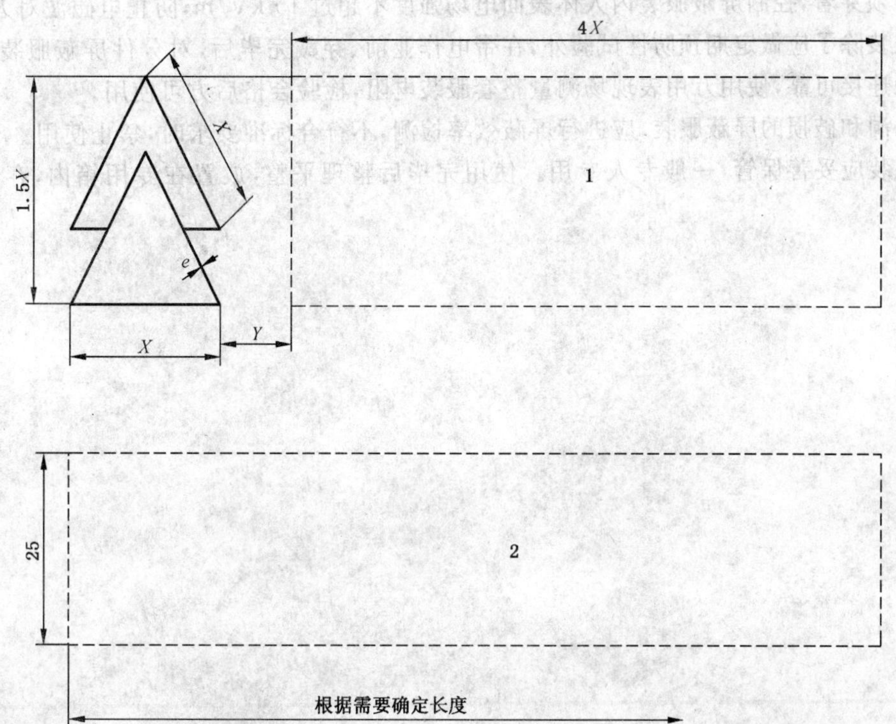

注 1：制造厂名、商标、型号及制造日期等信息在“1”中标明；

注 2：检验周期和检测日期在“2”中标明；

注 3：X——可以是 16、25 或 40，Y＝X/2，单位为 mm；

注 4：e——线条的宽度，2 mm。

图 A.1 标志符号

附 录 B
（规范性附录）
使 用 指 南

带电作业用屏蔽服装是用在强电场下作业的一种特殊工作服，由金属材料和阻燃纤维做成，在等电位作业时必须穿着，控制屏蔽服装内人体表面电场强度不超过 15 kV/m，防止电磁波对人体的伤害。

屏蔽服装除了应做定期预防性试验外，在带电作业前、穿戴完毕后，对分件屏蔽服装应目视检查各连接头是否连接可靠，使用万用表现场测量整套服装电阻，检验合格后方可使用。

对有孔洞和破损的屏蔽服装，应进行屏蔽效率检测，不符合标准要求时，禁止使用。

屏蔽服装应妥善保管，一般专人专用。使用完毕后整理平整，放置在专用箱内，存放在带电作业库房。

附 录 C
（规范性附录）
服 装 号 型

C.1 服装号型

C.1.1 上衣、裤子号型

根据 GB/T 1335.1 的有关规定，上衣和裤子均选用 5.3B 系列。

根据 GB/T 2668 的有关规定，选用上衣(包括上、下连装)的号型 165/93，170/96，175/99，180/102，185/105 等五种；选用裤子的号型有 165/84，170/87，175/90，180/93，185/96 等五种。

C.1.2 帽子、手套和短袜号型

C.1.2.1 帽子号型

根据穿戴者的头围周长，选用 57 cm，58 cm，59 cm，60 cm，61 cm 等五种号型。

C.1.2.2 手套号型

选用大、中号两种号型。

C.1.2.3 短袜号型

选用 25 cm，26 cm，27 cm，28 cm 等四种号型。

C.1.3 鞋子号型

按照全国统一鞋号规格，选用 25 cm，26 cm，27 cm，28 cm 等四种鞋号；鞋子宽度均选用Ⅲ型。

C.1.4 棉服号型

根据 GB/T 2662 的有关规定，棉上衣的规格选用 165/99 ，170/102，175/105，180/108，185/108 等五种号型；棉裤的规格选用 165/90，170/93，175/96，180/99，185/99 五种号型。

ICS 65.060.10
T 61

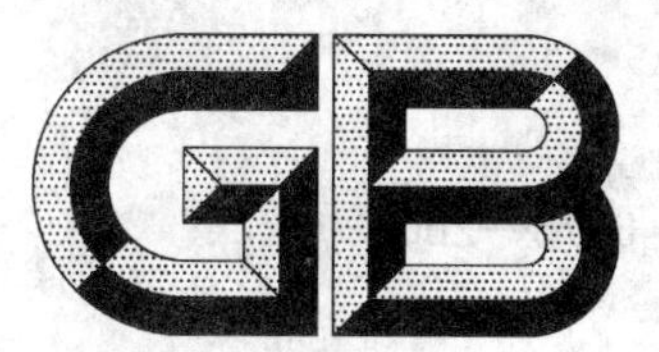

中华人民共和国国家标准

GB/T 6573—2008
代替 GB/T 6573—1986

拖拉机柴油机散热器型号编制方法

Cooling water radiator for tractor diesel engines—
Method of identification symbols

2008-02-03 发布 2008-07-01 实施

中华人民共和国国家质量监督检验检疫总局
中国国家标准化管理委员会 发布

前　言

本标准是对 GB/T 6573—1986《拖拉机柴油机散热器型号编制方法》的修订。修订时仅对原标准作了编辑性修改，主要内容没有变化。

本标准自实施之日起代替 GB/T 6573—1986。

本标准由中国机械工业联合会提出。

本标准由全国拖拉机标准化技术委员会归口。

本标准起草单位：国家拖拉机质量监督检验中心、常州东风农机集团有限公司。

本标准主要起草人：任越光、过婉华。

本标准所代替标准的历次版本发布情况为：

——GB/T 6573—1986。

拖拉机柴油机散热器型号编制方法

1 范围

本标准规定了拖拉机和农用固定式、移动式柴油机冷却水用管片式水散热器的型号编制方法。

本标准适用于拖拉机和农用固定式、移动式柴油机冷却水用管片式水散热器。

2 编制方法

2.1 拖拉机柴油机散热器型号用字母和阿拉伯数字表示。

2.2 拖拉机柴油机散热器型号由产品名称、主要结构尺寸和出水管位置组成。其排列顺序如下：

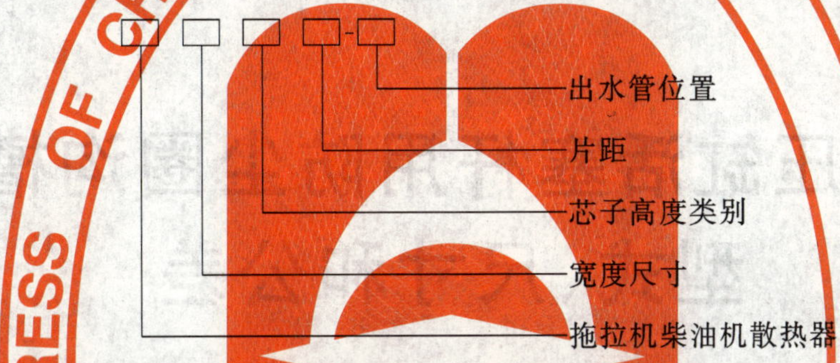

2.2.1 拖拉机柴油机散热器：用字母 TW 表示。

2.2.2 宽度尺寸：指散热器外型宽度尺寸，用阿拉伯数字表示。

2.2.3 芯子高度类别：相同宽度尺寸的散热器有两个高度尺寸，分别用字母 A 和 B 表示。

2.2.4 片距：散热片距离尺寸，用阿拉伯数字表示。

2.2.5 出水管位置：出水管位置分左、右两种，分别用字母 L 和 R 表示。

3 型号示例

示例：TW 510A-3.5R

拖拉机散热器外型宽度尺寸 510 mm；A 类芯子高度，即芯宽 480 mm、芯高 480 mm；片距 3.5 mm；出水管位置在右侧。

ICS 23.100.20
J 20

中华人民共和国国家标准

GB/T 6578—2008
代替 GB/T 6578—1986

液压缸活塞杆用防尘圈沟槽 型式、尺寸和公差

Hydraulic fluid power—Cylinders—Reciprocating—Housings for rod wipers—Dimensions and tolerances

(ISO 6195:2002,MOD)

2008-01-14 发布　　2008-05-01 实施

中华人民共和国国家质量监督检验检疫总局
中国国家标准化管理委员会　发布

前　言

本标准修改采用国际标准 ISO 6195:2002《流体传动系统及元件　往复运动用缸的活塞杆防尘圈沟槽　尺寸和公差》(英文版)。

本标准的主要技术内容与 ISO 6195:2002 一致,仅做了以下少量技术和编辑性修改:

——标准名称不同;

——删除 ISO 6195 的前言;

——在第 2 章中,以相应国家标准代替国际标准,删除部分不适于我国采用的国际标准;

——ISO 6195 中 6.1.3"A 型防尘圈被推荐用于符合 ISO 6020-1 及 ISO 6022 的缸"改为"A 型防尘圈沟槽推荐用于 16 MPa 中型系列和 25 MPa 系列的单杆液压缸";

——删除 ISO 6195 中表 1 注"[c] 这些特定的尺寸允许使用符合 ISO 883 的工具加工";

——ISO 6195 中 6.2.3"B 型防尘圈被推荐用于符合 ISO 6020-1 及 ISO 6022 的缸"改为"B 型防尘圈沟槽推荐用于 16 MPa 中型系列和 25 MPa 系列的单杆液压缸";

——表 2 中活塞杆直径 d 为"25"和"28"位置互换,按大小排序;

——把 6.3.2 的括号内容改为增加"6.3.3 C 型防尘圈沟槽适用于 16 MPa 紧凑型系列和 10 MPa 系列的单杆液压缸"叙述;

——ISO 6195 中表 3 注"[c] 这些规格被推荐用于符合 ISO 6020-2 和 ISO 10762 的缸"改为"[c] 这些规格推荐用于 16 MPa 紧凑型系列单杆液压缸和 10 MPa 系列的液压缸";

——ISO 6195 中表 3 注"[d] 这些尺寸规格被推荐用于符合 ISO 6020-3 的缸。"改为"[d] 这些规格推荐用于缸筒内径为 250 mm～500 mm 的 16 MPa 紧凑型系列的单杆液压缸";

——删除 ISO 6195 中 6.3.2(此规格被指定用于符合 ISO 6020-2,ISO 6020-3 及 ISO 10762 的密封装置);

——ISO 6195 中"6.4.3 D 型防尘圈被推荐用于所有 ISO 标准规格的缸"改为"6.4.3 D 型防尘圈被推荐用于所有适用规格的液压缸";

——将表 4 中活塞杆直径 d=250 mm、沟槽径向深度 S=6.1 mm 对应的防尘圈沟槽底径 D_1=258.8 mm 改为 262.2 mm;

——将表 5 中沟槽径向深度 S 的值作了调整,以与表 4 的 S 值相一致;

——删除参考文献。

本标准代替 GB/T 6578—1986《液压缸活塞杆用防尘圈沟槽型式、尺寸和公差》,与其相比,主要变化如下:

——增加了引言;

——A 型、B 型、C 型防尘圈沟槽增加活塞杆直径为"4 mm、5 mm"的沟槽尺寸;

——增加"D 型"沟槽,增加了图 4,表 4;

——取消原标准中的非优先选用尺寸;

——增加了"5 概述"、"7 表面处理"、"8 倒角"和"9 标注说明"四章。

本标准由中国机械工业联合会提出。

本标准由全国液压气动标准化技术委员会(SAC/TC 3)归口。

本标准起草单位:哈尔滨工业大学、北京机械工业自动化研究所。

本标准主要起草人:姜继海、刘海昌、赵曼琳。

本标准所代替标准的历次版本发布情况为:GB/T 6578—1986。

引　言

在流体传动系统中，动力是通过密闭回路内的受压流体（液体或气体）来传递和控制的。防尘圈是用以防止污染物进入液压缸，从而保护其密封装置、组件及系统油液。

液压缸活塞杆用防尘圈沟槽型式、尺寸和公差

1 范围

本标准规定了往复运动液压缸活塞杆防尘圈的安装沟槽型式、尺寸和公差，活塞杆直径范围为4 mm～360 mm。

本标准规定的防尘圈安装沟槽分为以下四种型式：

——A型：整体式或带有可分离压盖沟槽，用于安装不带刚性骨架的单唇弹性防尘圈(对于无整体刚性骨架的单唇防尘圈，这类沟槽是首选)。

——B型：开式沟槽，用于安装带有刚性骨架的防尘圈(防尘圈与沟槽压入配合)。

——C型：整体式或带有可分离压盖沟槽，用于安装弹性材料的防尘圈(对于无整体刚性骨架的双唇防尘圈，这类沟槽是首选)。

——D型：整体式或带有可分离压盖沟槽，用于安装弹性体和密封组合的防尘圈。

本标准规定的防尘圈安装沟槽型式适用于普通型和16 MPa紧凑型往复运动液压缸。

2 规范性引用文件

下列文件中的条款通过本标准的引用而成为本标准的条款。凡是注日期的引用文件，其随后所有的修改单(不包括勘误的内容)或修订版均不适用于本标准，然而，鼓励根据本标准达成协议的各方研究是否可使用这些文件的最新版本。凡是不注日期的引用文件，其最新版本适用于本标准。

GB/T 2348　液压气动系统及元件　缸内径及活塞杆外径(GB/T 2348—1993，eqv ISO 3320：1987)

GB/T 2879　液压缸活塞和活塞杆动密封　沟槽尺寸和公差(GB/T 2879—2005，idt ISO 5597：1987)

GB/T 17446　流体传动系统及元件　术语(GB/T 17446—1998，idt ISO 5598：1985)

3 术语和定义

GB/T 17446确立的术语和定义适用于本标准。

4 字母符号

本标准采用下列字母符号：

d——活塞杆直径；

D_1——防尘圈沟槽底径；

D_2——防尘圈沟槽端部孔径；

C——倒角轴向长度；

L_1——防尘圈沟槽宽度；

L_2——防尘圈最大长度；

L_3——防尘圈沟槽端部宽度；

S——防尘圈沟槽径向深度(截面),$S=\frac{D_1-d}{2}$;

r——圆角半径。

5 概述

使用者宜向防尘圈制造商咨询防尘圈应用的适用性。

应除去防尘圈沟槽中支撑面和拐角处的锐边及毛刺,防尘圈沟槽的支撑面应能提供最大的支撑。

6 尺寸和公差

6.1 A型沟槽

6.1.1 A型沟槽如图1所示。

6.1.2 A型沟槽的尺寸和公差应符合表1的规定。

6.1.3 A型防尘圈沟槽推荐用于16 MPa中型系列和25 MPa系列结构型式的单杆液压缸。

单位为毫米

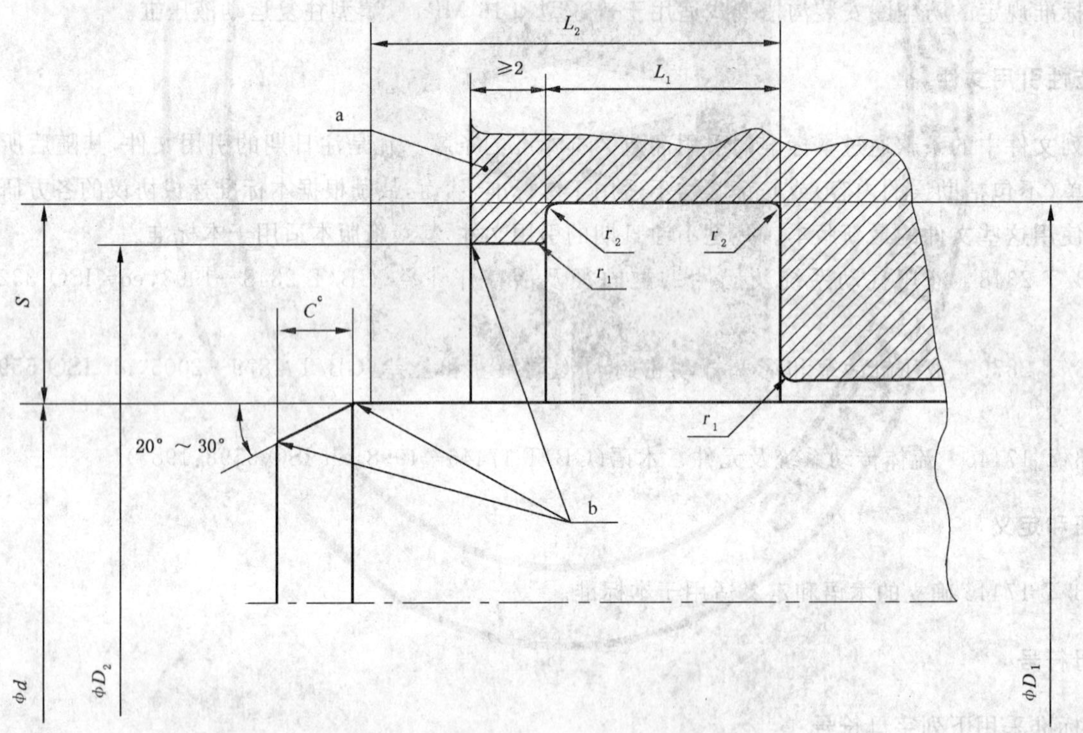

a 可以是整体式的或可分离压盖式的。

b 平滑过渡无毛刺。

c 尺寸见表5。

图1 A型防尘圈沟槽

表 1　A 型防尘圈沟槽的尺寸

单位为毫米

活塞杆直径[a,b] d	沟槽径向深度 S	沟槽底径 D_1 H11	沟槽宽度 L_1	防尘圈长度 L_2 max	沟槽端部孔径 D_2 H11	r_1 max	r_2 max
4	4	12	$5^{+0.2}_{0}$	8	9.5	0.3	0.5
5	4	13		8	10.5	0.3	0.5
6	4	14		8	11.5	0.3	0.5
8	4	16		8	13.5	0.3	0.5
10	4	18		8	15.5	0.3	0.5
12	4	20		8	17.5	0.3	0.5
14	4	22		8	19.5	0.3	0.5
16	4	24		8	21.5	0.3	0.5
18	4	26		8	23.5	0.3	0.5
20	4	28		8	25.5	0.3	0.5
22	4	30		8	27.5	0.3	0.5
25	4	33		8	30.5	0.3	0.5
28	4	36		8	33.5	0.3	0.5
32	4	40		8	37.5	0.3	0.5
36	4	44		8	41.5	0.3	0.5
40	4	48		8	45.5	0.3	0.5
45	4	53		8	50.5	0.3	0.5
50	4	58		8	55.5	0.3	0.5
56	5	66	$6.3^{+0.2}_{0}$	10	63	0.4	0.5
63	5	73		10	70	0.4	0.5
70	5	80		10	77	0.4	0.5
80	5	90		10	87	0.4	0.5
90	5	100		10	97	0.4	0.5
100	7.5	115	$9.5^{+0.3}_{0}$	14	110	0.6	0.5
110	7.5	125		14	120	0.6	0.5
125	7.5	140		14	135	0.6	0.5
140	7.5	155		14	150	0.6	0.5
160	7.5	175		14	170	0.6	0.5
180	7.5	195		14	190	0.6	0.5
200	7.5	215		14	210	0.6	0.5
220	10	240	$12.5^{+0.3}_{0}$	18	233.5	0.8	0.9
250	10	270		18	263.5	0.8	0.9
280	10	300		18	293.5	0.8	0.9
320	10	340		18	333.5	0.8	0.9
360	10	380		18	373.5	0.8	0.9

[a] 见 GB/T 2348 及 GB/T 2879。

[b] 整体式沟槽用于活塞杆直径大于 14 mm 的液压缸。

6.2 B型沟槽

6.2.1 B型沟槽如图2所示。

6.2.2 B型沟槽的尺寸和公差应符合表2的规定。

6.2.3 B型防尘圈沟槽推荐用于16 MPa中型系列和25 MPa系列结构型式的单杆液压缸。

单位为毫米

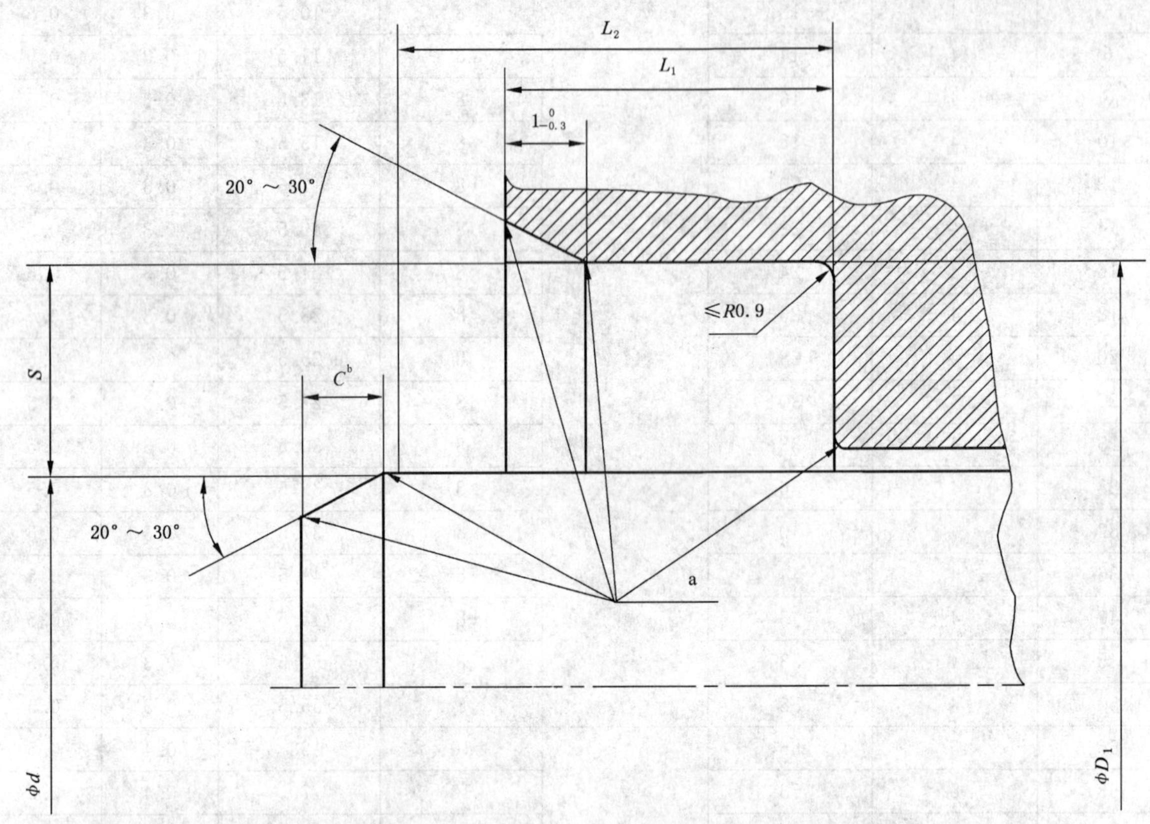

a 平滑过渡无毛刺。

b 尺寸见表5。

图2 B型防尘圈沟槽

表2 B型防尘圈沟槽的尺寸

单位为毫米

活塞杆直径[a] d	沟槽径向深度 S	沟槽底径 D_1 H8	沟槽宽度 L_1 $^{+0.5}_{0}$	防尘圈长度 L_2 max
4	4	12	5	8
5	4	13	5	8
6	4	14	5	8
8	4	16	5	8
10	4	18	5	8
12	5	22	7	11
14	5	24	7	11
16	5	26	7	11

表 2（续） 单位为毫米

活塞杆直径[a] d	沟槽径向深度 S	沟槽底径 D_1 H8	沟槽宽度 L_1 $^{+0.5}_{0}$	防尘圈长度 L_2 max
18	5	28	7	11
20	5	30	7	11
22	5	32	7	11
25	5	35	7	11
28	5	38	7	11
32	5	42	7	11
36	5	46	7	11
40	5	50	7	11
45	5	55	7	11
50	5	60	7	11
56	5	66	7	11
63	5	73	7	11
70	5	80	7	11
80	5	90	7	11
90	5	100	7	11
100	7.5	115	9	13
110	7.5	125	9	13
125	7.5	140	9	13
140	7.5	155	9	13
160	7.5	175	9	13
180	7.5	195	9	13
200	7.5	215	9	13
220	10	240	12	16
250	10	270	12	16
280	10	300	12	16
320	10	340	12	16
360	10	380	12	16

[a] 见 GB/T 2348 及 GB/T 2879。

6.3 C 型沟槽

6.3.1 C 型沟槽如图 3 所示。

6.3.2 C 型沟槽的尺寸和公差应符合表 3 规定。

6.3.3 C型防尘圈沟槽适用于16 MPa紧凑型系列和10 MPa系列结构型式的单杆液压缸。

单位为毫米

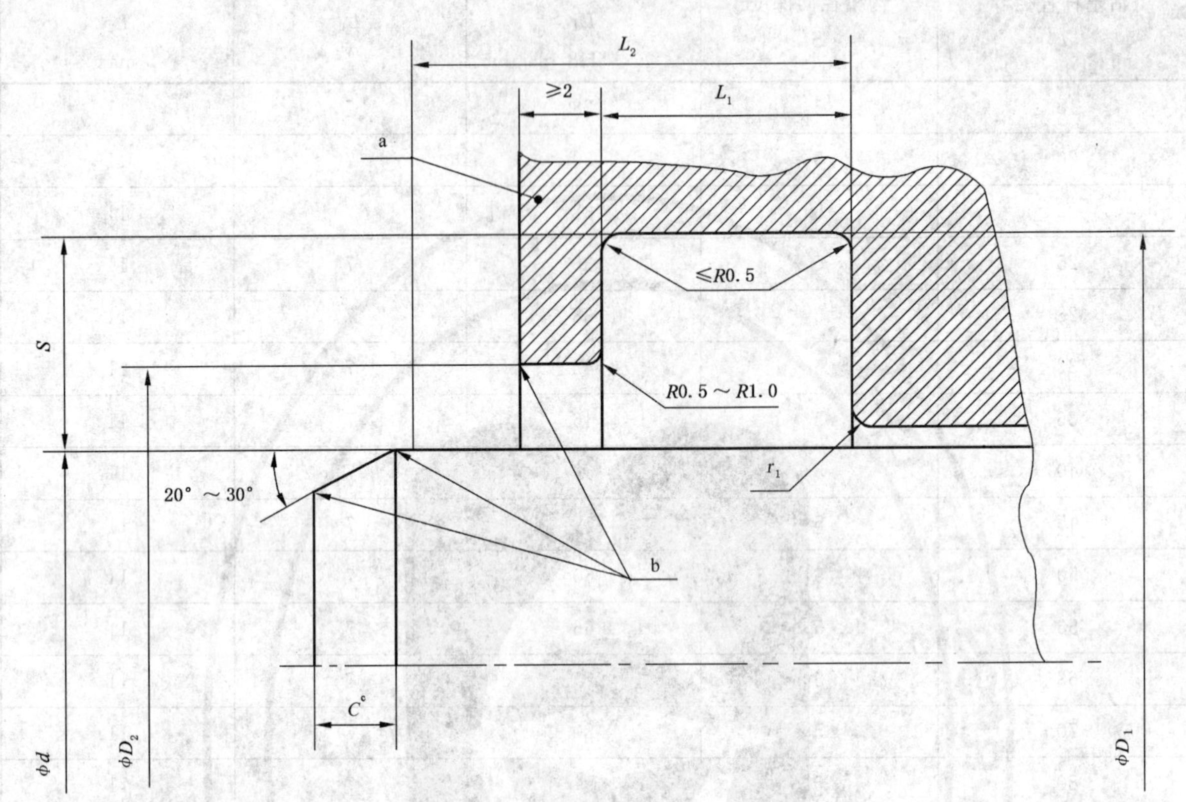

a 可以是整体式的或可分离压盖式的。

b 平滑过渡无毛刺。

c 尺寸见表5。

图3 C型防尘圈沟槽

表3 C型防尘圈沟槽尺寸

单位为毫米

活塞杆直径[a,b] d	沟槽径向深度 S	沟槽底径 D_1 H11	沟槽宽度 L_1	防尘圈长度 L_2 max	沟槽端部孔径 D_2 H11	半径 r_1 max
4	3	10	$4^{+0.2}_{0}$	7	6.5	0.3
5	3	11		7	7.5	0.3
6	3	12		7	8.5	0.3
8	3	14		7	10.5	0.3
10	3	16		7	12.5	0.3
12[c]	3	18		7	14.5	0.3
14[c]	3	20		7	16.5	0.3
16	3	22		7	18.5	0.3
18[c]	3	24		7	20.5	0.3
20	3	26		7	22.5	0.3
22[c]	3	28		7	24.5	0.3
25	3	31		7	27.5	0.3

表 3（续）

单位为毫米

活塞杆直径[a,b] d	沟槽径向深度 S	沟槽底径 D_1 H11	沟槽宽度 L_1	防尘圈长度 L_2 max	沟槽端部孔径 D_2 H11	半径 r_1 max
28[c]	4	36	$5^{+0.2}_{0}$	8	31	0.3
32	4	40		8	35	0.3
36[c]	4	41		8	39	0.3
40	4	48		8	43	0.3
45[c]	4	53		8	48	0.3
50	4	58		8	53	0.3
56[c]	5	66	$6^{+0.2}_{0}$	9.7	59	0.3
63	5	73		9.7	66	0.3
70[c]	5	80		9.7	73	0.3
80	5	90		9.7	83	0.3
90[c]	5	100		9.7	93	0.3
100	5	110		9.7	103	0.3
110[c]	7.5	125	$8.5^{+0.3}_{0}$	13.0	114	0.4
125	7.5	140		13.0	129	0.4
140[c,d]	7.5	155		13.0	144	0.4
160	7.5	175		13.0	164	0.4
180[d]	7.5	195		13.0	184	0.4
200	7.5	215		13.0	204	0.4
220[d]	10	240	$12^{+0.3}_{0}$	18	226	0.6
250[d]	10	270		18	256	0.6
280[d]	10	300		18	286	0.6
320[d]	10	340		18	326	0.6
360[d]	10	380		18	366	0.6

a 见 GB/T 2348 和 GB/T 2879。

b 可分离压盖式沟槽用于活塞杆直径小于等于 18 mm 的液压缸。

c 这些规格推荐用于 16 MPa 紧凑型系列单杆液压缸和 10 MPa 系列的液压缸。

d 这些规格推荐用于缸筒内径为 250 mm～500 mm 的 16 MPa 紧凑型系列的单杆液压缸。

6.4 D 型沟槽

6.4.1 D 型沟槽如图 4 所示。

6.4.2 D 型沟槽的尺寸和公差应符合表 4 的规定。

6.4.3 D 型防尘圈沟槽推荐用于所有适用规格的液压缸。

单位为毫米

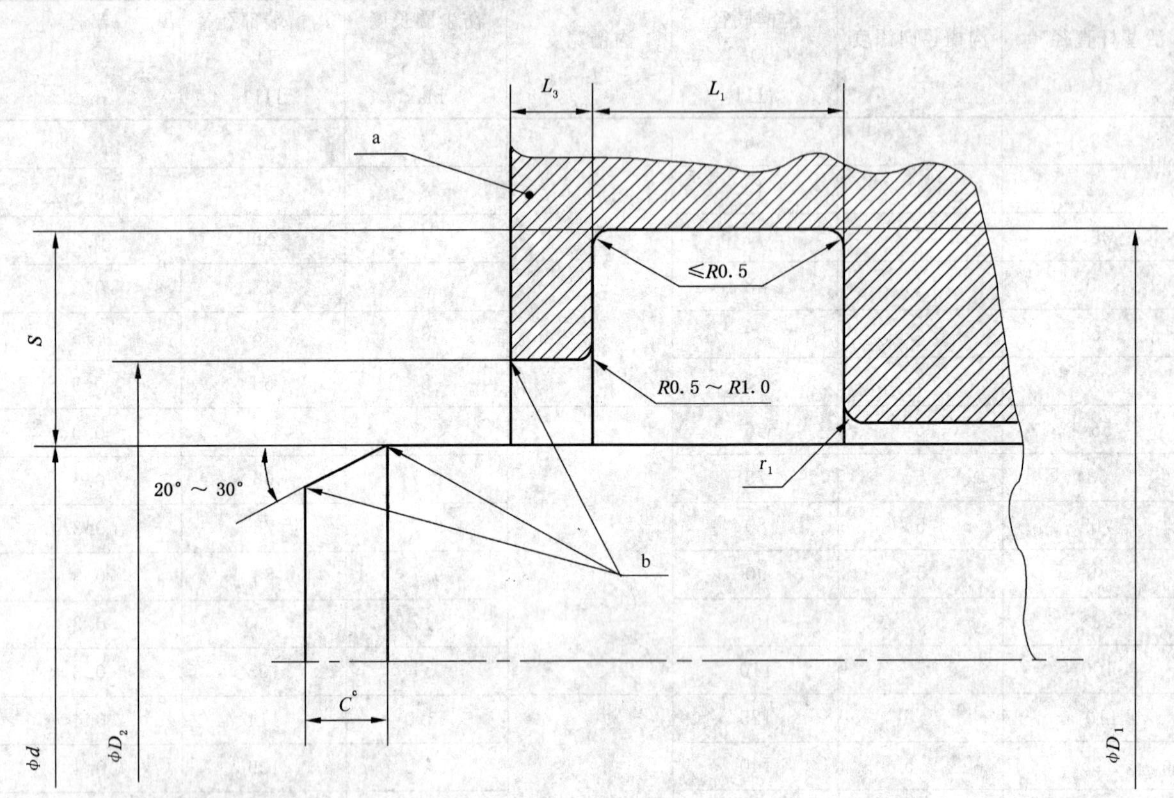

a 可以是整体式的或可分离压盖式的。

b 平滑过渡无毛刺。

c 尺寸见表5。

图4 D型防尘圈沟槽

表4 D型防尘圈沟槽的尺寸

单位为毫米

活塞杆直径[a,b] d	沟槽径向深度 S	沟槽底径 D_1 H9	沟槽宽度 L_1 $^{+0.2}_{0}$	沟槽端部孔径 D_2 H11	沟槽端部宽度 L_3 min	半径 r_1 max
4	2.4	8.8	3.7	5.5	2	0.4
5	2.4	9.8	3.7	6.5	2	0.4
6	2.4	10.8	3.7	7.5	2	0.4
8	2.4	12.8	3.7	9.5	2	0.4
10	2.4	14.8	3.7	11.5	2	0.4
12	3.4	18.8	5	13.5	2	0.8
14	3.4	20.8	5	15.5	2	0.8
16	3.4	22.8	5	17.5	2	0.8
18	3.4	24.8	5	19.5	2	0.8
20	3.4	26.8	5	21.5	2	0.8
22	3.4	28.8	5	23.5	2	0.8

表 4（续）

单位为毫米

活塞杆直径[a, b] d	沟槽径向深度 S	沟槽底径 D_1 H9	沟槽宽度 L_1 $^{+0.2}_{0}$	沟槽端部孔径 D_2 H11	沟槽端部宽度 L_3 min	半径 r_1 max
25	3.4	31.8	5	26.5	2	0.8
28	3.4	34.8	5	29.5	2	0.8
32	3.4	38.8	5	33.5	2	0.8
36	3.4	42.8	5	37.5	2	0.8
40[c]	3.4	46.8	5	41.5	2	0.8
	4.4	48.8	6.3	41.5	3	0.8
45	3.4	51.8	5	46.5	2	0.8
	4.4	53.8	6.3	46.5	3	0.8
50	3.4	56.8	5	51.5	2	0.8
	4.4	58.8	6.3	51.5	3	0.8
56	3.4	62.8	5	57.5	2	0.8
	4.4	64.8	6.3	57.5	3	0.8
63	3.4	69.8	5	64.5	2	0.8
	4.4	71.8	6.3	64.5	3	0.8
70	4.4	78.8	6.3	71.5	3	1
	6.1	82.2	8.1	72	4	1
80	4.4	88.8	6.3	81.5	3	1
	6.1	92.2	8.1	82	4	1
90	4.4	98.8	6.3	91.5	3	1
	6.1	102.2	8.1	92	4	1
100	4.4	108.8	6.3	101.5	3	1
	6.1	112.2	8.1	102	4	1
110	4.4	118.8	6.3	111.5	3	1
	6.1	122.2	8.1	112	4	1
125	4.4	133.8	6.3	126.5	3	1
	6.1	137.2	8.1	127	4	1
140	6.1	152.2	8.1	142	4	1
	8	156	9.5	142.5	5	1.5
160	6.1	172.2	8.1	162	4	1
	8	176	9.5	162.5	5	1.5
180	6.1	192.2	8.1	182	4	1
	8	196	9.5	182.5	5	1.5
200	6.1	212.2	8.1	202	4	1
	8	216	9.5	202.5	5	1.5

表 4（续） 单位为毫米

活塞杆直径[a,b] d	沟槽径向深度 S	沟槽底径 D_1 H9	沟槽宽度 L_1 $^{+0.2}_{0}$	沟槽端部孔径 D_2 H11	沟槽端部宽度 L_3 min	半径 r_1 max
220	6.1	232.2	8.1	222	4	1
	8	236	9.5	222.5	5	1.5
250	6.1	262.2	8.1	252	4	1
	8	266	9.5	252.5	5	1.5
280	6.1	292.2	8.1	282	4	1.5
	8	296	9.5	282.5	5	1.5
320	6.1	332.2	8.1	322	4	1.5
	8	336	9.5	322.5	5	1.5
360	6.1	372.2	8.1	362	4	1.5
	8	376	9.5	362.5	5	1.5

[a] 见 GB/T 2348 和 GB/T 2879。

[b] 可分离压盖式沟槽用于活塞杆直径小于等于 18 mm 的液压缸。

[c] 活塞杆直径大于 40 mm 的规格，轻型系列（径向深度较小）推荐用于固定液压设备，重型系列（径向深度较大）推荐用于行走液压设备。

7 表面粗糙度

与防尘圈接触的元件的表面粗糙度取决于应用场合和对防尘圈寿命的要求，宜由制造商与用户协商确定。

8 倒角

8.1 对于活塞杆端部倒角 C 的位置，应符合图 1～图 4 的规定。

8.2 活塞杆端部倒角应与轴线成 20°～30°夹角。

8.3 活塞杆端部倒角的长度应不小于表 5 的规定。

8.4 B 型沟槽的倒角尺寸应符合图 2 的规定。

表 5 倒角 单位为毫米

沟槽径向深度 S	≤4	4.4	5	6.1	7.5	8	10
倒角的最小轴向长度 C	2	2.5		4		5	

9 标注说明（引用本标准时）

当选择遵守本标准时，建议在试验报告，产品目录和销售文件中采用以下说明：“液压缸活塞杆用防尘圈沟槽型式、尺寸和公差符合 GB/T 6578—2008《液压缸活塞杆用防尘圈沟槽型式、尺寸和公差》”。

ICS 77.120.50
H 64

中华人民共和国国家标准

GB/T 6611—2008
代替 GB/T 6611—1986,GB/T 8755—1988

钛及钛合金术语和金相图谱

Terminology and metallographs for titanium and titanium alloys

2008-06-09 发布　　2008-12-01 实施

中华人民共和国国家质量监督检验检疫总局
中国国家标准化管理委员会　发布

前言

本标准修订时参照了 SAE AS 1814—2003。

本标准代替 GB/T 6611—1986《钛及钛合金术语》和 GB/T 8755—1988《钛及钛合金术语金相图谱》。

本标准与 GB/T 6611—1986 和 GB/T 8755—1988 相比，主要有以下变动：

——增加了无序α、双套组织、双态组织、孪晶、纤维状α、时效β、中间相、网篮组织、蠕虫α、高密度夹杂等10条组织术语；

——对原标准中部分术语的描述进行了完善；

——增加了部分术语图片；

——更换了部分原标准中清晰度较差的图片。

本标准由中国有色金属工业协会提出。

本标准由全国有色金属标准化技术委员会负责归口。

本标准由宝钛集团有限公司、宝鸡钛业股份有限公司、中国有色金属工业标准计量质量研究所负责起草。

本标准主要起草人：黄永光、王永梅、徐祝萍、王韦琪、李渭清、张江峰、周光爵、王改焕。

本标准所代替的历次版本发布情况为：

——GB/T 6611—1986；GB/T 8755—1988。

钛及钛合金术语和金相图谱

1 范围

本标准规定了钛及钛合金术语,并提供了部分术语金相照片。

本标准适用于钛及钛合金。

本标准不适用于钛及钛合金产品的验收。

2 一般术语

2.1

合金 alloy

由基体金属元素和添加元素及杂质所组成的金属物质。

2.2

基体金属元素 basic metallic element

合金中含量占支配地位的金属元素。

2.3

合金元素 alloying element

为了获得具有特定性能的合金,加入或保留在基体金属中的金属或非金属元素。

2.4

杂质 impurity

金属中存在的,并非有意加入或保留的金属或非金属元素。

2.5

变形合金 wrought alloy

主要用于塑性变形制造加工产品的合金。

2.6

铸造合金 casting alloy

主要用生产铸件的合金。

2.7

中间合金 master alloy

只作为加入料用以调节成分或控制杂质的合金。

2.8

可热处理合金 heat-treatable alloy

可用适当的热处理方法强化的合金。

2.9

不可热处理合金 non-heat-treatable alloy

不能用热处理方法明显强化的合金。

3 钛及钛合金

3.1

海绵钛 titanium sponge

用镁或钠还原四氯化钛获得的非致密金属钛。

3.2

碘法钛　iodide-process titanium

用碘作载体从海绵钛提纯得到的纯度较高的致密金属钛。钛含量(质量分数)可达99.9%。

3.3

工业纯钛　commercial titanium

以钛为基体,并含有少量铁、碳、氧、氮与氢等杂质的致密金属。钛含量(质量分数)可达99%。

3.4

钛合金　titanium alloy

以钛为基体金属含有其他合金元素及杂质的合金。

3.5

α钛合金　α titanium alloy

含有α稳定元素,在室温稳定状态基本为α相的钛合金。

3.6

近α钛合金　near α titanium alloy

以α相为基体,仅含有少量β相的钛合金。在室温稳定状态β相含量(质量分数)一般小于10%的钛合金。

3.7

α-β钛合金　α-β titanium alloy

在室温稳定状态由α及β相所组成的钛合金。β相含量(质量分数)一般为10%~50%。如TC4、TC11等。

3.8

β钛合金　β titanium alloy

含有足够多的β稳定元素,在适当冷却速度下能使其室温组织绝大部分为β相的钛合金。如TB5、TB6等。

4　热处理

4.1

消除应力退火　stress relieving

使产品残余应力减少又不引起组织再结晶的热处理。

4.2

退火　annealing

通过消除加工引起的应变硬化、再结晶或析出物聚集,使金属软化的热处理。

4.3

再结晶退火　recrystallization annealing

加热到再结晶温度以上的退火,依靠再结晶消除加工硬化或调节组织。

4.4

β退火　β annealing

合金在β转变点以上适当温度进行的退火。

4.5

等温退火　isothermal annealing

为了稳定合金组织的一种热处理。在β转变点以下某一温度加热,随炉冷或转炉冷到规定的温度,并在该温度下保温一定时间,然后空冷到室温。

4.6

双重退火　duplex annealing

分两阶段加热，每次都进行空冷的热处理，第一阶段空冷时使亚稳定相保留下来，而第二阶段保温时亚稳定相发生分解。

4.7

固溶热处理　solution heat treating

将合金加热到适当温度，并在这一温度保持足够时间使可溶组分完全溶入固溶体，在淬火以后能保持一种不稳定状态的热处理。

4.8

淬火　quenching

将加热的合金与冷却介质接触，从一定温度以足够快的速度冷却，使可溶组分部分或全部保留在固溶体中的过程。

4.9

时效　aging

经固溶处理后在适当温度保持足够时间，使其从不稳定固溶体中析出第二相而引起强化的热处理。

5　显微组织

5.1

α稳定元素　α stabilizer

优先溶解于α相并升高β转变温度的合金元素。铝是最通用的α稳定元素。间隙元素如氧和氮等也是有效的α稳定元素。

5.2

β同晶稳定元素　β isomorphous stabilizer

优先溶解于β相，降低β转变温度而不产生共析反应，并与β钛形成连续固溶体的合金元素。一般应用的β同晶型元素有钒和钼。

5.3

β共析稳定元素　β eutectoid stabilizer

优先溶解于β相，降低β转变温度并引起共析反应的合金元素。对有些合金这一反应进行得很慢。通用的β共析型合金元素有铁、铬和锰。

5.4

置换元素　substitutional element

原子尺寸及其他性质近似于钛，能置换或代替晶格上的钛原子，并在相图上形成明显固溶体区的合金元素。用于钛合金的元素主要包括铝、钒、钼、铬、铁、锡和锆等。

5.5

间隙元素　interstitial element

原子半径比较小，溶于钛后位于钛晶格的空隙位置的元素。通常指氧、氮、氢和碳。

5.6

α转变点　α transus

标志α和α-β相区之间的相界温度。

5.7

β转变点　β transus

平衡α相存在的最高温度。

5.8

Ms

冷却过程中β相开始转变为马氏体相的最高温度。

5.9

Mf

马氏体转变终止温度。

5.10

有序结构　ordered structure

溶质原子在溶剂晶格上呈有序的或周期性的排列。

5.11

无序α　orientation α

一种不均匀的α组织，由集束或以不同的角度存在的片状或蠕虫状α区域形成的，无显著的结晶学取向，如不同的区域显示不同的形貌比例和晶粒外形。

5.12

原始β晶粒　prior β grain

最近一次进入到β相区时形成的β晶粒。这些晶粒可能被以后在β转变点以下的加工所变形。α-β显微组织可以叠加在β晶粒边界上面，并使其变模糊。只有用特殊技术才能显示。见图1。

5.13

α-β组织　α-β structure

在特定温度下，以α和β为主要相的组织。由α、转变β和残留β相组成。典型组织形貌见图2。

5.14

集束　colonies

在原始β晶粒内，α片取向几乎相同的区域。在工业纯钛中集束常常具有锯齿形边界。集束是从β相区以引起α相成核长大的速度冷却下来形成的转变产物。典型组织形貌见图3。

5.15

转变β　transformed β

局部或连续的组织，从β转变点以上或α-β相区较高温度冷却过程中由马氏体或经形核和长大过程分解形成的产物。通常由片状的α-β组成。片状α可能被β相隔离，可能并存初生α相。典型组织形貌见图4。

5.16

魏氏组织　widmanstatten structure

从β转变点以上以不太快的速度冷却形成的一种原始β晶界完整，β晶粒内为α小片或α-β小片组成的组织。一般都存在粗大集束，长而平直，并具有较大的纵横比。典型组织形貌见图5。

5.17

等轴组织　equiaxed structure

一种多角的或类似球形的显微组织，各个方向具有大致相等的尺寸。在α-β合金中主要是指横向组织中大部分α相呈球形。典型组织形貌见图6。

5.18

孪晶　twin

有一定结晶关系的一个晶体的两部分。孪晶的方向或者是“孪生平面”的母体方向的一个镜像，或按一部分孪晶“孪生轴” 旋转得到的方向。典型组织形貌见图7。

5.19

双套组织　two-suit structure

在组织结构上明显表现为两种大小不同尺寸的等轴α。典型组织形貌见图8。

5.20

双态组织　bimodal structure

一种既存在等轴初生α,又存在片状α的显微组织。对于α或α-β合金,当在α-β区上部温度以一定速度冷却,或在两相区上部温度进行变形,可形成这种显微组织。典型组织形貌见图9。

5.21

基体　matrix

在两相或更多相的显微组织中,连续的或占优势的相形成的组分。典型组织形貌见图10、图11。

5.22

α相　α phase

钛的一种同素异晶体,具有密排六方晶体结构,出现在β转变点以下。典型组织形貌见图12和图13。

5.23

针状α　acicular α

从β相冷却时成核长大或马氏体分解形成的α相。其典型的长宽比为10∶1。在显微照片上,针状α多半呈现针状形貌,而在三维空间则可呈现针状、凸透镜状或扁平状形貌。典型组织形貌见图14。

5.24

球状α　globular α

球形的等轴α,见5.17“等轴组织”。典型组织形貌见图15。

5.25

片状α组织　platelet α structure

与针状α相比,长宽比较小的α组织。这种显微组织是α或α-β合金从具有较高β相的温度区间加工并以中等速度冷却形成的。典型组织形貌见图16。

5.26

片状α　platelet α

呈片状排列的α相,在魏氏组织中经常以集束或畴的形式出现。α片间也可能有β相。典型组织形貌见图16。

5.27

初生α　primary α

从最后的α-β相区上部加热保留下来的α相。典型组织形貌见图17。

5.28

次生α　secondary α

在α-β相区加热,冷却过程中β相分解产生的α相。典型组织形貌见图18。

5.29

拉长的α　elongated α

在单向加工时形成的条状α,一般长宽比大于3∶1。典型组织形貌见图19。

5.30

晶界α　grain boundary α

存在于原始β晶界上的初生α或转变α相。可能是连续或不连续的,也可能伴有大块α。通常是从β相区缓冷到α-β相区而形成的。典型组织形貌见图20。

5.31

大块α　blocky α

比初生α显著粗大,并且更多角化的α相。是由单向加工引起的。可通过β再结晶或采用全β加工再进行α+β加工予以消除。它与周围正常组织相比显微硬度没有明显差别。典型组织形貌见

图 21。

5.32

纤维状 α　stringy α

经无方向性的金属加工，拉长和扭曲的小板条 α，但未破碎或再结晶。也称为“蠕虫 α”。

5.33

马氏体　martensite

从 β 相以很快的速度冷却，以非扩散转变形成的 α 产物，含有过饱和的 β 稳定元素，亦称马氏体 α。典型组织形貌见图 22。

5.34

α′(六方马氏体)　α prime(hexagonal martensite)

β 相以非扩散转变形成的过饱和非平衡六方晶格 α 相。常常与针状 α 难以区分。区分的特征是马氏体片截止在原始 β 晶界而针状 α 常在这些晶粒边界成核。长宽比为 10∶1 或更大。

5.35

α″(斜方马氏体)　α-double prime(orthorhombic martensite)

在一些合金中由 β 相以非扩散转变形成的过饱和非平衡斜方相。也可能由加工应变引起，可以用适当的中间退火来消除。

5.36

$α_2$ 组织　$α_2$ structure

由有序 α 相如 $Ti_3(Al,Sn)$ 等组成的组织，可采用 X 射线衍射或电子衍射测定。出现在 α 稳定元素含量高的合金中。

5.37

β 相　β phase

钛的一种同素异晶体，具有体心立方晶体结构。出现在 α 转变点以上。

5.38

晶间 β　intergranular β

位于 α 晶粒间的 β 相，在 β 稳定元素低的合金中，在等轴 α 组织的情况下产生，常以小岛状存在。典型组织形貌见图 23。

5.39

亚稳定 β　metastable β

一种非平衡的 β 相，在随后的处理及使用中由于热或应变能的激发可部分的或全部的转变成马氏体、α 或共析分解产物。典型组织形貌见图 24。

5.40

时效 β　aged β

时效时形成的特别细小的 α 沉淀在 β 基体上。

5.41

中间相　intermediate phase

一种可区别的同类相，其成分与相邻相互不扩散，如 TiH 和 TiO。

5.42

γ 结构　γ structure

一种有序的钛铝化合物，其化学计量比为 TiAl，是面心立方晶体结构。

5.43

ω 相　ω phase

通过成核长大形成的一种非平衡亚显微相，一般认为它是从 β 相析出 α 相时的过渡相，淬火或等温形成的，出现在亚稳定β合金及富β含量的α-β合金中，并严重引起脆性。淬火ω形成时成分不发生变化。等温ω通常是在200℃～500℃时效时保留的β相形成的。典型组织形貌见图25。

5.44

氢化物相　hydride phase

当钛中氢含量超过其溶解度时形成的 TiH_x 相，一般是由于处在特殊环境下造成的。典型组织形貌见图26。

5.45

β斑　β fleck

在α-β显微组织中转变的贫α和/或富β相区。这一富β相区具有比周围区域较低的β转变点。β斑中α相的含量较少，它的初生α形貌可能与周围组织中的初生α形貌不同。典型组织形貌见图27。

5.46

金属间化合物　intermetallic compound

通常在合金系中以一定的原子比出现、固溶范围很窄的相，一般是脆性。如(TiZr)5Si3等。典型组织形貌见图28。

5.47

α层　α case

富集氧、氮及碳的α稳定表面层，通常是在高温下暴露于空气中形成的。α层通常硬而脆，认为是有害的。典型组织形貌见图29。

5.48

高间隙缺陷(HID)　high interstitial defect(HID)

由局部很高的氧、氮及碳等间隙元素富集而引起的α稳定区，其硬度显著高于附近的区域。这些间隙元素提高β转变点，并产生高的硬度，通常使α相变脆。此种缺陷通常称为Ⅰ型缺陷或低密度缺陷(LDI)，这些缺陷通常与孔洞和裂纹有关。典型组织形貌见图30。

5.49

高铝缺陷(HAD)　high aluminium defect(HAD)

铝含量异常高的α稳定区，含有大量的初生α相，其显微硬度稍高于附近的区域。也称为Ⅱ型缺陷。当这种α被拉长时则称做“带状α”。典型组织形貌见图31。

5.50

贫β区　β-lean region

在α-β显微组织中β稳定元素异常低的区域，含有大量的初生α相，其显微硬度与附近区域无明显差别。典型组织形貌见图32。

5.51

网篮组织　basketweave

β区加热经较大的β区变形、在α+β区终止变形后得到的组织，变形量达50%或更大，原始β晶界得到基本破碎，α片或α+β小片短而歪扭，并具有较小的纵横比，且各α集束交错排列。典型组织形貌见图33。

5.52

蠕虫α　wormy α

见5.32纤维状α。

5.53

高密度夹杂　high density inclusion(HDI)

比基体密度高的夹杂物，通常指钨或铌元素集中的区域。通过X射线很容易发现，而且比基体亮度高。典型组织形貌见图34。

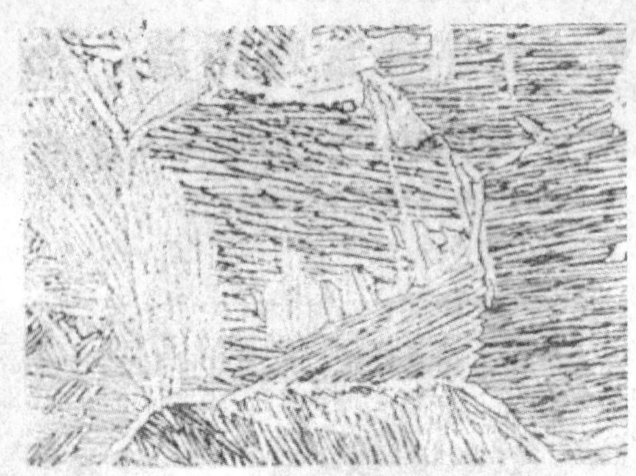

(a) 原始β晶粒 TC4

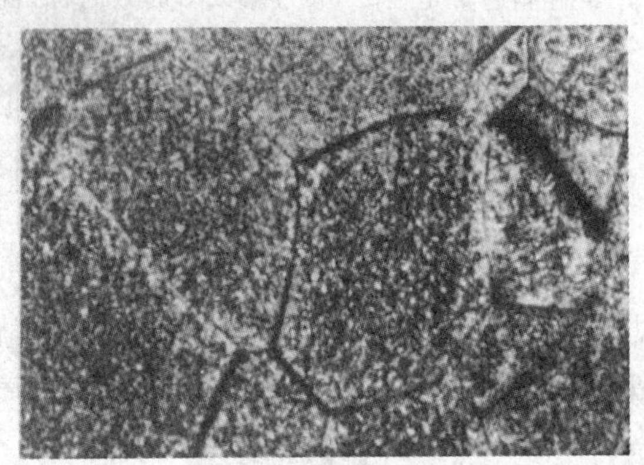

(b) 有弥散析出的β晶粒 TB2

图1 原始**β**晶粒 100×

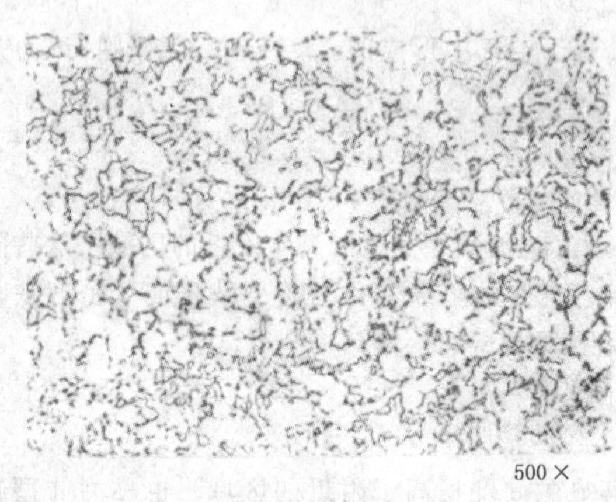

500×

(a)

(b)

图2 **α-β**组织 **TC4**

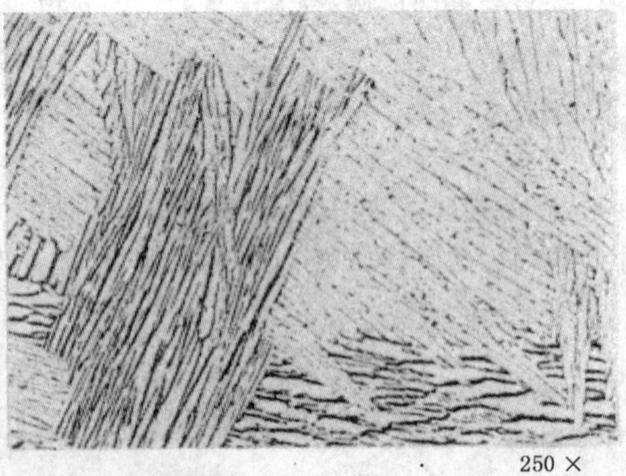

250×

图3 集束 **TC4**

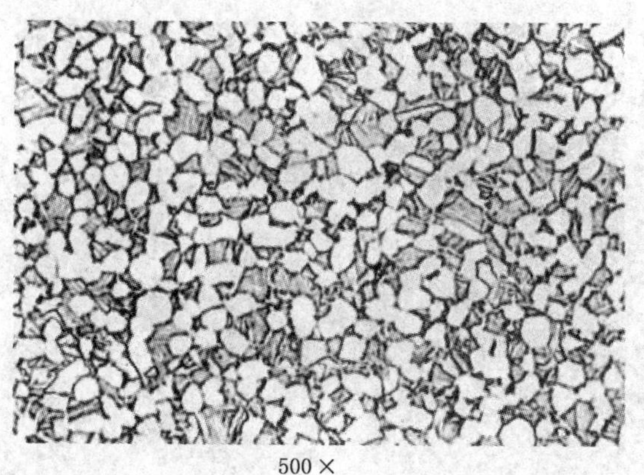

500×

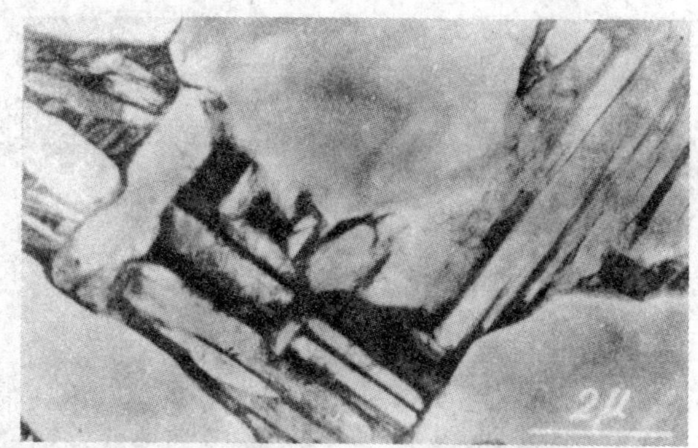

图4 转变β TC4

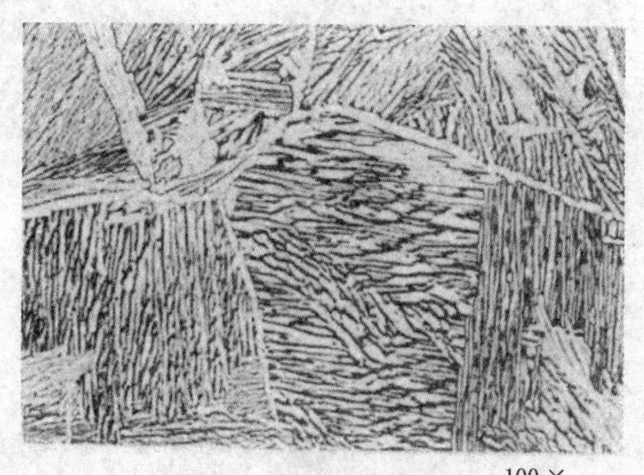

100×

图5 魏氏组织 TC4

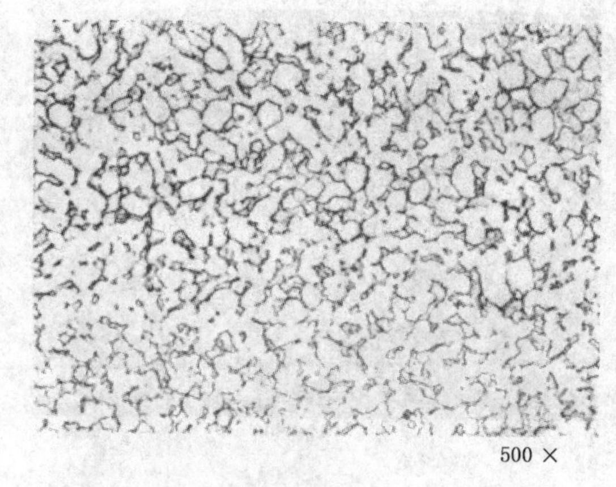

500×

图6 等轴组织 TC4

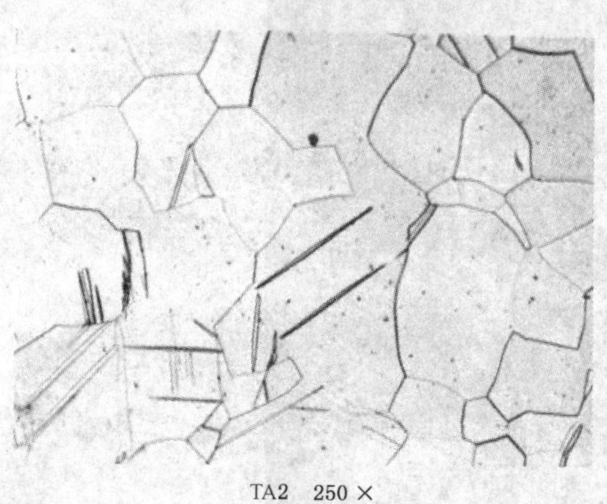

TA2 250×

图7 孪晶

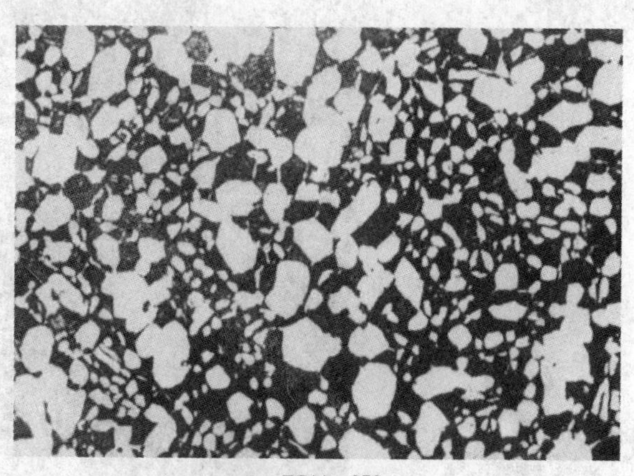

TC11 250×

图8 双套组织

(a) TC11　250×

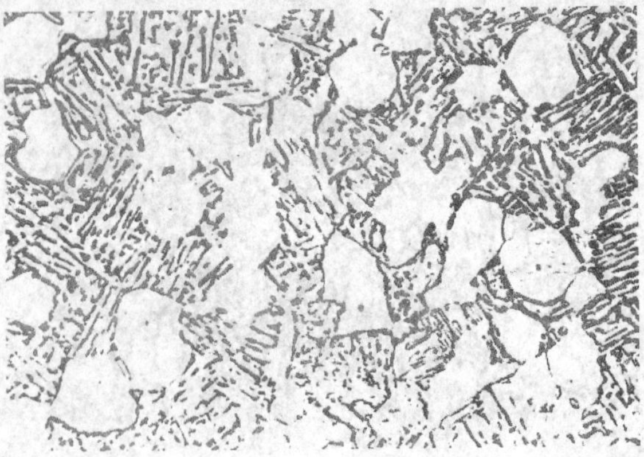

(b) TA15　500×

图 9　双态组织

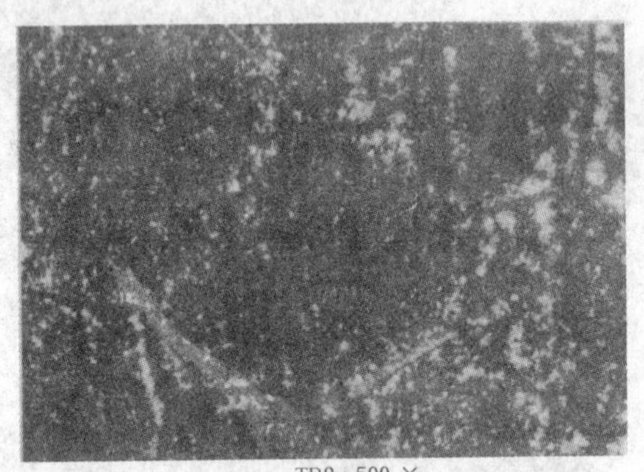

TB2　500 ×

图 10　基体(β 基体)

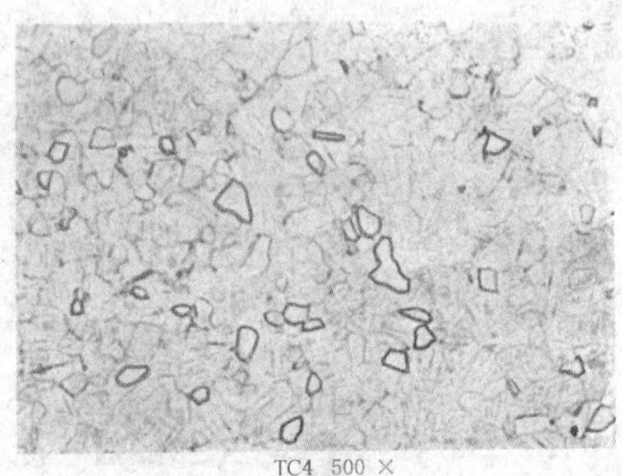

TC4　500 ×

图 11　(a) α+基体(转变 β 基体)

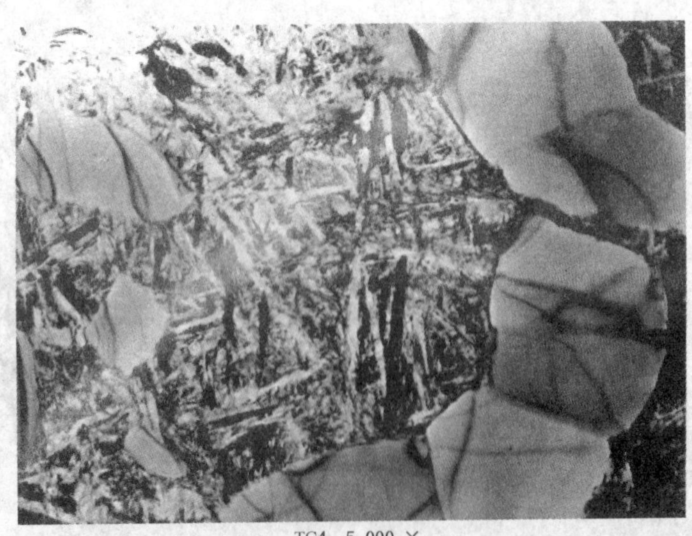

TC4　5 000 ×

图 11　(b) α+基体(转变 β 基体)

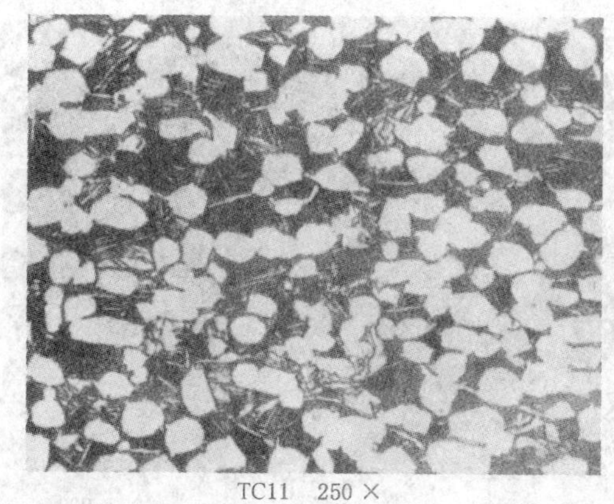

TC11 250 ×

图 12 等轴 α

TA7 320 × 金相偏光

图 13 α

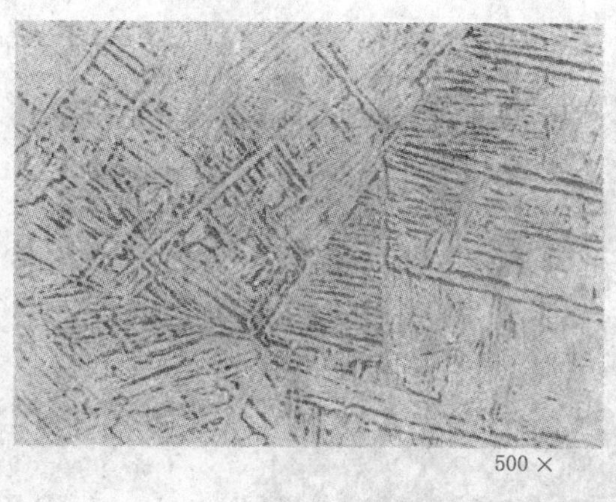

500 ×

(a)

(b)

图 14 针状 α TC4

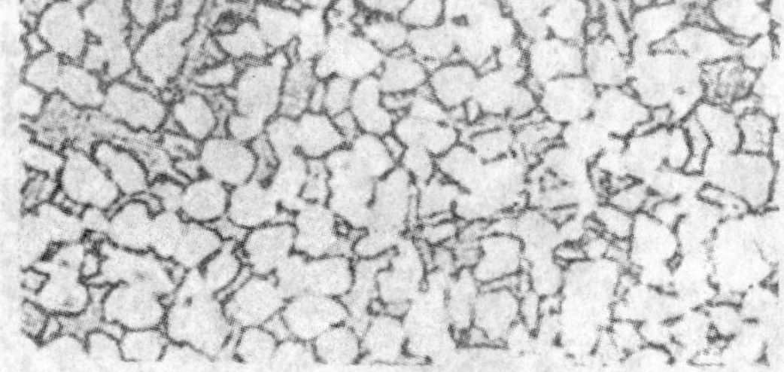

500×

图 15 球状 α TC4

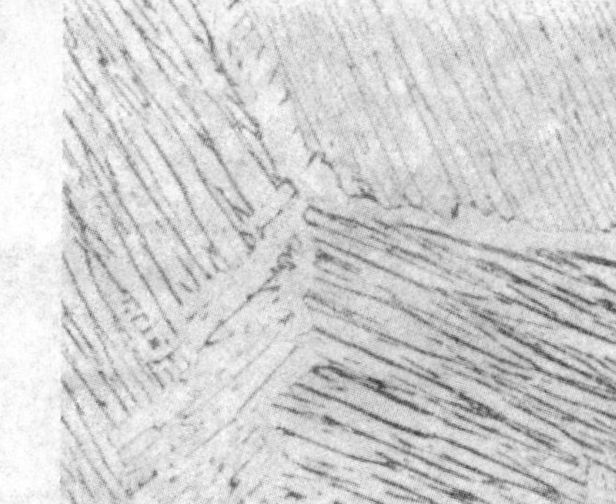

250×

图 16 片状 α TC4

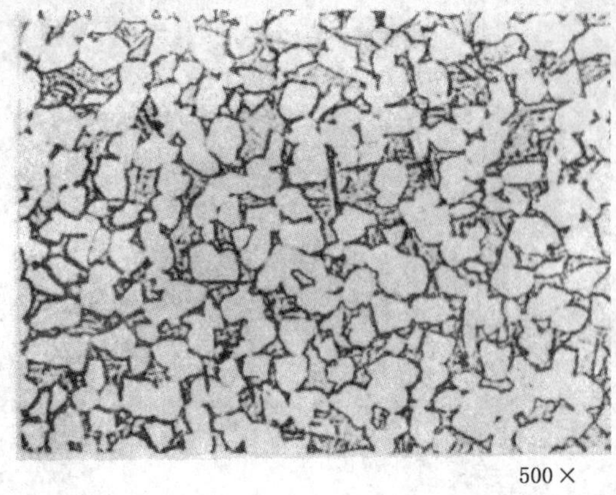

图 17　初生α　TC4

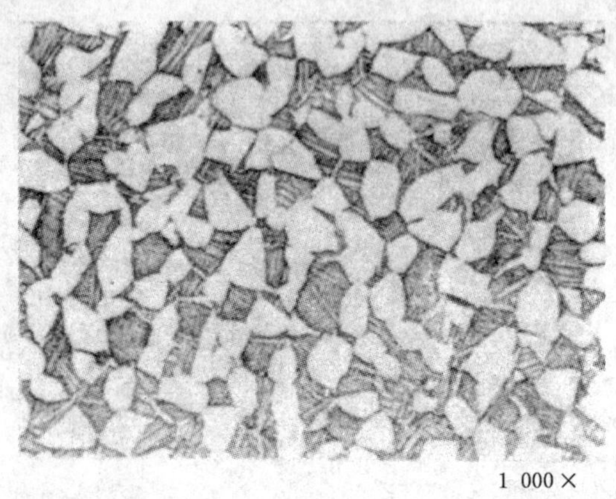

图 18　初生α+次生α　TC11

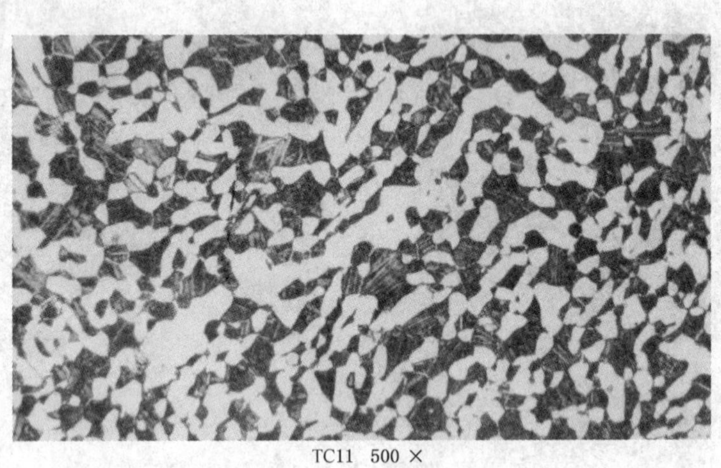

图 19　拉长α

图 20　晶界α　TC4

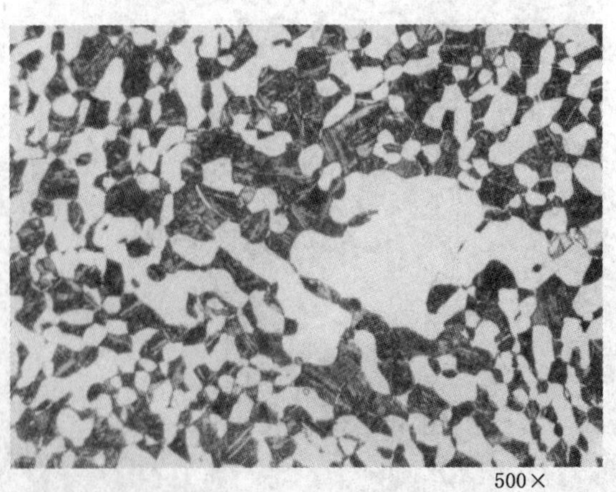

图 21　大块α　TC11

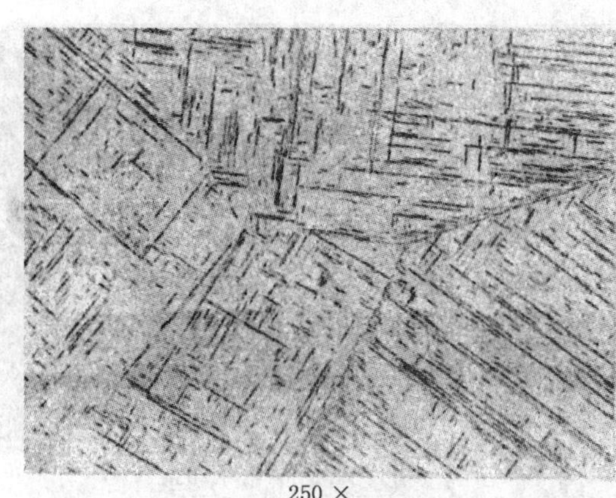

250 ×

图 22　马氏体　TC4

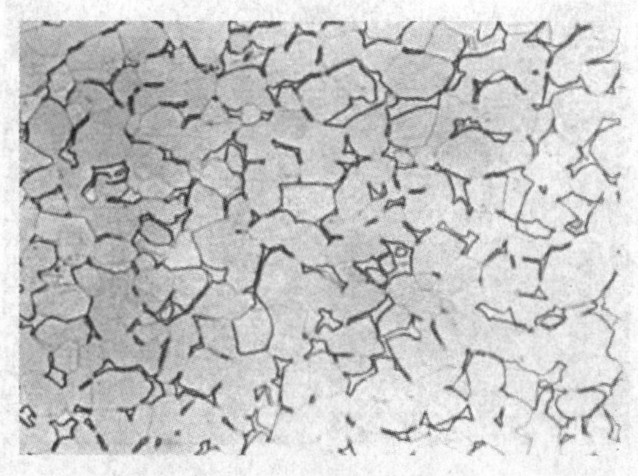

(a) 等轴 α+晶间 β　500×

(b) 等轴 α+晶间 β

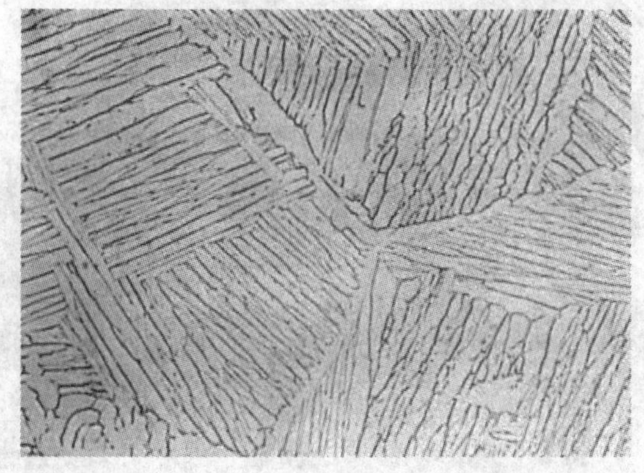

(c) 片状 α+晶间 β　250×

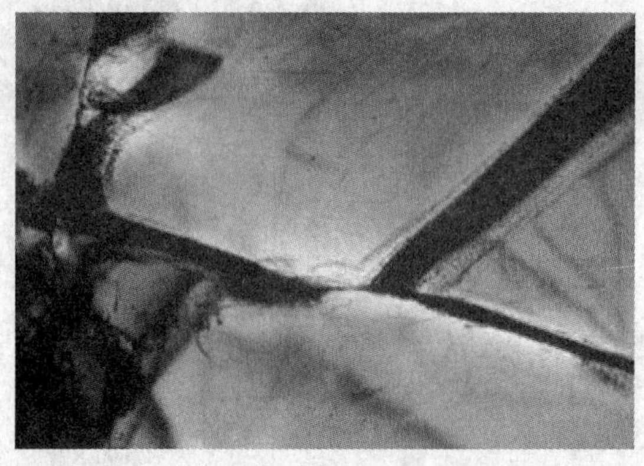

(d) 片状 α+晶间 β　5 000×

图 23　晶间 β　TC4

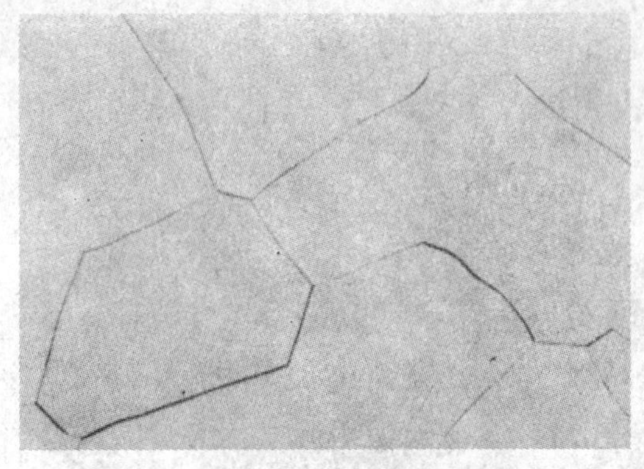

图 24 亚稳定β TB2 2 000×

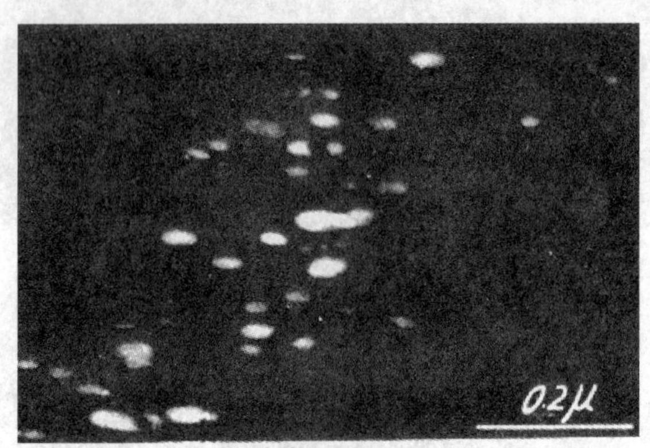

Ti-11.5Mo-6Zr-4.5Sn

图 25 ω相

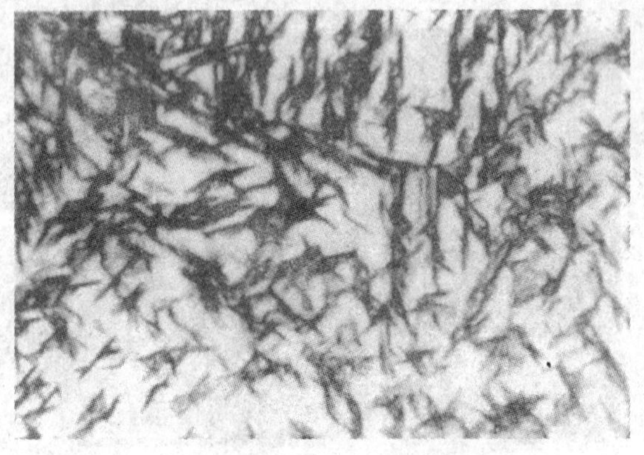

图 26 氢化物相 ZTC4 1 000×

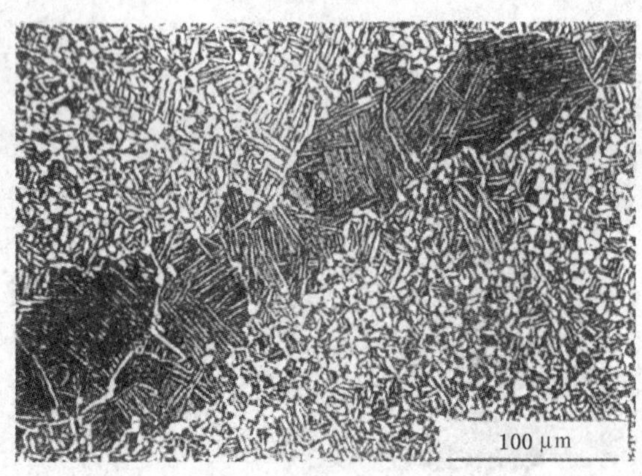

图 27 β斑 TC11

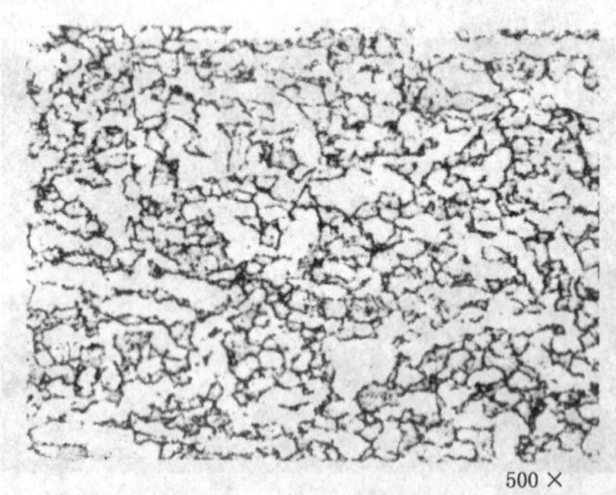

(a)

(b)

图 28 金属间化合物[$(TiZr)_5Si_3$] Ti-11Sn-5Zr-2.2Al-1Mo-0.22Si

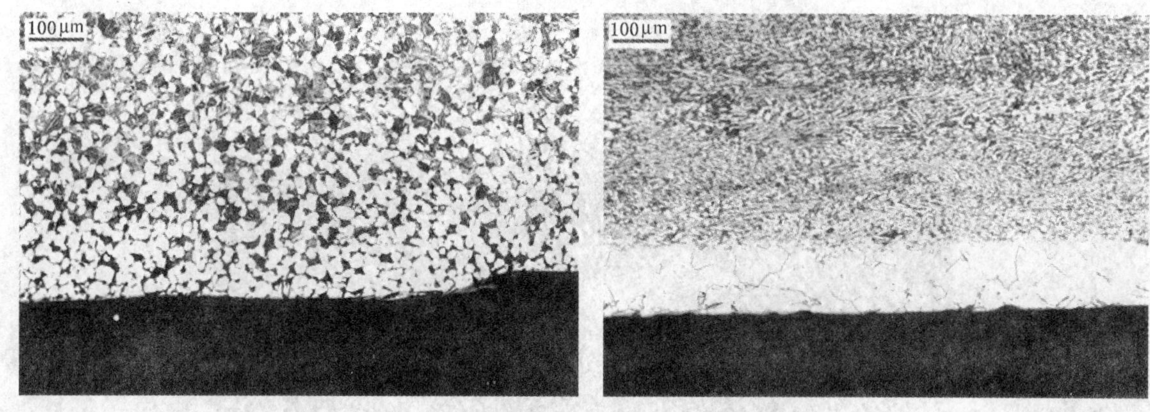

图 29 α层 TC4

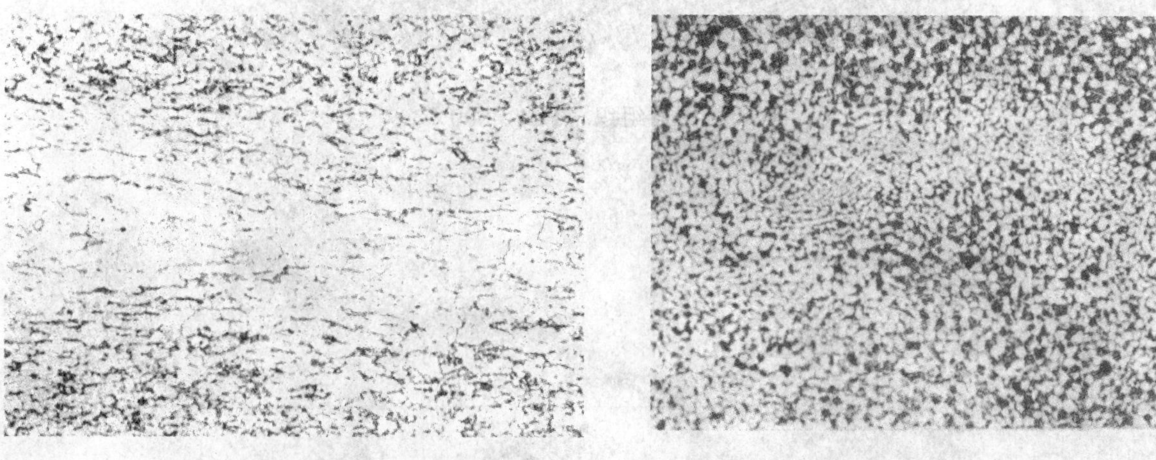

图 30 高间隙缺陷 TC4
(TC4 正常区 Hv=300;偏析区 Hv=493) 200×

图 31 高铝缺陷 TC11 80×

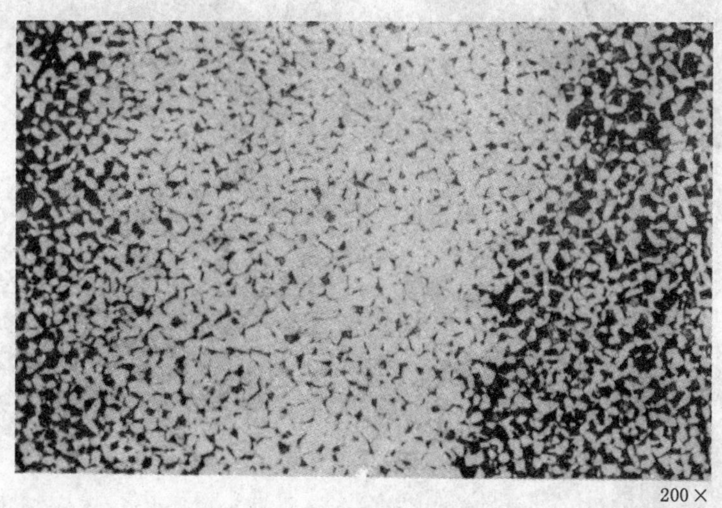

200×

图 32 贫β区 TC9

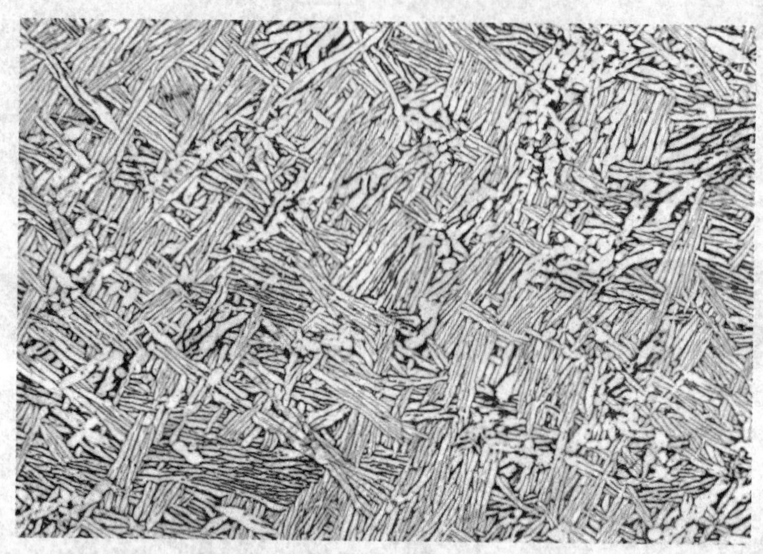

图 33 网篮组织 TC4 500×

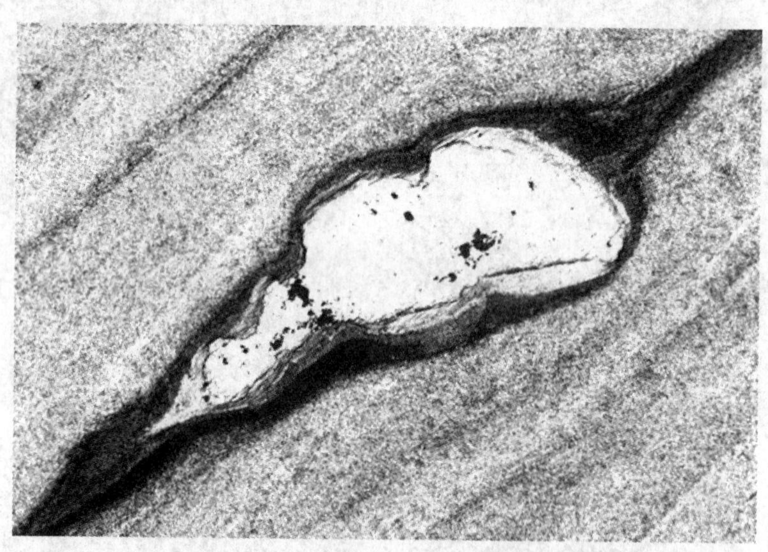

图 34 高密度夹杂 TC2 50×

汉语拼音索引

S

T

W

X

Y

Z

ICS 91.100.10
Q 12

中华人民共和国国家标准

GB/T 6645—2008
代替 GB/T 6645—1986

用于水泥中的粒化电炉磷渣

Granulated electric furnace phosphorous slag used for cement

2008-06-30 发布　　2009-04-01 实施

中华人民共和国国家质量监督检验检疫总局
中国国家标准化管理委员会　发布

前　言

本标准代替 GB/T 6645—1986《用于水泥中的粒化磷渣》。

本标准与 GB/T 6645—1986 相比，主要变化如下：

——在粒化电炉磷渣的定义中增加了注(1986 版第 2 章，本版第 3 章)；

——增加了磷渣的放射性指标及相应检验方法(本版 4.6、本版 5.7)；

——检验规则详细规定了磷渣的出厂检测、型式检测等判定规则(1986 版第 4 章，本版 6.5)；

——原标准附录 A 改为粒化电炉磷渣容重的测定方法，取消原标准附录 B。

本标准附录 A 为规范性附录。

本标准由中国建筑材料联合会提出。

本标准由全国水泥标准化技术委员会(SAC/TC 184)归口。

本标准负责起草单位：中国建筑材料科学研究总院。

本标准参与起草单位：云南建筑材料科学研究设计院、云南瑞安建材投资有限公司。

本标准主要起草人：颜碧兰、王昕、王梅易、吴秀俊、江丽珍、刘晨、李昌华、马冬梅。

本标准于 1986 年首次发布，本次为第一次修订。

用于水泥中的粒化电炉磷渣

1 范围

本标准规定了用于水泥中的粒化电炉磷渣的术语和定义、技术要求、试验方法和检验规则。

本标准适用于用作水泥混合材料的粒化电炉磷渣。

2 规范性引用文件

下列文件中的条款通过本标准的引用而成为本标准的条款。凡是注日期的引用文件，其随后所有的修改单(不包括勘误的内容)或修订版均不适用于本标准，然而，鼓励根据本标准达成协议的各方研究是否可使用这些文件的最新版本。凡是不注日期的引用文件，其最新版本适用于本标准。

GB 175 通用硅酸盐水泥

GB/T 6003.2 金属穿孔板试验筛

GB 6566 建筑材料放射性核素限量

JC/T 1088 粒化电炉磷渣化学分析方法

3 术语和定义

下列术语和定义适用于本标准。

粒化电炉磷渣 granulated electric furnace phosphorous slag

电炉法制取黄磷时，得到的以硅酸钙为主要成分的熔融物，经淬冷成粒，即为粒化电炉磷渣(简称磷渣)。

注：原态磷渣中可掺入经试验证明对水泥及混凝土性能无害的少量钙质和硅铝质材料进行性能优化。

4 技术要求

4.1 原态磷渣质量系数 K 值不小于 1.1。

4.2 磷渣中五氧化二磷质量分数不大于 3.5%。

4.3 干磷渣的松散容重(简称容重)不大于 1.30×10^{3} kg/m^{3}。

4.4 块状磷渣的最大尺寸不大于 50 mm；且大于 10 mm 的颗粒，以质量分数计，不超过 5%。

4.5 不混有磷泥等任何外来杂物。

4.6 按 5.6 进行检测，磷渣的放射性应满足 GB 6566 有关要求。

5 试验方法

5.1 氧化钙、氧化镁、二氧化硅、三氧化二铝、氟含量、五氧化二磷含量

按 JC/T 1088 方法进行。

5.2 质量系数 *K*

原态磷渣质量系数应按公式(1)计算，计算结果保留两位小数。

$$K=\frac{w_{CaO}+w_{MgO}+w_{Al_2O_3}}{w_{SiO_2}+w_{P_2O_5}} \qquad (1)$$

式中：

K——原态磷渣的质量系数；

w_{CaO}——磷渣中氧化钙质量分数，%；

w_{MgO}——磷渣中氧化镁质量分数,%;
$w_{Al_2O_3}$——磷渣中三氧化二铝质量分数,%;
w_{SiO_2}——磷渣中二氧化硅质量分数,%;
$w_{P_2O_5}$——磷渣中五氧化二磷质量分数,%。

5.3 松散容重

按附录A进行检测。

5.4 大于10 mm的颗粒含量

用孔径符合GB/T 6003.2要求的10 mm圆孔筛检验颗粒含量。磷渣经(105±5) ℃烘干至恒重,然后称取2 kg磷渣试样置于筛中,手工振动至没有明显试样通过时称量筛余质量。大于10 mm颗粒的质量分数按公式(2)计算,计算结果保留至整数位。

$$R = \frac{w_y}{w_z} \times 100 \qquad \cdots\cdots(2)$$

式中:

R——大于10 mm颗粒占总样品量的质量分数,%;
w_y——10 mm圆孔筛筛余质量,单位为千克(kg);
w_z——磷渣试样质量,单位为千克(kg)。

5.5 杂物

目测检测。

5.6 放射性

将磷渣粉磨至细度应小于0.16 mm的细粉,然后将其与符合GB 175要求的硅酸盐水泥按质量比1∶1混合均匀,并按GB 6566方法检测放射性。

6 检验规则

6.1 取样方法

以每半月排放的磷渣为一个批号。取样可连续取,亦可从20个以上不同部位取等量样品,总量至少20 kg。样品经混合均匀后,按四分法缩分至5 kg进行试验。取样时应除去150 mm～200 mm表层。

6.2 出厂检验

磷渣供应方应按4.1～4.5要求对磷渣进行检验。出厂检验报告应随磷渣一同提供给磷渣使用方。

6.3 型式检验

有下列情况之一者,应按第4章所有要求进行型式检验:
——如原材料、生产工艺发生变化;
——正常生产时每年进行一次。

6.4 判定规则

6.4.1 出厂检验任何一项不符合本标准的判为不合格品,不可作为混合材用于水泥生产。

6.4.2 型式检验任何一项不符合本标准要求时,也判为不合格品。

7 运输与贮存

磷渣在散装运输时,不应与其他材料混装,车皮或车厢必须清除干净,以免混入杂物。磷渣在贮存时,不应混入杂物。

8 使用要求

水泥企业启用供应方磷渣时,应按第4章所有要求进行验收检验;正常使用时,每年应至少检验进行一次。

附 录 A
（规范性附录）
粒化电炉磷渣容重的测定方法

A.1 仪器

A.1.1 容重仪

容重仪主要由漏斗、容重筒、底盘、三脚支架等四部分组成，如图 A.1 所示，容重筒容积为 1 L。漏斗可用铁皮，支架用 ϕ8 mm 圆钢，底盘用 2 mm 厚表面光滑的钢板制成。底盘、支架和漏斗三者可用焊接或铆接，漏斗口下表面距容重筒口上表面距离为 100 mm。

A.1.2 5 mm 圆孔筛

符合 GB/T 6003.2 要求。筛孔孔径为 5 mm，孔距为 4 mm，筛直径为 200 mm。

A.1.3 钢板尺

长度不小于 150 mm。

A.1.4 台秤

分度值不大于 10 g。

单位为毫米

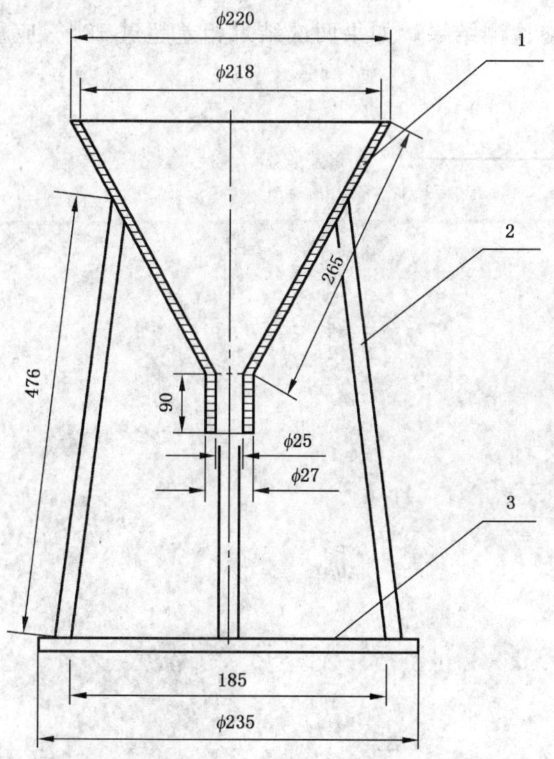

1——漏斗；
2——三脚支架；
3——底盘。

a) 容重仪漏斗、底盘和支架

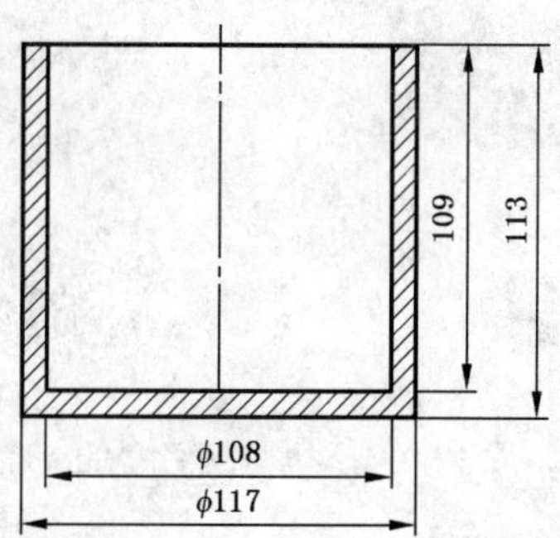

b) 容重筒

图 A.1 容重仪示意图

A.2 检测方法

A.2.1 取样

取不少于 2 kg 的磷渣样品在 105 ℃±5 ℃下烘干至恒重，再用 5 mm 圆孔筛去除大颗粒后检测容重。

A.2.2 检测

检测容重时，将容重仪放置在稳定的试验台上。将试样混合搅拌均匀，堵住漏斗下口，将磷渣样品倒入漏斗内。打开下料口，使磷渣自然落入容量筒中。磷渣装满后，用钢板尺刮掉多余磷渣，称量装满磷渣的容重筒质量。

A.2.3 计算

按公式(A.1)计算磷渣容重，计算结果保留二位小数。

$$r=\frac{G_1-G_0}{V}\times 1\,000 \qquad \cdots\cdots (A.1)$$

式中：

r——磷渣容重，单位为千克每立方米(kg/m^3)；

G_1——装满磷渣的容重筒质量，单位为千克(kg)；

G_0——容重筒质量，单位为千克(kg)；

V——容重筒容积，单位为升(L)。

A.2.4 结果处理

平行两次试验，取两次试验结果的平均值为最终检测结果。如果两次结果相差超过 10%，应重新进行试验。

ICS 73.080
Q 61

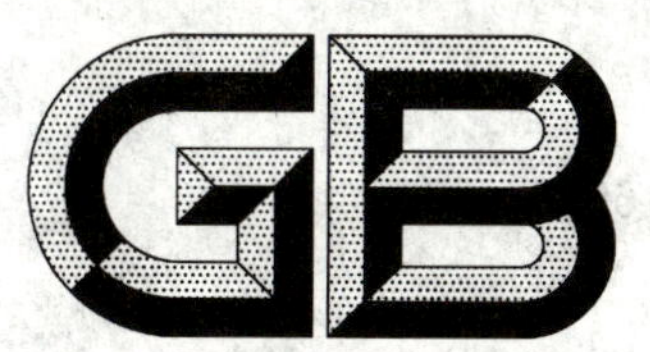

中华人民共和国国家标准

GB/T 6646—2008
代替 GB/T 6646.1～6646.6—1986,GB/T 8073—1987

温石棉试验方法

Chrysotile asbestos test methods

2008-08-20 发布　　　　2009-04-01 实施

中华人民共和国国家质量监督检验检疫总局
中国国家标准化管理委员会　发布

前　言

本标准代替 GB/T 6646.1—1986《温石棉纤维干式分级方法》、GB/T 6646.2—1986《温石棉纤维长度湿式分级方法》、GB/T 6646.3—1986《温石棉纤维长度快速湿式分级方法》、GB/T 6646.4—1986《温石棉比表面积测定方法》、GB/T 6646.5—1986《温石棉中砂粒与未解离温石棉含量测定方法》、GB/T 6646.6—1986《温石棉水分测定方法》、GB/T 8073—1987《温石棉松解度湿式测定方法》七个标准。

本标准与上述标准相比，本标准主要做了如下修改：

——将上述七个标准整合为一个标准；

——增加了试验筛筛网的质量要求；

——增加了试验用水的质量要求；

——增加了细粉含量快速测定方法；

——增加了砂粒含量测定方法；

——增加了松散密度测定方法。

本标准的附录 A、附录 B 均为资料性附录。

本标准由中国建筑材料工业联合会提出。

本标准由全国非金属矿产品及制品标准化技术委员会(SAC/TC 406)归口。

本标准起草单位：咸阳非金属矿研究设计院。

本标准主要起草人：覃东萍、王继生。

本标准所代替标准的历次版本发布情况：

——GB/T 6646.1—1986；

——GB/T 6646.2—1986；

——GB/T 6646.3—1986；

——GB/T 6646.4—1986；

——GB/T 6646.5—1986；

——GB/T 6646.6—1986；

——GB/T 8073—1987。

温石棉试验方法

1 范围

本标准规定了温石棉产品的干式分级和夹杂物含量测定方法、湿式分级方法、快速湿式分级方法、比表面积测定方法、砂粒与未松解温石棉含量测定方法、水分测定方法、松解棉含量测定方法、细粉含量快速测定方法、砂粒含量测定方法、松散密度测定方法。

本标准适用于机选温石棉产品质量的检测。其他纤维矿物也可参照采用。

2 引用标准

下列文件中的条款通过本标准的引用而成为本标准的条款。凡是注日期的引用文件,其随后所有的修改单(不包括勘误的内容)或修订版均不适用于本标准,然而,鼓励根据本标准达成协议的各方研究是否可使用这些文件的最新版本。凡是不注日期的引用文件,其最新版本适用于本标准。

GB/T 6003.1 金属丝编织试验筛

GB 8072 温石棉取样、制样方法

3 通用要求

3.1 除干式分级方法外,其他试验方法所用筛网,均应符合 GB/T 6003.1 的要求。

3.2 所有试验用水,水温均为 11 ℃～31 ℃,水中不得含有肉眼可见的砂、杂质和浮游物。

4 试验方法

4.1 干式分级和夹杂物含量测定方法

4.1.1 设备仪器

a) 温石棉纤维分级筛:F500-Ⅰ型;转速:300 r/min;筛网孔径和筛丝直径见表 1。

表 1 F500-I 型分级筛筛网要求

单位为毫米

项 目	第 一 层	第 二 层	第 三 层
筛网孔径	12.5×12.5	4.75×4.75	1.40×1.40
筛丝直径	ϕ2.65±0.04	ϕ1.6±0.02	ϕ1.18±0.015

b) 天平:载荷不小于 1 000 g,分度值不大于 1.0 g 一台;

载荷不小于 50 g,分度值不大于 0.01 g 一台;

c) 镊子。

4.1.2 试样制备

按 GB 8072 制备 500 g 的试样两个。试样水分不得超过 3%,若超过,按本标准 4.6 烘干。

4.1.3 试验步骤

4.1.3.1 调整温石棉纤维分级筛的计数器,使最终结果为 600 r±0.5 r。

4.1.3.2 把筛箱按顺序放在筛架上。应保证排列整齐,上下套正。

4.1.3.3 将试样置于容器中,用 GB 8072 中的调理机调理至充分松散。沿筛箱长度方向均匀倒入筛箱中。

4.1.3.4 盖上筛盖,旋紧手轮。

4.1.3.5 启动机器，运转到自动停车为止。

4.1.3.6 取下筛箱，分别收集并称量各号筛箱里的筛余物或者物料。将结果记入试验记录表。

4.1.3.7 将各号筛箱里的筛余物或者物料分别摊开，用镊子拣净其中的夹杂物，用分度值不大于0.01 g的天平集中称量夹杂物。将结果记入试验记录表。

4.1.3.8 重复4.1.3.1～4.1.3.7步骤，连续进行两次试验。

4.1.4 结果计算

4.1.4.1 各号筛箱里的筛余物或者物料的质量分数按式(1)计算，保留一位小数。

$$N_i = \frac{m_i}{M} \times 100 \qquad \cdots\cdots (1)$$

式中：

N_i——干式分级各号筛箱里的筛余物或者物料质量分数，%；

m_i——各号筛箱里的筛余物或者物料的质量，单位为克(g)；

M——试样质量，单位为克(g)。

4.1.4.2 夹杂物质量分数按式(2)计算，保留三位小数。

$$N_{杂} = \frac{m_{杂}}{M} \times 100 \qquad \cdots\cdots (2)$$

式中：

$N_{杂}$——夹杂物质量分数，%；

$m_{杂}$——夹杂物合并质量，单位为克(g)；

M——试样质量，单位为克(g)。

4.1.4.3 干式分级两次试验结果符合表2的规定，则取其算术平均值作为报告值。否则，应重新制备试样，进行试验。

表2 干式分级允许误差

单位为克

各号筛箱筛余物及满底质量	两次试验结果之间允许误差值
≥150	≤15
<150	≤10

4.2 湿式分级方法

4.2.1 方法概述

本方法是将一定量的温石棉试样分散于水中，在附加水流作用下，流经装有不同孔径筛板的分级槽。在搅拌器作用下，分级槽内的水形成旋涡运动，使温石棉纤维呈悬浮状态，大于筛孔的温石棉纤维留在该槽；小于筛孔的温石棉纤维进入下一分级槽，完成分级。

试样总质量减去各分级槽中纤维的累积量，得出−0.075 mm细粉含量。

4.2.2 试样制备

4.2.2.1 按GB 8072制备10.5 g或21.0 g的试样三个。试样中不得含有砂粒和夹杂物。

4.2.2.2 将试样放入干燥箱内，在105 ℃～110 ℃下干燥至恒重，移入干燥器中冷却至室温，准确称取10 g或20 g试样，装入样品袋。

4.2.3 仪器设备

a) XSF-10纤维湿式分级机；

b) 抽滤装置

c) 天平：感量不大于0.001 g；

d) 干燥箱：0 ℃～250 ℃；

e) 干燥器；

f) 滤纸：直径为 210 mm 的快速定量滤纸；

g) 空压机；

h) 秒表；

i) 烧杯：1 000 mL；

j) 温度计：0 ℃～50 ℃；

k) 镊子；

l) 500 mL 洗瓶。

4.2.4 试验条件

4.2.4.1 水流量：约 190 mL/s；

4.2.4.2 搅拌器转速：540 r/min；

4.2.4.3 各分级槽筛板的筛网孔径、试样量和分级时间见表 3。

表 3 筛网孔径、试样量和分级时间表

试样等级	筛板的筛网孔径/mm				试样量/g	分级时间/min
	一 槽	二 槽	三 槽	四 槽		
3,4,5	4.75	1.18	0.43	0.075	10±0.001	20
6	1.18	0.43	0.15	0.075	20±0.001	20

4.2.5 试验步骤

4.2.5.1 将试样放入盛水 800 mL 的烧杯中浸泡 9 min，用玻璃棒搅拌 1 min，使纤维分散。

4.2.5.2 将筛板按顺序装入各个分级槽内，并向密封管充气。

4.2.5.3 关闭真空吸盘的排水阀，并将真空吸盘接到水槽下面的排水口上。在已知重量的滤纸上标记试样名称、滤纸重量，并把写字的一面朝下放在真空吸盘的托网上。

4.2.5.4 将塞杆插入分级槽排水口，启动搅拌器。开始给水，将水流量调整到略大于 190 mL/s。

4.2.5.5 将烧杯中的试样在 20 s～30 s 内全部倒入第一个分级槽内。从倒入试样开始计时。

4.2.5.6 分级 20 min 后，停止给水，关闭搅拌器。待各槽溢流停止后，抽出塞杆和筛板。将真空吸盘排水口接在抽滤装置上，打开排水阀，开始过滤，依次排净每一槽内的水。同时用洗瓶将粘附在筛板和分级槽上的所有物质都冲洗到各自槽内的真空吸盘的滤纸上。

4.2.5.7 从真空吸盘内取出带有湿纤维的滤纸，放入干燥箱内，在 105 ℃～110 ℃下干燥至恒重。移入干燥器中冷却到室温，分别称量并记录。

4.2.5.8 重复 4.2.5.1～4.2.5.7 步骤，连续进行两次试验。

4.2.5.9 分级期间发现有堵塞现象，应及时用橡皮刮板轻轻清刷筛网，防止溢流出现。

4.2.6 结果计算

4.2.6.1 湿式分级各分级槽筛余物质量分数按式(3)计算，保留两位小数。

$$r_n = \frac{M_{n2} - M_{n1}}{M_0} \times 100 \qquad \cdots\cdots (3)$$

式中：

r_n——湿式分级各分级槽筛余物质量分数，%；

M_{n2}——湿式分级第 n 槽筛余物与滤纸合并质量，单位为克(g)；

M_{n1}——湿式分级第 n 槽滤纸质量，单位为克(g)；

n——湿式分级各分级槽序号，n 为 1～4；

M_0——试样原始质量，单位为克(g)。

4.2.6.2 湿式分级－0.075 mm 细粉质量分数按式(4)计算，保留两位小数。

$$r = 100 - (r_1 + r_2 + r_3 + r_4) \quad \cdots\cdots (4)$$

式中：

r——湿式分级－0.075 mm 细粉质量分数，%；

r_1、r_2、r_3、r_4——分别为湿式分级第 1～4 分级槽筛余物质量分数，%。

4.2.6.3 湿式分级两次试验结果的对应分级槽筛余物质量分数绝对误差若不超过 5%，则取其算术平均值作为报告值。否则，应进行第三个试样的测定，以不超差的测定值计算试验结果。

4.3 快速湿式分级方法

4.3.1 方法概述

本方法是将一定量的温石棉试样分散于水中，在附加水流作用下，流经等距垂直安装在同一竖轴上的不同孔径的筛子，筛子作水平旋转，使温石棉纤维呈悬浮状态，大于筛孔的温石棉纤维留在筛上；小于筛孔的温石棉纤维进入下一层筛，完成分级。

试样总质量减去各层筛余量的总和，得出－0.075 mm 细粉含量。

本方法适用于 3 级～6 级机选温温石棉纤维。

4.3.2 试样制备

4.3.2.1 按 GB 8072 制备约 2.2 g 的试样三个。试样中不得含有砂粒和夹杂物。

4.3.2.2 将试样放入干燥箱内，在 105 ℃～110 ℃下干燥至恒重，移入干燥器中冷却至室温，准确称取 2 g 试样，装入样品袋。

4.3.3 仪器设备

a) XSF-2 纤维快速湿式分级机；

b) 天平：感量不大于 0.001 g；

c) 干燥箱：0 ℃～250 ℃；

d) 干燥器；

e) 秒表；

f) 烧杯：500 mL；

g) 温度计：0 ℃～250 ℃；

h) 镊子；

i) 洗瓶。

4.3.4 试验条件

4.3.4.1 水流量：81 mL/s±2 mL/s。

4.3.4.2 恒压水箱排水口距第一层筛子上进水管口的高差至少为 2 m。分级机转动时筛子内水面保持高于筛面 15 mm～18 mm。

4.3.4.3 搅拌器冲程：60.3 mm～63.5 mm。搅拌器末端与筛网之间的间隙为 1.5 mm～2.4 mm。

4.3.4.4 各筛盘筛网孔径从上至下分别为 2.36 mm、1.18 mm、0.60 mm、0.30 mm、0.075 mm。

4.3.4.5 分级时间：5 min。

4.3.5 试验步骤

4.3.5.1 将试样放入盛水 400 mL 的烧杯中浸泡 4 min，再用玻璃棒搅拌 1 min，使纤维得到分散。

4.3.5.2 将已知重量的筛盘按顺序装入各筛框内，扭紧筛框，检查是否漏水。并将直径为 200 mm、孔径为 0.075 mm 的标准筛筛网润湿后，装在分级机底座顶部凹座内。

4.3.5.3 打开水阀、启动机器，将水流量调到 81 mL/s，调整筛子内的水面高度。

4.3.5.4 将烧杯中的试样在 20 s～25 s 内分三次全部倒入最上层筛子内。从加料开始计时。

4.3.5.5 筛子运转 5 min 后，关闭水阀。用洗瓶将粘附在筛框上的纤维冲洗到筛盘上，锥体部分的附着纤维冲至下层筛盘上,待各筛盘水全部流完后停机。扭松筛框,取出带有湿纤维的筛盘。

4.3.5.6 将带有湿纤维的筛盘放入干燥箱内,在 105 ℃～110 ℃下干燥至恒重。移入干燥器中冷却至室温,分别称量并记录。

注:如果无备用筛盘,可将筛盘上湿纤维分别用镊子取下,放入已作标记的各个样品盒内,在 105 ℃～110 ℃下干燥至恒重。移入干燥器中冷却至室温,分别称量并记录。

4.3.5.7 重复 4.3.5.1～4.3.5.6 步骤,连续进行两次试验。

4.3.6 结果计算

4.3.6.1 快速湿式分级各筛盘筛余物质量分数按式(5)计算,保留两位小数。

$$\rho_n = \frac{M_{kn2} - M_{kn1}}{M_0} \times 100 \quad \cdots\cdots (5)$$

式中:

ρ_n——快速湿式分级各筛盘筛余物质量分数,%;

M_{kn2}——快速湿式分级第 n 个筛盘筛余物与该筛盘合并质量,单位为克(g);

M_{kn1}——快速湿式分级第 n 个筛盘质量,单位为克(g);

n——快速湿式分级各筛盘序号,n 为 1～5;

M_0——试样原始质量,单位为克(g)。

4.3.6.2 快速湿式分级－0.075 mm 细粉质量分数按式(6)计算,保留两位小数。

$$\rho = 100 - (\rho_1 + \rho_2 + \rho_3 + \rho_4 + \rho_5) \quad \cdots\cdots (6)$$

式中:

ρ——快速湿式分级－0.075 mm 细粉质量分数,%;

ρ_1、ρ_2、ρ_3、ρ_4、ρ_5——分别为快速湿式分级第 1～5 个筛盘筛余物质量分数,% 。

4.3.6.3 快速湿式分级两次试验结果的对应筛盘筛余物质量分数绝对误差若不超过 3%,则取其算术平均值作为报告值。否则,应进行第三个试样的测定,以不超差的测定值计算试验结果。

4.4 比表面积测定方法

4.4.1 方法概述

本方法是根据定量空气透过空隙度一定的试样层所需时间来测定试样的比表面积。试样层中空隙数量和大小是试样纤维尺寸的函数,它决定空气透过试样层所受阻力。试样比表面积越大,试样层中孔隙越细、越多,通过的空气所受阻力越大,透气时间越长。

本方法测量范围为 20 dm^2/g～400 dm^2/g。

4.4.2 试样制备

4.4.2.1 按 GB 8072 制备约 55 g 的试样三个。试样中不得含有砂粒和夹杂物。

4.4.2.2 将试样放入干燥箱内,在 105 ℃～110 ℃下干燥至恒重,移入干燥器中冷却至室温,准确称取 50 g 的试样,装入塑料袋内。

4.4.2.3 用手捏住装有试样的塑料袋口,反复摇动,直至试样中没有团、块为止。

4.4.3 仪器设备

a) TQ-1A 型比表面积测定仪。主要由样筒组件、止回阀、微型真空泵、压力计组件、计时器等部分组成(其构造原理见图 1);
b) 天平:感量不大于 0.01 g;
c) 捣实器;
d) 装样漏斗;
e) 缩分簸箕;
f) 装样簸箕。

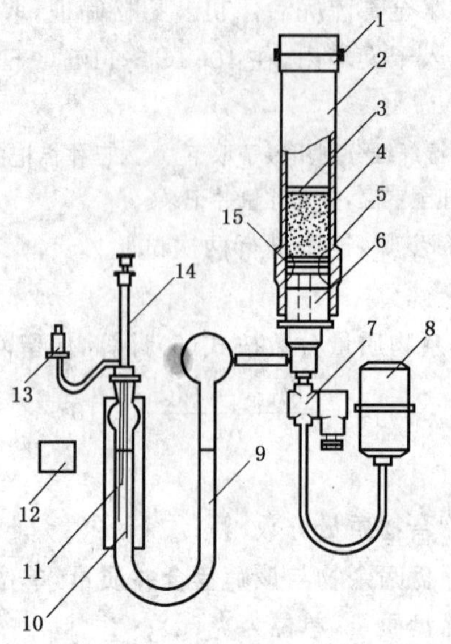

1——压紧盖；
2——样筒体；
3——盖板；
4——试样层；
5——孔板；
6——止回阀座；
7——止回阀；
8——真空泵；
9——压力计；
10——长电极；
11——中长电极；
12——计时器；
13——插头；
14——可调电极；
15——环台。

图 1 比表面积测定仪构造原理图

4.4.4 仪器校准

4.4.4.1 漏气检查

比表面积测定仪在标定或使用之前必须检查空气流经管路是否漏气。检查方法是用软橡胶塞代替样筒压紧盖。开动真空泵加负压，当压力计中液面降至长电极端点以下 20 mm 之内时，停止真空泵。如果 300 s 后液面仍保持不动或 600 s 时液面回升小于 2.5 mm 均为正常。否则，要找出漏气处加以密封。

4.4.4.2 样筒有效容积的测定

用精度不低于 0.02 mm 的量具测量样筒每个组件的尺寸，计算出样筒有效容积。若所测容积超过 65 475 mm^3 ±650 mm^3 时，必须更换样筒或其他不符合标准的组件。样筒有效容积每隔半年应校核一次。

4.4.4.3 仪器常数的确定

按本方法测定已知比表面积的温石棉试样的透气时间。按 4.4.6.2 计算相应的仪器常数 K 值。再用另外一个已知比表面积的温石棉试样重复测定并计算仪器常数 K 值。取两个试样的算术平均值为本比表面积测定仪的仪器常数，其误差不得超过 1%。

注 1：已知比表面积温石棉试样可由国家非金属矿制品质量监督试验中心获得。

注2：当样筒有效容积发生变化、更换压力计或不同批次滤纸时，都应重新测定仪器常数。

4.4.5 试验步骤

4.4.5.1 将孔板和滤纸放在样筒的环台上。

4.4.5.2 将制备好的试样倒在平台上，混匀后分为大致相等的四份，分四次装入样筒。填装时，注意使物料层平匀，而后进行适当捣实，不应使试样层的空隙度小于70%。

4.4.5.3 在试样层的上面再放一张滤纸，将盖板的网面向下盖在滤纸上，加压旋紧压紧盖。

4.4.5.4 将装好试样的样筒安装在止回阀座上，加压拧紧，但压力不应过大。

4.4.5.5 开动真空泵，计时器自动回零。待压力计液面降至长电极下端时，立即停止真空泵，测定即开始自动进行。计时器上显示出试样的透气时间。每个试样重复测定三次。

4.4.5.6 重复4.4.5.1～4.4.5.5步骤，连续进行两次试验。

注：滤纸不得重复使用。

4.4.6 结果计算

4.4.6.1 试样透气时间的计算

时间读数精确到0.1 s。每个试样的透气时间取三个读数的算术平均值为测定结果。每个读数与算术平均值的相对误差不得大于2%。否则，应重新测定。

4.4.6.2 比表面积的计算

将每个试样透气时间的算术平均值代入式(7)计算其比表面积值：

$$S=\frac{K}{P}\sqrt{\frac{e^3}{(1-e)^2}}\times\sqrt{\frac{1}{\mu}}\times\sqrt{T} \quad \cdots\cdots (7)$$

式中：

S——温石棉试样的比表面积，单位为平方分米每克(dm^2/g)；

K——本比表面积测定仪的仪器常数，根据已知比表面积的温石棉试样测定计算得出；

P——试样的真密度，单位为克每立方厘米(g/cm^3)；

e——试样层的空隙度，e=1－试样质量/(试样体积×试样密度)，计算时可查附录A；

μ——试验温度下的空气粘度，单位为泊(P)。常温空气粘度及其$\sqrt{\frac{1}{\mu}}$数值在附录B给出；

T——透气时间，单位为秒(s)。

4.4.6.3 试验结果的计算

取两个试样比表面积的算术平均值为试验的最终结果。每个试样的比表面积值与算术平均值的相对误差应小于2%。否则，应进行第三个试样的测定，以不超差的测定值计算试验结果。

4.5 砂粒与未松解温石棉含量测定方法

4.5.1 方法概述

本方法是在一定试验条件下，一定量的温石棉试样经过速度为1.4 m/min的上升水流淘析，细粉与松解温石棉随上升水流溢走，砂粒与未松解温石棉由于沉降末速大而滞留于淘析管中。

本方法适用于3级～7级机选温石棉中砂粒与未松解温石棉含量的测定。

4.5.2 试样制备

4.5.2.1 按GB 8072制备约10.5 g的试样三个。在制备试样时，应将较大砂粒拣出称量，最终计算砂粒含量时按比例加入各试样中。试样中不得含有夹杂物。

4.5.2.2 将试样放入干燥箱内，在105 ℃～110 ℃下干燥至恒重，移入干燥器中冷却至室温，准确称取10 g试样，装入样品袋。

4.5.3 仪器设备

a) 淘析装置，见图2。淘析管内径70 mm，高度1 220 mm；

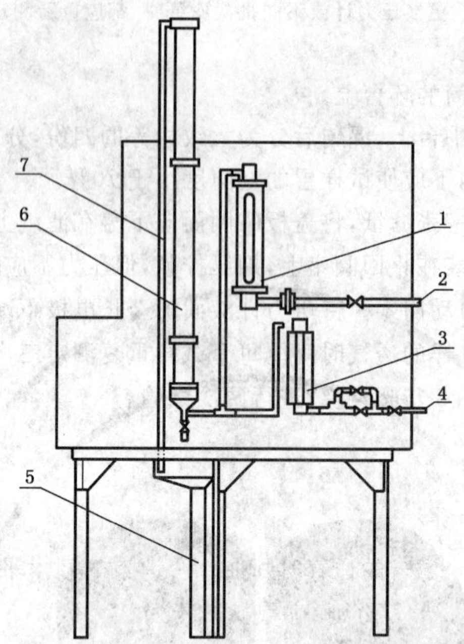

1——水流量计；

2——进水管；

3——气流仪；

4——进气管；

5——排水管；

6——淘析管；

7——出水管。

图 2 淘洗装置构造原理图

b) 真空过滤装置；

c) 天平：感量不大于 0.001 g；

d) 干燥箱：0 ℃～250 ℃；

e) 干燥器；

f) 滤纸：定量快速滤纸；

g) 空气压缩机；

h) 秒表；

i) 烧杯；

j) 镊子。

4.5.4 试验条件

4.5.4.1 水流量：324 L/h±1 L/h；

4.5.4.2 淘析气流量：约 50 mL/min；

4.5.4.3 淘析时间：14 min。

4.5.5 试验步骤

4.5.5.1 打开进水阀向淘析管中加水约二分之一，关闭进水阀。

4.5.5.2 将试样放入盛有 200 mL～400 mL 水的浇杯中，用玻璃棒轻轻搅动，使其分散。然后由上端全部倒入淘析管中。

4.5.5.3 打开进气阀，往淘析管中通气 1 min，使其充分松散。

4.5.5.4 将气量调至 50 mL/min。然后打开进水阀，将水量调至 210 L/h。待淘析管上端出现溢流时，开始计时。9 min 后，关闭进气阀，将水量调至 324 L/h。5 min 后，关闭进水阀。

4.5.5.5 打开淘析管下部阀门接出沉聚的砂粒与未松解温石棉，将其倒入装有已知质量滤纸的装置上过滤。

4.5.5.6 将带有砂粒与未松解温石棉的滤纸，放入干燥箱内，在105 ℃～110 ℃下干燥至恒重，移入干燥器中冷却至室温，称量并记录。

4.5.5.7 用毛刷将砂粒与未松解温石棉从滤纸刷到平板玻璃上，用镊子拣出砂粒。剩余物为未松解温石棉。

4.5.5.8 将砂粒置于原滤纸中干燥至恒重，移入干燥器中冷却至室温，称量并记录。

4.5.5.9 重复4.5.5.1～4.5.5.8步骤，连续进行两次试验。

4.5.6 结果计算

未松解温石棉含量和砂粒含量分别按式(8)和式(9)计算，保留三位小数。

$$X=\frac{M_1-M_2}{M_0}\times 100 \qquad \cdots\cdots(8)$$

$$Y=\frac{M_2-M_3}{M_0}\times 100 \qquad \cdots\cdots(9)$$

式中：

X——未松解温石棉含量质量分数，%；

Y——砂粒含量质量分数，%；

M_1——未松解温石棉、砂粒、滤纸总质量，单位为克(g)；

M_2——砂粒和滤纸质量，单位为克(g)；

M_3——滤纸质量，单位为克(g)；

M_0——试样质量，单位为克(g)。

取两个试样测定值的算术平均值为试验的最终结果。每个试样的未松解温石棉含量和砂粒含量值与算术平均值的相对误差应小于10%，否则，应进行第三个试样的测定，以不超差的测定值计算试验结果。

4.6 水分测定方法

4.6.1 水分天平法

4.6.1.1 试样制备

按GB 8072采取混合试样。然后从该混合试样的不同部位点取约100 g试验样品，迅速放入密闭容器内，以备进行水分测定。

4.6.1.2 仪器设备

a) 水分天平：感量不大于0.001 g；温度控制范围90 ℃～120 ℃；

b) 计时器。

4.6.1.3 试验步骤

4.6.1.3.1 调节水分天平，使其保持水平。

4.6.1.3.2 接通电源，开启天平，调节调零旋钮使“00”位线与准线重合。

4.6.1.3.3 从水分试验样品中夹取约10 g试样，均匀地摊在水平秤盘上，准确称量并记录。作为干燥前试样质量。

4.6.1.3.4 关闭烘炉，闭合烘炉开关，同时开启天平，调节控温旋钮，使烘炉内温度稳定到105 ℃～115 ℃。

4.6.1.3.5 随着试样中水分的蒸发，水分天平读数减小。试样失水100 mg时，关闭天平，加上100 mg砝码，使天平恢复平衡，如此重复。15 min后记录一次烘干后的试样质量。以后每2 min记录一次，直至2 min内读数不超过2 mg。以最后一次读数为干燥后的试样质量。

4.6.1.3.6 关闭天平，切断电源，打开烘炉，取出试样。

4.6.1.3.7 重复4.6.1.3.1～4.6.1.3.6，测定两个平行试样。

4.6.1.4 结果计算

温石棉中水分的含量(质量分数)w(%)按式(10)计算，保留小数点后两位数字。

$$w=\frac{M-M_4}{M}\times 100 \tag{10}$$

式中：

M——干燥前试样质量，单位为克(g)；

M_4——干燥后试样质量，单位为克(g)。

以两个平行试样测定结果的算术平均值，作为温石棉试样的水分含量报告值。两次测定水分含量的绝对误差不得超过0.3%，否则应进行第三个平行试样的测定，以不超差的两个测定结果的平均值作为报告值。

4.6.2 干燥箱法

4.6.2.1 试样制备

按GB 8072制备约50 g试验样品两个，迅速放入密闭容器内，以备进行水分测定。

4.6.2.2 仪器设备

a) 干燥箱：0 ℃～250 ℃；

b) 天平：感量为0.001 g；

c) 干燥器。

4.6.2.3 试验步骤

4.6.2.3.1 干燥、称量并记录空样盒的质量；

4.6.2.3.2 从密闭容器中取出试样，迅速放入样盒内摊平；

4.6.2.3.3 立即称量并记录干燥前试样与样盒总质量；

4.6.2.3.4 将盛有样品的样盒放入温度为105 ℃～115 ℃的干燥箱内，干燥至恒重，移入干燥器中冷却至室温；

4.6.2.3.5 称量并记录干燥后试样与样盒总质量。

4.6.2.3.6 重复4.6.2.3.1～4.6.2.3.5，测定两个平行试样。

4.6.2.4 结果计算

温石棉中水分的含量(质量分数)w(%)按式(11)计算，保留小数点后两位数字。

$$w=\frac{M_6-M_7}{M_6-M_5}\times 100 \tag{11}$$

式中：

M_5——空样盒的质量，单位为克(g)；

M_6——干燥前试样与样盒总质量，单位为克(g)；

M_7——干燥后试样与样盒总质量，单位为克(g)。

以两个试样的算术平均值作为温石棉水分百分含量的报告值。

4.7 松解棉含量测定方法

4.7.1 方法概述

本方法是将分散在水中的定量温石棉纤维置于上升水速一定的容器中，由于松解度不同的温石棉纤维和细粉，在水流作用下运动状况不同而被分离成几个不同的组分，以各组分所占试样总量的比例来表示温石棉松解度的大小。

4.7.2 试样制备

4.7.2.1 按GB 8072制备约3 g的试样三个。试样中不得含有砂粒和夹杂物。

4.7.2.2 将试样放入干燥箱内，在105 ℃～110 ℃下干燥至恒重，移入干燥器中冷却至室温。

4.7.2.3 准确称取 2.5 g 试样，装入塑料袋内。

4.7.3 仪器设备

a) 温石棉纤维松解度湿式测定仪：主要由沉降筒、收集器、搅拌装置、给排水管及机架组成，其结构图见图 3。沉降筒中的筛板孔径为 0.063 mm，直径为 100 mm；收集器中的筛子孔径为 0.075 mm，直径为 200 mm。

b) 天平，感量 0.001 g；

c) 恒温干燥箱，0 ℃～250 ℃；

d) 干燥器；

e) 样盒；

f) 烧杯；

g) 盛水容器。

1——搅拌装置；

2——流量计；

3——沉降容器；

4——沉降容器座；

5——淘析器；

6——筛架；

7——筛子。

图 3 温石棉纤维松解度湿式测定仪简图

4.7.4 试验条件

4.7.4.1 水流量：295 L/h±5 L/h；

4.7.4.2 淘析时间：60 min±1 min。

4.7.5 试验步骤

4.7.5.1 将称量过的一个试样倒入装有 400 mL 水的烧杯中，浸泡 4 min，搅拌 1 min。

4.7.5.2 在浸泡试样的同时，将孔径为 0.063 mm 的筛板润湿，安放在沉降筒底部的橡胶垫圈上，拧紧该筒体，使溢流水正好落到淘析筒进口的斜面上。

4.7.5.3 关闭沉降筒下面的排水阀，将兼作搅拌棒的进水管尽可能低地放进沉降筒。打开控水阀，用手指堵住辅助供水管的出口片刻，排除搅拌棒进水管中的空气。当沉降筒中注满三分之一水时，关闭控水阀。

4.7.5.4 将浸泡过的试样，倒入沉降筒，并将烧杯冲洗干净。打开控水阀，调整水流量为 295 L/h。开动搅拌棒，开始计时。当每个容器充满水时，必须确保水在每个容器周边均匀溢流，否则，用手指湿润容器周边，消除表面张力。

4.7.5.5 在开始测试的 10 min 内，注意收集器上筛子里纤维，用橡胶刮具将过多的松解纤维集中在筛的一边，防止筛孔堵塞，产生溢流。

4.7.5.6 60 min 后，关闭搅拌电机，将搅拌棒提起，使它位于容器溢流口下约 25 mm 处。打开沉降筒下的排水阀，关小控水阀，使流量为 90 L/h。当沉降筒中水排空时，完全关闭控水阀。

4.7.5.7 拧开沉降筒体，取出带有未松解棉和细砂的筛板待干燥。将沉降筒放回原处，但不要拧紧。如产物中有少量明显松解的纤维应取出，与松解的纤维产物放在一起。注意不要把未松解的与松解的温石棉纤维一起拿出。

4.7.5.8 将收集器筛子中的松解棉取出，放入样盒，待干燥。

4.7.5.9 把盛水容器放在淘析筒下面，轻轻打开阀门，使半松解棉和水迅速排出。把盛水容器里的物料倒入收集器筛子中过滤，最后将留在过滤筛上的半松解棉放入样盒待干燥。

4.7.5.10 把以上三个产物置入温度为 105 ℃～110 ℃的干燥内，烘干至恒重，移入干燥器中冷却至室温，称量并记录。

4.7.5.11 重复 4.7.5.1～4.7.5.11 步骤，测定两个平行试样。

4.7.6 结果计算

4.7.6.1 未松解棉和砂、半松解棉、松解棉质量分数分别按式(12)、式(13)和式(14)计算，保留两位小数。

$$B_{未} = \frac{m_{未}}{M_0} \times 100 \qquad \cdots\cdots (12)$$

$$B_{半} = \frac{m_{半}}{M_0} \times 100 \qquad \cdots\cdots (13)$$

$$B_{松} = \frac{m_{松}}{M_0} \times 100 \qquad \cdots\cdots (14)$$

式中：

$B_{未}$、$B_{半}$、$B_{松}$——分别为未松解棉和砂、半松解棉、松解棉的质量分数，%；

$m_{未}$、$m_{半}$、$m_{松}$——分别为未松解棉和砂、半松解棉、松解棉三个产物干燥后的质量，单位为克(g)；

M_0——试样质量，单位为克(g)。

4.7.6.2 松解度湿式测定法所得－0.075 mm 细粉含量(质量分数)$\omega_{尘}$(%)按式(15)计算，保留两位小数。

$$\omega_{尘} = 100 - (B_{未} + B_{半} + B_{松}) \qquad \cdots\cdots (15)$$

4.7.6.3 两次试验结果的对应产物质量分数绝对误差若不超过 3%，则取其算术平均值作为报告值。否则，应进行第三个试样的测定，以不超差的两个测定值的算术平均值报告结果。

4.8 细粉含量快速测定方法

4.8.1 方法概述

用一定压力的水通过专用喷嘴冲洗筛面上纤维，将留在筛上的纤维干燥并称重，计算试样重量损失百分数，作为细粉含量结果。

4.8.2 试样制备

4.8.2.1 按 GB 8072 制备 11 g 的试样三个。试样中不得含有砂粒和夹杂物。

4.8.2.2 将试样放入干燥箱内，在 105 ℃～110 ℃下干燥至恒重，移入干燥器中冷却至室温。

4.8.2.3 准确称取 10 g 试样，装入塑料袋内。

4.8.3 **仪器设备**

a) 标准筛:直径 200 mm,筛孔为 0.075 mm。标准筛应带有孔径为 1.68 mm 的托网,还应有防溅用的筛框及排水用的筛座;

b) 供水系统应能保证提供 138 kPa 洁净的恒压水流。直径 6 mm～13 mm 的软压力管,以便喷嘴悬挂于筛面 127 mm±7 mm 的标高上;

c) 喷水嘴,如图 4 所示;

单位为毫米

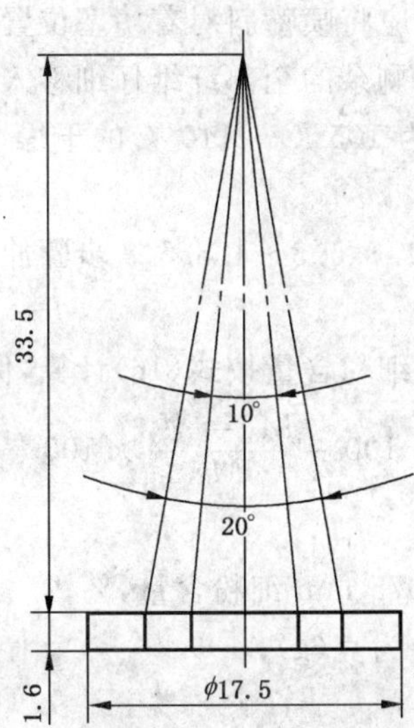

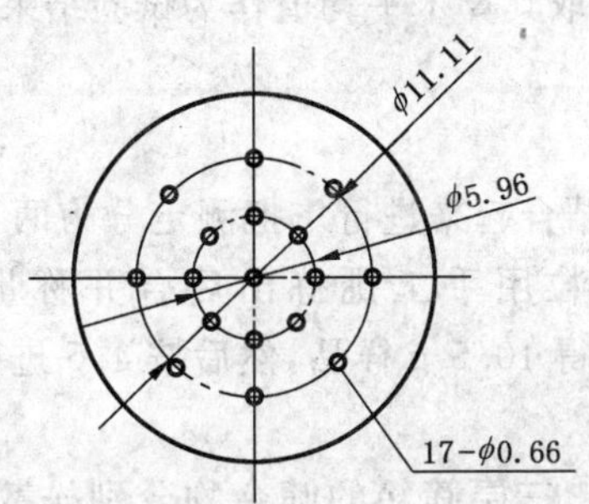

图 4 喷水嘴结构图

d) 具有一定湿强度的定量快速滤纸;

e) 恒温干燥箱,0 ℃～250 ℃;

f) 天平,感量不大于 0.01 g;

g) 秒表;

h) 500 mL 烧杯、洗瓶各一只。

4.8.4 **试验条件**

4.8.4.1 水压:138 kPa±7 kPa;

4.8.4.2 水流量:82 mL/s±5 mL/s;

4.8.4.3 冲洗时间:120 s±5 s。

4.8.5 **试验步骤**

4.8.5.1 调节水流速,使压力表的表压为 138 kPa。

4.8.5.2 用量筒收集喷嘴的排水，测定 2 L 水流经喷嘴所需时间必须在 23 s～26 s 之间，否则应进行调整。

4.8.5.3 试验装置调试好后，将清洁的标准筛放在筛座上，打开供水阀，用喷嘴使筛面全部润湿。

4.8.5.4 将试样放入盛水 400 mL 的烧杯中浸泡 4 min，再用玻璃棒搅拌 1 min 后，立即在 15 s 内全部倒入标准筛。

4.8.5.5 在试样倒入标准筛的同时，开始计时，并旋转喷嘴进行冲洗，冲洗中喷嘴保持离筛面 127 mm±7 mm，应使喷嘴反时针和顺时针交替作圆形运动，以使纤维得到彻底和均匀冲洗。

4.8.5.6 筛面上如有积水表明筛网堵塞，应将喷嘴斜对着堵塞位置冲洗，克服堵塞。

4.8.5.7 冲洗 120 s，停止给水，将筛网上剩余的全部纤维仔细移入已知质量的滤纸上。

4.8.5.8 将滤纸和筛余物一并置入温度为 105 ℃～110 ℃的干燥内，烘干至恒重，移入干燥器中冷却至室温，称量并记录。

4.8.5.9 正、反面冲洗清洁标准筛，重复 4.8.5.3～4.8.5.8 步骤冲洗第二个样品。

4.8.6 结果计算

细粉含量快速测定法所得-0.075 mm 细粉含量按式(16)计算，保留一位小数。

$$R = 100 - \frac{M_8 - M_3}{M_0} \times 100 \quad \cdots\cdots (16)$$

式中：

R——细粉含量快速测定法所得－0.075 mm 细粉含量，%；

M_8——干燥后滤纸与筛余物质量，单位为克(g)；

M_3——滤纸质量，单位为克(g)；

M_0——试样质量，单位为克(g)。

如果两个样品的筛余物质量之差超过 0.2 g，则应用第三个样品进行再次测试。取筛余物质量之差不大于 0.2 g 的两个样品进行计算，取其算术平均值作为试验结果报告值。

4.9 砂粒含量测定方法

4.9.1 方法概述

本方法是将本标准 4.1 和 4.5 结合起来进行。把测定分为两个阶段，第一阶段是按 4.1 测定时将第一、二、三层箱的筛余物中的砂粒用手工挑拣出后合并称量；第二阶段是将按 4.1 测定时的－1.40 mm 物料(满底)用四分法制得 10.5 g 样品，然后按 4.5 进行测定。

4.9.2 试验步骤

4.9.2.1 在按 4.1 试验时，将一、二、三层筛箱的筛余物分别松散摊开，手工挑拣出其中的砂粒，合并称量。

4.9.2.2 将 4.1 试验时的－1.40 mm 物料(满底)称量并记录。然后混匀，用四分法将其缩制约10.5 g 样品，然后 4.5 规定测定砂粒含量。

4.9.3 结果计算

砂粒含量按式(17)计算，保留三位小数。

$$\lambda = \frac{W_s + (Y \times m_4)}{M} \times 100 \quad \cdots\cdots (17)$$

式中：

λ——砂粒含量，%

W_s——按 4.1 试验时，一、二、三层筛箱的筛余物中手工拣出的砂粒合量，单位为克(g)；

Y——按 4.5 测定的砂粒含量，%；

m_4——按 4.1 试验时，－1.40 mm 物料(满底)的质量，单位为克(g)；

M——按 4.1 试验时，试样质量，单位为克(g)。

4.10 松散密度测定方法

4.10.1 方法概述

本方法是测定温石棉纤维在充分松散的状态下，每立方分米的质量，由此判断温石棉产品中的松解状况。

4.10.2 仪器设备

a) 用黄铜或者不锈钢制成的容器，容器内径 109 mm，外径 111 mm，高度 109 mm，容积 1 L；

b) 钢制斜槽，顶端宽度 120 mm，下端宽度 80 mm，斜槽长 250 mm；

c) 天平，感量不大于 0.01 g；

d) 恒温干燥箱，0 ℃～250 ℃；

e) 切刀，长 200 mm，宽 20 mm，厚 1 mm 的钢板。

4.10.3 试验步骤

4.10.3.1 按照 GB 8072 制备约 700 g 试样三个，用纤维调理机调理两遍，干燥至恒重后备用。

4.10.3.2 将干燥后的试样放入斜槽，手持斜槽，斜槽下端距离容器口 50 mm，使斜槽逐渐倾斜，分几个方向一次将试样全部倒入容器。容器充满后用切刀沿容器上沿刮去多余部分。

4.10.3.3 将容器中的纤维称量。

4.10.3.4 用第二个试样按 4.10.3.2 和 4.10.3.3 进行试验。

4.10.3.5 如果两个试样结果的绝对误差超过 20 g，应进行第三个试样的试验。

4.10.4 计算两个试样结果的平均数，即为该试样的松散密度。松散密度单位为 kg/m^3。

附 录 A
（资料性附录）
不同孔隙度所对应的$\sqrt{\frac{e^3}{(1-e)^2}}$数值

不同孔隙度所对应的$\sqrt{\frac{e^3}{(1-e)^2}}$数值见表 A.1。

表 A.1 不同孔隙度所对应的$\sqrt{\frac{e^3}{(1-e)^2}}$数值

e	$\sqrt{\frac{e^3}{(1-e)^2}}$	e	$\sqrt{\frac{e^3}{(1-e)^2}}$	e	$\sqrt{\frac{e^3}{(1-e)^2}}$
0.650	1.497	0.692	1.869	0.732	2.337
0.652	1.513	0.694	1.889	0.734	2.364
0.654	1.529	0.696	1.910	0.736	2.392
0.656	1.544	0.698	1.931	0.738	2.420
0.658	1.561	0.700	1.952	0.740	2.448
0.660	1.577	0.702	1.974	0.742	2.477
0.662	1.594	0.704	1.996	0.744	2.507
0.664	1.610	0.706	2.018	0.746	2.537
0.666	1.627	0.708	2.040	0.748	2.567
0.668	1.644	0.710	2.063	0.750	2.598
0.670	1.662	0.712	2.086	0.752	2.630
0.672	1.680	0.714	2.110	0.754	2.662
0.674	1.697	0.716	2.133	0.756	2.694
0.676	1.715	0.718	2.157	0.758	2.727
0.678	1.734	0.720	2.182	0.760	2.761
0.680	1.752	0.722	2.207	0.762	2.795
0.682	1.771	0.724	2.232	0.764	2.830
0.684	1.790	0.726	2.258	0.766	2.865
0.686	1.810	0.728	2.284	0.768	2.901
0.688	1.829	0.730	2.310	0.770	2.938
0.690	1.849	—	—	—	—

附 录 B
（资料性附录）
在不同温度下空气的粘度

在不同温度下空气的粘度见表 B.1。

表 B.1 在不同温度下空气的粘度

温度/℃	空气粘度/P	$\sqrt{\frac{1}{\mu}}$
8	0.000 174 9	75.61
10	0.000 175 9	75.40
12	0.000 176 8	75.21
14	0.000 177 8	75.00
16	0.000 178 8	74.79
18	0.000 179 8	74.58
20	0.000 180 8	74.37
22	0.000 181 8	74.17
24	0.000 182 8	73.96
26	0.000 188 7	73.78
28	0.000 184 7	73.58
30	0.000 185 7	73.38
32	0.000 186 7	73.19
34	0.000 187 6	73.01

ICS 77.140.50
H 46

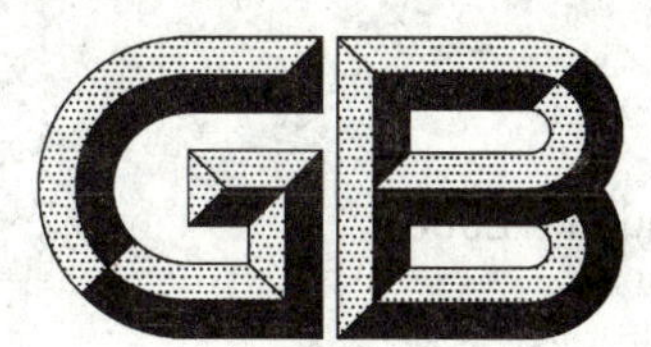

中华人民共和国国家标准

GB 6653—2008
代替 GB 6653—1994

焊接气瓶用钢板和钢带

Steel plates and strips for welded gas cylinders

2008-12-23 发布 2009-12-01 实施

中华人民共和国国家质量监督检验检疫总局
中国国家标准化管理委员会 发布

前　言

本标准中6.1.5、6.6、6.7.4为推荐性条款，其余条款为强制性条款。

本标准参考了ISO 4978:1983《焊接气瓶用轧制扁钢制品》、EN 10120:1996《焊接气瓶用钢板和钢带》、JIS G 3116:2005《高压气体容器用钢板和钢带》，结合国内生产厂的实际情况和用户使用情况，对GB 6653—1994《焊接气瓶用钢板》进行修订。

本标准自实施之日起，GB 6653—1994《焊接气瓶用钢板》废止。

本标准与GB 6653—1994标准相比，主要变化如下：

——修改标准名称；

——扩展厚度规格范围；

——取消HP245、HP365牌号，增加HP235牌号；

——调整各牌号的化学成分和力学性能；

——取消平炉的冶炼方法；

——修改对非金属夹杂物的要求。

本标准由中国钢铁工业协会提出。

本标准由全国钢标准化技术委员会归口。

本标准主要起草单位：鞍钢股份有限公司、冶金工业信息标准研究院、山西太钢不锈钢股份有限公司、武汉钢铁集团公司。

本标准主要起草人：管吉春、朴志民、王晓虎、郝瑞琴。

本标准所代替标准的历次版本发布情况为：

——GB 6653—1986、GB 6653—1994。

焊接气瓶用钢板和钢带

1 范围

本标准规定了焊接气瓶用钢板和钢带的尺寸、外形、重量及允许偏差、技术要求、试验方法、检验规则、包装、标志及质量证明书。

本标准适用于焊接气瓶用厚度为 2.0 mm～14.0 mm 的热轧钢板和钢带及厚度为 1.5 mm～4.0 mm的冷轧钢板和钢带。

2 规范性引用文件

下列文件中的条款通过本标准的引用而成为本标准的条款。凡是注日期的引用文件，其随后所有的修改单(不包括勘误的内容)或修订版均不适用于本标准，然而，鼓励根据本标准达成协议的各方研究是否可使用这些文件的最新版本。凡是不注日期的引用文件，其最新版本适用于本标准。

GB/T 222　钢的成品化学成分允许偏差

GB/T 223.9　钢铁及合金　铝含量的测定　铬天青 S 分光光度法

GB/T 223.12　钢铁及合金化学分析方法　碳酸钠分离-二苯碳酰二肼光度法测定铬量

GB/T 223.14　钢铁及合金化学分析方法　钽试剂萃取光度法测定钒含量

GB/T 223.16　钢铁及合金化学分析方法　变色酸光度法测定钛量

GB/T 223.19　钢铁及合金化学分析方法　新亚铜灵-三氯甲烷萃取光度法测定铜量

GB/T 223.23　钢铁及合金　镍含量的测定　丁二酮肟分光光度法

GB/T 223.26　钢铁及合金　钼含量的测定　硫氰酸盐分光光度法

GB/T 223.40　钢铁及合金　铌含量的测定　氯磺酚 S 分光光度法

GB/T 223.49　钢铁及合金化学分析方法　萃取分离-偶氮氯膦 mA 分光光度法测定稀土总量

GB/T 223.53　钢铁及合金化学分析方法　火焰原子吸收分光光度法测定铜量

GB/T 223.54　钢铁及合金化学分析方法　火焰原子吸收分光光度法测定镍量

GB/T 223.58　钢铁及合金化学分析方法　亚砷酸钠-亚硝酸钠滴定法测定锰量

GB/T 223.59　钢铁及合金　磷含量的测定　铋磷钼蓝分光光度法和锑磷钼蓝分光光度法

GB/T 223.60　钢铁及合金化学分析方法　高氯酸脱水重量法测定硅含量

GB/T 223.62　钢铁及合金化学分析方法　乙酸丁酯萃取光度法测定磷量

GB/T 223.63　钢铁及合金化学分析方法　高碘酸钠(钾)光度法测定锰量

GB/T 223.64　钢铁及合金　锰含量的测定　火焰原子吸收光谱法

GB/T 223.67　钢铁及合金　硫含量的测定　次甲基蓝分光光度法

GB/T 223.68　钢铁及合金化学分析方法　管式炉内燃烧后碘酸钾滴定法测定硫含量

GB/T 223.69　钢铁及合金　碳含量的测定　管式炉内燃烧后气体容量法

GB/T 223.71　钢铁及合金化学分析方法　管式炉内燃烧后重量法测定碳含量

GB/T 223.72　钢铁及合金　硫含量的测定　重量法

GB/T 223.76　钢铁及合金化学分析方法　火焰原子吸收光谱法测定钒量

GB/T 228　金属材料　室温拉伸试验方法(GB/T 228—2002,eqv ISO 6892:1998)

GB/T 229　金属材料　夏比摆锤冲击试验方法(GB/T 229—2007,ISO 148-1:2006,MOD)

GB/T 232　金属材料　弯曲试验方法(GB/T 232—1999,eqv ISO 7438:1985)

GB/T 247　钢板和钢带包装、标志及质量证明书的一般规定

GB/T 708　冷轧钢板和钢带的尺寸、外形、重量及允许偏差

GB/T 709　热轧钢板和钢带的尺寸、外形、重量及允许偏差

GB/T 2975　钢及钢产品　力学性能试样取样位置及试样制备(GB/T 2975—1998,eqv ISO 377:1997)

GB/T 4336　碳素钢和中低合金钢火花源原子发射光谱分析方法(常规法)

GB/T 6394　金属平均晶粒度测定法

GB/T 10561　钢中非金属夹杂物含量的测定　标准评级图显微检验法(GB/T 10561—2005,ISO 4967:1998,IDT)

GB/T 14977　热轧钢板表面质量的一般要求

GB/T 17505　钢及钢产品一般交货技术要求(GB/T 17505—1998,eqv ISO 404:1992)

GB/T 20066　钢和铁　化学成分测定用试样的取样和制样方法(GB/T 20066—2006,ISO 14284:1996,IDT)

GB/T 20125　低合金钢　多元素含量的测定　电感耦合等离子体原子发射光谱法

YB/T 081　冶金技术标准的数值修约与检测数值的判定原则

3　牌号表示方法

钢的牌号由“焊瓶”的汉语拼音首位字母“HP”和下屈服强度下限值两个部分组成。

例如:HP295,其中:

——HP:焊接气瓶中“焊瓶”的汉语拼音首位字母;

——295:钢的下屈服强度的下限值,单位为牛顿每平方毫米(N/mm^2)。

4　订货内容

订货时用户需提供以下信息:

a)　本标准号;

b)　牌号;

c)　规格及尺寸公差;

d)　重量;

e)　产品类型(钢板或钢带);

f)　交货状态;

g)　其他要求。

5　尺寸、外形、重量及允许偏差

5.1　热轧钢板和钢带的尺寸、外形、重量及允许偏差应符合 GB/T 709 的规定。

5.2　冷轧钢板和钢带的尺寸、外形、重量及允许偏差应符合 GB/T 708 的规定。

6　技术要求

6.1　钢的牌号和化学成分

6.1.1　钢的牌号和化学成分(熔炼分析)应符合表 1 规定。

表 1

牌　号	化学成分[a,b](质量分数)/%					
	C	Si	Mn	P	S	Al_s
HP235	≤0.16	≤0.10[c]	≤0.80	≤0.025	≤0.015	≥0.015
HP265	≤0.18	≤0.10[c]	≤0.80	≤0.025	≤0.015	≥0.015
HP295	≤0.18	≤0.10[c]	≤1.00	≤0.025	≤0.015	≥0.015

表 1（续）

牌　号	化学成分[a,b]（质量分数）/%					
	C	Si	Mn	P	S	Al_s
HP325	≤0.20	≤0.35	≤1.50	≤0.025	≤0.015	≥0.015
HP345	≤0.20	≤0.35	≤1.50	≤0.025	≤0.015	≥0.015

[a] 对于 HP265、HP295，碳含量比规定最大碳含量每降低 0.01%，锰含量则允许比规定最大锰含量提高 0.05%，但对于 HP265，最大锰含量不允许超过 1.00%；对于 HP295，最大锰含量不允许超过 1.20%。

[b] 酸溶铝含量可以用测定全铝含量代替，此时全铝含量应不小于 0.020%。

[c] 对于厚度≥6 mm 的钢板或钢带，允许 $w(Si)\leqslant 0.35\%$。

6.1.2　冷轧退火钢板在保证性能的情况下，HP235、HP265 的碳含量上限允许到 0.20%，锰含量上限允许到 1.00%。

6.1.3　为改善钢的性能，各牌号钢中可加入 V、Nb、Ti 等微量元素的一种或几种，但应符合以下规定：$w(V)\leqslant 0.12\%$，$w(Nb)\leqslant 0.06\%$，$w(Ti)\leqslant 0.20\%$。

6.1.4　各牌号钢中残余元素 Cr、Ni、Mo 含量应各不大于 0.30%，Cu 含量应不大于 0.20%，供方若能保证可不作分析。

6.1.5　为改善钢的内在质量，各牌号钢中可加入适量稀土元素。

6.1.6　成品钢板和钢带化学成分的允许偏差应符合 GB/T 222 的规定。

6.2　冶炼方法

钢采用转炉或电炉冶炼，且为镇静钢。除非需方有特殊要求，冶炼方法由供方选择。

6.3　交货状态

热轧钢板和钢带应以热轧、控轧或热处理状态交货，冷轧钢板和钢带以退火状态交货。

6.4　力学性能和工艺性能

6.4.1　钢板和钢带的力学性能和工艺性能应符合表 2 和表 3 的规定。

表 2

牌　号	拉伸试验[a,b]				180°弯曲试验[a,c] 弯心直径 ($b\geqslant 35$ mm)
	下屈服强度 R_{eL} N/mm²	抗拉强度 R_m N/mm²	断后伸长率/%		
			$A_{80\ mm}$ ($L_0=80$ mm, $b=20$ mm)	A	
			<3 mm	≥3 mm	
HP235	≥235	380～500	≥23	≥29	1.5a
HP265	≥265	410～520	≥21	≥27	1.5a
HP295	≥295	440～560	≥20	≥26	2.0a
HP325	≥325	490～600	≥18	≥22	2.0a
HP345	≥345	510～620	≥17	≥21	2.0a

注：a 为钢材厚度。

[a] 拉伸试验、弯曲试验均取横向试样。

[b] 当屈服现象不明显时，采用 $R_{p0.2}$。

[c] 弯曲试样仲裁试样宽度 $b=35$ mm。

表 3

牌　号	V 型冲击试验			
	试样方向	试样尺寸/mm	试验温度/℃	冲击吸收能量 KV_2/J
HP235 HP265 HP295 HP325 HP345	横向	10×5×55	室温	≥18
		10×7.5×55		≥23
		10×10×55		≥27

6.4.2　冲击试验结果按 3 个试样的平均值计算，允许其中一个试样的冲击吸收能量小于规定值，但不得低于规定值的 70%。

6.4.3　厚度 6 mm～<12 mm 的钢板和钢带做冲击试验时应采用小尺寸试样，其冲击吸收能量值应符合表 3 或表 4 的规定。对于厚度>8 mm～<12 mm 的钢板和钢带采用 10 mm×7.5 mm×55 mm 小尺寸试样，对于厚度 6 mm～8 mm 的钢板和钢带采用 10 mm×5 mm×55 mm 小尺寸试样。厚度<6 mm 的钢板和钢带不做冲击试验。

表 4

牌　号	V 型冲击试验			
	试样方向	试样尺寸/mm	试验温度/℃	冲击吸收能量 KV_2/J
HP235 HP265 HP295 HP325 HP345	横向	10×5×55	−40	≥14
		10×7.5×55		≥17
		10×10×55		≥20

6.5　晶粒度

钢板和钢带的晶粒度应不小于 6 级，晶粒度不均匀性应在 3 个相邻级别范围内。如供方能保证，可不做检验。

6.6　其他要求

根据需方要求，经供需双方协商并在合同中注明，可增加以下检验项目。

a)　钢板和钢带−40 ℃的 V 型冲击试验应符合表 4 的规定。当做−40 ℃冲击试验时，可代替表 3 中的室温冲击试验。

b)　钢板和钢带的屈强比不大于 0.8。

c)　钢板和钢带的非金属夹杂物应符合表 5 的规定。

表 5

类　别	A	B	C	D	DS	总量
级　别	≤2.5	≤2.0	≤2.5	≤2.0	≤2.5	≤8.0

6.7　表面质量

6.7.1　钢板和钢带表面不得有裂纹、结疤、折叠、气泡、夹杂和分层等对使用有害的缺陷。钢板和钢带如有上述缺陷时，允许清理，但其清理深度以实际尺寸算起不得超过钢板或钢带厚度的负偏差，并应保证钢板或钢带的最小厚度。清理处应平滑、无棱角。

6.7.2　钢板和钢带表面允许有深度(高度)不超过钢板或钢带厚度公差之半的局部麻点、凹面、划痕及其他轻微缺陷，但应保证钢板或钢带的最小厚度。

6.7.3　钢带允许带缺陷交货，但有缺陷部分的长度不得超过钢带总长度的 8%。

6.7.4 供需双方协商，钢板表面质量可执行 GB/T 14977 的规定。

7 试验方法

7.1 钢板和钢带的外观应目视检查。

7.2 钢板和钢带的尺寸、外形应用合适的测量工具测量。

7.3 每批钢板或钢带的检验项目、试样数量、取样方法和试验方法应符合表 6 的规定。

表 6

序号	试验项目	试样数量	取样方法	试验方法
1	化学分析	1 个/炉	GB/T 20066	GB/T 223、GB/T 4336、GB/T 20125
2	拉伸试验	1(2)个/批	GB/T 2975	GB/T 228
3	弯曲试验	1(2)个/批	GB/T 2975	GB/T 232
4	冲击试验	3 个/批	GB/T 2975	GB/T 229
5	晶粒度	1(2)个/批	GB/T 6394	GB/T 6394
6	非金属夹杂物	1(2)个/批	GB/T 10561	GB/T 10561
注：括号内数字为冷轧退火钢板取样数量。				

8 检验规则

8.1 组批规则

钢板和钢带应成批验收。每批应由同一牌号、同一炉号、同一厚度和同一轧制制度或热处理制度的钢板或钢带组成，每批重量不得超过 60 t。轧制卷重大于 30 t 的钢带或连轧钢板可按两个轧制卷组批。

8.2 复验

8.2.1 如果冲击试验结果不符合规定时，应从同一取样产品上再取 3 个试样进行试验，先后 6 个试样的平均值应不小于表 3 或表 4 的规定值，允许其中有 2 个试样低于规定值，但低于规定值 70% 的试样只允许有一个。

8.2.2 钢板和钢带的其他复验应符合 GB/T 17505 的规定。

8.3 数值修约

除非在合同或订单中另有规定，当需要评定试验结果是否符合规定值时，其修约方法应按 YB/T 081的规定进行。

9 包装、标志和质量证明书

钢板和钢带的包装、标志和质量证明书应符合 GB/T 247 的规定。

ICS 29.160.30
K 23

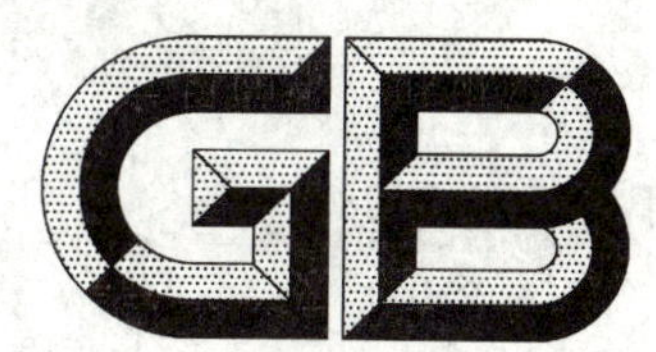

中华人民共和国国家标准

GB/T 6656—2008
代替 GB/T 6656—1986

铁氧体永磁直流电动机

D. C. ferrite permanent magnet motors

2008-06-30 发布

2009-04-01 实施

中华人民共和国国家质量监督检验检疫总局
中国国家标准化管理委员会 发布

前　言

本标准代替 GB/T 6656—1986《铁氧体永磁直流电动机》。

本标准与 GB/T 6656—1986 相比主要变化如下：

——增加了第二章“2　规范性引用文件”的内容；

——将原标准中“机座号”改为“外径号”，并增加了两档：130、160，并增补了相应内容；

——将 3.2 电动机的外壳防护等级“IP00”修改为“IP40 及以下”；

——将 3.3 电动机的冷却方式“IC00”修改为“IC00 或 IC01”；

——将 3.7 的额定输出转矩增加了 4 档：1 000 mN・m、1 600 mN・m、2 000 mN・m、3 200 mN・m；

——删除了凸缘号与电压、转速、转矩的对应关系表(原表 3)；

——将 4.21 的“工作期限试验”后的检查由符合表 12 改为“与试验前比较不应超过±15%”，并增加了可靠度的内容；

——增加了 4.22“本标准中未规定的其他安全内容应符合 GB 12350—2000 的要求”的内容；

——删除了检验规则中对空载运行时间的要求的规定；

——增加了电磁兼容的要求；

——增加了附录 A《换向火花等级的规定与检查》的内容；

本标准的附录 A 为规范性附录，附录 B 为资料性附录。

本标准由中国电器工业协会提出。

本标准由全国旋转电机标准化技术委员会小功率电机标准化分技术委员会归口。

本标准起草单位：中国电器科学研究院、浙江横店集团联宜电机有限公司、卧龙电气集团股份有限公司、广东威灵电机制造有限公司、中国电子科技集团公司第 21 所、广州擎天实业有限公司。

本标准主要起草人：杨昭特、许晓华、马巧芬、严伟灿、肖战龙、龚春雨、罗军波、何湘吉。

本标准所代替标准的历次版本发布情况为：

——GB/T 6656—1986。

铁氧体永磁直流电动机

1 范围

本标准规定了铁氧体永磁直流电动机的分类、技术要求和试验方法、检验规则、标志、包装、储存及运输等。

本标准适用于采用铁氧体永久磁铁励磁的有槽、有刷一般用途的机壳外径不大于 160 mm 的铁氧体永磁直流电动机(以下简称电动机)。机壳外径大于 160 mm 或本系列电动机所派生的各种电动机也可参照执行。

2 规范性引用文件

下列文件中的条款通过本标准的引用而成为本标准的条款。凡是注日期的引用文件,其随后所有的修改单(不包括勘误的内容)或修订版均不适用于本标准,然而,鼓励根据本标准达成协议的各方研究是否可使用这些文件的最新版本。凡是不注日期的引用文件,其最新版本适用于本标准。

GB/T 191—2008 包装储运图示标志(eqv ISO 780:1997)

GB 755—2000 旋转电机 定额和性能(idt IEC 60034-1:1996)

GB/T 2828.1—2003 计数抽样检验程序 第1部分:按接收质量限(AQL)检索的逐批检验抽样计划(ISO 2859-1:1999,IDT)

GB 4343.1—2003 电磁兼容家用电器、电动工具和类似器具的要求 第1部分:发射(CISPR 14-1:2000,IDT)

GB/T 4831—1984 电机产品型号编制方法

GB/T 5171—2002 小功率电动机通用技术条件(eqv IEC 60034-1:1996)

GB/T 10069.1—2006 旋转电机噪声测定方法及限值 第1部分:旋转电机噪声测定方法(ISO 1680-1:1999,IDT)

GB 12350—2000 小功率电动机的安全要求

GB/T 12665—1990 电机在一般环境条件下使用的湿热试验要求

3 型式、基本参数与尺寸

3.1 本标准电动机的外径号以机壳外径的大小(mm)来表示,外径号优选以下11种等级:20、24、28、36、45、55、70、90、110、130、160。

3.2 电动机的外壳防护等级为 IP 40 及以下。

3.3 电动机的冷却方式为 IC 00 或 IC 01。

3.4 电动机的定额是以连续工作制(S1)为基准的连续定额。

3.5 电动机的额定电压等级为(V):3、6、12、24(36、48、60、90)、110、220、(240)。

注:带括号的额定电压等级应尽量少采用。

3.6 电动机的额定转速可优选下列等级(r/min):1 500、3 000、5 000、8 000、12 000。

3.7 电动机的额定输出转矩可优选下列等级(mN·m):1.2、2.5、4.0、8.0、12.0、20.0、25.0、40.0、50.0、80.0、120、200、250、400、500、800、1 000、1 600、2 000、3 200。

3.8 电动机可制成表1所示的安装结构型式,也可按用户的需要制造。

表 1　结构及安装型式

结构及安装型式	结构及安装代号	外径号
凸缘安装	IM B14	20～160
大凸缘安装	IM B5	45～160
底脚安装	IM B3	70～160

3.9　电动机的外形示意图分别见图1、图2、图3，其外型尺寸、安装尺寸与公差应符合表2、表3、表4的规定。也可按用户的需要制造。

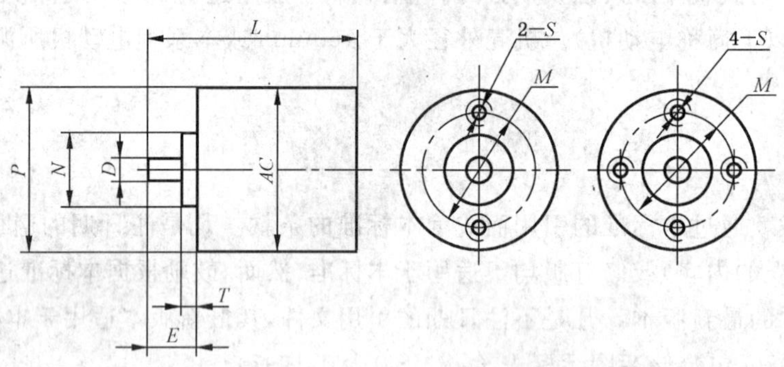

图1　凸缘安装(IMB 14)外形示意图

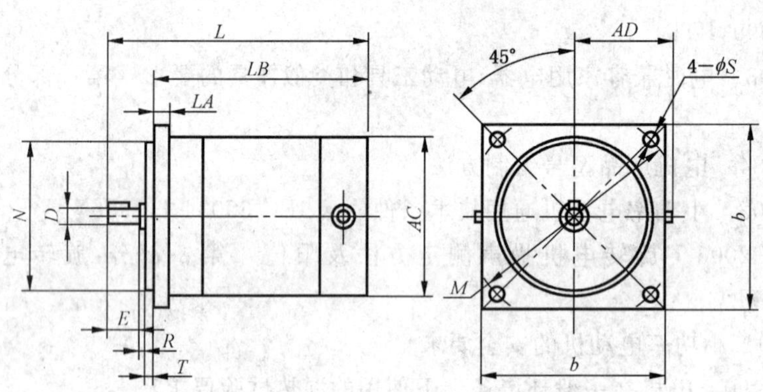

图2　大凸缘安装(IM B5)外形示意图

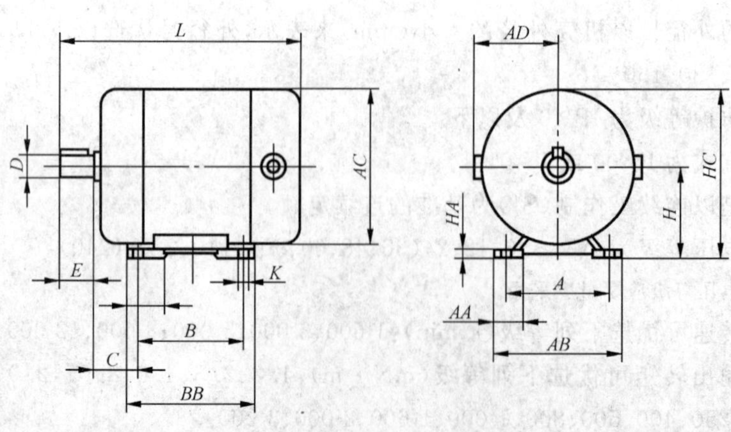

图3　底脚安装(IM B3)外形示意图

表 2　凸缘安装(IM B14)尺寸

单位为毫米

外径号	安装尺寸													外型尺寸(不大于)	
	M	N			P	T		螺孔数	S	D			E	AC	L
		基本尺寸	极限偏差							基本尺寸	极限偏差				
			Ⅰ[a](h6,j6)	Ⅱ[b](h10)		Ⅰ	Ⅱ				Ⅰ[a](js6,j6)	Ⅱ[b](h6)			
20	14	8	0 −0.009	0 −0.058	20	1.5	2.5	2	M1.6	2	±0.003	0 −0.006	10	20	40
24	16	10	0 −0.009	0 −0.058	24	1.5	2.5	2	M2	2	±0.003	0 −0.006	10	24	45
28	16	10	0 −0.009	0 −0.058	28	1.5	3.5	2	M2	3	±0.003	0 −0.006	14	28	60
36	22	14	0 −0.011	0 −0.070	36	1.5	4.5	2	M3	4	±0.004	0 −0.008	14	36	80
45	28	18	0 −0.011	0 −0.070	45	2.5	5.0	2	M3	5	±0.004	0 −0.008	20	45	110
55	36	25	0 −0.013	0 −0.084	55	2.5	6.0	4	M4	6	+0.006 −0.002	0 −0.008	20	55	125
70	45	32	0 −0.016	—	70	2.5	—	4	M5	7	+0.007 −0.002	—	20	70	155
90	65	50	+0.011 −0.005	—	90	2.5	—	4	M5	9	+0.007 −0.002	—	25	90	185
110	75	60	+0.012 −0.007	—	110	2.5	—	4	M5	11	+0.008 −0.003	—	28	110	220
130	85	70	+0.012 −0.007	—	130	3.0	—	4	M6	14	+0.008 −0.003	—	30	130	255
160	100	80	+0.013 −0.009	—	160	3.0	—	4	M6	19	+0.009 −0.004	—	40	160	295

a　适用于采用滚动轴承的电动机。

b　适用于采用滑动轴承的电动机。

表 3 大凸缘安装(IM B5)尺寸 单位为毫米

外径号	安装尺寸									外形尺寸(不大于)		
	M	*N*(j6)	*b*	*T*(max)	孔数	*S*(H14)	*D*(js6,j6)	*R*	*E*	*AC*	*AD*	*L*
45	55	$40^{+0.011}_{-0.005}$	49	2.5	4	$5.8^{+0.30}_{0}$	5±0.004	0±1.0	16	45	30	110
55	65	$50^{+0.011}_{-0.005}$	56	2.5	4	$5.8^{+0.30}_{0}$	$6^{+0.006}_{-0.002}$	0±1.0	16	55	35	125
70	85	$70^{+0.012}_{-0.007}$	74	2.5	4	$7^{+0.36}_{0}$	$7^{+0.007}_{-0.002}$	0±1.0	16	70	45	155
90	115	$95^{+0.013}_{-0.009}$	99	3.0	4	$10^{+0.36}_{0}$	$9^{+0.007}_{-0.002}$	0±1.5	20	90	55	185
110	130	$110^{+0.013}_{-0.009}$	113	3.5	4	$10^{+0.36}_{0}$	$11^{+0.008}_{-0.003}$	0±1.5	23	110	65	220
130	155	$110^{+0.013}_{-0.009}$	140	3.5	4	$10^{+0.36}_{0}$	$14^{+0.008}_{-0.003}$	0±1.5	30	130	75	255
160	190	$110^{+0.013}_{-0.009}$	170	4.0	4	$12^{+0.43}_{0}$	$19^{+0.009}_{-0.004}$	0±1.5	40	160	90	295

表 4 底脚安装(IM B3)尺寸 单位为毫米

凸缘号	安装尺寸								外形尺寸(不大于)				
	H	*A*	*B*	*C*	*K*(H14)	螺栓	*D*(j6)	*E*	*AB*	*AC*	*AD*	*HC*	*L*
70	$45^{0}_{-0.4}$	71	56	28	$4.8^{+0.30}_{0}$	M4	$7^{+0.007}_{-0.002}$	16	90	70	45	80	155
90	$56^{0}_{-0.5}$	90	71	36	$5.8^{+0.30}_{0}$	M5	$9^{+0.007}_{-0.002}$	20	115	90	55	101	185
110	$63^{0}_{-0.5}$	100	80	40	$7^{+0.36}_{0}$	M6	$11^{+0.008}_{-0.003}$	23	130	110	65	118	220
130	$71^{0}_{-0.5}$	112	90	45	$7^{+0.36}_{0}$	M6	$14^{+0.008}_{-0.003}$	30	145	130	75	136	255
160	$90^{0}_{-0.5}$	125	100	50	$10^{+0.36}_{0}$	M8	$19^{+0.009}_{-0.004}$	40	160	160	90	170	295

3.10 电动机轴伸直径与键槽、键的示意图见图 4 与图 5，其尺寸与极限公差应符合表 5、表 6 的规定。也可按用户的需要制造。

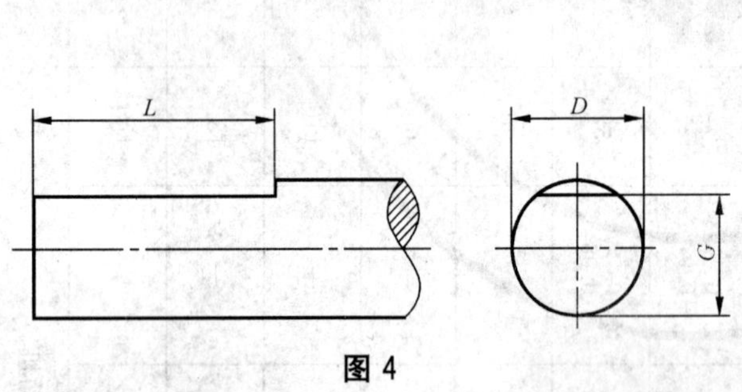

图 4

图 5

表 5 轴伸尺寸与极限公差 单位为毫米

D	*G*		*L*
	基本尺寸	极限偏差	
3	2.6	0 −0.1	7
4	3.4	0 −0.1	8
5	4.2	0 −0.2	8

表 6 键基本尺寸与极限偏差

单位为毫米

D		键				键槽			
		F		GD		F		GE	
基本尺寸	极限偏差	基本尺寸	极限偏差	基本尺寸	极限偏差	基本尺寸	极限偏差	基本尺寸	极限偏差
6	+0.006 −0.002	2	0 −0.025	2	0 −0.025	2	−0.004 −0.029	1.2	+0.100 0
7	+0.007 −0.002	2	0 −0.025	2	0 −0.025	2	−0.004 −0.029	1.2	+0.100 0
9	+0.007 −0.002	3	0 −0.025	3	0 −0.025	3	−0.004 −0.029	1.8	+0.100 0
11	+0.008 −0.003	4	0 −0.030	4	0 −0.030	4	0 −0.030	2.5	+0.100 0
14	+0.008 −0.003	5	0 −0.030	5	0 −0.030	5	0 −0.030	3.0	+0.100 0
19	+0.009 −0.004	6	0 −0.030	6	0 −0.030	6	0 −0.030	3.5	+0.100 0

3.11 电动机轴伸接合部分一半处的径向圆跳动公差应不大于表 7 的规定。

表 7 径向圆跳动公差

单位为毫米

轴伸直径 D	≤3	>3～6	>6～10	>10～20
径向圆跳动公差	0.020	0.025	0.030	0.035

3.12 凸缘止口对轴线的径向圆跳动以及凸缘配合面对轴线的端面圆跳动公差应不大于表 8 的规定。

表 8 圆跳动公差

单位为毫米

凸缘直径 N	<14	≥14～25	>25～40	>40～110	>110
圆跳动公差	0.04	0.05	0.06	0.08	0.1

3.13 电动机轴线对底脚支承面的平行度公差应不大于表 9 的规定。

表 9 平行度公差

单位为毫米

轴中心高 H	平行度公差		
	L<2.5H	2.5H≤L≤4H	L>4H
25～50	0.2	0.3	0.4
>50～71	0.25	0.4	0.5
注：L 为电动机轴的长度。			

3.14 电动机底脚支承面的平面度公差应不大于表 10 的规定。

表 10 平面度公差

单位为毫米

底脚外边缘的距离的最大尺寸 AB(BB)	平面度公差
>63～100	0.1
>100～160	0.12

3.15 电动机轴向间隙应符合表 11 的要求。

表 11 轴向间隙

单位为毫米

轴承类型	滚动轴承	滑动轴承
轴向间隙	0.1～0.3	0.1～0.8

4 技术要求

4.1 电动机应符合本标准的要求，并按照经规定程序批准的图样及技术文件制造；

4.2 在下列的海拔和环境空气温度以及环境空气相对湿度条件下，电动机应能按额定运行。

4.2.1 海拔不超过 1 000 m。

4.2.2 环境空气最高温度随季节变化，但不超过 40 ℃。

4.2.3 环境空气最低温度为－25 ℃。

4.2.4 最湿月月平均最高空气相对湿度为 90%，同时该月月平均最低温度不高于 25 ℃。

4.3 电动机运行时电压的纹波因数应不大于 8%。

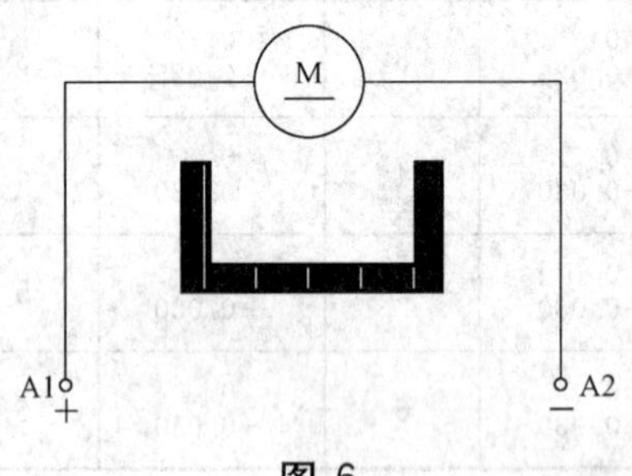

图 6

4.4 电动机可正、反两个方向运行。当按图 6 接线时，面对轴伸端看，电动机应顺时针方向旋转，并规定该方向为正方向；双轴伸时，以无引线(或接线柱)一端为准。

4.5 电动机应外观整洁，表面无锈蚀、机械损伤和涂层剥落，颜色和标志应清楚无误，紧固件连接牢固，引线或接线柱应完整无损。

4.6 电动机应能承受 1.2 倍额定电压下空载运行 2 min 的超速试验。而不发生影响电动机性能的有害变形。

4.7 电动机的额定数据应符合表 12 的规定。如无特殊规定，表 12 所规定的数据是指正方向运转时的数据。

表 12 电动机的额定数据

型号	额定电压/V	空载转速/(不大于)(r/min)	额定运行				
			转速/(r/min)	转矩/(mN·m)	电流/A	效率/%	输出功率/W
ZYT 20/02	3	5 300	3 000	1.2	0.45	28	0.37
ZYT 20/04	3	8 000	5 000	1.2	0.7	30	0.62
ZYT 20/06	3	11 500	8 000	1.2	1.05	32	1.0
ZYT 20/08	3	16 000	12 000	1.2	1.48	34	1.5
ZYT 20/10	6	5 300	3 000	1.2	0.21	30	0.37
ZYT 20/12	6	8 000	5 000	1.2	0.33	32	0.62
ZYT 20/14	6	11 500	8 000	1.2	0.49	34	1.0
ZYT 20/16	6	16 000	12 000	1.2	0.70	46	1.5
ZYT 24/02	3	5 300	3 000	2.5	0.87	30	0.78
ZYT 24/04	3	8 000	5 000	2.5	1.36	32	1.3
ZYT 24/06	3	11 500	8 000	2.5	2.05	34	2.1

表 12（续）

型　号	额定电压/V	空载转速/（不大于）（r/min）	额定运行				
			转速/（r/min）	转矩/（mN·m）	电流/A	效率/%	输出功率/W
ZYT 24/08	3	16 000	12 000	2.5	2.91	36	3.1
ZYT 24/10	6	5 300	3 000	2.5	0.41	32	0.78
ZYT 24/12	6	8 000	5 000	2.5	0.64	34	1.3
ZYT 24/14	6	11 500	8 000	2.5	0.97	36	2.1
ZYT 24/16	6	16 000	12 000	2.5	1.38	38	3.1
ZYT 24/18	12	5 300	3 000	2.5	0.19	34	0.78
ZYT 24/20	12	8 000	5 000	2.5	0.3	36	1.3
ZYT 24/22	12	11 500	8 000	2.5	0.46	38	2.1
ZYT 24/24	12	16 000	12 000	2.5	0.65	40	3.1
ZYT 28/01	6	5 000	3 000	4.0	0.52	40	1.25
ZYT 28/02	6	5 000	3 000	8.0	1.00	42	2.5
ZYT 28/03	6	7 500	5 000	4.0	0.83	42	2.1
ZYT 28/04	6	7 500	5 000	8.0	1.59	44	4.18
ZYT 28/05	6	11 000	8 000	4.0	1.27	44	3.3
ZYT 28/06	6	11 000	8 000	8.0	2.43	46	6.7
ZYT 28/07	12	5 000	3 000	4.0	0.25	42	1.25
ZYT 28/08	12	5 000	3 000	8.0	0.48	44	2.5
ZYT 28/09	12	7 500	5 000	4.0	0.36	48	2.1
ZYT 28/10	12	7 500	5 000	8.0	0.70	50	4.18
ZYT 28/11	12	11 000	8 000	4.0	0.56	50	3.3
ZYT 28/12	12	11 000	8 000	8.0	1.07	52	6.7
ZYT 28/13	12	15 500	12 000	4.0	0.81	52	5.0
ZYT 28/14	12	15 500	12 000	8.0	1.55	54	10.0
ZYT 28/15	24	5 000	3 000	4.0	0.12	44	1.25
ZYT 28/16	24	5 000	3 000	8.0	0.23	46	2.5
ZYT 28/17	24	7 500	5 000	4.0	0.18	48	2.1
ZYT 28/18	24	7 500	5 000	8.0	0.35	50	4.18
ZYT 28/19	24	11 000	8 000	4.0	0.28	50	3.3
ZYT 28/20	24	11 000	8 000	8.0	0.54	52	6.7
ZYT 28/21	24	15 500	12 000	4.0	0.40	52	5.0
ZYT 28/22	24	15 500	12 000	8.0	0.78	54	10.0
ZYT 36/01	12	4 500	3 000	12.0	0.63	50	3.76
ZYT 36/02	12	4 500	3 000	20.0	1.01	52	6.28

表 12（续）

型　　号	额定电压/V	空载转速/（不大于）（r/min）	额定运行				
			转速/（r/min）	转矩/（mN·m）	电流/A	效率/%	输出功率/W
ZYT 36/03	12	7 000	5 000	12.0	0.90	58	6.28
ZYT 36/04	12	7 000	5 000	20.0	1.45	60	10.46
ZYT 36/05	12	10 500	8 000	12.0	1.40	60	10.0
ZYT 36/06	12	10 500	8 000	20.0	2.25	62	16.7
ZYT 36/07	24	4 500	3 000	12.0	0.3	52	3.76
ZYT 36/08	24	4 500	3 000	20.0	0.48	54	6.28
ZYT 36/09	24	7 000	5 000	12.0	0.44	60	6.28
ZYT 36/10	24	7 000	5 000	20.0	0.70	62	10.46
ZYT 36/11	24	10 500	8 000	12.0	0.68	62	10.0
ZYT 36/12	24	10 500	8 000	20.0	1.09	64	16.7
ZYT 45/01	12	4 300	3 000	25.0	1.26	52	7.85
ZYT 45/02	12	4 300	3 000	40.0	1.94	54	12.56
ZYT 45/03	12	6 800	5 000	25.0	1.82	60	13.0
ZYT 45/04	12	6 800	5 000	40.0	2.82	62	20.9
ZYT 45/05	12	10 300	8 000	25.0	2.82	62	20.9
ZYT 45/06	12	10 300	8 000	40.0	4.36	64	33.4
ZYT 45/07	24	4 300	3 000	25.0	0.63	52	7.85
ZYT 45/08	24	4 300	3 000	40.0	0.97	54	12.56
ZYT 45/09	24	6 800	5 000	25.0	0.71	60	13.0
ZYT 45/10	24	6 800	5 000	40.0	1.41	62	20.9
ZYT 45/11	24	10 300	8 000	25.0	1.41	62	20.9
ZYT 45/12	24	10 300	8 000	40.0	2.18	64	33.4
ZYT 55/01	12	4 300	3 000	50.0	2.52	52	15.7
ZYT 55/02	12	4 300	3 000	80.0	3.88	54	25.1
ZYT 55/03	12	6 800	5 000	50.0	3.52	62	26.1
ZYT 55/04	12	6 800	5 000	80.0	5.45	64	41.8
ZYT 55/05	12	10 300	8 000	50.0	5.45	64	41.8
ZYT 55/07	24	4 300	3 000	50.0	1.26	52	15.7
ZYT 55/08	24	4 300	3 000	80.0	1.94	54	25.1
ZYT 55/09	24	6 800	5 000	50.0	1.76	62	26.1
ZYT 55/10	24	6 800	5 000	80.0	2.73	64	41.8
ZYT 55/11	24	10 300	8 000	50.0	2.73	64	41.8
ZYT 55/12	24	10 300	8 000	80.0	4.23	66	66.9

表 12(续)

型　号	额定电压/V	空载转速/(不大于)(r/min)	额定运行				
			转速/(r/min)	转矩/(mN·m)	电流/A	效率/%	输出功率/W
ZYT 70/01	12	4 000	3 000	120.0	5.61	56	37.6
ZYT 70/02	12	4 000	3 000	200.0	9.03	58	62.8
ZYT 70/03	12	6 500	5 000	120.0	8.73	60	62.8
ZYT 70/05	24	4 000	3 000	120.0	2.71	58	37.6
ZYT 70/06	24	4 000	3 000	200.0	4.36	60	62.8
ZYT 70/07	24	6 500	5 000	120.0	4.22	62	62.8
ZYT 70/08	24	6 500	5 000	200.0	6.82	64	104.6
ZYT 70/09	24	10 000	8 000	120.0	6.54	64	100.4
ZYT 90/01	110	1 900	1 500	250.0	0.59	60	39.2
ZYT 90/02	110	1 900	1 500	400.0	0.92	62	62.8
ZYT 90/03	110	3 700	3 000	250.0	1.05	68	78.5
ZYT 90/04	110	3 700	3 000	400.0	1.63	70	125.6
ZYT 90/05	220	1 900	1 500	250.0	0.29	62	39.2
ZYT 90/06	220	1 900	1 500	400.0	0.45	64	62.8
ZYT 90/07	220	3 700	3 000	250.0	0.51	70	78.5
ZYT 90/08	220	3 700	3 000	400.0	0.79	72	125.6
ZYT 110/01	110	1 900	1 500	500.0	1.08	66	78.5
ZYT 110/02	110	1 900	1 500	800.0	1.68	68	125.6
ZYT 110/03	110	3 700	3 000	500.0	1.98	72	157
ZYT 110/04	110	3 700	3 000	800.0	3.09	74	251.2
ZYT 110/05	220	1 850	1 500	500.0	0.52	68	78.5
ZYT 110/06	220	1 850	1 500	800.0	0.82	70	125.6
ZYT 110/07	220	3 650	3 000	500.0	0.96	74	157
ZYT 110/08	220	3 650	3 000	800.0	1.50	76	251.2
ZYT 130/01	110	1 900	1 500	1 000.0	2.04	70	157
ZYT 130/02	110	1 900	1 500	1 600.0	3.17	72	251.2
ZYT 130/03	110	3 700	3 000	1 000.0	3.86	74	314.1
ZYT 130/04	110	3 700	3 000	1 600.0	6.0	76	502.4
ZYT 130/05	220	1 900	1 500	1 000.0	0.99	72	157
ZYT 130/06	220	1 900	1 500	1 600.0	1.54	74	251.2
ZYT 130/07	220	3 650	3 000	1 000.0	1.88	76	314.1
ZYT 130/08	220	3 650	3 000	1 600.0	2.93	78	502.4
ZYT 160/01	110	1 900	1 500	2 000.0	3.96	72	314

表 12(续)

型号	额定电压/V	空载转速/(不大于)(r/min)	额定运行				
			转速/(r/min)	转矩/(mN·m)	电流/A	效率/%	输出功率/W
ZYT 160/02	110	1 900	1 500	3 200.0	6.17	74	502.4
ZYT 160/03	110	3 700	3 000	2 000.0	7.51	76	628
ZYT 160/04	110	3 700	3 000	3 200.0	11.71	78	1 004.8
ZYT 160/05	220	1 900	1 500	2 000.0	1.88	74	314
ZYT 160/06	220	1 900	1 500	3 200.0	3.0	76	502.4
ZYT 160/07	220	3 650	3 000	2 000.0	3.66	78	628
ZYT 160/08	220	3 650	3 000	3 200.0	5.71	80	1 004.8

注 1：电流为参考值。

注 2：输出功率(W)=转矩(mN·m)×转速(r/min)×2π/(60×1 000)。

注 3：型号规定见附录 B。

4.8 电动机在电压、转矩为额定值时，转速容差与效率容差应符合表 13 的规定。

表 13 转速容差与效率容差

外径号	<90	≥90～160
转速容差	±15%	±10%
效率容差	−0.15(1−η)，最多为−0.07	

4.9 电动机在额定运行时，换向火花应不大于 $1\frac{1}{2}$ 级，过电流试验时允许出现 2 级。火花等级的规定见附录 A。

4.10 电动机采用 E 级、B 级或 F 级绝缘。当海拔和环境温度符合 4.2 的规定时，电动机电枢绕组的温升限值(电阻法)E 级绝缘为 75 K，B 级绝缘为 80 K；滚动轴承的允许温度(温度计法)应不超过 95 ℃，滑动轴承的允许温度(温度计法)应不超过 80 ℃。

F 级绝缘的温升限值可参照 B 级绝缘的要求，在制造厂与用户达成协议时，也可以适当提高限值指标。

如试验地点的海拔和环境空气温度与 4.2 的规定不同时，温升限值应按 GB 755—2000 表 10 的规定修正。

如运行地点的海拔和环境空气温度与 4.2 的规定不同时，温升限值应按 GB 755—2000 表 8 的规定修正。

4.11 电动机在额定电压及热态下，应能承受 1.6 倍额定电流，历时 1 min 的短时过电流试验而无停转及发生有害变形。

4.12 电动机导电部分对机壳间的绝缘电阻冷态时应不低于 50 MΩ，热态时应不低于 10 MΩ；交变湿热试验后应不低于 2 MΩ。

4.13 电动机导电部分对机壳之间绝缘应能承受历时 1 min 的耐电压试验而无击穿或闪络现象，试验电压的有效值按表 14 的规定，试验电压的频率为 50 Hz，波形为实际正弦波。

试验过程中，130 号及以下外径号的跳闸电流值应不大于 5 mA，130 以上外径号的跳闸电流值应不大于 10 mA。

大批连续生产的电动机进行检查试验时，允许将试验时间缩短至 1 s，而试验电压的有效值为原试验电压值的 120%。重复耐电压试验时，试验电压为标准试验电压的 80%；

表 14 试验电压

单位为伏特

额定电压	标准试验电压(有效值)	湿热试验后的试验电压(有效值)
≤24	300 或由该类产品标准规定	0.85 倍标准试验电压
>24～90	500+2 倍额定电压	
>90～110	1 000	
>220～240	1 500	

型式检验时，耐电压试验应在过电流试验和超速试验之后进行。

4.14 电动机应能经受交变湿热试验。试验结束后，电动机应能通过耐电压试验，试验电压按表 14 的规定；试验后并检查，不得有电刷卡滞，机壳表面应无明显锈蚀及油漆气泡。

4.15 电动机永久磁铁的磁性能应稳定。经磁稳定性检查后，其空载电流应小于试验前的 1.05 倍；对 110 V 及以下的电动机其空载电流应小于试验前的 1.1 倍。

4.16 电动机应能经受 −25℃ 的低温试验，在低温下，电动机能空载起动与运转。

4.17 电动机在额定转速下空载运行时，测得的 A 计权声功率级的噪声应符合表 15 的规定。

表 15 噪声

单位为分贝(A)

外 径 号	转速 r/min				
	≤1 500	>1 500～3 000	>3 000～5 000	>5 000～8 000	>8 000
<36	—	45	49	53	57
≥36～55	—	55	59	63	—
>55～90	—	60	64	68	—
>90～160	66	70	—	—	—

4.18 电动机应能承受 1 h 的振动试验，振动试验后在额定电压下应能正常空载起动与运转。

测试时，电动机在额定转速下空载运行，电动机应能正常运转，换向火花应不大于 $1\frac{1}{2}$ 级。试验后进行外观检查，不允许有紧固件松动和零部件变形等现象产生。

4.19 电动机在最小运输包装状态下应能经受 0.4 m 高的自由跌落试验及 1 000 次的冲击试验。试验后电动机零部件不应松动或损坏，电动机技术参数应符合 4.7 的要求。

4.20 电动机在正常运行中产生的无线电干扰(电磁兼容性)不能过大，应符合 GB 4343.1—2003 的有关规定。

4.21 电动机应满足工作期限试验，即能在表 16 规定的工作期限内可靠工作。试验结束后，在电动机恢复到常态时检查额定电流、额定转速，其变化与试验前比较不应超过±15%。

表 16 工作期限

单位为小时

外 径 号	转速 r/min				
	1 500	3 000	5 000	8 000	12 000
20、24、28、36	—	500	300	200	150
45、56、70	—	600	400	250	—
90、110、130、160	1 200	800	—	—	—

在额定的电压及转矩(功率)下运行的保证工作期应符合专用技术条件的规定，如有要求，还应符合专用技术条件规定的可靠度(平均无故障工作时间、平均失效率)的要求。在试验期间电动机应能正常工作，允许每 100 h 清理碳粉一次。

4.22 本标准中未规定的其他安全内容应符合 GB 12350—2000 的要求。

5 试验方法

5.1 试验条件

5.1.1 环境条件

所有试验如无特殊说明，均应在下列条件下进行。

环境温度：+15 ℃～+35 ℃，相对湿度：45%～75%

5.1.2 电气测量仪表

除另有规定外，型式试验时应采用不低于 0.5 级准确度等级的电气测量仪器(兆欧表除外)，数字测速仪的准确度等级应不低于 0.1%±1 个字，测功机及转矩测量仪的准确度等级应不低于 1.0 级，温度测量仪的误差应在 1 ℃以内，测力计的准确度等级应不低于 1.0 级，砝码的精度应不低于 5 等，电阻测量仪的准确度等级应不低于 0.2 级。

当对所选用的仪表有争议时，以磁电式直流表为准。

选择仪器时，应使测量值位于仪器的 20%～95%测量范围以内。对小容量的电动机，应选用仪器的损耗不足以影响测量准确度的电流表及瓦特表。

在与被试电动机同样的转速下，测功机的容量不宜超过被试电动机容量的三倍。转矩测量仪的标称转矩也不宜超过被试电动机额定转矩的三倍(除堵转试验外)；若测功机或转矩测量仪的准确度等级高于 1.0 级，则容量比值可相应放宽。

5.1.3 试验安装状态

电动机处于水平位置。装夹具应不影响电动机的磁路，以免造成测量误差。

5.1.4 试验电源

直流电源纹波因数应不大于 5%。

5.1.5 测量线路图如图 7 所示。

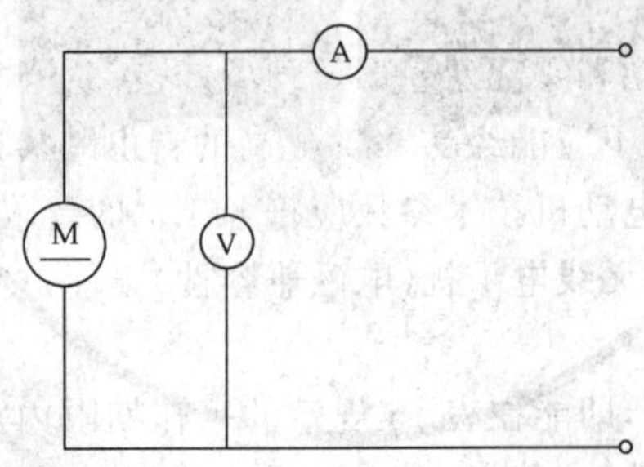

M——被试电动机；

A——电流表；

V——电压表。

图 7 测量线路图

5.2 装配质量的检查

5.2.1 外观检查

用目视检查电动机外观应符合 4.5 的要求。

5.2.2 轴向间隙检查

将电动机固定，在转轴上按表 17 的规定值先后施加方向相反的轴向推力，使轴沿中心线来回移动，其移动量即轴向间隙。检查结果应符合 3.15 的要求。

表 17 轴向推力

单位为牛

外径号	≤36	45～70	≥90
轴向推力	9.8	19.6	39.2

5.2.3 轴伸径向圆跳动检查

将电动机固定，转动转轴测取轴伸接合部分一半处的径向圆跳动值，应符合 3.11 的要求。

5.2.4 凸缘止口对轴线的径向圆跳动以及凸缘配合面对轴线的端面圆跳动检查

将电动机输出轴固定，转动定子测取安装配合面及安装配合端面的圆跳动值，应符合 3.12 的要求。

5.2.5 电动机轴线对底脚支承面的平行度与底脚支承面的平面度检查

用专用设备检查电动机轴线对底脚支承面的平行度与底脚支承面的平面度的公差，检查结果应符合 3.13 及 3.14 的规定。

5.3 空载试验

电动机在额定电压下空载运行，用非接触方法测取电动机转速，同时检查电动机有无异常杂音，检查结果应符合 4.7 的规定。

5.4 超速试验

电动机空载运行，逐渐升高电压至 1.2 倍额定电压后运转 2 min，应符合 4.6 的规定。

型式试验时，超速试验应在热态下进行。

5.5 额定数据及换向检查

检查电动机在额定电压、额定转矩下的转速、电流、效率及换向，应符合 4.7 和 4.9 的要求。

型式检验时，额定数据检查应在温升试验之后，在热态下进行；在出厂检验时，在冷态下进行。

无特殊要求时，一般只检查顺时针方向（面对轴伸端看）的额定数据。需要逆时针方向数据应在订货时注明。需要同时检查两个转向的额定数据时，应和生产厂协商。

换向检查方法见附录 A。

5.6 温升试验

电动机安装在标准试验支架上，并在额定电压、额定转矩和额定转速下正常运转（当电动机在额定转矩下的转速低于额定值时，可调节电压使转速升高到额定值.若转速高于额定值则不作调整），直到工作温度稳定为止，用电阻法测量电枢绕组的温升，并记录此时室温。电枢绕组的电阻值应在电刷提起后，在换向器上用电桥直接测量；冷态、热态电阻值的测量位置必须相同。

绕组温升按式(1)计算，温升值应符合 4.10 的要求。

$$\theta=\frac{R_2-R_1}{R_1}\times(234.5+t_1)+t_1-t_2 \quad \cdots\cdots (1)$$

式中：

θ——绕组温升，单位为开(K)；

R_1——实际冷却状态时的电阻，单位为欧姆(Ω)；

R_2——试验结束时绕组电阻，单位为欧姆(Ω)；

t_1——实际冷却状态时的绕组的温度，单位为摄氏度(℃)；

t_2——试验结束时冷却空气的温度，单位为摄氏度(℃)。

R_2值如不能在停机后 15 s 内测出（第一点测出的时间应不大于 30 s），则应利用冷却曲线用外推法求得其修正值。

5.7 过电流试验

过电流试验应在温升试验后进行，电动机在额定电压下，通过加大负载力矩的方法，使其负载电流达到额定电流值的 1.6 倍，历时 1 min，试验结果应符合 4.11 的要求。

5.8 绝缘电阻测量

额定电压 24 V 及以下的电动机用 250 V 兆欧表测量；额定电压 24 V 以上的电动机用 500 V 兆欧表测量。测量结果应符合 4.12 的要求。

5.9 耐电压试验

按 GB/T 5171—2002 中相关的试验方法进行试验，试验结果应符合 4.13 的要求。

5.10 磁稳定性检查

电动机在 1.1 倍额定电压下正、反两个方向交替直接起动各 5 次。在开关交替过程中，应无明显停顿。试验后检查电动机的空载电流值，应符合 4.15 的规定。

试验电源的容量应保证其允许电流值大于被试电动机的堵转电流值。

5.11 噪声测量

噪声的测定按 GB/T 10069.1—2006 规定进行，测试时电动机在额定电压下空载运行。测量结果应符合 4.17 的要求。

5.12 低温试验

将电动机置于低温箱内，在使箱内温度逐渐降低到 −25 ℃±2 ℃，电动机不通电保持 3 h，然后将箱内电动机通以 0.5 倍额定电压，电动机应符合 4.16 的要求。

5.13 振动试验

将电动机安装在振动试验板上，再固定在振动台上，电动机的电刷垂直于振动面，振动 1 h，其中水平方向 30 min，垂直方向 30 min，试验振频为 10 Hz、双振幅为 1.5 mm。振动试验后电动机应符合4.18 的要求。

5.14 自由跌落试验

电动机在最小运输包装状态下，将此包装件升高至离地 0.4 m 的高度后自由落下，跌落位置为一个角及组成该角的三个面和三条棱各一次。试验后结果应符合 4.19 的要求。

5.15 冲击试验

电动机在最小运输包装状态下，将包装件适当地固定在冲击试验台上(应避免产生附加振动)。试验时台面的冲击力加速度为(10±1)g(100±10 m/s^2)，相应脉冲持续时间为(11±2) ms，脉冲重复频率为(60～100)次/min，脉冲波形为近似正弦波，连续冲击 1 000±10 次，试验后应符合 4.19 的要求。

5.16 湿热试验

试验按 GB/T 12665—1990 中交变湿热试验方法的规定进行，试验为 6 周期。试验结束后，立即在箱内测量电动机绝缘电阻，再按 4.13 进行耐电压试验。结果应符合 4.12 和 4.14 的要求。

5.17 电磁兼容性测量

电动机无线电干扰的测量方法按 GB 4343.1—2003 中的有关规定进行，测量结果符合 4.20 的要求。

5.18 工作期限试验

5.18.1 试验的一般要求

将电动机安装在合乎规定的温升试验散热板上，在水平位置上，使电动机在额定电压、额定转矩(或额定电流)下单方向运转。试验期间电动机不允许更换电刷，但允许每运转 100 h 清理电刷粉和用酒精擦净换向器(同时进行)一次。试验过程允许中断，但每次运行时间不得少于 4 h。

运行时间累积计算，但如因电动机本身故障引起停转或电动机的技术数据大大超出表 12 的要求时，则认为试验不合格。在达到规定的试验时间后，电动机应符合 4.21 的要求。

5.18.2 电动机负载

电动机工作期限试验可用对拖法，或带动其他制动器作负载。当用扇叶作负载时，要用隔板将扇叶与被试电动机隔开，以避免扇叶气流对被试电动机的影响。

6 检验规则

电动机分出厂检验与型式检验两种。

6.1 出厂检验

6.1.1 每台电动机需经出厂检验合格后方能出厂，并附有产品检验合格证。

6.1.2 出厂检验的项目包括：

a) 机械检查(3.10～3.15)和外观检查；

b) 电动机导电部分对机壳相互间冷态绝缘电阻的测定；

c) 旋转方向及空载转速的检查；

d) 超速试验；

e) 额定数据及换向检查；

f) 耐电压试验。

6.1.3 出厂检验时，6.1.2 的 a)和 c)允许进行抽查，抽查数不少于每批产品的 2%(但不少于 5 台)；抽查方法也可由制造厂按照 GB/T 2828.1 的规定制定。

在抽查中发现有不合格时，则该批产品必须每台检查。

6.2 型式检验

6.2.1 凡遇下列情况之一，则必须进行型式检验。

a) 新产品试制；

b) 已定型产品，当设计、工艺或材料变更足以引起某些性能和参数发生变化时，应进行型式检验的有关项目或全部项目；

c) 成批生产的产品，最少每两年进行一次；

d) 当检查试验结果与在此之前进行的型式试验结果发生不可容许的偏差时。

6.2.2 型式检验的项目包括：

a) 出厂检验的全部项目；

b) 磁稳定性检查；

c) 温升试验；

d) 短时过电流试验；

e) 绝缘电阻测定(热态下)；

f) 噪声测量；

g) 低温试验；

h) 湿热试验；

i) 振动试验；

j) 自由跌落试验；

k) 冲击试验；

l) 电磁兼容性测量；

m) 工作期限试验。

6.2.3 型式检验的电动机不得少于 3 台。同外径号不同规格的电动机对 6.2.2 的 g)、h)、i)、j)、k)可任选一种规格进行试验，同外径号相同转速的电动机对 m)也可任选一种典型规格进行试验。

型式检验允许按试验项目分两组进行，其中工作期限试验为 1 组，其余项目为另一组，每组试验的电动机应不少于 3 台。

6.2.4 型式检验全部合格的电动机，则认为型式检验合格。

7 标志、包装、贮存及运输

7.1 每台电动机应有铭牌，并将铭牌牢固地固定在机身的明显位置上；应保证铭牌材料及铭牌上的数据在电动机整个使用期内不易磨灭。

7.2 电动机铭牌上应标明的项目如下：

a) 型号；

b) 额定电流 A；

c) 额定电压 V；

d) 额定转速 r/min；

e) 额定转矩 mN・m；

f) 出厂编号(可在机壳上标记)；

g) 出厂日期；

h) 制造厂名或制造厂标记。

注：45 号凸缘以下可不标 d)、e)项。

7.3 电枢绕组的出线端均应有相应的标志，并保证其字迹在电动机整个使用期内不易磨灭。出线端标志可用符号与颜色进行区分，其标志应符合表 18 的规定。用接线板形式的也应在接线板上标示。

表 18 符号或颜色

电枢绕组	正极出线端标志	负极出线端标志
符号或颜色	+(红色)	—(黑色)

7.4 电动机的轴伸键应绑扎在轴上。轴伸及键表面应加防锈及保护措施，凸缘式电动机必须在凸缘加工表面上采取防锈及保护措施。

7.5 电动机的包装必须牢固可靠，应能保证在正常储存条件下，自发货之日起，一年时间内不致因包装不善而导致受潮及损坏。

7.6 包装箱外壁的文字和标志应清楚整齐，内容如下：

a) 制造厂名称；

b) 电动机型号和台数；

c) 电动机的净重及连同箱子的毛重；

d) 箱子尺寸；

e) 在箱外的适当位置应标有"易碎物品"、"怕雨"等字样，其图形应符合 GB/T 191—2008 的规定。

7.7 包装箱内应附有下列文件：

a) 产品合格证；

b) 使用维护说明书(同一用户同一型号的一批电动机至少一份)。

7.8 电动机在运输时，应轻搬轻放，严防重压，必须保证不碰伤、雨淋、化学腐蚀性药品及有害气体侵蚀。

7.9 电动机放在环境空气温度－10～＋40 ℃、相对湿度不大于 90％、清洁、通风良好的库房内，空气中不得含有腐蚀性气体。

8 质量保证期

在用户按照维护说明书的规定，正确地使用与存放电动机的情况下，制造厂应保证电动机在使用、起运或用户购买日期起不超过一年的时间内应能正常地运转。如在此规定时间内，电动机因制造质量不良而发生损坏或不正常工作时，制造厂应无偿地为用户修理或更换零件或电动机。

附 录 A
（规范性附录）
换向火花等级的规定与检查

A.1 换向火花等级的规定

换向火花等级按照我国标准的规定分为5级，具体等级的分级见表A.1。

表 A.1 火花等级的分级

火花等级	电刷下的火花程度	换向器及电刷的状态
1	无火花	换向器上没有黑痕及电刷上没有灼痕
$1\frac{1}{4}$	电刷边缘仅小部分(约1/5至1/4刷边长)有断续的几点点状火花	
$1\frac{1}{2}$	电刷边缘大部分(大于1/2刷边长)有连续的、较稀的颗粒状火花	换向器上有黑痕，但不发展，用汽油擦其表面即能除去，同时在电刷上有轻微的灼痕
2	电刷边缘大部分或全部有连续的较密的颗粒状火花，开始有断续的舌状火花	换向器上有黑痕，用汽油不能擦除，同时电刷上有灼痕。如短时出现这一级火花，换向器上不出现灼痕，电刷不烧焦或损坏
3	电刷整个边缘有强烈的舌状火花，伴有爆裂声音	换向器上黑痕较严重，用汽油不能擦除，同时电刷上有灼痕。如在这一火花等级下作短时动作，则换向器上将出现灼痕，同时电刷将被烧焦或损坏

A.2 换向检查

被试电动机的标准若无其他特殊规定，电动机的换向检查应在额定电压下，电刷的位置维持不变，将从负载1/4负载调节到额定负载，此时在换向器及电刷上的火花不应超过该电动机产品标准中的规定。

如电动机需进行温升试验，换向试验应在温升试验后立即进行。试验的持续时间按该电动机产品标准的规定。

A.3 火花等级的确定

如所有电刷下的火花程度均匀，则可用一个等级表示。但在其中之一的电刷下面有较高一级的火花出现，则应按较高一级火花等级确定。如电刷下的火花程度与同等级换向器及电刷的表面状态不一致时，应以换向器及电刷的表面状态作为火花等级的主要依据，必要时，可延长试验时间再行确定。

附 录 B
（资料性附录）
产 品 型 号

B.1 本产品型号是按 GB/T 4831—1984 的规定编制的。产品型号的组成部分及其内容的示例如下：

```
ZYT  70/05
 │    │
 │    └──────────规格代号，外径号是 70 号 / 铁芯长序号为 05 号。
 └───────────────产品代号，表示铁氧体永磁直流电动机。
```

ICS 83.080.01
G 31

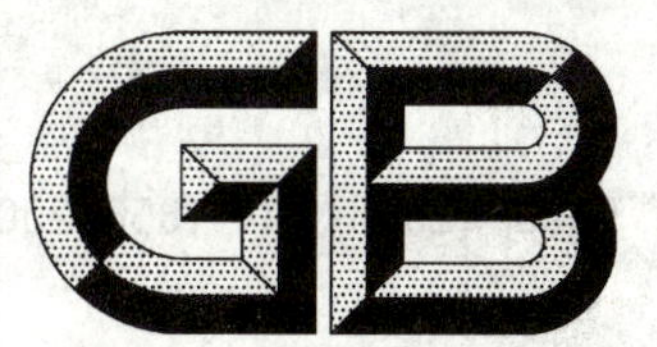

中华人民共和国国家标准

GB/T 6669—2008/ISO 1856:2000
代替 GB/T 6669—2001

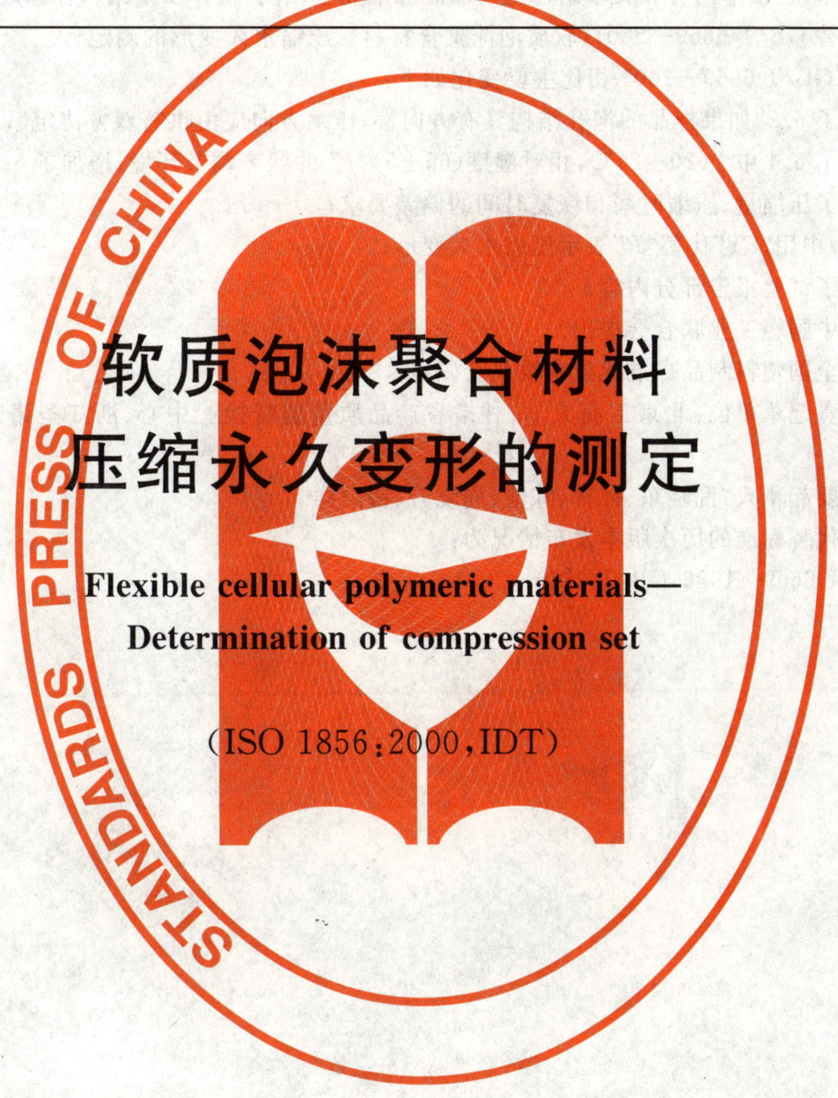

软质泡沫聚合材料 压缩永久变形的测定

Flexible cellular polymeric materials—Determination of compression set

(ISO 1856:2000,IDT)

2008-08-19 发布　　2009-05-01 实施

中华人民共和国国家质量监督检验检疫总局
中国国家标准化管理委员会　发布

前　言

本标准等同采用国际标准 ISO 1856:2000《软质泡沫聚合材料　压缩永久变形的测定》及其 2007 年第 1 号修改单，在技术内容和文本结构上与国际标准完全相同，仅作少量编辑性修改。

本标准代替 GB/T 6669—2001《软质泡沫聚合材料　压缩永久变形的测定》。

本标准与 GB/T 6669—2001 相比主要变化如下：

——删除了 6.2“如果样品的泡孔结构具有方向性，压缩方向应由供需双方协定”；

——删除了 6.4 中“(20±2)℃，相对湿度(65±5)%”的状态调节环境；增加了 6.4 部分内容；

——增加了压缩量、压缩时间和恢复时间的偏差要求；

——式(1)中用“*CS*”代替“*P*”表示压缩永久变形；

——增加了试验报告部分内容。

本标准由中国轻工业联合会提出。

本标准由全国塑料制品标准化技术委员会归口。

本标准负责起草单位：北京工商大学、甘肃省产品质量监督检验中心、浙江圣诺盟顾家海绵有限公司。

本标准主要起草人：倪晓东、孙林、陈倩、周晓芳、钱洪祥。

本标准所代替标准的历次版本发布情况为：

——GB/T 6669—1986，GB/T 6669—2001。

软质泡沫聚合材料　压缩永久变形的测定

1　范围

本标准规定了测定软质泡沫聚合材料压缩永久变形的三种方法。

本标准适用于厚度大于 2 mm 的乳胶泡沫和聚氨酯泡沫塑料。

2　规范性引用文件

下列文件中的条款通过本标准的引用而成为本标准的条款。凡是注日期的引用文件，其随后所有的修改单(不包括勘误的内容)或修订版均不适用于本标准，然而，鼓励根据本标准达成协议的各方研究是否可使用这些文件的最新版本。凡是不注日期的引用文件，其最新版本适用于本标准。

GB/T 6342—1996　泡沫塑料与橡胶　线性尺寸的测定(idt ISO 1923:1981)

3　术语和定义

下列术语和定义适用于本标准。

3.1

压缩永久变形　compression set

软质泡沫聚合材料试样的初始厚度与在规定温度下按规定时间压缩后，再经规定时间恢复后的最终厚度的差值，与初始厚度之比。

4　原理

将试样在规定温度下保持规定时间的恒定形变，观察试样恢复后厚度的变化。

5　仪器

5.1　装置

由两块大于试样尺寸的平板、定位件和夹具组成。两平板在试验中应保持平行，两平板间的距离可调整到所需变形的高度。

测试薄形材料，应备有必要数量的方形玻璃片。玻璃片的厚度应为 1.0 mm～1.5 mm，边长应为 50 mm～55 mm。

5.2　量具

测量试样尺寸的量具应符合 GB/T 6342 的规定。

6　试样

6.1　要求

试样的上下面应平行，相邻各面应垂直。试样长度、宽度应分别为(50±1)mm，厚度应为(25±1)mm。试样应无污染，各面应无表皮。

当测试薄形材料时，应将足够数量(50×50)mm 的试片叠合，使叠合试样在受压前总厚度至少为 25 mm，各试片之间用玻璃片隔开。在测试时，整个叠合件作为一个试样。

6.2　试样取向

试验时的压缩方向应与产品实际使用时的受压方向相同。

6.3 试样数量

5 个 25 mm 厚的试样，或 5 个由薄形材料叠合而成的试样。

6.4 状态调节

生产后不到 72 h 的材料一般不得用于试验。如果可以证明生产后 16 h 或 48 h 得到的结果与生产后 72 h 得到的结果差值不超过±10%，允许在生产后 16 h 或 48 h 进行试验。

试验前，试样应在下列任一种环境中状态调节 16 h 以上。

(23±2)℃，相对湿度 50%±5%；

(27±2)℃，相对湿度 65%±5%。

在生产后 16 h 进行试验的情况下，状态调节时间可以包括部分或全部生产后放置时间。

在质量控制试验的情况下，试样可以在生产后放置较短的时间(最短 12 h)，并按上述任一种环境规定，采用较短的状态调节时间(最短 6 h)调节后进行试验。

7 试验步骤

7.1 概述

试验可按方法 A、方法 B 或方法 C 中任一种进行，也可三种方法均进行。但三种方法可能给出不同的结果。

7.2 方法 A(在 70 ℃压缩)

试样按 6.4 规定进行状态调节后，按 GB/T 6342 测量其初始厚度 d_0。对于薄形材料，试样初始厚度 d_0 等于在水平位置测得的由试片和玻璃片叠合总厚度减去玻璃片厚度。

将试样或叠合试样置于装置的两平板之间，压缩试样厚度的 50%±4%或 75%±4%，并保持此状态。在特殊情况下，可以压缩 90%。

在 15 min 内，将被压缩的试样或叠合试样置于(70±1)℃的烘箱内并保持(22±0.2)h。

从烘箱内取出装置并在 1 min 内从装置中取出试样，将其放置于低导热物体(如木板)的表面上，物体的表面温度应是实验室温度。试样在与状态调节相同的温度下恢复(30±5)min。

测量试样最终厚度 d_r。对于薄形材料，测量时需仔细不要弄乱叠合件，试样最终厚度 d_r 等于由试片和玻璃片叠合总厚度减去玻璃片厚度。

7.3 方法 B(在状态调节温度下压缩)

采用方法 A 规定的试验步骤，但试样是在与状态调节相同的温度下压缩(72±0.2)h。

7.4 方法 C(在特殊规定条件下压缩)

采用方法 A 规定的试验步骤，但压缩时间、温度和压缩量由供需双方协商确定。

8 计算与结果表示

8.1 计算

压缩永久变形按式(1)计算：

$$CS = \frac{d_0 - d_r}{d_0} \times 100\% \qquad \cdots\cdots(1)$$

式中：

CS——压缩永久变形，以百分数(%)表示；

d_0——试样初始厚度，单位为毫米(mm)；

d_r——试样最终厚度，单位为毫米(mm)。

8.2 结果表示

表示压缩永久变形的结果，应在数值后面的括号内列出试验条件，其顺序为：压缩量、时间、温度。

例如：CS (%)(50%，22 h，70 ℃)。

9 试验报告

试验报告应包括以下内容：

a） 本国家标准编号；

b） 材料的种类；

c） 试样状态调节的温度和湿度；

d） 采用的测试方法；

e） 若试样厚度与规定不同，应注明厚度；

f） 按第8章计算与表示的压缩永久变形的所有数值；

g） 压缩永久变形的中值，以百分数表示；

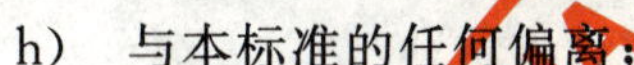

h） 与本标准的任何偏离；

i） 试验日期。

ICS 83.080.01
G 31

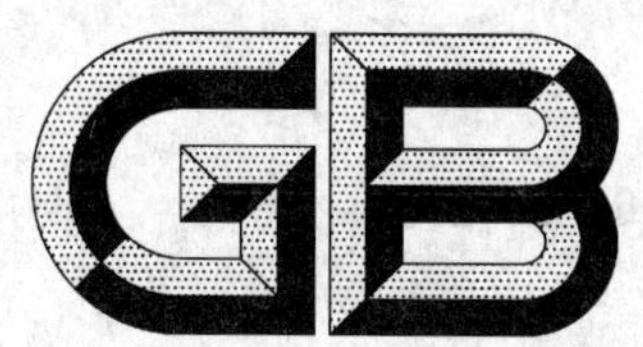

中华人民共和国国家标准

GB/T 6670—2008
代替 GB/T 6670—1997

软质泡沫聚合材料 落球法回弹性能的测定

**Flexible cellular polymeric materials—
Determination of resilience by ball rebound**

(ISO 8307:2007,MOD)

2008-08-19 发布　　2009-05-01 实施

中华人民共和国国家质量监督检验检疫总局
中国国家标准化管理委员会　发布

前　言

本标准修改采用 ISO 8307：2007《软质泡沫聚合材料　落球法回弹性能的测定》，是对 GB/T 6670—1997《软质泡沫塑料回弹性能的测定》的修订。

本标准与 ISO 8307：2007 的章条编号对照一览表见附录 B，本标准与 ISO 8307：2007 的主要差异及原因见附录 C。

本标准代替 GB/T 6670—1997《软质泡沫塑料回弹性能的测定》。

本标准与 GB/T 6670—1997 的主要变化如下：

——本标准名称改为《软质泡沫聚合材料　落球法回弹性能的测定》；

——本标准采用了两种测定方法，即方法 A 和方法 B。

本标准的附录 A、附录 B、附录 C 为资料性附录。

本标准由中国轻工业联合会提出。

本标准由全国塑料制品标准化技术委员会归口。

本标准由北京工商大学、浙江圣诺盟顾家海绵有限公司负责起草。

本标准主要起草人：王秀娴、王蕾、钱洪祥。

本标准历次版本发布情况为：GB 6670—1986。

软质泡沫聚合材料
落球法回弹性能的测定

1 范围

本标准规定了测定软质泡沫聚合材料回弹性能的两种方法。

本标准适用于软质泡沫聚合材料落球回弹率性能的测定。

2 规范性引用文件

下列文件中的条款通过本标准的引用而成为本标准的条款。凡是注日期的引用文件,其随后所有的修改单(不包括勘误的内容)或修订版均不适用于本标准,然而,鼓励根据本标准达成协议的各方研究是否可使用这些文件的最新版本。凡是不注日期的引用文件,其最新版本适用于本标准。

GB/T 2918—1998 塑料试样状态调节和试验的标准环境(idt ISO 291:1997)

3 术语和定义

下列术语和定义适用于本标准。

3.1

开孔软质泡沫材料 open-cell flexible cellular material

封闭的泡孔体积小于25%的软质泡沫材料。

3.2

闭孔软质泡沫塑料 closed-cell flexible cellular material

封闭的泡孔体积大于25%的软质泡沫材料。

4 原理

具有一定质量和直径的钢球,从固定高度下落到试样表面,测量钢球弹起的高度,计算钢球弹起高度与下落高度比值的百分率。

5 仪器

5.1 方法A

5.1.1 测试仪器和主要参数

落球回弹试验仪器(见图1),包括一根内径30 mm~65 mm的透明管子,一个直径16 mm±0.5 mm的钢球,质量为16.8 g±1.5 g,由磁铁或其他装置释放。下落过程中没有旋转,一直处于中心位置。下落高度为500 mm±0.5 mm。球顶部距离试样表面应为516 mm。因此,零回弹得原点为试样表面上方钢球的直径距离。

如果管子不垂直可能会引起测量误差,钢球在下落或回弹过程中接触管子内壁,测量结果无效。用水平仪或类似装置校准硬基准面以保证水平,并将透明管及架垂直安放。

5.1.2 人工读值设备

在管子背面有序的按百分比划上刻度线,每5%(25 mm)一个大刻度和每1%(5 mm)一个小刻度,角度为120°弧线 。这个完整的圆周划线是仪器不可缺少的重要部分,它可以排除视差错误。

5.1.3 自动读值设备

一种能通过电子方式显示出钢球回弹高度的仪器,它已被证实和人工读出的结果是一样的。通过钢球回弹的速度或钢球第一次到第二次接触泡沫表面的时间间隔可以计算出回弹的高度,安装的电子设备应显示出高度的±1%(5 mm)精度,这种装置的管子不需要划刻度(电子测量示例见附录A)。

单位为毫米

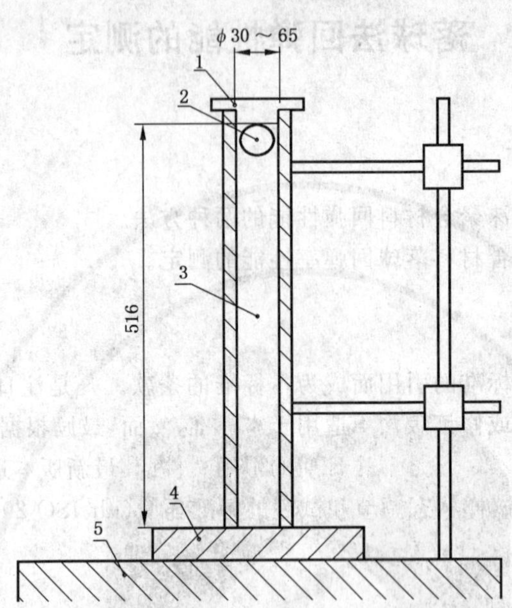

1——磁铁或其他装置;

2——钢球;

3——透明管;

4——试样;

5——硬基准面。

图1 落球回弹试验仪器

5.2 方法B

测试仪器和主要参数

测试仪器与5.1相近,有人工读值设备也有自动读值设备。数字显示落球回弹仪,仪器精度为相对误差小于1.5%,主要参数钢球直径与5.1相同,钢球质量16.3 g(比5.1的钢球轻0.5 g)。重要的不同参数是:钢球的下落高度为460 mm±0.5 mm。使得方法A和方法B测出的回弹值不能直接换算。

6 试样

6.1 试样应有上下平行且平整的表面。

6.2 试样面积100 mm×100 mm,高度应满足50 m。如果试样的厚度小于50 mm,应叠加到50 mm,但不能使用黏合剂。对于模塑产品,应去掉上表皮。

注:对于软质材料如果结果误差很大,可以用更厚一点的试样而不必受到50 mm厚度的限制。对于超低密度材料由于样品本身原因可能造成测试结果有问题。对于多层片状样品,容易发生层间的滑动,最好选用大一点面积的试样可以得到克服。

7 试样数量

每组测试3个试样。3个试样可以在同一个样块里取也可以在同一批次不同的样块里取样。

8 状态调节

材料制成后,至少放置72 h才能进行测试。如果可以证明,生产后16 h或48 h得到的结果与生产72 h后得到的结果差值不超过±10%。允许试样在生产后16 h或48 h进行试验。

试验前，试样应在下列任一种环境中状态调节 16 h 以上。

23 ℃±2 ℃，(50±5)%相对湿度；

27 ℃±2 ℃，(65±5)%相对湿度；

在生产后 16 h 进行试验的情况下，状态调节时间可以包括部分或全部生产后放置时间。

当为了质量控制检测时，试样可以在生产后放置较短的时间(下至最短 12 h)，并按上述任一种环境规定，采用较短的状态调节时间(下至最短 6 h)调节后进行试验。

9 试验步骤及结果表示

9.1 预压状态调节

开孔软质泡沫材料在试验前应先进行预压状态调节。方法是在 0.4 mm/s～6 mm/s 速度下，将试样压缩到原始厚度的 75%～80%，预压 2 次来对试样进行预应力状态调节，然后允许试样有一个 10 min±5 min 的恢复期。

注：预应力状态调节不适用于 3.2 中提到的闭孔软质泡沫材料。

9.2 试验方法 A

9.2.1 按照第 8 章中规定的条件，状态调节后立即开始试验。

9.2.2 将试样放在基准面，调节管子的高度，使零回弹为试样表面上方 16 mm±0.5 mm 处。固定管子以确定管子和试样间有轻接触，不引起任何可视的压力。

9.2.3 将钢球放在释放装置上，然后释放钢球，记录回弹最大高度整数值。球下落过程中或回弹过程中，如果碰到管子内壁，试验结果无效。发生这种情况，主要是由于管子不垂直或试样表面不均匀。为了减小视觉误差，试验员的视线应与管子上的回弹读数刻度线成水平直线。为了证明视觉水平的准确性，试测是必要的。

9.2.4 三个试样分别要在 1 min 内至少得到 3 个有效的回弹值。

9.2.5 结果表示　每个试样测得 3 个结果。如果有一个值超过中值的 20%(五分之一)，再多试验两次，确定 5 个值中的中值。从 3 个样品的中值中，再取中值为样品的回弹率。

自动测量装置显示的结果有效位数取整数。

9.3 试验方法 B

9.3.1 按照第 8 章中规定的条件，状态调节后立即开始试验。

9.3.2 将试样水平置于回弹仪位置上，通过调节使钢球底部从固定位置到试样表面的落下高度为 460 mm。

9.3.3 按 9.2.3～9.2.4 进行试验。

9.3.4 结果的表示　每个试样测得 3 个结果，从 3 个结果中取最大值。再计算 3 个最大值的平均值作为样品的回弹率。

10 试验报告

试验报告应包含以下内容：

a) 本国家标准编号；

b) 样品描述，包括是开孔材料还是闭孔材料；

c) 状态调节和试验中的温度及湿度；

d) 是否采用电子测量；

e) 回弹率测量采用的方法；

f) 每个试样的 3 个结果；

g) 材料下线时间；

h) 试验时间。

附 录 A
（资料性附录）
电子测量示例

基本装置见图 1。另外将一个光栅安放在管子的下端用来探测时间。当钢球第一次接触试样上表面时开始计时，到第二次接触时计时结束，按式(A.1)计算得到时间间隔。

$$t_{tot} = 2 \cdot \sqrt{\frac{2h}{g}} \qquad \cdots\cdots(A.1)$$

式中：

t_{tot}——两次接触试样的时间间隔，单位为秒(s)；

h——回弹高度，单位为毫米(mm)；

g——重力加速度，单位为毫米每二次方秒(mm/s^2)。

移项公式得到回弹高度 h，见式(A.2)：

$$h = \frac{g \cdot t_{tot}^2}{8} \qquad \cdots\cdots(A.2)$$

按式(A.3)计算得到百分比回弹值 R：

$$R = \frac{h}{h_{max}} \times 100\% \qquad \cdots\cdots(A.3)$$

式中：

h_{max}——下落高度(500 mm)。

附 录 B
（资料性附录）
本标准的章条编号与 ISO 8307:2007 章条编号对照

表 B.1 给出了本标准的章条编号与 ISO 8307:2007 章条编号对照一览表。

表 B.1 本标准的章条编号与 ISO 8307:2007 章条编号对照

本标准的章条编号	ISO 8307:2007
1	1
2	2
3	3
3.1	3.1
3.2	3.2
4	4
5	5
5.1	—
5.1.1	5.1
5.1.2	5.2
5.1.3	5.3
5.2	—
5.2.1	—
6	6
6.1	6.1
6.2	6.2
7	7
8	8
9	9
9.1	9.1
9.2	9.2
9.2.1	9.2.1
9.2.2	9.2.3
9.2.4	9.2.4
9.2.5	10
9.3	—
9.3.1	—
9.3.2	—
9.3.3	—
9.3.4	—
—	11
10	12

附 录 C
（资料性附录）
本标准与ISO 8307:2007技术性差异及其原因

表C.1给出了本标准与ISO 8307:2007技术性差异及其原因的一览表。

表C.1 本标准与ISO 8307:2007技术性差异及其原因

本标准的章条编号	技术性差异	原 因
1	增加了软质泡沫聚合材料回弹性能的测定采用两种方法的说明	既要使我国软质泡沫聚合材料的检测方法与国际保持一致，又考虑到我国现有检测仪器的使用及与产品标准中规定的指标的关联，故采用两种测定方法
5.1	增加方法A	等同采用ISO 8307:2007
5.2	增加方法B	与GB/T 6670—1997方法一致
5.2.1	增加了方法B的测试仪器和主要参数	方法B与方法A测试仪器和主要参数不完全相同
9.3	增加了方法B的试验方法及结果的表示	方法B与方法A试验方法及结果的表示不完全相同
—	删除了“这种方法不需要精确度数据”的说明	没有必要说明

ICS 61.060
Y 78

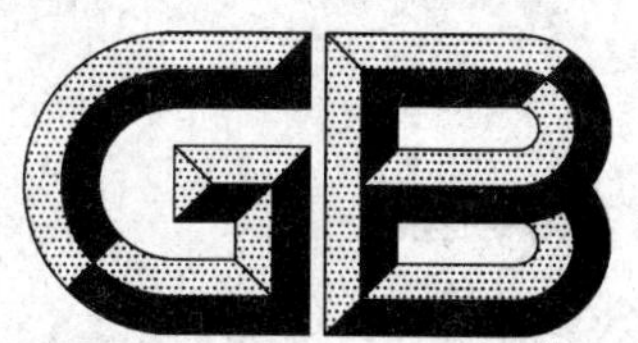

中华人民共和国国家标准

GB/T 6677—2008
代替 GB/T 6677—1986

布鞋分类

Classification of cloth shoes

2008-12-30 发布　　2009-09-01 实施

中华人民共和国国家质量监督检验检疫总局
中国国家标准化管理委员会　发布

前　言

本标准代替 GB/T 6677—1986《布鞋分类》。

本标准与 GB/T 6677—1986 的主要变化如下：

——扩大了标准的适用范围；

——增加规范性引用文件；

——增加总则；

——“穿着对象分类”中增加“婴幼儿布鞋”；

——“成型工艺分类”中增加“硫化布鞋、组装布鞋”；

——“鞋底材料分类”中增加“复合底、麻线底、PU 底等布鞋”；

——“按成鞋穿着用途分类”中增加“室内鞋”；

——删除“按鞋帮结构款式分类”；

——删除“按跟高和跟型分类”；

——删除布鞋成鞋名称“帮面结构款式”和“跟高跟型”，图 2 中将示例改为“男礼服呢缝绱千层底棉鞋”。

本标准由中国轻工业联合会提出。

本标准由全国制鞋标准化技术委员会(SAC/TC 305)归口。

本标准起草单位：中国皮革和制鞋工业研究院。

本标准主要起草人：李桂芬、张伟娟。

本标准所代替标准的历次版本发布情况为：

——GB/T 6677—1986。

布 鞋 分 类

1 范围

本标准规定了布鞋分类的原则和基本方法。

本标准适用于各类纺织材料作帮面的各种布鞋的分类，可以作为生产商、销售商分类的依据。

2 规范性引用文件

下列文件中的条款通过本标准的引用而成为本标准的条款。凡是注日期的引用文件，其随后所有的修改单(不包括勘误的内容)或修订版均不适用于本标准，然而，鼓励根据本标准达成协议的各方研究是否可使用这些文件的最新版本。凡是不注日期的引用文件，其最新版本适用于本标准。

GB/T 3293 中国鞋楦系列

GB/T 3293.1 鞋号

3 鞋号和鞋楦

3.1 鞋号按 GB/T 3293.1 执行。

3.2 鞋楦尺寸按 GB/T 3293 执行。

4 总则

4.1 本标准的分类方法兼顾系统性、兼容性和扩延性。

4.2 本标准分类以实用为基本原则，主要以国内外对布鞋产品的查询习惯进行分类，而不单纯从制鞋工艺上分类。

5 分类

5.1 按穿用对象分类，可分为男鞋、女鞋、童鞋和婴幼儿布鞋。

5.2 按帮面材料分类，可分为棉、毛、丝、麻、化纤及混纺织物等各类纺织材料制的布鞋。

5.3 按成型工艺分类，可分为缝绱布鞋、注塑布鞋、注胶布鞋、冷粘布鞋、模压布鞋、硫化布鞋、布底粘胶布鞋、组装布鞋等。

5.4 按鞋底材料分类，可分为布底、塑料底、皮革底、橡胶底、毛毡底、橡塑底、复合底、仿皮底、麻线底、PU 底等布鞋等。

5.5 按成鞋穿着用途分类，可分为单鞋、夹鞋、棉鞋、凉鞋、拖鞋和室内鞋等。

6 布鞋名称

6.1 名称的组成。布鞋名称组成见图 1。

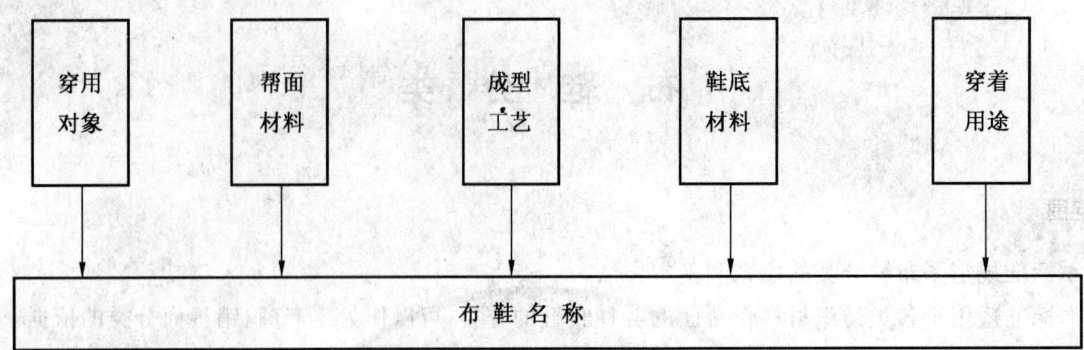

图1 布鞋名称的组成

6.2 布鞋名称的举例。布鞋名称示意图见图2。

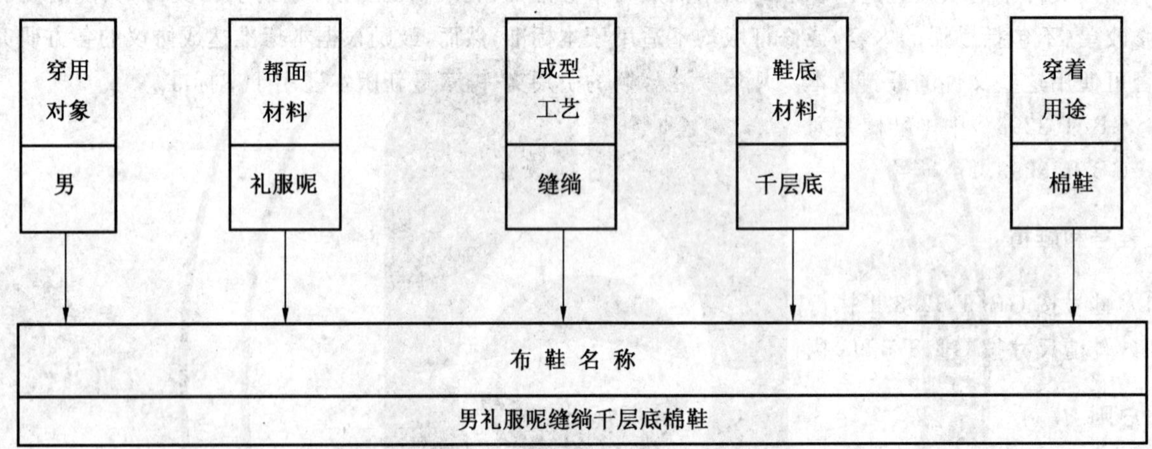

图2 布鞋名称示例

ICS 71.040.30
G 60

中华人民共和国国家标准

GB/T 6682—2008
代替 GB/T 6682—1992

分析实验室用水规格和试验方法

Water for analytical laboratory use—Specification and test methods

(ISO 3696:1987,MOD)

2008-05-15 发布 2008-11-01 实施

中华人民共和国国家质量监督检验检疫总局
中国国家标准化管理委员会 发布

前　言

本标准修改采用 ISO 3696:1987《分析实验室用水规格和试验方法》(英文版)。

考虑我国国情,本标准在采用 ISO 3696:1987 时做了一些修改。有关技术性差异已编入正文中并在它们所涉及的条款的页边空白处用垂直单线标识。在附录 A 中列出了本标准章条编号与 ISO 3696:1987 章条编号对照一览表。在附录 B 中给出了本标准与 ISO 3696:1987 技术性差异及其原因一览表以供参考。

本标准代替 GB/T 6682—1992《分析实验室用水规格和试验方法》,与 GB/T 6682—1992 相比主要变化如下:

——增加了实验报告(本版的第 8 章)。

本标准的附录 C 为规范性附录,附录 A、附录 B 为资料性附录。

本标准由中国石油和化学工业协会提出。

本标准由全国化学标准化技术委员会化学试剂分会(SAC/TC 63/SC 3)归口。

本标准起草单位:国药集团化学试剂有限公司。

本标准主要起草人:陈浩云、陈红。

本标准于 1986 年首次发布,于 1992 年第一次修订。

分析实验室用水规格和试验方法

1 范围

本标准规定了分析实验室用水的级别、规格、取样及贮存、试验方法和试验报告。

本标准适用于化学分析和无机痕量分析等试验用水。可根据实际工作需要选用不同级别的水。

2 规范性引用文件

下列文件中的条款通过本标准的引用而成为本标准的条款。凡是注日期的引用文件，其随后所有的修改单(不包括勘误的内容)或修订版均不适用于本标准，然而，鼓励根据本标准达成协议的各方研究是否可使用这些文件的最新版本。凡是不注日期的引用文件，其最新版本适用于本标准。

GB/T 601　化学试剂　标准滴定溶液的制备

GB/T 602　化学试剂　杂质测定用标准溶液的制备(GB/T 602—2002,ISO 6353-1:1982,NEQ)

GB/T 603　化学试剂　试验方法中所用制剂及制品的制备(GB/T 603—2002,ISO 6353-1:1982,NEQ)

GB/T 9721　化学试剂　分子吸收分光光度法通则(紫外和可见光部分)

GB/T 9724　化学试剂　pH 值测定通则(GB/T 9724—2007,ISO 6353-1:1982,NEQ)

GB/T 9740　化学试剂　蒸发残渣测定通用方法(GB/T 9740—2008 ,ISO 6353-1:1982,NEQ)

3 外观

分析实验室用水目视观察应为无色透明液体。

4 级别

分析实验室用水的原水应为饮用水或适当纯度的水。

分析实验室用水共分三个级别：一级水、二级水和三级水。

4.1 一级水

一级水用于有严格要求的分析试验，包括对颗粒有要求的试验。如高效液相色谱分析用水。

一级水可用二级水经过石英设备蒸馏或离子交换混合床处理后，再经 0.2 μm 微孔滤膜过滤来制取。

4.2 二级水

二级水用于无机痕量分析等试验，如原子吸收光谱分析用水。

二级水可用多次蒸馏或离子交换等方法制取。

4.3 三级水

三级水用于一般化学分析试验。

三级水可用蒸馏或离子交换等方法制取。

5 规格

分析实验室用水的规格见表 1。

表 1

名　　称	一级	二级	三级
pH 值范围(25℃)	—	—	5.0～7.5
电导率(25℃)/(mS/m)	≤0.01	≤0.10	≤0.50
可氧化物质含量(以 O 计)/(mg/L)	—	≤0.08	≤0.4
吸光度(254 nm,1 cm 光程)	≤0.001	≤0.01	—
蒸发残渣(105℃±2℃)含量/(mg/L)	—	≤1.0	≤ 2.0
可溶性硅(以 SiO_2 计)含量/(mg/L)	≤0.01	≤0.02	—
注 1：由于在一级水、二级水的纯度下，难于测定其真实的 pH 值，因此，对一级水、二级水的 pH 值范围不做规定。 注 2：由于在一级水的纯度下，难于测定可氧化物质和蒸发残渣，对其限量不做规定。可用其他条件和制备方法来保证一级水的质量。			

6　取样及贮存

6.1　容器

6.1.1　各级用水均使用密闭的、专用聚乙烯容器。三级水也可使用密闭、专用的玻璃容器。

6.1.2　新容器在使用前需用盐酸溶液(质量分数为 20%)浸泡 2 d～3 d，再用待测水反复冲洗，并注满待测水浸泡6 h以上。

6.2　取样

按本标准进行试验，至少应取 3 L 有代表性水样。

取样前用待测水反复清洗容器，取样时要避免沾污。水样应注满容器。

6.3　贮存

各级用水在贮存期间，其沾污的主要来源是容器可溶成分的溶解、空气中二氧化碳和其他杂质。因此，一级水不可贮存，使用前制备。二级水、三级水可适量制备，分别贮存在预先经同级水清洗过的相应容器中。

各级用水在运输过程中应避免沾污。

7　试验方法

在试验方法中，各项试验必须在洁净环境中进行，并采取适当措施，以避免试样的沾污。水样均按精确至 0.1 mL 量取，所用溶液以"%"表示的均为质量分数。

试验中均使用分析纯试剂和相应级别的水。

7.1　pH 值

量取 100 mL 水样，按 GB/T 9724 的规定测定。

7.2　电导率

7.2.1　仪器

7.2.1.1　用于一、二级水测定的电导仪：配备电极常数为 0.01 cm^{-1}～0.1 cm^{-1} 的"在线"电导池。并具有温度自动补偿功能。

若电导仪不具温度补偿功能，可装"在线"热交换器，使测定时水温控制在 25℃±1℃。或记录水温度，按附录 C 进行换算。

7.2.1.2　用于三级水测定的电导仪：配备电极常数为 0.1 cm^{-1}～1 cm^{-1} 的电导池。并具有温度自动补偿功能。

若电导仪不具温度补偿功能，可装恒温水浴槽，使待测水样温度控制在25℃±1℃。或记录水温度，按附录C进行换算。

7.2.2　**测定步骤**

7.2.2.1　按电导仪说明书安装调试仪器。

7.2.2.2　一、二级水的测量：将电导池装在水处理装置流动出水口处，调节水流速，赶净管道及电导池内的气泡，即可进行测量。

7.2.2.3　三级水的测量：取400 mL水样于锥形瓶中，插入电导池后即可进行测量。

7.2.3　**注意事项**

测量用的电导仪和电导池应定期进行检定。

7.3　**可氧化物质**

7.3.1　**制剂的制备**

7.3.1.1　**硫酸溶液(20%)**

按GB/T 603的规定配制。

7.3.1.2　**高锰酸钾标准滴定溶液**$\left[c\left(\frac{1}{5}\mathbf{KMnO_4}\right)=0.01\ \mathbf{mol/L}\right]$

按GB/T 601的规定配制。

7.3.2　**测定步骤**

量取1 000 mL二级水，注入烧杯中，加入5.0 mL硫酸溶液(20%)，混匀。

量取200 mL三级水，注入烧杯中，加入1.0 mL硫酸溶液(20%)，混匀。

在上述已酸化的试液中，分别加入1.00 mL高锰酸钾标准滴定溶液$[c(\frac{1}{5}KMnO_4=0.01\ mol/L]$，混匀，盖上表面皿，加热至沸并保持5 min。溶液的粉红色不得完全消失。

7.4　**吸光度**

按GB/T 9721的规定测定。

7.4.1　**仪器条件**

石英吸收池：厚度1 cm和2 cm。

7.4.2　**测定步骤**

将水样分别注入1 cm及2 cm吸收池中，于254 nm处，以1 cm吸收池中水样为参比，测定2 cm吸收池中水样的吸光度。

若仪器的灵敏度不够时，可适当增加测量吸收池的厚度。

7.5　**蒸发残渣**

7.5.1　**仪器**

7.5.1.1　旋转蒸发器：配备500 mL蒸馏瓶。

7.5.1.2　恒温水浴。

7.5.1.3　蒸发皿：材质可选用铂、石英、硼硅玻璃。

7.5.1.4　电烘箱：温度可控制在105℃±2℃。

7.5.2　**测定步骤**

7.5.2.1　**水样预浓集**

量取1 000 mL二级水(三级水取500 mL)。将水样分几次加入旋转蒸发器的蒸馏瓶中，于水浴上减压蒸发(避免蒸干)。待水样最后蒸至约50 mL时，停止加热。

7.5.2.2　**测定**

将上述预浓集的水样，转移至一个已于105℃±2℃恒量的蒸发皿中，并用5mL～10mL水样分2次～3次冲洗蒸馏瓶，将洗液与预浓集水样合并于蒸发皿中，按GB/T 9740的规定测定。

7.6 可溶性硅

7.6.1 制剂的制备

7.6.1.1 二氧化硅标准溶液(1 mg/mL)

按GB/T 602的规定配制。

7.6.1.2 二氧化硅标准溶液(0.01 mg/mL)

量取1.00 mL二氧化硅标准溶液(1 mg/mL)于100 mL容量瓶中,稀释至刻度,摇匀。转移至聚乙烯瓶中,临用前配制。

7.6.1.3 钼酸铵溶液(50 g/L)

称取5.0 g钼酸铵[$(NH_4)_6Mo_7O_{24}\cdot 4H_2O$],溶于水,加20.0 mL硫酸溶液(20%),稀释至100 mL,摇匀。贮存于聚乙烯瓶中。若发现有沉淀时应重新配制。

7.6.1.4 对甲氨基酚硫酸盐(米吐尔)溶液(2 g/L)

称取0.20 g对甲氨基酚硫酸盐,溶于水,加20.0 g偏重亚硫酸钠(焦亚硫酸钠),溶解并稀释至100 mL,摇匀。贮存于聚乙烯瓶中。避光保存,有效期两周。

7.6.1.5 硫酸溶液(20%)

按GB/T 603的规定配制。

7.6.1.6 草酸溶液(50 g/L)

称取5.0 g草酸,溶于水,并稀释至100 mL。贮存于聚乙烯瓶中。

7.6.2 仪器

7.6.2.1 铂皿:容量为250 mL。

7.6.2.2 比色管:容量为50 mL。

7.6.2.3 水浴:可控制恒温为约60℃。

7.6.3 测定步骤

量取520 mL一级水(二级水取270 mL),注入铂皿中,在防尘条件下,亚沸蒸发至约20 mL,停止加热,冷却至室温,加1.0 mL钼酸铵溶液(50 g/L),摇匀,放置5 min后,加1.0 mL草酸溶液(50 g/L),摇匀,放置1 min后,加1.0 mL对甲氨基酚硫酸盐溶液(2 g/L),摇匀。移入比色管中,稀释至25 mL,摇匀,于60℃水浴中保温10 min。溶液所呈蓝色不得深于标准比色溶液。

标准比色溶液的制备是取0.50 mL二氧化硅标准溶液(0.01 mg/mL),用水样稀释至20 mL后,与同体积试液同时同样处理。

8 试验报告

试验报告应包括下列内容:

a) 样品的确定;

b) 参考采用的方法;

c) 结果及其表述方法;

d) 测定中异常现象的说明;

e) 不包括在本标准中的任意操作。

附 录 A
（资料性附录）
本标准章条编号与 ISO 3696:1987 章条编号对照

A.1 本标准章条编号与 ISO 3696:1987 章条编号对照一览表，见表 A.1。

表 A.1 本标准章条编号与 ISO 3696:1987 章条编号对照

本标准章条编号	对应的国际标准章条编号
1	1
2	—
3	2
4	3
5	4
6	5、6
7	7
7.1	7.1
7.2	7.2
7.3	7.3
7.4	7.4
7.5	7.5
7.6	7.6
8	8

附 录 B
（资料性附录）
本标准与 ISO 3696:1987 技术性差异及其原因

B.1 本标准与 ISO 3696:1987 技术性差异及其原因一览表，见表 B.1。

表 B.1 本标准与 ISO 3696:1987 技术性差异及其原因

标准的章条编号	技术性差异	原 因
1	在范围的文字叙述上有所调整。	根据我国标准编写规则进行编写。
2	增加了规范性引用文件。	以适合我国国情。
6	在取样及贮存的文字叙述上有所调整。	以适合我国国情。
7.1	按 GB/T 9724 规定用玻璃-饱和甘汞电极代替银-氯化银电极。	此电极在我国使用较普遍。
7.2	增加了将实际水温下测定的电导率换算成 25℃时的方法。	以适合我国国情。
7.3.1.1	按 GB/T 603 制备硫酸溶液(20%)代替 1 mol/L 硫酸溶液。	引用国标通则。
7.5.1.1	用 500 mL 蒸馏瓶代替 250 mL 蒸馏瓶。	此规格蒸馏瓶使用方便。
7.5.1.4	按 GB/T 9740 规定采用 105℃±2℃电烘箱代替 110℃±2℃电烘箱。	引用国标通则。
7.6.1.1	按 GB/T 602 制备 0.1 mg/mL 硅标准溶液。	引用国标通则。
7.6.1.2	用 1 mL 溶液含有 0.01 mgSiO_2 代替1 mL 溶液含有 0.005 mgSiO_2。	增加可操作性。
7.6.1.5	按 GB/T 603 制备硫酸溶液(20%)代替 2.5 mol/L 硫酸溶液。	引用国标通则。

附 录 C
（规范性附录）
电导率的换算公式

C.1 当电导率测定温度在 t℃时，可换算为25℃下的电导率。

25℃时各级水的电导率 K_{25}，数值以“mS/m”表示，按式(C.1)计算：

$$K_{25} = k_t(K_t - K_{p.t}) + 0.00548 \qquad \text{(C.1)}$$

式中：

k_t——换算系数；

K_t——t℃时各级水的电导率，单位为毫西每米(mS/m)；

$K_{p.t}$——t℃时理论纯水的电导率，单位为毫西每米(mS/m)；

0.005 48——25℃时理论纯水的电导率，单位为毫西每米(mS/m)。

理论纯水的电导率($K_{p.t}$)和换算系数(k_t)见表C.1。

表C.1 理论纯水的电导率和换算系数

t/℃	k_t/(mS/m)	$K_{p.t}$/(mS/m)	t/℃	k_t/(mS/m)	$K_{p.t}$/(mS/m)
0	1.797 5	0.001 16	23	1.043 6	0.004 90
1	1.755 0	0.001 23	24	1.021 3	0.005 19
2	1.713 5	0.001 32	25	1.000 0	0.005 48
3	1.672 8	0.001 43	26	0.979 5	0.005 78
4	1.632 9	0.001 54	27	0.960 0	0.006 07
5	1.594 0	0.001 65	28	0.941 3	0.006 40
6	1.555 9	0.001 78	29	0.923 4	0.006 74
7	1.518 8	0.001 90	30	0.906 5	0.007 12
8	1.482 5	0.002 01	31	0.890 4	0.007 49
9	1.447 0	0.002 16	32	0.875 3	0.007 84
10	1.412 5	0.002 30	33	0.861 0	0.008 22
11	1.378 8	0.002 45	34	0.847 5	0.008 61
12	1.346 1	0.002 60	35	0.835 0	0.009 07
13	1.314 2	0.002 76	36	0.823 3	0.009 50
14	1.283 1	0.002 92	37	0.812 6	0.009 94
15	1.253 0	0.003 12	38	0.802 7	0.010 44
16	1.223 7	0.003 30	39	0.793 6	0.010 88
17	1.195 4	0.003 49	40	0.785 5	0.011 36
18	1.167 9	0.003 70	41	0.778 2	0.011 89
19	1.141 2	0.003 91	42	0.771 9	0.012 40
20	1.115 5	0.004 18	43	0.766 4	0.012 98
21	1.090 6	0.004 41	44	0.761 7	0.013 51
22	1.066 7	0.004 66	45	0.758 0	0.014 10

表 C.1（续）

t/℃	k_t/(mS/m)	$K_{p,t}$/(mS/m)	t/℃	k_t/(mS/m)	$K_{p,t}$/(mS/m)
46	0.755 1	0.014 64	49	0.751 8	0.016 50
47	0.753 2	0.015 21	50	0.752 5	0.017 28
48	0.752 1	0.015 82			

ICS 71.100.01;87.060.10
G 55

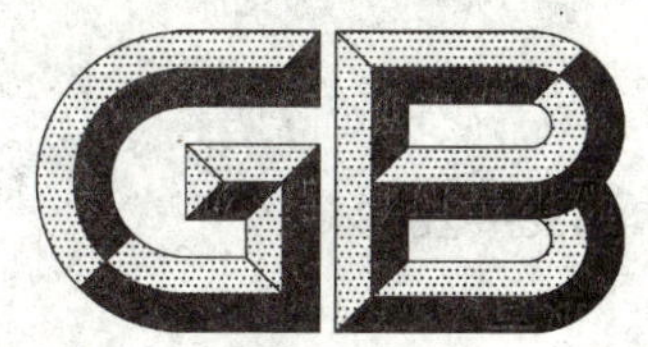

中华人民共和国国家标准

GB/T 6688—2008
代替 GB/T 6688—1986,GB/T 6689—1986

染料 相对强度和色差的测定 仪器法

Dyestuffs—Determination of relative strength and color difference—Instrumental method

2008-09-18 发布 2009-05-01 实施

中华人民共和国国家质量监督检验检疫总局
中国国家标准化管理委员会 发布

前　言

本标准代替 GB/T 6688—1986《染料相对强度的测定　仪器法》、GB/T 6689—1986《染料色差的测定　仪器法》。

本标准与 GB/T 6688—1986、GB/T 6689—1986 相比主要变化如下：

——本标准整合了 GB/T 6688—1986 和 GB/T 6689—1986(GB/T 6688—1986 和 GB/T 6689—1986 的标题、本标准的标题)；

——使用 CMC(l：c)色差公式取代 CIELAB 色差公式(GB/T 6689—1986 中的第 4 章，本版的 6.4.2)；

——增加了试验报告内容(本版的第 7 章)。

本标准由中国石油和化学工业协会提出。

本标准由全国染料标准化技术委员会(SAC/TC 134)归口。

本标准起草单位：沈阳彩普科技有限公司、沈阳化工研究院。

本标准主要起草人：李勤、姬兰琴。

本标准所代替标准的历次版本发布情况：

——GB/T 6688—1986；

——GB/T 6689—1986。

染料 相对强度和色差的测定 仪器法

1 范围

本标准规定了非荧光染料染于纺织品时与标样的相对强度和色差的仪器法测定方法。

本标准适用于使用测色仪器对非荧光染料染于纺织品时与标样的相对强度和色差以及分色差进行的测定。

2 规范性引用文件

下列文件中的条款通过本标准的引用而成为本标准的条款。凡是注日期的引用文件，其随后所有的修改单(不包括勘误的内容)或修订版均不适用于本标准，然而，鼓励根据本标准达成协议的各方研究是否可使用这些文件的最新版本。凡是不注日期的引用文件，其最新版本适用于本标准。

GB/T 2374—2007 染料 染色测定的一般条件规定

GB/T 3977—2008 颜色的表示方法

GB/T 3978—2008 标准照明体和几何条件

GB/T 3979—2008 物体色的测量方法

GB/T 4841.3—2006 染料染色标准深度色卡 2/1、1/2、1/3、1/6、1/12、1/25

3 术语和定义

下列术语和定义适用于本标准。

3.1

染料 dyes, dyestuffs

在可见光部分有选择吸收的物质称为色素。凡与染色对象有一定的亲和力，可通过适当的方法上染固着，并具有一定色牢度的色素称为染料。[GB/T 6687—2006 中的 2.1]。

3.2

染料的相对强度 relative strength of dye

通称染料的强度。表示某染料赋予被染物颜色的能力相对于染料标样赋色能力的比例。通常用染得相等深度颜色时，染料标样与试样的用量之比，以百分数形式表示。[GB/T 6687—2006 中的 6.7]。

3.3

色差 color difference

定量表示的色知觉差异。用 ΔE 表示。[GB/T 5698—2001 中的 4.62]。

3.4

色差公式 color difference formula

计算两色刺激之间的差异的公式。[GB/T 5698—2001 中的 4.63]。

4 仪器设备和材料

设备和材料应符合 GB/T 2374—2007 中的有关规定。

测色仪器：应符合 GB/T 3979—2008 的规定。

5 相对强度的测定

5.1 一般规定

5.1.1 使用带有积分球的反射型光谱光度计，测试波长范围应包括 400 nm～700 nm，读取的反射率不少于 16 个。

5.1.2 色度计算中所用到的标准色度观察者颜色匹配函数按 GB/T 3977—2008 之规定，采用 10°视场的 $X_{10}Y_{10}Z_{10}$ 表色系统。

5.1.3 色度计算中所用的标准照明体按 GB/T 3978—2008 中的 D_{65} 标准照明体。照明观测条件采用上述标准中的垂直/漫射(0/d)或漫射/垂直(d/0)条件。不采用光泽吸收器，即包括镜面反射(测试表面光泽较强的丝绒等纺织品时除外)。

5.2 染样准备

5.2.1 样品染料和标准染料的染样制备按 GB/T 2374—2007 及相应品种的产品标准中规定的染色方法进行。染样应均匀无疵点。

5.2.2 染色深度按 GB/T 4841.3—2006 中的 1/3 标准染色深度进行控制。染样和标样的深度应尽量接近。

5.2.3 被染物最好采用平纹织物，用于测量的染样表面不能有皱褶。不应使用散纤维形式的染样。纱线和长丝的染样最好应用硬卡做骨干经绕线机绕成片状后测量。

5.3 测定步骤

5.3.1 开机测量时必须先对仪器进行校正，校正方法按所使用的仪器说明书进行。

5.3.2 符合上述要求的染样重叠数层以一定的张力安放于样品测量孔(重叠层数以继续增加层数不再导致反射值改变为止)。

5.3.3 要对织物的正面进行测量，采取多点测量取平均值。对无明显反正面的平纹织物，应进行两面测量取平均值。测量时织物经纬纱走向应一致。

5.3.4 仲裁时以平纹织物为准。

5.4 染料相对强度的计算

5.4.1 K/S 的计算方法(方法一)：

适用于试样和标样之间目测具有相同或接近的色光且最大吸收波长相同的情况，不适用于拼混染料、具有两个以上吸收峰或没有明显的吸收峰的染料以及试样与标样之间虽目测具有相同的色光，但反射曲线具有不同最大吸收波长的情况(异谱同色)。试样与标样的颜色深度差不应大于 10%，否则，应调整试样或标样的染色浓度重新制备染样，使其颜色深度尽可能地接近。

待测染料的相对强度以 ST 计，数值用分(或%)表示，按公式(1)计算：

$$ST = 100f_2/f_1 \qquad \cdots\cdots(1)$$

式中：

f_2——单位染色浓度的试样在最大吸收波长下的 Kubelka-Munk 函数值；

f_1——单位染色浓度的标样在最大吸收波长下的 Kubelka-Munk 函数值。

$$f = (K/S)_{max}/C \qquad \cdots\cdots(2)$$

$$K/S = (1-R_{\infty})^2/2R_{\infty} \qquad \cdots\cdots(3)$$

式中：

$(K/S)_{max}$——染样在最大吸收波长下的 Kubelka-Munk 函数值；

C——染色浓度；

R_{∞}——完全不透明体的反射率。按本标准的 5.3.2 所得到的反射值结果即可用于式(3)的计算。

5.4.2 基于积分的 K/S 值和伪三刺激值的计算方法(方法二)：

适用于求取染料相对强度的一切情况。试样与标样的颜色深度差不应大于 10%，否则，应调整试样或标样的染色浓度重新制备染样，使其颜色深度尽可能地接近。

染样在某一波长 λ 下的 Kubelka-Munk 函数值以 $F_{(\lambda)}$ 计，按公式(4)计算：

$$F_{(\lambda)}=\frac{(1-R_{\infty(\lambda)})^2}{2R_{\infty(\lambda)}}-\frac{(1-R_{s\infty(\lambda)})^2}{2R_{s\infty(\lambda)}} \quad \cdots\cdots(4)$$

式中：

$R_{\infty(\lambda)}$——染样在波长 λ 下的反射率；

$R_{s\infty(\lambda)}$——空白织物在波长 λ 下的反射率。

染样的伪三刺激值用 Kubelka-Munk 函数值来计算，这三个值之和 I 与染样的深度成正比。

染样的伪三刺激值之和以 I 计，按公式(5)计算：

$$I=\sum_{\lambda=400}^{700}S_{D65(\lambda)}F_{(\lambda)}(\overline{X}_{10(\lambda)}+\overline{Y}_{10(\lambda)}+\overline{Z}_{10(\lambda)})\Delta\lambda \quad \cdots\cdots(5)$$

式中：

$S_{D65(\lambda)}$——CIE 推荐 D_{65} 标准照明体光谱能量分布；

$\overline{X}_{10(\lambda)}$，$\overline{Y}_{10(\lambda)}$，$\overline{Z}_{10(\lambda)}$——CIE1964 标准色度观察者配色函数；

$\Delta\lambda$——波长间隔。

当样品染料的染样与标样的得色深度相等时，有公式(6)成立：

$$I_1=I_2 \quad \cdots\cdots(6)$$

则染料相对强度以 ST 计，数值用分(或%)表示，按公式(7)计算：

$$ST=\frac{C_1}{C_2}\times 100 \quad \cdots\cdots(7)$$

式中：

C_1——标样的染色浓度；

C_2——试样的染色浓度。

如果试样与标样的伪三刺激值之和不等，即 $I_1\neq I_2$，那么必须通过逼近法迭代计算，利用理论上改变样品的染色浓度，使试样的伪三刺激之和最终满足方程(6)，然后再用方程(7)求出染料样品的相对强度。

迭代计算原理如下：

根据试样的伪三刺激值之和的差值，对样品染料的染色浓度设定一个增量(或减量)ΔC，使公式(8)成立：

$$C_2'=C_2+\Delta C \quad \cdots\cdots(8)$$

式中：

C_2'——改变后的样品染料染色浓度。

同公式(2)有公式(9)成立：

$$f_{2(\lambda)}=(K/S)_2/C_2 \quad \cdots\cdots(9)$$

$f_{2(\lambda)}$ 是一个只与染料种类、织物种类有关的常数，与染色浓度无关。因样品染料在改变后的染色度下的 Kubelka-Munk 函数可由式(10)求出：

$$(K/S)_{2,\lambda}'=f_{2(\lambda)}\cdot C_2' \quad \cdots\cdots(10)$$

由 $(K/S)_{2,\lambda}'$ 可反推出样品染料染色浓度改变后的反射值，按公式(11)计算：

$$R_{2(\lambda)}'=(K/S)_{2,\lambda}'+1-\sqrt{[(K/S)_{2,\lambda}'+1]^2-1} \quad \cdots\cdots(11)$$

由求得的新反射值 $R_{2(\lambda)}'$ 按公式(4)～(6)进行新的一轮计算，然后判断式(12)是否成立：

$$I_1=I_2' \quad \cdots\cdots(12)$$

如果条件满足，则有公式(13)成立：

$$ST=\frac{C_1}{C_2'}\times 100 \quad \cdots\cdots(13)$$

如果公式(12)未能满足,则返回公式(8)开始进行新的一轮逼近,如此迭代计算直至最终逼近一个理想的样品染色浓度值 $C_{2终}$,用这个浓度对样品染料染色定可满足公式(12),从而可以按公式(14)计算出样品染料的强度:

$$ST = \frac{C_1}{C_{2终}} \times 100 \qquad \cdots\cdots (14)$$

6 色差的测定

6.1 一般规定

同本标准的5.1。

6.2 染样准备

同本标准的5.2。

6.3 测定步骤

6.3.1 开机测量时必须先对仪器进行校正,校正方法按所使用的仪器说明书进行。

6.3.2 将符合上述要求的染样重叠数层以一定的张力安放于样品测量孔(重叠层数以继续增加层数不再导致反射值改变为止)。

6.3.3 要对织物的正面进行测量,采取多点测量取平均值。对无明显反正面的平纹织物,应进行两面测量取平均值。测量时织物经纬纱走向应一致。

6.3.4 仲裁时以平纹织物为准。

6.4 色差计算及色光的评定

6.4.1 仪器测得的样品光谱反射率按GB/T 3979—2008规定的方法计算出三刺激值 X、Y、Z。如本标准5.1.2和5.1.3的规定,采用 D_{65} 标准照明体和10°视场的色度标准观察者颜色匹配函数的加权系数进行计算,得到的三刺激值 X_{10}、Y_{10}、Z_{10} 在本标准中简写为 X、Y、Z。

6.4.2 色差的计算过程

6.4.2.1 本标准采用CMC($l:c$)公式做为色差计算公式。

CMC($l:c$)色差公式是通过对CIELAB色差公式进行了修正而得,以达到提高与目测结果的一致性。色差结果用 ΔE_{cmc} 表示。该公式使采用"单一数值容差"用于产品合格与否的判定成为可能,此容差与标样的颜色无关。CMC($l:c$)色差公式描述了一个以标样为中心,具有明度、彩度和色相三个坐标轴的椭球区域。当双方认可的 ΔE_{cmc}(即容差)确定后,该椭球的三个半轴的长度也就确定了,所有位于这个椭球体积内的样品都被认为是可接受的。

6.4.2.2 基本坐标

近似均匀的CIELAB三维颜色空间是由直角坐标 L^*、a^*、b^* 构成,L^*、a^*、b^* 按公式(15)、(16)、(17)计算:

$$L^* = 116f(Y/Y_n) - 16 \qquad \cdots\cdots (15)$$

$$a^* = 500[f(X/X_n) - f(Y/Y_n)] \qquad \cdots\cdots (16)$$

$$b^* = 200[f(Y/Y_n) - f(Z/Z_n)] \qquad \cdots\cdots (17)$$

式中:

当 $(X/X_n) > (24/116)^3$ 时,$f(X/X_n) = (X/X_n)^{1/3}$

当 $(X/X_n) \leqslant (24/116)^3$ 时,$f(X/X_n) = (841/108)(X/X_n) + 16/116$

当 $(Y/Y_n) > (24/116)^3$ 时,$f(Y/Y_n) = (Y/Y_n)^{1/3}$

当 $(Y/Y_n) \leqslant (24/116)^3$ 时,$f(Y/Y_n) = (841/108)(Y/Y_n) + 16/116$

当 $(Z/Z_n) > (24/116)^3$ 时,$f(Z/Z_n) = (Z/Z_n)^{1/3}$

当 $(Z/Z_n) \leqslant (24/116)^3$ 时,$f(Z/Z_n) = (841/108)(Z/Z_n) + 16/116$

X、Y、Z——色样在指定的CIE标准照明体下,2°或10°观察者条件下的三刺激值。

X_n、Y_n、Z_n——完全漫反射体在指定的 CIE 标准照明体下，2°或 10°观察者条件下的三刺激值。是常数。

6.4.2.3 明度、彩度和色调的相关量

CIELAB 颜色空间中和人眼视知觉的明度、彩度和色调近似相关的量和计算公式分别是：

CIE 1976 明度以 L^* 计，计算方法同公式(15)中 L^*；

CIE 1976 a,b(CIELAB)彩度以 C^*_{ab} 计，按公式(18)计算：

$$C^*_{ab} = [(a^*)^2 + (b^*)^2]^{1/2} \qquad \cdots\cdots(18)$$

CIE 1976 a,b(CIELAB)色调角以 h_{ab} 计，按公式(19)计算：

$$h_{ab} = \arctan(b^*/a^*) \qquad \cdots\cdots(19)$$

6.4.2.4 计算 CIELAB 色差

试样与标样之间的 CIE 1976 a,b(CIELAB)色差，以 ΔE^*_{ab} 计，按公式(20)或(21)计算：

$$\Delta E^*_{ab} = [(\Delta L^*)^2 + (\Delta a^*)^2 + (\Delta b^*)^2]^{1/2} \qquad \cdots\cdots(20)$$

或 $$\Delta E^*_{ab} = [(\Delta L^*)^2 + (\Delta C^*_{ab})^2 + (\Delta H^*_{ab})^2]^{1/2} \qquad \cdots\cdots(21)$$

这两个公式是等价的。

其中：

$$\Delta L^* = L^*_{样} - L^*_{标} \qquad \cdots\cdots(22)$$

$$\Delta a^* = a^*_{样} - a^*_{标} \qquad \cdots\cdots(23)$$

$$\Delta b^* = b^*_{样} - b^*_{标} \qquad \cdots\cdots(24)$$

$$\Delta C^*_{ab} = C^*_{ab,样} - C^*_{ab,标} \qquad \cdots\cdots(25)$$

$$\Delta h_{ab} = h_{ab,样} - h_{ab,标} \qquad \cdots\cdots(26)$$

$$\Delta H^*_{ab} = 2(C^*_{ab,样} \cdot C^*_{ab,标})^{1/2} \cdot \sin(\Delta h_{ab}/2) \qquad \cdots\cdots(27)$$

对于离开非彩色轴的小色差以 ΔH^*_{ab} 计，可以按下式(28)计算：

$$\Delta H^*_{ab} = (C^*_{ab,样} \cdot C^*_{ab,标})^{1/2} \cdot \Delta h_{ab} \qquad \cdots\cdots(28)$$

式中 Δh_{ab} 的单位是弧度；下标“样”表示试样；下标“标”表示标样。

其他可选择公式(29)计算 ΔH^*_{ab}：

$$\Delta H^*_{ab} = [(\Delta E^*_{ab})^2 - (\Delta L^*)^2 - (\Delta C^*_{ab})^2]^{1/2} \qquad \cdots\cdots(29)$$

式中，ΔE^*_{ab} 是通过公式(20)计算得到的，ΔH^*_{ab} 与 Δh_{ab} 同号。

6.4.2.5 计算 CMC 色差

CMC 色差以 $\Delta E_{cmc}(l:c)$ 计，按公式(30)计算：

$$\Delta E_{cmc}(l:c) = \left[\left(\frac{\Delta L^*}{lS_L}\right)^2 + \left(\frac{\Delta C^*_{ab}}{cS_C}\right) + \left(\frac{\Delta H^*_{ab}}{S_H}\right)^2\right]^{1/2} \qquad \cdots\cdots(30)$$

式中：$S_L = \dfrac{0.040\ 975L^*_{标}}{1+0.017\ 65L^*_{标}}$

当 $L^* < 16$ 时，$S_L = 0.511$；

$$S_C = \frac{0.063\ 8C^*_{ab,标}}{1+0.013\ 1C^*_{ab,标}} + 0.638$$

$$S_H = S_C(TF + 1 - F)$$

其中：$F = \{(C^*_{ab,标})^4/[(C^*_{ab,标})^4 + 1\ 900]\}^{1/2}$

$T = 0.36 + |0.4\cos(h^*_{ab,标} + 35)|$

当 $164° < h^*_{ab,标} < 345°$ 时，

$T = 0.56 + |0.2\cos(h^*_{ab,标} + 168)|$

式中的 $L^*_{标}$、$C^*_{ab,标}$、$h^*_{ab,标}$ 均为标样的色度参数，l 为明度权重因子；c 为彩度权重因子。使用者可通过改变这两个参数，来调整明度和饱和度对总色差的影响程度。以适应不同行业对颜色测量的需要。

c 值一般恒定为 1，而 l 值可根据产品的表面状态特征改变，对于纺织品的产品质量控制，推荐使用 $l=2$。即用 CMC(2∶1)。

从公式(30)可以看出，总色差 $\Delta E_{cmc}(l:c)$ 由三个分色差，分别是：

明度差，即 $\frac{\Delta L^*}{lS_L}$，用 ΔL_{cmc} 表示，如果 ΔL_{cmc} 为正，表示试样比标样浅，反之表示比标样深；

彩度差，即 $\frac{\Delta C^*_{ab}}{cS_C}$，用 ΔC_{cmc} 表示，如果 ΔC_{cmc} 为正，表示试样比标样艳，反之表示比标样暗；

色调差，即 $\frac{\Delta H^*_{ab}}{S_H}$，用 ΔH_{cmc} 表示，如果 ΔH_{cmc} 为正，表示试样的色调角比标样的大，反之比标样的小。

6.4.3 色光的评定

6.4.3.1 样品与标准之间应在近似等深的情况下才考虑色光的差别，一般要求明度差 $|\Delta L_{cmc}|<0.5$ 时才比较其色光。

6.4.3.2 在 $|\Delta L_{cmc}|<0.5$ 时，可利用 ΔH_{cmc} 和 ΔC_{cmc} 来反映样品与标样相比在色调和艳度方面的差异。

其中：

ΔC_{cmc} 为正说明样品比标准艳，ΔC_{cmc} 为负说明样品比标准暗；

ΔH_{cmc} 为正说明样品的色调角比标准色调角大，ΔH_{cmc} 为负说明样品的色调角比标准色调角小。至于更为具体的对色调偏差的描述，还需视样品的颜色而定。一般的约定如下表 1：

表 1 关于色调偏差的一般约定

样品的颜色	ΔH_{cmc} 的正负	色调偏差的具体描述
红	+	试样比标样偏黄
	−	试样比标样偏蓝
橙	+	试样比标样偏黄
	−	试样比标样偏红
黄	+	试样比标样偏绿
	−	试样比标样偏红
绿	+	试样比标样偏蓝
	−	试样比标样偏黄
蓝	+	试样比标样偏红
	−	试样比标样偏绿
紫	+	试样比标样偏红
	−	试样比标样偏蓝

对于某些彩度较低的颜色，如黑、灰、棕等，有时使用 CIELAB 的 Δa^* 和 Δb^* 更能准确说明颜色的偏差。其基本规定为：

Δa^* 为正，试样比标样偏红；Δa^* 为负，试样比标样偏绿。

Δb^* 为正，试样比标样偏黄；Δb^* 为负，试样比标样偏蓝。

7 试验报告

试验报告包括以下内容：

a) 被测试样的名称；

b) 测定项目；

c) 本标准编号；

d) 使用仪器的名称、型号；

e) ΔE_{cmc} 的数值；

f) l 和 c 的数值，例如 CMC(2：1)；

g) 在测试过程中的特殊情况；

h) 如有需要，各项分色差值，如 ΔL_{cmc}、ΔC_{cmc} 和 ΔH_{cmc}；

i) 如有需要，标样和试样的各项基本色度参数(如 L^*、a^*、b^*、C^*_{ab} 和 h_{ab})以及相应的 ΔL^*、Δa^*、Δb^*、ΔC^*_{ab} 和 ΔH^*_{ab}；

j) 与本方法的差异；

k) 试验日期。

参 考 文 献

[1] GB/T 6687—2006 染料名词术语
[2] GB/T 5698—2001 颜色术语

ICS 71.080
G 18

中华人民共和国国家标准

GB/T 6705—2008
代替GB/T 3709—1997,GB/T 6705—1989

焦化苯酚

Coking phenol

2008-05-13 发布　　　　2008-11-01 实施

中华人民共和国国家质量监督检验检疫总局
中国国家标准化管理委员会　发布

前　言

本标准是在GB/T 3709—1997《工业酚》和GB/T 6705—1989《焦化苯酚》两个标准基础上进行修订，将原来的两个标准合并为一个标准。

本标准代替GB/T 3709—1997和GB/T 6705—1989。

本标准与GB/T 3709—1997和GB/T 6705—1989相比，主要变化如下：

——调整规范性引用文件；

——技术要求中增加了优等品等级；

——用苯酚含量指标代替了结晶点指标；

——增加了中性油浊度法指标，测定方法修改采用JIS K 2437—1994中中性油浊度法测定方法；

——增加了数值修约规则的内容；

——增加了汽车槽车、集装罐包装运输的内容。

本标准附录A为规范性附录。

本标准由中国工业钢铁协会提出。

本标准由冶金工业信息标准研究院归口。

本标准起草单位：上海宝钢化工有限公司、冶金工业信息标准研究院。

本标准主要起草人：李峻海、唐政、李倩怡、陆惠萍、虞建增、陈新、孙伟。

本标准所代替标准的历次版本发布情况为：

——GB/T 3709—1983、GB/T 3709—1997；

——GB/T 6705—1986、GB/T 6705—1989。

焦 化 苯 酚

1 范围

本标准规定了苯酚的技术要求、试验方法、检验规则、标志、包装、运输、贮存和安全注意事项。

本标准适用于从煤焦油、含酚污水制取的粗酚，经精馏制得的苯酚。

2 规范性引用文件

下列文件中的条款通过本标准的引用而成为本标准的条款。凡是注日期的引用文件，其随后所有的修改单(不包括勘误的内容)或修订版均不适用于本标准，然而，鼓励根据本标准达成协议的各方研究是否可使用这些文件的最新版本。凡是不注日期的引用文件，其最新版本适用于本标准。

GB 190 危险货物包装标志

GB/T 1999 焦化产品轻油类取样方法

GB/T 2288—2008 焦化产品水分测定方法

GB/T 2601 酚类产品组成的气相色谱测定方法

GB/T 3711 酚类产品中性油及吡啶碱含量测定方法

GB/T 6706 焦化苯酚水分测定 结晶点下降法

GB/T 8170 数值修约规则

3 技术要求

焦化苯酚、工业酚的技术要求应符合表1的规定。

表 1

项目			指标			
			焦化苯酚			工业酚
			优等品	一等品	合格品	
外观			白色或略有颜色的结晶			—
水分(质量分数)/%		不大于	0.2	0.2	0.3	1.0
苯酚含量(质量分数)/%		不小于	99.5	99.0	98.0	80.0
中性油	容量法(体积分数)/%	不大于	0.05	0.1	0.1	0.5
	浊度法/#	不大于	2	4	4	—
吡啶碱含量(W/V)/%		不大于	—	—	—	0.3
注：液体状态时外观为无色或略有颜色的透明液体。						

4 试验方法

4.1 外观的测定：将熔化试样倒入内径 22 mm 的无色透明玻璃试管中，于透射光下目测其颜色。

4.2 水分测定：焦化苯酚按 GB/T 6706 规定进行；工业酚按 GB/T 2288—2008 方法一蒸馏法规定进行。

4.3 苯酚含量测定按 GB/T 2601 规定进行。

4.4 中性油测定按容量法或浊度法进行；发生争议时，以容量法规定进行仲裁。容量法测定按

GB/T 3711规定进行，浊度法测定按附录A(规范性附录)规定进行。

4.5 吡啶碱含量的测定按GB/T 3711规定进行。

5 检验规则

5.1 焦化苯酚的质量检验和验收由质量监督部门进行。

5.2 试样的采取和制备按GB/T 1999规定进行。

5.3 对桶装已凝固的试样，采样时必须将整桶样品全部熔融(样品需加热到50℃～60℃)。熔样时要把桶盖打开，同时防止水气侵入。

5.4 数值的修约按GB/T 8170规定进行。

6 标志、包装、运输、贮存

6.1 本产品装入洁净、干燥的汽车槽车、集装罐或镀锌铁桶中，封口后发货。

6.2 汽车槽车、集装罐、包装桶上应标有“有毒品”和“腐蚀品”标志，标志要求应符合GB 190规定；包装桶上还应标明：产品名称、产品标准编号、商标、净重、供方名称和地址。

6.3 每批出厂产品都应附有质量证明书。证明书内容包括：产品名称、产品标准编号、供方名称、地址、批号、净重、等级、发货日期和本标准规定的各项检验结果。

6.4 本品在运输和贮存中要远离火种、热源，注意通风，应与氧化剂、食用化学品隔离，存放在干燥处。如露天堆放要防止雨水侵入。

6.5 供方应提供本产品的危险化学品安全技术说明书(MSDS)和安全标签。

7 安全注意事项

7.1 苯酚纯品是白色结晶，在空气中逐渐变微红色结晶。有特殊气味，有毒。在空气中最高允许浓度为5 mg/m^3。人吸入超浓度酚蒸气或皮肤经常接触苯酚能引起中毒，苯酚对皮肤表层和内膜组织具有强烈的刺激性和腐蚀性。

7.2 在有苯酚工作场所应当安装排毒设备、必要的消防设施、急救药箱，必须使用个人防护用品(如防护眼镜、橡皮手套、防护面具、口罩、工作服等)。

7.3 对着火的苯酚灭火时，要用雾状水、泡沫、二氧化碳、沙土。

7.4 在衣服上沾染了苯酚后，必须迅速脱掉。当皮肤上沾染苯酚后，要迅速细心的吸干，然后用10%～40%的酒精擦洗患处，再用温水和肥皂仔细地洗干净。

附 录 A
（规范性附录）
中性油试验方法 浊度法

A.1 原理

用氢氧化钠中和试样，充分搅拌，把生成的浑浊液与标准比浊液以目测进行比较，并用浊度编号表示。

A.2 试剂

A.2.1 硫酸：$c(1/2H_2SO_4)=0.02$ mol/L。
A.2.2 氢氧化钠：75 g/L。
A.2.3 丙三醇：分析纯。
A.2.4 乙醇：99.5%。
A.2.5 氯化钡溶液：50 g/L。

称取 58.9 g 氯化钡（$BaCl_2 \cdot 2H_2O$），溶于少量水中，转移至 1 000 mL 容量瓶中，用蒸馏水稀释至刻度，混匀。

A.3 仪器

具塞量筒，容积 100 mL，每 10 mL 写上显示刻度数字。

A.4 试验步骤

A.4.1 标准比浊液的配制

A.4.1.1 A 液：把丙三醇和乙醇按体积 4∶6 进行混合。
A.4.1.2 B 液：在 60 mL 硫酸溶液[$c(1/2H_2SO_4)=0.02$ mol/L]里添加 25 mL 的 A 液，充分搅拌后，再添加 10 mL 氯化钡溶液（50 g/L），用 A 液稀释至全量 100 mL。
A.4.1.3 标准比浊液：在一系列 100 mL 具塞量筒中，加入按表 A.1 配制成的标准比浊液 55 mL，制备成一系列所需范围的标准比浊液。
A.4.1.3.1 浊度 2 号以上的标准比浊液的配制方法为：在 25 mL A 液中，添加 B 液$[(X-1)\times 6/7]\times$ 2.5 mL，用蒸馏水稀释至 100 mL。
A.4.1.3.2 标准比浊液的检验：在 660 nm 下，用 10 mm 比色池，以蒸馏水为参比液，标准比浊液的浊度编号（X）和吸光度（Y）之间存在以下关系：

$$70\,Y=3\,X-3$$

如果标准比浊液的吸光度（Y）的误差用上式所得的值大于或等于±7%时，标准比浊液需重新配制。

表 A.1 标准比浊液

调制液	浊度编号（X）									
	1 号	2 号	3 号	4 号	5 号	6 号	7 号	8 号	9 号	10 号
A 液体积/mL	0	25	25	25	25	25	25	25	25	25
B 液体积/mL	0	2.2	4.3	6.4	8.6	10.7	12.9	15.0	17.1	19.3
蒸馏水体积/mL	40	72.8	70.7	68.6	66.4	64.3	62.1	60.0	57.9	55.7

A.4.2 试样的测定

A.4.2.1 取 5 mL 试样，置于 100 mL 具塞量筒中。

A.4.2.2 在上述量筒中加入氢氧化钠溶液(75 g/L)50 mL，加盖，用手充分振荡 2 min 后静止，作为试样比浊液。

A.4.2.3 另取与试样比浊液相接近的标准比浊液，用手充分振荡后静止。

A.4.2.4 待试样比浊液和标准比浊液的泡沫消失后，立即将量筒直立，从量筒的正面观察试样比浊液和标准比浊液，比较其浑浊程度。

A.5 试验结果

A.5.1 试样比浊液的编号用最接近的标准比浊液的编号报出。

A.5.2 试样比浊液的颜色介于两个标准比浊液中间时，报告其中较大的编号。

ICS 77.140.70
H 44

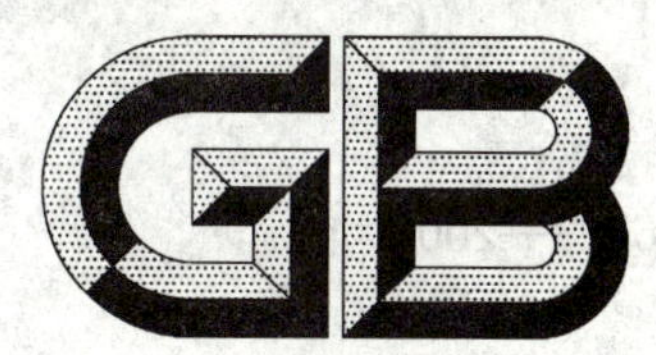

中华人民共和国国家标准

GB/T 6723—2008
代替 GB/T 6723—1986

通用冷弯开口型钢 尺寸、外形、重量及允许偏差

Cold forming sectional steel—Open sectional steel for general structure—Dimensions, shape, weight and permissible tolerances

2008-08-05 发布　　　　2009-04-01 实施

中华人民共和国国家质量监督检验检疫总局
中国国家标准化管理委员会　发布

前　言

本标准修改采用 BS EN 10162:2003《冷弯型钢技术交货条件　尺寸和截面公差》。本标准根据 BS EN 10162:2003 重新起草，主要技术差异如下：

——适用范围及截面形状分类不同；

——提高了外形尺寸、表面质量考核要求；

——增加了截面参数。

本标准代替 GB/T 6723—1986《通用冷弯开口型钢尺寸、外形、重量及允许偏差》。

本标准与 GB/T 6723—1986 相比主要变化如下：

——扩大了产品规格范围；

——提高了外形尺寸公差精度；

——弯曲部分测量“内圆弧半径”修改为“外圆弧半径”，便于操作。

本标准由中国钢铁工业协会提出。

本标准由全国钢标准化技术委员会归口。

本标准主要起草单位：上海宝钢建筑工程设计研究院、武钢集团汉口轧钢厂、广州钢管厂有限公司、佛山市志达钢管制造有限公司、上海佳艺冷弯型钢厂。

本标准主要起草人：郁竑、马越峰、张秀芳、李烨、张永祺、李健彰、张静。

本标准 1986 年 8 月首次发布。

通用冷弯开口型钢
尺寸、外形、重量及允许偏差

1 范围

本标准规定了通用冷弯开口型钢的分类、代号、截面尺寸及允许偏差、长度及允许偏差、外形、重量和标记示例。

本标准适用于用可冷加工变形的冷轧或热轧钢带在连续辊式冷弯机组上生产的通用冷弯开口型钢，以下简称型钢。

2 分类、代号

型钢按其截面形状分为8种，其代号为：

a)	冷弯等边角钢(见图1)	JD
b)	冷弯不等边角钢(见图2)	JB
c)	冷弯等边槽钢(见图3)	CD
d)	冷弯不等边槽钢(见图4)	CB
e)	冷弯内卷边槽钢(见图5)	CN
f)	冷弯外卷边槽钢(见图6)	CW
g)	冷弯Z形钢(见图7)	Z
h)	冷弯卷边Z形钢(见图8)	ZJ

3 截面尺寸及允许偏差

3.1 型钢截面形状及标注符号分别如图1～图8所示。经双方协议，可供应图1～图8所列截面形状以外的型钢。

3.2 型钢的尺寸、截面面积、理论重量及主要参数列于表1～表8。经双方协议，可供应表1～表8所列尺寸以外的型钢。

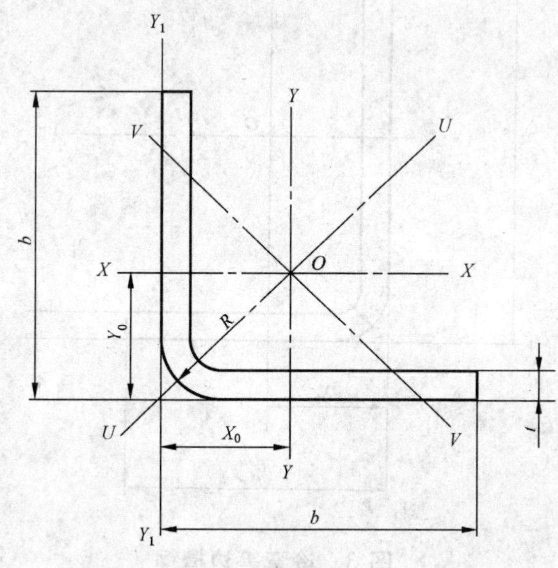

图1 冷弯等边角钢

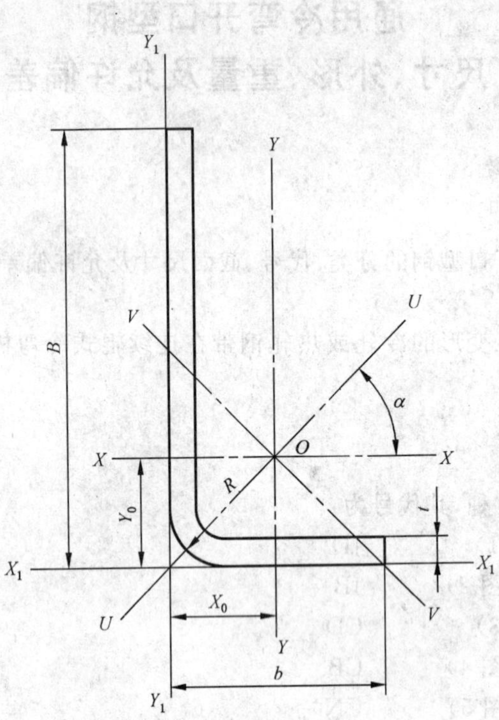

图 2　冷弯不等边角钢

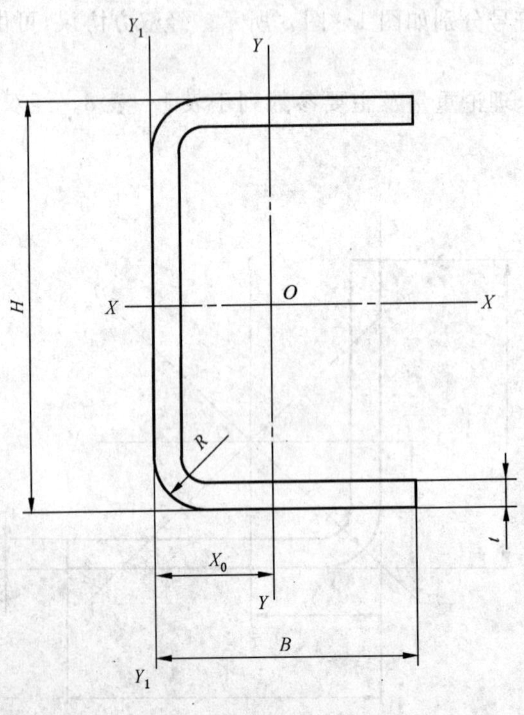

图 3　冷弯等边槽钢

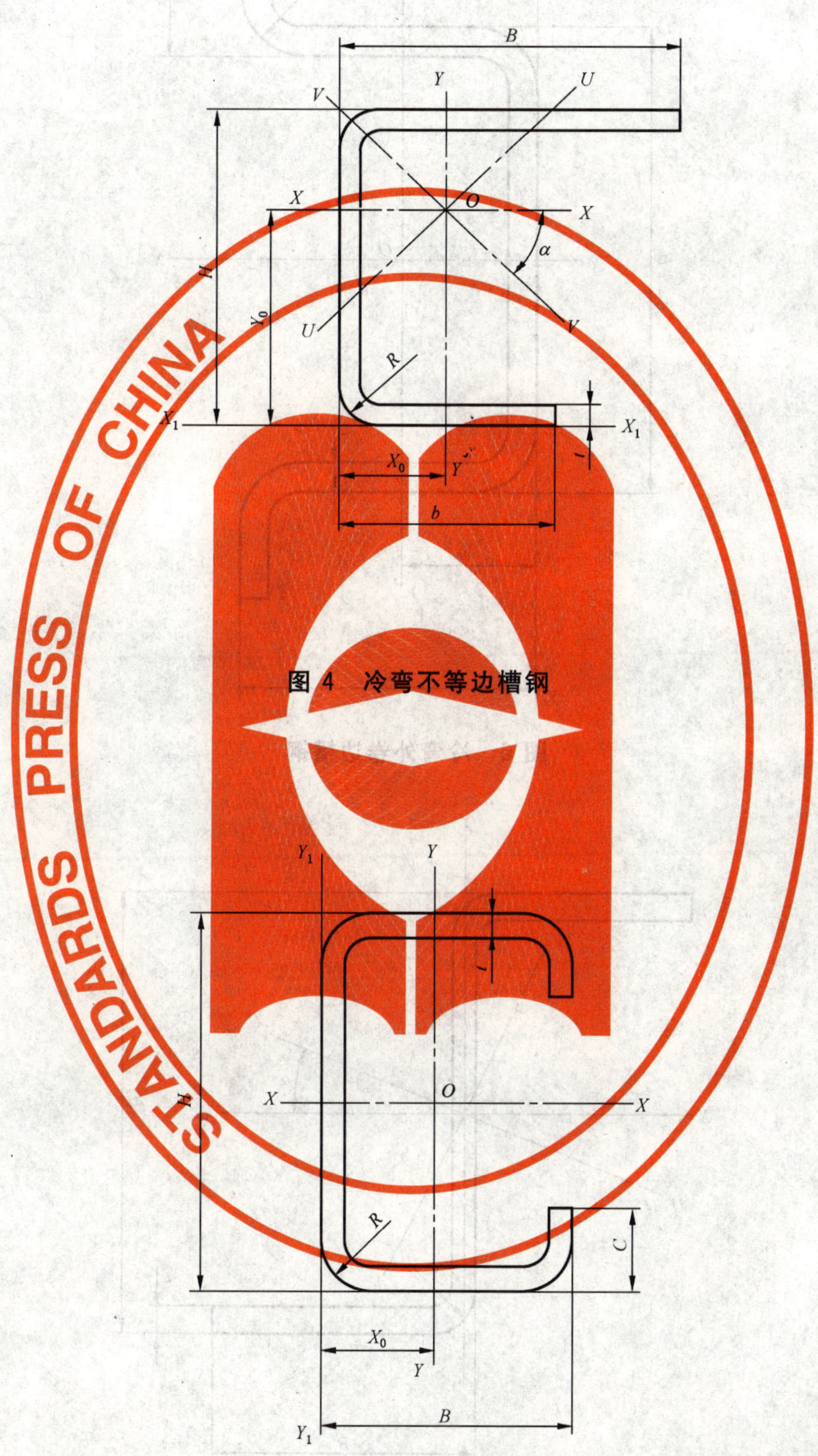

图 4　冷弯不等边槽钢

图 5　冷弯内卷边槽钢

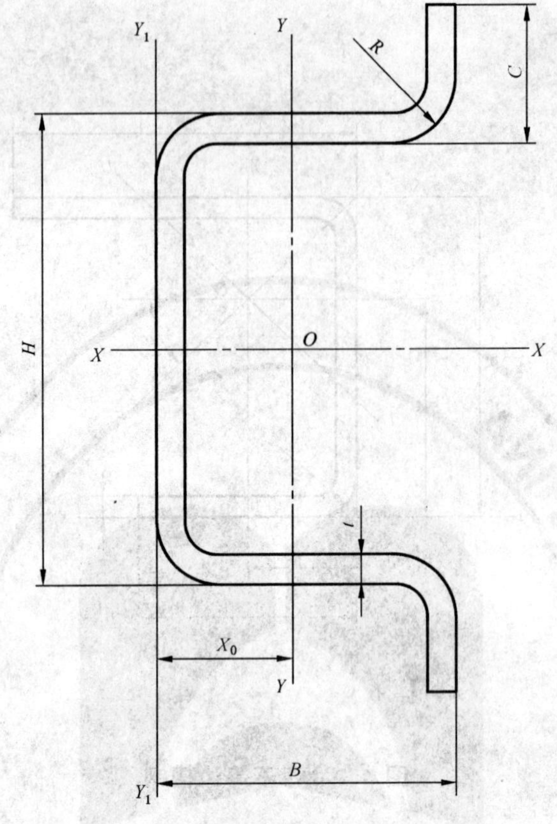

图 6　冷弯外卷边槽钢

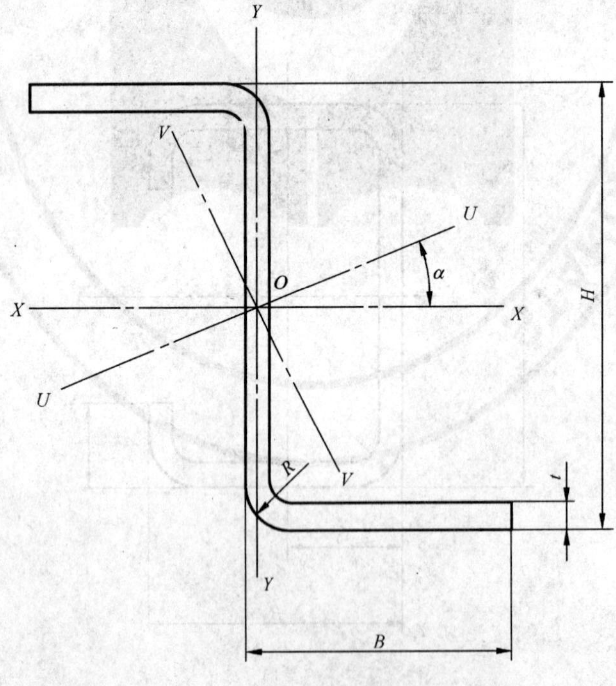

图 7　冷弯 Z 型钢

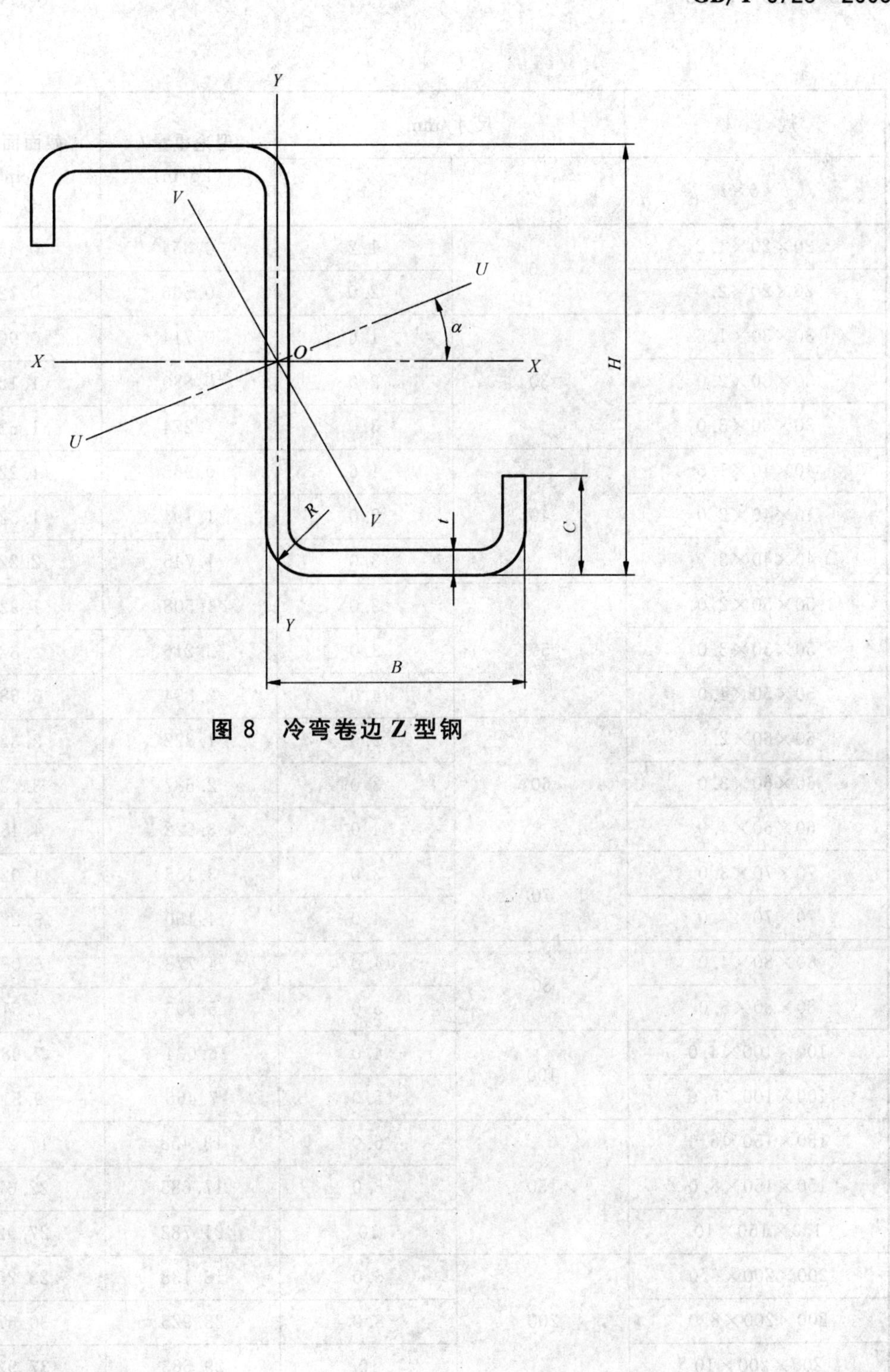

图 8　冷弯卷边 Z 型钢

表 1　冷弯等边角钢

规　格	尺寸/mm		理论重量/(kg/m)	截面面积/cm^2	重心 Y_0/cm
$b \times b \times t$	b	t			
20×20×1.2	20	1.2	0.354	0.451	0.559
20×20×2.0		2.0	0.566	0.721	0.599
30×30×1.6	30	1.6	0.714	0.909	0.829
30×30×2.0		2.0	0.880	1.121	0.849
30×30×3.0		3.0	1.274	1.623	0.898
40×40×1.6	40	1.6	0.965	1.229	1.079
40×40×2.0		2.0	1.194	1.521	1.099
40×40×3.0		3.0	1.745	2.223	1.148
50×50×2.0	50	2.0	1.508	1.921	1.349
50×50×3.0		3.0	2.216	2.823	1.398
50×50×4.0		4.0	2.894	3.686	1.448
60×60×2.0	60	2.0	1.822	2.321	1.599
60×60×3.0		3.0	2.687	3.423	1.648
60×60×4.0		4.0	3.522	4.486	1.698
70×70×3.0	70	3.0	3.158	4.023	1.898
70×70×4.0		4.0	4.150	5.286	1.948
80×80×4.0	80	4.0	4.778	6.086	2.198
80×80×5.0		5.0	5.895	7.510	2.247
100×100×4.0	100	4.0	6.034	7.686	2.698
100×100×5.0		5.0	7.465	9.510	2.747
150×150×6.0	150	6.0	13.458	17.254	4.062
150×150×8.0		8.0	17.685	22.673	4.169
150×150×10		10	21.783	27.927	4.277
200×200×6.0	200	6.0	18.138	23.254	5.310
200×200×8.0		8.0	23.925	30.673	5.416
200×200×10		10	29.583	37.927	5.522
250×250×8.0	250	8.0	30.164	38.672	6.664
250×250×10		10	37.383	47.927	6.770
250×250×12		12	44.472	57.015	6.876
300×300×10	300	10	45.183	57.927	8.018
300×300×12		12	53.832	69.015	8.124
300×300×14		14	62.022	79.516	8.277
300×300×16		16	70.312	90.144	8.392

基本尺寸与主要参数

惯性矩/cm^4			回转半径/cm			截面模数/cm^3	
$I_x=I_y$	I_u	I_v	$r_x=r_y$	r_u	r_v	$W_{y\,max}=W_{x\,max}$	$W_{y\,min}=W_{x\,min}$
0.179	0.292	0.066	0.630	0.804	0.385	0.321	0.124
0.278	0.457	0.099	0.621	0.796	0.371	0.464	0.198
0.817	1.328	0.307	0.948	1.208	0.581	0.986	0.376
0.998	1.626	0.369	0.943	1.204	0.573	1.175	0.464
1.409	2.316	0.503	0.931	1.194	0.556	1.568	0.671
1.985	3.213	0.758	1.270	1.616	0.785	1.839	0.679
2.438	3.956	0.919	1.265	1.612	0.777	2.218	0.840
3.496	5.710	1.282	1.253	1.602	0.759	3.043	1.226
4.848	7.845	1.850	1.588	2.020	0.981	3.593	1.327
7.015	11.414	2.616	1.576	2.010	0.962	5.015	1.948
9.022	14.755	3.290	1.564	2.000	0.944	6.229	2.540
8.478	13.694	3.262	1.910	2.428	1.185	5.302	1.926
12.342	20.028	4.657	1.898	2.418	1.166	7.486	2.836
15.970	26.030	5.911	1.886	2.408	1.147	9.403	3.712
19.853	32.152	7.553	2.221	2.826	1.370	10.456	3.891
25.799	41.944	9.654	2.209	2.816	1.351	13.242	5.107
39.009	63.299	14.719	2.531	3.224	1.555	17.745	6.723
47.677	77.622	17.731	2.519	3.214	1.536	21.209	8.288
77.571	125.528	29.613	3.176	4.041	1.962	28.749	10.623
95.237	154.539	35.335	3.164	4.031	1.943	34.659	13.132
391.442	635.468	147.415	4.763	6.069	2.923	96.367	35.787
508.593	830.207	186.979	4.736	6.051	2.872	121.994	46.957
619.211	1 016.638	221.785	4.709	6.034	2.818	144.777	57.746
945.753	1 529.328	362.177	6.377	8.110	3.947	178.108	64.381
1 237.149	2 008.393	465.905	6.351	8.091	3.897	228.425	84.829
1 516.787	2 472.471	561.104	6.324	8.074	3.846	274.681	104.765
2 453.559	3 970.580	936.538	7.965	10.133	4.921	368.181	133.811
3 020.384	4 903.304	1 137.464	7.939	10.114	4.872	446.142	165.682
3 568.836	5 812.612	1 325.061	7.912	10.097	4.821	519.028	196.912
5 286.252	8 559.138	2 013.367	9.553	12.155	5.896	659.298	240.481
6 263.069	10 167.49	2 358.645	9.526	12.138	5.846	770.934	286.299
7 182.256	11 740.00	2 624.502	9.504	12.150	5.745	867.737	330.629
8 095.516	13 279.70	2 911.336	9.477	12.137	5.683	964.671	374.654

表 2　冷弯不等边角钢

规格	尺寸/mm			理论重量/(kg/m)	截面面积/cm²	重心/cm		
$B\times b\times t$	B	b	t			Y_0	X_0	I_x
30×20×2.0	30	20	2.0	0.723	0.921	1.011	0.490	0.860
30×20×3.0			3.0	1.039	1.323	1.068	0.536	1.201
50×30×2.5	50	30	2.5	1.473	1.877	1.706	0.674	4.962
50×30×4.0			4.0	2.266	2.886	1.794	0.741	7.419
60×40×2.5	60	40	2.5	1.866	2.377	1.939	0.913	9.078
60×40×4.0			4.0	2.894	3.686	2.023	0.981	13.774
70×40×3.0	70	40	3.0	2.452	3.123	2.402	0.861	16.301
70×40×4.0			4.0	3.208	4.086	2.461	0.905	21.038
80×50×3.0	80	50	3.0	2.923	3.723	2.631	1.096	25.450
80×50×4.0			4.0	3.836	4.886	2.688	1.141	33.025
100×60×3.0	100	60	3.0	3.629	4.623	3.297	1.259	49.787
100×60×4.0			4.0	4.778	6.086	3.354	1.304	64.939
100×60×5.0			5.0	5.895	7.510	3.412	1.349	79.395
150×120×6.0	150	120	6.0	12.054	15.454	4.500	2.962	362.949
150×120×8.0			8.0	15.813	20.273	4.615	3.064	470.343
150×120×10			10	19.443	24.927	4.732	3.167	571.010
200×160×8.0	200	160	8.0	21.429	27.473	6.000	3.950	1 147.099
200×160×10			10	24.463	33.927	6.115	4.051	1 403.661
200×160×12			12	31.368	40.215	6.231	4.154	1 648.244
250×220×10	250	220	10	35.043	44.927	7.188	5.652	2 894.335
250×220×12			12	41.664	53.415	7.299	5.756	3 417.040
250×220×14			14	47.826	61.316	7.466	5.904	3 895.841
300×260×12	300	260	12	50.088	64.215	8.686	6.638	5 970.485
300×260×14			14	57.654	73.916	8.851	6.782	6 835.520
300×260×16			16	65.320	83.744	8.972	6.894	7 697.062

基本尺寸与主要参数

惯性矩/cm⁴			回转半径/cm				截面模数/cm³			
I_y	I_u	I_v	r_x	r_y	r_u	r_v	$W_{x\,max}$	$W_{x\,min}$	$W_{y\,max}$	$W_{y\,min}$
0.318	1.014	0.164	0.966	0.587	1.049	0.421	0.850	0.432	0.648	0.210
0.441	1.421	0.220	0.952	0.577	1.036	0.408	1.123	0.621	0.823	0.301
1.419	5.597	0.783	1.625	0.869	1.726	0.645	2.907	1.506	2.103	0.610
2.104	8.395	1.128	1.603	0.853	1.705	0.625	4.134	2.314	2.838	0.931
3.376	10.665	1.790	1.954	1.191	2.117	0.867	4.682	2.235	3.694	1.094
5.091	16.239	2.625	1.932	1.175	2.098	0.843	6.807	3.463	5.184	1.686
4.142	18.092	2.351	2.284	1.151	2.406	0.867	6.785	3.545	4.810	1.319
5.317	23.381	2.973	2.268	1.140	2.391	0.853	8.546	4.635	5.872	1.718
8.086	29.092	4.444	2.614	1.473	2.795	1.092	9.670	4.740	7.371	2.071
10.449	37.810	5.664	2.599	1.462	2.781	1.076	12.281	6.218	9.151	2.708
14.347	56.038	8.096	3.281	1.761	3.481	1.323	15.100	7.427	11.389	3.026
18.640	73.177	10.402	3.266	1.749	3.467	1.307	19.356	9.772	14.289	3.969
22.707	89.566	12.536	3.251	1.738	3.453	1.291	23.263	12.053	16.830	4.882
211.071	475.645	98.375	4.846	3.696	5.548	2.532	80.655	34.567	71.260	23.354
273.077	619.416	124.003	4.817	3.670	5.528	2.473	101.916	45.291	89.124	30.559
331.066	755.971	146.105	4.786	3.644	5.507	2.421	120.670	55.611	104.536	37.481
667.089	1 503.275	310.914	6.462	4.928	7.397	3.364	191.183	81.936	168.883	55.360
815.267	1 846.212	372.716	6.432	4.902	7.377	3.314	229.544	101.092	201.251	68.229
956.261	2 176.288	428.217	6.402	4.876	7.356	3.263	264.523	119.707	230.202	80.724
2 122.346	4 102.990	913.691	8.026	6.873	9.556	4.510	402.662	162.494	375.504	129.823
2 504.222	4 859.116	1 062.097	7.998	6.847	9.538	4.459	468.151	193.042	435.063	154.163
2 856.311	5 590.119	1 162.033	7.971	6.825	9.548	4.353	521.811	222.188	483.793	177.455
4 218.566	8 347.648	1 841.403	9.642	8.105	11.402	5.355	687.369	280.120	635.517	217.879
4 831.275	9 625.709	2 041.085	9.616	8.085	11.412	5.255	772.288	323.208	712.367	251.393
5 438.329	10 876.951	2 258.440	9.587	8.059	11.397	5.193	857.898	366.039	788.850	284.640

表3 冷弯等边槽钢

规格	尺寸/mm			理论重量/(kg/m)	截面面积/cm^2	重心 X_0/cm
$H\times B\times t$	H	B	t			
20×10×1.5	20	10	1.5	0.401	0.511	0.324
20×10×2.0			2.0	0.505	0.643	0.349
50×30×2.0	50	30	2.0	1.604	2.043	0.922
50×30×3.0			3.0	2.314	2.947	0.975
50×50×3.0		50	3.0	3.256	4.147	1.850
100×50×3.0	100		3.0	4.433	5.647	1.398
100×50×4.0			4.0	5.788	7.373	1.448
140×60×3.0	140	60	3.0	5.846	7.447	1.527
140×60×4.0			4.0	7.672	9.773	1.575
140×60×5.0			5.0	9.436	12.021	1.623
200×80×4.0	200	80	4.0	10.812	13.773	1.966
200×80×5.0			5.0	13.361	17.021	2.013
200×80×6.0			6.0	15.849	20.190	2.060
250×130×6.0	250	130	6.0	22.703	29.107	3.630
250×130×8.0			8.0	29.755	38.147	3.739
300×150×6.0	300	150	6.0	26.915	34.507	4.062
300×150×8.0			8.0	35.371	45.347	4.169
300×150×10			10	43.566	55.854	4.277
350×180×8.0	350	180	8.0	42.235	54.147	4.983
350×180×10			10	52.146	66.854	5.092
350×180×12			12	61.799	79.230	5.501
400×200×10	400	200	10	59.166	75.854	5.522
400×200×12			12	70.223	90.030	5.630
400×200×14			14	80.366	103.033	5.791
450×220×10	450	220	10	66.186	84.854	5.956
450×220×12			12	78.647	100.830	6.063
450×220×14			14	90.194	115.633	6.219
500×250×12	500	250	12	88.943	114.030	6.876
500×250×14			14	102.206	131.033	7.032
550×280×12	550	280	12	99.239	127.230	7.691
550×280×14			14	114.218	146.433	7.846
600×300×14	600	300	14	124.046	159.033	8.276
600×300×16			16	140.624	180.287	8.392

基本尺寸与主要参数

惯性矩/ cm^4		回转半径/ cm		截面模数/ cm^3		
I_x	I_y	r_x	r_y	W_x	$W_{y\max}$	$W_{y\min}$
0.281	0.047	0.741	0.305	0.281	0.146	0.070
0.330	0.058	0.716	0.300	0.330	0.165	0.089
8.093	1.872	1.990	0.957	3.237	2.029	0.901
11.119	2.632	1.942	0.994	4.447	2.699	1.299
17.755	10.834	2.069	1.616	7.102	5.855	3.440
87.275	14.030	3.931	1.576	17.455	10.031	3.896
111.051	18.045	3.880	1.564	22.210	12.458	5.081
220.977	25.929	5.447	1.865	31.568	16.970	5.798
284.429	33.601	5.394	1.854	40.632	21.324	7.594
343.066	40.823	5.342	1.842	49.009	25.145	9.327
821.120	83.686	7.721	2.464	82.112	42.564	13.869
1 000.710	102.441	7.667	2.453	100.071	50.886	17.111
1 170.516	120.388	7.614	2.441	117.051	58.436	20.267
2 876.401	497.071	9.941	4.132	230.112	136.934	53.049
3 687.729	642.760	9.832	4.105	295.018	171.907	69.405
4 911.518	782.884	11.930	4.763	327.435	192.734	71.575
6 337.148	1 017.186	11.822	4.736	422.477	243.988	93.914
7 660.498	1 238.423	11.711	4.708	510.700	289.554	115.492
10 488.540	1 771.765	13.918	5.721	599.345	355.562	136.112
12 749.074	2 166.713	13.809	5.693	728.519	425.513	167.858
14 869.892	2 542.823	13.700	5.665	849.708	462.247	203.442
18 932.658	3 033.575	15.799	6.324	946.633	549.362	209.530
22 159.727	3 569.548	15.689	6.297	1 107.986	634.022	248.403
24 854.034	4 051.828	15.531	6.271	1 242.702	699.677	285.159
26 844.416	4 103.714	17.787	6.954	1 193.085	689.005	255.779
31 506.135	4 838.741	17.676	6.927	1 400.273	798.077	303.617
35 494.843	5 510.415	17.520	6.903	1 577.549	886.061	349.180
44 593.265	7 137.673	19.775	7.912	1 783.731	1 038.056	393.824
50 455.689	8 152.938	19.623	7.888	2 018.228	1 159.405	453.748
60 862.568	10 068.396	21.872	8.896	2 213.184	1 309.114	495.760
69 095.642	11 527.579	21.722	8.873	2 512.569	1 469.230	571.975
89 412.972	14 364.512	23.711	9.504	2 980.432	1 735.683	661.228
100 367.430	16 191.032	23.595	9.477	3 345.581	1 929.341	749.307

表 4 冷弯不等边槽钢

规格	尺寸/mm				理论重量/(kg/m)	截面面积/cm^2	重心/cm		惯性	
$H \times B \times b \times t$	H	B	b	t			X_0	Y_0	I_x	I_y
50×32×20×2.5	50	32	20	2.5	1.840	2.344	0.817	2.803	8.536	1.853
50×32×20×3.0				3.0	2.169	2.764	0.842	2.806	9.804	2.155
80×40×20×2.5	80	40	20	2.5	2.586	3.294	0.828	4.588	28.922	3.775
80×40×20×3.0				3.0	3.064	3.904	0.852	4.591	33.654	4.431
100×60×30×3.0	100	60	30	3.0	4.242	5.404	1.326	5.807	77.936	14.880
150×60×50×3.0	150		50		5.890	7.504	1.304	7.793	245.876	21.452
200×70×60×4.0	200	70	60	4.0	9.832	12.605	1.469	10.311	706.995	47.735
200×70×60×5.0				5.0	12.061	15.463	1.527	10.315	848.963	57.959
250×80×70×5.0	250	80	70	5.0	14.791	18.963	1.647	12.823	1 616.200	92.101
250×80×70×6.0				6.0	17.555	22.507	1.696	12.825	1 891.478	108.125
300×90×80×6.0	300	90	80	6.0	20.831	26.707	1.822	15.330	3 222.869	161.726
300×90×80×8.0				8.0	27.259	34.947	1.918	15.334	4 115.825	207.555
350×100×90×6.0	350	100	90	6.0	24.107	30.907	1.953	17.834	5 064.502	230.463
350×100×90×8.0				8.0	31.627	40.547	2.048	17.837	6 506.423	297.082
400×150×100×8.0	400	150	100	8.0	38.491	49.347	2.882	21.589	10 787.704	763.610
400×150×100×10				10	47.466	60.854	2.981	21.602	13 071.444	931.170
450×200×150×10	450	200	150	10	59.166	75.854	4.402	23.950	22 328.149	2 337.132
450×200×150×12				12	70.223	90.030	4.504	23.960	26 133.270	2 750.039
500×250×200×12	500	250	200	12	84.263	108.030	6.008	26.355	40 821.990	5 579.208
500×250×200×14				14	96.746	124.033	6.159	26.371	46 087.838	6 369.068
550×300×250×14	550	300	250	14	113.126	145.033	7.714	28.794	67 847.216	11 314.348
550×300×250×16				16	128.144	164.287	7.831	28.800	76 016.861	12 738.984

基本尺寸与主要参数

矩/cm⁴		回转半径/cm				截面模数/cm³			
I_u	I_v	r_x	r_y	r_u	r_v	$W_{x\max}$	$W_{x\min}$	$W_{y\max}$	$W_{y\min}$
8.769	1.619	1.908	0.889	1.934	0.831	3.887	3.044	2.266	0.777
10.083	1.876	1.883	0.883	1.909	0.823	4.468	3.494	2.559	0.914
29.607	3.090	2.962	1.070	2.997	0.968	8.476	6.303	4.555	1.190
34.473	3.611	2.936	1.065	2.971	0.961	9.874	7.329	5.200	1.407
80.845	11.970	3.797	1.659	3.867	1.488	18.590	13.419	11.220	3.183
246.257	21.071	5.724	1.690	5.728	1.675	34.120	31.547	16.440	4.569
707.582	47.149	7.489	1.946	7.492	1.934	72.969	68.567	32.495	8.630
849.689	57.233	7.410	1.936	7.413	1.924	87.658	82.304	37.956	10.590
1 617.030	91.271	9.232	2.204	9.234	2.194	132.726	126.039	55.920	14.497
1 892.465	107.139	9.167	2.192	9.170	2.182	155.358	147.484	63.753	17.152
3 223.981	160.613	10.985	2.461	10.987	2.452	219.691	210.233	88.763	22.531
4 117.270	206.110	10.852	2.437	10.854	2.429	280.637	268.412	108.214	29.307
5 065.739	229.226	12.801	2.731	12.802	2.723	295.031	283.980	118.005	28.640
6 508.041	295.464	12.668	2.707	12.669	2.699	379.096	364.771	145.060	37.359
10 843.850	707.463	14.786	3.934	14.824	3.786	585.938	499.685	264.958	63.015
13 141.358	861.255	14.656	3.912	14.695	3.762	710.482	605.103	312.368	77.475
22 430.862	2 234.420	17.157	5.551	17.196	5.427	1 060.720	932.282	530.925	149.835
26 256.075	2 627.235	17.037	5.527	17.077	5.402	1 242.076	1 090.704	610.577	177.468
40 985.443	5 415.752	19.439	7.186	19.478	7.080	1 726.453	1 548.928	928.630	293.766
46 277.561	6 179.346	19.276	7.166	19.306	7.058	1 950.478	1 747.671	1 034.107	338.043
68 086.256	11 075.308	21.629	8.832	21.667	8.739	2 588.995	2 356.297	1 466.729	507.689
76 288.341	12 467.503	21.511	8.806	21.549	8.711	2 901.407	2 639.474	1 626.738	574.631

表5 冷弯内卷边槽钢

规格 H×B×C×t	尺寸/mm H	B	C	t	理论重量/(kg/m)	截面面积/cm²
60×30×10×2.5	60	30	10	2.5	2.363	3.010
60×30×10×3.0				3.0	2.743	3.495
100×50×20×2.5	100	50	20	2.5	4.325	5.510
100×50×20×3.0				3.0	5.098	6.495
140×60×20×2.5	140	60	20	2.5	5.503	7.010
140×60×20×3.0				3.0	6.511	8.295
180×60×20×3.0	180	60	20	3.0	7.453	9.495
180×70×20×3.0		70			7.924	10.095
200×60×20×30	200	60	20	3.0	7.924	10.095
200×70×20×3.0		70			8.395	10.695
250×40×15×3.0	250	40	15	3.0	7.924	10.095
300×40×15×3.0	300	40			9.102	11.595
400×50×15×3.0	400	50			11.928	15.195
450×70×30×6.0	450	70	30	6.0	28.092	36.015
450×70×30×8.0				8.0	36.421	46.693
500×100×40×6.0	500	100	40	6.0	34.176	43.815
500×100×40×8.0				8.0	44.533	57.093
500×100×40×10				10	54.372	69.708
550×120×50×8.0	550	120	50	8.0	51.397	65.893
550×120×50×10				10	62.952	80.708
550×120×50×12				12	73.990	94.859
600×150×60×12	600	150	60	12	86.158	110.459
600×150×60×14				14	97.395	124.865
600×150×60×16				16	109.025	139.775

基本尺寸与主要参数

重心/ cm	惯性矩/ cm^4		回转半径/ cm		截面模数/ cm^3		
X_0	I_x	I_y	r_x	r_y	W_x	$W_{y\,max}$	$W_{y\,min}$
1.043	16.009	3.353	2.306	1.055	5.336	3.214	1.713
1.036	18.077	3.688	2.274	1.027	6.025	3.559	1.878
1.853	84.932	19.889	3.925	1.899	16.986	10.730	6.321
1.848	98.560	22.802	3.895	1.873	19.712	12.333	7.235
1.974	212.137	34.786	5.500	2.227	30.305	17.615	8.642
1.969	248.006	40.132	5.467	2.199	35.429	20.379	9.956
1.739	449.695	43.611	6.881	2.143	49.966	25.073	10.235
2.106	496.693	63.712	7.014	2.512	55.188	30.248	13.019
1.644	578.425	45.041	7.569	2.112	57.842	27.382	10.342
1.996	636.643	65.883	7.715	2.481	63.664	32.999	13.167
0.790	773.495	14.809	8.753	1.211	61.879	18.734	4.614
0.707	1 231.616	15.356	10.306	1.150	82.107	21.700	4.664
0.783	2 837.843	28.888	13.666	1.378	141.892	36.879	6.851
1.421	8 796.963	159.703	15.629	2.106	390.976	112.388	28.626
1.429	11 030.645	182.734	15.370	1.978	490.251	127.875	32.801
2.297	14 275.246	479.809	18.050	3.309	571.010	208.885	62.289
2.293	18 150.796	578.026	17.830	3.182	726.032	252.083	75.000
2.289	21 594.366	648.778	17.601	3.051	863.775	283.433	84.137
2.940	26 259.069	1 069.797	19.963	4.029	954.875	363.877	118.079
2.933	31 484.498	1 229.103	19.751	3.902	1 144.891	419.060	135.558
2.926	36 186.756	1 349.879	19.531	3.772	1 315.882	461.339	148.763
3.902	54 745.539	2 755.348	21.852	4.994	1 824.851	706.137	248.274
3.840	57 733.224	2 867.742	21.503	4.792	1 924.441	746.808	256.966
3.819	63 178.379	3 010.816	21.260	4.641	2 105.946	788.378	269.280

表 6　冷弯外卷边槽钢

规格	尺寸/mm				理论重量/(kg/m)	截面面积/cm²
$H\times B\times C\times t$	H	B	C	t		
30×30×16×2.5	30	30	16	2.5	2.009	2.560
50×20×15×3.0	50	20	15	3.0	2.272	2.895
60×25×32×2.5	60	25	32	2.5	3.030	3.860
60×25×32×3.0	60	25	32	3.0	3.544	4.515
80×40×20×4.0	80	40	20	4.0	5.296	6.746
100×30×15×3.0	100	30	15	3.0	3.921	4.995
150×40×20×4.0	150	40	20	4.0	7.497	9.611
150×40×20×5.0				5.0	8.913	11.427
200×50×30×4.0	200	50	30	4.0	10.305	13.211
200×50×30×5.0				5.0	12.423	15.927
250×60×40×5.0	250	60	40	5.0	15.933	20.427
250×60×40×6.0				6.0	18.732	24.015
300×70×50×6.0	300	70	50	6.0	22.944	29.415
300×70×50×8.0				8.0	29.557	37.893
350×80×60×6.0	350	80	60	6.0	27.156	34.815
350×80×60×8.0				8.0	35.173	45.093
400×90×70×8.0	400	90	70	8.0	40.789	52.293
400×90×70×10				10	49.692	63.708
450×100×80×8.0	450	100	80	8.0	46.405	59.493
450×100×80×10				10	56.712	72.708
500×150×90×10	500	150	90	10	69.972	89.708
500×150×90×12				12	82.414	105.659
550×200×100×12	550	200	100	12	98.326	126.059
550×200×100×14				14	111.591	143.065
600×250×150×14	600	250	150	14	138.891	178.065
600×250×150×16				16	156.449	200.575

基本尺寸与主要参数

重心 / cm	惯性矩/ cm⁴		回转半径/ cm		截面模数 / cm³		
X_0	I_x	I_y	r_x	r_y	W_x	$W_{y\max}$	$W_{y\min}$
1.526	6.010	3.126	1.532	1.105	2.109	2.047	2.122
0.823	13.863	1.539	2.188	0.729	3.746	1.869	1.309
1.279	42.431	3.959	3.315	1.012	7.131	3.095	3.243
1.279	49.003	4.438	3.294	0.991	8.305	3.469	3.635
1.573	79.594	14.537	3.434	1.467	14.213	9.241	5.900
0.932	77.669	5.575	3.943	1.056	12.527	5.979	2.696
1.176	325.197	18.311	5.817	1.380	35.736	15.571	6.484
1.158	370.697	19.357	5.696	1.302	41.189	16.716	6.811
1.525	834.155	44.255	7.946	1.830	66.203	29.020	12.735
1.511	976.969	49.376	7.832	1.761	78.158	32.678	10.999
1.856	2 029.828	99.403	9.968	2.206	126.864	53.558	23.987
1.853	2 342.687	111.005	9.877	2.150	147.339	59.906	26.768
2.195	4 246.582	197.478	12.015	2.591	218.896	89.967	41.098
2.191	5 304.784	233.118	11.832	2.480	276.291	106.398	48.475
2.533	6 973.923	319.329	14.153	3.029	304.538	126.068	58.410
2.475	8 804.763	365.038	13.973	2.845	387.875	147.490	66.070
2.773	13 577.846	548.603	16.114	3.239	518.238	197.837	88.101
2.868	16 171.507	672.619	15.932	3.249	621.981	234.525	109.690
3.206	19 821.232	855.920	18.253	3.793	667.382	266.974	125.982
3.205	23 751.957	987.987	18.074	3.686	805.151	308.264	145.399
5.003	38 191.923	2 907.975	20.633	5.694	1 157.331	581.246	290.885
4.992	44 274.544	3 291.816	20.470	5.582	1 349.834	659.418	328.918
6.564	66 449.957	6 427.780	22.959	7.141	1 830.577	979.247	478.400
6.815	74 080.384	7 829.699	22.755	7.398	2 052.088	1 148.892	593.834
9.717	125 436.851	17 163.911	26.541	9.818	2 876.992	1 766.380	1 123.072
9.700	139 827.681	18 879.946	26.403	9.702	3 221.836	1 946.386	1 233.983

表 7 冷弯 Z 形钢

规格	尺寸/mm			理论重量/(kg/m)	截面面积/cm^2	惯性	
$H\times B\times t$	H	B	t			I_x	I_y
80×40×2.5	80	40	2.5	2.947	3.755	37.021	9.707
80×40×3.0			3.0	3.491	4.447	43.148	11.429
100×50×2.5	100	50	2.5	3.732	4.755	74.429	19.321
100×50×3.0			3.0	4.433	5.647	87.275	22.837
140×70×3.0	140	70	3.0	6.291	8.065	249.769	64.316
140×70×4.0			4.0	8.272	10.605	322.421	83.925
200×100×3.0	200	100	3.0	9.099	11.665	749.379	191.180
200×100×4.0			4.0	12.016	15.405	977.164	251.093
300×120×4.0	300	120	4.0	16.384	21.005	2 871.420	438.304
300×120×5.0			5.0	20.251	25.963	3 506.942	541.080
400×150×6.0	400	150	6.0	31.595	40.507	9 598.705	1 271.376
400×150×8.0			8.0	41.611	53.347	12 449.116	1 661.661

表 8 冷弯卷边 Z 形钢

规格	尺寸/mm				理论重量/(kg/m)	截面面积/cm^2
$H\times B\times C\times t$	H	B	C	t		
100×40×20×2.0	100	40	20	2.0	3.208	4.086
100×40×20×2.5				2.5	3.933	5.010
140×50×20×2.5	140	50	20	2.5	5.110	6.510
140×50×20×3.0				3.0	6.040	7.695
180×70×20×2.5	180	70	20	2.5	6.680	8.510
180×70×20×3.0				3.0	7.924	10.095
230×75×25×3.0	230	75	25	3.0	9.573	12.195
230×75×25×4.0				4.0	12.518	15.946
250×75×25×3.0	250			3.0	10.044	12.795
250×75×25×4.0				4.0	13.146	16.746
300×100×30×4.0	300	100	30	4.0	16.545	21.211
300×100×30×6.0				6.0	23.880	30.615
400×120×40×8.0	400	120	40	8.0	40.789	52.293
400×120×40×10				10	49.692	63.708

基本尺寸与主要参数

矩/cm⁴		回转半径/cm	惯性积矩/cm⁴	截面模数/cm³		角度
I_u	I_v	r_v	I_{xy}	W_x	W_y	tanα
43.307	3.421	0.954	14.532	9.255	2.505	0.432
50.606	3.970	0.944	17.094	10.787	2.968	0.436
86.840	6.910	1.205	28.947	14.885	3.963	0.428
102.038	8.073	1.195	34.194	17.455	4.708	0.431
290.867	23.218	1.697	96.492	35.681	9.389	0.426
376.599	29.747	1.675	125.922	46.061	12.342	0.430
870.468	70.091	2.451	286.800	74.938	19.409	0.422
1 137.292	90.965	2.430	376.703	97.716	25.622	0.425
3 124.579	185.144	2.969	824.655	191.428	37.144	0.307
3 823.534	224.489	2.940	1 019.410	233.796	46.049	0.311
10 321.169	548.912	3.681	2 556.980	479.935	86.488	0.283
13 404.115	706.662	3.640	3 348.736	622.456	113.812	0.285

基本尺寸与主要参数

惯性矩/cm⁴				回转半径/cm	惯性积矩/cm⁴	截面模数/cm³		角度
I_x	I_y	I_u	I_v	r_v	I_{xy}	W_x	W_y	tanα
60.618	17.202	71.373	6.448	1.256	24.136	12.123	4.410	0.445
73.047	20.324	85.730	7.641	1.234	28.802	14.609	5.245	0.440
188.502	36.358	210.140	14.720	1.503	61.321	26.928	7.458	0.352
219.848	41.554	244.527	16.875	1.480	70.775	31.406	8.567	0.348
422.926	88.578	476.503	35.002	2.028	144.165	46.991	12.884	0.371
496.693	102.345	558.511	40.527	2.003	167.926	55.188	14.940	0.368
951.373	138.928	1 030.579	59.722	2.212	265.752	82.728	18.901	0.298
1 222.685	173.031	1 320.991	74.725	2.164	335.933	106.320	23.703	0.292
1 160.008	138.933	1 236.730	62.211	2.205	290.214	92.800	18.902	0.264
1 492.957	173.042	1 588.130	77.869	2.156	366.984	119.436	23.704	0.259
2 828.642	416.757	3 066.877	178.522	2.901	794.575	188.576	42.526	0.300
3 944.956	548.081	4 258.604	234.434	2.767	1 078.794	262.997	56.503	0.291
11 648.355	1 293.651	12 363.204	578.802	3.327	2 813.016	582.418	111.522	0.254
13 835.982	1 463.588	14 645.376	654.194	3.204	3 266.384	691.799	127.269	0.248

3.3 弯曲角部分的外圆弧半径应符合表 9 的规定。

表 9 外圆弧半径

屈服强度等级	外圆弧半径/mm		
	t≤4.0	4.0<t≤12.0	12.0<t≤19.0
235	(1.5～2.5)t	(2.0～3.0)t	(2.5～3.5)t
345	(2.0～3.0)t	(2.5～3.5)t	(3.0～4.0)t
390	供需双方协议		

3.4 尺寸允许偏差

3.4.1 型钢非自由边长的允许偏差应符合表 10 的规定。

表 10 非自由边长允许偏差

单位为毫米

壁 厚	边 长				
	≤40	>40～100	>100～200	>200～400	>400
≤4.0	±0.50	±0.75	±1.00	—	—
>4.0～8.0	—	±1.00	±1.50	±2.00	±2.50
>8.0～12.0	—	—	±2.00	±2.50	±3.00
>12.0～19.0	—	—	—	±3.00	±3.50

3.4.2 型钢自由边长的允许偏差应符合表 11 的规定。

表 11 自由边长允许偏差

单位为毫米

壁 厚	边 长				
	≤40	>40～100	>100～200	>200～300	>300
≤4.0	±1.00	±1.00	±1.50	—	—
>4.0～8.0	±1.25	±1.50	±2.00	±2.00	—
>8.0～12.0	—	±2.00	±2.50	±2.50	±3.00
>12.0	—	—	—	±3.00	±3.50

3.4.3 两个自由边长公称尺寸相等时，其实际尺寸差值不应大于公差的 75%。两个自由边长公称尺寸不相等时按较大边长允许偏差执行。

3.4.4 型钢平板部分壁厚的允许偏差按所用钢带的相应标准执行。弯曲角区域的壁厚不作考核。

3.5 弯曲角度的允许偏差按表 12 的规定。

表 12 弯曲角度允许偏差

较短边长尺寸/mm	允许偏差/(°)
≤10	±3.0
>10 ～40	±2.0
> 40～ 80	±1.5
>80	±1.0

3.6 型钢尺寸应在距端部不小于 100 mm 处测量。

4 长度及允许偏差

4.1 型钢通常长度为 4 m～16 m。经供需双方协议可供应超过上述规定长度的型钢。

4.2 型钢按定尺或倍尺长度交货时，应在合同中注明。其长度允许偏差应符合表13的规定。

表13 长度允许偏差

单位为毫米

定尺精度	长　度	允许偏差
普通定尺	4 000～16 000	$^{+50}_{0}$
精确定尺	4 000～8 000	$^{+5}_{0}$
	>8 000～16 000	$^{+10}_{0}$

4.3 型钢允许供应长度不小于2 m的短尺，但其重量应不大于该批交货重量的5%。

5 外形

5.1 型钢弯曲度每米不应大于2 mm，总弯曲度不应大于总长度的0.2%。

5.2 型钢平面部分的凹凸度应不超过该边长的0.6%（即千分之六），至少为0.4 mm。

5.3 经供需双方协商并在合同中注明，可测量冷弯型钢的扭转度，测量时应在平台上进行，所测值应小于V值并按式(1)计算：

$$V = 2 + L \times 0.5/1\,000 \qquad \cdots\cdots(1)$$

式中：

L——长度，单位为毫米(mm)；

V——扭转度，单位为毫米(mm)。

5.4 型钢端部应切正直，允许存在切割造成的较小变形和毛刺。

5.5 型钢外形应在距端部不小于100 mm处测量。

6 重量

型钢按实际重量交货，也可按理论重量交货。

7 标记示例

用牌号为Q345制成高度为160 mm、中腿边长为60 mm、小腿边长为20 mm、壁厚为3 mm的冷弯内卷边槽钢，其标记为：

冷弯内卷边槽钢 $\dfrac{\text{CN160×60×20×3—GB/T 6723—2008}}{\text{Q345—GB/T 1591—1994}}$

ICS 77.140.70
H 44

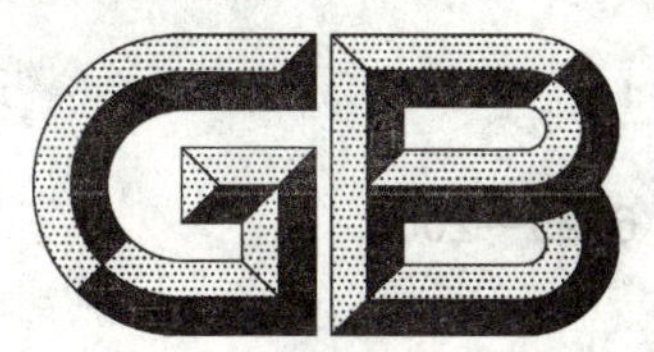

中华人民共和国国家标准

GB/T 6725—2008
代替 GB/T 6725—2002

冷弯型钢

Cold forming steel sections

2008-08-19 发布　　2009-04-01 实施

中华人民共和国国家质量监督检验检疫总局
中国国家标准化管理委员会　发布

前　言

本标准修改采用 EN 10219.1-2006《碳素钢及细晶粒钢的冷成型焊接空心结构型材　第 1 部分：交货技术条件》，主要差异如下：

——钢种和牌号按我国相应的标准和牌号；

——取样、试验方法、复验规则等按我国有关国家标准执行。

本标准代替 GB/T 6725—2002《冷弯型钢》。

本标准此次修订对下列技术内容进行了修改：

——调整规范性引用文件；

——增加产品屈服强度等级分类；

——增加细晶粒钢；

——增加产品的力学性能具体考核指标。

本标准附录 A 为资料性附录。

本标准由中国钢铁工业协会提出。

本标准由全国钢标准化技术委员会归口。

本标准主要起草单位：上海宝钢建筑工程设计研究院、武钢集团汉口轧钢厂、广州钢管厂有限公司、佛山市志达钢管制造有限公司、上海佳艺冷弯型钢厂。

本标准主要起草人：郁竑、钱伟中、马越峰、张秀芳、李烨、张永祺、李健彰、张静。

本标准所代替标准的历次版本发布情况为：

——GB/T 6725—1986、GB/T 6725—1992、GB/T 6725—2002。

冷 弯 型 钢

1 范围

本标准规定了冷弯型钢的订货内容、分类和代号、尺寸、外形、重量及允许偏差、技术要求、试验方法、验收规则、包装、标志和质量证明书。

本标准适用于冷加工变形的冷轧或热轧钢板和钢带在连续辊式冷弯机组上生产的冷弯型钢。

2 规范性引用文件

下列文件中的条款通过本标准的引用而成为本标准的条款。凡是注日期的引用文件，其随后所有的修改单(不包括勘误的内容)或修订版均不适用于本标准，然而，鼓励根据本标准达成协议的各方研究是否可使用这些文件的最新版本。凡是不注日期的引用文件，其最新版本适用于本标准。

GB/T 222 钢的成品化学成分允许偏差

GB/T 228 金属材料 室温拉伸试验方法(GB/T 228—2002,eqv ISO 6892:1998(E))

GB/T 229 金属材料 夏比摆锤冲击试验方法(GB/T 229—2007,ISO 148-1:2006,MOD)

GB/T 232 金属材料 弯曲试验方法(GB/T 232—1999,eqv ISO 7438:1985(E))

GB/T 699 优质碳素结构钢

GB/T 700 碳素结构钢

GB/T 714 桥梁用结构钢

GB/T 1591 低合金高强度结构钢

GB/T 2101 型钢验收、包装、标志及质量证明书的一般规定

GB/T 2975 钢及钢产品力学性能试验取样位置及试样制备

GB/T 3280 不锈钢冷轧钢板和钢带

GB/T 4171 耐候结构钢

GB/T 6394 金属平均晶粒度测定法

GB/T 17505 钢及钢产品交货一般技术要求(GB/T 17505—1998,eqv ISO 404:1992)

3 订货内容

按本标准订货的合同或订单应包括下列内容：

a) 本标准编号；

b) 产品尺寸；

c) 原料牌号及对应产品屈服强度等级；

d) 交货重量(理论重量或实际重量)及交货长度；

e) 其他要求。

4 分类和代号

4.1 冷弯型钢按产品截面形状分为：

冷弯圆形空心型钢，也可简称为圆管，代号：Y

冷弯方形空心型钢，也可简称为方管，代号：F

冷弯矩形空心型钢，也可简称为矩形管，代号：J

冷弯异形空心型钢，也可简称为异形管，代号：YI

冷弯开口型钢，也可简称为开口型钢，根据截面形状代号分别为：JD(等边角钢)、JB(不等边角钢)、CD(等边槽钢)、CB(不等边槽钢)、CN(内卷边槽钢)、CW(外卷边槽钢)、Z(Z形钢)、ZJ(卷边Z形钢)。

4.2 按产品屈服强度等级：235、345、390。

5 尺寸、外形、重量及允许偏差

冷弯型钢的尺寸、外形、重量及允许偏差应符合相应产品标准的规定。

6 技术要求

6.1 牌号及化学成分

6.1.1 冷弯型钢的牌号和化学成分(熔炼分析)应符合 GB/T 699、GB/T 700、GB/T 714、GB/T 1591、GB/T 3280、GB/T 4171 等标准的规定。根据需方要求可提供其他牌号的冷弯型钢。

6.1.2 根据需方要求，345、390 强度级别可使用细晶粒钢生产。

6.1.3 冷弯型钢的化学成分允许偏差应符合 GB/T 222 的规定。

6.2 交货状态

冷弯型钢以冷加工状态交货。如有特殊要求由供需双方协商确定。

6.3 力学性能

6.3.1 冷弯型钢产品屈服强度、抗拉强度、断后伸长率应符合表 1 的规定，其他钢级或特殊要求由供需双方协商确定。

表 1 力学性能

产品屈服强度等级	壁厚 t/mm	屈服强度 R_{eL}/MPa	抗拉强度 R_m/MPa	断后伸长率 A/%
235	≤19	≥235	≥370	≥24
345		≥345	≥470	≥20
390		≥390	≥490	≥17

6.3.2 需方如有要求并在合同中注明，可进行冲击试验。

6.3.3 对于断面尺寸≤60 mm×60 mm(包括等周长尺寸的圆及矩形冷弯型钢)及边厚比≤14 的冷弯型钢产品，平板部分断后伸长率应不小于 17%。

6.4 表面质量

6.4.1 冷弯型钢的表面不得有气泡、裂纹、结疤、折叠、夹杂和端面分层，允许有不大于公称厚度 10%的轻微凹坑、凸起、压痕、发纹、擦伤和压入的氧化铁皮。

6.4.2 冷弯型钢的表面缺陷允许用修磨方法清理，但清理后的冷弯型钢厚度不小于最小允许厚度。

6.4.3 对表面质量有特殊要求的冷弯型钢由供需双方协商确定。

6.5 焊缝质量

6.5.1 冷弯焊接空心型钢焊缝处不得有开焊、搭焊、烧穿及严重错位。

6.5.2 焊缝处的缺陷允许补焊、打磨，但补焊修磨后应达到本标准所规定的要求。

6.5.3 焊缝处的外毛刺应予以清除。焊缝处的内毛刺一般不清除，如有特殊要求，由供需双方协商确定。

7 试验方法

冷弯型钢的检验项目、取样数量、取样部位及试验方法应符合表 2 的规定。

表 2 取样部位与试验方法

序号	检验项目	取样数量	取样部位	试验方法
1	化学成分	1 个/每炉	见相应产品、牌号标准的规定	
2	拉伸试验	1 个/每批	产品平板部分（纵向试样）	GB/T 228、GB/T 2975
3	冲击试验	1 个/每批	产品平板部分（纵向试样）	GB/T 229、GB/T 2975
4	尺寸	逐根	—	量具、样板
5	表面	逐根	—	目视
注：所指平板部分不包括焊缝及角部。				

8 验收规则

8.1 检查和验收

冷弯型钢的检查与验收由供方质检部门进行。需方有权进行复检。

8.2 组批规则

冷弯型钢应成批验收，每批由同一牌号、同一原料批次、同一规格尺寸的产品组成。外周长不大于 400 mm 的产品每批重量不得超过 50 t，外周长大于 400 mm 的产品每批重量不得超过 100 t。

8.3 复验与判定

冷弯型钢的复验与判定规则应符合 GB/T 17505 中相应的规定。

9 包装、标志和质量证明书

9.1 包装

9.1.1 捆扎包装

9.1.1.1 冷弯型钢一般采用捆扎包装交货，成捆包装的冷弯型钢一端需放置整齐。每捆应由同一批号的冷弯型钢组成。每捆最大重量应符合表 3 的规定。

表 3 捆扎重量规定

理论重量/(kg/m)	每捆最大重量/t
<1	1
1～<10	3
10～<20	5
≥20	10

9.1.1.2 冷弯型钢应用包装用钢带或扎箍捆扎牢固。冷弯型钢长度不大于 7 m 捆扎 3 处，大于 7 m～10 m 捆扎 4 处，大于 10 m 捆扎 5 处，两端处的捆扎位置距离端部不大于 1 m。

9.1.2 装箱

9.1.2.1 表面质量要求较高的冷弯型钢采用装箱包装，包装箱应坚固，用木制或钢制的均可使用。

9.1.2.2 每箱应由同一批号的冷弯型钢组成。如有不同批号并箱时，每个批号应单独打捆再装入箱内。

9.1.2.3 每箱冷弯型钢的重量不得超过 4 t。

9.1.2.4 包装箱的外部应用包装用钢带或其他方法紧固。

9.1.3 其他

对于理论重量大于 20 kg/m 的冷弯型钢可以散装交货。

9.2 标志

9.2.1 整包标志

捆扎或装箱的冷弯型钢每捆(箱)应挂有两个以上的标牌,也可使用粘贴标签或其他不易脱落标志的方法。标牌或标签上面应注明供方名称和商标,产品规格、原料牌号、生产批号、产品标准号、重量、定尺长度、制造日期和供方质检部门的印记。

9.2.2 散装标志

散装交货的每根冷弯型钢应在靠近端部的表面粘贴标签或喷印标志,标记应清晰明显,不易脱落。标记上应注明供方名称和商标,产品规格、原料牌号、生产批号、产品标准号、重量、定尺长度、制造日期和供方质检部门的印记。

9.3 质量证明书

质量证明书应符合 GB/T 2101 的有关规定。

附　录　A
（资料性附录）
本标准产品屈服强度等级的国内外常用原料牌号对照表

表 A.1　常用原料国内外牌号对照表

产品屈服强度等级	对应国内原料标准及牌号 GB/T 700　GB/T 714 GB/T 1591	对应国外原料标准及牌号 JIS G3101　JIS G3106 DIN17100　EN10025
235	Q235A、Q255A	SS400
	Q235B	St37-2、S235JR
	Q235C、Q235qC	St37-3、S235J0
	Q235A、20	SPHT3
	Q235A、Q235B、Q255A、Q255B、20	SM400A
	Q235C,Q235qC、Q255B,20	SM400B
	Q235D、Q235qD、20	SM400C
345	Q345A	St50-2
	Q345B、Q345C、Q345qC	StE355
	Q345A、Q345B	SM490A
	Q345C、Q345qC	SM490B
	Q345D、Q345qD	SM490C
	Q345A、Q345B	SM490YA
	Q345C、Q345qC	SM490YB
390	Q390B、Q390C	St52-3、S355J0
	Q390A、Q390B	SM520B
	Q390C	SM520C

ICS 77.140.70
H 44

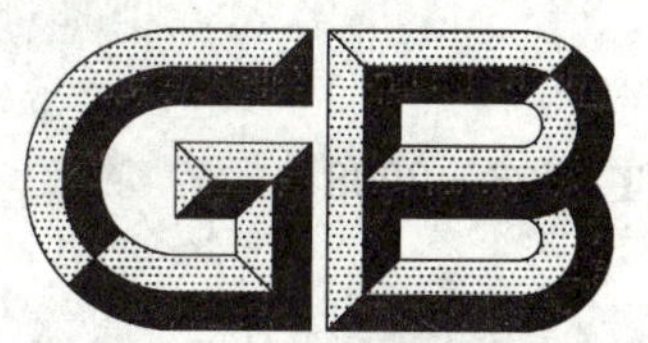

中华人民共和国国家标准

GB/T 6726—2008
代替 GB/T 6726—1986、GB/T 6727—1986

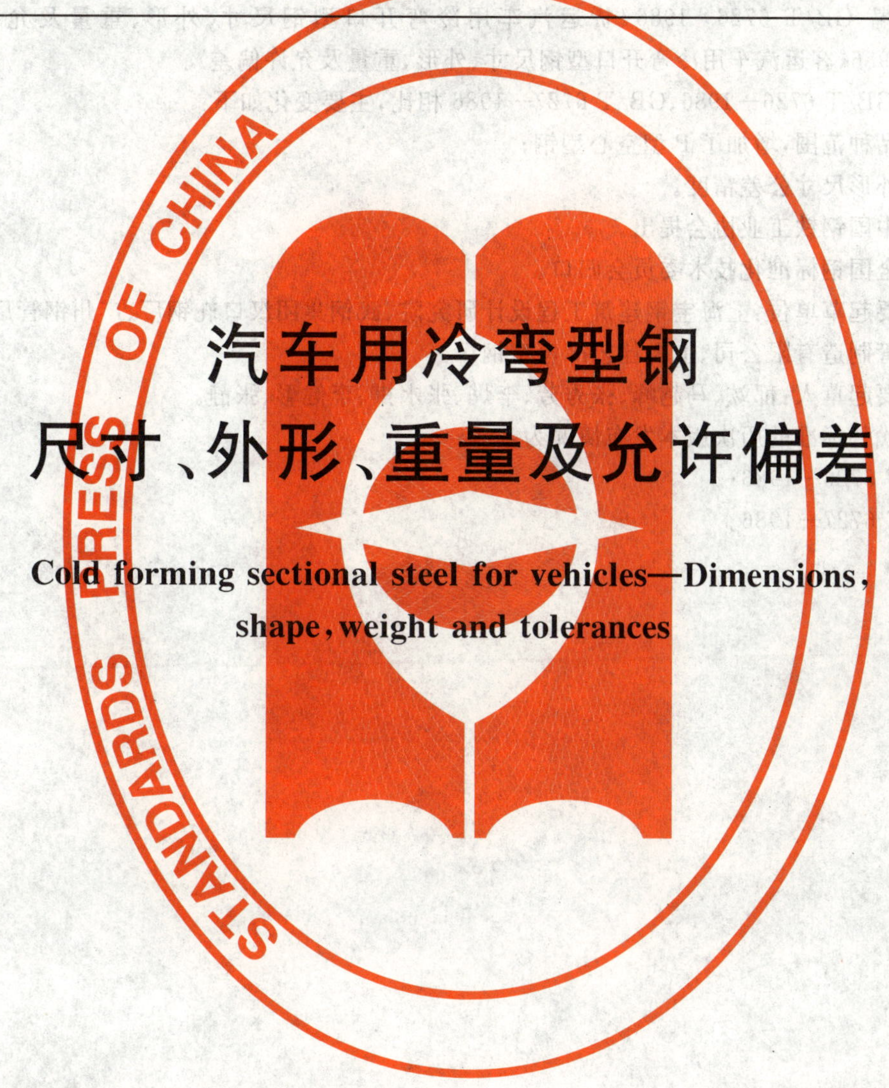

汽车用冷弯型钢 尺寸、外形、重量及允许偏差

Cold forming sectional steel for vehicles—Dimensions, shape, weight and tolerances

2008-08-05 发布　　2009-04-01 实施

中华人民共和国国家质量监督检验检疫总局
中国国家标准化管理委员会　发布

前　言

本标准整合修订 GB/T 6726—1986《货运汽车用冷弯开口型钢尺寸、外形、重量及允许偏差》和 GB/T 6727—1986《客运汽车用冷弯开口型钢尺寸、外形、重量及允许偏差》。

本标准代替 GB/T 6726—1986《货运汽车用冷弯开口型钢尺寸、外形、重量及允许偏差》和 GB/T 6727—1986《客运汽车用冷弯开口型钢尺寸、外形、重量及允许偏差》。

本标准与 GB/T 6726—1986、GB/T 6727—1986 相比，主要变化如下：

——扩大品种范围，增加了 P 型空心型钢；

——提高外形尺寸公差精度。

本标准由中国钢铁工业协会提出。

本标准由全国钢标准化技术委员会归口。

本标准主要起草单位：上海宝钢建筑工程设计研究院、武钢集团汉口轧钢厂、广州钢管厂有限公司、佛山市志达钢管制造有限公司、上海佳艺冷弯型钢厂。

本标准主要起草人：郁竑、马越峰、张秀芳、李烨、张永祺、李健彰、张静。

本标准所代替标准的历次版本发布情况为：

——GB/T 6726—1986；

——GB/T 6727—1986。

汽车用冷弯型钢 尺寸、外形、重量及允许偏差

1 范围

本标准规定了汽车用冷弯型钢的分类、代号、截面尺寸及允许偏差、长度及允许偏差、重量、标记示例。

本标准适用于制造客运汽车、货运汽车、挂车等车辆，采用冷加工变形的冷轧或热轧钢带在连续辊式冷弯机组上生产的冷弯型钢，以下简称型钢。

2 分类、代号

型钢按其截面形状分为10种，其代号为：

2.1 冷弯方形空心型钢，也可简称为方管 (见图1) 代号:F

2.2 冷弯矩形空心型钢，也可简称为矩形管 (见图2) 代号:J

2.3 冷弯异形P形空心型钢，也可简称为P形管 (见图3) 代号:YIP

2.4 冷弯开口型钢，按照不同截面形状，代号分别为：

等边槽钢 (见图4) 代号:CD

上边框 (见图5) 代号:SB

下边框 (见图6) 代号:XB

上框架 (见图7) 代号:SK

下内框架 (见图8) 代号:XNK

下外框架 (见图9) 代号:XWK

边框架 (见图10) 代号:BK

3 截面尺寸及允许偏差

3.1 截面尺寸

方形空心型钢、矩形空心型钢、异形P形空心型钢、等边槽钢、上边框、下边框、上框架、下内框架、下外框架、边框架型钢截面形状及标注符号分别见图1～图10所示。截面尺寸、理论重量、截面面积及截面特性应符合表1～表10的规定，理论重量是按钢密度7.85 g/cm^{3}计算。经供需双方协议，可供应表1～表10所列尺寸以外的汽车用冷弯型钢。

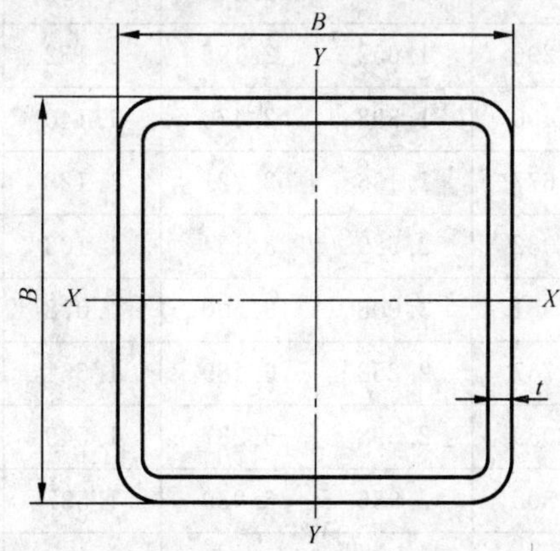

B——边长；

t——壁厚。

图1 方形空心型钢

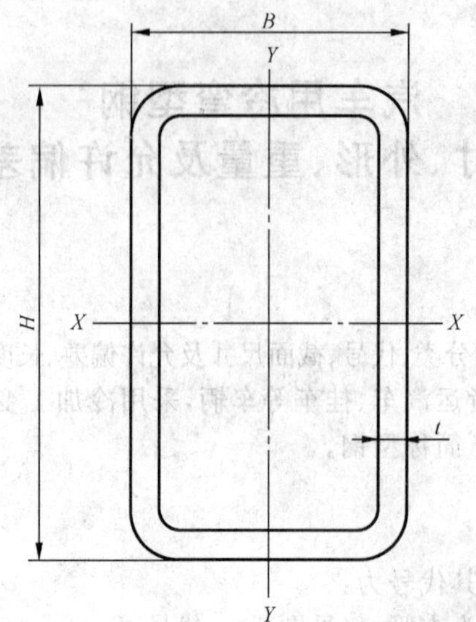

H——长边；
B——短边；
t——壁厚。

图 2 矩形空心型钢

表 1 方形空心型钢

边长 B/ mm	尺寸允许偏差 Δ/ mm	壁厚 t/ mm	理论重量 M/ (kg/m)	截面面积 A/ cm^2	惯性矩 $I_x=I_y$/ cm^4	惯性半径 $r_x=r_y$/ cm	截面模数 $w_x=w_y$/ cm^3	扭转常数	
								I_t/ cm^4	C_t/ cm^3
20	±0.50	1.5	0.826	1.052	0.583	0.744	0.583	0.985	0.88
		1.75	0.941	1.199	0.642	0.732	0.642	1.106	0.98
		2.0	1.050	1.340	0.692	0.720	0.692	1.215	1.06
25	±0.50	1.5	1.061	1.352	1.216	0.948	0.973	1.998	1.47
		1.75	1.215	1.548	1.357	0.936	1.086	2.261	1.65
		2.0	1.363	1.736	1.482	0.923	1.186	2.502	1.80
30	±0.50	1.5	1.296	1.652	2.195	1.152	1.463	3.555	2.21
		1.75	1.490	1.898	2.470	1.140	1.646	4.048	2.49
		2.0	1.677	2.136	2.721	1.128	1.814	4.511	2.75
		2.5	2.032	2.589	3.154	1.103	2.102	5.347	3.20
		3.0	2.361	3.008	3.500	1.078	2.333	6.060	3.58
40	±0.50	1.5	1.767	2.252	5.489	1.561	2.744	8.728	4.13
		1.75	2.039	2.598	6.237	1.549	3.118	10.009	4.69
		2.0	2.305	2.936	6.939	1.537	3.469	11.238	5.23
		2.5	2.817	3.589	8.213	1.512	4.106	13.539	6.21
		3.0	3.303	4.208	9.320	1.488	4.660	15.628	7.07
		4.0	4.198	5.347	11.064	1.438	5.532	19.152	8.48

表 1（续）

边长 B/mm	尺寸允许偏差 Δ/mm	壁厚 t/mm	理论重量 M/(kg/m)	截面面积 A/cm^2	惯性矩 $I_x=I_y$/cm^4	惯性半径 $r_x=r_y$/cm	截面模数 $w_x=w_y$/cm^3	扭转常数	
								I_t/cm^4	C_t/cm^3
50	±0.50	1.5	2.238	2.852	11.065	1.969	4.426	17.395	6.65
		1.75	2.589	3.298	12.641	1.957	5.056	20.025	7.60
		2.0	2.933	3.736	14.146	1.945	5.658	22.578	8.51
		2.5	3.602	4.589	16.941	1.921	6.776	27.436	10.22
		3.0	4.245	5.408	19.463	1.897	7.785	31.972	11.77
		4.0	5.454	6.947	23.725	1.847	9.490	40.047	14.43
60	±0.60	2.0	3.560	4.540	25.120	2.350	8.380	39.810	12.60
		2.5	4.387	5.589	30.340	2.329	10.113	48.539	15.22
		3.0	5.187	6.608	35.130	2.305	11.710	56.892	17.65
		4.0	6.710	8.547	43.539	2.256	14.513	72.188	21.97
		5.0	8.129	10.356	50.468	2.207	16.822	85.560	25.61
70	±0.65	2.5	5.170	6.590	49.400	2.740	14.100	78.500	21.20
		3.0	6.129	7.808	57.522	2.714	16.434	92.188	24.74
		4.0	7.966	10.147	72.108	2.665	20.602	117.975	31.11
		5.0	9.699	12.356	84.602	2.616	24.172	141.183	36.65
80	±0.70	3.0	7.071	9.008	87.838	3.122	21.959	139.660	33.02
		4.0	9.222	11.747	111.031	3.074	27.757	179.808	41.84
		5.0	11.269	14.356	131.414	3.025	32.853	216.628	49.68
90	±0.75	3.0	8.013	10.208	127.277	3.531	28.283	201.108	42.51
		4.0	10.478	13.347	161.907	3.482	35.979	260.088	54.17
		5.0	12.839	16.356	192.903	3.434	42.867	314.896	64.71
		6.0	15.097	19.232	220.420	3.385	48.982	365.452	74.16
100	±0.80	4.0	11.734	11.947	226.337	3.891	45.267	361.213	68.10
		5.0	14.409	18.356	271.071	3.842	54.214	438.986	81.72
		6.0	16.981	21.632	311.415	3.794	62.283	511.558	94.12
120	±0.90	4.0	14.246	18.147	402.260	4.708	67.043	635.603	100.75
		5.0	17.549	22.356	485.441	4.659	80.906	776.632	121.75
		6.0	20.749	26.432	562.094	4.611	93.683	910.281	141.22

表 2　矩形空心型钢

边长		尺寸允许偏差	壁厚	理论重量	截面面积	惯性矩		惯性半径		截面模数		扭转常数	
H/mm	B/mm	Δ/mm	t/mm	M/(kg/m)	A/cm²	I_x/cm⁴	I_y/cm⁴	r_x/cm	r_y/cm	W_x/cm³	W_y/cm³	I_t/cm⁴	C_t/cm³
40	30	±0.50	1.5	1.53	1.95	4.38	2.81	1.50	1.199	2.19	1.87	5.52	3.02
			1.75	1.77	2.25	4.96	3.17	1.48	1.187	2.48	2.11	6.31	3.42
			2.0	1.99	2.54	5.49	3.51	1.47	1.176	2.75	2.34	7.07	3.79
50	30	±0.50	1.5	1.767	2.252	7.535	3.415	1.829	1.231	3.014	2.276	7.587	3.83
			1.75	2.039	2.598	8.566	3.868	1.815	1.220	3.426	2.579	8.682	4.35
			2.0	2.305	2.936	9.535	4.291	1.801	1.208	3.814	2.861	9.727	4.84
			2.5	2.817	3.589	11.296	5.050	1.774	1.186	4.518	3.366	11.666	5.72
			3.0	3.303	4.206	12.827	5.696	1.745	1.163	5.130	3.797	13.401	6.49
			4.0	4.198	5.347	15.239	6.682	1.688	1.117	6.095	4.455	16.244	7.77
50	40	±0.50	1.5	2.003	2.552	9.300	6.602	1.908	1.608	3.720	3.301	12.238	5.24
			1.75	2.314	2.948	10.603	7.518	1.896	1.596	4.241	3.759	14.059	5.97
			2.0	2.619	3.336	11.840	8.348	1.883	1.585	4.736	4.192	15.817	6.673
			2.5	3.210	4.089	14.121	9.976	1.858	1.562	5.648	4.988	19.222	7.965
			3.0	3.775	4.808	16.149	11.382	1.833	1.539	6.460	5.691	22.336	9.123
			4.0	4.826	6.148	19.493	13.677	1.781	1.492	7.797	6.839	27.82	11.06
55	25	±0.50	1.5	1.767	2.252	8.453	2.460	1.937	1.045	3.074	1.968	6.273	3.458
			1.75	2.039	2.598	9.606	2.779	1.922	1.034	3.493	2.223	7.156	3.916
			2.0	2.305	2.936	10.689	3.073	1.907	1.023	3.886	2.459	7.992	4.342
55	40	±0.50	1.5	2.121	2.702	11.674	7.158	2.078	1.627	4.245	3.579	14.017	5.794
			1.75	2.452	3.123	13.329	8.158	2.065	1.616	4.847	4.079	16.175	6.614
			2.0	2.776	3.536	14.904	9.107	2.052	1.604	5.419	4.553	18.208	7.394
55	50	±0.60	1.75	2.726	3.473	15.811	13.660	2.133	1.983	5.749	5.464	23.173	8.415
			2.0	3.090	3.936	17.714	15.298	2.121	1.971	6.441	6.119	26.142	9.433
60	30	±0.60	2.0	2.620	3.337	15.046	5.078	2.123	1.234	5.015	3.385	12.57	5.881
			2.5	3.209	4.089	17.933	5.998	2.094	1.211	5.977	3.998	15.054	6.981
			3.0	3.774	4.808	20.496	6.794	2.064	1.188	6.832	4.529	17.335	7.950
			4.0	4.826	6.147	24.691	8.045	2.004	1.143	8.230	5.363	21.141	9.523
60	40	±0.60	2.0	2.934	3.737	18.412	9.831	2.220	1.622	6.137	4.915	20.702	8.116
			2.5	3.602	4.589	22.069	11.734	2.192	1.595	7.356	5.867	25.045	9.722
			3.0	4.245	5.408	25.374	13.436	2.166	1.576	8.458	6.718	29.121	11.175
			4.0	5.451	6.947	30.974	16.269	2.111	1.530	10.324	8.134	36.298	13.653

表2（续）

边长		尺寸允许偏差	壁厚	理论重量	截面面积	惯性矩		惯性半径		截面模数		扭转常数	
H/mm	B/mm	Δ/mm	t/mm	M/(kg/m)	A/cm^2	I_x/cm^4	I_y/cm^4	r_x/cm	r_y/cm	W_x/cm^3	W_y/cm^3	I_t/cm^4	C_t/cm^3
70	50	±0.60	2.0	3.562	4.537	31.475	18.758	2.634	2.033	8.993	7.503	37.454	12.196
			3.0	5.187	6.608	44.046	26.099	2.581	1.987	12.584	10.439	53.426	17.06
			4.0	6.710	8.547	54.663	32.210	2.528	1.941	15.618	12.884	67.613	21.189
			5.0	8.129	10.356	63.435	37.179	2.171	1.894	18.121	14.871	79.908	24.642
80	40	±0.70	2.0	3.561	4.536	37.355	12.720	2.869	1.674	9.339	6.361	30.881	11.004
			2.5	4.387	5.589	45.103	15.255	2.840	1.652	11.275	7.627	37.467	13.283
			3.0	5.187	6.608	52.246	17.552	2.811	1.629	13.061	8.776	43.680	15.283
			4.0	6.710	8.547	64.780	21.474	2.752	1.585	16.195	10.737	54.787	18.844
			5.0	8.129	10.356	75.080	24.567	2.692	1.540	18.770	12.283	64.110	21.744
80	60	±0.70	3.0	6.129	7.808	70.042	44.886	2.995	2.397	17.510	14.962	88.111	24.143
			4.0	7.966	10.147	87.945	56.105	2.943	2.351	21.976	18.701	112.583	30.332
			5.0	9.699	12.356	103.247	65.634	2.890	2.304	25.811	21.878	134.503	35.673
90	40	±0.75	3.0	5.658	7.208	70.487	19.610	3.127	1.649	15.663	9.805	51.193	17.339
			4.0	7.338	9.347	87.894	24.077	3.066	1.604	19.532	12.038	64.320	21.441
			5.0	8.914	11.356	102.487	27.651	3.004	1.560	22.774	13.825	75.426	24.819
90	50	±0.75	2.0	4.190	5.337	57.878	23.368	3.293	2.093	12.862	9.347	53.366	15.882
			2.5	5.172	6.589	70.263	28.236	3.266	2.070	15.614	11.294	65.299	19.235
			3.0	6.129	7.808	81.845	32.735	3.237	2.047	18.187	13.094	76.433	22.316
			4.0	7.966	10.147	102.696	40.695	3.181	2.002	22.821	16.278	97.162	27.961
			5.0	9.699	12.356	120.570	47.345	3.123	1.957	26.793	18.938	115.436	36.774
90	55	±0.75	2.0	4.346	5.536	61.750	28.957	3.340	2.287	13.733	10.530	62.724	17.601
			2.5	5.368	6.839	75.049	33.065	3.313	2.264	16.678	12.751	76.877	21.357
90	60	±0.75	3.0	6.600	8.408	93.203	49.764	3.329	2.432	20.711	16.588	104.552	27.391
			4.0	8.594	10.947	117.499	62.387	3.276	2.387	26.111	20.795	133.852	34.501
			5.0	10.484	13.356	138.653	73.218	3.222	2.311	30.811	24.406	160.273	40.712
100	50	±0.80	3.0	6.690	8.408	106.451	36.053	3.558	2.070	21.290	14.421	88.311	25.012
			4.0	8.594	10.947	134.124	44.938	3.500	2.026	26.824	17.975	112.409	31.350
			5.0	10.484	13.356	158.155	52.429	3.441	1.981	31.631	20.971	133.758	36.804
120	50	±0.90	2.5	6.350	8.089	143.970	36.704	4.219	2.130	23.995	14.682	96.026	26.006
			3.0	7.543	9.608	168.580	42.693	4.189	2.108	28.097	17.077	112.87	30.317

表 2（续）

边长 H/mm	边长 B/mm	尺寸允许偏差 Δ/mm	壁厚 t/mm	理论重量 M/(kg/m)	截面面积 A/cm^2	惯性矩 I_x/cm^4	惯性矩 I_y/cm^4	惯性半径 r_x/cm	惯性半径 r_y/cm	截面模数 W_x/cm^3	截面模数 W_y/cm^3	扭转常数 I_t/cm^4	扭转常数 C_t/cm^3
120	60	±0.90	3.0	8.013	10.208	189.113	64.398	4.304	2.511	31.581	21.466	156.029	37.138
			4.0	10.478	13.347	240.724	81.235	4.246	2.466	40.120	27.078	200.407	47.048
			5.0	12.839	16.356	286.941	95.968	4.188	2.422	47.823	31.989	240.869	55.846
			6.0	15.097	19.232	327.950	108.716	4.129	2.377	54.658	36.238	277.361	63.597
120	80	±0.90	3.0	8.955	11.408	230.189	123.430	4.491	3.289	38.364	30.857	255.128	50.799
			4.0	11.734	11.947	294.569	157.281	4.439	3.243	49.094	39.320	330.438	64.927
			5.0	14.409	18.356	353.108	187.747	4.385	3.198	58.850	46.936	400.735	77.772
			6.0	16.981	21.632	105.998	214.977	4.332	3.152	67.666	53.744	165.940	83.399
140	80	±1.00	4.0	12.990	16.547	429.582	180.407	5.095	3.301	61.368	45.101	410.713	76.478
			5.0	15.979	20.356	517.023	215.914	5.039	3.256	73.860	53.978	498.815	91.834
			6.0	18.865	24.032	569.935	247.905	4.983	3.211	85.276	61.976	580.919	105.83
150	100	±1.20	4.0	14.874	18.947	594.585	318.551	5.601	4.110	79.278	63.710	660.613	104.94
			5.0	18.334	23.356	719.164	383.988	5.549	4.054	95.888	79.797	806.733	126.81
			6.0	21.691	27.632	834.615	444.135	5.495	4.009	111.282	88.827	915.022	147.07
160	80	±1.20	4.0	14.216	18.117	597.691	203.532	5.738	3.348	71.711	50.883	493.129	88.031
			5.0	17.519	22.356	721.650	214.089	5.681	3.304	90.206	61.020	599.175	105.90
			6.0	20.749	26.433	835.936	286.832	5.623	3.259	104.192	76.208	698.881	122.27
180	65	±1.20	3.0	11.075	14.108	550.350	111.780	6.246	2.815	61.150	34.393	306.750	61.849
			4.5	16.264	20.719	784.130	156.470	6.152	2.748	87.125	48.144	438.910	86.993

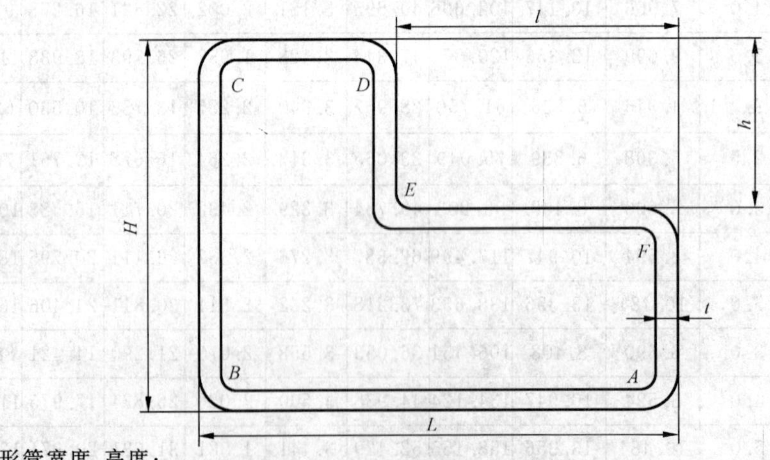

L、H——P 形管宽度、高度；

l、h——缺口宽度、高度；

t——壁厚。

图 3　异形 P 形空心型钢

表 3　异形 P 形空心型钢

截面尺寸	边　长/mm				壁　厚/mm	理论重量/(kg/m)	截面面积/cm^2
$L \times H \times l \times h$	L	H	l	h	t		
50×50×25×10	50	50	25	10	1.5	2.238	2.852
					2.0	2.933	3.736
60×40×30×20	60	40	30	20	1.5	2.238	2.852
					2.0	2.933	3.736
65×50×25×20	65	50	25	20	1.5	2.592	3.302
					2.0	3.404	4.337
75×50×25×20	75	50	25	20	1.5	2.827	3.602
					2.0	3.718	4.737
120×50×40×25	120	50	40	25	2.5	6.349	8.809
					3.5	8.709	11.094

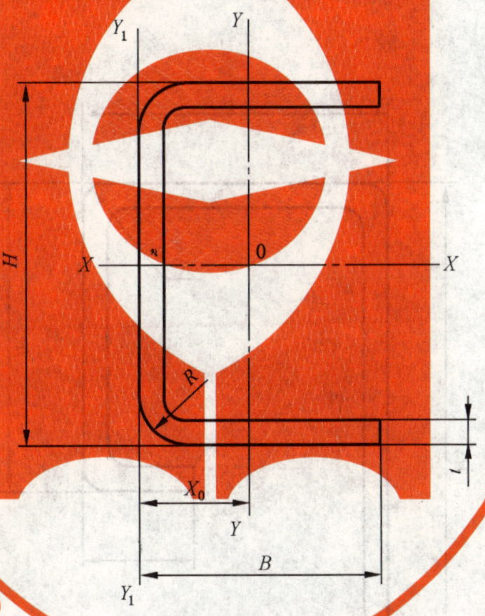

H——高度；

B——腿长；

t——壁厚；

R——外圆弧半径。

图 4　等边槽钢

表 4　等边槽钢

截面尺寸/mm	边　长/mm		壁　厚/mm	理论重量/(kg/m)	截面面积/cm^2
$H \times B$	H	B	t		
100×50	100	50	3.0	4.433	5.647
			4.0	5.788	7.373

表 4（续）

截面尺寸/mm	边长/mm		壁厚/mm	理论重量/(kg/m)	截面面积/cm^2
$H\times B$	H	B	t		
140×60	140	60	3.0	5.846	7.447
			4.0	7.672	9.773
			5.0	9.436	12.021
200×80	200	80	4.0	10.812	13.773
			5.0	13.361	17.021
			6.0	15.849	20.190
250×130	250	130	6.0	22.703	29.107
			8.0	29.755	38.147
300×150	300	150	6.0	26.915	34.507
			8.0	35.371	45.347

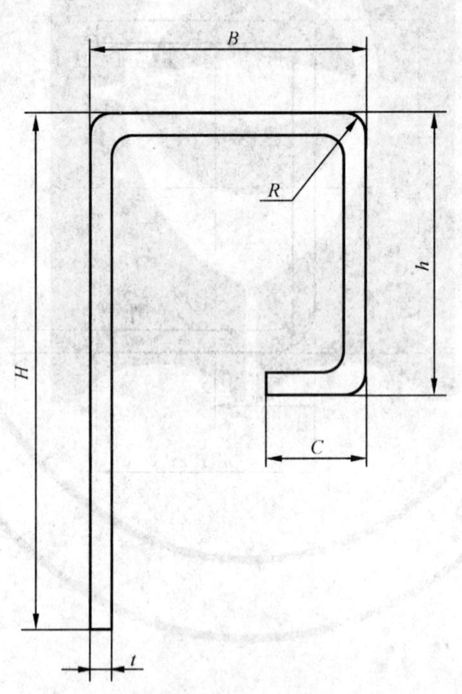

H——高度；

h——小高度；

B——宽度；

C——筋宽；

t——壁厚；

R——外圆弧半径。

图 5　上边框

表 5　上边框

截面尺寸/mm	边　　长/ mm				壁　厚/ mm	理论重量/ (kg/m)	截面面积/ cm^2
$H\times B\times h\times C$	H	B	h	C	t		
65×40×40×12	65	40	40	12	2.5	2.75	3.526
	65	40	40	12	3.0	3.30	4.227
65×50×30×12	65	50	30	12	2.5	2.75	3.526
	65	50	30	12	3.0	3.30	4.227
65×50×40×12	65	50	40	12	2.5	2.86	3.667
	65	50	40	12	3.0	3.56	4.566
65×50×40×22	65	50	40	22	2.5	3.06	3.923

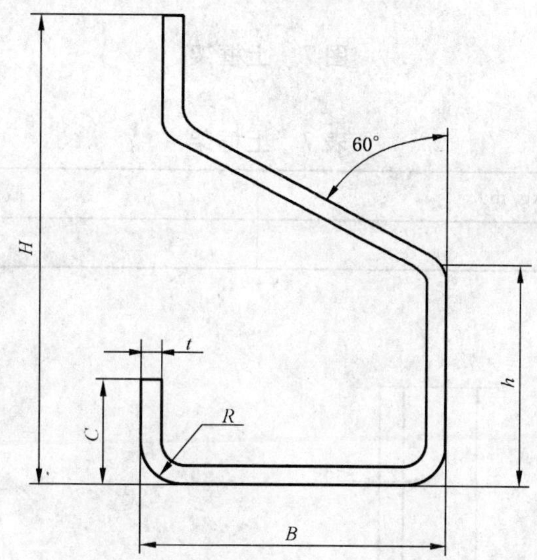

H——高度；

h——小高度；

B——宽度；

C——筋宽；

t——壁厚；

R——外圆弧半径。

图 6　下边框

表 6　下边框

截面尺寸/mm	边　　长/ mm				壁　厚/ mm	理论重量/ (kg/m)	截面面积/ cm^2
$H\times B\times h\times C$	H	B	h	C	t		
65×28.5×30×10	65	28.5	30	10	2.5	2.01	2.557
65×36×30×15	65	36.0	30	15	2.5	2.37	3.039
75×38.5×40×15	75	38.5	40	15	3.0	3.22	4.128
95×50×50×20	95	50.0	50	20	3.0	4.45	5.705

单位为毫米

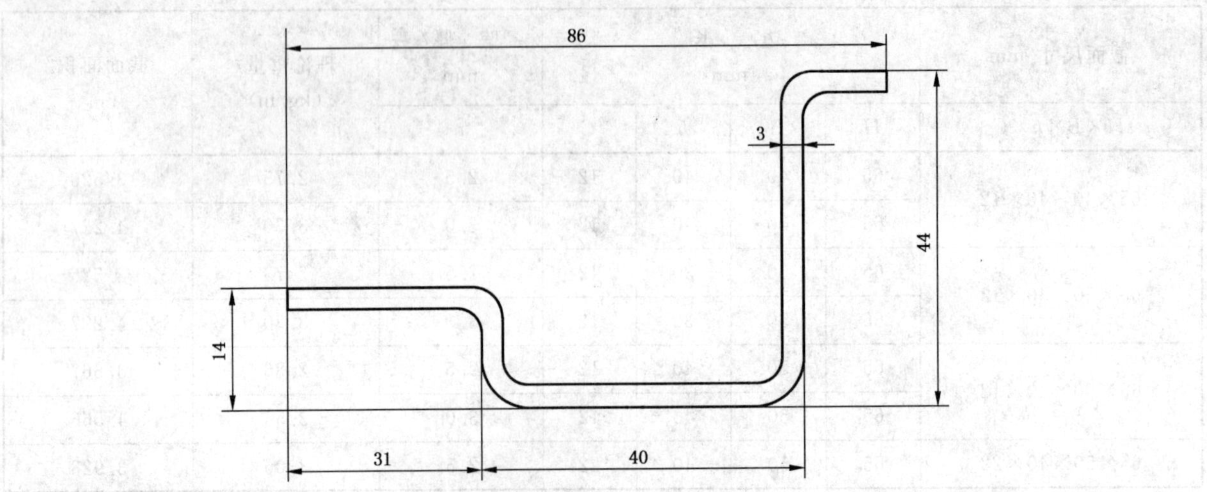

图 7 上框架

表 7 上框架

理论重量/(kg/m)	截面面积/cm²
2.99	3.81

单位为毫米

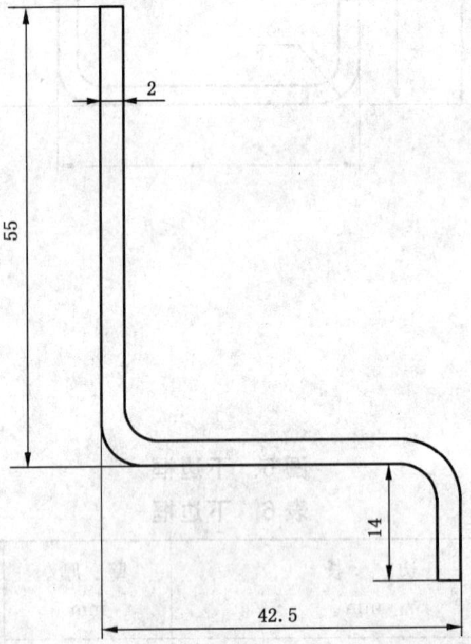

图 8 下内框架

表 8 下内框架

理论重量/(kg/m)	截面面积/cm²
1.648	2.10

单位为毫米

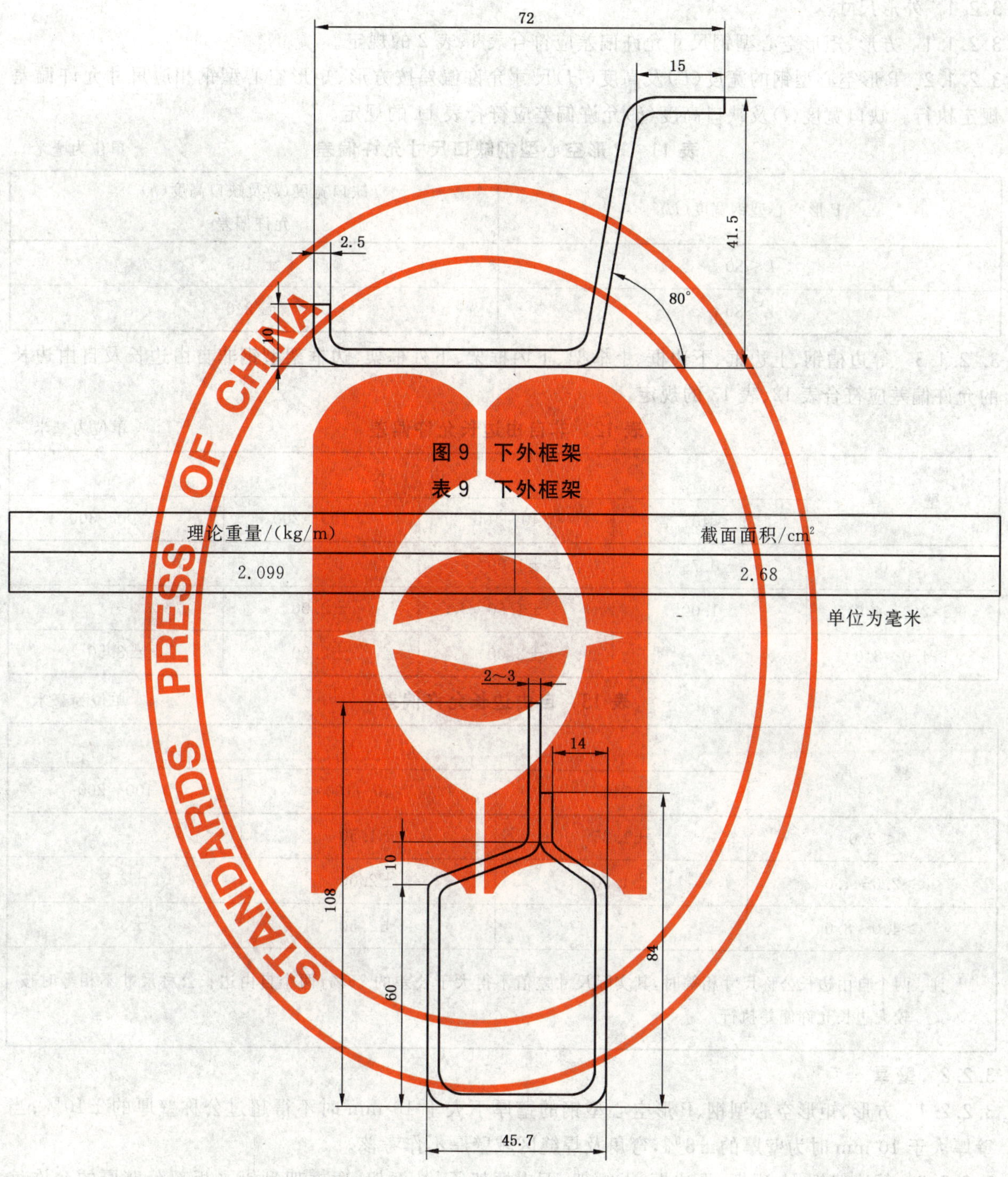

图 9　下外框架

表 9　下外框架

理论重量/(kg/m)	截面面积/cm²
2.099	2.68

单位为毫米

图 10　边框架

表 10　边框架

壁厚/mm	理论重量/(kg/m)	截面面积/cm²
2	3.965	5.04
2.5	4.956	6.30
3	5.948	7.56

3.2 尺寸允许偏差

3.2.1 外形尺寸

3.2.1.1 方形、矩形空心型钢尺寸允许偏差应符合表1、表2的规定。

3.2.1.2 P形空心型钢的宽度(L)及高度(H)尺寸允许偏差按方形、矩形空心型钢相应尺寸允许偏差规定执行。缺口宽度(l)及缺口高度(h)允许偏差应符合表11的规定。

表11 P形空心型钢缺口尺寸允许偏差

单位为毫米

P形空心型钢宽度(L)	缺口宽度(l)及缺口高度(h)允许偏差
L≤80	± 1.5
L>80	± 2.0

3.2.1.3 等边槽钢、上边框、下边框、上框架、下内框架、下外框架、边框架型钢非自由边长及自由边长的允许偏差应符合表12、表13的规定。

表12 非自由边长允许偏差

单位为毫米

壁厚	边长			
	≤40	>40～100	>100～200	>200～300
≤2.0	±0.75	±1.00	—	—
>2.0～4.0	±1.00	±1.50	±2.00	—
>4.0～8.0	—	±2.00	±2.50	±3.50

表13 自由边长允许偏差

单位为毫米

壁厚	边长		
	≤40	>40～100	>100～200
≤2.0	±1.25	±1.50	—
>2.0～4.0	±1.50	±2.00	±2.5
>4.0～8.0	—	±2.50	±3.0

注：两个自由边长公称尺寸相等时，其实际尺寸差值不得大于公差的75%；两个自由边长公称尺寸不相等时按较大边长允许偏差执行。

3.2.2 壁厚

3.2.2.1 方形、矩形空心型钢、P形空心型钢的壁厚不大于10 mm时不得超过公称壁厚的±10%；当壁厚大于10 mm时为壁厚的±8%，弯角及焊缝区域壁厚不作考核。

3.2.2.2 等边槽钢、上边框、下边框、上框架、下内框架、下外框架、边框架型钢平板部分壁厚的允许偏差按所用钢带的相应标准执行。弯曲角区域的壁厚不作考核。

3.2.3 弯曲角度

3.2.3.1 方形、矩形空心型钢、P形空心型钢的弯曲角度的偏差不得大于±1.5°，但P形空心型钢的缺口弯曲角度的允许偏差一般为±5°，其他特殊情况由供需双方协商确定。

3.2.3.2 等边槽钢、上边框、下边框、上框架、下内框架、下外框架、边框架型钢弯曲角度的允许偏差按表14的规定。

表 14 弯曲角度

较短边长尺寸/mm	允许偏差/(°)
≤10	±3.0
>10～40	±2.0
>40～80	±1.5
>80	±1.0

3.2.4 外圆弧半径

方形、矩形空心型钢、P形空心型钢的弯曲角部分的外圆弧半径应符合表15的规定。

表 15 外圆弧半径 ***R*** 单位为毫米

屈服强度等级	壁厚		
	$t \leqslant 2.0$	$2.0 < t \leqslant 4.0$	$4.0 < t \leqslant 8.0$
235	$(1.5 \sim 3.0)t$		$(2.0 \sim 3.5)t$
345	$(2.0 \sim 3.5)t$		$(2.5 \sim 4.0)t$
390	供需双方协商		

3.2.5 型钢尺寸应在距端部不小于100 mm处测量。

4 长度及允许偏差

4.1 型钢通常长度为4 000 mm～16 000 mm。经供需双方协议可供应超过上述规定长度的型钢。

4.2 型钢按定尺或倍尺长度交货时，应在合同中注明。其长度允许偏差应符合表16的规定。

表 16 长度及允许偏差 单位为毫米

定尺精度	长度	允许偏差
普通定尺	4 000～16 000	$^{+50}_{0}$
精确定尺	4 000～8 000	$^{+5}_{0}$
	>8 000～16 000	$^{+10}_{0}$

4.3 型钢允许交付不小于2 000 mm的短尺和非定尺，重量应不超过总交货量的5%。

5 外形

5.1 型钢弯曲度每米不得大于2 mm，总弯曲度不得大于总长度的0.2%。

5.2 型钢平面部分的凸凹度应不超过该边长的0.6%（即千分之六），但最小值为0.4 mm。

5.3 经供需双方协商并在合同中注明，可测量冷弯型钢的扭转度，测量时应在平台上进行，所测值应小于 V 值并按式(1)计算：

$$V = 2 + L \times 0.5/1\,000 \quad \cdots\cdots(1)$$

式中：

L——长度，单位为毫米(mm)；

V——扭转度，单位为毫米(mm)。

5.4 型钢的端部应切正直，允许存在由切割造成的较小变形和毛刺。

5.5 型钢外形应在距端部不小于100 mm处测量。

6 重量

型钢按实际重量交货,也可按理论重量交货。

7 标记示例

用普通碳素结构钢 Q235 钢制造的,尺寸为 120 mm×60 mm×4 mm 汽车用冷弯矩形空心型钢的标记为:

$$\text{冷弯矩形空心型钢(J)}\ \frac{\text{J120×60×4-GB/T 6726—2008}}{\text{Q235-GB/T 700—2006}}$$

ICS 87.040
G 50

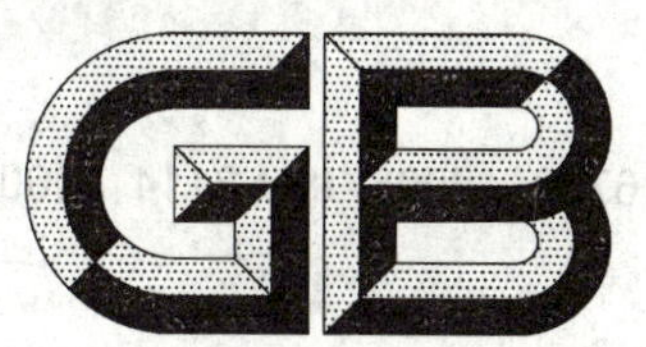

中华人民共和国国家标准

GB/T 6743—2008/ISO 2114:2000
代替 GB/T 6743—1986

塑料用聚酯树脂、色漆和清漆用漆基部分酸值和总酸值的测定

Plastics(polyester resins) and paints and varnishes(binders)—Determination of partial acid value and total acid value

(ISO 2114:2000,IDT)

2008-06-04 发布　　　　2008-12-01 实施

中华人民共和国国家质量监督检验检疫总局
中国国家标准化管理委员会　发布

前 言

本标准等同采用 ISO 2114:2000《塑料用聚酯树脂、色漆和清漆用漆基——部分酸值和总酸值的测定》(英文版)。

本标准代替 GB/T 6743—1986《色漆和清漆用漆基酸值的测定法》。

本标准与 GB/T 6743—1986 的主要技术差异为:

——前版系等效采用 ISO 3682:1983,而本标准等同采用 ISO 2114:2000。ISO 2114:2000 由 ISO 2114:1996和 ISO 3682:1996 合并修订而成;

——适用范围增加了聚酯树脂;

——将酸值分为部分酸值和总酸值;

——增加了总酸值的测定法(方法 B);

——酸值测定时取样量有变化;

——用电位滴定法测定酸值时,以滴定曲线的转折点作为滴定终点,GB/T 6743—1986 以 pH=7 作为滴定终点;

——既可以计算固体树脂的酸值,也可以计算稀释树脂的酸值;

——精密度数据更详细、具体;

——增加了氢氧化钾标准溶液浓度的标定方法(附录 A)。

本标准的附录 A 为资料性附录。

本标准由中国石油和化学工业协会提出。

本标准由全国涂料和颜料标准化技术委员会(SAC/TC 5)归口。

本标准起草单位:中海油常州涂料化工研究院。

本标准主要起草人:黄逸东。

本标准于 1986 年首次发布。

塑料用聚酯树脂、色漆和清漆用漆基部分酸值和总酸值的测定

1 范围

本标准规定了测定塑料用聚酯树脂、色漆和清漆用漆基的部分酸值(方法 A)和总酸值(方法 B)的方法。

本标准不适用于酚醛树脂。

本标准旨在提供用于判断产品可接受性的质量控制数据,并在研究和生产中用来控制缩聚反应的完成情况。

2 规范性引用文件

下列文件中的条款通过本标准的引用而成为本标准的条款。凡是注日期的引用文件,其随后所有的修改单(不包括勘误的内容)或修订版均不适用于本标准,然而,鼓励根据本标准达成协议的各方研究是否可使用这些文件的最新版本。凡是不注日期的引用文件,其最新版本适用于本标准。

GB/T 1725—2007 色漆、清漆和塑料 不挥发物含量的测定(ISO 3251:2003,IDT)

GB/T 6682 分析实验室用水规格和试验方法(GB/T 6682—2008,ISO 3696:1987,MOD)

GB/T 12805 实验室玻璃仪器 滴定管(GB/T 12805—1991,neq ISO 385-1:1984)

3 术语和定义

下列术语和定义适用于本标准。

3.1

酸值 acid value

在规定试验条件下,中和 1 g 树脂所消耗的氢氧化钾(KOH)的毫克数。

3.2

部分酸值 partial acid value

中和树脂中所有的羧基、游离酸以及部分游离酸酐的酸值。

3.3

总酸值 total acid value

中和树脂中所有的羧基、游离酸以及所有游离酸酐的酸值。

4 原理

4.1 总则

试验样品中包含的游离酸/酸酐用氢氧化钾标准滴定溶液滴定,滴定方法选用电位滴定法或指示剂滴定法。

4.2 方法 A

称取一定质量的树脂,溶解在混合溶剂中。使用电位滴定法(注 1)将氢氧化钾乙醇标准滴定溶液滴加到该溶液中,反应如下:

$$\mathrm{R}\!\left<\begin{matrix}\mathrm{C}{=}\mathrm{O}\\ \mathrm{O}\\ \mathrm{C}{=}\mathrm{O}\end{matrix}\right. + KOH + C_2H_5OH \longrightarrow C_2H_5O\overset{\displaystyle O}{\overset{\|}{C}}R\overset{\displaystyle O}{\overset{\|}{C}}OK + H_2O$$

将中和 1 g 树脂所消耗的氢氧化钾的毫克数代入计算。

方法 A 适用于色漆和清漆用漆基(通常仅含有少量游离酸酐),同时也适用于不饱和聚酯树脂。

4.3 方法 B

称取一定质量的树脂,溶解在含水的混合溶剂中。先让游离酸酐水解 20 min,然后用电位滴定法(注 1)将氢氧化钾乙醇标准滴定溶液滴加到该溶液中,反应如下:

$$\mathrm{R}\!\left<\begin{matrix}\mathrm{C}{=}\mathrm{O}\\ \mathrm{O}\\ \mathrm{C}{=}\mathrm{O}\end{matrix}\right. + 2KOH \longrightarrow KO\overset{\displaystyle O}{\overset{\|}{C}}R\overset{\displaystyle O}{\overset{\|}{C}}OK + H_2O$$

将中和 1 g 树脂所消耗的氢氧化钾的毫克数代入计算。

方法 B 适用于游离酸酐含量较大的不饱和树脂。

注 1:两种方法也可以选用指示剂滴定法。

注 2:当滴定纯马来聚酯树脂时,最好使用氢氧化钾甲醇溶液。

5 试剂

试剂均应采用分析纯试剂,并使用符合 GB/T 6682 规定的纯度至少三级的水。

5.1 方法 A 溶剂:混合溶剂由 2 体积的甲苯(5.7)和 1 体积的乙醇(5.5)组成。

预先用氢氧化钾标准滴定溶液(5.3)中和混合溶剂,电位滴定法(7.2.2)或指示剂滴定法(7.2.3)滴定中如果以酚酞作为指示剂,那么中和时所用指示剂应与测定时所用指示剂一样。

5.2 方法 B 溶剂:混合溶剂由 400 mL 吡啶(5.8)、750 mL 甲乙酮(5.9)和 50 mL 水组成。

5.3 脱除碳酸盐的 0.1 mol/L 或 0.5 mol/L 的氢氧化钾乙醇(5.5)标准滴定溶液或氢氧化钾甲醇(5.6)标准滴定溶液。

按附录 A 标定溶液的浓度。

5.4 丙酮:水的质量分数不超过 0.3%。

5.5 无水乙醇:水的质量分数不超过 0.2%。

5.6 无水甲醇:质量分数为 99.8%。

5.7 无水甲苯:水的质量分数不超过 0.005%。

5.8 吡啶:水的质量分数不超过 0.05%。

警告——吡啶是有毒、易燃的。取样时应采取适当的保护措施,避免接触到皮肤或眼睛。为了避免吸入吡啶蒸汽,应使用良好的通风装置。

5.9 甲乙酮:水的质量分数不超过 0.01%。

5.10 指示剂(可选择):

5.10.1 溴百里酚蓝指示剂:0.1%的乙醇(5.5)溶液。

5.10.2 酚酞:1%的乙醇(5.5)溶液。

6 仪器

普通实验室仪器、玻璃器皿以及下列仪器:

6.1 锥形瓶:容量为100 mL和250 mL的广口瓶。

6.2 锥形瓶:带有磨口玻璃塞的容量为250 mL的细口瓶。

6.3 滴定管:符合GB/T 12805要求,容量为25 mL(精度为0.05 mL)。

6.4 磁力搅拌器。

6.5 移液管:容量为25 mL和50 mL。

6.6 自动移液管:容量为25 mL、50 mL和60 mL。

6.7 天平:精确到1 mg。

6.8 电位滴定仪:由合适的电位计、玻璃参比电极系统及滴定台组成。

7 操作步骤

7.1 试样

按表1称取适量的试样。

表1 试样的质量

估算的酸值(以KOH计)/(mg/g)	试样的近似质量/g
0～5	≥16
>5,≤10	8
>10,≤25	4
>25,≤50	2
>50,≤100	1
>100	0.7

7.2 方法A

7.2.1 测定次数

平行测定两次。

7.2.2 电位滴定法步骤

称取试样于250 mL广口锥形瓶(6.1)中,精确至0.001 g(m_1)。用移液管(6.5)移入50 mL混合溶剂(5.1),混合至树脂完全溶解。

如果5 min后样品不能完全溶解,则再制备一份样品,用50 mL混合溶剂(5.1)和25 mL丙酮(5.4)溶解样品。

将锥形瓶放置在滴定台(6.8)上,调整位置使电极能刚好浸没于溶液中。用滴定管(6.3)中的氢氧化钾标准滴定溶液(5.3)进行电位滴定。记录达到终点(滴定曲线的转折点)时消耗的氢氧化钾标准滴定溶液的体积(V_1)数,以毫升表示。

以同样的方法进行空白测试,加入50 mL混合溶剂,如果需要,再加入25 mL丙酮。记录消耗的氢氧化钾标准滴定溶液的体积(V_2),以毫升表示。如混合溶剂经过了正确的中和,空白试验结果应为零。

7.2.3 指示剂滴定法步骤

作为一种选择,指示剂可用来代替电位滴定仪,步骤如下:

向已溶解的试样中加入至少3滴酚酞溶液(5.10.2),用滴定管中的氢氧化钾标准滴定溶液滴定至出现红色,在搅拌下稳定至少10 s。如果酚酞的变色不够明显,则应选择其他的指示剂,如5滴溴百里酚蓝(5.10.1)(终点蓝色保持20 s～30 s),记录消耗的氢氧化钾标准滴定溶液体积(V_1),以毫升表示。

加入50 mL混合溶剂进行空白测试,如果需要,再加入25 mL丙酮。加入等量的指示剂,以树脂测试时终点显示的颜色作为滴定终点。记录消耗的氢氧化钾标准滴定溶液的体积(V_2),以毫升表示。如果混合溶剂经过了正确的中和,空白试验结果应为零(中和混合溶剂与测试样品应使用相同的指示剂)。

7.3 方法 B

7.3.1 测定次数

平行测定两次。

7.3.2 电位滴定法步骤

称取试样于 250 mL 细口锥形瓶(6.2)中,精确至 0.001 g(m_2)。用移液管(6.6)移取 60 mL 混合溶剂(5.2)于锥形瓶中。塞上塞子,将锥形瓶置于磁力搅拌器上。搅拌试样直至其全部溶解。持续搅拌 20 min,使酸酐完全水解。如果需要得到完全溶解的样品,可对锥形瓶进行加热。用水浴和冷凝器冷却锥形瓶,然后让其自然冷却至室温。

将锥形瓶放置在滴定台(6.8)上,调整位置使电极能刚好浸没于溶液中。用滴定管(6.3)中的氢氧化钾标准滴定溶液(5.3)进行电位滴定。记录达到终点(滴定曲线的转折点)时消耗的氢氧化钾溶液的体积(V_3)数,以毫升表示。

以同样的方法进行空白测试,加入 60 mL 混合溶剂。记录消耗的氢氧化钾标准滴定溶液的体积(V_4),以毫升表示。如混合溶剂是经过了正确中和,空白试验结果应为零。

7.3.3 指示剂滴定法步骤

作为一种选择,也可以使用指示剂,步骤如下:

向已溶解的试样中加入至少 5 滴酚酞溶液(5.10.2),用滴定管(6.3)中的氢氧化钾标准滴定溶液(5.3)进行滴定,在搅拌下使溶液的颜色保持淡红色 20 s 至 30 s。记录消耗的氢氧化钾标准滴定溶液体积(V_3),以毫升表示。

以同样的方法进行空白测试,加入 60 mL 混合溶剂和至少 5 滴酚酞。以树脂测试时终点显示的颜色作为滴定终点。记录消耗的氢氧化钾标准滴定溶液的体积(V_4),以毫升表示。如混合溶剂是经过了正确中和,空白试验结果应为零(中和混合溶剂与测试样品应使用相同的指示剂)。

8 结果的计算与表示

8.1 方法 A 的计算

8.1.1 试样的部分酸值(PAV)的计算(溶剂或稀释剂中的固体树脂)

对于每次测定,部分酸值(PAV)用每克试样消耗的氢氧化钾毫克数来表示,如式(1):

$$\mathrm{PAV}=\frac{56.1(V_1-V_2)c}{m_1} \qquad \cdots\cdots(1)$$

式中:

56.1——常数[氢氧化钾的摩尔质量,单位为克每摩尔(g/mol)];

m_1——试样的质量,单位为克(g);

V_1——中和树脂溶液消耗的氢氧化钾标准滴定溶液(5.3)的体积,单位为毫升(mL);

V_2——空白试验消耗的氢氧化钾标准滴定溶液(5.3)的体积,单位为毫升(mL);

c——氢氧化钾标准滴定溶液(5.3)的浓度,单位为摩尔每升(mol/L)。

8.1.2 固体树脂部分酸值的计算($\mathrm{PAV_s}$)

作为一种选择,固体树脂的部分酸值也可以计算(如醇酸树脂)。首先按 GB/T 1725—2007 规定测定树脂的不挥发物。然后测定固体树脂的部分酸值,以每克试样消耗的氢氧化钾毫克数表示,如式(2):

$$\mathrm{PAV_s}=\frac{\mathrm{PAV}\times 100}{\mathrm{NV}} \qquad \cdots\cdots(2)$$

式中:

PAV——按 8.1.1 测定部分酸值;

NV——按 GB/T 1725—2007 规定测定不挥发物含量，以质量分数表示。

8.2 方法 B 的计算

8.2.1 试样总酸值(TAV)的计算(溶剂或稀释剂中的固体树脂)

对于每次测定，总酸值(TAV)用每克试样消耗的氢氧化钾毫克数来表示，如式(3)：

$$\mathrm{TAV}=\frac{56.1(V_3-V_4)c}{m_2} \qquad \cdots\cdots(3)$$

式中：

56.1——常数[氢氧化钾的摩尔质量，单位为克每摩尔(g/mol)]；

m_2——试样的质量，单位为克(g)；

V_3——中和树脂溶液消耗的氢氧化钾标准滴定溶液(5.3)的体积，单位为毫升(mL)；

V_4——空白试验消耗的氢氧化钾标准滴定溶液(5.3)的体积，单位为毫升(mL)；

c——氢氧化钾标准滴定溶液(5.3)的浓度，单位为摩尔每升(mol/L)。

8.2.2 固体树脂总酸值的计算($\mathrm{TAV_s}$)

作为一种选择，固体树脂的总酸值也可以计算(如醇酸树脂)。首先按 GB/T 1725—2007 规定测定树脂的不挥发物。然后测定固体树脂的总酸值($\mathrm{TAV_s}$)，用每克试样消耗的氢氧化钾毫克数来表示，如式(4)：

$$\mathrm{TAV_s}=\frac{\mathrm{TAV}\times 100}{\mathrm{NV}} \qquad \cdots\cdots(4)$$

式中：

TAV——按 8.2.1 测定总酸值；

NV——按 GB/T 1725—2007 规定测定不挥发物含量，以质量分数表示。

8.3 结果的表示

结果可以表示成固体树脂的酸值或稀释在溶剂(或稀释剂)中树脂的酸值。结果的表示方式应在试验报告中注明。

如果两个结果与平均值之间的差值超过 3%，则重复上述操作。

9 精密度

法国在 1995 年组织了循环试验，得出了方法 A 和方法 B 的精密度(95%的置信水平)：

15<酸值<25； $s_r=0.23$；$r=0.6$；$s_R=0.74$； $R=2$

式中：

s_r——实验室内的标准偏差；

s_R——实验室间的标准偏差；

r——重复性(绝对值)，即由同一操作者在同一实验室用同一设备在短时间间隔内，采用本标准试验方法，对同一材料进行试验所得到的两个单独试验结果(每个试验结果为重复试验结果的平均值)之间的绝对差低于该数值；

R——再现性(绝对值)，即在不同的实验室由不同的操作者，采用本标准试验方法时，对同一试验材料进行试验所得到的两个单独试验结果(每个试验结果为重复试验结果的平均值)之间的绝对差低于该数值。

10 试验报告

试验报告应包括下列内容：

a) 注明本标准编号；

b) 识别受试产品所必要的全部细节(包括型号、来源、制造商的名称、提供的形式等)；

c) 进行滴定的类型(电位滴定或指示剂滴定)(如果使用了指示剂,应注明)；

d) 使用的方法(A 或 B)；

e) 两个有效测试结果(重复测试)的平均值,无论是固体树脂还是稀释树脂,测定结果均要精确到 0.1 mg/g(以 KOH 计)；

f) 试验地点和日期；

g) 与本标准规定操作的任何不同之处,以及任何可能影响试验结果的因素。

附 录 A
（资料性附录）
氢氧化钾标准滴定溶液浓度的标定

A.1 通则

本附录提供了一种常规方法用来标定氢氧化钾标准滴定溶液的浓度以确保溶液中无碳酸盐。

如果测得的浓度与原先浓度一样，则该氢氧化钾标准滴定溶液可以用来测定酸值。如果与原先浓度的差值超过 2%，则氢氧化钾标准滴定溶液应重新标定或以正确的浓度代入计算酸值。

A.2 试剂

A.2.1 水：按 GB/T 6682 规定的纯度至少为三级的水。

A.2.2 邻苯二甲酸氢钾：基准物质。

A.3 仪器

A.3.1 天平：精确到 0.1 mg。

A.3.2 滴定管：容量为 50 mL。

A.4 操作步骤

A.4.1 指示剂滴定法

称取约 700 mg（精确到 0.1 mg）邻苯二甲酸氢钾（A.2.2）于 250 mL 广口锥形瓶（见 6.1）中，并用 50 mL 水（A.2.1）溶解。

加入至少 5 滴溴百里酚蓝指示剂（5.10.1）。用 50 mL 滴定管（A.3.2））中的氢氧化钾标准滴定溶液（5.3）滴定至终点蓝色保持 20 s～30 s。

记录消耗的氢氧化钾标准滴定溶液的体积（V），以毫升表示。

A.4.2 电位滴定法

称取约 350 mg（m）（精确到 0.1 mg）邻苯二甲酸氢钾（A.2.2）于 100 mL 广口锥形瓶（见 6.1）中，并用 25 mL 水（A.2.1）溶解。

将锥形瓶放置在滴定台上，调整好位置使电极能刚好没入溶液。用 25 mL 滴定管（6.3）中的氢氧化钾标准滴定溶液（5.3）滴定。

记录达到终点（滴定曲线的转折点）消耗的氢氧化钾标准滴定溶液的体积（V），以毫升表示。

A.5 浓度的计算

氢氧化钾标准滴定溶液的浓度（c）按下式计算，以摩尔每升（mol/L）表示：

$$c=\frac{m}{V\times 204.23}$$

式中：

m——邻苯二甲酸氢钾的质量，单位为毫克（mg）；

V——消耗的氢氧化钾标准滴定溶液的体积，单位为毫升（mL）；

204.23——常数（邻苯二甲酸氢钾的摩尔质量）。

ICS 87.040
G 50

中华人民共和国国家标准

GB/T 6744—2008/ISO 3681:1996
代替 GB/T 6744—1986

色漆和清漆用漆基　皂化值的测定 滴定法

Binders for paints and varnishes—Determination of saponification value—Titrimetric method

(ISO 3681:1996,IDT)

2008-06-04 发布　　2008-12-01 实施

中华人民共和国国家质量监督检验检疫总局
中国国家标准化管理委员会　发布

前　言

本标准等同采用 ISO 3681:1996《色漆和清漆用漆基　皂化值的测定　滴定法》(英文版)。

本标准作了下列编辑性修改:

——删除了国际标准的前言;

——"国际标准"改为"国家标准"。

本标准代替 GB/T 6744—1986《色漆和清漆用漆基皂化值的测定法》。

本标准与 GB/T 6744—1986 的主要技术差异为:

——前版系等效采用 ISO 3681:1983。

——增加了试验方法的原理。

——修改了皂化值的定义和计算公式。

本标准的附录 A 为规范性附录。

本标准由中国石油和化学工业协会提出。

本标准由全国涂料和颜料标准化技术委员会归口。

本标准起草单位:中海油常州涂料化工研究院。

本标准主要起草人:黄逸东。

本标准于 1986 年首次发布。

色漆和清漆用漆基　皂化值的测定
滴定法

1　范围

本标准规定了以滴定法测定色漆和清漆用漆基中被酯化的酸的含量(包括漆基中游离酸和酸酐的含量)的步骤。

由于不同漆基的耐皂化性不同,因此本标准具有适用上的局限性。如有必要,可在更苛刻的条件下重复该实验来测试完全皂化值,如延长皂化时间,提高氢氧化钾溶液浓度,或者用沸点更高的醇作溶剂。

本标准不适用于超出正常皂化作用而与碱可进一步反应的漆基。

附录A规定了难皂化的漆基的皂化值的测定方法。

2　规范性引用文件

下列文件中的条款通过本标准的引用而成为本标准的条款。凡是注日期的引用文件,其随后所有的修改单(不包括勘误的内容)或修订版均不适用于本标准,然而,鼓励根据本标准达成协议的各方研究是否可使用这些文件的最新版本。凡是不注日期的引用文件,其最新版本适用于本标准。

GB/T 3186—2006　色漆、清漆和色漆与清漆用原材料　取样(ISO 15528:2000,IDT)

GB/T 6682　分析实验室用水规格和试验方法(GB/T 6682—2008,ISO 3696:1987,MOD)

GB/T 12805　实验室玻璃仪器　滴定管(GB/T 12805—1991,neq ISO 385-1:1984)

GB/T 12808　实验室玻璃仪器　单标线吸量管(GB/T 12808—1991,neq ISO 648:1977)

3　术语和定义

下列术语和定义适用于本标准。

3.1

皂化　saponification

由有机酸衍生物生成碱金属盐的过程。

3.2

皂化值　saponification value

皂化1 g试样所消耗氢氧化钾(KOH)的毫克数。

4　原理

通过预备试验确定试样的皂化条件(氢氧化钾溶液浓度、皂化时间等)后,试样在回流条件下与氢氧化钾溶液在该皂化条件下煮沸。用盐酸标准溶液滴定该热溶液,可选择指示剂滴定法或电位滴定法。

5　试剂

试剂均应采用分析纯试剂,并使用符合GB/T 6682规定的纯度至少三级的水。

5.1　甲苯:或其他合适的不能皂化的溶剂。

5.2　氢氧化钾溶液:浓度 $c(KOH)=0.5$ mol/L 的异丙醇溶液、乙醇溶液或甲醇溶液。

注:皂化条件要求苛刻时,可采用试剂氢氧化钾 $c(KOH)=2$ mol/L 的乙醇溶液,或以乙二醇或一缩二乙二醇配成的氢氧化钾溶液。

可以使用异丙醇替代乙醇或甲醇的地方,应使用异丙醇。异丙醇溶液的适用性与乙醇溶液相当,而其毒性要小于甲醇溶液。

5.3 盐酸标准滴定溶液:用4体积的甲醇与1体积的水组成的混合物配制,浓度 $c(HCl)=0.5$ mol/L。

5.4 酚酞或百里酚酞指示剂溶液:浓度为10 g/L,由95%(体积分数)的乙醇、甲醇或异丙醇溶液配制而成(5.2中注)。

6 仪器

符合GB/T 12805和GB/T 12808规定的普通实验室仪器、玻璃器皿以及下列仪器:

6.1 锥形瓶:容量为250 mL,带有磨砂玻璃塞。

6.2 回流冷凝器:带有磨砂玻璃接头。

6.3 滴定管或移液管:容量为25 mL或50 mL。

6.4 电位滴定仪:带有玻璃电极和参比电极。

6.5 磁力搅拌器。

6.6 水浴或油浴。

7 取样

按GB/T 3186—2006的规定取受试产品的代表性样品。

8 预备试验

如果没有规定或商定特殊的皂化条件,则按照第9章所述的步骤试验,试样用25 mL氢氧化钾溶液(5.2)溶解,经1 h煮沸。为了测试在该条件下能否测定皂化值,可强化皂化试验条件,如延长皂化时间为至少2 h,和/或使用浓度为2 mol/L的氢氧化钾乙醇溶液或用沸点明显高于乙醇的乙二醇或一缩二乙二醇配制的氢氧化钾醇溶液。

若在较苛刻的强化试验条件下测得的最终皂化值(即平均值)没有任何增加,即可按本标准进行测定;若测得的皂化值有所增加,可通过再次强化试验,直至皂化值不再增加时,即表明可按本标准进行测定,但在试验报告中应注明所实施的强化条件;若在最苛刻的皂化条件下也测不到恒定皂化值时,使用的方法需经过有关各方商定。

9 操作步骤

平行测定两次。

9.1 试样

参考表1,称取合适质量的试样。称取的试样质量要小于使得试样充分皂化时所消耗的氢氧化钾溶液体积的二分之一。

表1 试样的质量

预计皂化值(以KOH计)/(mg /g)	试样量/g
≤10	20
>10,≤20	10
>20,≤50	5
>50,≤100	2.5
>100,≤200	1.5
>200,≤300	1
>300,≤500	0.5
>500	0.2

试样的质量精确到 1 mg 并置于锥形瓶(6.1)中。

9.2 测定

如有必要,可将试样溶解于一定体积的甲苯或其他合适的不皂化的溶剂(5.1)中,也可以在回流(6.2)条件下适当加热。用滴定管或移液管(6.3)加入以下溶液的一种:

a) 25 mL 浓度为 0.5 mol/L 的氢氧化钾溶液(5.2);

b) 25 mL 不同的氢氧化钾溶液(第 8 章和 5.2 的注);

c) 规定或商定体积的氢氧化钾溶液。

边搅拌边在水浴或油浴(6.6)中加热锥形瓶中的试样至沸腾,并在沸点下回流 1 h,或按规定或商定时间,或是预备试验(第 8 章)中确定需要的时间。

向溶液中加入 3 滴酚酞或百里酚酞指示剂(5.4),用盐酸标准滴定溶液(5.3)滴定该热溶液。

若采用的是电位滴定法,玻璃电极需要有合适的响应时间。

如果出现沉淀,将沉淀倒回溶液,并加水重新成为溶液。

9.3 空白试验

进行空白试验,试验步骤同上(但不加入试样)。

10 结果的表示

按式(1)计算皂化值 SV,以每克试样消耗的氢氧化钾(KOH)毫克数表示:

$$SV = \frac{(V_0 - V_1) \times c \times 56.1}{m} \qquad \cdots\cdots(1)$$

式中:

V_0——空白试验(9.3)所消耗盐酸标准滴定溶液(5.3)的体积,单位为毫升(mL);

V_1——测定试验(9.2)所消耗盐酸标准滴定溶液(5.3)的体积,单位为毫升(mL);

c——试验用盐酸标准滴定溶液(5.3)的实际浓度,单位为摩尔每升(mol/L);

56.1——与 1 mL 盐酸[c(HCl)=1 mol/L]溶液相当的以毫克表示的氢氧化钾质量;

m——试样(9.1)质量,单位为克(g)。

在重复条件下获得的两次测定结果的绝对差值若超过算术平均值的 3%,则重复第 9 章的步骤。

计算两次测定的算术平均值,精确到 0.1 mg /g。

11 试验报告

试验报告应至少包括下列内容:

a) 识别受试产品所需的全部细节;

b) 注明本标准编号;

c) 按第 10 章表示的试验结果;

d) 所用的溶剂和所用氢氧化钾溶液的浓度和体积;

e) 皂化煮沸时间;

f) 滴定类型:指示剂(酚酞或百里酚酞)滴定法或电位滴定法;

g) 与规定的试验方法的任何不同之处;

h) 试验日期。

附　录　A
（规范性附录）
难皂化的漆基　皂化值的测定

A.1　试剂

试剂均应采用分析纯试剂，并使用符合 GB/T 6682 规定的纯度至少三级的水。

A.1.1　含水的盐酸标准滴定溶液：$c(HCl)=0.25$ mol/L；

A.1.2　氢氧化钾：用乙二醇配成溶液。

称取约 6 g 氢氧化钾放入 100 mL 锥形瓶（A.2.1）中，加入 25 mL 乙二醇，并加热至氢氧化钾全部溶解，但加热温度不能超过 130℃，否则溶液会变成深黄色。为控制加热温度，可在溶液中插入一支温度计。

把已全溶的溶液移入装有 75 mL 乙二醇的 150 mL 锥形瓶（A.2.1）中，小心摇晃使其冷却。

A.1.3　酚酞指示剂溶液：浓度为 10 g/L，以 95%（体积分数）的乙醇配成。

A.2　仪器

A.2.1　锥形瓶：容量为 100 mL 和 150 mL，带有磨砂玻璃塞。

A.2.2　移液管：容量为 10 mL，调节移液管的流出口内径在 2 mm～3 mm，以便于氢氧化钾溶液流出。经调节的移液管使用前应重新校正。

A.2.3　油浴：温度保持在 150℃±1℃。

A.2.4　磁力搅拌器。

A.3　预备试验

按第 8 章进行。

A.4　试验步骤

平行测定两次。

A.4.1　试样

称取约 0.5 g 试样，精确到 0.1 mg，置于 100 mL 锥形瓶（A.2.1）中。

A.4.2　测定

用移液管（A.2.2）将 10 mL 氢氧化钾溶液（A.1.2）加入装有试样（A.4.1）的锥形瓶中。盖上瓶塞，以涡流方式混合瓶中物料。盖紧瓶塞，在油浴（A.2.3）上加热物料至 70℃～80℃，并在该温度下保持 2 min～3 min。撤去油浴，充分摇动物料后让其静置，然后小心打开瓶塞，放出空气。再次盖紧瓶塞，将锥形瓶放回油浴中加热至 120℃～130℃。

注：如有必要，可采用高于 130℃ 的温度。加压皂化也是可行的。

在此温度下保持 3 min，冷却锥形瓶至 80℃～90℃，打开瓶塞并用水冲洗，并将洗液收集在锥形瓶中。向锥形瓶中加入 15 mL 水，及几滴酚酞指示剂溶液（A.1.3），边搅拌边用盐酸标准滴定溶液（A.1.1）滴定该混合物。

A.4.3　空白试验

进行空白试验，试验步骤同上（但不加入试样）。

A.5 结果的表示

按第10章进行。

A.6 试验报告

按第11章进行。

ICS 87.040
G 51

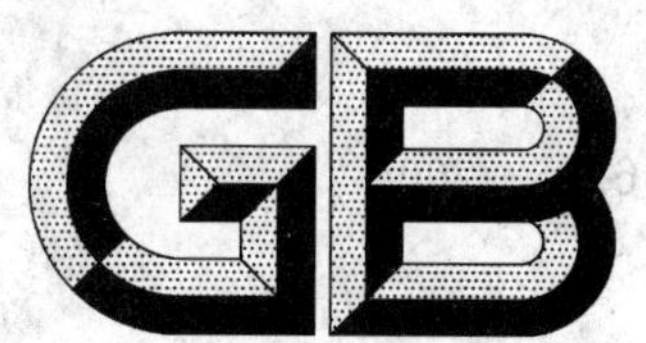

中华人民共和国国家标准

GB/T 6745—2008
代替 GB/T 6745—1986

船壳漆

Topside paint

2008-05-14 发布 2008-10-01 实施

中华人民共和国国家质量监督检验检疫总局
中国国家标准化管理委员会 发布

前 言

本标准代替 GB/T 6745—1986《船壳漆通用技术条件》。

本标准与 GB/T 6745—1986 的主要技术差异为：

——名称改为船壳漆；

——更新了原有项目的测试方法；

——增加了干燥时间、耐冲击性、光泽、耐盐水性、耐盐雾性、耐人工气候老化性指标；

——将产品检验分为出厂检验和型式检验。

本标准由中国石油和化学工业协会提出。

本标准由全国涂料和颜料标准化技术委员会归口。

本标准起草单位：海洋化工研究院、江苏兰陵高分子材料有限公司、中涂化工(上海)有限公司、上海开林造漆厂、中国船舶重工集团公司第七二五研究所、浙江飞鲸漆业有限公司、宁波飞轮造漆有限责任公司、中化建常州涂料化工研究院。

本标准主要起草人：王桂荣、苏春海、陈建刚、王磊、杜伟娜、张东亚、袁泉利、陆伯岑。

本标准于 1986 年 8 月首次发布，本次为第一次修订。

船 壳 漆

1 范围

本标准规定了船壳漆的要求、试验方法、检验规则、标志、包装、运输和贮存。

本标准适用于涂敷在船舶满载水线以上的建筑物外部所用的涂料，亦可用于桅杆和起重机械用涂料。

2 规范性引用文件

下列文件中的条款通过本标准的引用而成为本标准的条款。凡是注日期的引用文件，其随后所有的修改单(不包括勘误的内容)或修订版均不适用于本标准，然而，鼓励根据本标准达成协议的各方研究是否可使用这些文件的最新版本。凡是不注日期的引用文件，其最新版本适用于本标准。

GB/T 1250—1989 极限数值的表示方法和判定方法

GB/T 1725—2007 色漆、清漆和塑料 不挥发物含量的测定(ISO 3251:2003,IDT)

GB/T 1727—1992 漆膜一般制备法

GB/T 1728—1979 漆膜、腻子膜干燥时间测定法

GB/T 1731—1993 漆膜柔韧性测定法

GB/T 1765—1979 测定耐湿热、耐盐雾、耐候性(人工加速)的漆膜制备法

GB/T 1766—1995 色漆和清漆 涂层老化的评级方法(neq ISO 4628-1:1980)

GB/T 1771—2007 色漆和清漆 耐中性盐雾性能的测定(ISO 7253:1996,IDT)

GB/T 1865—1997 色漆和清漆 人工气候老化和人工辐射暴露(滤过的氙弧辐射)(eqv ISO 11341:1994)

GB/T 3186 色漆、清漆和色漆与清漆用原材料 取样(GB/T 3186—2006,ISO 15528:2000,IDT)

GB/T 5210—2006 色漆和清漆 拉开法附着力试验 (ISO 4624:2002,IDT)

GB/T 6748 船用防锈漆通用技术条件

GB/T 6753.1—2007 色漆、清漆和印刷油墨 研磨细度的测定 (ISO 1524:2000,IDT)

GB/T 9271—1988 色漆和清漆 标准试板(eqv ISO 1514:1984)

GB/T 9276—1996 涂层自然气候曝露试验方法(eqv ISO 2810)

GB/T 9278 涂料试样状态调节和试验的温湿度(GB/T 9278—2008,ISO 3270:1984,Paints and varnishes and their raw materials—Temperatures and humidities for conditioning and testing,IDT)

GB/T 9750—1998 涂料产品包装标志

GB/T 9754—2007 色漆和清漆 不含金属颜料的色漆漆膜的 20°、60°和 85°镜面光泽的测定(ISO 2813:1994,IDT)

GB/T 10834 船舶漆耐盐水性的测定 盐水和热盐水浸泡法

GB/T 13491—1992 涂料产品包装通则

GB/T 14522—1993 机械工业产品用塑料、涂料、橡胶材料人工气候加速试验方法

GB/T 20624.1—2006 色漆和清漆 快速变形(耐冲击性)试验 第1部分:落锤试验(大面积冲头)(ISO 6272-1:2002,IDT)

HG/T 2458—1993 涂料产品的检验、运输和贮存通则

3 要求

产品应符合表1的技术要求，配套底漆应符合 GB/T 6748 的规定。

表1 技术要求

项目			指标
涂膜外观			正常
细度/μm		≤	40
不挥发物质量分数/%		≥	50
干燥时间/h	表干	≤	4
	实干	≤	24
耐冲击性			通过
柔韧性/mm			1
光泽(60°)/单位值			商定
附着力(拉开法)/MPa		≥	3.0
耐盐水性(天然海水或人造海水,27℃±6℃,48 h)			漆膜不起泡、不脱落、不生锈
耐盐雾性(单组分漆 400 h,双组分漆 1 000 h)			漆膜不起泡、不脱落、不生锈
耐人工气候老化性/级 (紫外 UVB-313:300 h或商定; 或者氙灯:500 h或商定)			漆膜颜色变化≤4 粉化≤2[a] 裂纹 0
耐候性(海洋大气曝晒,12个月)/级			漆膜颜色变化≤4 粉化≤2[a] 裂纹 0
[a] 环氧类漆可商定。			

4 试验方法

4.1 取样

产品按 GB/T 3186 的规定取样,也可按商定方法取样。样品应分成两份,一份做检验用样品,另一份密封贮存备查。

4.2 试验环境

样板的状态调节和试验的温湿度应符合 GB/T 9278 的规定。

4.3 试验样板的制备

标准试板的准备按照 GB/T 9271—1988 规定进行,测定耐盐水性、耐盐雾性、耐人工气候老化性的试板,均按照 GB/T 1765—1979 规定制板。双组分漆要根据施工使用说明规定比例混合均匀后,按 GB/T 1727—1992 规定进行刷涂或喷涂,并与相应底漆配套。干膜厚度底漆控制在(50±10)μm,船壳漆控制在(60±10)μm,总干膜厚度控制在(100±10)μm。除另有规定外,所有试板制板后在 GB/T 9278规定条件下放置 7 d后进行测试。

4.4 操作方法

4.4.1 涂膜外观

样板在散射日光下目视观察,如果涂膜均匀,无流挂、发花、针孔、开裂和剥落等涂膜病态,则评为"正常"。

4.4.2 细度

按 GB/T 6753.1—2007 的规定进行。

4.4.3 不挥发物含量

按 GB/T 1725—2007 的规定进行，双组分漆按产品配比混合均匀后测定。

4.4.4 干燥时间

按 GB/T 1728—1979 的规定进行，其中表干按乙法，实干按甲法。

4.4.5 耐冲击性

按 GB/T 20624.1—2006 的规定进行。采用直径为(20±0.3)mm 的球形冲头，重锤质量为 1 kg，不装深度控制环，调整重锤自 500 mm 处落下，如在冲击的变形区域内无漆膜脱落和开裂，则该冲击点为通过。试验两块试板，每块板上冲击 5 个点，如其中有一块试板上有 3 个点及以上无漆膜脱落和开裂，则该试验项目评为“通过”。

4.4.6 柔韧性

按 GB/T 1731—1993 的规定进行。

4.4.7 光泽

按 GB/T 9754—2007 的规定进行。

4.4.8 附着力

按 GB/T 5210—2006 中 9.4.3 的规定进行。

4.4.9 耐盐水性

按 GB/T 10834 的规定进行。

4.4.10 耐盐雾性

按 GB/T 1771—2007 的规定进行。

4.4.11 耐人工气候老化性

耐紫外老化按 GB/T 14522—1993 的规定进行，辐照度为 0.68 W/m^2；耐氙灯老化按 GB/T 1865—1997 中 9.3 操作程式 A 的规定进行，结果的评定按 GB/T 1766—1995 规定进行。

4.4.12 耐候性

按 GB/T 9276—1996 的规定进行，结果的评定按 GB/T 1766—1995 规定进行。

5 检验规则

5.1 检验分类

产品检验分为出厂检验和型式检验。

5.1.1 出厂检验

出厂检验项目包括：涂膜外观、细度、不挥发物含量、干燥时间、耐冲击性、柔韧性共 6 项。

5.1.2 型式检验

型式检验项目包括表 1 中所列的全部技术要求，在正常生产情况下，每年至少进行一次型式检验（耐候性每两年至少进行一次型式检验）。有下列情况之一时应随时进行型式检验：

——新产品最初定型时；

——产品异地生产时；

——生产配方、工艺及原材料有较大改变时；

——停产三个月后又恢复生产时。

5.2 检验结果的判定

5.2.1 检验结果的判定按 GB/T 1250—1989 中修约值比较法进行。

5.2.2 所有项目的检验结果均达到本标准要求时，该产品为符合本标准要求。

6 标志、包装、运输和贮存

6.1 标志

按 GB/T 9750—1998 的规定进行，对于双组分漆，包装标志上应明确各组分配比。

6.2 包装

除合同或订单另有规定外，应按 GB/T 13491—1992 中一级包装要求的规定进行。

6.3 运输

运输中严防雨淋、日光曝晒，禁止接近火源，防止碰撞，保持包装完好无损，应符合 HG/T 2458—1993 中第 4 章的有关规定。

6.4 贮存

在贮存时应保持通风、干燥、防止日光直接照射，并应隔绝火源，远离热源。产品应根据类型定出贮存期，并在包装标志上明示。超过贮存期可按本标准规定进行检验，如结果符合本标准第 3 章要求，仍可使用。

ICS 87.040
G 51

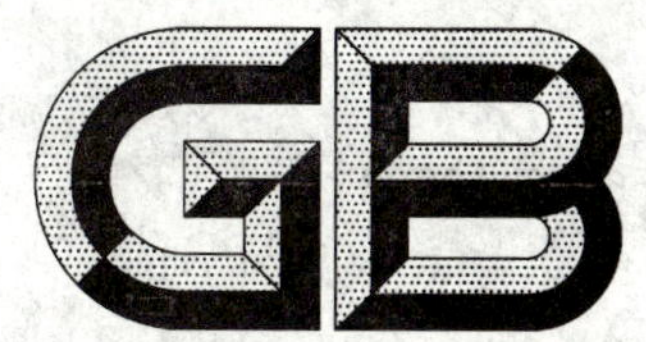

中华人民共和国国家标准

GB/T 6746—2008
代替 GB/T 6746—1986

船用油舱漆

Oil tank paint for ship

2008-06-04 发布　　　　2008-12-01 实施

中华人民共和国国家质量监督检验检疫总局
中国国家标准化管理委员会　发布

前　言

本标准代替 GB/T 6746—1986《船用油舱漆通用技术条件》。

本标准与 GB/T 6746—1986 相比主要技术差异为：

——名称改为船用油舱漆；

——增加了在容器中状态、涂膜外观、干燥时间、适用期的要求；

——删除了柔韧性、耐冲击性的要求；

——耐盐雾性项目要求有所提高；

——耐油性取消了煤油，明确规定了汽油和柴油的牌号等内容；

——耐盐水性试验方法不同；

——检验分为出厂检验和型式检验。

本标准由中国石油和化学工业协会提出。

本标准由全国涂料和颜料标准化技术委员会归口。

本标准起草单位：上海开林造漆厂、中海油常州涂料化工研究院、中涂化工(上海)有限公司、海虹老人牌(中国)有限公司、海洋化工研究院、中国船舶重工集团公司第七二五研究所、宁波飞轮造漆有限责任公司、浙江飞鲸漆业有限公司。

本标准主要起草人：许莉莉、苏春海、黄捷、李华刚、邱国胜、王桂荣、任润桃、袁泉利、严杰。

本标准于 1986 年 8 月首次发布。

船用油舱漆

1 范围

本标准规定了船用油舱漆的要求、试验方法、检验规则、标志、包装、运输、贮存。

本标准适用于装载除航空汽油、航空煤油等特种油品以外的石油烃类油舱内表面双组分船用油舱漆。

2 规范性引用文件

下列文件中的条款通过本标准的引用而成为本标准的条款。凡是注日期的引用文件,其随后所有的修改单(不包括勘误的内容)或修订版均不适用于本标准,然而,鼓励根据本标准达成协议的各方研究是否可使用这些文件的最新版本。凡是不注日期的引用文件,其最新版本适用于本标准。

GB 190 危险货物包装标志

GB/T 191 包装储运图示标志(GB/T 191—2000,eqv ISO 780:1997)

GB/T 1728 漆膜、腻子膜干燥时间测定法

GB/T 1766 色漆和清漆 涂层老化的评级方法

GB/T 1771 色漆和清漆 耐中性盐雾性能的测定(GB/T 1771—2007,ISO 7253:1996,IDT)

GB/T 3186 色漆、清漆和色漆与清漆用原材料 取样(GB/T 3186—2006,ISO 15528:2000,IDT)

GB/T 5210—2006 色漆和清漆 拉开法附着力试验(ISO 4624:2002,IDT)

GB/T 9271 色漆和清漆 标准试板(GB/T 9271—2008,ISO 1514:2004,MOD)

GB/T 9274 色漆和清漆 耐液体介质的测定(GB/T 9274—1988,eqv ISO 2812:1974)

GB/T 9278 涂料试样状态调节和试验的温湿度(GB/T 9278—2008,ISO 3270:1984,Paints and varnishes and their raw materials—Temperatures and humidities for conditioning and testing,IDT)

GB/T 9750 涂料产品包装标志

GB/T 10834 船舶漆耐盐水性的测定 盐水和热盐水浸泡法

GB/T 13491 涂料产品包装通则

HG/T 2458 涂料产品检验、运输和贮存通则

3 要求

产品应符合表1的要求。

表1 要求

项 目		指 标
在容器中状态		搅拌后均匀无硬块
干燥时间/h	表干	≤6
	实干	≤24
涂膜外观		正常
适用期/h		商定
附着力/MPa		≥3
耐盐雾性(800 h)		漆膜不起泡、不生锈、不脱落,允许轻微变色

表 1（续）

项　目	指　标
耐盐水性(三个周期)	漆膜不起泡、不脱落
耐油性：21 d 耐汽油(120＃) 耐柴油(0＃)	漆膜不起泡、不脱落、不软化

4 试验方法

4.1 取样

产品按 GB/T 3186 的规定或商定的方法取样。样品应分成两份，一份做检验用样品，另一份密封贮存备查。

4.2 试验条件

试板的状态调节和试验的温、湿度应符合 GB/T 9278 的规定。

4.3 试验样板的制备

4.3.1 底材及底材处理

除另有规定外，干燥时间试验用底材为马口铁板，耐盐雾性、耐盐水性、耐油性试验用底材为钢板。附着力试验用底材为金属试柱。各种底材的要求和处理应符合 GB/T 9271 的规定。

4.3.2 制板要求

采用刷涂或喷涂。

除另有规定外，干燥时间试验涂装一道，漆膜厚度为(20～26)μm；附着力试验为底漆、面漆配套后测试，一底一面涂装两道，每道间隔 24 h，底漆干膜厚度为(40～70)μm，面漆干膜厚度为(40～70)μm；耐盐雾性、耐盐水性、耐油性试验均为底漆、面漆配套后测试，可多道涂装，每道间隔 24 h，底漆干膜厚度为(150～175)μm，面漆干膜厚度为(150～175)μm，总干膜厚度(300～350)μm。试板放置 7 d 后测试。

4.4 在容器中状态

打开容器，采用手工或动力搅拌，允许容器底部有沉淀，若经搅拌易于混合均匀，则评为“搅拌后均匀无硬块”。双组分涂料应分别进行检验。

4.5 干燥时间

表干按 GB/T 1728 中乙法规定进行，实干按 GB/T 1728 中甲法规定进行。

4.6 涂膜外观

在散射日光下目视观察样板，如果涂膜颜色均匀，表面平整，无气泡、缩孔及其他涂膜病态现象则评为“正常”。

4.7 适用期

将涂料各组分的温度预先调整到(23±2)℃，然后按产品规定的比例混合均匀后取出 300 mL 放入容量约为 500 mL 密封性良好的铁罐中，在(23±2)℃条件下放置规定的时间后，按 4.4 和 4.6 的要求考察容器中状态和涂膜外观。如果试验结果符合 4.4 和 4.6 的要求，同时在制板过程中施涂无障碍，则认为能使用，适用期合格。

4.8 附着力

按 GB/T 5210—2006 中 9.4.3 的规定进行。

4.9 耐盐雾性

按 GB/T 1771 进行试验，结果的评定按 GB/T 1766 规定进行。

4.10 耐盐水性

按 GB/T 10834 中盐水和热盐水浸泡法规定进行，共进行三个周期。试验样板在温度为 23℃±2℃ 的盐水中浸泡 7 d，然后将样板移入温度为 80℃±2℃ 的热盐水中浸泡 2 h，这样一个试验过程为一个周期。

4.11 耐油性

按 GB/T 9274 中甲法（浸泡法）规定进行。

5 检验规则

5.1 检验分类

产品检验分为出厂检验与型式检验。

5.1.1 出厂检验

出厂检验项目包括在容器中状态、干燥时间、涂膜外观、适用期四项。

5.1.2 型式检验

型式检验项目包括表 1 中所列的全部要求，在正常的情况下，每四年至少进行一次型式检验。有下列情况之一时应随时进行型式检验：

——新产品最初定型时；

——产品异地生产时；

——生产配方、工艺及原材料有较大改变时；

——停产一年后又恢复生产时。

5.2 检验结果的判定

所有项目的检验结果均达到本标准要求时，该产品为符合本标准要求。如产品检验结果不符合本标准要求时，应按照 GB/T 3186 的规定重新取双倍量进行复验，如仍不符合本标准要求规定时，产品即为不合格品。

6 标志、包装、运输、贮存

6.1 标志

产品的标志应符合 GB/T 9750 的要求。

6.2 包装

产品的包装应符合 GB 190、GB/T 191 和 GB/T 13491 的要求。

6.3 运输

产品在运输中应防止雨淋，日光曝晒，并应符合 HG/T 2458 的要求。

6.4 贮存

产品贮存应符合 HG/T 2458 的要求，贮存在通风、干燥的仓库内，防止日光直接照射，并应隔绝火源，远离热源，夏季温度过高时应设法降温。产品应规定贮存期，并在包装标志上明示。超过贮存期可按本标准规定进行检验，如结果符合本标准第 3 章要求，仍可使用。

ICS 87.040
G 51

中华人民共和国国家标准

GB/T 6747—2008
代替 GB/T 6747—1986

船用车间底漆

Shop primer for ship building

2008-05-14 发布　　　　2008-10-01 实施

中华人民共和国国家质量监督检验检疫总局
中国国家标准化管理委员会　发布

前　言

本标准代替 GB/T 6747—1986《船用车间底漆通用技术条件》。

本标准与 GB/T 6747—1986 相比主要技术差异如下：

——标准名称改为《船用车间底漆》；

——本标准增加了对产品的分类；

——原标准中 GB 1764—1979《漆膜厚度测定法》改为 GB/T 13452.2—2008《色漆和清漆　漆膜厚度的测定》(ISO 2808:2007,IDT)；

——原标准中 GB/T 1766—1979《漆膜耐候性评级方法》中第 6 章改为 GB/T 1766—2008《色漆和清漆　涂层老化的评级方法》中 4.6；

——原标准中 GB/T 1767—1979《漆膜耐候性测定法》改为 GB/T 9276《涂层自然气候暴露试验方法》；

——原标准中 GB 3186—1982《涂料产品的取样》改为 GB/T 3186《色漆、清漆和色漆与清漆用原材料　取样》(ISO 15528:2000,IDT)；

——技术指标中增加含锌量指标，该指标定为"按产品技术要求"；

——技术指标中耐候性指标 3 级和 4 级改为 1 级，按车间底漆的耐候性将产品分为Ⅰ-3、Ⅰ-6、Ⅰ-12三个等级；

——附录 A 的 A.2 和 A.3 部分合并，且采用中国船级社产品认证指南中车间底漆焊接试验方案，增加角焊接内容。

本标准的附录 A 为规范性附录。

本标准由中国石油和化学工业协会提出。

本标准由全国涂料和颜料标准化技术委员会归口。

本标准起草单位：中国船舶重工集团公司第七二五研究所、中涂化工(上海)有限公司、中远佐敦船舶涂料有限公司、海虹老人牌(中国)有限公司、江苏兰陵高分子材料有限公司、常州光辉化工有限公司、扬州美涂士金陵特种涂料有限公司、江苏长江涂料有限公司、上海国际油漆有限公司、江苏冶建防腐材料有限公司、宁波飞轮造漆有限责任公司、浙江飞鲸漆业有限公司、上海开林造漆厂、海洋化工研究院、上海船舶工艺研究所、中化建常州涂料化工研究院。

本标准起草人：苏雅丽、苏春海、叶章基、张一南、徐国强、王健、陈建刚、刘志文、卞直兵、李纯、任卫东、史优良、袁泉利、陆伯岑、许莉莉、钱叶苗、凌小桐、张东亚、陈凯锋。

本标准于 1986 年首次发布，本次为第一次修订。

船用车间底漆

1 范围

本标准规定了船用车间底漆的分类、要求、试验方法、检验规则、标志、包装、运输、贮存。

本标准适用于船用钢板、型钢和成型件经抛丸(或喷砂)表面处理达到要求的等级后施涂的车间底漆。该车间底漆作为暂时保护钢材的防锈底漆。

2 规范性引用文件

下列文件中的条款通过本标准的引用而成为本标准的条款。凡是注日期的引用文件,其随后所有的修改单(不包括勘误的内容)或修订版均不适用于本标准,然而,鼓励根据本标准达成协议的各方研究是否可使用这些文件的最新版本。凡是不注日期的引用文件,其最新版本适用于本标准。

GB 190 危险货物包装标志

GB/T 191 包装储运图示标志(GB/T 191—2008,ISO 780:1997,MOD)

GB/T 1720 漆膜附着力测定法

GB/T 1727 漆膜一般制备法

GB/T 1728—1979 漆膜、腻子膜干燥时间测定法

GB/T 1766—2008 色漆和清漆 涂层老化的评级方法

GB/T 3186 色漆、清漆和色漆与清漆用原材料 取样(GB/T 3186—2006,ISO 15528:2000,IDT)

GB/T 8923—1988 涂装前钢材表面锈蚀等级和除锈等级(eqv ISO 8501-1:1988)

GB/T 9271 色漆和清漆 标准试板(GB/T 9271—2008,ISO 1514:2004,MOD)

GB/T 9276 涂层自然气候曝露试验方法(GB/T 9276—1996,eqv ISO 2810)

GB/T 9278 涂料试样状态调节和试验的温湿度(GB/T 9278—2008,ISO 3270:1984,Paints and varnishes and their raw materials—Temperatures and hunidities for conditioning and testing,IDT)

GB/T 9750 涂料产品包装标志

GB/T 13452.2 色漆和清漆 漆膜厚度的测定(GB/T 13452.2—2008,ISO 2808:2007,IDT)

GB/T 13491 涂料产品包装通则

HG/T 2458 涂料产品检验、运输和贮存通则

HG/T 3668—2000 富锌底漆

CB 3881 船舶涂装作业安全规程

3 分类

3.1 类型

车间底漆可分含锌粉和不含锌粉底漆两种。

Ⅰ型:含锌粉;

Ⅱ型:不含锌粉。

3.2 等级(仅适用于Ⅰ型)

Ⅰ-12 级:在海洋性气候环境中曝晒 12 个月,生锈≤1 级;

Ⅰ-6 级:在海洋性气候环境中曝晒 6 个月,生锈≤1 级;

Ⅰ-3 级:在海洋性气候环境中曝晒 3 个月,生锈≤1 级。

4 要求

4.1 一般要求

4.1.1 车间底漆的性能应符合表1要求。

4.1.2 为适应自动化流水线作业需要，车间底漆应能在较短的时间内干燥。

4.1.3 车间底漆应对下道漆种具有广泛的配套性，并对长期暴露的车间底漆旧漆膜有良好的重涂性。

4.1.4 车间底漆涂装中的劳动安全应符合CB 3881的有关规定。

4.1.5 切割速度的减慢不超过15%。

4.2 技术要求

产品应符合表1技术指标。

表1 车间底漆技术指标

项目名称		技术指标
干燥时间/min		≤5
附着力/级		≤2
漆膜厚度/μm	含锌粉	15～20
	不含锌粉	20～25
不挥发分中的金属锌含量(仅限Ⅰ型)		按产品技术要求
耐候性(在海洋性气候环境中)	Ⅰ-12级，12个月	生锈≤1级
	Ⅰ-6级，6个月	
	Ⅰ-3级，3个月	
	Ⅱ型，3个月	生锈≤3级
焊接与切割		按A.2要求通过

5 试验方法

5.1 试验环境

按GB/T 9278规定进行。

5.2 试板制备

5.2.1 试板的材质及其表面处理

除另有规定外，试板均采用GB/T 9271中规定的普通碳素结构钢板。试板的表面处理应达到GB/T 8923—1988规定的Sa2½级。

5.2.2 试验样板的制备

除另有规定外，按GB/T 1727中规定刷涂或喷涂，漆膜干膜厚度符合表1要求。除另有规定外，试验样板应在试验环境条件下放置7d后进行测试。

5.3 干燥时间

按GB/T 1728—1979中表面干燥时间测定法的乙法进行。

5.4 附着力

按GB/T 1720规定进行。

5.5 漆膜厚度

5.5.1 按GB/T 13452.2进行。

5.5.2 流水线中施涂于钢板上漆膜厚度的测定按附录A中A.1进行。

5.6 不挥发分中的金属锌含量

按 HG/T 3668—2000 中 5.13 进行。

5.7 耐候性

5.7.1 按 GB/T 9276 进行试验。

5.7.2 按 GB/T 1766—2008 中 4.6 进行测试结果评定。

5.8 焊接与切割

按附录 A 中 A.2 进行。

6 检验规则

6.1 检验责任

除合同或订单另有规定外，车间底漆生产厂应负责本标准规定的所有检验。必要时，定货方有权按本标准所述对任一检验项目进行检验。

6.2 检验分类

6.2.1 船用车间底漆检验分为型式检验和出厂检验。

6.2.2 型式检验为周期检验，出厂检验为每批次检验。

6.3 抽样

除另有规定外，船用车间底漆应按 GB/T 3186 的规定抽样，样品分为两份，一份密封储存备查，另一份作检验用样品。

6.4 型式检验

6.4.1 检验条件

车间底漆有下列情况之一时，应进行型式检验：

a) 正常生产时，每四年应进行一次型式检验；

b) 当产品新投产时；

c) 当材料、工艺有改变足以影响产品性能时；

d) 产品停产一年以上后重新恢复生产时。

6.4.2 检验项目

车间底漆按表 2 规定的项目进行型式检验。

6.5 出厂检验

6.5.1 检验条件

每批油漆均应进行出厂检验。

6.5.2 批次

出厂检验以批为单位，按每一贮漆槽为一批。

6.5.3 检验项目

车间底漆按表 2 规定的项目进行出厂检验。

表 2 车间底漆检验项目要求和方法

<table>
<tr><th>项 目 名 称</th><th>型式检验</th><th>出厂检验</th><th>要求章节</th><th>试验方法</th></tr>
<tr><td>干燥时间，表干</td><td rowspan="6">√</td><td>√</td><td rowspan="6">4.2</td><td>5.3</td></tr>
<tr><td>附着力</td><td>√</td><td>5.4</td></tr>
<tr><td>漆膜厚度</td><td>√</td><td>5.5</td></tr>
<tr><td>不挥发分中的金属锌含量</td><td rowspan="3">—</td><td>5.6</td></tr>
<tr><td>耐候性(在海洋性气候环境中)</td><td>5.7</td></tr>
<tr><td>焊接与切割</td><td>5.8</td></tr>
</table>

6.6 合格判定

油漆定货方在对油漆产品进行检验时，如发现产品质量不符合本标准技术要求规定时，供需双方应按照 GB/T 3186 的规定重新取双倍量进行复验，如仍不符合本标准技术要求规定时，产品即为不合格品。

7 标志、包装、运输、贮存

7.1 标志

车间底漆产品的标志应符合 GB/T 9750 的要求。

7.2 包装

车间底漆产品的包装应符合 GB 190、GB/T 191 和 GB/T 13491 的要求。

7.3 运输

车间底漆产品在运输中应符合 HG/T 2458 的要求，防止雨淋、日光暴晒。

7.4 贮存

车间底漆产品应符合 HG/T 2458 的要求，贮存在通风、干燥的仓库内，防止日光直接照射，并应隔绝火源。产品在原包装封闭的条件下，自生产完成之日起，贮存期为 6 个月(或按照产品技术要求)。超过贮存期的产品可按本标准规定的出厂检验项目进行检验，如检验合格，仍可使用。

附 录 A
(规范性附录)
车间底漆特性的检验方法

A.1 车间底漆的漆膜厚度测定

A.1.1 钢板经抛丸流水线除锈后,在涂装前,于其正反两面用胶带贴上光滑的钢质检验板 70 mm×300 mm×1 mm,使检验板与钢板同时被喷涂车间底漆,干燥后作漆膜厚度测定。

A.1.2 钢板上检验板的贴置应具有代表性,参见图 A.1。

单位为毫米

图 A.1 检验板粘贴位置

A.1.3 每块检验板上,应测定不在同一直线上的五个任意点的漆膜厚度。

A.1.4 用于车间底漆漆膜厚度测定的测厚仪,其测量误差应小于5%。

A.1.5 操作方法按下述操作步骤进行:

a) 按照测厚仪说明书规定的方法校准测厚仪;

b) 用浸渍溶剂的棉球擦拭已磨平的钢板,将涂漆样板用胶带固定于这钢板的三处,经喷涂干燥后取下样板,在样板的五个点上测定厚度;

c) 测定结果的表达:每块样板的五个测厚点的平均厚度即为干膜的厚度。

A.1.6 除了进行测定的结果外,测定记录应指明本标准中未规定的操作细节以及可能影响测定结果的情况。

A.2 焊接与切割

A.2.1 试验条件

A.2.1.1 试板:试板材料为船用钢板,厚度为 20 mm,应持有 CCS 证书。

A.2.1.2 焊接材料:焊接材料应持有 CCS 证书。焊接材料等级和试验用钢级别见表 A.1,试验用钢韧性级别可选低于表中要求的材料。

A.2.1.3 焊接方法:手工电弧焊。

A.2.1.4 试板接头形式:对接、角接。

A.2.1.5 试板表面状态:切割后,试板经坡口加工、喷砂(或抛丸)处理达 Sa2½级后,涂装车间底漆,涂漆部位包括坡口。

A.2.1.6　漆膜厚度分别为:甲:按制造厂的说明书喷涂;乙:喷涂厚度大约为制造厂说明书厚度的两倍;丙:喷砂不喷涂。

A.2.2　试验项目和数量

试验项目和数量见表A.2。

表A.1　钢焊接材料认可试验用钢材级别

焊接材料等级	试验用钢级别	焊接材料等级	试验用钢级别
1	A	5Y50	F500
2	B、D	3Y55	D550
3	E	4Y55	E550
4	F	5Y55	F550
1Y	A32、A36	3Y62	D620
2Y	D32、D36	4Y62	E620
3Y	E32、E36	5Y62	F620
4Y	F32、F36	3Y69	D690

表A.2　试验项目和数量

编号	接头形式	焊接方法	数量/组	漆膜厚度
1-1	对接	手工焊	1	甲
1-2				乙
1-3				丙
1-4	角接			甲
1-5				乙
1-6				丙

A.2.3　焊接

A.2.3.1　对接焊试板:试板经火焰切割后,宽度不小于100 mm,长度应足够提供截取规定数量和尺寸的试样,再按甲、乙、丙三种要求涂漆,待船用车间底漆晾干后装配。

A.2.3.2　对焊接步骤

a)　采用平对接焊,用4 mm焊条焊接;

b)　焊满反面铲根,并用4 mm焊条封底,正反焊缝加强高度不大于3 mm;

c)　为使焊后样板平直,试板在焊前可预制反变形。焊接过程中,每焊完一道,试板应放置在静止的空气中,使焊缝冷却到250℃以下,然后再焊一道;

d)　按图A.2截取2个横向拉伸试样,2个弯曲试样和冲击试样3组(每组3个),并按图A.3、图A.4、图A.5分别进行加工,进行拉伸、正反弯曲和冲击试验。

A.2.3.3　对接焊试验的项目和结果要求

a)　外观检查:用5倍放大镜进行焊缝全长观察,焊缝表面应成形均匀,无裂纹、无明显的焊瘤和咬边等有害缺陷。

b)　无损检测:焊缝内部应无不允许存在的缺陷。

c)　机械性能检验:对接焊试验的力学性能应满足表A.3的规定及下列要求:

1)　拉伸试验:横向拉伸试样二个,其抗拉强度应不低于母材规定的最小抗拉强度;

2)　正反弯曲试验:正反弯曲试样各一个,弯曲角度为120°,试样的受拉表面上出现的裂纹或缺陷长度不大于 3 mm；

3) 冲击试验：冲击试样三组（每组三个），缺口位置分别位于焊缝中心、熔合线和距熔合线 2 mm 的热影响区。冲击试验的单个值应不低于规定值的 70%，三个平均值应大于规定值。

单位为毫米

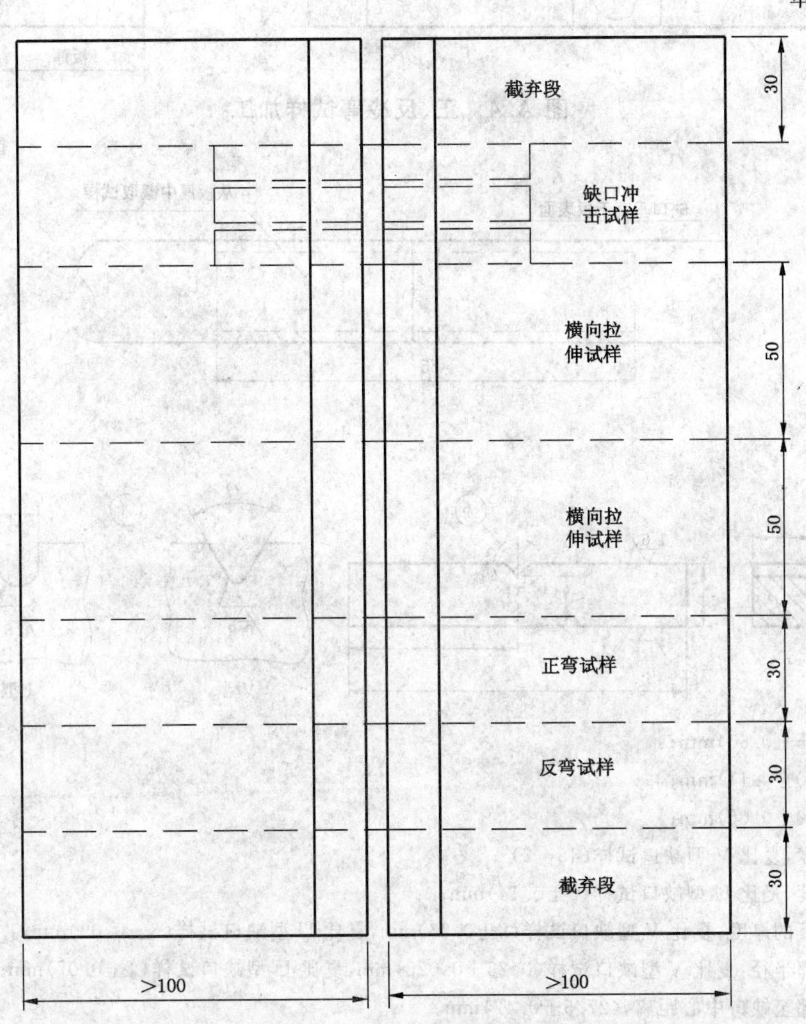

图 A.2 对焊接试样截取图

单位为毫米

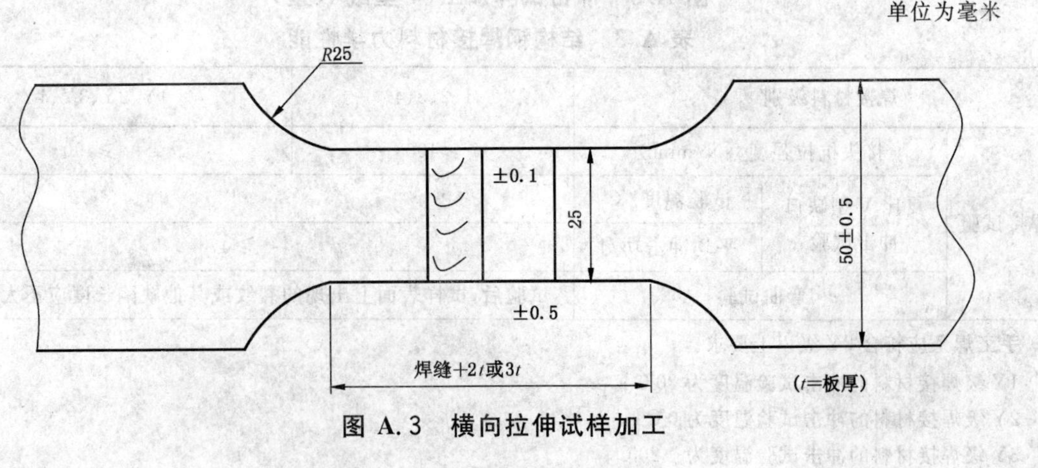

图 A.3 横向拉伸试样加工

单位为毫米

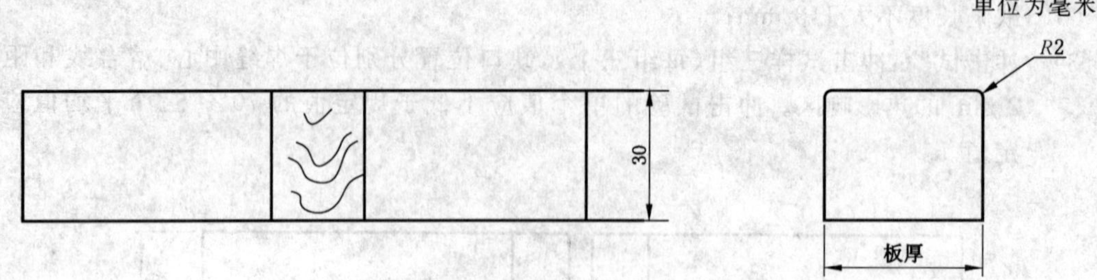

图 A.4 正、反冷弯试样加工

单位为毫米

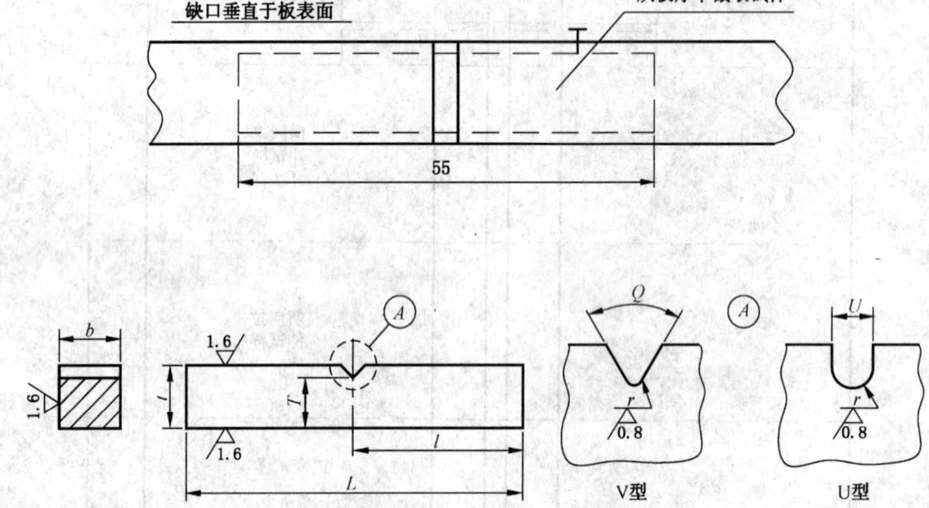

L——长度，(55±0.60)mm；

b——宽度，(10±0.11)mm；

t——厚度，(10±0.06)mm；

Q——缺口角度，夏比 V 型缺口试样(45±2)°；

U——缺口宽度，夏比 U 型缺口试样(2±0.14)mm；

T——缺口以下的厚度，夏比 V 型缺口试样(8±0.06)mm，夏比 U 型缺口试样(5±0.09)mm；

r——缺口根部半径，夏比 V 型缺口试样(0.25±0.025)mm，夏比 U 型缺口试样(1±0.07)mm；

l——试样端部至缺口中心距离，(27.5±0.42)mm。

注：缺口对称面与试样纵向轴线间的角度，(90±2)°。

图 A.5 冲击试样加工(V 型或 U 型)

表 A.3 结构钢焊接材料力学性能

焊接材料级别			1、2、3、4	1Y、2Y、3Y、4Y[a]
对焊接试验	接头抗拉强度/(N/mm²)		≥400	≥490
	夏比 V 型缺口冲击试验	试验温度/℃	[b]	
		平均冲击功/J	≥47	
	弯曲试验		试验后，试样表面上出现的裂纹或其他缺陷长度应不大于 3 mm	

[a] 手工焊条应符合 2Y 级以上要求。

[b] 1Y 级焊接材料的冲击试验温度为 20℃；
2Y 级焊接材料的冲击试验温度为 0℃；
3Y 级焊接材料的冲击试验温度为 −20℃；
4Y 级焊接材料的冲击试验温度为 −40℃。

A.2.3.4 角接焊试板：按甲、乙种要求涂漆和丙种要求不涂漆然后装配焊接，试板宽度为 150 mm，长度应能保证充分焊完直径最大焊条的全部长度。

A.2.3.5 角焊接步骤：两面均单道焊接，焊脚尺寸 6 mm。

A.2.3.6 角接焊试验的项目和试验结果要求：

a) 按图 A.6 截取三个长度为 25 mm 的断面宏观检查试样。

b) 硬度试验：如图 A.7 将一个断面宏观检查试样的端面磨光，做硬度测试，以测定焊接接头的硬度，测点的间距为 0.5 mm～2 mm。硬度测试的结果应不超过 HV350。

c) 角焊缝破断试验：在余下的 2 个分段中，取其在两侧焊缝处分别受检。当一侧焊缝受检时，另一侧焊缝加工掉。两侧检查破断焊缝根部的缺陷情况。破断面应显示出焊缝熔合良好，无裂纹和疏松等缺陷，若焊缝中出现夹渣或气孔，应将这类缺陷的数量大小、位置和密集程度记入报告，角接焊应显示出焊缝成形良好、完全熔合。

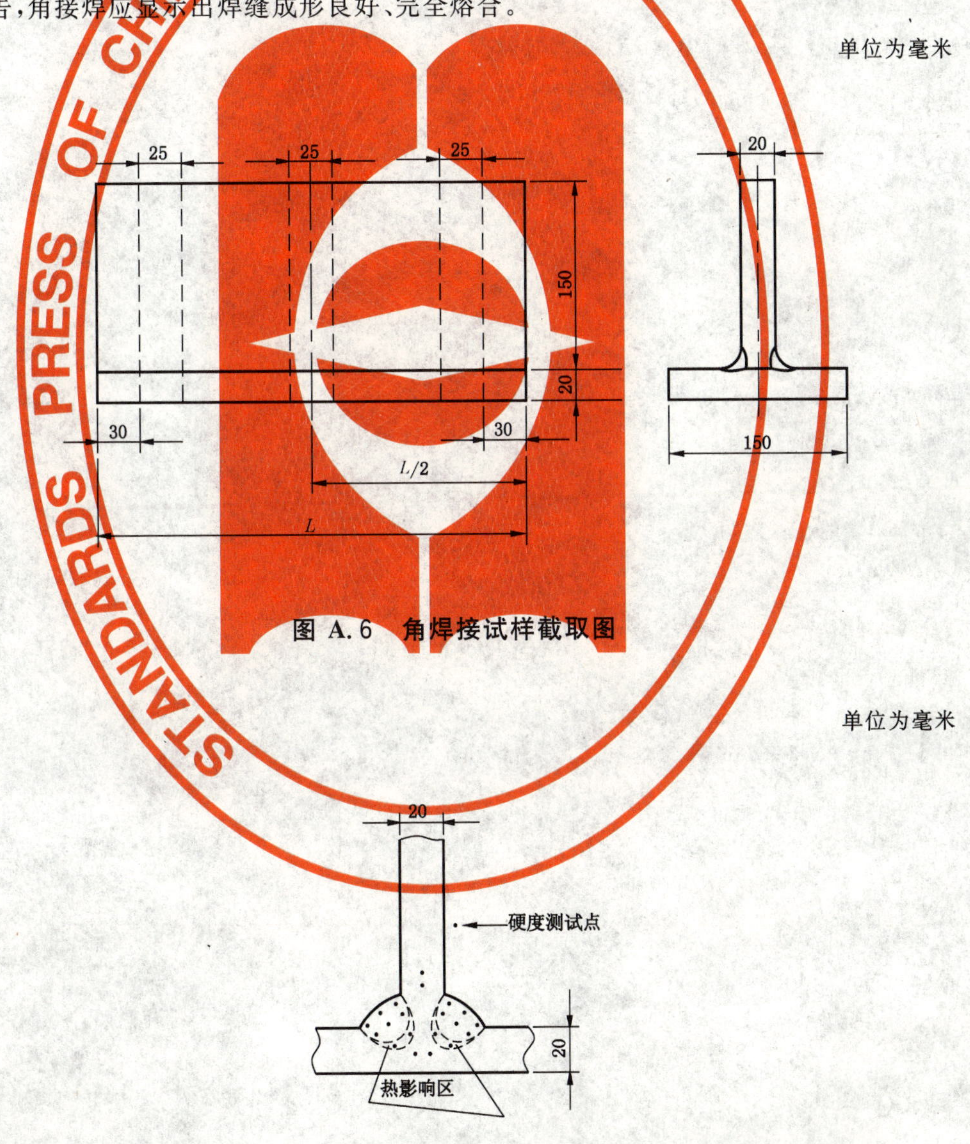

图 A.6 角焊接试样截取图

图 A.7 断面宏观检查试样

A.2.4 切割

A.2.4.1 试板尺寸：305 mm×300 mm×20 mm。

A.2.4.2 切割要求：氧气压力不大于 0.6 MPa，切割速度为 20 cm/min，将试板切割成 150 mm×305 mm。

A.2.4.3 试验结果要求：按制造厂说明书漆膜厚度要求喷涂船用车间底漆后试验，其切割速度的减慢不超过 15%，且焊接或切割缝两边漆膜的损坏宽度不超过 20 mm。

ICS 87.040
G 51

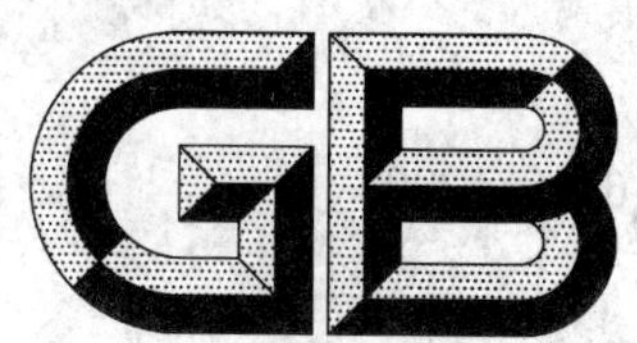

中华人民共和国国家标准

GB/T 6748—2008
代替 GB/T 6748—1986

船用防锈漆

Anticorrosive paint for ship

2008-06-04 发布

2008-12-01 实施

中华人民共和国国家质量监督检验检疫总局
中国国家标准化管理委员会 发布

前　言

本标准代替 GB/T 6748—1986《船用防锈漆通用技术条件》。

本标准与 GB/T 6748—1986 相比主要技术差异如下：

——标准名称改为“船用防锈漆”；

——标准使用范围变更为船舶船体设计水线以上部位及内部结构(液舱除外)以及海洋平台设计水线以上部位及内部结构(液舱除外)；

——增加对产品的分类；

——附着力试验方法由划圈法改为拉开法；

——增加了“密度、黏度、闪点、干燥时间、适用期、耐盐雾性”要求；

——“对面漆的适应性”增加了无咬底和渗色现象的评价；

——检验方式分型式检验和出厂检验两种。

本标准由中国石油和化学工业协会提出。

本标准由全国涂料和颜料标准化技术委员会(SAC/TC 5)归口。

本标准起草单位：中国船舶重工集团公司第七二五研究所、中海油常州涂料化工研究院、常州光辉化工有限公司、江苏长江涂料有限公司、中涂化工(上海)有限公司、江苏兰陵高分子材料有限公司、宁波飞轮造漆有限责任公司、浙江飞鲸漆业有限公司、江苏冶建防腐材料有限公司、深圳市展辰达化工有限公司、北京展辰化工有限公司、上海富臣化工有限公司、上海开林造漆厂、海洋化工研究院。

本标准主要起草人：叶章基、苏春海、曹玉峰、王晶晶、欧伯兴、钱叶苗、邱绕生、沈澜、陈建刚、袁泉利、严杰、史优良、叶荣森、赵从华、陈寿生。

本标准于 1986 年首次发布。

船 用 防 锈 漆

1 范围

本标准规定了船舶船体设计水线以上部位及内部结构(液舱除外)用防锈漆的分类、要求、试验方法、检验规则、标志、包装、运输和贮存。

本标准适用于船舶船体设计水线以上部位及内部结构(液舱除外)用防锈漆,也适用于海洋平台设计水线以上部位及内部结构(液舱除外)用防锈漆。

2 规范性引用文件

下列文件中的条款通过本标准的引用而成为本标准的条款。凡是注日期的引用文件,其随后所有的修改单(不包括勘误的内容)或修订版均不适用于本标准,然而,鼓励根据本标准达成协议的各方研究是否可使用这些文件的最新版本。凡是不注日期的引用文件,其最新版本适用于本标准。

GB 190 危险货物包装标志

GB/T 191 包装储运图示标志(GB/T 191—2008,ISO 780:1997,MOD)

GB/T 1723 涂料粘度测定法

GB/T 1725 色漆、清漆和塑料 不挥发物含量的测定(GB/T 1725—2007,ISO 3251:2003,IDT)

GB/T 1727 漆膜一般制备法

GB/T 1728 漆膜、腻子膜干燥时间测定法

GB/T 1731 漆膜柔韧性测定法

GB/T 1771 色漆和清漆 耐中性盐雾性能的测定(GB/T 1771—2007,ISO 7253:1996,IDT)

GB/T 3186 色漆、清漆和色漆与清漆用原材料 取样(GB/T 3186—2006,ISO 15528:2000,IDT)

GB/T 5208 涂料闪点测定法 快速平衡闭杯法(GB/T 5208—2008,ISO 3679:2004,IDT)

GB/T 5210—2006 色漆和清漆 拉开法附着力试验(ISO 4624:2002,IDT)

GB/T 6750 色漆和清漆 密度的测定 比重瓶法(GB/T 6750—2007,ISO 2811-1:1997,Paints and varnishes—Determination of density—Part 1:Pyknometer method,IDT)

GB/T 8923—1988 涂装前钢材表面锈蚀等级和除锈等级(eqv ISO 8501-1:1988)

GB/T 9269 建筑涂料粘度的测定 斯托默粘度计法

GB/T 9271 色漆和清漆 标准试板(GB/T 9271—2008,ISO 1514:2004,MOD)

GB/T 9278 涂料试样状态调节和试验的温湿度(GB/T 9278—2008,ISO 3270:1984 Paint&varnishes&their raw materials-temperatures and humidities for conditioning and testing,IDT)

GB/T 9750 涂料产品包装标志

GB/T 9751.1 色漆和清漆 用旋转黏度计测定黏度 第1部分:以高剪切速率操作的锥板黏度计(GB/T 9751.1—2008,ISO 2884-1:1999,IDT)

GB/T 10834 船舶漆耐盐水性的测定 盐水和热盐水浸泡法

GB/T 13288—1991 涂装前钢材表面粗糙度等级的评定(比较样块法)(neq ISO 8503-2:1988)

GB/T 13491 涂料产品包装通则

HG/T 2458 涂料产品检验、运输和贮存通则

3 分类

产品分为Ⅰ型和Ⅱ型:

Ⅰ型:双组分油漆。

Ⅱ型:单组分油漆。

4 要求

4.1 船用防锈漆应能与船用车间底漆配套。

4.2 船用防锈漆应符合表1的要求。

表1 船用防锈漆技术要求

<table>
<tr><th colspan="2">项 目</th><th>技 术 指 标</th></tr>
<tr><td colspan="2">固体含量(质量分数)/%</td><td rowspan="4">商定</td></tr>
<tr><td colspan="2">密度/(g/mL)</td></tr>
<tr><td colspan="2">黏度</td></tr>
<tr><td colspan="2">闪点/℃</td></tr>
<tr><td rowspan="2">干燥时间/h</td><td>表干</td><td>商定</td></tr>
<tr><td>实干</td><td>≤24</td></tr>
<tr><td colspan="2">适用期(Ⅰ型)</td><td>商定</td></tr>
<tr><td rowspan="2">附着力/MPa</td><td>Ⅰ型</td><td>≥5</td></tr>
<tr><td>Ⅱ型</td><td>≥3</td></tr>
<tr><td colspan="2">柔韧性/mm</td><td>≤2</td></tr>
<tr><td colspan="2">耐盐水性(27±6)℃,96 h</td><td>漆膜无剥落、无起泡、无锈点,
允许轻微变色、失光</td></tr>
<tr><td rowspan="2">耐盐雾性</td><td>Ⅰ型,336 h</td><td rowspan="2">漆膜无起泡、无脱落、无锈蚀</td></tr>
<tr><td>Ⅱ型,168 h</td></tr>
<tr><td colspan="2">对面漆适应性</td><td>无不良现象</td></tr>
<tr><td colspan="2">施工性</td><td>通过</td></tr>
</table>

5 试验方法

5.1 试验条件

按GB/T 9278的规定进行。

5.2 试验样板制备

5.2.1 试验样板的材质及其表面处理

除另有规定外,干燥时间、柔韧性试验用底材为马口铁板,耐盐雾性、耐盐水性试验用底材为钢板。附着力底材为钢板或金属试柱。各种底材的要求和处理应符合GB/T 9271的规定。试板的表面清洁度应达到GB/T 8923—1988规定的Sa2½级,表面粗糙度应达到GB/T 13288—1991规定的$Ry(40\sim70)\mu m$。

5.2.2 试验样板的涂装

采用刷涂和喷涂。

除另有规定外,干燥时间、柔韧性涂装一道,漆膜厚度为(20～26) μm;附着力试验涂装一道,干膜厚度为(40～70) μm;耐盐雾性、耐盐水性可单道涂装,也可多道涂装,每道间隔24 h,干膜总厚度为(100～150) μm。

5.2.3 状态调节时间

除另有规定外,试板放置7 d后进行测试。

5.3　固体含量

按 GB/T 1725 规定进行。

5.4　密度

按 GB/T 6750 规定进行。

5.5　黏度

按 GB/T 1723 或 GB/T 9269 或 GB/T 9751.1 或商定方法进行。

5.6　闪点

按 GB/T 5208 规定进行。

5.7　干燥时间

表干按 GB/T 1728 中乙法规定进行，实干按 GB/T 1728 中甲法规定进行。

5.8　适用期

将涂料各组份的温度预先调整到(23±2)℃，然后按产品规定的比例混合后均匀取出 300 mL 放入容量约为 500 mL 密封性良好的铁罐中，在(23±2)℃条件下放置规定的时间后，考察漆膜外观，如漆膜颜色均匀，表面平整，无气泡、缩孔及其他漆膜病态现象，同时在制板过程中施涂无障碍，则认为能使用，适用期合格。

5.9　附着力

按 GB/T 5210—2006 的 9.4.3 进行。

5.10　柔韧性

按 GB/T 1731 规定进行。

5.11　耐盐水性

按 GB/T 10834 规定进行，试验盐水温度为(27±6)℃。

5.12　耐盐雾性

按 GB/T 1771 规定进行。

5.13　对面漆适应性

选用相应配套的面漆，按 GB/T 1727 的规定进行刷涂，先刷涂一道船用防锈漆，按产品技术要求干燥后，刷涂一道面漆，在刷涂时观察涂刷性。待面漆干燥 24 h 后，观察漆膜表面，如无缩孔、裂纹、针眼、起泡、剥落、咬底和渗色等现象，则判定为无不良现象。

5.14　油漆的施工性

可按产品规定要求进行刷涂、喷涂、辊涂，应具有良好的流动性和涂布性，湿膜不应出现流挂，干燥后的漆膜应平整、均匀。

6　检验规则

6.1　抽样

应按 GB/T 3186 的规定抽样，也可按商定方法进行，样品分为两份，一份密封储存备查，另一份作检验用样品。

6.2　检验分类

6.2.1　检验分为型式检验和出厂检验。

6.2.2　出厂检验项目包括固体含量、密度、黏度、干燥时间。

6.2.3　型式检验项目包括本标准所列的全部要求。有下列情况之一时，应进行型式检验：

a)　正常生产时，每四年应进行一次型式检验；

b)　当产品新投产时；

c)　当材料、工艺有改变足以影响产品性能时；

d)　产品停产一年以上后重新恢复生产时。

6.3 合格判定

在对产品进行检验时，如发现产品质量不符合要求规定时，供需双方应按照 GB/T 3186 的规定重新取双倍量进行复验，如仍不符合本标准技术要求规定时，产品即为不合格品。

7 标志、包装、运输、贮存

7.1 标志

产品的标志应符合 GB/T 9750 的要求。

7.2 包装

产品的包装应符合 GB 190、GB/T 191 和 GB/T 13491 的要求。

7.3 运输

产品在运输中应符合 HG/T 2458 的要求，防止雨淋、日光暴晒。

7.4 贮存

产品应符合 HG/T 2458 的要求，贮存在通风、干燥的仓库内，防止日光直接照射，并应隔绝火源。产品在原包装封闭的条件下，自生产完成之日起，贮存期为 1 年（或按照产品技术要求）。超过贮存期的产品可按本标准规定的出厂检验项目进行检验，如检验合格，仍可使用。

ICS 71.100.60
X 44

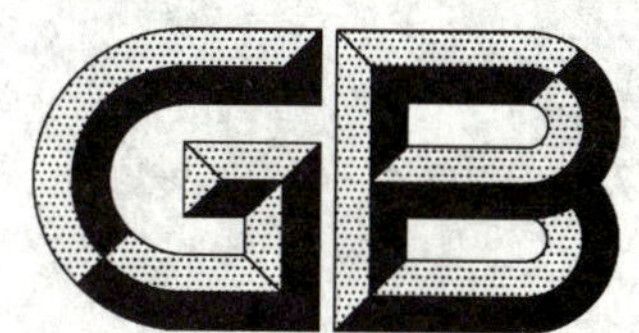

中华人民共和国国家标准

GB 6772—2008
代替 GB 6772—1986

食品添加剂　冷磨柠檬油

Food additive—Oil of lemon, cold pressed

2008-12-03 发布　　2009-06-01 实施

中华人民共和国国家质量监督检验检疫总局
中国国家标准化管理委员会　发布

前言

本标准的第4章要求为强制性的，其余为推荐性的。

本标准与美国食品化学品法典FCC(Ⅴ):2004《冷磨柠檬油》的一致性程度为非等效。

本标准代替GB 6772—1986《食品添加剂 冷磨柠檬油》。

本标准与GB 6772—1986相比，主要修改内容如下：

——增加了“2 规范性引用文件”一章；

——增加了“3 术语和定义”一章；

——蒸发后残留物含量由“1.6%～3.9%”改为“≤4.0%”；含砷量由“≤2 mg/kg”改为“≤3mg/kg”；重金属含量(以Pb计)由“≤5 mg/kg”改为“≤10 mg/kg”；

——增加了附录A典型气相色谱图。

本标准的附录A为资料性附录。

本标准由中国轻工业联合会提出。

本标准由全国食品添加剂标准化技术委员会归口。

本标准由成都香料总厂和上海香料研究所负责起草。

本标准主要起草人：任琪民、张新君、徐易、金其璋。

本标准所代替标准的历次版本发布情况为：

——GB 6772—1986。

食品添加剂　冷磨柠檬油

1　范围

本标准规定了食品添加剂冷磨柠檬油的要求、试验方法、检验规则、标志、包装、运输、贮存及保质期。

本标准适用于对以柠檬(*Citrus limon* L.)果为原料，经冷磨、精制得到的食品添加剂冷磨柠檬油的质量进行分析评价。

2　规范性引用文件

下列文件中的条款通过本标准的引用而成为本标准的条款。凡是注日期的引用文件，其随后所有的修改单(不包括勘误的内容)或修订版均不适用于本标准，然而，鼓励根据本标准达成协议的各方研究是否可使用这些文件的最新版本。凡是不注日期的引用文件，其最新版本适用于本标准。

GB/T 5009.74　食品添加剂中重金属限量试验

GB/T 5009.76　食品添加剂中砷的测定

GB/T 11540　香料　相对密度的测定(GB/T 11540—2008,ISO 279:1998,MOD)

GB/T 14454.2　香料　香气评定法

GB/T 14454.4　香料　折光指数的测定(GB/T 14454.4—2008,ISO 280:1998,MOD)

GB/T 14454.5　香料　旋光度的测定(GB/T 14454.5—2008,ISO 592:1998,MOD)

GB/T 14454.6　香料　蒸发后残留物含量的评估(GB/T 14454.6—2008,ISO 4715:1978,MOD)

GB/T 14454.13—2008　香料　羰值和羰基化合物含量的测定(ISO 1271:1983,ISO 1279:1996,MOD)

GB/T 14455.5　香料　酸值或含酸量的测定(GB/T 14455.5—2008,ISO 1242:1999,MOD)

3　术语和定义

下列术语和定义适用于本标准。

3.1

冷磨柠檬油　oil of lemon, cold pressed

在常温下用冷磨法从柠檬(*Citrus limon* L.)的新鲜全果中提取的精油，再经精制得到的冷磨柠檬油。

4　要求

4.1　色状：绿黄色或黄色液体，低温下浑浊。

4.2　香气：具有新鲜柠檬果皮的特征香气和香味。

4.3　相对密度(20 ℃/20 ℃)：0.849～0.858。

4.4　折光指数(20 ℃)：1.474 0～1.477 0。

4.5　旋光度(20 ℃)：+60°～+68°。

4.6　蒸发后残留物含量：≤4.0%。

4.7　酸值：≤3.0。

4.8　含醛量(以柠檬醛计)：3.0%～5.5%。

4.9　重金属含量(以 Pb 计)：≤10 mg/kg。

4.10　砷含量：≤3 mg/kg。

5　试验方法

5.1　色状的检定

将试样置于比色管内，用目测法观察。

5.2　香气的评定

按 GB/T 14454.2 的规定。

5.3　相对密度的测定

按见 GB/T 11540 的规定。

5.4　折光指数的测定

按 GB/T 14454.4 的规定。

5.5　旋光度的测定

按 GB/T 14454.5 的规定。

5.6　蒸发后残留物含量的评估

按 GB/T 14454.6 的规定。

5.7　酸值的测定

按 GB/T 14455.5 的规定。

5.8　含醛量的测定

按 GB/T 14454.13—2008 中第一法的规定。

食品添加剂冷磨柠檬油典型气相色谱图（面积归一化法）参见附录 A。

5.9　重金属含量（以 Pb 计）的测定

按 GB/T 5009.74 的规定。

5.10　砷含量的测定

按 GB/T 5009.76 的规定。

6　检验规则

6.1　食品添加剂冷磨柠檬油应由生产厂质量检验部门负责检验，生产厂应保证出厂产品都符合本标准的要求，每批出厂产品都应附有质量合格证书。色状、香气、相对密度、折光指数、旋光度、酸值、含醛量为出厂检验项目，而蒸发后残留物含量、砷含量、重金属含量（以 Pb 计）为型式检验项目，每半年检验一次。

6.2　验收单位有权按照本标准的各项规定检验所收到的产品质量是否符合本标准的要求，每一批号作一次验收，不同批号分别验收。

6.3　抽样方法：每批的包装单位 1 个～2 个，全抽；3 个～100 个抽取 2 个；100 个以上增加部分再抽取 3%。用取样器从每个包装单位中均匀抽取试样 50 mL～100 mL，将所抽取的试样全部置于混样器内充分混匀，分别装入两个清洁干燥密闭的惰性容器中，避光保存。容器上贴标签，注明：生产厂名、产品名称、生产日期、批号、数量及取样日期，一瓶作检验用，另一瓶留存备查。

6.4　如验收结果中有一项指标不符合本标准要求时，可会同生产厂重新加倍抽取试样复验。如复验结果仍有指标不合格，则该批产品不能验收。

6.5　当供需双方对产品质量发生异议时，可由双方协议解决或由法定检验机构进行仲裁。

7　标志、包装、运输、贮存及保质期

7.1　标志

产品包装外应注明："食品添加剂"字样、产品名称、生产厂名和地址、商标、批号、净含量、生产日期

和保质期、许可证号及标准编号。顾客如有特殊要求,可与生产厂另订协议。

7.2 包装

食品添加剂冷磨柠檬油应装于清洁无杂味的镀锌铁桶、铝桶、食品级塑料桶内,或按顾客要求包装。

7.3 运输

在运输过程中应轻装轻卸,防止日晒雨淋,不得与有毒、有害物质混装、混运,并应符合有关部门的规定。

7.4 贮存

产品应贮存在阴凉、干燥、通风的仓库内,避免杂气污染,远离火源。

7.5 保质期

在符合规定的贮运条件、包装完整、未经启封的情况下,产品保质期为一年。逾期重新检验是否符合本标准要求,合格仍可使用。

附 录 A
（资料性附录）
食品添加剂冷磨柠檬油典型气相色谱图
（面积归一化法）

A.1 食品添加剂冷磨柠檬油典型气相色谱图

见图 A.1。

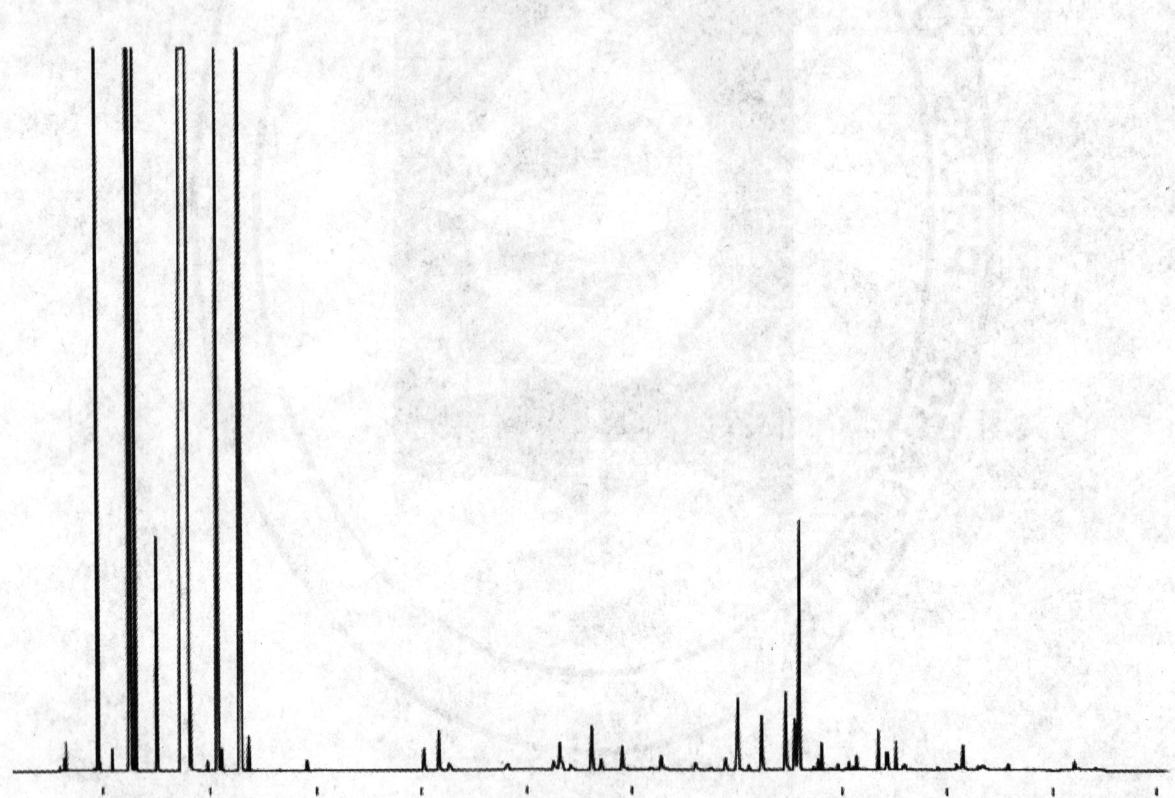

图 A.1

A.2 操作条件

A.2.1 柱：长 25 m～50 m、内径约 0.24 mm 的毛细管柱。

A.2.2 固定相：PEG-20M。

A.2.3 色谱炉温度：70 ℃恒温 10 min；然后线性程序升温从 70 ℃至 120 ℃，速率 1 ℃/min；线性程序升温从 120 ℃至 180 ℃，速率 4 ℃/min；180 ℃恒温 10 min。

A.2.4 进样口温度：250 ℃。

A.2.5 检测器温度：250 ℃。

A.2.6 检测器：氢火焰离子化检测器。

A.2.7 载气：氮气。

A.2.8 进样量：约 0.2 μL。

A.2.9 分流比：100/1。

ICS 71.100.60
X 44

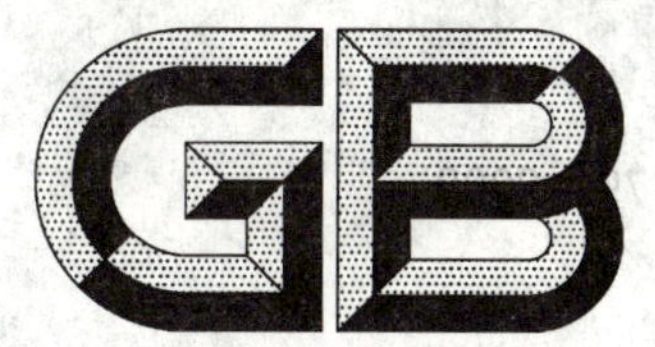

中华人民共和国国家标准

GB 6779—2008
代替 GB 6779—1986

食品添加剂 茉莉浸膏

Food additive—Jasmine concrete

2008-12-03 发布　　　　2009-06-01 实施

中华人民共和国国家质量监督检验检疫总局
中国国家标准化管理委员会　发布

前　言

本标准的第4章为强制性的，其余为推荐性的。

本标准代替GB 6779—1986《食品添加剂　茉莉浸膏》。

本标准与GB 6779—1986相比，主要修改内容如下：

——增加了“2　规范性引用文件”一章；

——增加了“3　术语和定义”一章。

本标准由中国轻工业联合会提出。

本标准由全国食品添加剂标准化技术委员会归口。

本标准由广州百花香料股份有限公司和上海香料研究所负责起草。

本标准主要起草人：钟炼军、杜世祥、徐易、金其璋。

本标准所代替标准的历次版本发布情况为：

——GB 6779—1986。

食品添加剂　茉莉浸膏

1　范围

本标准规定了食品添加剂茉莉浸膏的要求、试验方法、检验规则、标志、包装、运输、贮存及保质期。

本标准适用于对以香花规格石油醚为溶剂，经浸提茉莉（*Jasminum sambac*）鲜花制得的食品添加剂茉莉浸膏的质量进行分析评价。

2　规范性引用文件

下列文件中的条款通过本标准的引用而成为本标准的条款。凡是注日期的引用文件，其随后所有的修改单（不包括勘误的内容）或修订版均不适用于本标准，然而，鼓励根据本标准达成协议的各方研究是否可使用这些文件的最新版本。凡是不注日期的引用文件，其最新版本适用于本标准。

GB/T 5009.74　食品添加剂中重金属限量试验

GB/T 5009.76　食品添加剂中砷的测定

GB/T 14458　香花浸膏检验方法

3　术语和定义

下列术语和定义适用于本标准。

3.1

茉莉浸膏　jasmine concrete

用香花规格石油醚为溶剂，经浸提茉莉（*Jasminum sambac*）鲜花、真空浓缩浸液制得的茉莉浸膏。

4　要求

4.1　色状：黄绿色或浅棕色膏状物。

4.2　香气：具有茉莉鲜花香气。

4.3　熔点：46.0 ℃～52.0 ℃。

4.4　酸值：≤11.0。

4.5　酯值：≥80.0。

4.6　净油含量：≥60.0%。

4.7　重金属含量（以 Pb 计）：≤20 mg/kg。

4.8　砷含量：≤3 mg/kg。

5　试验方法

5.1　色状的检定

将试样置于一洁净白纸上，用目测法观察。

5.2　香气的评定

按 GB/T 14458 的规定。

5.3　熔点的测定

按 GB/T 14458 的规定。

5.4　酸值的测定

按 GB/T 14458 的规定。

5.5 酯值的测定

按 GB/T 14458 的规定。

5.6 净油含量的测定

按 GB/T 14458 的规定。

5.7 重金属含量(以 Pb 计)的测定

按 GB/T 5009.74 的规定。

5.8 砷含量的测定

按 GB/T 5009.76 的规定。

6 检验规则

6.1 食品添加剂茉莉浸膏应由生产厂质量检验部门负责检验,生产厂应保证出厂产品都符合本标准的要求,每批出厂产品都应附有质量合格证书。色状、香气、熔点、酸值、酯值为出厂检验项目,而净油含量、砷含量、重金属含量(以 Pb 计)为型式检验项目,每半年检验一次。

6.2 验收单位有权按照本标准的各项规定检验所收到的产品质量是否符合本标准的要求,每一批号作一次验收,不同批号分别验收。

6.3 抽样方法:每批的包装单位 1 个～2 个,全抽;3 个～100 个抽取 2 个;100 个以上增加部分再抽取 3%。用取样器从每个包装单位中均匀抽取试样 50 g～100 g,将所抽取的试样全部置于混样器内充分混匀,分别装入两个清洁干燥密闭的惰性容器中,避光保存。容器上贴标签,注明:生产厂名、产品名称、生产日期、批号、数量及取样日期,一瓶作检验用,另一瓶留存备查。

6.4 如验收结果中有一项指标不符合本标准要求时,可会同生产厂重新加倍抽取试样复验。如复验结果仍有指标不合格,则该批产品不能验收。

6.5 当供需双方对产品质量发生异议时,可由双方协议解决或由法定检验机构进行仲裁。

7 标志、包装、运输、贮存及保质期

7.1 标志

产品包装外应注明:“食品添加剂”字样、产品名称、生产厂名和地址、商标、批号、净含量、生产日期和保质期、许可证号及标准编号。顾客如有特殊要求,可与生产厂另订协议。

7.2 包装

食品添加剂茉莉浸膏应装于清洁无杂味的专用铝瓶内,或按顾客要求包装。

7.3 运输

在运输过程中应轻装轻卸,防止日晒雨淋,不得与有毒、有害物质混装、混运,并应符合有关部门的规定。

7.4 贮存

产品应贮存在阴凉、干燥、通风的仓库内,室温不得超过 40 ℃。避免杂气污染,远离火源。

7.5 保质期

在符合规定的贮运条件、包装完整、未经启封的情况下,产品保质期为一年。逾期重新检验是否符合本标准要求,合格仍可使用。

ICS 71.100.60
X 44

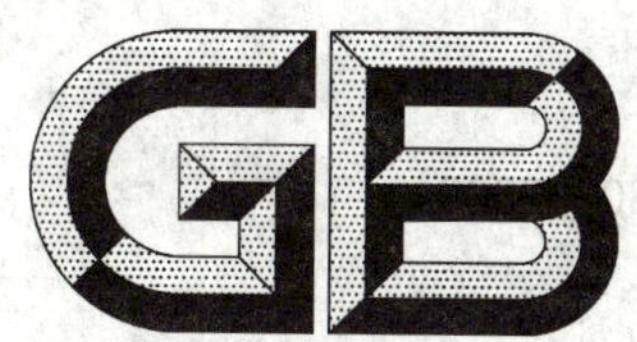

中华人民共和国国家标准

GB 6780—2008
代替 GB 6780—1986

食品添加剂 桂花浸膏

Food additive—Sweet osmanthus concrete

2008-12-03 发布 2009-06-01 实施

中华人民共和国国家质量监督检验检疫总局
中国国家标准化管理委员会 发布

前　言

本标准的第4章为强制性的，其余为推荐性的。

本标准代替GB 6780—1986《食品添加剂　桂花浸膏》。

本标准与GB 6780—1986相比，主要修改内容如下：

——增加了“2　规范性引用文件”一章；

——增加了“3　术语和定义”一章；

——要求中4.1色状增加了绿黄色。

本标准由中国轻工业联合会提出。

本标准由全国食品添加剂标准化技术委员会归口。

本标准由安徽省六安香料厂和上海香料研究所负责起草。

本标准主要起草人：段启凌、杜世祥、金其璋、徐易。

本标准所代替标准的历次版本发布情况为：

——GB 6780—1986。

食品添加剂　桂花浸膏

1　范围

本标准规定了食品添加剂桂花浸膏的要求、试验方法、检验规则、标志、包装、运输、贮存及保质期。

本标准适用于对以香花规格石油醚为溶剂，经浸提桂花(*Osmanthus fragrans*)鲜花制得的食品添加剂桂花浸膏的质量进行分析评价。

2　规范性引用文件

下列文件中的条款通过本标准的引用而成为本标准的条款。凡是注日期的引用文件，其随后所有的修改单(不包括勘误的内容)或修订版均不适用于本标准，然而，鼓励根据本标准达成协议的各方研究是否可使用这些文件的最新版本。凡是不注日期的引用文件，其最新版本适用于本标准。

GB/T 5009.74　食品添加剂中重金属限量试验

GB/T 5009.76　食品添加剂中砷的测定

GB/T 14458　香花浸膏检验方法

3　术语和定义

下列术语和定义适用于本标准。

3.1

桂花浸膏　sweet osmanthus concrete

用香花规格石油醚为溶剂，经浸提桂花(*Osmanthus fragrans*)鲜花、浓缩浸液制得的桂花浸膏。

4　要求

4.1　色状：黄色至绿黄色或棕黄色膏状物。

4.2　香气：具有天然桂花香气。

4.3　熔点：40.0 ℃～50.0 ℃。

4.4　酯值：≥40.0。

4.5　净油含量：≥60.0%。

4.6　重金属含量(以 Pb 计)：≤40 mg/kg。

4.7　砷含量：≤3 mg/kg。

5　试验方法

5.1　色状的检定

将试样置于一洁净白纸上，用目测法观察。

5.2　香气的评定

按 GB/T 14458 的规定。

5.3　熔点的测定

按 GB/T 14458 的规定。

5.4　酯值的测定

按 GB/T 14458 的规定。

5.5 **净油含量的测定**

按 GB/T 14458 的规定。

5.6 **重金属含量(以 Pb 计)的测定**

按 GB/T 5009.74 的规定。

5.7 **砷含量的测定**

按 GB/T 5009.76 的规定。

6 检验规则

6.1 食品添加剂桂花浸膏应由生产厂质量检验部门负责检验,生产厂应保证出厂产品都符合本标准的要求,每批出厂产品都应附有质量合格证书。色状、香气、熔点、酯值为出厂检验项目,而净油含量、砷含量、重金属含量(以 Pb 计)为型式检验项目,每半年检验一次。

6.2 验收单位有权按照本标准的各项规定检验所收到的产品质量是否符合本标准的要求,每一批号作一次验收,不同批号分别验收。

6.3 抽样方法:每批的包装单位 1 个～2 个,全抽;3 个～100 个抽取 2 个;100 个以上增加部分再抽取 3%。用取样器从每个包装单位中均匀抽取试样 50 g～100 g,将所抽取的试样全部置于混样器内充分混匀,分别装入两个清洁干燥密闭的惰性容器中,避光保存。容器上贴标签,注明:生产厂名、产品名称、生产日期、批号、数量及取样日期,一瓶作检验用,另一瓶留存备查。

6.4 如验收结果中有一项指标不符合本标准要求时,可会同生产厂重新加倍抽取试样复验。如复验结果仍有指标不合格,则该批产品不能验收。

6.5 当供需双方对产品质量发生异议时,可由双方协议解决或由法定检验机构进行仲裁。

7 标志、包装、运输、贮存及保质期

7.1 **标志**

产品包装外应注明:“食品添加剂”字样、产品名称、生产厂名和地址、商标、批号、净含量、生产日期和保质期、许可证号及标准编号。顾客如有特殊要求,可与生产厂另订协议。

7.2 **包装**

食品添加剂桂花浸膏应装于清洁无杂味的专用铝瓶内,或按顾客要求包装。

7.3 **运输**

在运输过程中应轻装轻卸,防止日晒雨淋,不得与有毒、有害物质混装、混运,并应符合有关部门的规定。

7.4 **贮存**

产品应贮存在阴凉、干燥、通风的仓库内,室温不得超过 40 ℃。避免杂气污染,远离火源。

7.5 **保质期**

在符合规定的贮运条件、包装完整、未经启封的情况下,产品保质期为一年。逾期重新检验是否符合本标准要求,合格仍可使用。

ICS 77.040.10
H 22

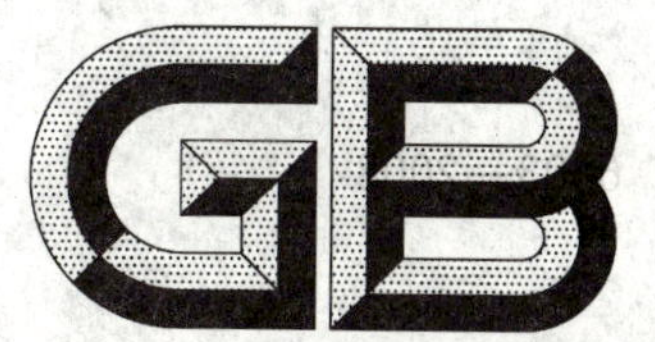

中华人民共和国国家标准

GB/T 6803—2008
代替 GB/T 6803—1986

铁素体钢的无塑性转变温度落锤试验方法

Test method for drop-weight test to determine nil-ductility transition temperature of ferritic steels

2008-05-13 发布　　　　2008-11-01 实施

中华人民共和国国家质量监督检验检疫总局
中国国家标准化管理委员会　发布

前　言

本标准与美国材料与试验协会标准 ASTM E 208-2006《铁素体钢的无塑性转变温度落锤试验方法》一致性程度为非等效,同时结合当前国内其他钢铁产品落锤试验的具体情况,对 GB/T 6803—1986《铁素体钢的无塑性转变温度落锤试验方法》进行修订。

本标准代替 GB/T 6803—1986。

本标准与 GB/T 6803—1986 相比,主要技术内容有如下变化:

——修改了范围;

——增加了试验原理;

——增加了术语及定义;

——修改了试样的尺寸和加工精度;

——修改了砧座尺寸与硬度;

——修改了冲击能量的大小;

——修改了试样保温时间;

——将附录 C 的内容纳入标准正文。

本标准的附录 A 为规范性附录,附录 B 为资料性附录。

本标准由中国钢铁工业协会提出。

本标准由全国钢标准化技术委员会归口。

本标准起草单位:合肥通用机械研究院、中国船舶重工集团公司第七二五研究所、宝山钢铁股份有限公司、钢铁研究总院。

本标准主要起草人:章小浒、马建坡、丁富连、高怡斐、徐翔。

本标准所代替标准的历次版本发布情况为:

——GB/T 6803—1986。

铁素体钢的无塑性转变温度落锤试验方法

1 范围

本标准规定了铁素体钢的无塑性转变温度落锤试验方法的范围、原理、术语和定义、试样、试验设备及仪器、试验要求、试验程序、试验结果评定和试验报告。

本标准适用于测定厚度不小于 12 mm 的铁素体钢(包括板材、型材、铸钢和锻钢)的无塑性转变温度。

2 规范性引用文件

下列文件中的条款通过本标准的引用而成为本标准的条款。凡是注日期的引用文件,其随后所有的修改单(不包括勘误的内容)或修订版均不适用于本标准,然而,鼓励根据本标准达成协议的各方研究是否可使用这些文件的最新版本。凡是不注日期的引用文件,其最新版本适用于本标准。

GB/T 984　堆焊焊条

GB/T 2975　钢及钢产品　力学性能试验取样位置及试样制备(GB/T 2975—1998,eqv ISO 377:1997)。

3 试验原理

将给定材料的一组试样中的每一个试样分别在一系列选定的温度下施加单一的冲击载荷,测定试样断裂时的最高温度。

4 术语和定义

下列术语和定义适用于本标准。

4.1

铁素体钢　ferritic steel

铁素体钢是指所有的 α-Fe 钢,包括马氏体、珠光体、贝氏体以及所有的非奥氏体钢等。

4.2

无塑性转变(NDT)温度　nil-ductility transition (NDT) temperature

按照本方法的规定进行试验时,落锤试样断裂时的最高温度。

5 试样

5.1 试样的取样部位和方向

5.1.1　在钢板上取样时,取样部位和方向应按有关产品标准或协议规定,如无规定时,应按照 GB/T 2975的规定,但样坯的切取方向一般取横向。除非另有规定,落锤试样的样坯应取自其他力学性能试样的附近位置。

5.1.2　锻件、铸件的落锤试样样坯应从锻件、铸件的本体或本体的加长、加大部分切取,当锻件或铸件的尺寸不能满足连续下料时,可以在产品尺寸相同的其他部位进行断续取样。经供需双方同意,也可从与产品同炉号、生产工艺相同的单独浇注或锻造的坯料上切取。

5.2 试样尺寸及数量

5.2.1　标准试样的形状及尺寸

标准试样的形状及尺寸见图 1 和表 1。

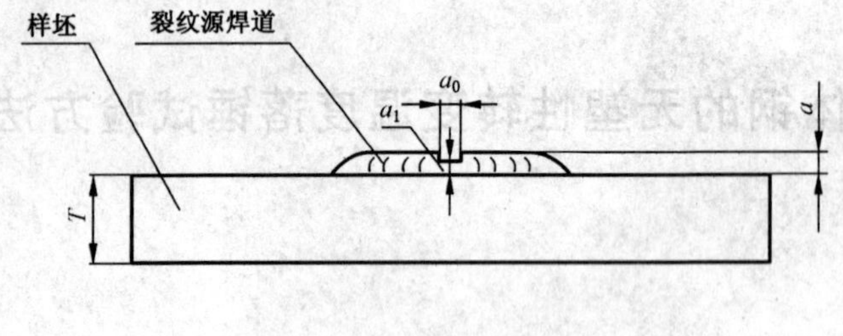

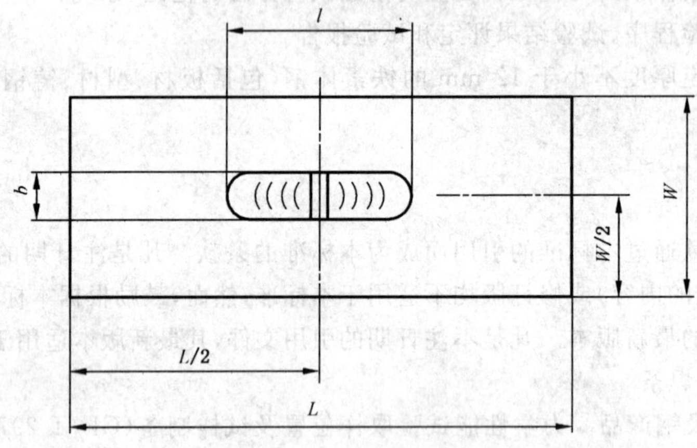

图 1 标准试样

表 1 标准试样尺寸

单位为毫米

名　称	试样型号		
	P-1	P-2	P-3
试样厚度 T	25.0±2.5	20.0±1.0	16.0±0.5
试样宽度 W	90.0±2.0	50.0±1.0	50.0±1.0
试样长度 L	360.0±5.0	130.0±2.5	130.0±2.5
焊道长度 l	40～85	20～65	20～65
焊道宽度 b	12～16	12～16	12～16
焊道高度 a	3.5～5.5	3.5～5.5	3.5～5.5
缺口宽度 a_0	≤1.5	≤1.5	≤1.5
缺口底高 a_1	1.8～2.0	1.8～2.0	1.8～2.0

5.2.2 试样数量

测定 NDT 温度所需要的试样数量取决于试验操作者对材料的熟悉程度和试验过程的正确性，一般情况下需要 6 个到 8 个试样。

5.3 试样的切取和加工

5.3.1 试样坯料和试样端部可采用锯切、剪切或火焰切割的方法切割试样，剪切或火焰切割的试样应通过机械加工去除剪切变形区或热影响区。试样侧面应使用锯切或机械加工，并使用适当的冷却液以防试样过热，侧面距任一火焰切割面至少 25 mm。

5.3.2 板材样坯应保留一个原始轧制面作为试验时的堆焊裂纹源焊道（受拉）的面，当坯料的厚度大于试样厚度时,应从另一个轧制面单面机械加工到规定的试样厚度。

5.3.3 铸、锻件的样坯,两面均可机械加工。但试样的受拉面应尽量接近原始表面。

5.3.4 试样受拉面及两侧面的机械加工应与试样长度方向一致。

5.4 裂纹源焊道

裂纹源焊道位于落锤试样的原始表面(受拉面)的中间。堆焊焊条应采用直径 4 mm～5 mm 且符合 GB/T 984 中的能确保焊道开裂的普通低合金钢堆焊焊条。为了帮助焊工准确的将焊道堆焊于试样中间,可以按照焊道的位置和尺寸在试样上冲打标记。堆焊时应从焊道的任一端向另一端进行连续焊接,焊接过程不应有间断,焊接电流为 180 A～200 A,中等电弧长度,焊接速度能够保证得到合适的焊道高度。焊接时可在试样下方放置金属或水箱散热器以起到散热作用。

5.5 其他裂纹源焊道

其他堆焊材料也可以用于裂纹源焊道的焊接,若用其他焊条堆焊裂纹源焊道时,需要用 3 个 P-2 型标准试样在高于材料的 NDT 温度 55℃或以上温度下按照本标准方法进行落锤试验,三次试验堆焊缺口都开裂,则认为该焊条是可以用于裂纹源焊道的焊接,并在试验报告中注明。

5.6 缺口加工

焊道的缺口加工应确保切割工具不损伤焊道下的基体金属表层,切割工具可以是机械锯、手工锯、铣刀、薄砂轮片等其他方便的切割工具,也可以采用电火花加工机床进行加工。缺口尺寸见图 1 和表 1,加工的缺口底面应与试样的受拉面平行且垂直于试样的侧面,同时应保证焊道缺口的高度。

6 试验设备及仪器

6.1 试验设备

6.1.1 落锤试验机主要由导轨、底座、砧座、锤头及提升机构等部分组成。

6.1.2 试验机导轨上应标有与底座之间的垂直距离,导轨与底座应垂直,底座应有足够的刚性。导轨之间应平行,以便引导锤头自由下落。试验机应有安全保护装置,以防止脆性试样断裂时的飞射。

6.1.3 锤头可以是一个整体,也可以是由若干块组合,但应有足够的刚性,撞击试样时应为一个整体。锤头的冲头是一个半径为 25 mm 的钢制半圆柱体表面,硬度不小于 HRC50。

6.1.4 轨道和提升机构应满足使锤头升到各固定位置,并能安全可靠地迅速释放。

6.1.5 位于导轨下方的水平底座应配置能精确摆放供各种试样使用的砧座,砧座的外形和尺寸见图 2 和表 2。砧座的支承台和终止台的硬度均应不小于 HRC50。

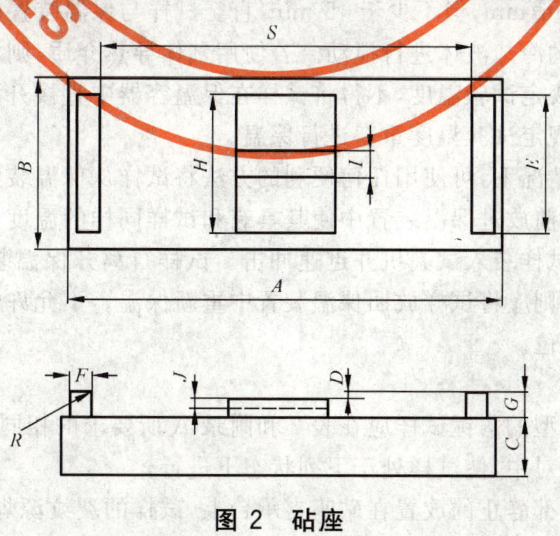

图 2 砧座

表2 砧座尺寸

单位为毫米

名 称	试样型号			偏 差
	P-1	P-2	P-3	
支承台跨距 S	305.0	100.0	100.0	±1.5
终止挠度 D	7.60	1.50	1.90	±0.05
砧座长度 A	无严格要求			
砧座宽度 B				
砧座厚度 C	≥38	≥38	≥38	—
支承台长度 E	≥90	≥50	≥50	—
支承台宽度 F	不小于 G			
支承台高度 G	50	50	50	±25
支承台圆弧半径 R	1.0	1.0	1.0	±0.1
终止台宽度 H	≥90	≥50	≥50	±25
槽宽 I	22.0	22.0	22.0	±3.0
槽深 J	≥10	≥10	≥10	—

6.1.6 试验中底座禁止移动和跳动,底座应固定在刚性地基上。

6.2 测量系统应能保证每次试验时落锤的高度释放,误差在0～10%。

6.3 测温仪器应符合下列要求:

数显式测温仪器的分辨力应不大于0.1℃,刻度式测温仪器的最小分度应不大于1℃,误差不大于±1℃。测温仪器应由计量部门定期检定,测温仪器的精度应达到±1℃。

7 试验要求

7.1 试验温度

7.1.1 试验温度在低于室温时可用酒精、干冰、液态氮等进行冷却。试验温度在室温至100℃的温度范围内,可用水作为热源。

7.1.2 应将试样完全浸入装有适宜液体的保温装置内,试样之间的间距以及试样距保温装置边缘或底部的距离应至少为25 mm。液体温度与要求的试验温度的偏差不得大于±1℃。试样在液体保温介质中的最短保温时间为1.5 min/mm,但不少于45 min,直至试样与保温装置内的温度完全相同。为保证温度均匀,可对保温装置内的冷却液体进行搅动。若使用气体导热介质,则浸泡时间不少于60 min。

7.1.3 如果试样温度低于规定试验温度,不得将试样在保温容器中直接升温,而应将试样取出,使之升高到试验温度以上,再回到规定试验温度重新进行保温。

7.2 在不影响试样温度的情况下,可使用任何便利的方法将试样从保温装置中取出装入试验机并迅速冲击。如果使用钳子则需提前放进保温装置中使其具有和试样同样的温度。

7.2.1 从保温装置中取出试样装入试验机并迅速冲击。试样自离开保温装置至冲击的时间不得超过20 s,若超过20 s仍未冲击,则应将试样放回保温装置中重新保温。不允许使用与试验温度有明显差异的器械接触试样缺口附近部位。

7.3 试样、砧座的对中

7.3.1 砧座的要求:任何类型的落锤试样应在表2和附录A所要求的相同类型的砧座上进行试验。

7.3.2 试样、砧座和锤头应对中,使试样处于下列状态下进行。

7.3.2.1 试样应水平,且端部静止的放置在砧座支承台上,试样的裂纹源焊道缺口向下。

7.3.2.2 应使试样横向中心线、砧座横向中心线和锤头轴线处在同一垂直面内,其偏差应不大于

±2.5 mm。

7.3.2.3 试验过程中,裂纹源焊道任何部分不得接触砧座终止台。

7.3.2.4 试验过程中,试样侧面和端部不得接触终止台。

7.4 安装试样时,应采取适当措施使试样缺口轴线与砧座轴线一致,偏差不大于±1.5 mm。

7.5 冲击能量的选择

7.5.1 选择的冲击能量应能足够保证落锤冲击试样后,试样的受拉面与所匹配的砧座终止台相接触。冲击能量的选择应根据试样型号及材料的实际屈服强度按照表3和附录A的规定选取。

表3 标准落锤试验条件

试样型号	跨距 S/mm	终止挠度 D/mm	屈服强度/MPa	冲击能量/J
P-1	305	7.6	210~340	800
			>340~480	1 100
			>480~620	1 350
			>620~760	1 650
P-2	100	1.5	210~410	350
			>410~620	400
			>620~830	450
			>830~1 030	550
P-3	100	1.9	210~410	350
			>410~620	400
			>620~830	450
			>830~1 030	550

7.5.2 确认试样受拉面与砧座终止台接触。在标准试样的受拉面上用蜡笔划一条通过且平行于裂纹源焊道上机械缺口的直线,用干净的胶带纸或类似的材料粘贴于砧座终止台的上表面,将试样正确放在砧座上,按照表3的要求冲击试样,若蜡笔线从试样上转移到胶带上,或能明显观察到试样与胶带的接触,则表明试样与终止台的充分接触。上述的确定受拉面与砧座终止台的正确接触方法是本试验方法的内定的标准化特征,用它可以在每次试验中排除如9.3所述的"无效试验"。

7.5.3 若表3所列的冲击能量不足以使试样受拉面与砧座终止台接触,则需要增加冲击能量。对P-1型试样增加140 J左右,对P-2和P-3型试样增加70 J左右,直到试样受拉面与砧座终止台接触为止。

8 试验程序

8.1 确定试验温度

试验温度一般是5℃的整数倍。首次试验温度可以根据试验者的经验估计NDT温度。后续试验温度也可根据试验者的经验或参考表4所推荐的温度进行。

表4 推荐的后续试验温度

在 t(℃)温度试验后的试样断裂情况		推荐的后续试验温度/℃
断裂	断为两半	t+30
	裂纹扩展到受拉面两个棱边	t+10~20
	裂纹扩展到受拉面一个棱边	t+5~10
未断裂	堆焊缺口未开裂	无效试验
	裂纹扩展到试样表面长度小于1.6 mm	t-30
	裂纹扩展到试样表面长度大于3.2 mm,小于6.4 mm	t-20
	裂纹扩展到试样边缘和焊趾的距离一半	t-10
	裂纹扩展到试样边缘的距离小于6.4 mm	t-5

8.2　**提升锤头**

根据 7.5.1 将锤头升到预选的高度，锤头的落差不小于 1 m。

8.3　**放置试样**

将达到试验温度的试样迅速放置在砧座支承台上，并按照 7.3 要求使试样、砧座和锤头对中。

8.4　**冲击试样**

在规定的时间内迅速释放锤头冲击试样，冲击后检查试样状态是否符合本试验方法规定的要求。

8.5　**后续试验**

根据上一次试验结果，按 8.1～8.4 继续进行试验，直至测出 NDT 温度。

9　试验结果评定

每完成一次落锤试验，应检查试样并按照以下准则记录试验结果：

9.1　断裂——裂纹源焊道形成的裂纹扩展到受拉面的一个或两个棱边，则认为试样断裂，以符号“×”表示。受拉面的裂纹传播到棱边的所有试样，无论起点是否在裂纹源焊道上，都认为试样断裂。断裂的典型试样见图 3。

注：确定紧闭的裂纹是否在受拉面扩展到棱边，可以先将试样氧化着色或染色，然后将试样断为两半，则最初断裂的情况就显示出来了。

9.2　未断裂——裂纹源焊道形成的裂纹未扩展到受拉面的棱边，则认为试样未断裂，以符号“○”表示。未断裂的典型试样见图 4。

9.3　无效试验——试验完成后，试样的裂纹源焊道缺口没有可见的裂纹，或根据砧座终止台上的标记证明试样未充分弯曲未接触到砧座终止台，则认为试验无效，以符号“Δ”表示。

9.4　无效试验的产生原因可能是冲击能量不足、裂纹源焊道的堆焊金属延展性太好或者是试样没有完全对中使得试样未接触到砧座终止台。无效试验试样应报废，并使用另一个试样重新进行试验。若是因为冲击能量不足，则应按照 7.5.3 要求选用更高的冲击能量重新试验。

9.5　NDT 温度的确定

用一组试样按 8 进行试验，测出试样断裂的最高温度。在比该温度高 5℃时至少做两个试样的试验，并且两个试样均为未断裂。

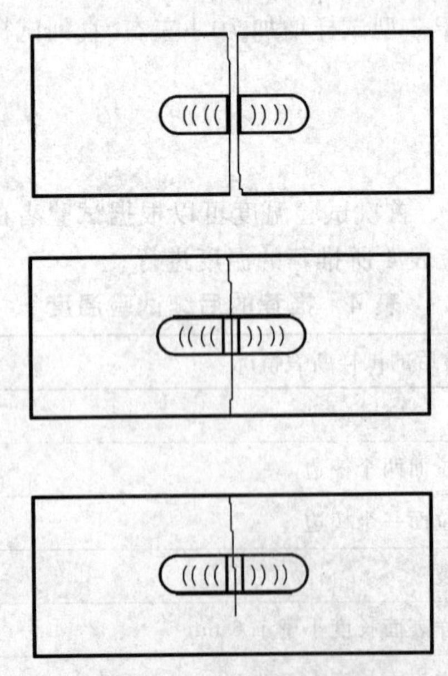

图 3　断裂试样外观示意图

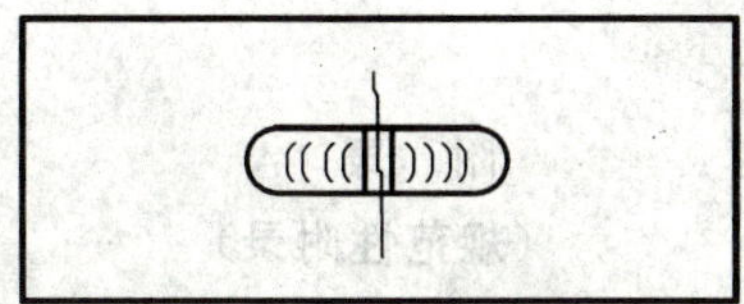

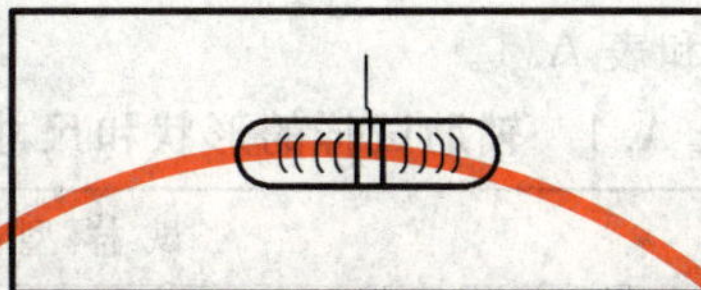

图 4　未断裂试样外观示意图

10　试验在材料检验中的应用

在规定的试验温度下至少试验两个落锤试样，如果所有的试样均未断裂，则表明材料的 NDT 温度低于该规定的温度，如果一个或多个试样均断裂，则表明材料的 NDT 温度不低于该规定的温度。

11　试验报告

试验报告一般包括如下内容：

a)　本国家标准编号；

b)　材料的牌号、炉号、热处理方式等；

c)　试样编号、取样方向和取样位置；

d)　材料的实际屈服强度；

e)　试样型号、试验条件和试验温度；

f)　每个试样的试验结果（断裂、未断裂或无效试验）；

g)　NDT 温度。

附 录 A
(规范性附录)
落锤辅助试样尺寸及试验条件

A.1 辅助试样的形状和尺寸见图 1 和表 A.1。

表 A.1 辅助试样的形状和尺寸

单位为毫米

名 称	试 样 型 号		
	P-4	P-5	P-6
试样厚度 T	12.0±0.5	38.0±2.5	50.0±3.0
试样宽度 W	50.0±1.0	90.0±2.0	90.0±2.0
试样长度 L	130.0±2.5	360.0±5.0	360.0±5.0
焊道长度 l	20～65	40～85	40～85
焊道宽度 b	12～16	12～16	12～16
焊道高度 a	3.5～5.5	3.5～5.5	3.5～5.5
缺口宽度 a_0	≤1.5	≤1.5	≤1.5
缺口底高 a_1	1.8～2.0	1.8～2.0	1.8～2.0

A.2 辅助试样的试验条件见表 A.2。

表 A.2 辅助试样的试验条件

试 样 型 号	跨距 S/mm	终止挠度 D/mm	屈服强度/MPa	冲击能量/J
P-4	100	2.3	200～400	300
			>400～600	370
			>600～800	440
			>800～1 000	510
P-5	305	5.0	200～400	2 500
			>400～600	3 000
			>600～800	3 500
			>800～1 000	4 500
P-6	305	3.0	200～400	4 000
			>400～600	4 500
			>600～800	5 000
			>800～1 000	5 500

附 录 B
（资料性附录）
对接焊接头落锤试样

B.1 坡口型式

根据试板厚度和试验考核内容选用单边 V 型坡口、K 型坡口或 X 型坡口，亦可根据有关技术条件或双方协议确定。

B.2 试板制备

试板制备可按 GB/T 2649《焊接接头机械性能试验取样法》中的有关规定进行。但对焊的试板防止产生挠曲和平面错位。如已产生，应两面机械加工平直。试板两面的焊缝加强高亦应机加工到与试样表面齐平。

B.3 试样

脆性焊道和缺口的位置可根据考核内容而定，缺口可开在正对接头的焊缝金属或热影响区的上方，见图 B.1，其他的要求与板材试样相同。

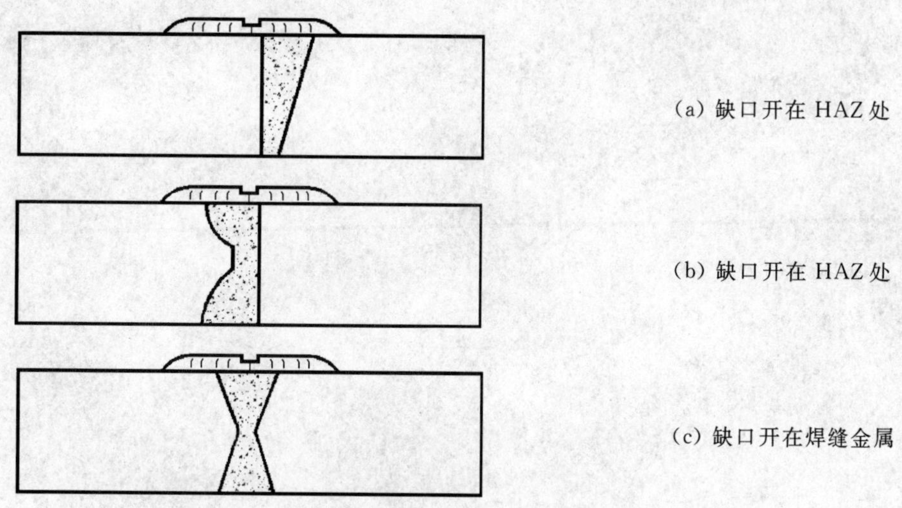

图 B.1 焊接接头落锤试样裂纹源缺口部位示意图

ICS 77.160
H 72

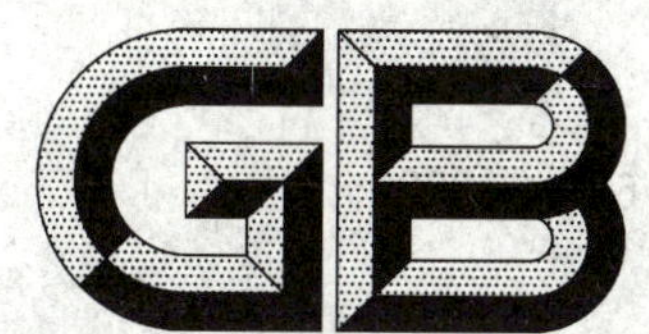

中华人民共和国国家标准

GB/T 6804—2008
代替 GB/T 6804—2002

烧结金属衬套径向压溃强度的测定

Sintered metal bushes—Determination of radial crushing strength

(ISO 2739:2006,MOD)

2008-08-11 发布　　　　　　　　　　　　2009-02-01 实施

中华人民共和国国家质量监督检验检疫总局
中国国家标准化管理委员会　发布

前　言

本标准修改采用 ISO 2739:2006《烧结金属衬套　径向压溃强度的测定》。

本标准与 ISO 2739:2006 的主要技术差异及编辑性修改如下：

——增加了对试样进行测量时的具体要求，包括测量用具和测量方法；

——增加了数值修约规则；

——删除了 ISO 2739:2006 的前言部分；

——用小数点符号“.”代替小数点“,”；

——由于表 1 中“$1MPa = 1N/m^2$”存在错误，故删除此条。

本标准是对 GB/T 6804—2002《烧结金属衬套　径向压溃强度的测定》的修订。修订时，对标准技术内容作了如下修改：

——增加了对精确度说明的条款。

本标准由中国机械工业联合会提出并归口。

本标准主要起草单位：北京市粉末冶金研究所有限责任公司。

本标准主要起草人：郝英、徐行、陈维、仲文治、黄月初。

本标准所代替标准的历次版本发布情况为：

——GB 6804—1986、GB/T 6804—2002。

烧结金属衬套
径向压溃强度的测定

1 范围

本标准规定了圆筒形烧结金属衬套径向压溃强度的测定方法。

本标准适用于纯金属粉末或合金粉末制成的烧结衬套。

带挡边的烧结金属衬套(滑动轴承)如需测定径向压溃强度,可将外径尺寸不同的部分切除,测定主体部分。球形烧结金属轴承由供需双方协议,参考本标准规定的方法测定压溃负荷。

2 规范性引用文件

下列文件中的条款通过本标准的引用而成为本标准的条款。凡是注日期的引用文件,其随后所有的修改单(不包括勘误的内容)或修订版均不适用于本标准,然而,鼓励根据本标准达成协议的各方研究是否可使用这些文件的最新版本。凡是不注日期的引用文件,其最新版本适用于本标准。

GB/T 8170—1987 数值修约规则

3 原理

在圆筒形试样上缓慢地连续增加径向负荷,直到产生破裂,测得压溃负荷(也称最大压溃负荷)。试样变形量不得超过直径的10%。用压溃负荷与圆筒形试样尺寸的关系式计算径向压溃强度。

4 装置与量具

4.1 试验机:能将径向载荷连续施加到试样上,并能显示压溃负荷读数的装置。

4.2 量具:游标卡尺、千分尺或量程与精度合适的其他量具。

5 试样

5.1 试样为烧结成的圆筒形(见图1),不允许有凸缘、缺口、沟槽、横孔或斜面。试样两端不允许有毛刺。

5.2 试样可以是经过浸油的或未经浸油的。

5.3 如有必要,圆筒试样可由机械加工而得;但加工后的筒形试样的试验结果可能与未经机加工的有差别。

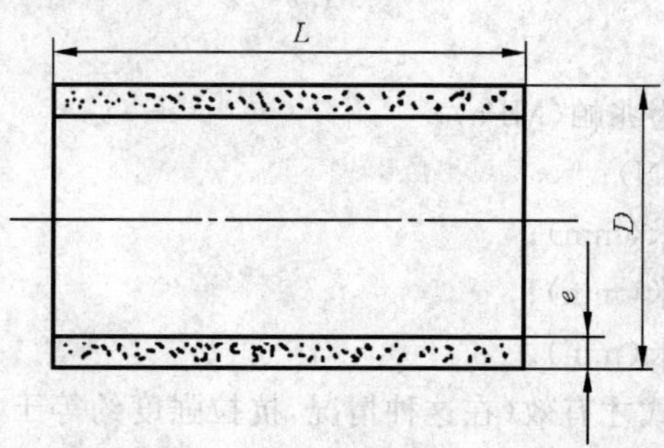

图1 试样

6 试验方法

6.1 测量试样尺寸

6.1.1 壁厚可以直接测量，或以外径与内径之差的 1/2 计算。直接测量时，在试样两端分别测量以纵轴为对称轴的两个位置上的壁厚，取平均值。

6.1.2 在试样两端分别测量两个相互正交位置上的外径，取平均值。

6.1.3 测量内径按 6.1.2 规定的方法。

6.1.4 在与试样纵轴对称的两个位置上测定长度，取平均值。

6.1.5 上述各尺寸的测量精度应在 0.1% 以内；但当被测尺寸≤10 mm 时，精度应达到 0.01 mm。

6.2 试验

6.2.1 将试样置于试验机的两平板之间，使试样的轴线与平板平行(见图 2)。无振动地连续加载，使 K 值(见第 7 章)以 2 MPa/s～20 MPa/s 的速度增加，加载时间大于 10 s。当试样破裂时，记录试验机指示的载荷。

6.2.2 径向压溃负荷读数精确到 1%；但是当压溃负荷小于 980.7 N 时，允许读数精确为 9.8 N。

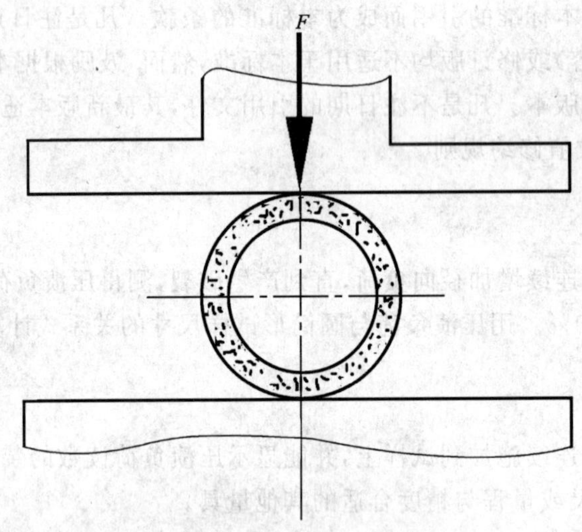

图 2 试验示意图

7 结果表示

烧结金属衬套径向压溃强度按式(1)计算：

$$K = \frac{F(D-e)}{L e^2} \qquad (1)$$

式中：

K——径向压溃强度，单位为兆帕(MPa)；

F——压溃负荷，单位为牛(N)；

L——试样长度，单位为毫米(mm)；

D——试样外径，单位为毫米(mm)；

e——试样壁厚，单位为毫米(mm)。

只有当 $e/D < 1/3$ 时，此公式才有效(在这种情况，抗拉强度约等于 0.5 K)。

8 试验报告

8.1 K 值按 GB/T 8170—1987 的规定修约至个位。

8.2 试验报告应包括下列内容：

a) 本标准编号；

b) 鉴别试样所需的所有细节，必要时其资料应由供需双方同意；

c) 试样是烧结态还是经过整形；

d) 试样是否经过加工，如果经过加工，应图示说明加工部位；

e) 试样是否浸油；

f) 试验结果；

g) 本标准未规定的操作；

h) 可能影响试验结果的任何细节。

9 精确性说明

9.1 假如仅仅考虑试验误差，在相同试验室两次试验结果绝对值的差值应小于重复性实验标准(偏)差(r)的5%。如果差值超过(r)，则其中之一或两次试验的结果有问题。

9.2 同样的，在不同试验室两次试验结果的差值应小于复现性标准偏差(R)的5%。如果差值超过(R)，则其中之一或两次试验的试验方法有问题。

9.3 表1为MPIF(美国金属粉末工业联合会)标准55，1998：《粉末冶金试验试样的径向压溃强度测定》对三种材料CTG-1001-K23、FC-1000-K20、FC-0208-50的精确性数据的规定。

表1 精确性数据

材料	K/MPa	r/MPa	R/MPa
CTG -1001-K23	214	15	23
FC-1000-K20	400	34	45
FC-0208-50	785	48	48

ICS 87.040
G 51

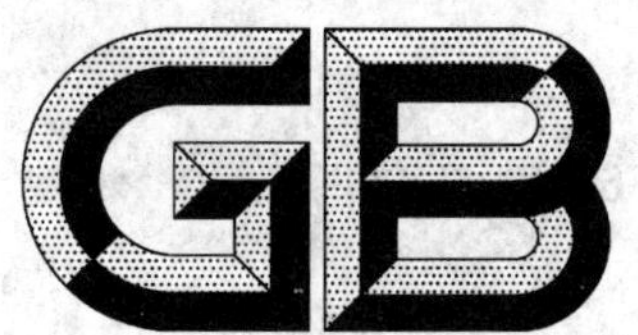

中华人民共和国国家标准

GB/T 6823—2008
代替 GB/T 6823—1986

船舶压载舱漆

Ballast tanks paint for ship

2008-06-04 发布　　　　2008-12-01 实施

中华人民共和国国家质量监督检验检疫总局
中国国家标准化管理委员会　发布

前　言

本标准对应于《船舶专用海水压载舱和散货船双舷侧处所保护涂层性能标准》(简称 PSPC)[2006 年 12月 8 日国际海事组织(IMO)海事安全委员会(MSC)根据修订的海上生命安全公约(SOLAS)条款Ⅱ-1/3-2 通过],与其一致性程度为非等效。

本标准代替 GB/T 6823—1986《船舶压载舱漆通用技术条件》。

本标准与 GB/T 6823—1986 相比主要技术差异如下:

——标准名称改为《船舶压载舱漆》;

——增加了适用范围;

——增加了规范性引用文件章节;

——增加了产品的分类;

——技术要求分为"涂料的要求"和"涂层的要求"。在"涂料的要求"中增加了"基料和固化剂组分鉴定、密度、不挥发物、贮存稳定性"的要求;在"涂层的要求"中取消了"耐冲击性、耐盐雾性、耐热盐水性",增加了"外观与颜色、名义干膜厚度、模拟压载舱条件试验、冷凝试验"的要求;

——增加了对"取样"和"试验样板的制备"的详细规定;

——增加了"基料和固化剂组分鉴定、密度、不挥发物、储存稳定性、外观与颜色、名义干膜厚度、模拟压载舱条件试验、冷凝试验"等试验方法内容;

——在附录 A"模拟压载舱条件试验"和附录 B"冷凝试验"中增加了"起泡和锈蚀、针孔数量、附着力、内聚力、按重量损失计算的阴极保护需要电流、阴极剥离、划痕附近的腐蚀蔓延、U 型条"等检测试验内容;

——在"检验规则"中增加了检验分类,按检验方式分型式检验和出厂检验二种;

——增加了"附录 A　模拟压载舱条件试验"、"附录 B　冷凝试验"、"附录 C　人工海水配方"、"附录 D　牺牲阳极——锌合金的组成成分"。

本标准的附录 A、附录 B、附录 C 和附录 D 为规范性附录。

本标准由中国石油和化学工业协会提出。

本标准由全国涂料和颜料标准化技术委员会归口。

本标准起草单位:中国船舶重工集团公司第七二五研究所、中海油常州涂料化工研究院、中远佐敦船舶涂料有限公司、海虹老人牌(中国)有限公司、中涂化工(上海)有限公司、江苏海耀化工有限公司、上海国际油漆有限公司、中国船级社、海洋化工研究院、上海开林造漆厂、宁波飞轮造漆有限责任公司、浙江飞鲸漆业有限公司、江苏冶建防腐材料有限公司。

本标准主要起草人:黄淑珍、苏春海、王健、徐国强、王玉珏、刘才方、王一任、吴海荣、钱叶苗、杜伟娜、袁泉利、严杰、史优良。

本标准于 1986 年首次发布。

船舶压载舱漆

1 范围

本标准规定了船舶压载舱漆的分类、要求、试验方法、检验规则、标志、包装、运输和贮存。

本标准适用于不小于 500 t 的所有类型船舶专用海水压载舱和船长不小于 150 m 的散货船双舷侧处所保护涂层。

2 规范性引用文件

下列文件中的条款通过本标准的引用而成为本标准的条款。凡是注日期的引用文件，其随后所有的修改单(不包括勘误的内容)或修订版均不适用于本标准，然而，鼓励根据本标准达成协议的各方研究是否可使用这些文件的最新版本。凡是不注日期的引用文件，其最新版本适用于本标准。

GB 190 危险货物包装标志

GB/T 191 包装储运图示标志(GB/T 191—2000,eqv ISO 780:1997)

GB 712 船体用结构钢

GB/T 1725 色漆、清漆和塑料 不挥发物含量的测定(GB/T 1725—2007,ISO 3251:2003,IDT)

GB/T 1765 测定耐湿热、耐盐雾、耐候性(人工加速)的漆膜制备法

GB/T 1766 色漆和清漆 涂层老化的评级方法

GB/T 3186 色漆、清漆和色漆与清漆用原材料 取样(GB/T 3186—2006,ISO 15528:2000,IDT)

GB 3097 海水水质标准

GB/T 5210—2006 色漆和清漆 拉开法附着力试验(ISO 4624:2002,IDT)

GB/T 6747 船用车间底漆

GB/T 6750 色漆和清漆 密度的测定 比重瓶法(GB/T 6750—2007,ISO 2811-1:1997 Paints and varnishes-determination of density-part 1:pyknometer method,IDT)

GB/T 6753.3 涂料贮存稳定性试验方法

GB/T 8923 涂装前钢材表面锈蚀等级和除锈等级(GB/T 8923—1988,eqv ISO 8501-1:1988)

GB/T 9271 色漆和清漆 标准试板(GB/T 9271—2008,ISO 1514:2004,MOD)

GB/T 9278 涂料试样状态调节和试验的温湿度(GB/T 9278—2008,ISO 3270:1984,Paints and varnishes and their raw materials—Temperatures and hunidities for conditioning and testing,IDT)

GB/T 9750 涂料产品包装标志

GB/T 13288 涂装前钢材表面粗糙度等级的评定(比较样块法)(GB/T 13288—1991,eqv ISO 8503:1995)

GB/T 13452.2 色漆和清漆 漆膜厚度的测定法(GB/T 13452—2008,ISO 2808:2007,IDT)

GB/T 13491 涂料产品包装通则

GB/T 13893 色漆和清漆 耐湿性的测定 连续冷凝法(GB/T 13893—2008,ISO 6270-1:1998,IDT)

GB/T 18570.3 涂覆涂料前钢材表面处理 表面清洁度的评定试验 第 3 部分:涂覆涂料前钢材表面的灰尘评定(压敏粘带法)(GB/T 18570.3—2005,ISO 8502-3:1992,IDT)

GB/T 18570.9 涂覆涂料前钢材表面处理 表面清洁度的评定试验 第 9 部分:水溶性盐的现场

电导率测定法(GB/T 18570.9—2005,ISO 8502-9:1999,IDT)

HG/T 2458 涂料产品检验、运输和贮存通则

3 分类

产品按基料和固化剂组分分为两种类型:

a) 环氧基涂层体系;

b) 非环氧基涂层体系。

4 要求

4.1 一般要求

4.1.1 产品涂层的目标使用寿命为15 a。

4.1.2 产品配套体系的组成由涂料供应商确定。

4.1.3 产品应能和无机硅酸锌车间底漆或等效的涂料配套,车间底漆与主涂层系统的相容性应由涂料供应商确认。

4.1.4 产品应能在通常的自然环境条件下施工和干燥。

4.1.5 产品应适应无空气喷涂,施工性能良好,无流挂。

4.2 涂料的要求

涂料的性能应符合表1的要求。

表1 涂料的要求

检测项目		环氧基涂层体系	非环氧基涂层体系
基料和固化剂组分鉴定		环氧基体系	非环氧基体系
密度/(g/mL)		商定	商定
不挥发物/%			
储存稳定性	自然环境条件,1 a	通过	通过
	(50±2)℃条件,30 d	通过	通过

4.3 涂层的要求

涂层的性能应符合表2的要求。

表2 涂层的要求

检测项目	环氧基涂层体系	非环氧基涂层体系
外观与颜色	漆膜平整。 多道涂层系统,每道涂层的颜色要有对比,面漆应为浅色。	漆膜平整。 多道涂层系统,每道涂层的颜色要有对比,面漆应为浅色。
名义干膜厚度	涂层在90/10规则下达到320 μm	商定
模拟压载舱条件试验	通过	通过
冷凝舱试验	通过	通过

5 试验方法

5.1 取样

除另有规定,船舶压载舱漆应按 GB /T 3186 的规定抽样。样品分为两份,一份密封储存备查,另一份作检验用样品。

5.2 试验样板的制备

5.2.1 试验样板基材

除另有规定外,试验板材应采用 GB 712 中的热轧普通碳素钢。

5.2.2 样板基材的表面处理

5.2.2.1 试验样板钢板应在下列环境条件下,采用喷砂或抛丸进行钢板表面处理:

a) 空气相对湿度不超过 85%;

b) 钢板表面温度高于露点温度 3℃以上。

5.2.2.2 试验样板钢板经表面处理后,在进行车间底漆涂装前按 GB/T 8923 规定方法检测钢板表面除锈等级应达到 Sa2½;按 GB/T 18570.3 规定方法检测表面清洁度应达到灰尘分布量为 1 级、灰尘尺寸不大于 2 级,目视检查无油污;按 GB/T 13288 规定方法检测表面粗糙度应达到 Ra30 μm ～75 μm。

5.2.2.3 试验样板钢板经表面处理后,应按 GB/T 18570.9 规定方法进行钢板表面水溶性盐检测,当钢板表面水溶性盐含量不大于 50 mg/m² NaCl 时,方可进行车间底漆的涂装。

5.2.3 车间底漆的涂装

除另有规定或商定,应按 GB/T 1765 的规定采用喷涂方式进行涂装。应选择由涂料供应商确认的无机硅酸锌车间底漆或等效涂料,车间底漆的厚度和性能应符合 GB/T 6747 规定的要求。

5.2.4 车间底漆的老化

已涂装车间底漆的试验样板应放在露天环境中自然老化至少 2 个月。

5.2.5 二次表面处理

采用低压水清洗或其他温和的方法,对老化后的试验样板表面进行清洁处理,然后将其置于通风干燥环境中干燥。不可采用扫掠式喷射或高压水清洗等其他去除底漆的方法。

5.2.6 压载舱漆的涂装

5.2.6.1 除另有规定或商定,应在已经做过露天环境自然老化的试验样板上,采用喷涂方式进行压载舱涂层涂装。涂层配套体系、涂装道数、涂装间隔等按相关产品技术要求或涂料供应商要求进行。

5.2.6.2 涂层体系中每道涂层干膜厚度都应进行测量,直到上道涂层厚度达到规定要求,方可进行下一道涂装(不含车间底漆涂层厚度)。

5.2.6.3 试板背面应涂适当的保护涂料或受试涂料,试板的四周应以适当的方法封边,避免对试验结果产生影响。

5.2.7 涂层厚度的检测

5.2.7.1 最后一道压载舱涂层完全干燥后,应使用非破坏性的测厚仪,按 GB/T 13452.2 规定的方法测定压载舱涂层的总干膜厚度,以在 150 cm ×150 cm 的平面上均匀地分布 9 个测量点的方式进行。

5.2.7.2 环氧基涂层体系的名义干膜厚度在 90/10 规则下应达到 320 μm(不含车间底漆涂层厚度),非环氧基涂层体系的名义干膜厚度应符合供应商产品技术要求。

注:90/10 规则意指所有测点的 90%测量结果应不小于名义干膜厚度,余下 10%测量结果应大于 0.9 倍的名义干膜厚度。

5.2.7.3 用 90 V 低压湿海绵针孔检测仪,检测压载舱涂层针孔数量应为零。

5.2.8 试验样板的状态调节

除另有规定,应按 GB/T 9278 规定条件状态调节 7 d 后,方可投入试验。

5.3 基料和固化剂组分鉴定

采用红外法进行鉴定。

5.4 密度的测定

按 GB/T 6750 规定方法进行。

5.5 不挥发物的测定

按 GB/T 1725 规定的方法进行。

5.6 储存稳定性的测定

按照 GB/T 6753.3 规定方法进行试验。原封、未开桶包装的涂料在自然环境条件下贮存 1 a 或在(50±2)℃加速条件下贮存 30 d 后，开封检查涂料应满足下列要求：

a) 用机械混和器搅拌，在 5 min 之内很容易成均匀的状态；

b) 无硬块或胶质沉淀物。

5.7 外观与颜色

目视检查。

5.8 干膜厚度的测定

按照 5.2.7 规定方法进行检测。

5.9 模拟压载舱条件试验

按附录 A《模拟压载舱条件试验》规定的试验方法，进行试验和合格性判定。

5.10 冷凝舱试验

按附录 B《冷凝舱试验》规定的试验方法，进行试验和合格性判定。

6 检验规则

6.1 检验分类

6.1.1 检验分为型式检验和出厂检验。

6.1.2 出厂检验项目包括密度、不挥发物、外观与颜色。

6.1.3 型式检验包括本标准所列的全部要求。有下列情况之一时，应进行型式检验：

a) 正常生产时，每四年应进行一次型式检验；

b) 当产品新投产时；

c) 当材料、工艺有改变足以影响产品性能时；

d) 产品停产一年以上后重新恢复生产时。

6.2 合格判定

在对产品进行检验时，如发现产品质量不符合本标准技术要求规定时，供需双方应按照GB/T 3186 的规定重新取双倍量进行复验，如仍不符合本标准技术要求规定时，产品即为不合格品。

7 标志、包装、运输、贮存

7.1 标志

产品的标志应符合 GB/T 9750 的要求。

7.2 包装

产品的包装应符合 GB 190、GB/T 191 和 GB/T 13491 的要求。

7.3 运输

产品的运输应符合 HG/T 2458 的要求，防止雨淋、日光暴晒。

7.4 贮存

产品应符合 HG/T 2458 的要求，贮存在通风、干燥的仓库内，防止日光直接照射，并应隔绝火源。产品在原包装封闭的条件下，自生产完成之日起，贮存期为一年(或按照产品技术要求)。超过贮存期的产品可按本标准规定的出厂检验项目进行检验，如检验合格，仍可使用。

附 录 A
（规范性附录）
模拟压载舱条件试验

A.1 适用范围

附录A提供了本标准第4章、第5章所涉及的模拟压载舱条件试验程序的详细步骤，包括试验条件、试验程序、验收标准和试验报告等。

附录A适用于不小于500 t的所有类型船舶专用海水压载舱保护涂层。

A.2 试验条件

A.2.1 试验期为180 d。

A.2.2 试验样板五块，每块样板尺寸为200 mm×400 mm×3 mm。

A.2.3 模拟压载舱条件试验装置——压载舱涂层试验波浪舱的技术要求和1[#]～4[#]试验样板放置情况如图A.1所示：

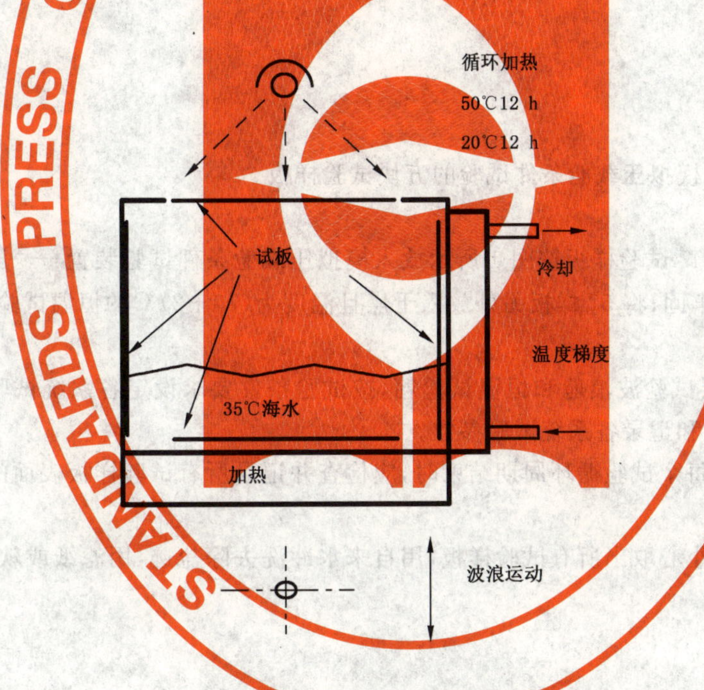

图 A.1 压载舱涂层试验波浪舱

A.2.4 模拟真实压载舱的条件，一个试验循环为二个星期装载天然或人工海水，一个星期空载。海水温度保持在(35±2)℃。

A.2.5 试验海水为符合GB/T 3097中第一类经过滤的天然海水或人工海水，人工海水配方见附录C（规范性附录）。

A.2.6 样板1[#]：模拟上甲板的状况，试板背部(50±2)℃/12 h加(20±2)℃/冷却12 h循环；试验样板周期性的用天然或人工海水泼溅，模拟船舶纵摇和横摇运动，泼溅间隔为3 s或更短；板上有划破涂层至底材的、横贯宽度的划线。

A.2.7 样板2[#]：固定锌牺牲阳极以评估阴极保护效果，锌牺牲阳极尺寸为ϕ20 mm×25 mm，锌牺牲阳极材料应符合附录D的要求；试验样板上距离阳极100 mm处开有直径为8 mm的至底材的圆形人工漏涂孔;试验样板循环浸泡在天然或人工海水中。

A.2.8 样板3#:背面冷却,形成一个大约为20℃温度梯度,以模拟一个压载舱的冷却舱壁;用天然或人工海水泼溅,模拟船舶纵摇和横摇运动,泼溅间隔为3s或更短;板上有划破涂层至底材的、横贯宽度的划线。

A.2.9 样板4#:用天然或人工海水循环泼溅,模拟船前后颠簸和摇摆的运动,泼溅间隔为3 s或更短;板上有划破涂层至底材的、横贯宽度的划线。

A.2.10 在样板3#和4#各焊上一条U型条(见图A.2),U型条距一条短边120 mm,距长边各80 mm。

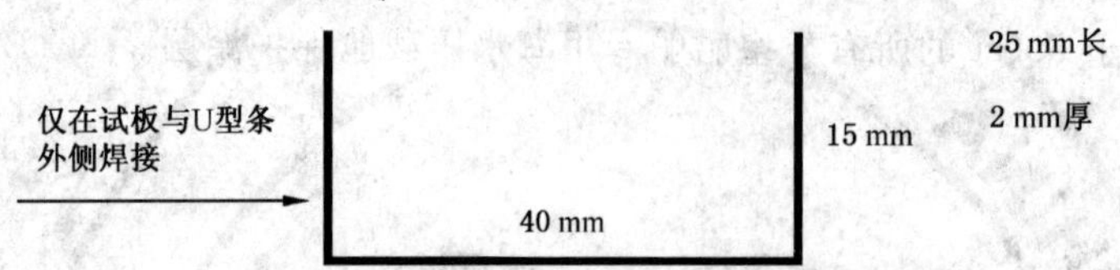

图 A.2 U型条

A.2.11 样板5#:模拟双层底加热的燃料舱和压载水舱之间的隔板,放在干燥且温度为(70±2)℃条件下暴露180 d。

A.3 试验程序

A.3.1 试验样板制备

按5.1～5.2要求制备模拟压载舱条件试验的五块试验样板。

A.3.2 试验样板放置

将已制备完成的1#～4#试验样板按图1所示放入模拟压载舱条件试验装置——压载舱涂层试验波浪舱中规定位置并固定牢固;将5#样板另外放入干燥且温度为(70±2)℃的恒温试验箱中。

A.3.3 试验

A.3.3.1 开启压载舱涂层试验波浪舱和恒温试验箱,按试验条件要求设定各系统试验运行参数。试验过程中应随时检查、调整和记录各系统试验参数。

A.3.3.2 试验过程中,在每个试验循环周期结束时,应检查并记录所有试验样板表面的锈蚀、起泡、开裂情况,必要时拍照片记录。

A.3.3.3 试验结束时,应小心取出所有试验样板,用自来水冲洗去除盐迹,用滤纸或软布擦干,必要时拍照片记录。

A.3.4 试验结果检测

A.3.4.1 起泡和锈蚀

按GB/T 1766规定的试验方法对1#～5#试验样板进行检测和评级。

A.3.4.2 针孔数量

采用90 V低压湿海绵针孔检测仪对1#～5#试验样板进行检测。

A.3.4.3 附着力和内聚力

按GB/T 5210中9.4.2规定的方法对1#～5#各试验样板进行检测。

A.3.4.4 阴极保护需要电流

按重量损失计算阴极保护需要电流。

A.3.4.5 阴极剥离

A.3.4.5.1 仔细检查2#样板涂层并记录漆膜起泡情况,若样板反面也涂装了受试涂料,那么也应对样板反面进行检查。按照GB/T 1766规定的评级标准,记录下样板的起泡等级及起泡与人造孔之间的距离。注意区分因人造孔所致的起泡及人造孔之外的起泡。

A.3.4.5.2　在人造孔处用锋利的小刀在基材与漆膜之间划两道痕（交叉于人造孔）以评估人造孔处漆膜附着力的降低情况。用小刀尽可能地把人造孔周围的漆膜剥起。记录下漆膜与基材的附着力是否降低，以及被剥离漆膜与人造孔之间的最大距离（mm）。

A.3.4.6　划痕附近的腐蚀蔓延

仔细检查 1#、3#、4# 样板划痕处附近涂层锈蚀、起泡、脱落情况，按照 GB/T 1766 规定的评级标准，记录下样板的锈蚀、起泡等级及与划痕处之间的距离（mm）。测量每块样板沿划痕两边的腐蚀蔓延并确定腐蚀蔓延的最大值，三个最大值的平均值作为验收值。

A.3.4.7　U 型条效应

仔细检查并记录焊接在 3#、4# 样板上的 U 型焊条的所有角落或焊缝处是否存在缺陷、开裂或剥离等情况。

A.4　验收标准

船舶压载舱漆涂层的模拟压载舱条件试验的试验结果应满足下表 A.1 要求。

表 A.1　验收标准

项　目	环氧基体系	非环氧基体系
起泡	0 级	0 级
锈蚀	0 级	0 级
针孔数量	0	0
附着力	＞3.5 MPa 基材和涂层间或各道涂层之间的脱开面积在 60%或以上	＞5.0 MPa 基材和涂层间或各道涂层之间的脱开面积在 60%或以上
内聚力	＞3.0 MPa 涂层中的内聚破坏面积在 40%或以上	＞5.0 MPa 涂层中的内聚破坏面积在 40%或以上
阴极保护需要电流	＜5 mA/m^2	＜5 mA/m^2
阴极保护；人工漏涂处的剥离	＜8 mm	＜5 mm
划痕附近的腐蚀蔓延	＜8 mm	＜5 mm
U 型条	若在角上或焊缝处有缺陷、开裂或剥离都将判定系统不合格	若在角上或焊缝处有缺陷、开裂或剥离都将判定系统不合格

A.5　试验报告

试验报告应包括下列内容：

a)　生产商名称。

b)　试验日期。

c)　涂料和底漆的产品名称/标识。

d)　批号。

e)　钢板表面处理的数据，包括：

——表面处理方式；

——水溶性盐含量；

——灰尘和磨料嵌入物。

f) 涂层体系涂装的数据,包括下列数据:

——车间底漆;

——涂层道数;

——涂装间隔;

——试验前的干膜厚度;

——稀释剂;

——气温、湿度、钢板温度。

g) 模拟压载舱条件试验的试验结果,包括:

——样板起泡;

——样板锈蚀;

——针孔数量;

——附着力;

——内聚力;

——按重量损失计算的阴极保护需要电流;

——阴极保护,人工漏涂处的剥离;

——划痕附近的腐蚀蔓延;

——U 型条。

h) 按验收标准判断的结果。

附 录 B
（规范性附录）
冷凝舱试验

B.1 适用范围

附录B提供了本标准第4章、第5章所涉及的冷凝舱条件试验程序的详细步骤，包括试验条件、试验程序、验收标准和试验报告等。

附录B适用于不小于500 t的所有类型船舶专用海水压载舱及船长150 m及以上散货船的双舷侧处所（非专用海水压载舱）的保护涂层。

B.2 试验条件

冷凝舱试验依据GB/T 13893标准进行，试验条件如下：

a） 暴露时间为180 d；

b） 两块试板，每块试板尺寸为150 mm×150 mm×3 mm；

c） 冷凝舱条件试验的试验装置技术要求和试验样板放置情况如图B.1所示：

图 B.1 冷凝舱试验

B.3 试验程序

B.3.1 按5.1、5.2要求制备冷凝舱试验的2块试验样板。

B.3.2 将已制备完成的样板按图B.1所示放入冷凝舱中规定位置。

B.3.3 开启冷凝试验舱，按试验条件要求设定各系统试验运行参数。试验过程中应随时检查并记录各系统试验参数的运行情况。

B.3.4 试验过程中，要定期检查并记录所有试验样板表面的锈蚀、起泡、开裂等情况，必要时应拍照片记录。

B.3.5 试验结束时，应小心取出所有试验样板，用滤纸或软布轻轻擦干，然后按下列规定试验方法进行试验结果检测。

B.3.5.1 起泡和锈蚀的检测

按GB/T 1766规定的试验方法进行检测和评级。

B.3.5.2 针孔数量的检测

采用 90 V 低压湿海绵针孔检测仪板进行检测。

B.3.5.3 附着力和内聚力的检测

按 GB/T 5210—2006 中 9.4.2 规定的方法进行检测。

B.4 验收标准

船舶压载舱漆涂层的冷凝舱试验的结果应满足表 B.1 要求。

表 B.1 验收标准

项　目	环氧基系统	非环氧基系统
起泡	0 级	0 级
锈蚀	0 级	0 级
针孔数量	0	0
附着力	>3.5 MPa 基材和涂层间或各道涂层之间的脱开面积在 60%或以上	>5.0 MPa 基材和涂层间或各道涂层之间的脱开面积在 60%或以上
内聚力	>3.0 MPa 涂层中的内聚破坏面积在 40%或以上	>5.0 MPa 涂层中的内聚破坏面积在 40%或以上

B.5 试验报告

试验报告应包括下列内容：

a) 生产商名称。

b) 试验日期。

c) 涂料和底漆的产品名称/标识。

d) 批号。

e) 钢板表面处理的数据，包括：

——表面处理方式；

——水溶性盐含量；

——灰尘和磨料嵌入物。

f) 涂层体系涂装的数据，包括下列数据：

——车间底漆；

——涂层道数；

——涂装间隔；

——试验前的干膜厚度；

——稀释剂；

——气温、湿度、钢板温度。

g) 压载条件试验的试验结果，包括：

——样板起泡；

——样板锈蚀；

——针孔数量；

——附着力；

——内聚力。

h) 按验收标准判断的结果。

附 录 C
（规范性附录）
人工海水配方

用下列分析纯级试剂溶于蒸馏水并稀释至总量为1 L：

24.53 g 氯化钠（$NaCl$）；

11.11 g 六水合氯化镁（$MgCl_2 \cdot 6H_2O$）；

4.09 g 无水硫酸钠（Na_2SO_4）；

1.16 g 无水氯化钙（$CaCl_2$）；

0.70 g 氯化钾（KCl）；

0.20 g 碳酸氢钠（$NaHCO_3$）；

0.10 g 溴化钾（KBr）。

附　录　D
（规范性附录）
牺牲阳极——锌合金的组成成分

合金中各成分的质量分数(%)：

铅	≤0.006
铁	≤0.005
钙	0.025～0.070
铜	≤0.005
铝	0.10～0.50
其他	≤0.10
锌(纯度 99.99%)	余下部分

ICS 87.040
G 50

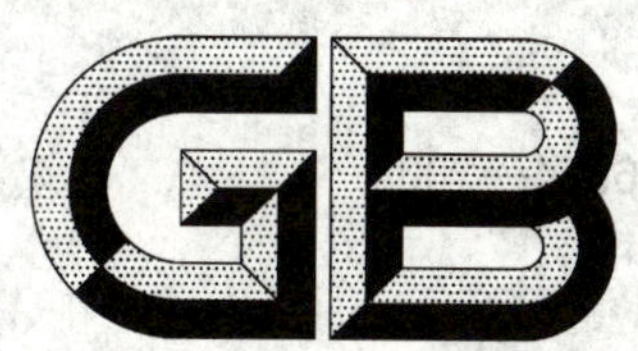

中华人民共和国国家标准

GB/T 6824—2008
代替 GB/T 6824—1986

船底防污漆铜离子渗出率测定法

Determination for release rate of cupper-ion for antifouling paint on ship bottom

2008-01-11 发布　　　　2008-07-01 实施

中华人民共和国国家质量监督检验检疫总局
中国国家标准化管理委员会　发布

前 言

本标准对应于 ISO 15181-2:2000《色漆和清漆——防污漆中杀菌剂渗出率的测定　第 2 部分:萃取液中铜离子浓度的测定和渗出率的计算》(英文版),与 ISO 15181-2:2000 的一致性程度为非等效。

本标准代替 GB/T 6824—1986《船底防污漆铜离子实海渗出率测定法》。

本标准与 GB/T 6824—1986 相比主要变化如下:

——增加规范性引用文件章节;

——用 ISO 15181 规定的原子吸收光谱法代替二乙氨基二硫代甲酸钠法测定铜离子的渗出率;

——测定范围由 0～50 μg/100 mL 改为 0～200 μg/L;

——用室内人造海水浸泡和渗析代替实海环境浸泡和天然海水渗析;

——试验周期用设定取样日代替逐月测试;

——试样基底用聚碳酸酯或聚甲基丙烯酸酯测试圆筒代替聚酯玻璃钢板,渗出液的制备方法用旋转测试代替振荡试验法。

本标准的附录 A 为资料性附录。

本标准由中国石油和化学工业协会提出。

本标准由全国涂料和颜料标准化技术委员会(SAC/TC 5)归口。

本标准起草单位:中国船舶重工集团公司第七二五研究所、中国化工建设总公司常州涂料化工研究院。

本标准主要起草人:姚敬华、金晓鸿、苏春海、叶章基、徐初琪、陈乃洪。

本标准于 1986 年 9 月首次发布,本次为第一次修订。

船底防污漆铜离子渗出率测定法

1 范围

本标准规定了用原子吸收光谱法测定以氧化亚铜为防污剂的防污漆在人造海水中铜离子的渗出率的试验装置、程序和方法。

本标准适用于以氧化亚铜为防污剂的船底防污漆。

2 规范性引用文件

下列文件中的条款通过本标准的引用而成为本标准的条款。凡是注日期的引用文件，其随后所有的修改单(不包括勘误的内容)或修订版均不适用于本标准，然而，鼓励根据本标准达成协议的各方研究是否可使用这些文件的最新版本。凡是不注日期的引用文件，其最新版本适用于本标准。

GB/T 3186—2006 色漆、清漆和色漆与清漆用原材料 取样(ISO 15528:2000,IDT)

GB/T 6682 分析实验室用水规格和试验方法(GB/T 6682—1992,neq ISO 3696:1987)

GB/T 7790—1996 防锈漆耐阴极剥离性试验方法

GB/T 13452.2 色漆和清漆 漆膜厚度的测定(GB/T 13452.2—1992,eqv ISO 2808:1974)

3 原理

将涂有防污漆的测试筒浸入装有人造海水的储存槽内，在一定的时间间隔，将各个测试筒转移到独立的装有相同人造海水的渗出率测试容器中进行旋转，旋转完毕后再放回储存槽。然后取渗出率测试容器中的渗出液(如有需要，可按要求进行萃取)，用原子吸收光谱法或能满足精度的现行有效的方法进行分析，得出渗出液中铜离子的浓度，计算出船底防污漆铜离子的渗出率。

4 试验装置

4.1 测试筒：聚甲基丙烯酸酯或聚碳酸酯圆筒，圆筒外直径 ϕ(65±5)mm，高 70 mm～100 mm，测试筒两头须用耐水材料密封，并在一端粘接一根连接杆，使之有足够的长度与旋转装置连接。

4.2 储存槽：使用惰性材料(聚碳酸酯等)制造，容积要求至少可浸入 4 个测试筒。储存槽内的人造海水应循环通过一个泵和过滤装置，以使人造海水中铜离子的浓度低于规定水平，如有需要，可增加泵或过滤装置的数量。循环水的出口与入口应设置在适当的位置，使水槽中的人造海水能以平缓且相对均匀、一致的流速流过测试筒，控制水温在(23±2)℃，pH 值为 7.8～8.2 之间，盐度为 3.0%～3.5%，见图 1。

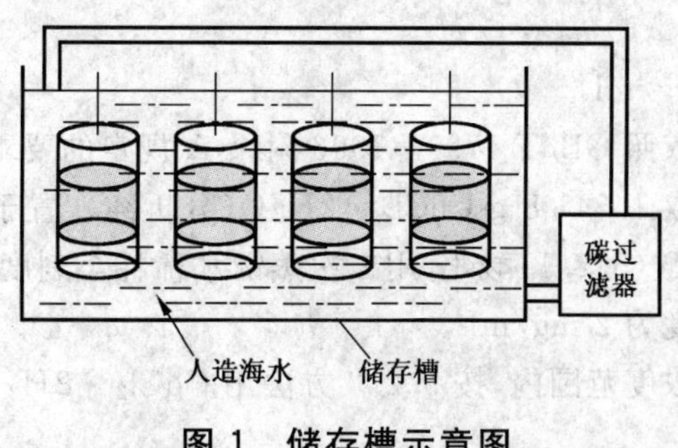

图 1 储存槽示意图

4.3 渗出率测试容器：容积为 1.8 L～2.2 L 的聚甲基丙烯酸酯或聚碳酸酯圆桶，直径 120 mm～150 mm，高 170 mm～210 mm，恒温(23±2)℃，用丙酮或二氯甲烷将 3 根直径 4 mm～8 mm 的聚甲基丙烯酸酯或聚碳酸酯圆棒均匀粘附于圆桶内壁，并高出水面 10 mm，作为缓冲装置，以防止测试筒旋转时海水产生漩涡，见图 2。

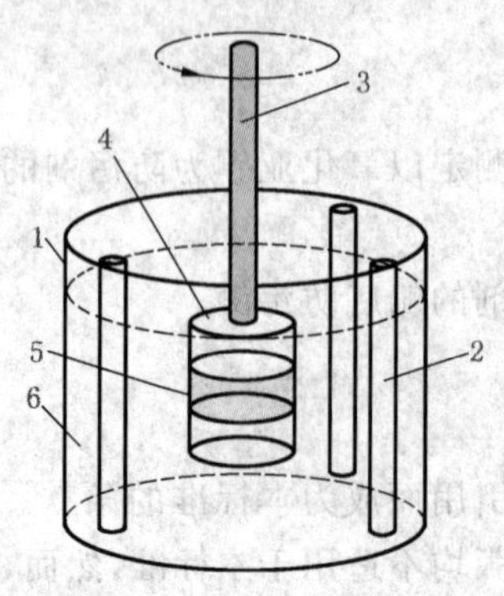

1——圆筒容器；

2——缓冲棒；

3——转轴；

4——测试筒；

5——涂漆区；

6——人造海水。

图 2　渗出率测试装置示意图

4.4 旋转装置：放置于渗出率测量容器正上方位置，用于旋转测试筒；转速为(60±5)r/min[(0.2±0.02)m/s]。旋转装置不能接触到人造海水。

4.5 恒温水浴箱：控制温度为(23±2)℃，可放入 1 个或多个渗出率测试容器。

4.6 原子吸收光谱仪：响应底限不大于 10 μg/L。

4.7 取样分配器：自动化取样。

4.8 容量瓶：有适宜的容积。

5 试剂和溶液配制

除特别注明外，所用试剂均为分析纯，并只能使用符合 GB/T 6682 规定的纯度至少为 3 级的水。

5.1 清洁试剂和溶液(用于清洁试验用品，要求使用如下溶液之一)

5.1.1 浓盐酸：密度约为 1.189 g/mL。

5.1.2 10%(体积分数)盐酸溶液或 10%(体积分数)硝酸溶液。

5.1.3 0.1 mol/L 盐酸溶液或 0.1 mol/L 碳酸氢钠溶液。

5.2 试验试剂和溶液

5.2.1 浓硝酸：密度约为 1.42 g/mL。

5.2.2 人造海水：人造海水应依照 GB/T 7790—1996 附录 A 规定的要求进行配制。

5.2.3 铜标准溶液Ⅰ：准确称取 1.341 8 g $CuCl_2 \cdot 2H_2O$(分析纯)，置于 250 mL 容量瓶中，用二次蒸馏水溶解，并加入 2.5 mL 浓硝酸(5.2.1)酸化，用二次蒸馏水稀释至刻度，得到稳定的铜离子标准储备液。此标准储备溶液铜离子浓度为 2 mg/mL。

5.2.4 标准校正溶液：在测试浓度范围内，按 5.2.3 方法用 $CuCl_2 \cdot 2H_2O$(分析纯)配制一个已知浓度的标准校正样品。

6 取样

按 GB/T 3186—2006 的规定取样。

7 试样制备

7.1 每个待测样品均制备 3 个平行试样。

7.2 将未涂漆的测试筒浸渍于浓盐酸(5.1.1)中 0.5 h,或任意一种酸溶液(5.1.2)中 6 h 进行清洗,以除去测试筒表面的污染物,再用二次蒸馏水进行清洗。将待涂装试验区的表面用 200 目的砂纸轻轻打磨以提高附着力。在涂装待测涂料前,应将打磨面上的灰尘清除干净。

7.3 将测试筒外表面底部及上端 1 cm~2 cm 处用胶带纸覆盖,并在测试筒中部准确预留一个面积为 100 cm^2 的环形试验区,在该试验区涂装待测涂料样品至规定厚度,漆膜需光滑完整(若使用刷涂,则在漆膜表面不能留有刷痕)。涂装完毕后,应在漆膜干透前揭去胶带纸。注意:应确保涂层不被损伤且胶带纸覆盖的空白部位未被涂料污染。

7.4 涂装好的测试筒应放置于温度(23±2)℃,相对湿度为(50±5)%的环境中不少于 7 d,或根据产品的技术要求进行干燥。

7.5 用无损检测法测量干膜厚度,测量方法按照 GB/T 13452.2,漆膜厚度要求达到 100 μm~200 μm。在渗出率测试试验过程中,若漆膜会损耗且其厚度会降至低于 50 μm,则应增加初始的漆膜厚度(注:有特殊要求的除外)。以待测涂料样品编号或名称对测试筒进行标识,记录。

7.6 按 7.2 制备一个空白测试筒。

7.7 若在同一组样品中有多种涂料,则在相同的测试时间和储存槽内,只需要使用一个空白测试筒。

8 浸泡试验

8.1 将试验用器具浸渍于浓盐酸(5.1.1)中 0.5 h,或任意一种酸溶液(5.1.2)中至少 6 h,进行彻底清洁,再用蒸馏水清洗,烘干,以清除试验用品上的污染物。储存槽及其他相关设备也需进行相应的清洁处理。

8.2 向储存槽中加入人造海水(5.2.2)并按 4.2 要求调节至稳定状态。

8.3 将试验测试筒和空白测试筒放入储存槽,在适宜位置固定,漆膜应完全浸渍于人造海水中,并使人造海水能从其四周匀速流过。

8.4 每隔 1 d 监测一次人造海水的温度和 pH 值,根据需要可使用 0.1 mol/L 的盐酸溶液或 0.1 mol/L的碳酸氢钠溶液(5.1.3)进行调节。

8.5 每隔 7 d 监测一次人造海水盐度,根据需要按要求进行调节。

8.6 在每个取样日(见 8.7,8.8),对人造海水取样并检测铜离子浓度,若铜离子浓度超过极限(见附录 A),则应更换过滤器。

8.7 在浸泡至第 1,3,7,10,14,21,24,28,31,35,38,42 和 45 天取样日时,取出测试筒放入渗出率测试容器中进行铜离子析取试验(见第 9 章)。

8.8 若测试时间需超过 45 d,则在其后的试验过程中至少每隔 7 d 进行一次铜离子析取试验直至铜离子渗出趋于平缓。

9 析取试验

9.1 试验前,所有试验用品需按 8.1 进行清洁。

9.2 在每个渗出率测试容器中装入 1 500 mL 新鲜人造海水,温度控制(23±2)℃。

9.3 从储存槽中取出测试筒,将其在空气中停顿约 10 s,使之不再有水滴滴下后放入装有至少 500 mL 人造海水的干净斜口烧杯中清洗 10 s,取出在空气中停顿 10 s 后,立刻放入渗出率测试容器中。将测试筒连接到旋转装置上，调节旋转装置以确定漆膜完全浸渍于人造海水中，即刻开始旋转。到达预定时间后(见附录A)，将测试筒取出放回储存槽。注意，在转移过程中，切勿触摸或刮伤漆膜，应避免漆膜变干。

9.4 用量筒量取 50 mL～100 mL 渗出率测试容器中的渗出液，以原子吸收光谱仪进行检测，得出渗出液中铜离子的浓度。

9.5 采用相同的方法制备空白溶液。

10 测试分析

10.1 标准曲线的绘制

10.1.1 标准参比溶液的配制

取 5 mL 铜标准溶液Ⅰ(5.2.3)于 1 000 mL 容量瓶中，用符合要求的蒸馏水定容至刻度，得铜标准溶液Ⅱ，此标准溶液铜离子浓度为 10 μg/mL。进行分析试验时，根据试验需求取铜标准溶液Ⅱ配制一组铜离子浓度适宜的标准参比溶液。以上溶液均应在使用当天配制。

10.1.2 仪器设置

10.1.2.1 将铜空心阴极灯安装在光谱仪(4.6)上，按仪器说明选定测定铜的最佳条件。为取得最大吸收，单色器波长应设置于 324.8 nm。

10.1.2.2 根据吸入器-燃烧器的特性，调节燃气与助燃气的流量，点燃火焰。调整仪器，使浓度最高的标准参比溶液吸光度达到最大值。

10.1.3 标准曲线

按仪器分析程序进行空白溶液(9.5)和标准参比溶液(10.1.1)的分析，得到以浓度为横坐标，以吸光度值为纵坐标的铜离子浓度标准曲线，并以标准校正溶液(5.2.4)进行验证测试，测试结果符合要求即可进行试验测定。

10.2 试验溶液测定

采用原子吸收光谱分析仪检测由第 9 章所得渗出液的铜离子浓度。若同一样品测试结果的相对标准偏差大于 10%，则放弃这一数据，重新取样进行分析。

10.3 计算

10.3.1 计算铜离子的渗出率，单位为 $\mu g/(cm^2 \cdot d)$。若 3 个平行样测试结果的相对标准偏差大于 20%，则应对检测过程进行复查，若有迹象表明其中之一的分析结果存在失误，则在计算过程中对此数据忽略不计，以其他两个试样的检测结果为准。

10.3.2 计算铜离子的平均渗出率[$\mu g/(cm^2 \cdot d)$]和 45 天(或 73 天)的累积渗出率[$\mu g/(cm^2 \cdot d)$]。

11 试验结果

11.1 渗出率测试容器中试验溶液的铜离子渗出浓度计算按式(1)：

$$\rho(\mathrm{Cu}) = (\rho_v \times F) - \rho_B \qquad \cdots\cdots (1)$$

式中：

$\rho(\mathrm{Cu})$——铜离子渗出浓度，单位为微克每升(μg/L)；

ρ_v——渗出液中铜离子的质量浓度，单位为微克每升(μg/L)；

ρ_B——人造海水空白溶液中铜离子的质量浓度，单位为微克每升(μg/L)；

F——渗出液样品的校正因子，$F=1.01$。

11.2 渗出率计算按式(2)：

$$R = \rho(\mathrm{Cu}) \times V \times 24/(t \times A) \qquad \cdots\cdots (2)$$

式中：

R——铜离子渗出率，单位为微克每平方厘米天[$\mu g/(cm^2 \cdot d)$]；

V——渗出率测试容器中人造海水的体积，单位为升(L)；

t——测试筒浸渍于渗出率测试容器中旋转的时间，单位为小时(h)；

A——漆膜表面积，单位为平方厘米(cm^2)。

若(2)式中溶液体积和漆膜测试面积采用的数值固定，则计算公式可简化为式(3)：

$$R = \rho(Cu) \times 1.5 \times 24 / (t \times 100) = \rho(Cu) \times 0.36/t \quad \cdots\cdots(3)$$

11.3 14天累积渗出率的计算按式(4)：

$$R_{14}^{0} = R_1 + 2R_3 + 4R_7 + 3R_{10} + 4R_{14} + [2(R_1 - R_3)/2] + [4(R_3 - R_7)/2] + [3(R_7 - R_{10})/2] + [4(R_{10} - R_{14})/2]$$

$$R_{14}^{0} = R_1 + [2(R_1 + R_3)/2] + [4(R_3 + R_7)/2] + [3(R_7 + R_{10})/2] + [4(R_{10} + R_{14})/2]$$

$$R_{14}^{0} = 2R_1 + 3R_3 + 7/2R_7 + 7/2R_{10} + 2R_{14} \quad \cdots\cdots(4)$$

式中：

R_{14}^{0}——14天的累积渗出率，单位为微克每平方厘米天[$\mu g/(cm^2 \cdot d)$]；

$R_{1,3,7\cdots}$——第1、3、7…天取样日的渗出率，单位为微克每平方厘米天[$\mu g/(cm^2 \cdot d)$]。

11.4 45天累积渗出率的计算公式如式(5)：

$$R_{45}^{0} = 2R_1 + 3R_3 + 7/2R_7 + 7/2R_{10} + 11/2R_{14} + 5R_{21} + 7/2R_{24} + 7/2R_{28} + 7/2R_{31} + 7/2R_{35} + 7/2R_{38} + 7/2R_{42} + 3/2R_{45} \quad \cdots\cdots(5)$$

式中：

R_{45}^{0}——45天的累积渗出率，单位为微克每平方厘米天[$\mu g/(cm^2 \cdot d)$]；

$R_{1,3,7\cdots}$——第1、3、7…天取样日的渗出率，单位为微克每平方厘米天[$\mu g/(cm^2 \cdot d)$]。

11.5 若试验进行至第73天，则73天累积渗出率的计算公式如式(6)：

$$R_{73}^{0} = 2R_1 + 3R_3 + 7/2R_7 + 7/2R_{10} + 11/2R_{14} + 5R_{21} + 7/2R_{24} + 7/2R_{28} + 7/2R_{31} + 7/2R_{35} + 7/2R_{38} + 7/2R_{42} + 5R_{45} + 7R_{52} + 7R_{59} + 7R_{66} + 7/2R_{73} \quad \cdots\cdots(6)$$

式中：

R_{73}^{0}——73天的累积渗出率，单位为微克每平方厘米天[$\mu g/(cm^2 \cdot d)$]；

$R_{1,3,7\cdots}$——第1、3、7…天取样日的渗出率，单位为微克每平方厘米天[$\mu g/(cm^2 \cdot d)$]。

11.6 通过平均第21天到最后一天(第45天或第73天)各取样日渗出率的测量值即可计算出防污涂料铜离子的平均渗出率($\mu g/cm^2 \cdot d$)。若第21天的渗出率测量值高于所计算出的平均渗出率，则可认为此时涂料中铜离子的渗出还未达到稳定状态。将第21天的渗出率测量值与其后直至最后一天各取样日的渗出率测量值进行比较，若标准偏差不小于2，则应将第21天的渗出率数据从平均值的计算中舍弃，并以同样的方法对第24天的渗出率数据进行评估。

11.7 绘制渗出率曲线：由各取样日的测定值绘制成试验样品的铜离子渗出率曲线图。

12 精密度

采用本标准试验方法对同一样品进行检测，不同实验室所得结果，在绝大多数情况时(95%的情况)的误差为：

——14天累积渗出率结果之差不大于10%；

——45天累积渗出率结果之差不大于14%；

——21天至45天的累积渗出率结果之差不大于23%。

13 试验报告

试验报告至少应包括下列内容：

——试验样品的型号和名称；

——注明标准编号或相应的方法；
——试验条件和试验日期；
——试验结果；
——试验单位。

附 录 A
（资料性附录）

表 A.1 对试验条件的补充说明

1	储存槽过滤器类别	选用螯合离子交换树脂（其可用于清除海水中的金属离子）和一个活性炭过滤器
2	初始海水中铜离子含量的极限	最大 10 μg/L
3	储存槽海水中铜离子含量的极限	最大 100 μg/L
4	旋转周期	在测试初期阶段，旋转周期可设置为 1 h；在随后的测试过程中，可根据实际情况对旋转周期进行调整以使渗出率测试容器中试验溶液铜离子的质量浓度保持在 100 μg/L～200 μg/L 范围内；在任何测试中若铜离子浓度超过这一范围则应将其记入最终的试验报告
5	涂层标准面积	100 cm^2

表 A.2 试验记录表格（推荐）

样品周期	浸渍时间/d	旋转时间/h	铜离子质量浓度/(μg/L)				铜离子平均渗出率/[μg/(cm^2·d)]	每个取样周期总渗出率/(μg/cm^2)	铜离子累积总渗出率/(μg/cm^2)
			1	2	3	平均值			
1	1								
2	3								
3	7								
4	10								
5	14								
6	21								
7	24								
8	28								
9	31								
10	35								
11	38								
12	42								
13	45								
14	至 73 天								

ICS 87.040
G 50

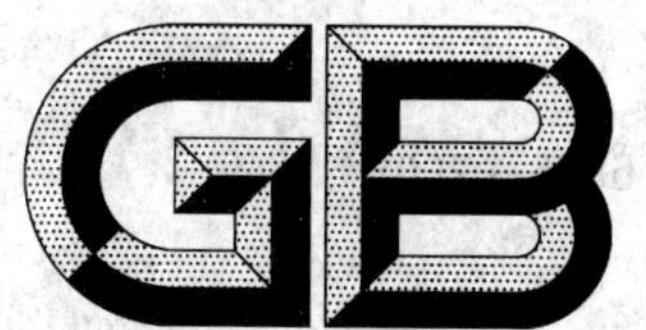

中华人民共和国国家标准

GB/T 6825—2008
代替 GB/T 6825—1986

船底防污漆有机锡单体渗出率测定法

Determination for release rate of organo-tin for antifouling paint on ship bottom

2008-01-11 发布　　2008-07-01 实施

中华人民共和国国家质量监督检验检疫总局
中国国家标准化管理委员会　发布

前　言

本标准代替 GB/T 6825—1986《船底防污漆有机锡单体实海渗出率测定法》。

本标准与 GB/T 6825—1986 相比有如下变化：

——增加规范性引用文件；

——用石墨炉原子吸收光谱法代替二苯硫巴腙化学分析法进行有机锡渗出率的分析；

——测定范围由 0～35 μg/100 mL 改为 0～200 μg/L；

——由室内人造海水浸泡和渗析代替实海环境浸泡和天然海水渗析；

——试验周期由设定取样日代替逐月测试；

——试样基底由聚碳酸酯或聚甲基丙烯酸酯测试圆筒代替聚酯玻璃钢板，渗出液的制备方法由旋转测试代替振荡试验。

本标准附录 A 为资料性附录。

本标准由中国石油和化学工业协会提出。

本标准由全国涂料和颜料标准化技术委员会(SAC/TC 5)归口。

本标准起草单位：中国船舶重工集团公司第七二五研究所、海洋化工研究院、中国化工建设总公司常州涂料化工研究院。

本标准主要起草人：姚敬华、金晓鸿、苏春海、叶章基、陈乃洪、徐初琪、钱叶苗、余刚。

本标准于 1986 年 9 月首次发布，本次为第一次修订。

船底防污漆有机锡单体渗出率测定法

1 范围

本标准规定了用石墨炉原子吸收光谱法测定以有机锡为防污剂的防污漆在人造海水中有机锡单体渗出率的试验装置、程序和方法。

本标准适用于以三丁基锡(TBT)为防污剂的船底防污漆。

2 规范性引用文件

下列文件中的条款通过本标准的引用而成为本标准的条款。凡是注日期的引用文件,其随后所有的修改单(不包括勘误的内容)或修订版均不适用于本标准,然而,鼓励根据本标准达成协议的各方研究是否可使用这些文件的最新版本。凡是不注日期的引用文件,其最新版本适用于本标准。

GB/T 3186—2006 色漆、清漆和色漆与清漆用原材料 取样(ISO 15528:2000,IDT)

GB/T 6682 分析实验室用水规格和试验方法(GB/T 6682—1992,neq ISO 3696:1987)

GB/T 7790—1996 防锈漆耐阴极剥离性试验方法

GB/T 13452.2 色漆和清漆 漆膜厚度的测定(GB/T 13452.2—1992,eqv ISO 2808:1974)

3 原理

将涂有防污漆的测试筒浸入装有人造海水的储存槽内,在一定的时间间隔后,把测试筒从储存槽中取出,放入独立的装有相同人造海水的渗出率测试容器中旋转,旋转完毕后再放回储存槽。然后取一定量渗出率测试容器中的渗出液,经有机溶剂萃取和3% NaOH溶液洗涤后,用石墨炉原子吸收光谱法或能满足精度的现行有效的方法测定有机相中锡的含量,分析计算出渗出液中有机锡单体的浓度,由此计算出船底防污漆有机锡单体的渗出率。

4 仪器和设备

4.1 测试筒:聚甲基丙烯酸酯或聚碳酸酯圆筒,圆筒外直径 ϕ(65±5) mm,高 130 mm ~150 mm;测试筒两头须用耐水材料密封,并在一端粘接一根连接杆,使之有足够的长度与旋转装置连接。

4.2 储存槽:使用惰性材料(聚碳酸酯等)制造,容积要求至少可浸入4个测试筒。储存槽内的人造海水应循环通过一个泵和过滤器装置,水流量的设定及过滤器型号的选择必须满足保持人造海水中TBT的含量低于100 μg/L的要求,如有需要,可增加泵或过滤装置的数量。水流量通常设定为:2~8次循环/h。循环水的出口与入口应设置在适当的位置,使水槽中的人造海水能以平缓且相对均匀、一致的流速流过测试筒,人造海水的pH值控制在7.8~8.2之间,盐度为3.0%~3.5%,水槽应装备加热器以控制水温在(23±2) ℃之间,见图1。

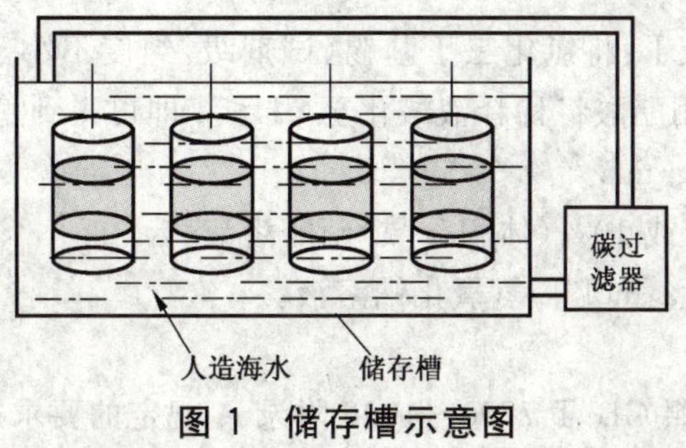

图1 储存槽示意图

4.3 渗出率测试容器：容积为 1.8 L～2.2 L 的聚甲基丙烯酸酯或聚碳酸酯圆桶，直径 120 mm～150 mm，高 170 mm～210 mm，恒温(23±2) ℃，用丙酮或二氯甲烷将 3 根直径 4 mm～8 mm 的聚甲基丙烯酸酯或聚碳酸酯圆棒均匀粘附于圆桶内壁，并高出水面 10 mm，作为缓冲装置，以防止测试筒旋转时海水产生漩涡，见图 2。

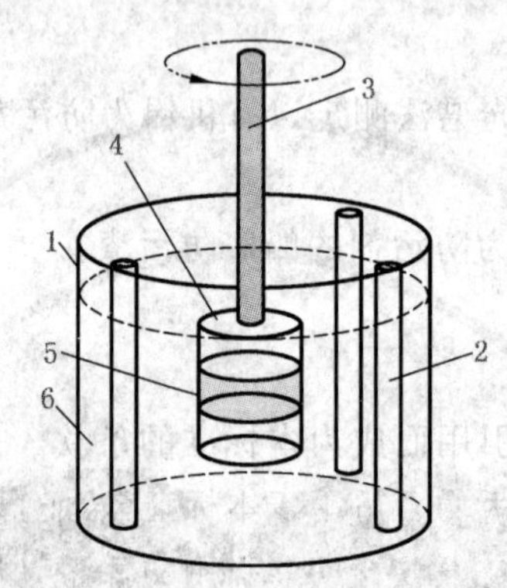

1——圆筒容器；
2——缓冲棒；
3——转轴；
4——测试筒；
5——涂漆区；
6——人造海水。

图 2 渗出率试验装置示意图

4.4 测试筒旋转装置：放置于渗出率测试容器正上方位置，用于旋转测试筒；转速为(60±5) r/min [(0.2±0.02) m/s]。旋转装置不能接触到人造海水。

4.5 恒温水浴箱：控制温度为(23±2) ℃，可放入 1 个或多个渗出率测试容器。

4.6 离心机管(或容量瓶、培养管、分液漏斗等)：容量 50 mL，须用聚碳酸酯、聚四氟乙烯或硼硅酸盐玻璃制造。

4.7 机械振荡器。

4.8 取样分配器：自动化取样。

4.9 石墨炉原子吸收光谱仪(GF-AAS)。

4.10 pH 计：使用 Hg/HgCl 电极。

5 试剂及配制

除特别注明外，所用试剂均为分析纯，并只能使用符合 GB 6682 规定的纯度至少为 3 级的水。

5.1 萃取溶剂：甲苯，光谱纯。

5.2 三丁基锡(TBT)标准溶液Ⅰ：将氯化三丁基锡(试剂级，纯度不小于 96%)溶于甲醇，制备锡浓度为 10 mg/L 的甲醇稀释液，再用醋酸将稀释液酸化至 pH≤4 即可得到稳定的标准储备液。

5.3 浓盐酸：密度约为 1.189 g/mL。

5.4 10%(体积分数)盐酸溶液或 10%(体积分数)硝酸溶液。

5.5 0.1 mol/L 盐酸溶液或 0.1 mol/L 氢氧化钠溶液。

5.6 氢氧化钠溶液：30 g/L。

5.7 人造海水：人造海水应依照 GB/T 7790—1996 附录 A 规定的要求进行配制。

6 取样

按 GB/T 3186—2006 的规定取样。

7 试样制备

7.1 每个待测样品均制备 3 个平行试样。

7.2 将未涂漆的测试筒浸渍于浓盐酸(5.3)中 0.5 h,或任意一种酸溶液(5.4)中 6 h 进行清洗,以除去测试筒表面的污染物,再用二次蒸馏水进行清洗。将待涂装试验区的表面用 200 目的砂纸轻轻打磨以提高附着力。在涂装涂料前,应将磨砂面上的灰尘清除干净。

7.3 将测试筒外表面底部及上端 1 cm～2 cm 处用胶带纸覆盖,并在测试筒中部准确预留一个面积为 200 cm^2 的环形试验区,在该试验区涂装待测涂料样品至规定厚度,漆膜需光滑完整(若使用刷涂,则在漆膜表面不能留有刷痕)。涂装完毕后,应在漆膜干透前揭去胶带纸。注意:应确保涂层不被损伤且胶带纸覆盖的空白部位未被涂料污染。

7.4 涂装好的测试筒应放置于温度(23±2) ℃,相对湿度为(50±5)%的环境中不少于 7 d,或根据产品的技术要求进行干燥。

7.5 采用无损测试法检测干膜的厚度,测量方法按照 GB/T 13452.2,最小干膜厚度应达到 100 μm。若渗出率测试的试验期超过 6 个月,则须测量漆膜厚度并记录于试验报告中。测试过程中必须保证漆膜厚度大于 50 μm,据此要求可根据实际情况相应增加初始的漆膜厚度(注:有特殊要求的除外)。以待测涂料样品编号或名称对测试筒进行标识,记录。

7.6 按 7.2 的要求制备一个空白测试筒。

7.7 若在同一组样品中有多种涂料,则在相同的时间和储存槽内,只需要使用一个空白测试筒。

8 浸泡试验

8.1 用于有机锡渗出率测试的所有试验用品均须进行如下处理:浸渍于浓盐酸(5.3)中 0.5 h,或任意一种酸溶液(5.4)中 6 h 进行清洗,再用蒸馏水清洗,烘干。

8.2 向储存槽中加入人造海水(5.7),并按 4.2 要求调节至稳定状态。

8.3 将涂装好的测试筒和空白测试筒放入储存槽,并固定在储存槽中适宜的位置,漆膜必须完全浸渍于人造海水中,人造海水应能均匀流过其四周。

8.4 每隔 1 天监测一次储存槽中人造海水的温度和 pH 值,若有需要,可用 0.1 mol/L 的盐酸或 0.1mol/L 的氢氧化钠溶液(5.5)调节 pH 值;每 14 天检测一次盐度并进行调控;每 7 天检测一次有机锡单体的浓度,当人造海水中有机锡单体含量升高,按照附录 A 的规定,在其浓度超过 100 μg/L 前应更换过滤器。若有特殊要求,可对人造海水进行更高频率的监控。

8.5 在浸渍时间达到 1 d,3 d,7 d,10 d,14 d,21 d,24 d,28 d,31 d,35 d,38 d,42 d 和 45d 取样日时,取出测试筒进行有机锡析取试验(见第 9 章)。

8.6 若测试时间超过 45 d,则试验须延长至 73 d。在延长期内,每隔 3 d～4 d 进行一次渗出率的测定。

9 析取试验

9.1 试验前,所有试验用品需按 8.1 进行清洁。

9.2 将测试筒转移至装有 1500 mL 新鲜人造海水的渗出率测试容器中。将测试筒转移至渗出率测试容器前,先将其在空气中停顿约 10 s,使之不再有水滴滴下后放入装有至少 500 mL 人造海水的干净斜口烧杯中清洗 10 s,取出在空气中停顿 10 s 后,再立刻放入渗出率测试容器。将测试筒连接到旋转装置上,调节旋转装置以确定漆膜完全浸渍于人造海水中,控制水温(23±2) ℃,即刻以(60±5) r/min 的速度旋转测试筒。到达预定时间后(见附录 A),将测试筒取出放回储存槽。注意,在转移过程中,切勿触摸或刮伤漆膜，应避免漆膜变干。

9.3 用移液管取 25 mL 渗出率测试容器中的渗出液样品至 50 mL 离心管中，管内须装有适量的 10% 盐酸溶液(5.4)以确保渗出液样品的 pH≤4.0。若待测试样的数量超过每天的检测量或由于其他原因使分析试验需在间隔一段时间后进行，则未测样品应放置于 2 ℃～4 ℃的黑暗密闭环境中直到分析试验前，放置时间最长不能超过 14 d。分析试验开始时，溶液的温度应恢复为室温。

9.4 用 10 mL 甲苯(5.1)萃取已酸化的渗出液样品(上振荡器振荡 15 min)，取出甲苯萃取液，用 5 mL 氢氧化钠溶液(5.6)振荡洗涤 10 min。以移液管或分液漏斗进行分离，取出有机相，用石墨炉原子吸收光谱仪进行锡含量的测定。分析前，甲苯萃取液应储存于密闭容器中，在 4 ℃的黑暗处放置不超过 24 h。

9.5 采用相同的方法制备空白溶液。

10 测试分析

10.1 标准溶液配制

10.1.1 三丁基锡(TBT)标准溶液Ⅱ：准确量取三丁基锡(TBT)标准溶液Ⅰ(5.2)1 mL 于 100 mL 容量瓶中，用甲苯稀释至刻度，得到含锡量为 100 μg/L 的三丁基锡(TBT)标准溶液Ⅱ。

10.1.2 根据试验需求取三丁基锡(TBT)标准溶液Ⅱ(10.1.1)用甲苯配制一组锡浓度适宜的标准参比溶液。

10.1.3 用三丁基锡(TBT)标准溶液Ⅱ(10.1.1)制备 3 个已知浓度的标准校正溶液，其中一个样品的锡质量浓度必须为 50μg/L。

10.1.4 示踪溶液的配制：用三丁基锡(TBT)标准溶液Ⅱ(10.1.1)制备 3 份锡含量在 10 μg/L～50 μg/L范围内的已知浓度样品，将其加入到 25 mL 空白渗出液(9.5)中进行萃取、分析。

以上溶液均应在使用当天配制。

10.2 分析步骤

10.2.1 仪器设置：按仪器使用说明调整石墨炉，调节干燥、预灰化、灰化和雾化时间，循环使仪器达到最佳条件。以锡空心阴极灯为光源测定锡的含量，单色器波长应设置于 286.3 nm。

10.2.2 标准曲线：按仪器分析程序进行空白溶液(9.5)和标准参比溶液(10.1.2)的分析，得到以浓度为横坐标，以吸光度值为纵坐标的有机锡单体浓度标准曲线，并以标准校正溶液(10.1.3)进行验证测试，测试结果符合要求即可进行试验测定。

10.2.3 试验溶液测定：采用石墨炉原子吸收光谱仪检测甲苯萃取液中锡的浓度。若同一样品测试结果的相对偏差大于 10%，则放弃这一数据，重新取样进行分析。

10.2.4 萃取并分析测试示踪溶液(10.1.4)样品以评估萃取效率，确定试验萃取回收率达到 90%～110%。

10.3 计算

10.3.1 由锡的质量浓度换算三丁基锡单体的渗出率，单位为 $\mu g/(cm^2 \cdot d)$。若 3 个平行样测试结果的相对标准偏差大于 20%，则应对检测过程进行复查，若有迹象表明其中之一的分析结果存有失误，则在计算过程中对此数据忽略不计，以其他两个试样的检测结果为准。

10.4 计算三丁基锡单体的平均渗出率[$\mu g/(cm^2 \cdot d)$]和 45 天(或 73 天)的累积渗出率[$\mu g/(cm^2 \cdot d)$]。

11 试验结果

11.1 渗出液中三丁基锡单体质量浓度的计算按式(1)：

$$\rho(\text{TBT}) = (\rho(\text{Sn}) \times V \times F)/V' \quad \cdots\cdots(1)$$

式中：

$\rho(\text{TBT})$——三丁基锡单体质量浓度，单位为微克每升(μg/L)；

$\rho(Sn)$——甲苯萃取液中锡质量浓度，单位为微克每升(μg/L)；

V——甲苯体积，$V=10$ mL；

F——锡与三丁基锡单体转换的修正因子，$F=2.5$；

V'——分析海水的总量，$V'=25$ mL。

当分析用海水与甲苯萃取液体积不变时，式(1)可简化为式(2)：

$$\rho(TBT)=(\rho(Sn)\times 10\times 2.5)/25=\rho(Sn) \qquad \cdots\cdots(2)$$

11.2 三丁基锡单体渗出率的计算按式(3)：

$$R=(\rho(TBT)\times V\times 24)/(t\times A) \qquad \cdots\cdots(3)$$

式中：

R——三丁基锡单体的渗出率，单位为微克每平方厘米天[$\mu g/(cm^2\cdot d)$]；

V——渗出率测试容器中人造海水的体积，单位为升(L)，$V=1.5$ L；

t——测试筒浸渍于渗出率测试容器中旋转的时间，单位为小时(h)；

A——漆膜表面积，单位为平方厘米(cm^2)，$A=200$ cm^2。

若式(3)中溶液体积和漆膜测试面积采用的数值固定，则计算公式可简化为式(4)：

$$R=\rho(Sn)\times 1.5\times 24/t\times 200=\rho(Sn)\times 0.18/t \qquad \cdots\cdots(4)$$

11.3 三丁基锡单体14天累积渗出率的计算按式(5)：

$$R_{14}^{0}=R_1+(2\times R_3)+(4\times R_7)+(3\times R_{10})+(4\times R_{14}) \qquad \cdots\cdots(5)$$

式中：

R_{14}^{0}——三丁基锡单体14天累积渗出率，单位为微克每平方厘米天[$\mu g/(cm^2\cdot d)$]；

R_1,R_3,R_7,R_{10}和R_{14}——第1,3,7,10,14天取样日的渗出率测量值，单位为微克每平方厘米天[$\mu g/(cm^2\cdot d)$]。

11.4 通过平均第21天到最后一天(第45天或第73天)各取样日三丁基锡单体渗出率的测量值即可计算出防污涂料中三丁基锡单体的平均渗出率[$\mu g/(cm^2\cdot d)$]。若第21天的渗出率测量值高于所计算出的平均渗出率，则可认为此时涂料中三丁基锡单体的渗出还未达到稳定状态。将第21天的渗出率测量值与其后直至最后一天各取样日的渗出率测量值进行比较，若标准偏差不小于2，则应将第21天的渗出率数据从平均值的计算中清除，并以同样的方法对第24天的渗出率数据进行评估。

11.5 绘制渗出率曲线：由各取样日的渗出率测定值绘制试验样品的三丁基锡单体渗出率曲线图。

12 试验报告

试验报告至少应包括下列内容：

——试验样品的型号和名称；

——注明本国家标准编号或相应的方法；

——试验条件和试验日期；

——试验结果；

——试验单位。

附　录　A
（资料性附录）

表 A.1　对试验条件的补充说明

1	储存槽过滤器类别	选用螯合离子交换树脂（可用于清除海水中的金属离子）和一个活性炭过滤器
2	初始海水中有机锡单体含量的极限	最大 10 μg/L
3	储存槽海水中有机锡单体含量的极限	最大 100 μg/L
4	旋转周期	在测试初期阶段，旋转周期可设置为 1 h。在随后的测试过程中，可根据实际情况对旋转周期进行调整以使渗出率测量容器中渗出液有机锡单体的质量浓度保持在 100 μg/L～200 μg/L 范围内。在任何测试中若有机锡单体浓度超过这一范围则应将其记入最终的试验报告
5	涂层标准面积	200 cm^2

表 A.2　试验记录表格（推荐）

样品周期	浸渍时间/d	旋转时间/h	锡质量浓度/(μg/L)				有机锡单体平均渗出率/[μg/(cm^2·d)]	每个取样周期总渗出率/(μg/cm^2)	有机锡单体累积总渗出率/(μg/cm^2)
			1	2	3	平均值			
1	1								
2	3								
3	7								
4	10								
5	14								
6	21								
7	24								
8	28								
9	31								
10	35								
11	38								
12	42								
13	45								
14	至 73 天								

ICS 29.120.50
K 31

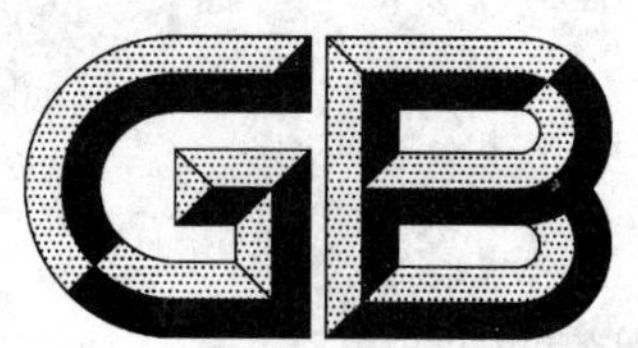

中华人民共和国国家标准化指导性技术文件

GB/Z 6829—2008
代替 GB 6829—1995

剩余电流动作保护电器的一般要求

General requirements for residual current operated protective devices

(IEC/TR 60755:2008, MOD)

2008-12-30 发布　　2009-10-01 实施

中华人民共和国国家质量监督检验检疫总局
中国国家标准化管理委员会　发布

ICS 29.120.50
K 31

中华人民共和国国家标准化指导性技术文件

GB/Z 6829—2008
代替 GB/T 6829—1995

剩余电流动作保护电器的一般要求

General requirement for residual current operated protective devices

(IEC/TR 60755:2008, MOD)

2008-12-30 发布　　2009-10-01 实施

中华人民共和国国家质量监督检验检疫总局
中国国家标准化管理委员会　发布

前 言

本指导性技术文件修改采用 IEC/TR 60755:2008(第 2 版)《剩余电流动作保护电器的一般要求》(英文版)。

本指导性技术文件与 IEC/TR 60755:2008 的主要差异如下:

——IEC/TR 60755:2008 在引言及有关部分中说明主要给技术委员会在起草剩余电流动作保护电器标准时使用。本指导性技术文件规定主要给技术委员会和有关单位使用,即制造商也可根据本指导性技术文件及相应的国家标准起草企业标准。

——IEC/TR 60755:2008 规定可作为指导额定电压不超过交流 1 000V 的剩余电流保护电器,本指导性技术文件规定可用来指导额定电压不超过交流 1 200V 的剩余电流保护电器。

——本指导性技术文件增加了 4.1 根据动作方式分类,IEC/TR 60755:2008 规定按相关产品标准的规定。

——本指导性技术文件增加了根据有无自动重合闸分类,并增加了附录 C。

——本指导性技术文件对额定电压优先值增加了 220 V 和 380 V 等级,额定电流优先值增加了 800 A 等级。

——本指导性技术文件在 5.4.12.2 中,明确规定延时型仅适用于 $I_{\Delta n}>0.03$ A 的剩余电流保护电器,因而在其他有关的部分也作了相应的修改。

——对试验装置的标志和闭合和断开位置的标志,本指导性技术文件增加了可用相应的中文字表示。

——本指导性技术文件增加了动作功能与电源电压有关的 RCD 的附加要求,并规定了 $I_{\Delta n}\leqslant0.03$ A 的剩余电流保护电器,在电源电压降低到 50 V(相对地电压)时,如出现大于或等于额定剩余动作电流的剩余电流应能自动动作。

本指导性技术文件替代 GB 6829—1995。

本指导性技术文件与 GB 6829—1995 相比,主要变化如下:

——GB 6829—1995 为强制性标准;

——GB 6829—1995 可以独立作为相关剩余电流保护电器产品的标准使用,本指导性技术文件,仅规定了剩余电流保护电器与剩余电流保护功能有关的主要性能要求及相应的试验项目,具体的试验方法及相应的试验程序由相关产品标准规定,因而不能作为独立的标准使用。与剩余电流保护无关的功能均由相关功能的产品标准规定。

本指导性技术文件的附录 A 和附录 B 为资料性附录,附录 C 为规范性附录。

本指导性技术文件由中国电器工业协会提出。

本指导性技术文件由全国低压电器标准化技术委员会(SAC/TC 189)归口。

本指导性技术文件负责起草单位:上海电器科学研究所(集团)有限公司。

本指导性技术文件参加起草单位:浙江正泰电器股份有限公司、南京电力高等专科学校附属工厂、施耐德电气(中国)投资有限公司、人民电器集团有限公司、西门子线路保护系统有限公司、常熟开关制造有限公司、德力西电气有限公司、环宇集团有限公司、上海安科瑞电气有限公司。

本指导性技术文件主要起草人:周积刚、龚骏昌、陈颖。

本指导性技术文件参与起草人:萧红卫、周敏跃、谢 娟、高文乐、胡宏宇、周建兴、黄蓉蓉、郑士泉、李丽芳、周中。

本指导性技术文件所代替标准的历次版本发布情况为:

——GB 6829—1986、GB 6829—1995。

引　言

剩余电流动作保护电器主要用来对危险的并且可能致命的电击提供防护，以及对持续接地故障电流引起的火灾危险提供防护。

本指导性技术文件规定了这类电器的动作特性。在GB 16895系列标准《建筑物电气装置》的各个部分中详细规定了应如何安装剩余电流动作保护电器，以便达到要求的保护水平。

本指导性技术文件主要给技术委员会和有关单位在起草剩余电流动作保护电器标准时使用。本指导性技术文件不作为一个独立的标准使用，例如单独作为认证标准用。

本指导性技术文件是按剩余电流动作保护电器的导向功能来起草。

电击危险保护有两种基本状况：故障保护（间接接触）和基本保护（直接接触）。

故障保护是指该电器用来防止电气装置可触及的金属部件上持续的危险电压，这些金属部件是接地的，但在接地故障情况下会变成带电。

在这种情况下，危险不是来自于使用者与带电的导电部件直接接触，而是来自于与接地的金属部件接触，而接地金属部件本身与带电的导电部件接触。

剩余电流动作保护电器的主要功能或基本功能是提供故障防护，但具有足够灵敏度的电器（例如：剩余动作电流不超过30 mA的剩余电流动作保护电器）还有一个附加的好处：即使其他防护措施失效，该电器对与带电的导电部件直接接触的使用者能提供保护。

因此在本指导性技术文件中给出的动作特性是基于这样的要求，该要求本身是依据GB/T 13870《电流对人和家畜的效应》中包含的资料。

这些电器也能对过电流保护电器不动作而长期持续的接地故障电流产生的火灾危险提供保护。

剩余电流动作保护电器的一般要求

1 范围

本指导性技术文件的技术要求适用于额定电压不超过交流440V,主要用于电击危险保护的剩余电流动作保护电器(以下称为剩余电流保护电器,简称 RCD)。本指导性技术文件的技术要求作为技术委员会和有关单位起草产品标准时使用,并且只有在与相关标准组合时或在相关标准中引用时才适用。本指导性技术文件不作为一个独立标准使用,例如单独作为认证标准用。

注 1:本指导性技术文件也可用来指导额定电压不超过交流 1 200V 的剩余电流保护电器,在起草相关产品标准时其性能要求由制造厂和用户协商确定。

本指导性技术文件适用于:

——检测剩余电流(见 3.3.2),将其同基准值(见 3.3.3)相比较,以及当剩余电流超过该基准值断开被保护电路(见 3.3.4)的单一电器;

——组合电器,其每个部分分别执行上述一个或二个功能,但是一起作用以完成所有三个功能。对预期仅完成上述三个功能中一个或二个功能的电器,可能需要特殊的技术要求。

本指导性技术文件适用于第 7 章规定的条件。对于其他条件,可能需要补充技术要求。

根据 GB/T 17045 和 GB 16895.21,剩余电流保护电器通过自动切断电源来防止人和牲畜由于触及外露的导电部件而产生的电击的有害影响。

注 2:上述"有害影响"包括发生心脏纤维性颤动的危险。

根据 GB 16895.4,额定剩余动作电流不超过 300 mA 的剩余电流保护电器也可以对持续接地故障电流引起的火灾危险提供防护。

根据 GB 16895.21,额定剩余动作电流不超过 30 mA 的剩余电流保护电器也可以在基本保护措施失效或者电气装置或设备使用者疏忽的情况下,提供附加保护。

对于能够执行附加功能的剩余电流保护电器,本指导性技术文件与包含附加功能的相关标准一起适用,例如:当剩余电流保护电器与断路器组合时,应符合相应的断路器标准。

对下列情况可能需要补充的或者特定的技术要求,例如:

——由非专业人员使用的剩余电流保护电器;

——与剩余电流保护电器组合的插座、插头、适配器和连接器。

本指导性技术文件规定:

——剩余电流保护电器使用的术语和定义(第 3 章);

——剩余电流保护电器的分类(第 4 章);

——剩余电流保护电器的特性(第 5 章);

——动作值和影响量的优选值(5.4);

——剩余电流保护电器的标志和信息(第 6 章);

——使用和安装的标准工作条件(第 7 章);

——结构和操作的要求(第 8 章);

——最少试验要求明细表(第 9 章)。

注 3:除了上述提及的以外,用于特定场合(例如:电动机保护)的具有剩余电流功能的电器不包括在本指导性技术文件内。

2 规范性引用文件

下列文件中的条款通过本指导性技术文件的引用而成为本指导性技术文件的条款。凡是注日期的引用文件,其随后所有的修改单(不包括勘误的内容)或修订版均不适用于本指导性技术文件,然而,鼓励根据本指导性技术文件达成协议的各方研究是否可使用这些文件的最新版本。凡是不注日期的引用文件,其最新版本适用于本指导性技术文件。

GB/T 156—2007 标准电压 (IEC 60038:2002, MOD)

GB/T 2900.18—2008 电工术语 低压电器

GB/T 2900.70—2008 电工术语 电器附件(IEC 60050-442:1998, IDT)

GB 13140.1—1997 家用和类似用途低压电路用的连接器件 第1部分:通用要求 (idt IEC 60998-1:1990)

GB 16895.4—1997 建筑物电气装置 第5部分:电气设备的选择和安装 第53章:开关设备和控制设备 (idt IEC 60364-5-53:1994)

GB 16895.21—2004 建筑物电气装置 第4-41部分:安全防护 电击防护(IEC 60364-4-41:2001, IDT)

GB/T 17045—2008 电击防护 装置和设备的通用部分 (IEC 61140:2001, IDT)

IEC 60050-411:1996 国际电工词汇 第411部分:旋转机械

IEC 60050-426:1990 国际电工词汇 第426部分:用于易爆环境中的电气器具

IEC 60050-471:2007 国际电工词汇 第471部分:绝缘体

IEC 60364-5-53 建筑物电气装置 第5-53部分:电气设备的选择和安装 隔离、开关和控制设备

3 术语和定义

GB/T 2900.18—2008、GB/T 2900.70—2008、GB 13140.1、IEC 60050-411、IEC 60050-426、IEC 60050-471 和 IEC 60364-5-53 规定的术语和定义以及下列术语和定义适用于本指导性技术文件。

3.1 关于从带电部件流入大地电流的定义

3.1.1

接地故障电流 earth fault current

由于绝缘故障而流入大地的电流。

3.1.2

对地泄漏电流 earth leakage current

无绝缘故障,从设备的带电部件流入大地的电流。

3.1.3

脉动直流电流 pulsating direct current

在每一个额定工频周期内,用角度表示至少为150°的一段时间间隔内电流值为0或不超过直流0.006 A的脉动波形电流。

3.1.4

电流滞后角 current delay angle

α

通过相位控制,使电流导通的起始时刻滞后的用角度表示的时间。

3.1.5

平滑直流电流 smooth direct current

没有波纹的直流电流。

注:当波纹系数小于10%时,可以认为电流没有波纹。

3.2 关于剩余电流保护电器激励的定义

3.2.1

剩余电流 residual current

I_{Δ}

流过剩余电流保护电器主回路的电流瞬时值的矢量和(用有效值表示)。

3.2.2

剩余动作电流　residual operating current

使剩余电流保护电器在规定条件下动作的剩余电流值。

3.2.3

剩余不动作电流　residual non-operating current

在该电流或低于该电流时，剩余电流保护电器在规定条件下不动作的剩余电流值。

3.3　关于剩余电流保护电器动作和功能的定义

3.3.1

剩余电流保护电器　residual current device；RCD

在正常运行条件下能接通、承载和分断电流，以及在规定条件下当剩余电流达到规定值时能使触头断开的机械开关电器或组合电器。

3.3.2

检测　detection

感知剩余电流存在的功能。

3.3.3

判别　evaluation

当检测的剩余电流超过规定的基准值时，使剩余电流保护电器可能动作的功能。

3.3.4

断开　interruption

使得剩余电流保护电器的主触头从闭合位置转换到断开位置，从而切断其流过的电流的功能。

3.3.5

开关电器　switching device

用以接通和分断一个或几个电气回路中电流的装置。

3.3.6

剩余电流保护电器的自由脱扣机构　trip-free mechanism of a residual current device

闭合操作开始后，若进行断开操作时，即使保持闭合指令，其动触头能返回并保持在断开位置的机构。

注：为了确保正常分断可能已经产生的电流，可能需要使触头瞬时地到达闭合位置。

3.3.7

不带过电流保护的剩余电流保护电器　residual current device without integral overcurrent protection

不能用来执行过载和/或短路保护功能的剩余电流保护电器。

3.3.8

带过电流保护的剩余电流保护电器　residual current device with integral overcurrent protection

能用来执行过载和/或短路保护功能的剩余电流保护电器。

注：本指导性技术文件的术语和定义包括与断路器组合的剩余电流保护电器（r. c. 单元，见 3.3.9）。

3.3.9

r. c. 单元　r. c. unit

一个能同时执行检测剩余电流、将该电流值与剩余动作电流值相比较的功能，以及具有操作与其组装或组合的断路器脱扣机构的器件的装置。

3.3.10

剩余电流保护电器的分断时间　break time of a residual current device

从达到剩余动作电流瞬间起至所有极电弧熄灭瞬间为止所经过的时间间隔。

3.3.11

极限不驱动时间 limiting non-actuating time

能对剩余电流保护电器施加一个剩余动作电流而不使其动作的最长时间。

3.3.12

延时型剩余电流保护电器 time-delay residual current device

专门设计的对应于一个给定的剩余电流值,能达到一个预定的极限不驱动时间的剩余电流保护电器。

3.3.13

复位型剩余电流保护电器 reset residual current device

为了能重新闭合并再次操作,在重新闭合前必须用一个操作件之外的器件人为复位的剩余电流保护电器。

3.3.14

试验装置 test device

组装在剩余电流保护电器中的模拟剩余电流保护电器在规定条件下动作的剩余电流条件的装置。

3.4 与激励量值和范围有关的定义

3.4.1

不动作的过电流 non-operating overcurrents

3.4.1.1

在单相负载时不动作过电流的限值 limiting value of the non-operating over-current in the case of a single-phase load

在没有剩余电流时,能够流过剩余电流保护电器(不论极数)而不导致其动作的最大单相过电流值。

注1:在主电路过电流的情况下,没有剩余电流时,由于检测器件本身存在的不对称可能发生误脱扣。

注2:在剩余电流保护电器带过电流保护时,不动作电流的限值可以由过电流保护装置来确定。

3.4.1.2

在平衡负载时不动作电流的限值 limiting value of the non-operating current in the case of a balanced load

在没有剩余电流时,能够流过带平衡负载的剩余电流保护电器(不论极数)而不导致其动作的最大电流值

注1:在主电路过电流的情况下,没有剩余电流时,由于检测器件本身存在的不对称可能发生误脱扣。

注2:在剩余电流保护电器带过电流保护时,不动作电流的限值可以由过电流保护装置来确定。

3.4.2

剩余短路耐受电流 residual short-circuit withstand current

在规定的条件下能够确保剩余电流保护电器运行的剩余电流最大值,超过该值时,该装置可能遭受不可逆转的变化。

3.4.3

短时电流极限发热值 limiting thermal value of the short-time current

剩余电流保护电器能够承载一个特定的短时间,并且在规定条件不会因热效应而使其特性产生永久性劣化的最大电流值(有效值)。

3.4.4

预期电流 prospective current

如果剩余电流保护电器和过电流保护装置(如果有的话)的每个主电流回路用一个阻抗可忽略不计的导体代替时,在电路中流过的电流。

注:预期电流同样可以看作一个实际电流,例如:预期分断电流,预期峰值电流,预期剩余电流等。

3.4.5

接通能力　making capacity

剩余电流保护电器在规定的使用和工作条件下以及在规定的电压下能够接通的预期电流的交流分量值。

3.4.6

分断能力　breaking capacity

剩余电流保护电器在规定的使用和工作条件下以及在规定的电压下能够分断的预期电流的交流分量值。

3.4.7

剩余接通和分断能力　residual making and breaking capacity

在规定的使用和工作条件下，剩余电流保护电器能够接通、承载其断开时间以及能够分断的剩余预期电流的交流分量值。

3.4.8

限制短路电流　conditional short-circuit current

本身不带过电流保护，但用一个合适的串联的短路保护装置(以下简称 SCPD)保护的剩余电流保护电器在规定的使用和工作条件下能够承受的预期电流的交流分量值。

3.4.9

限制剩余短路电流　conditional residual short-circuit current

本身不带过电流保护，但用一个合适的串联的 SCPD 保护的剩余电流保护电器在规定的使用和工作条件下能够承受的剩余预期电流的交流分量值。

3.4.10

I^2t(焦耳积分)　I^2t (Joule integral)

电流的平方在给定的时间间隔(t_0, t_1)内的积分。

$$I^2t = \int_{t_0}^{t_1} i^2 \mathrm{d}t$$

3.4.11

恢复电压　recovery voltage

分断电流后，在剩余电流保护电器的电源接线端子之间出现的电压。

注：此电压可以认为有两个连续的时间间隔组成，第一个时间间隔出现瞬态电压，接着的第二个时间间隔只出现工频恢复电压。

3.4.12

瞬态恢复电压　transient recovery voltage

在具有显著瞬态特征的时间内的恢复电压。

注1：根据电路和剩余电流保护电器的特性，瞬态电压可以是振荡的，或非振荡的或两者兼有。此电压包括多相电路中性点位移的电压。

注2：除非另外规定，三相电路中的瞬态恢复电压是首先断开极出现的电压，因为该电压通常高于其余二极断开时出现的电压。

3.4.13

工频恢复电压　power-frequency recovery voltage

在瞬态电压现象消失后的恢复电压。

3.5　与影响量值和范围有关的定义

3.5.1

影响量　influencing quantity

可能改变剩余电流保护电器的规定动作的任何量。

3.5.2

影响量的基准值　reference value of an influencing quantity

与制造商规定的特性有关的影响量值。

3.5.3

影响量的基准条件　reference conditions of influencing quantities

所有的影响量都是基准值。

3.5.4

影响量的范围　range of an influencing quantity

在这个影响量值范围内，剩余电流保护电器在规定的条件下满足规定的技术要求。

3.5.5

影响量的极限范围　extreme range of an influencing quantity

在这个影响量值范围内，剩余电流保护电器仅受到自发的可逆的变化，但不必符合本指导性技术文件的技术要求。

3.5.6

周围空气温度　ambient air temperature

在规定条件下确定的剩余电流保护电器周围的空气的温度。

注：对于封闭的剩余电流保护电器，该温度是指外壳外的空气温度。

3.6　操作条件

3.6.1

操作　operation

动触头从断开位置到闭合位置的转换或相反的转换。

注：如果必须加以区分，则电气含义上的操作(即接通和分断)称为开闭操作，而机械含义上的操作(即闭合和断开)称为机械操作。

3.6.2

闭合操作　closing operation

剩余电流保护电器从断开位置转换到闭合位置的操作。

3.6.3

断开操作　opening operation

剩余电流保护电器从闭合位置转换到断开位置的操作。

3.6.4

操作循环　operating cycle

从一个位置转换到另一个位置再返回至起始位置的连续操作。

3.6.5

操作顺序　sequence of operations

具有规定时间间隔的规定的连续操作。

3.6.6

电气间隙　clearance

两个导电部件之间在空气中的最短距离。

注：为确定对易触及部件的电气间隙，绝缘外壳的易触及表面应视为导电的，好像该外壳能被手或 GB 4208 的标准试指触及的表面覆盖一层金属箔一样。

3.6.7

爬电距离　creepage distance

两个导电部件之间沿绝缘材料表面的最短距离。

注：为确定对易触及部件的爬电距离，绝缘外壳的易触及表面应视为导电的，好像该外壳能被手或 GB 4208 的标准试指触及的表面覆盖一层金属箔一样。

3.7 试验

3.7.1

型式试验 type test

对按某一设计制造的一个或几个电器所进行的试验，以表明该设计符合一定的技术要求。

3.7.2

常规试验 routine tests

对每个正在制造的和/或制造完毕的电器进行的试验，以确定其是否符合某些标准。

3.8

短路保护电器 short-circuit protective device;SCPD

制造商规定的应与剩余电流保护电器一起串联安装在电路中仅对其进行短路电流保护的电器。

4 分类

正确使用本章分类的剩余电流保护电器应符合安装规程(例如：根据 GB 16895 系列标准)。

4.1 根据动作方式分

4.1.1 动作功能与电源电压无关的 RCD。

4.1.2 动作功能与电源电压有关的 RCD。

4.1.2.1 电源电压故障时，有延时或无延时自动动作；

4.1.2.2 电源电压故障时不能自动动作：

a) 在电源电压故障时不能自动动作，但发生剩余电流故障时能按预期要求动作；

b) 在电源电压故障时不能自动动作，即使发生剩余电流故障时也不能动作。

4.2 根据安装型式分

a) 固定装设和固定接线的剩余电流保护电器；

b) 移动设置和/或用电缆将装置本身连接到电源的剩余电流保护电器。

4.3 根据极数和电流回路数分

a) 单极二回路剩余电流保护电器；

b) 二极剩余电流保护电器；

c) 二极三回路剩余电流保护电器；

d) 三极剩余电流保护电器；

e) 三极四回路剩余电流保护电器；

f) 四极剩余电流保护电器。

4.4 根据过电流保护分

a) 不带过电流保护的剩余电流保护电器；

b) 带过电流保护的剩余电流保护电器；

c) 仅带过载保护的剩余电流保护电器；

d) 仅带短路保护的剩余电流保护电器。

4.5 根据调节剩余动作电流的可能性分

a) 有一个固定的额定剩余动作电流的剩余电流保护电器；

b) 额定剩余动作电流分级可调的剩余电流保护电器；

c) 额定剩余动作电流连续可调的剩余电流保护电器。

4.6 根据冲击电压产生的浪涌电流作用下耐误脱扣的能力分

a) 正常耐误脱扣；

b) 增强耐误脱扣。

4.7 在剩余电流含有直流分量时,剩余电流保护电器根据动作特性分

a) AC 型剩余电流保护电器;

b) A 型剩余电流保护电器;

c) B 型剩余电流保护电器。

4.8 根据周围空气温度范围分

a) 预期在－5 ℃～＋40 ℃环境温度下使用的剩余电流保护电器;

b) 预期在－25 ℃～＋40 ℃环境温度下使用的剩余电流保护电器;

c) 预期在规定的更严酷的条件下使用的剩余电流保护电器。

4.9 根据剩余电流大于 $I_{\Delta n}$ 时的延时分

a) 无延时,例如,用于一般用途。

b) 有延时,例如,用于选择性保护:

——延时不可调节;

——延时可以调节。

4.10 根据结构型式分

a) 由制造商装配成一个完整单元的剩余电流保护电器;

b) 在现场由断路器和 r.c.单元装配组成的剩余电流保护电器。对这类器件的要求应在相关产品标准中规定。

注:电流检测装置和/或信号处理器件可与电流分断装置分开安装。

4.11 根据有无自动重合闸分

a) 无自动重合闸功能的剩余电流保护电器;

b) 具有自动重合闸功能的剩余电流保护电器(相应的技术要求见附录 C)。

5 剩余电流保护电器的特性

5.1 特性概要

剩余电流保护电器的特性应由下列项目规定(适用时):

a) 安装型式(4.2);

b) 极数和电流回路数(4.3);

c) 额定电流 I_n(5.2.1);

d) 剩余电流含有直流分量时,根据动作特性确定的剩余电流保护电器的型式(5.2.9);

e) 额定剩余动作电流 $I_{\Delta n}$(5.2.2);

f) 额定剩余不动作电流 $I_{\Delta no}$,如果与优选值不同时(5.2.3);

g) 额定电压(5.2.4);

h) 额定频率(5.2.5);

i) 额定接通和分断能力 I_m(5.2.6);

j) 额定剩余接通和分断能力 $I_{\Delta m}$(5.2.7);

k) 延时(如果适用时)(5.2.8);

l) 额定限制短路电流(5.3.2);

m) 额定限制剩余短路电流 $I_{\Delta c}$(5.3.3)。

5.2 所有剩余电流保护电器共同的特性

5.2.1 额定电流(I_n)

制造商规定的剩余电流保护电器能在适用于开关电器(见 3.3.5)的相关国家标准规定的不间断工作制下承载的电流值。

5.2.2 额定剩余动作电流($I_{\Delta n}$)

制造商对剩余电流保护电器规定的额定频率下正弦剩余动作电流的有效值(见 3.2.2),在该电流值时剩余电流保护电器应在规定的条件下动作。

5.2.3 额定剩余不动作电流($I_{\Delta no}$)

制造商对剩余电流保护电器规定的剩余不动作电流值(见 3.2.3),在该电流值时剩余电流保护电器在规定的条件下不动作。

5.2.4 额定电压

由制造商规定的剩余电流保护电器的电压有效值,剩余电流保护电器的性能与该值有关(尤其是短路性能)。

5.2.5 额定频率

剩余电流保护电器设计的频率值,在该频率时剩余电流保护电器在规定条件下正确动作。

5.2.6 额定接通和分断能力 (I_m)

剩余电流保护电器在规定的条件下能够接通、承载其断开时间和分断的,并不产生影响其功能变化的预期电流有效值(见 3.4.5 和 3.4.6)。

5.2.7 额定剩余接通和分断能力($I_{\Delta m}$)

剩余电流保护电器在规定条件下能够接通、承载其断开时间和分断的,并不产生影响其功能变化的预期剩余电流(见 3.4.7 和 3.4.9)的有效值。

5.2.8 有或无延时

无延时的剩余电流保护电器和有延时的剩余电流保护电器。

5.2.9 剩余电流含有直流分量的动作特性(见表 11 和表 12)

5.2.9.1 AC 型剩余电流保护电器

在剩余正弦交流电流下,无论突然施加还是缓慢上升确保其脱扣的剩余电流保护电器。

5.2.9.2 A 型剩余电流保护电器

在下列条件下确保其脱扣的剩余电流保护电器:

a) 同 AC 型;

b) 剩余脉动直流电流;

c) 剩余脉动直流电流叠加 0.006 A 的平滑直流电流。

有或没有相位角控制,与极性无关,无论突然施加还是缓慢上升。

5.2.9.3 B 型剩余电流保护电器

在下列条件下确保其脱扣的剩余电流保护电器:

a) 同 A 型;

b) 至 1 000 Hz 的剩余正弦交流电流;

c) 剩余交流电流叠加 0.4 倍额定剩余电流($I_{\Delta n}$)的平滑直流电流;

d) 剩余脉动直流电流叠加 0.4 倍额定剩余电流($I_{\Delta n}$)或 10 mA 的平滑直流电流(两者取较大值);

e) 下列整流线路产生的剩余直流电流:

——对于 2 极,3 极和 4 极的剩余电流保护电器,线与线的两个半波桥式连接;

——对于 3 极和 4 极的剩余电流保护电器,3 个半波星形连接或者 6 个半波的桥式连接;

f) 剩余平滑直流电流。

有或没有相位角控制,与极性无关,无论突然施加还是缓慢上升。

5.3 不带过电流保护(见 4.4a))和仅带过载保护(见 4.4c))的剩余电流保护电器的特定特性

5.3.1 与短路保护电器(见 3.4.8)的配合

短路保护电器与剩余电流保护电器的组合是用来确保剩余电流保护电器免受短路电流的影响。

剩余电流保护电器的制造商应规定短路保护电器的下列特性:

a) 最大允通 I^2t；

b) 最大允通电流峰值 I_p。

任何符合相关国家标准并且上述 a)项和 b)项的特性值低于剩余电流保护电器制造商规定值的短路保护电器可用于保护剩余电流保护电器，只要其不影响正常工作。SCPD 的额定值和型号应与 5.3.2 和 5.3.3 相同。

5.3.2 额定限制短路电流

制造商规定的由短路保护电器保护的剩余电流保护电器在规定条件下能承受而不使其发生影响功能变化的预期电流有效值。

注 1：必须注意，由规定的短路保护电器控制的特定短路电流施加到剩余电流保护电器上的应力实际上是可变的，这取决于短路保护电器的个别特性(尽管其包括在相关的标准动作区域内)，也与接通瞬间相对于短路电流波形上的点有关(接通点是随机的)。

注 2：制造商应注意确保在相应于剩余电流保护电器最严酷的应力条件下配合的有效性。

注 3：对一个与给定的短路保护电器配合的剩余电流保护电器规定额定限制短路电流，表示这种组合能承受至规定值的任何短路电流。

5.3.3 额定限制剩余短路电流($I_{\Delta c}$)

制造商规定的由短路保护电器保护的剩余电流保护电器在规定条件下能承受而不使其发生影响功能变化的预期剩余电流值。

注：如果对一个与给定的短路保护电器配合的剩余电流保护电器规定额定限制剩余短路电流，则认为这种组合能承受至规定值的任何剩余短路电流。

5.4 优选值或标准值

5.4.1 额定电压优选值

根据 GB/T 156，额定电压的优选值是 110 V，120 V，220 V(230 V)，380 V(400 V)。

5.4.2 额定电流优选值(I_n)

额定电流的优选值是 6 A，10 A，13 A，16 A，20 A，25 A，32 A ，40 A ，50 A，63 A，80 A，100 A，125 A，160 A，200 A，250 A，400 A，630 A，800 A。

5.4.3 额定剩余动作电流优选值($I_{\Delta n}$)

额定剩余动作电流的优选值是 0.006 A，0.01 A，0.03 A，0.1 A，0.2 A，0.3 A，0.5 A，1 A，2 A，3 A，5 A，10 A，20 A，30 A。

5.4.4 额定剩余不动作电流优选值($I_{\Delta no}$)

额定剩余不动作电流优选值是 $0.5I_{\Delta n}$。

注：$0.5I_{\Delta n}$ 值仅指工频交流剩余电流。

5.4.5 在多相线路中不平衡负载时不动作电流优选的最小值

在多相线路中不平衡负载时，不动作电流优选的最小值是 $6I_n$。

注：对于带过电流保护的剩余电流保护电器，该最小值可能更低。

5.4.6 在平衡负载中不动作电流优选的最小值

在平衡负载中不动作电流的优选最小值是 $6I_n$。

注：对于带过电流保护的剩余电流保护电器，该最小值可能更低。

5.4.7 额定频率的优选值

额定频率的优选值是 50 Hz 和/或 60 Hz。

5.4.8 额定接通和分断能力值(I_m)

适用于不带短路保护的剩余电流保护电器。

最小值应为 $10I_n$ 或 500 A[1)]，两者取较大值。

---

1) 对移动式剩余电流装置(PRCD)和带剩余电流保护的固定安装插座(SRCD)为 250 A。

与这些值有关的功率因数在相关的产品标准中给出。

5.4.9 额定剩余接通和分断能力的优选值($I_{\Delta m}$)

额定剩余接通和分断能力的优选值是 500 A[1),1 000 A,1 500 A,3 000 A,4 500 A,6 000 A,10 000 A,20 000 A,50 000 A。

最小值应为 $10I_n$ 或 500 A[1),两者取较大值。

与这些电流值有关的功率因数在相关的产品标准中给出。

5.4.10 额定限制短路电流的优选值

不带短路保护的剩余电流保护电器的额定限制短路电流的优选值是 1 500 A,3 000 A,4 500 A,6 000 A,10 000 A,20 000 A,50 000 A。

与这些电流值相关的功率因数在相关的产品标准中给出。

5.4.11 额定限制剩余短路电流的优选值($I_{\Delta c}$)

不带短路保护的剩余电流保护电器的额定限制剩余短路电流 $I_{\Delta c}$ 的优选值是 1 500 A,3 000 A,4 500 A,6 000 A,10 000 A,20 000 A,50 000 A。

与这些电流有关的功率因数在相关的产品标准中给出。

5.4.12 动作时间的标准值

5.4.12.1 无延时型 RCD 的最大分断时间标准值

无延时型 RCD 的最大分断时间标准值在表 1、表 2、表 3 和表 4 中规定。

表 1 无延时型 RCD 对于交流剩余电流的最大分断时间标准值

$I_{\Delta n}$/A	最大分断时间标准值/s			
	$I_{\Delta n}$	$2I_{\Delta n}$	$5I_{\Delta n}$[a]	$>5I_{\Delta n}$[b]
任何值	0.3	0.15	0.04	0.04

[a] 对于 $I_{\Delta n} \leqslant 0.030$ A 的 RCD,可用 0.25 A 代替 $5I_{\Delta n}$。

[b] 在相关的产品标准中规定。

表 2 无延时型 RCD 对于半波脉动直流剩余电流的最大分断时间标准值

$I_{\Delta n}$/A	最大分断时间标准值/s							
	$1.4I_{\Delta n}$	$2I_{\Delta n}$	$2.8I_{\Delta n}$	$4I_{\Delta n}$	$7I_{\Delta n}$[a]	$10I_{\Delta n}$[b]	$>7I_{\Delta n}$[c]	$>10I_{\Delta n}$[c]
≤0.010		0.3		0.15		0.04		0.04
0.030		0.3		0.15	0.04			0.04
>0.030	0.3		0.15		0.04		0.04	

[a] 对于 $I_{\Delta n}=0.030$ A 的 RCD,可以用 0.35 A 代替 $7I_{\Delta n}$。

[b] 对于 $I_{\Delta n} \leqslant 0.010$ A 的 RCD,可以使用 0.5 A 代替 $10I_{\Delta n}$。

[c] 在相关产品标准中规定。

表 3 无延时型 RCD 对整流线路产生的剩余直流电流和/或平滑直流剩余电流的最大分断时间标准值

$I_{\Delta n}$/A	最大分断时间标准值/s			
	$2I_{\Delta n}$	$4I_{\Delta n}$	$10I_{\Delta n}$	$>10I_{\Delta n}$[a]
任何值	0.3	0.15	0.04	0.04

[a] 相关的产品标准中规定。

表 4 对预期在 120 V 带中性点的两相系统中使用的额定剩余电流为 6 mA 的无延时型 RCD 的最大分断时间可替代的标准值

$I_{\Delta n}$/A	最大分断时间标准值/s			
	$I_{\Delta n}$	$2I_{\Delta n}$	$5I_{\Delta n}$	$>5I_{\Delta n}$ [a]
0.006	5	2	0.04	0.04
注：120 V 带中性点的两相系统主要在北美地区，如美国和加拿大等地区的电源系统中使用。				
[a] 在相关产品标准中规定。				

5.4.12.2 延时型剩余电流保护电器的分断时间和不驱动时间的标准值

延时型仅适用于 $I_{\Delta n}>0.03$ A 的剩余电流保护电器。

延时型剩余电流保护电器的分断时间和不驱动时间的标准值在表 5、表 6 和表 7 中规定。对于延时型剩余电流保护电器，应由制造商规定 $2I_{\Delta n}$的不驱动时间。

$2I_{\Delta n}$时的最小不驱动时间的优选值是 0.06 s，0.1 s，0.2 s，0.3 s，0.4 s，0.5 s，1 s。

表 5 延时型 RCD 对于交流剩余电流的分断时间标准值

额定延时/s		分断时间标准值和不驱动时间/s			
		$I_{\Delta n}$	$2I_{\Delta n}$	$5I_{\Delta n}$	$>5I_{\Delta n}$
0.06	最大分断时间	0.5	0.2	0.15	0.15
	最小不驱动时间	b	0.06	b	b
其他额定延时	最大分断时间	a,b	b	b	b
	最小不驱动时间	b	额定延时	b	b
[a] 为确保故障保护，最大动作时间应按 GB 16895.21。					
[b] 由相关的产品标准或制造商规定。					

表 6 延时型 RCD 对于脉动直流剩余电流的分断时间标准值

额定延时/s		分断时间标准值和不驱动时间/s			
		$1.4I_{\Delta n}$	$2.8I_{\Delta n}$	$7I_{\Delta n}$	$>7I_{\Delta n}$
0.06	最大分断时间	0.5	0.2	0.15	0.15
	最小不驱动时间	b	0.06	b	b
其他额定延时	最大分断时间	a,b	b	b	b
	最小不驱动时间	b	额定延时	b	b
[a] 为确保故障保护，最大动作时间应按 GB 16895.21。					
[b] 由相关的产品标准或制造商规定。					

表 7 延时型 RCD 对于平滑直流剩余电流的分断时间标准值

额定延时/s		分断时间标准值和不驱动时间/s			
		$2I_{\Delta n}$	$4I_{\Delta n}$	$10I_{\Delta n}$	$>10I_{\Delta n}$
0.06	分断时间最大值	0.5	0.2	0.15	0.15
	不驱动时间最小值	b	0.06	b	b
其他额定延时	分断时间最大值	a,b	b	b	b
	不驱动时间最小值	b	额定延时	b	b
[a] 为确保故障保护，最大动作时间应按 GB 16895.21。					
[b] 由相关的产品标准或制造商规定。					

5.4.12.3 频率不同于额定频率时剩余动作电流和剩余不动作电流的优选值

频率不同于额定频率 50 Hz/60 Hz 时剩余动作电流和剩余不动作电流的优选值在表 8 中给出。

表 8 频率不同于额定频率 50 Hz/60 Hz 时 B 型 RCD 的脱扣电流范围

频率/Hz	剩余不动作电流	剩余动作电流
150	$0.5I_{\Delta n}$	$2.4I_{\Delta n}$[a]
400	$0.5I_{\Delta n}$	$6I_{\Delta n}$[a]
1 000	$I_{\Delta n}$	$14I_{\Delta n}$[a,b]
注：给定频率的波形是正弦波。		

[a] 这些值按 GB/T 13870.1 的心室纤维颤动防护结合 GB/T 13870.2 的心室纤维颤动的频率因数得出。

[b] GB/T 13870 没有给出频率超过 1 kHz 的因数。

6 标志和其他产品资料

剩余电流保护电器上的信息和标志应按相关的产品标准。

应提供下列信息：

a) 制造商名称或商标；

b) 型号或序列号；

c) 额定电压；

d) 额定频率(如果不是 50 Hz 或 60 Hz)；

e) 额定电流；

f) 剩余电流含有直流分量时的动作特性：

——AC 型剩余电流保护电器应标志符号 [∼]；

——A 型剩余电流保护电器应标志符号 [≈]；

——B 型剩余电流保护电器应标志符号 [≈] [⎓] 或 [符号]。

g) 额定剩余动作电流(或范围，如果适用)；

h) 额定延时(如果适用)；

i) 额定剩余不动作电流(如果不是优选值时)；

j) 额定短路接通和分断能力；

k) 额定限制短路电流(如果适用时)，在这种情况下还应根据 5.3.1 标志组合的短路保护电器的特性；

l) 防护等级(如果不是 IP20 时)；

m) 使用位置(如果适用时)；

n) 工作温度范围；

o) 试验装置的识别字母 T 或相应的文字；

p) 应提供指示剩余电流保护电器断开和闭合状态的器件；

q) 接线图(如果适用时)(该要求通常对大于二极或带有不可开闭中性线的电器是必须的)；

r) 如果有必要区分电源端和负载端，它们应该清晰地标明(例如：在相应的端子旁边标明“电源”和“负载”)；

s) 专门用于连接中性线的端子应标志符号 N。

此外，对于 r.c. 单元：

——应标志能与其装配或组装的断路器的最大额定电流；

——应标志其可与哪种断路器装配或组装。

应提供所有关于产品正确装配(如果有的话)、安装和使用的信息。

7 使用和安装的标准工作条件

7.1 影响量/因素优选的使用范围、基准值及其相关试验允差

影响量/因素优选的使用范围、基准值及其相关试验允差在表9中规定。

表9 影响量值

影响量	优选的使用范围	基准值	试验允差
周围空气温度	−5 ℃～+40 ℃ −25 ℃～+40 ℃ (见注1和注2)	由相关产品标准规定	相关产品标准中试验要求的允许值
海拔	不超过2 000 m	—	—
相对湿度:40 ℃时最大值	50%(见注3)	—	—
外部磁场	任何方向不超过5倍的地球磁场	地球磁场	—
位置	按制造商规定 任何方向上允差为5°	由制造商规定	任何方向2° (见注4)
频率	基准值±5%	由制造商规定的额定频率	±2%
正弦波畸变	不超过5%	0	5%
直流交流分量(对于外部辅助电源)		0	3%

注1：日平均温度的最大值+35 ℃。

注2：在更严酷的气候条件下,可能会超过范围值。

注3：在较低的温度下允许较高的相对湿度(例如:在20 ℃,相对湿度为90%)。

注4：剩余电流保护电器应固定而不发生影响其功能的变形。

7.2 在储藏和运输过程中的极端温度范围限值

注：在电器设计时建议考虑下列储藏、运输和安装过程中的极端温度值：

——按4.8a)分类的电器：−20 ℃和+60 ℃；

——按4.8b)分类的电器：−35 ℃和+60 ℃；

——按4.8c)分类的电器:在更严酷的气候条件下,可能要求超过上述温度范围值。

8 结构和操作的要求

8.1 信息和标志

剩余电流保护电器上的信息和标志应根据相关的产品标准(见第6章)：

剩余电流保护电器上的标志应不易擦除并且容易辨认。

剩余电流保护电器上提供信息的标签不应轻易被移除。

通过直观检查和/或相关产品标准中的试验来检验是否符合要求。

8.2 机械设计

8.2.1 概述

材料应适用于特定的使用,并能够通过适当的试验。固定连接上的接触压力不应通过除了陶瓷或

性能不亚于陶瓷以外的绝缘材料来传递，除非在金属部件中具有足够的弹性以补偿绝缘材料任何可能的收缩或变形。

通过直观检查和/或相关产品标准中的试验来检验是否符合要求。

8.2.2 机构

RCD 所有极的动触头在机械上应这样连接，使得所有极基本上同时接通和分断，不管是手动操作还是自动操作。

四极 RCD 的中性极不应比其他极后闭合先断开。

应提供区别剩余电流保护电器断开和闭合状态的器件。

机构应该是自由脱扣，并且其结构应使得动触头只能停止在闭合位置或断开位置，即使当操作件手动释放在一个中间位置时也是如此。

当使用操作件来指示触头的位置时，释放时，操作件应自动占据和动触头相应的位置。在这种情况下，操作件应有两个与触头位置相对应的明显的停止位置，但对于自动断开，允许操作件有第三个明显的位置。

如果使用符号，应用“|”和“O”来分别指示闭合和断开位置。

如果使用颜色，红色应指示闭合位置，绿色应指示断开位置。

也可采用“合”、“分”等文字符号来说明。

通过直观检查和相关产品标准中的试验来检验是否符合要求。

8.2.3 电气间隙和爬电距离

考虑到 RCD 预期使用的电气装置的过电压类别和污染等级，RCD 应具有能够耐受其预期寿命中电压应力的电气间隙和爬电距离。

通过相关产品标准的试验来检验是否符合要求。

如果没有产品标准可以参考 GB/T 16935 系列标准。

8.2.4 螺钉、载流部件和连接

螺钉、载流部件和连接，不管是电气的还是机械的，应耐受在正常使用过程中产生的机械应力和热应力。

电气连接不应产生过度老化。

通过相关的产品标准的试验来检验是否符合要求。

8.2.5 外部导线的接线端子

连接外部导线的接线端子应使导线可以这样连接，以确保持续地保持必须的接触压力。

通过相关产品标准的试验来检验是否符合要求。

8.2.6 现场与断路器组装的 r.c. 单元

在相关的产品标准中可以给出安全装配和正确运行的技术要求。

8.3 动作特性

8.3.1 与剩余电流形式相应的动作特性

8.3.1.1 交流剩余电流

在额定频率的交流剩余电流稳定增加时，AC 型、A 型和 B 型 RCD 应在表 10 规定的不动作电流 $I_{\Delta no}$ 和额定剩余动作电流 $I_{\Delta n}$ 范围内动作。

表 10 交流剩余电流脱扣电流限值

RCD 的型式	电流形式	脱扣电流	
		下限	上限
AC,A,B	交流	$0.5I_{\Delta n}$	$I_{\Delta n}$
注：对于给定的电流形式，下限值对应于不动作电流，上限值对应于动作电流。			

通过相关产品标准的试验来检验是否符合要求。

8.3.1.2 脉动直流剩余电流

在额定频率的脉动直流剩余电流稳定增加时，A 型和 B 型 RCD 应在表 11 规定的不动作电流和动作电流范围内动作。

表 11 脉动直流剩余电流脱扣电流限值

RCD 型式	电流形式	脱扣电流		
		下限值	上限	
			$I_{\Delta n}$<30 mA	$I_{\Delta n}$≥30 mA
A,B	单个脉动直流			
	0°	$0.35I_{\Delta n}$	$2I_{\Delta n}$	$1.4I_{\Delta n}$
	90°	$0.25I_{\Delta n}$	$2I_{\Delta n}$	$1.4I_{\Delta n}$
	135°	$0.11I_{\Delta n}$	$2I_{\Delta n}$	$1.4I_{\Delta n}$
注：对于给定的电流形式，下限值对应于不动作电流，上限值对应于动作电流。				

脱扣范围应与脉动直流剩余电流的极性无关。

注：脉动直流剩余电流的波形可以参见附录 B。

通过相关产品标准的试验来检验是否符合要求。

8.3.1.3 脉动直流剩余电流叠加 0.006 A 的平滑直流电流

在额定频率的脉动直流剩余电流稳定增加并叠加一个 0.006 A 的平滑直流电流时，A 型 RCD 也应在表 11 规定的不动作电流和动作电流范围内动作。

即使脉动直流剩余电流和平滑直流电流的极性相同时，脉动直流电流的脱扣范围也应保持不变。

通过相关产品标准的试验来检验是否符合要求。

8.3.1.4 交流或脉动直流剩余电流叠加 $0.4I_{\Delta n}$ 的平滑直流电流

在额定频率的交流或脉动直流剩余电流稳定增加并叠加一个 $0.4I_{\Delta n}$ 或 10 mA 的平滑直流电流时（两者取较大值），B 型 RCD 也应在表 10 或表 11（适用时）规定的不动作电流和动作电流范围内动作。

即使脉动直流剩余电流和平滑直流电流的极性相同时，脉动直流电流的脱扣范围也应保持不变。

通过相关产品标准的试验来检验是否符合要求。

8.3.1.5 平滑直流剩余电流

在平滑直流剩余电流稳定增加时，B 型 RCD 应在表 12 规定的不动作电流和剩余动作电流范围动作。

脱扣范围应与平滑直流剩余电流的极性无关。

注：脉动直流剩余电流的波形可以参见附录 B。

通过相关产品标准的试验来检验是否符合要求。

表 12 平滑直流剩余电流脱扣电流限值

RCD 型式	极数	电流形式	脱扣电流	
			下限	上限
B	2,3,4	双脉冲直流	$0.5I_{\Delta n}$	$2I_{\Delta n}$
	3,4	三脉冲直流		
		六脉冲直流		
		平滑直流		
注：对于给定的电流形式，下限值对应于不动作电流，上限值对应于动作电流。				

8.3.2 剩余电流大于或等于 $I_{\Delta n}$ 时，在相应时间内的动作

8.3.2.1 无延时 RCD

AC 型、A 型和 B 型 RCD 对于突然施加剩余电流的动作时间应符合表 1、表 2 和表 3 的要求（适用时），且与极性无关（如果适用时）。

通过相关产品标准的试验来检验是否符合要求。

8.3.2.2 延时型 RCD

AC 型、A 型和 B 型 RCD 对于突然施加的剩余电流的分断时间和不驱动时间应符合表 5、表 6 和表 7 的要求（适用时），而与极性无关（如果有关时）。

通过相关产品标准的试验来检验是否符合要求。

8.3.3 动作功能与电源电压有关的 RCD 的附加要求

8.3.3.1 动作功能与电源电压有关的 RCD 应能在额定电源电压的 0.85～1.1 倍之间正常运行。

8.3.3.2 符合 4.1.2.1 分类的动作功能与电源电压有关的 RCD，当电源故障时，剩余电流保护电器必须自动动作，其动作时间应符合相关产品标准规定。

8.3.3.3 符合 4.1.2.2a) 分类的电源电压故障时不能自动断开的，但发生剩余电流故障时能按预期要求动作的 RCD，其预期动作要求由相关产品标准规定，对 $I_{\Delta n} \leqslant 0.03$ A 的剩余电流保护电器，在电源电压降低到 50 V（相对地电压）时，如出现大于或等于额定剩余动作电流的剩余电流应能自动动作。

通过相关产品标准的试验来检验是否符合要求。

8.4 试验装置

RCD 应具有一个试验装置，模拟在额定电压下对检测装置通以一个不超过 $2.5I_{\Delta n}$ 的剩余电流，以便定期地检验剩余电流保护电器的动作能力。

如果 RCD 有多个 $I_{\Delta n}$ 额定值（见 4.5），应仅在最小 $I_{\Delta n}$ 整定值下验证 $2.5I_{\Delta n}$ 值。

注 1：如果认为必要时，技术委员会可以使用大于 $2.5I_{\Delta n}$ 的电流值（例如，具有多个额定电压的 RCD）。

注 2：试验装置是用来检验脱扣功能，而不是评价与额定剩余动作电流和分断时间有关的功能的有效性。

通过相关产品标准的试验来检验是否符合要求。

当剩余电流保护电器处于断开位置并如正常使用接线时，应不可能通过操作试验装置使负载侧电路带电。

对于具有隔离功能的剩余电流保护电器，试验装置不应是唯一的执行断开操作的器件。

通过直观检查来检验是否符合要求。

操作试验装置时，不应使电气装置的保护导体带电。

通过相关产品标准的试验来检验是否符合要求。

8.5 温升

考虑到其预期使用的周围温度，剩余电流保护电器不应遭受影响其功能和安全使用的损坏。

通过相关产品标准的试验来检验是否符合要求。如果没有相关的产品标准，对接线端子的温升可以见 GB 13140.1。

8.6 耐潮

剩余电流保护电器应具有足够的耐受湿度条件的机械性能。

通过相关产品标准的试验来检验是否符合要求。

8.7 介电性能

剩余电流保护电器应有足够的介电性能。

通过相关产品标准的试验来检验是否符合要求。

8.8 在平衡负载和不平衡负载时不动作电流的极限值

在规定的过电流条件下剩余电流保护电器不应脱扣。

通过相关产品标准的试验来检验是否符合要求。

8.9 EMC及耐脱扣要求

8.9.1 EMC

剩余电流保护电器应符合有关的EMC要求。

通过相关产品标准的试验来检验是否符合要求。

注：可以用GB 18499作为指南。

8.9.2 在脉冲电压引起的浪涌电流下耐误脱扣

剩余电流保护电器应能足够地耐受电气设施的电容负载引起的对地浪涌电流。

注：这种浪涌电流可以由电气设施的电容、浪涌保护器(SPD)或闪络产生。

通过相关产品标准的试验来检验是否符合要求。

8.10 在过电流条件下剩余电流保护电器的性能

在过载或短路条件下(例如，I_{m}、$I_{\Delta m}$、$I_{\Delta c}$等)，剩余电流保护电器应具有足够的承受能力。

通过相关产品标准的试验来检验是否符合要求。

8.11 绝缘耐受冲击电压

剩余电流保护电器的绝缘应具有足够的耐受冲击电压的能力。

通过相关产品标准的试验来检验是否符合要求。

8.12 机械和电气耐久性

剩余电流保护电器应能执行规定的闭合和断开操作及接通和分断操作次数。

通过相关产品标准的试验来检验是否符合要求。

8.13 耐机械冲击

剩余电流保护电器应具有足够的机械性能，以便耐受安装和使用过程中施加的应力。

通过相关产品标准的试验来检验是否符合要求。

8.14 可靠性

考虑到在可能的工作条件下的老化，剩余电流保护电器应在其整个预期使用寿命中提供防护。

通过相关产品标准的试验来检验是否符合要求。

8.15 重新闭合复位型剩余电流保护电器的条件(3.3.13)

在脱扣后不预先手动复位，应不可能重新闭合复位型剩余电流保护电器。

通过直观检查和相关产品标准的试验来检验是否符合要求。

8.16 电击防护

剩余电流保护电器应这样设计，当其按正常使用安装和接线后不能触及带电部件。

注：术语“正常使用”是指RCD按制造商说明书安装。

金属操作部件应与带电部件绝缘，其可导电部件(或也可称为“外露的可导电部件”)应该覆盖绝缘材料，除了连接各极绝缘操作件的器件以外。

机构的金属部件应是不可触及的。

就本条款而言，认为清漆和瓷漆不能提供足够的绝缘。

通过直观检查和相关产品标准的试验来检验是否符合要求。

8.17 耐热性

剩余电流保护电器应有足够的耐热性。

通过相关产品标准的试验来检验是否符合要求。

8.18 耐异常发热和耐燃

如果邻近的载流部件在故障或过载情况下达到一个高的温度时，RCD用绝缘材料制成的外部部件应不容易点燃或蔓延火焰。其他用绝缘材料制成的部件的耐异常发热和耐燃性可认为已由本标准的其他试验检验。

通过相关产品标准的试验来检验是否符合要求。

8.19　在周围温度范围内剩余电流保护电器的性能

4.8a）分类的剩余电流保护电器应在−5 ℃～+40 ℃温度范围内正确地工作。

4.8b）分类的剩余电流保护电器应在−25 ℃～+40 ℃温度范围内正确地工作。

通过相关产品标准的试验来检验是否符合要求。

8.20　在贮存和运输过程中暴露在极端温度之后剩余电流保护电器的性能

在贮存和运输过程中，剩余电流保护电器应能耐受极端温度值(见7.2)，而不发生不可逆转的改变。

极端温度值和试验按制造商和用户之间协议。

9　型式试验指南

在相关标准中，应按第8章给出的技术要求规定试验。表13规定了最少应进行的检查或试验的技术要求概要。

试验程序、样品数量和合格判别标准应在相关产品标准中规定。

表13　最少应检查或试验的技术要求列表

条　款	技术要求
8.1	信息和标志
8.2	机械设计
8.3	动作特性
8.4	试验装置
8.5	温升
8.6	耐潮
8.7	介电性能
8.8	在平衡负载和不平衡负载时不动作电流的极限值
8.9	符合EMC和误脱扣
8.10	在过电流条件下剩余电流保护电器的性能
8.11	绝缘耐受冲击电压
8.12	机械和电气耐久性
8.13	耐机械冲击
8.14	可靠性
8.15	重新闭合复位型剩余电流保护电器的条件(3.3.13)
8.16	电击防护
8.17	耐热性
8.18	耐异常发热和耐燃
8.19	在周围温度范围内剩余电流保护电器的性能
8.20	在贮存和运输过程中暴露在极端温度之后剩余电流保护电器的性能

附 录 A
（资料性附录）
短路试验的推荐电路图

图 A.1 和图 A.2 给出了下列 RCD 短路试验使用的电路图：

——单极二个电流回路的 RCD；

——二极 RCD(带一个或二个过电流保护极)；

——三极 RCD；

——三极四个电流回路的 RCD；

——四极 RCD。

阻抗 Z 和 Z_1(图 A.2)的电阻和电抗应可调节以满足规定的试验条件。电抗器推荐采用空心线圈，电抗器应始终与电阻串联并且其电感值应由单个电抗器串联获得。当电抗器的时间常数基本上相同时，允许电抗器并联连接。

因为包括大空心电抗器的试验电路的瞬态恢复电压并不能代表正常的使用条件，每相的空心电抗器应并联一个电阻器 R_1，通过电阻器的电流约为通过电抗器的 0.6%。

如果使用铁心电抗器，这些电抗器的铁心损耗功率不应超过与空心电抗器并联的电阻所吸收的功耗。

在每个验证额定短路能力的试验线路中，阻抗 Z 接入电源 S 和被试断路器之间。

当试验的电流低于额定短路能力时，应在断路器的负载端接入一个附加阻抗 Z_1。

阻值约为 0.5 Ω 的电阻器 R_2 与铜导线 F 串联，如图 A.1 所示。

单极 RCD 在图 A.1 所示的电路图中进行试验。

二极 RCD 在图 A.1 所示的电路图中进行试验，二个极均接入电路中而与过电流保护极的数量无关。

三极 RCD 和带三个过电流保护极的四极 RCD 在如图 A.1 所示的电路中进行试验。

栅格电路应连接至 B 点和 C 点(见图 A.1)。

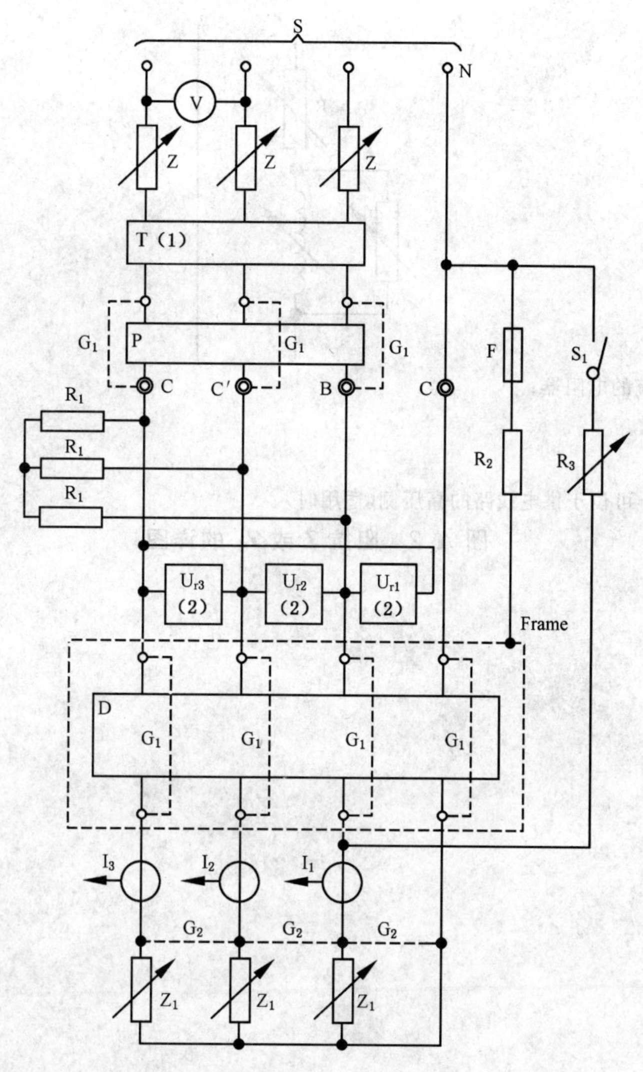

N——中性线导体；

S——电源(单相、三相或三相加中性线，取决于被试电器的电流路径的数量)；

Z——可调阻抗可以位于变压器的低压侧或高压侧；

Z_1——可调阻抗用来调节低于额定短路电流的电流；

P——短路保护电器(SCPD)，它可以连接在被试电器前端的相电路的任何位置；

D——被试电器；

Frame——使用时正常接地的所有导电部件；

G_1——用于调节的临时连接；

G_2——用于额定限制短路电流试验的连接；

T——接通短路的电器，它可连接在相电路的任何位置；

I_1，I_2，I_3——电流传感器。它可置于被试电器“D”前端或后端；

Ur_1，Ur_2，Ur_3——电压传感器；

F——检测故障电流的器件；

R_1——根据制造商的要求每相分流 10 A 电流的电阻器；

R_2——限制器件 F 中电流的电阻器；

R_3——用于调节 I_Δ 的可调电阻器；

S_1——辅助开关；

B 和 C(或 C′)——检测电弧喷射的栅格的连接点，只有在单极电器或相极加中性极电器试验时“C”在中性线上。

注 1：闭合电器 T 也可位于被试电器的负载端和电流传感器 I_1，I_2，I_3 之间(适用时)。

注 2：电压传感器 Ur_1，Ur_2，Ur_3 也可连接在相线和中性线之间。

图 A.1 所有短路试验的线路图

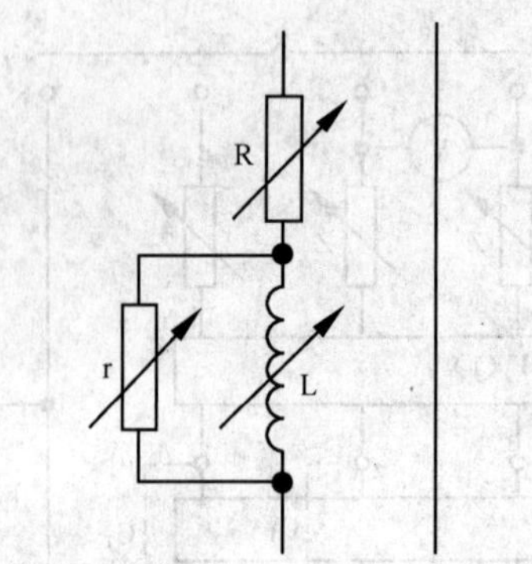

r——分流约0.6%电流的电阻器；

L——可调空心电感；

R——可调电阻器。

注：可调负载L、R和r可位于供电线路的高压侧(适用时)。

图 A.2 阻抗Z或Z_1的详图

附 录 B
（资料性附录）
可能的负载电流和故障电流

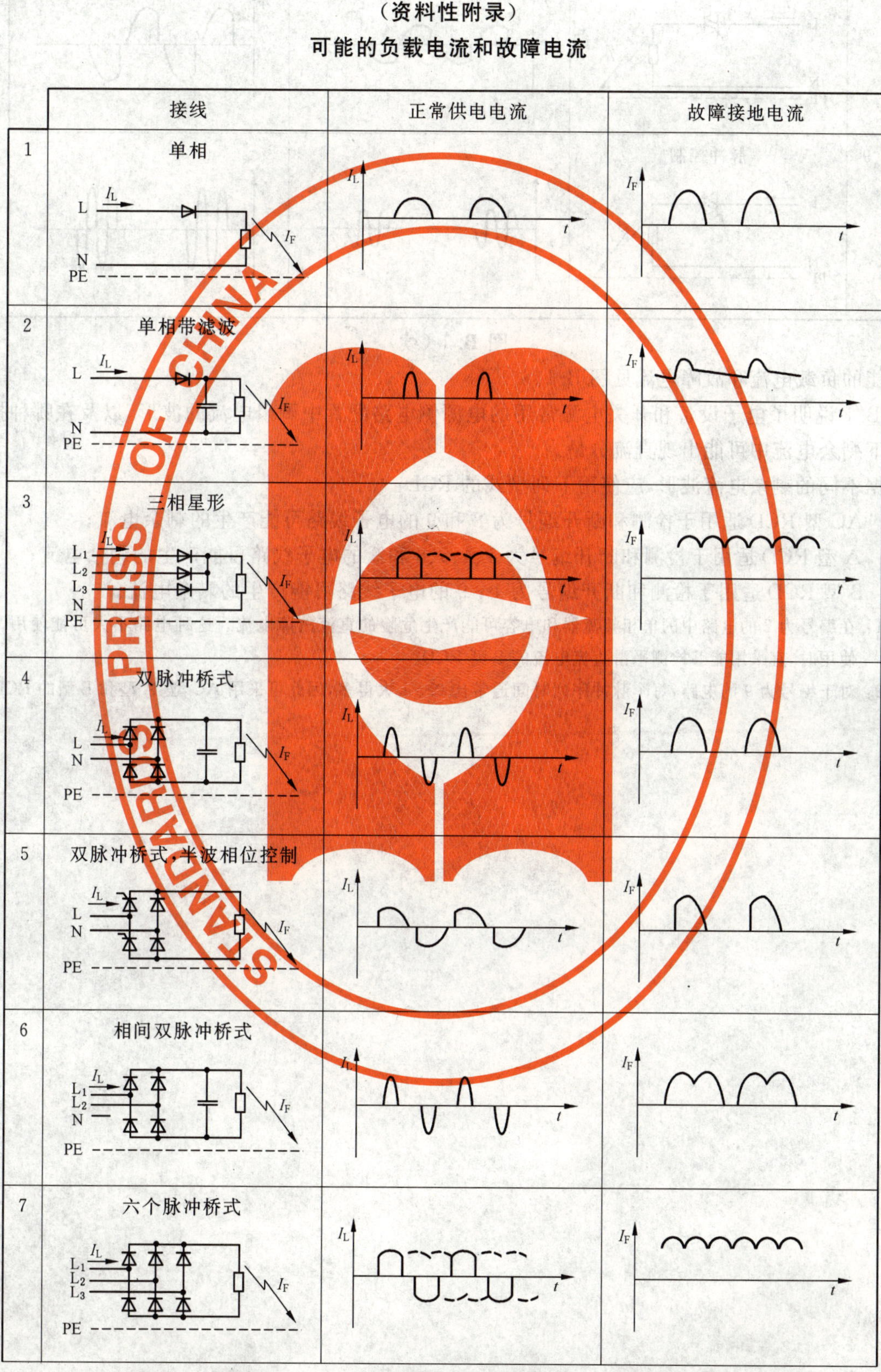

图 B.1 各种不同的电子线路可能出现的负载电流和故障电流

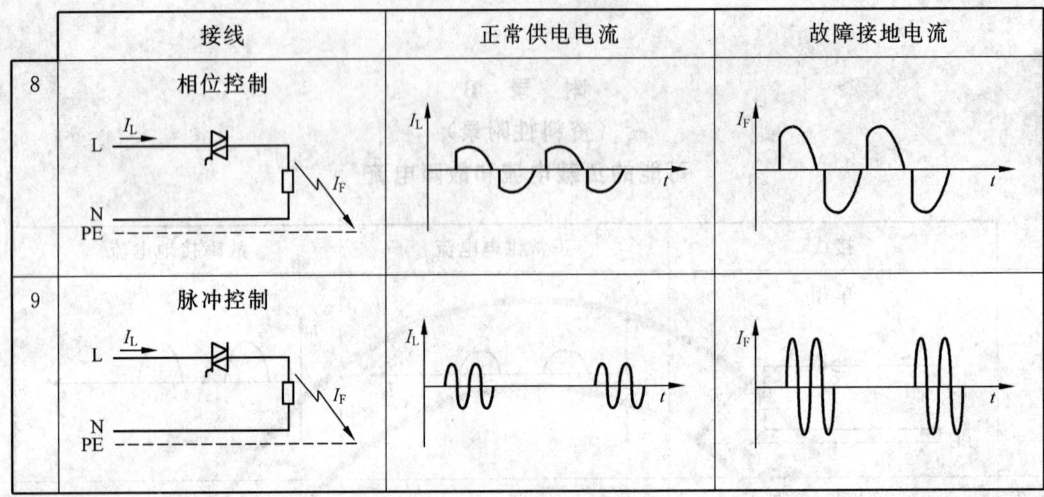

图 B.1（续）

可能的负载电流和故障电流见图 B.1。

图 B.1 说明了电子设备和开关电源常用的电源侧电路配置中剩余电流的波形，以及在哪种接地故障情况下剩余电流中可能出现直流分量。

根据不同的剩余电流波形，应使用下列型式的 RCD：

a） AC 型 RCD 适用于检测和断开编号为 8 和 9 的电子线路可能产生的剩余电流；

b） A 型 RCD 适用于检测和断开编号为 1、4、5、8 和 9 的电子线路可能产生的剩余电流；

c） B 型 RCD 适用于检测和断开编号为 1～9 的电子线路可能产生的剩余电流。

注 1：在编号为 2 的电路中的单相整流器和电容可能产生危险的直流故障电流。这种电路不大可能使用，但如果使用时，宜采用能够检测平滑直流电流的 B 型 RCD。

注 2：对于编号为 9 的电路，每个脉冲序列时间通常比 0.5 s 大得多，因此可采用 AC 型、A 型和 B 型的 RCD。

附 录 C
（规范性附录）
自动重合闸剩余电流保护电器的补充要求

C.1 范围

本附录适用于剩余电流脱扣后能自动重合闸的剩余电流保护电器。

C.2 性能要求

C.2.1 重合闸功能只适用于额定电流大于 63 A，额定剩余动作电流大于 0.03 A 的用于间接接触保护的剩余电流保护电器。

C.2.2 额定剩余动作电流小于或等于 0.03 A 的剩余电流保护电器不应具有重合闸功能。

C.2.3 延时型剩余电流保护电器不应具有重合闸功能。

C.2.4 自动重合闸剩余电流保护电器，因剩余电流脱扣动作后，经过 20 s～60 s 的时间间隔后才能自动重合闸，但手动合闸不受时间间隔限制。

C.2.5 自动重合闸剩余电流保护电器只能自动重合闸一次。如自动重合闸后，剩余电流保护电器因接地故障未排除而再次动作后，则自动重合闸功能应自行闭锁，不应再自动重合闸。

C.3 试验方法

C.3.1 试验条件

剩余电流保护电器按正常使用条件安装，在与剩余电流特性相应的试验电路里进行试验。剩余电流保护电器应分别在 0.85 倍和 1.1 倍额定电压下进行试验。

C.3.2 验证自动重合闸功能

在任何合适的温度下，剩余电流保护电器施加规定电压，不带负载进行试验。

试验电路分别调节到 $I_{\Delta n}$及 $10I_{\Delta n}$电流值，闭合试验开关使电路中突然产生一个剩余电流，使剩余电流保护电器动作，测量分断时间，剩余电流保护电器应在对 $I_{\Delta n}$及最大剩余动作电流规定的动作时间内分断。然后打开试验开关断开剩余电流，经过一定时间间隔后，剩余电流保护电器应能自动重合闸。测量剩余电流保护电器分断至重新自动闭合的间隔时间，该时间不应小于 20 s，也不应大于 60 s。

C.3.3 验证自动重合闸的闭锁功能

在任何合适的温度下，剩余电流保护器施加规定电压，不带负载进行试验。

试验电路分别调节到 $I_{\Delta n}$及 $10I_{\Delta n}$电流值，闭合试验开关使电路中突然产生一个剩余电流，使剩余电流保护电器动作，此时试验开关仍保持闭合（存在接地故障），经过一定时间间隔后，剩余电流保护电器应自动重合闸，测量剩余电流保护电器分断至重新闭合的时间间隔，该时间不应小于 20 s 也不应大于 60 s。此时因电路中存在 $I_{\Delta n}$或 $10I_{\Delta n}$的剩余电流，剩余电流保护器应动作，测量电流接通瞬间至电流断开瞬间之间的间隔时间，该时间间隔不应大于对 $I_{\Delta n}$及最大剩余动作电流规定的动作时间。这时剩余电流保护电器应保持在断开位置，不应再自动重合闸。

经过 10 min 后，断开试验开关，用手动方式重新闭合剩余电流保护电器后，重复上述试验，试验结果仍应符合上述要求。

参考文献

［1］ GB 4208—2008 外壳防护等级(IP 代码)(IEC 60529:2001，IDT)

［2］ GB/T 13870.1—1992 电流通过人体的效应 第一部分:常用部分(neq IEC 60479-1:1984)

［3］ GB/T 13870.2—1997 电流通过人体的效应 第二部分:特殊情况(idt IEC 60479-2:1987)

［4］ GB/T 16935.1—2008 低压系统内设备的绝缘配合 第1部分:原理、要求和试验(IEC 60664-1:2007，IDT)

［5］ GB 18499—2008 家用和类似用途的剩余电流动作保护器(RCD) 电磁兼容性(IEC 61543:1995 and A1 and A2，IDT)

ICS 37.040.20
A 15

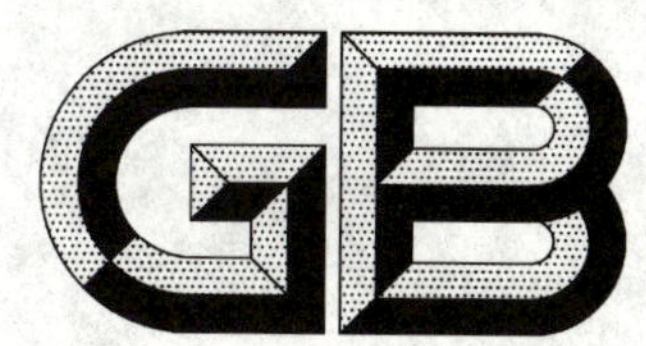

中华人民共和国国家标准

GB/T 6846—2008/ISO 8374:2001
代替 GB/T 6846—1986

摄影 ISO 安全灯条件的确定

Photography—Determination of ISO safelight conditions

(ISO 8374:2001,IDT)

2008-09-24 发布　　2009-05-01 实施

中华人民共和国国家质量监督检验检疫总局
中国国家标准化管理委员会 发布

前　言

本标准等同采用 ISO 8374:2001《摄影——ISO 安全灯条件的确定》(英文版)。

本标准等同翻译 ISO 8374:2001。

为便于使用,本标准做了下列编辑性修改:

a) “本国际标准”一词改为“本标准”;

b) 用小数点“.”代替作为小数点的逗号“,”;

c) 将国际标准的前言删掉,改为本标准的“前言”;将国际标准的引言直接翻译作为本标准的引言;

d) 规范性引用文件的引导语按 GB/T 1.1—2000 修改。

本标准修订并代替 GB/T 6846—1986《确定暗室照明安全时间的方法》。

本标准在内容上与 GB/T 6846—1986 相比,主要变化如下:

——将标准名称按国际标准名称翻译,从原来的《确定暗室照明安全时间的方法》改为《摄影　ISO 安全灯条件的确定》;

——增加了前言和引言;

——为了能更清晰地理解标准内容,对“范围”进行了明确的规定(本版第 1 章,1986 年版第 1 章);

——增加了“规范性引用文件”一章。ISO 8374:2001 引用的国际标准,均已等同转化为我国标准,因此本标准引用等同采用国际标准的国家标准(本版第 2 章);

——“术语和定义”一章进行了扩充(本版第 3 章,1986 年版第 2 章);

——增加“安全灯条件的维护和记录”一章(本版第 4 章);

——对试验方法的描述更详尽,并增加了方法 2(本版第 5 章,1986 年版第 4～5 章);

——增加“命名”一章(本版第 8 章);

——附录 A 改为规范性附录,为一种试验方法。

本标准的附录 A 为规范性附录。

本标准由中国石油和化学工业协会提出。

本标准由全国感光材料标准化技术委员会(SAC/TC 102)归口。

本标准起草单位:中国乐凯胶片集团公司。

本标准主要起草人:赵燕燕。

本标准所代替标准历次版本发布情况为:

——GB/T 6846—1986。

引　言

在摄影学中，“安全灯”这个术语用于描述一种光源，它为使用者提供充分的时间进行操作但在感光材料的感光特性上不产生可检测的变化。因为大多数的感光材料都要由制造商或者用户，或双方均在安全灯条件下处理，认为需要规定一种标准方法确定对感光材料是安全的工作条件。

如果在简单的“灰雾试验”的灯光条件下密度没有变化时，通常假定这些灯光条件是安全的，这经常是不正确的。这对许多材料都不适合，尤其是对黑白和彩色相纸，它们的影像区域可能比未曝光区域更为敏感。因此，如果只看未曝光区域的变化，可能会无法觉察不安全的灯光条件。此外，感光产品对安全灯的灵敏度可能会依照安全灯曝光是在实际的曝光之前或之后接受而不同，在某些情况下对给定的胶片或相纸类型，数量或甚至方向的差异在批与批之间也有变化。

还要考虑的因素是连续的曝光的累积影响。取决于曝光的类型和特定感光产品的乳剂配方设计，这些曝光可能是次加和性的，加和性的或超加和性的。

一般来说，安全灯的光谱特性选择需要兼顾暗适应操作人员的视觉响应和该产品对安全光的光谱响应。本标准与此选择无关。

本标准的目的是确定何时安全灯曝光量(强度和时间的乘积)在感光材料的影像形成的特性上发生了可检测到的影响。因为事实上所有的曝光都是累加的，材料对安全灯的曝光在操作的所有阶段(也就是制造，检查，装入照相机，接片，冲洗加工，印片等等)应保持最小的曝光量。

本标准提供了一种孤立和评价很可能在生产和使用周期内获得的几次曝光中任何给定的安全灯照射的单次曝光的方法。

摄影　ISO安全灯条件的确定

1　范围

本标准规定了确定给定的感光材料可以从一个给定的安全灯接受的不影响最终影像质量的最大曝光时间的方法。也规定了安全灯组件维修和操作环境的记录。

2　规范性引用文件

下列文件中的条款通过本标准的引用而成为本标准的条款。凡是注日期的引用文件，其随后所有的修改单(不包括勘误的内容)或修订版均不适用于本标准，然而，鼓励根据本标准达成协议的各方研究是否可使用这些文件的最新版本。凡是不注日期的引用文件，其最新版本适用于本标准。

GB/T 11500—2008　摄影　密度测量　第2部分:透射密度的几何条件(ISO 5-2:2001,IDT)

GB/T 11501—2008　摄影　密度测量　第3部分:光谱条件(ISO 5-3:1995,IDT)

GB/T 12823.4—2008　摄影　密度测量　第4部分:反射密度的几何条件(ISO 5-4:1995,IDT)

3　术语和定义

下列术语和定义适用于本标准。

3.1

加和性　additivity

感光产品接受的逐次曝光产生的净照相效应正好等于用单次曝光的数学总和预测的效果的条件。

3.2

点值　dot value

被半调网点覆盖的面积百分率，由点的面积、实地面积和点之间的面积的相对透射密度计算而得。

3.3

几何平均数　geometric mean

n个数乘积的n次方根，这里涉及的是两个相邻的安全灯曝光值的平方根。

3.4

半调影像　half-tone image

在给定的网板频率(每厘米的网点数)的点组成的影像，其大小(值)和形状可变，以便产生不同的视觉影调层次。

3.5

硬点　hard dot

具有足够陡的边缘梯度的半调网点，在胶片复制和印刷感光版生产时就是这种硬点。

3.6

ISO最大安全灯条件　ISO maximum safelight condition

当使用本标准叙述的方法来评价时，提供产生最小可察觉的变化需要的曝光量和(相邻的)没有可察觉变化的最大曝光量的几何平均数一半曝光量的照明条件。

3.7

后曝光　post-exposure

潜影加强　latensification

在感光材料接受正常的形成影像的曝光之后的安全灯曝光。

3.8

前曝光 pre-exposure

超增感 hypersensitization

在感光材料接受正常的形成影像的曝光之前的安全灯曝光。

3.9

安全灯 safelight

产生特定分光照度的光源,滤色片和灯具的组合,适用于处理特定的感光材料。

注:在一些情况下,光源本身不需要滤色片光谱就是合适的。

3.10

安全灯滤色片 safelight filter

使用指定光源产生需要的安全灯照明的光谱选择吸收材料。

3.11

安全灯具 safelight fixture

光源(如钨灯)的外壳,消散热量并安放安全灯滤色片(如果两个都需要)。

3.12

安全灯幅照度 safelight irradiance

从安全灯发出的入射到感光材料上的电磁辐射。

注:感光材料一般具有与人眼明显不同的光谱灵敏度。这使得两种光谱功率分布不同的安全灯给出同样的“视觉感觉”,但对感光材料的影响明显不同成为可能。

3.13

安全灯梯级曝光 safelight scale exposure

用安全灯作为光源的系列曝光。

3.14

安全时间 safetime

在给定的距离下感光产品能在给定强度的安全灯下曝光的时间长度。

注:使用在本标准中概括的试验条件,这可以是小于或等于在感光产品上产生最小的可察觉变化需要的时间和不产生可察觉变化的最大时间的几何平均数的一半的任何时间。

3.15

最小可察觉的变化 smallest detectable change

对给定的感光产品,可用对比法目视观察出来的在影像密度和色调上的最小差别。

注:如果密度计密度差别的精确度和重复性小于或等于密度的0.005或0.5%的任一个,无论哪一个选择大的,也可以用密度计测量。

3.16

档 stop

涉及曝光量变化以2为因子的术语,或近似0.3 log10曝光量的变化。

3.17

次加和性 subadditivity

感光产品接受的逐次连续曝光产生的净照相效应小于用单次曝光的数学总和预测的效果的条件。

3.18

超加和性 superadditivity

感光产品接受的逐次连续曝光产生的净照相效应大于用单次曝光的数学总和预测的效果的条件。

注:超加性现象已被大多数的印片材料证明。方法1测定在什么密度下给定的感光产品对安全灯曝光最敏感。在一些情况下,材料可能在灰雾密度以上的一个范围的密度下最敏感;在这种情况下,一个简单的灰雾试验就足够了。

4 安全灯条件的维护和记录

应记录所有有关的数据，包括安全灯光源类型(如二极管发光，场致发光板，钨灯泡，钠蒸气灯等等)，光源瓦特数或毫安培，电压，使用的滤色片(若有的话)，滤色片的大概寿命，类型和安全灯装置内部表面(如白色，暗黑色，银白色等等)，安全灯到感光材料的距离，曝光时间和加工日期。间接的安全灯照明(目标为墙壁和天花板)数据也应包括表面颜色和反射率及适当的几何描述。

一旦确定，通过确保使用正确的替换灯，滤色片没有衰退，保持安全灯到感光材料的距离，环境没有变化(通过给墙壁上油漆等等)，维持安全灯曝光的变量。

上述要素的任何变化应通过本标准提出的方法进行单独的评价。

5 试验方法

5.1 介绍

本章叙述了两种确定最大安全灯条件的测试方法。

——方法1(见5.2)：最常规的方法，并且是在当安全灯/材料的关系是未知的时候应当使用的方法。对下述条件没有限定：

a) 安全灯曝光产生最大效果时的影像密度；

b) 产生最大效果的(安全灯和影像)曝光次序。

——方法2(见5.3)：只用来在安全灯和感光材料的基本关系已知的情况下使用。因而，当方法1已经产生安全灯/材料的关系时，它用于在现场测试安全区域(方法1也可用于现场测试，但是它比方法2更麻烦)。

在方法2中，影像曝光用对随后的安全灯曝光产生最大敏感度来模拟均匀的曝光(在一些情况下，材料可能对从灰雾以上的密度范围最为敏感；这里，方法2可以简化为一个简单的灰雾试验)。5.3中描述的试验包括两个曝光顺序(先安全灯后影像，和先影像后安全灯)；但如果产生最大安全灯敏感性的顺序已知，或如果只有一个顺序是相关的(如在照相材料生产区域)，可以省略另一个顺序。方法2可以用单片感光材料完成，而方法1需要几张试片。

5.2 方法1

5.2.1 原理

单独的样品在影像曝光前和影像曝光后受到一系列的安全灯曝光。对影像没有影响的最大安全灯曝光量和产生最小的可察觉的变化的曝光量被确定并用于规定“ISO最大安全灯条件”。如果已确定了一个给定的感光产品是在未曝光区还是在已曝光特定密度区显现出首个可察觉的变化，安全灯系列可在一个样品上进行(方法2，见5.3)。

5.2.2 装置

5.2.2.1 梯级光楔

推荐使用透射梯级光楔，以产生一系列的梯级曝光量。它将提供被评价的材料正常使用的一系列要求的密度。对于通常直接用X射线曝光的产品，应以适合射线胶片的方式来获得系列密度。对通常曝光成网点图案的产品，附录A中规定的方法应和方法1从最开始平行进行。对随后的试验，应使用表现为最灵敏的方法(附录A中网点方法或本标准中主要部分的连续调方法)。

如果无法得到梯级光楔，可采用下列步骤代替来曝光。用一块黑卡片或其他不透光的材料盖住被测试的感光材料的一端，对未盖住的部分进行均匀的闪光曝光，移动卡片以产生一系列的曝光时间，例如1 s，2 s，4 s，8 s，16 s等等。光源的光谱质量应与材料通常使用的相似。曝光应能产生在实际使用中要求的全部密度范围。一个不太理想的变通方法是：通过一个透明的影像照片使除了被保护的边缘之外的整张感光材料均匀曝光，使照片上产生满意的明亮、中间和暗影调分布。

记住接受了低影像曝光的区域尤其容易受到在安全灯条件下发生的低水平曝光的影响是重要的。

5.2.2.2 不透光框

需要一个黑的不透光卡片限制在安全灯照明下的曝光区域。另外用几张卡片和遮光胶带做一个用于在黑暗中放置感光材料和不透光卡片的定位标志。

5.2.2.3 计时器

需要一个测定从几秒到 8 min 或更长安全灯曝光时间的方法。如果使用目视计时器，应防止为计时器提供的或计时器本身的任何光到达感光材料上，除非这个光是正常暗室安全灯照明测试的组成部分。

5.2.3 试验条件

除要曝光时，样品应置于全黑条件下。在曝光过程中确定严格的"ISO 最大安全灯条件"，样品应保存在温度 23 ℃±2 ℃和相对湿度 50%±5%下。

对室内应用，使用不同的和/或更少的严格的温度和相对湿度指定条件(环境条件，在现场试验)可能是更合适的。

在这些条件下得到的结果可以称为"最大安全灯条件"，但不能归为"ISO 最大安全灯条件"。

5.2.4 步骤(见图1)

盖住部分的密度		安全灯曝光部分的密度
0.10	0.10	
0.20	0.25	
0.41	0.47	
0.85	0.88	
1.19	1.21	
1.69	1.69	

图 1 冲洗加工后的典型试条(非安全条件)

5.2.4.1 前曝光试验

将被测试的感光材料裁成几条，至少 2.5 cm 宽。

用不透光卡片纵向盖住试条的一半，并将另一半用实际中认为的最短的时间在安全灯照明下曝光。

对每个余下的试条重复此步骤，同时安全灯曝光时间增加。例如，一个试条曝光 15 s，下一个试条曝光 30 s，等等，对每个余下的试条时间加倍。

在全黑条件下对每个试条做梯级曝光，曝光产生在实际使用中要求的全部密度范围是重要的。

为使潜影保存效应最小，在最后的曝光 15 min～45 min 内加工所有的试条，加工应和感光材料正常使用时相同。

5.2.4.2 后曝光试验

将被测试的感光材料裁成几条，至少 2.5 cm 宽。

在全黑条件下在感光材料的几个试条上做梯级曝光，曝光产生在实际使用中要求的全部密度范围是重要的。

用不透光卡片纵向盖住试条的一半，用最短的实际时间对另一半在安全灯照明下曝光。对余下的试条重复此步骤，时间加倍。

为使潜影保存效应最小，在最后的曝光 15 min～45 min 内加工所有的试条，加工应和感光材料正常使用时相同。

5.3 方法 2

5.3.1 原理

除非是被测试的光，所有的试验应在全黑条件下进行。为效率起见，三个独立的试验在一条宽度方向上被分成三部分的感光材料矩形试片上进行(见图 2)。每个试验用三分之一。

在第一个试验中，均匀图案曝光(UPE)在安全灯梯级曝光(SSE)之前，称为"均匀图案+安全灯梯级”试验。

在第二个试验中，安全灯梯级曝光是唯一的，称为“安全灯梯级”试验。

在第三个试验中，SSE 在 UPE 之前，称为“安全灯梯级＋均匀图案”试验。

样片加工后，检查确定在哪个试验在梯级的哪个水平上发现首个可察觉的变化。

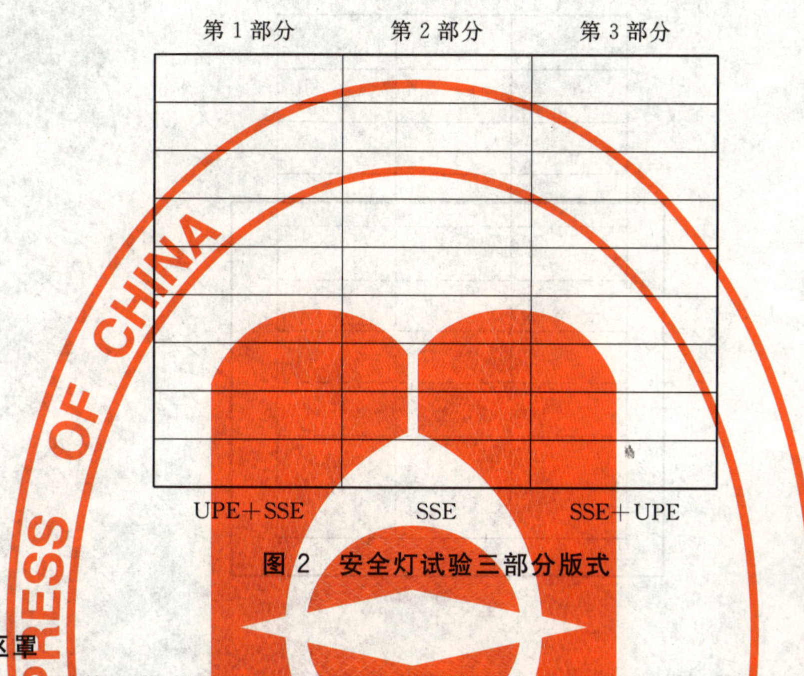

图 2　安全灯试验三部分版式

5.3.2　装置

5.3.2.1　分区罩

应做一个遮光罩使光挡住如 5.3 中描述的样品的相邻的两“部分”(见图 3)。这个罩子将用于 5.3.4中描述的次序的 a)步。同一个罩子在不同位置将用于 5.3.4 中 e)步。

在产生同样的“ISO 最大安全灯条件”的前、后或灰雾曝光试验的胶片上不必使用这个罩子。

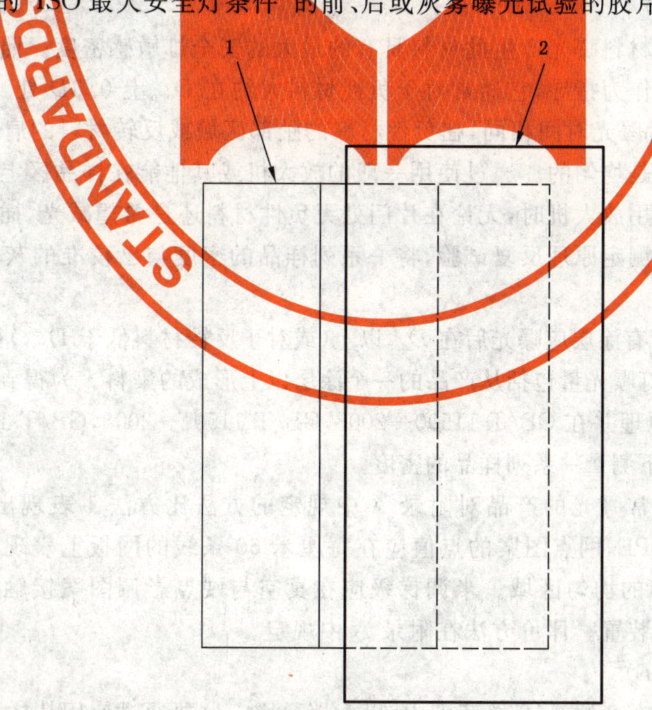

1——样品；

2——罩。

图 3　分割罩

5.3.2.2 梯级罩

应做一个或几个遮光罩，在5.3.3.2(见图4)中描述的产品上的沿每个部分在纵长方向产生梯级曝光时使用。

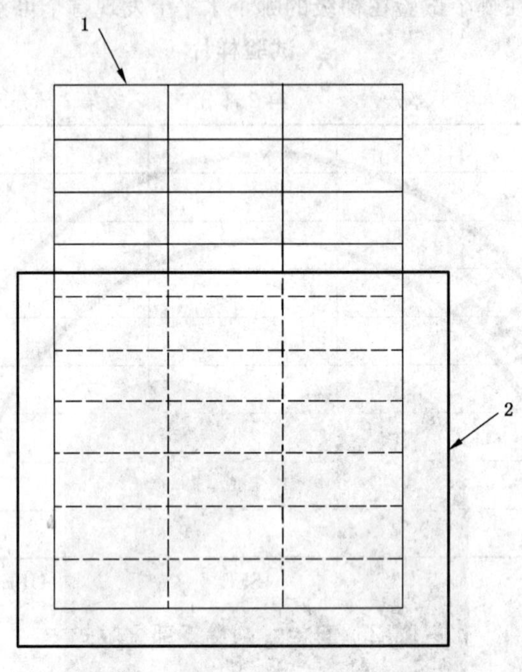

1——样品；

2——罩。

图4 梯级罩

5.3.3 步骤

5.3.3.1 均匀图案曝光(UPE)

这个曝光的目的是将试验材料曝光产生此材料具有的最大的安全灯敏感密度。照相材料的这个密度的精确值可用方法1确定。作为指导，它通常对于负性材料大约在 D_{min} 上 0.3D 处，或对于反转材料在 D_{max} 下 0.5D 处，即与消费者曝光时间相同，在负性材料的趾部区域或反转材料的肩部区域。

在试验材料上这个密度应是均匀的。通过使用一般的放大机或其他能在样品区上提供均匀照明的光源可以形成这样的曝光。使用放大机时，无论在片门处无负性材料还是希望减光，插入一个中性密度滤片。可通过使用适当的感光测定原理反复试验，将一系列样品的密度与已校准的灰色标板比较得到需要的均匀的密度。

尽可能密切的，彩色产品所有涂层应曝光后在 D_{min} 以上(或对于反转材料低于 D_{max})得到相同的密度。因为一些刚刚能察觉到的安全灯曝光量包括从产品的一个涂层以上形成的染料。为得到需要的各层密度的平衡，使用适当的感光测定原理并在GB/T 11500—2008，GB/T 11501—2008，GB/T 12823.4—2008中规定的适当的几何和光谱条件下测量一系列样品的密度。

对网点图案(影调图案)正常曝光的产品对附录A中规定的方法比方法1表现出更大的敏感性。正确曝光的网点图案适合于UPE，网点图案的点值应在每厘米60条线的网板上表现对安全灯曝光的最大的敏感度(一般50%)的点的均匀区域。半调梯级应在真空与硬点影调图案接触曝光或用一个适当设计的印刷制版用图像写入装置。评价方法在附录A中规定。

5.3.3.2 安全灯梯级曝光(SSE)

最佳的安全灯曝光系列应在8档～12档范围内，以1档递增。这要通过使用从样品连续的“级”顺序移动遮光罩的装置完成(见图4)。

样品距安全灯要同时满足典型安全灯使用条件和样品表面受到均匀安全灯辐照两个要求。从安全灯均匀地照射到样品表面应具有辐射度。遮光罩应以基准时间在样品的连续的“级”上移动，使当试验完成时，每“级”受到的曝光量与相邻的“级”相差一个光圈数。

5.3.4 曝光序列

一旦 UPE 和 SSE 被确定，通过使用那些曝光和合适的分区罩，下面的序列将产生需要的三个试验：

a) 盖住 2 和 3 部分；

b) 按 UPE 对第 1 部分进行曝光；

c) 露出三个部分；

d) 按 SSE 对三个部分曝光；

e) 盖住 1 和 2 部分；

f) 按 UPE 对第 3 部分进行曝光。

5.3.5 “均匀图案＋安全灯梯级”试验

在 5.3.4 中给出的曝光序列之后，第 1 部分具有了产生此试验的曝光量。

5.3.6 “安全灯梯级”试验

在 5.3.4 中给出的曝光序列之后，第 2 部分具有了产生此试验的曝光量。

5.3.7 “安全灯梯级＋”试验均匀图案

在 5.3.4 中给出的曝光序列之后，第 3 部分具有了产生此试验的曝光量。

6 冲洗加工过程中安全灯条件的测试方法

首先，确定在处理周期中在哪一点对安全灯的曝光是必要的或需要的。湿的感光材料的安全时间可能长于或短于干燥条件下的同样的材料。同样，加工时间和化学药品的任何变化能影响给定的安全灯的预计的安全时间。因此，试验方法必须首先确定冲洗加工-化学药品的条件或有关的条件(如彩色反转胶片的强化加工或用 3 min 代替 90 s 加工黑白相纸)。上面描述的安全灯试验必须在这些每一种可变的化学药品条件下进行重复试验。一般来说，冲洗加工时间和条件由机器结构确定。然而，这里包括的预防措施说明是为了确保实行的是科学的方法。

在冲洗加工中使用的评价安全灯条件的首选方法是改变感光材料上的照度。可以通过以下方式：

a) 在安全灯具上使用一系列用黑色不透光材料制作的不同面积的挡光板；或

b) 改变感光材料与安全灯具间的距离；或

c) 在安全灯具上采用使用非选择性吸光器。

在全黑条件下，在几条感光材料上用梯级光楔曝光。在全黑下冲洗一条。在冲洗周期内用指定的间隔打开安全灯加工第二条试片。减少 50％的安全灯照度冲洗另一条试片，只在与第二条试片相同的间隔下打开安全灯。加工其他试片，每个连续的试验减少材料上 50％的照度。

7 评价

7.1 概要

满意的试验应横跨从“无安全灯影响”到“重大安全灯影响”的范围。方法 1 中，这表示一系列的试验覆盖了这个范围；方法 2 中，表示梯级安全灯的部分等级曝光显示无安全影响，中间的级表示刚好可察觉的影响，其余的表示重大影响。如果这个范围没有横跨(无论无可见的安全灯影响还是实际上影响了所有的试条或安全灯梯级等级)，试验必须在增加或减少的安全灯曝光下重复进行。

7.2 主观(视觉)程序

在“无安全灯曝光”情况下通过目视比较，确定试条(方法 1)或梯级(方法 2)上哪里发生无可察觉的密度变化到第一个可察觉的密度变化，确定这两个条件的曝光时间的几何平均值(3.3)。这个曝光时间，被因子 2 除，是“ISO 最大安全灯条件”的时间部分(安全灯条件的其他成分在第 4 章中给出)。

应当采取防御措施使用对材料适当的观察条件。光谱条件，几何条件，照度水平应与正常生产时使用的相似。

不推荐彩色负片使用这个主观程序，因为它将要印片的材料的光谱敏感性通常与人眼有很大区别。

7.3 客观(仪器)程序

所有的梯级应使用合乎 GB/T 11500—2008，GB/T 11501—2008，GB/T 12823.4—2008 中规定的几何和光谱条件的密度计读取。感光材料上四种最小可察觉变化落在哪一级上，规定如下：

a) 反转产品，简单灰雾试验——最大密度下降 0.5%；

b) 已影像曝光的反转产品——测试区域的密度下降 0.5%；

c) 负性产品，简单灰雾试验——(不管哪一个大)大于 D_{min} 的密度增加 0.005 或 0.5%；

d) 已影像曝光的负性产品，简单灰雾试验——(不管哪一个大)测试区域的密度增加 0.005 或 0.5%。

确定与最小可察觉变化相联系的曝光时间和与无可察觉变化相联系的相邻的曝光时间的几何平均值(3.3)。这个曝光时间，被因子 2 除，是“ISO 最大安全灯条件”的时间部分(安全灯条件的其他成分在第 4 章中给出)。所有的密度增加或减少均与给定的无安全灯曝光的区域有关。引用的这些密度可能来自产品的任何一层或是所有层的和。

8 命名

第 3 章中描述的“安全时间”或“ISO 最大安全灯条件”这个命名，适用于按本标准规定的程序进行评价的特定感光产品和安全灯。因为这些命名只对特定安全灯的特定感光材料有效，当引用这些命名时，应明确第 4 章中概述的条件。

附　录　A
（规范性附录）
使用网点影像的安全灯试验

A.1　原理

在传统的安全灯试验中，作为安全灯曝光的结果的影像密度的变化是主要关心的问题，同时也是主要的试验评价工具。想要用于印刷制版的网点曝光的胶片通常反差很高并经常利用特别的化学作用以进一步提高反差。因而使用网点影像时，不产生可察觉密度变化的潜影曝光水平的变化可能会因曝光量处于或接近临界曝光量的微小变化引起在影像单元（网点边缘）物理位置的变化的结果。

与连续调材料的评价一样，独立的样品应在一般网点影像曝光之前和之后都接受一系列的安全灯曝光。网点点值（点边缘的移动）不产生可察觉变化的最大安全灯曝光量，以及产生大概 0.5%点值变化需要的安全灯曝光量应被确定。

在评价使用网点梯级中，显示对安全灯最敏感的点值也应被确定。在正常环境下，将是 50%的点。一旦被确定，随后的试验被安排使用 50%的点值，或 50%之外显示出最大的敏感性的其他点值。

注：在传统的网点系统，由于点边缘的移动造成的点值的变化程度与点面积和圆周（曝光和未曝光区域之间的边界）的长度之间的比例紧密相关。这个关系一般在点的大小在或接近 50%的值时达到最大。然而，点形状和点曝光轮廓两者的变化也影响点值和对安全灯曝光敏感性之间的关系。

A.2　装置

使用 5.2.2 中描述的装置，用 60 条线每厘米的网点梯级替代，其点值从 0%～100%变化每级 10%。点的形状名义上应是正方形的点。此网点梯级应从合适的硬点标板用一个恰当的印刷制版真空接触框或可编程制版质量的图像写入装置曝光到测试胶片上。

A.3　试验条件

5.2.3 的试验条件是合适的。

A.4　步骤

5.2.4 的步骤是适用的，用 A.2 中描述的网点梯级代替 5.2.4 的梯级光楔曝光。当先前的试验已显示出一个单个的梯级（一般 50%点级）是安全灯曝光最敏感的度量值，网点梯级可被压缩到只包括 0%点梯级（没有点），100%点梯级（实地）和最敏感的（一般 50%）点梯级。

实地和透明两个梯级的存在对允许精确计算点值是重要的。

A.5　计算

对测试的每个安全灯条件，包括无安全灯的试验计算点值，表示为一个百分数，对每个梯级使用下式计算：

$$\text{点值} = 100 \times [1 - 10^{-(D_T - D_M)}]/[1 - 10^{-(D_S - D_M)}]$$

式中：

D_T——网点图案的密度（点面积）；

D_M——网点梯级在那个安全灯曝光水平最小级的密度（点之间面积的密度）；

D_S——网点梯级在那个安全灯曝光水平实地级的密度（实地面积）。

对每个用到的网点梯级以点值对曝光量作图，并确定与 0.5%点值变化相关的安全灯曝光量。同时也确定了不产生可察觉点值变化的最大安全灯曝光量。这两个安全灯曝光量的几何平均值即是“ISO 最大安全灯条件”。

注：在 50%的点值左右直接测量点值 0.5%的变化是不实际的，这一点是公认的。点值的变化与密度 0.004 的变化相关。然而，大一些的点值的变化可被测量。使用这些数据，点值的变化和 $\log_{10}$ 曝光量之间是近似的直线关系可被计算，并推断与 0.5%点值的变化相关的预期的曝光量。

ICS 37.040.20
G 80

中华人民共和国国家标准

GB/T 6848—2008/ISO 1039:1995
代替 GB/T 6848—1986

电影 电影胶片和涂磁胶片卷的片芯 尺寸

Cinematography—Cores for motion-picture and magnetic film rolls—Dimensions

(ISO 1039:1995,IDT)

2008-06-18 发布 2009-02-01 实施

中华人民共和国国家质量监督检验检疫总局
中国国家标准化管理委员会 发布

前言

本标准等同采用ISO 1039:1995《电影　电影胶片和涂磁胶片卷的片芯　尺寸》。

本标准等同翻译ISO 1039:1995。

为便于使用,本标准做了以下编辑性修改:

a) “本国际标准”一词改为“本标准”;

b) 用小数点“.”代替作为小数点的逗号“,”;

c) 删除ISO 1039:1995的前言,改为本标准的“前言”。

本标准代替GB/T 6848—1986《电影胶片片卷片芯尺寸》。

本标准与GB/T 6848—1986相比,主要包括以下变化:

——增加了前言和范围;

——标准名称有了变化;

——删除了8.75×50、32×50、32×75等3个规格,增加了35×125规格(本标准表1、表2和图2);

——删除了附录A。

本标准由中国石油和化学工业协会提出。

本标准由全国感光材料标准化技术委员会(SAC/TC 102)归口。

本标准起草单位:乐凯胶片股份有限公司。

本标准主要起草人:贾玉来。

本标准所代替标准的历次版本发布情况为:

——GB/T 6848—1986。

电影 电影胶片和涂磁胶片卷的片芯 尺寸

1 范围

本标准规定了电影胶片和涂磁胶片卷的片芯的规格和尺寸。

本标准适用于电影胶片和涂磁胶片卷的片芯。

2 片芯尺寸

标称宽度为 8 mm、16 mm、17.5 mm、35 mm、65 mm 和 70 mm 的片芯应按图 1 和表 1 规定的尺寸和公差制作。各种片芯的规格以按毫米计算的胶片的标称宽度和片芯外径表示，例如宽度 8 mm、外径 50 mm 的片芯表示为 8×50。

注 1：在表 1 和图 1 中显示的英制单位已经按公认的换算方法化整，在少数情况下，这种化整的方法不同于通常的把毫米转换为英寸的方法。

注 2：在表 1 中 A 值尺寸和片芯的标称宽度的差值和趋势已有意识的固定下来了，目的是鼓励使片芯的最大宽度比相应的胶片的最小宽度稍微小一些这种通用的生产惯例。

注 3：将胶片固定在各种片芯上的方法都可自选，常用的是片芯上有 1 个或 2 个角度相反的片槽。后者便于不论片芯从哪边上到心轴上都能固定胶片。推荐把片槽的边缘稍微低下去一点，以减少在胶片头几圈压出痕迹来。

注 4：B 尺寸的公差范围定的较大是为了包容现存各制造商的产品，然而，要求对任一制造商制做的片芯应保持尽量小的公差范围。对任何制造商制做的产品，这样可避免产生大的变化，包括片芯一侧到另一侧的锥度。

3 35×125 规格片芯的驱动孔

35×125 规格片芯应设计 8 个尺寸和位置如图 2 和表 2 所示的驱动孔。

单位为毫米(英寸)

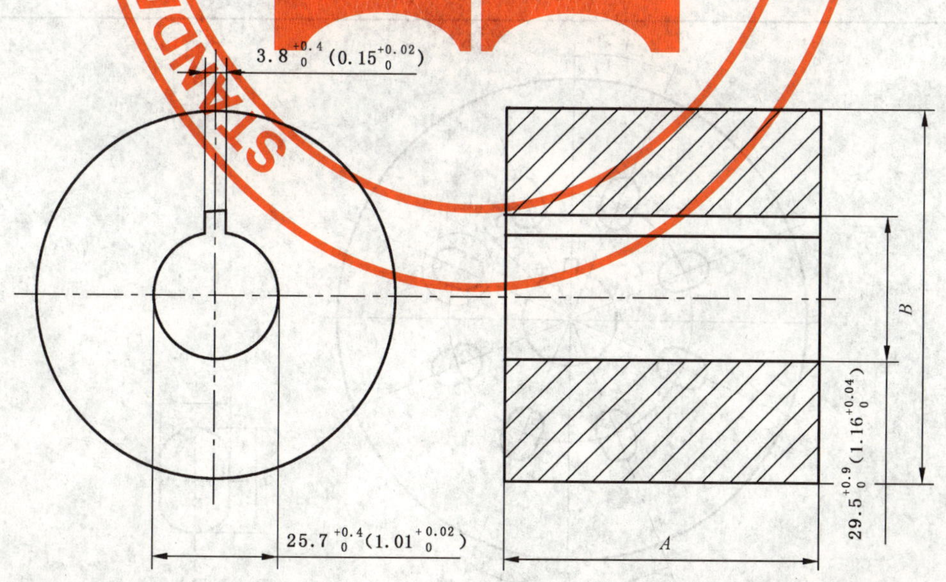

图 1 所有片芯的共同尺寸

表 1 片芯的可变尺寸

规格	尺寸代号	数值/mm	数值/in
8×50	A	$7.9_{-0.5}^{0}$	$0.31_{-0.02}^{0}$
	B	50.0±0.5	1.97±0.02
16×50	A	$15.9_{-0.5}^{0}$	$0.62_{-0.02}^{0}$
	B	50.0±0.5	1.97±0.02
16×75	A	$15.9_{-0.5}^{0}$	$0.62_{-0.02}^{0}$
	B	$75.0_{-1.0}^{+2.0}$	1.97±0.02
16×100	A	$15.9_{-0.5}^{0}$	$0.62_{-0.02}^{0}$
	B	100.0±1.0	3.94±0.04
17.5×100	A	$17.4_{-0.5}^{0}$	$0.62_{-0.02}^{0}$
	B	100.0±1.0	3.94±0.04
35×50	A	$34.9_{-1.0}^{0}$	$1.37_{-0.04}^{0}$
	B	50.0±0.5	1.97±0.02
35×75	A	$34.9_{-1.0}^{0}$	$1.37_{-0.04}^{0}$
	B	$75.0_{-1.0}^{+2.0}$	$2.95_{-0.04}^{+0.08}$
35×100	A	$34.9_{-1.0}^{0}$	$1.37_{-0.04}^{0}$
	B	100.0±1.0	3.94±0.04
35×125[a]	A	$34.9_{-1.0}^{0}$	$1.37_{-0.04}^{0}$
	B	125.0±1.0	4.92±0.04
65×75	A	$64.9_{-1.0}^{0}$	$2.56_{-0.04}^{0}$
	B	$75.0_{-1.0}^{+2.0}$	$2.95_{-0.04}^{+0.08}$
70×75	A	$69.9_{-1.0}^{0}$	$2.75_{-0.04}^{0}$
	B	$75.0_{-1.0}^{+2.0}$	$2.95_{-0.04}^{+0.08}$

[a] 见注 3。

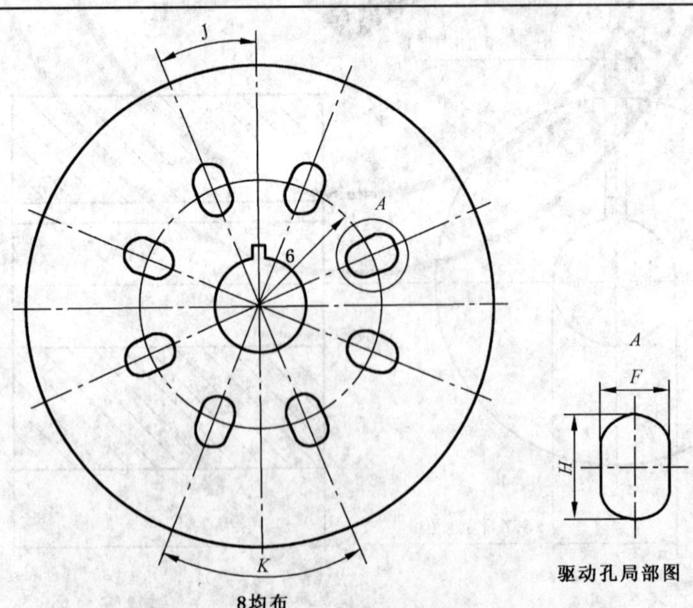

图 2 35×125 片芯驱动孔(见注 3)

表 2　驱动孔尺寸

尺寸代号	数值/mm	数值/in
F	10.00±0.50	0.394±0.020
G	35.00±0.50	1.378±0.020
H	14.60±0.50	0.575±0.020
J	22.5°	22.5°
K	45°	45°

ICS 71.040.30
G 60

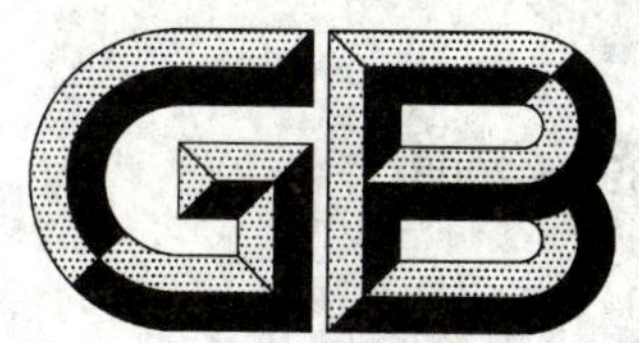

中华人民共和国国家标准

GB 6851—2008
代替 GB 6851—1986

pH 基准试剂 定值通则

pH Primary reagent—General rules for certification

2008-06-18 发布 2009-06-01 实施

中华人民共和国国家质量监督检验检疫总局
中国国家标准化管理委员会 发布

前　言

本标准的5.2、第6章、第7章、第8章为强制性的，其余为推荐性的。

本标准代替GB 6851—1986《pH基准试剂　定值通则》，与GB 6851—1986相比主要变化如下：

——修改了“范围”(1986年版的第1章，本版的第1章)；

——“名词术语”中增加了“基准标准物质”，将“一级pH基准试剂”改为“pH基准标准物质”，将“一级pH标准缓冲溶液”改为“pH基准缓冲溶液”(1986年版的第2章，本版的第3章)；

——修改了“仪器”一章(1986年版的第4章，本版的第6章)；

——修改了“试剂和材料”一章(1986年版的第5章，本版的第5章)；

——修改了“计算”一章(1986年版的第7章，本版的第8章)；

——增加了“pH标准缓冲溶液的pH值($pH(S)_{II}$)的扩展不确定度”(本版的第9章)；

——修改了附录A、附录B(1986年版的附录A、附录B、附录C，本版的附录A、附录B)；

——增加了“pH标准缓冲溶液pH值的扩展不确定度的计算”(本版的附录C)。

本标准的附录A、附录B为规范性附录，附录C为资料性附录。

本标准由中国石油和化学工业协会提出。

本标准由全国化学标准化技术委员会化学试剂分会归口。

本标准负责起草单位：中国计量科学研究院、北京化学试剂研究所。

本标准主要起草人：修宏宇、韩宝英。

本标准所代替标准的历次版本发布情况为：

——GB 6851—1986。

pH 基准试剂 定值通则

1 范围

本方法适用于用双氢电极有液接界电池测定 pH 基准试剂的 pH 值(25 ℃)。

2 规范性引用文件

下列文件中的条款通过本标准的引用而成为本标准的条款。凡是注日期的引用文件,其随后所有的修改单(不包括勘误的内容)或修订版均不适用于本标准,然而,鼓励根据本标准达成协议的各方研究是否可使用这些文件的最新版本。凡是不注日期的引用文件,其最新版本适用于本标准。

GB/T 601 化学试剂 标准滴定溶液的制备(GB/T 601—2002,ISO 6353-1:1982,NEQ)

GB/T 603 化学试剂 试验方法中所用制剂及制品的制备(GB/T 603—2002,ISO 6353-1:1982,NEQ)

GB/T 6682 分析实验室用水规格和试验方法(GB/T 6682—2008,ISO 3696:1987,MOD)

3 术语和定义

下列术语和定义适用于本标准。

3.1

基准标准物质(PRM) primary reference material (PRM)

具有最高计量学特性,用基准方法确定特性量值的标准物质,简称基准物质。基准物质一般是由国家计量实验室研制,量值可溯源到 SI 单位,并经国际计量组织国际比对验证,取得了等效度的。

3.2

pH 基准标准物质 pH primary reference material

用铂(钯)氢-银/氯化银电极、无液接界电池基准方法,在水溶液 pH(酸度)基准装置上定值的基准标准物质。它通常用于 pH 基准试剂和二级 pH 标准物质的定值以及高精度 pH 计的检定/校准。

3.3

pH 基准试剂 pH primary reagent

以 pH 基准标准物质的量值为基础,用双氢电极有液接界电池进行对比而定值的化学试剂。它用于 pH 计的校准。

3.4

pH 基准缓冲溶液 pH primary buffer solution

用 pH 基准标准物质按规定方法配制的缓冲溶液。

3.5

pH 标准缓冲溶液 pH standard buffer solution

用 pH 基准试剂按规定方法配制的缓冲溶液。

3.6

$pH(S)_I$ 值 the value of $pH(S)_I$

用 3.2 的方法定值的 pH 基准缓冲溶液的 pH 值。

3.7

$pH(S)_{II}$ 值 the value of $pH(S)_{II}$

用 3.3 的方法定值的 pH 标准缓冲溶液的 pH 值。

4 方法原理

用本通则定值的四种 pH 标准缓冲溶液与我国现有的四种 pH 基准缓冲溶液名称相同，浓度也相等，因此可利用氢电极对溶液中氢离子的响应，将 pH 基准缓冲溶液和 pH 标准缓冲溶液放入同一测量电池（双氢电极有液接界电池）进行对比测量，从而确定 pH 标准缓冲溶液的量值。

所用测量电池如下：

铂（钯）、氢（气） | pH 基准缓冲溶液 ‖ 饱和氯化钾 ‖ pH 标准缓冲溶液 | 氢（气）、铂（钯）

在恒定温度下，根据能斯特（Nernst）方程：

左半电池电势为：

$$E_{\mathrm{I}} = -\frac{\ln 10 \cdot \mathrm{R} \cdot T}{\mathrm{F}} \cdot \mathrm{pH(S)}_{\mathrm{I}} + E_{\mathrm{jI}} \qquad \cdots\cdots(1)$$

右半电池电势为：

$$E_{\mathrm{II}} = -\frac{\ln 10 \cdot \mathrm{R} \cdot T}{\mathrm{F}} \cdot \mathrm{pH(S)}_{\mathrm{II}} + E_{\mathrm{jII}} \qquad \cdots\cdots(2)$$

式中：E_{jI} 和 E_{jII} 分别为左、右半电池的液接界电势。

电池电动势 E 为：

$$E = E_{\mathrm{I}} - E_{\mathrm{II}} = -\frac{\ln 10 \cdot \mathrm{R} \cdot T}{\mathrm{F}}[\mathrm{pH(S)}_{\mathrm{I}} - \mathrm{pH(S)}_{\mathrm{II}}] + (E_{\mathrm{jI}} - E_{\mathrm{jII}}) \qquad \cdots\cdots(3)$$

令 $\Delta E_{\mathrm{j}} = E_{\mathrm{jI}} - E_{\mathrm{jII}}$

$$\mathrm{pH(S)}_{\mathrm{I}} - \mathrm{pH(S)}_{\mathrm{II}} = -\frac{\mathrm{F} \cdot (E - \Delta E_{\mathrm{j}})}{\ln 10 \cdot \mathrm{R} \cdot T} \qquad \cdots\cdots(4)$$

那么，pH 标准缓冲溶液的 pH 值（$\mathrm{pH(S)}_{\mathrm{II}}$）可以通过式(5)计算得出：

$$\mathrm{pH(S)}_{\mathrm{II}} = \mathrm{pH(S)}_{\mathrm{I}} + \frac{\mathrm{F} \cdot (E - \Delta E_{\mathrm{j}})}{\ln 10 \cdot \mathrm{R} \cdot T} \qquad \cdots\cdots(5)$$

式中：

$\mathrm{pH(S)}_{\mathrm{I}}$——pH 基准缓冲溶液的 pH 值；

F——法拉第常数，单位为库仑每摩尔（C/mol）；

E——电池电动势，单位为伏特（V）；

ΔE_{j}——残余液接界电势，单位为伏特（V）；

R——气体常数，单位为焦耳每（开·摩尔）（J/mol·K）；

T——热力学温度，单位为开尔文（K）。

25 ℃时：$\frac{\ln 10 \cdot \mathrm{R} \cdot T}{\mathrm{F}} = 0.059\ 157(\mathrm{V})$

由于 pH 基准缓冲溶液和 pH 标准缓冲溶液的离子种类和强度可认为相同，测量电池通过选择后，可使残余液接界电势足够小（≤0.05 mV）。此时，ΔE_{j} 可认为近似等于零，则 pH 标准缓冲溶液的 pH 值（$\mathrm{pH(S)}_{\mathrm{II}}$）的计算公式可简化为式(6)：

$$\mathrm{pH(S)}_{\mathrm{II}} = \mathrm{pH(S)}_{\mathrm{I}} + \frac{\mathrm{F} \cdot E}{\ln 10 \cdot \mathrm{R} \cdot T} \qquad \cdots\cdots(6)$$

5 试剂和材料

5.1 一般规定

本标准除另有规定外，所用标准溶液、制剂及制品均按 GB/T 601、GB/T 603 的规定制备，实验室用水应符合 GB/T 6682 中二级水规格。所用氢气应使用高纯气体。所用溶液以“%”表示的均为质量分数。

5.2 pH 标准缓冲溶液和 pH 基准缓冲溶液

5.2.1 pH 标准缓冲溶液的配制

5.2.1.1 邻苯二甲酸氢钾(0.05 mol/kg)溶液

称取 10.12 g 于 110 ℃±5 ℃烘至恒量的样品，溶于水，在 20 ℃±5 ℃时稀释至 1 000 mL。

5.2.1.2 磷酸二氢钾(0.025 mol/kg)和磷酸氢二钠(0.025 mol/kg)的混合液

称取 3.387 g 于 115 ℃±5 ℃烘至恒量的磷酸二氢钾和 3.533 g 于 115 ℃±5 ℃烘至恒量的磷酸氢二钠，溶于水，在 20 ℃±5 ℃时稀释至 1 000 mL。

5.2.1.3 四硼酸钠(0.01 mol/kg)溶液

称取 3.80 g 于氯化钠和蔗糖的饱和溶液干燥器中(干燥器中有过剩氯化钠和蔗糖晶体)干燥至恒量的样品，溶于无二氧化碳的水，在 20 ℃±5 ℃时稀释至 1 000 mL。盖紧瓶塞后，可保存 2 个月～3 个月。

5.2.2 pH 基准缓冲溶液的配制

同种 pH 基准缓冲溶液和 pH 标准缓冲溶液的配制方法相同。

6 仪器

6.1 测量电池

测量电池装置见图 1。测量电池由电池容器、恒温恒湿管、铂(钯)氢电极、盐桥组成。

图 1 测量电池装置(双氢有液接界电池)

6.1.1 电池容器

电池容器由硬质玻璃材质制成。

6.1.2 恒温恒湿管

恒温恒湿管由硬质玻璃材质制成。

6.1.3 电极

电极包括铂氢电极和钯氢电极两种。其加工制备方法见附录 A。

6.1.4 盐桥

盐桥的制备方法见附录 B。

6.2 恒温水槽

6.2.1 恒温水槽内可安装八套测量电池。

6.2.2 恒温水槽控温范围包括：

a) 定点温度稳定性(25 ℃)要求 8 h 内不大于 0.1 ℃。

b) 水平温场梯度不大于 0.1 ℃。

c) 垂直温场梯度不大于 0.1 ℃。

6.3 精密温度计

精密温度计分辨率为 0.01 ℃，最大允许误差为 0.05 ℃。应按期送计量部门检定/校准。

6.4 数字万用表

数字万用表量程范围为(−2～2)V，最大允许误差为 0.01 mV。应按期送计量部门检定/校准。

7 测定

7.1 电极、盐桥的制备见附录 A、附录 B，pH 标准缓冲溶液和 pH 基准缓冲溶液按 5.2 配制。

7.2 电池容器及恒温恒湿管经洗液、自来水、水和超纯水四级浸洗，冲洗干净后备用。

7.3 恒温恒湿管中装入略高于一半容积的水或被测溶液。

7.4 电池容器及铂(钯)氢电极使用前用少量被测溶液倾洗两次，在电池容器中装入被测溶液(电池 1、3、5……装 pH 基准缓冲溶液；电池 2、4、6……装 pH 标准缓冲溶液)，插入铂(钯)氢电极，装好恒温恒湿管，然后放入恒温水槽中固定好，恒温水槽中水面恰好浸至测量电池口，恒温水槽控温至 25.0 ℃±0.1 ℃。

7.5 按图 1 接好通氢管的进气管口和出气管口(通到室外)。

7.6 恒温通氢，每隔 15 min 测量一次恒温水槽温度及电池电动势。当连续四次测量，电池电动势稳定在±0.03 mV 内时，认为达到平衡。

每一溶液应测量八个电池组，电池电动势读数极差应小于 0.2 mV。

7.7 测量后关好氢气源、恒温水槽及电源，小心地把测量电池取出放妥。

7.8 实验室环境温度应在 15 ℃～30 ℃，相对湿度不大于 80%RH。

8 计算

8.1 单一测量电池的电池电动势，以 $\hat{E}$ 表示，按式(7)计算：

$$\hat{E} = \frac{\sum E_i}{4} \qquad \cdots\cdots(7)$$

式中：

E_i——单一测量电池电动势的第 i 次读数，单位为毫伏(mV)。

8.2 所有测量电池的电池电动势的平均值，以 $\bar{E}$ 表示，按式(8)计算：

$$\bar{E} = \frac{\sum \hat{E}_i}{8} \qquad \cdots\cdots(8)$$

式中：

$\hat{E}_i$——第 i 个测量电池的电池电动势($i=1,2,3\cdots,8$)，单位为毫伏(mV)。

8.3　pH 标准缓冲溶液的 pH 值($pH(S)_{\mathrm{II}}$)按式(9)计算：

$$pH(S)_{\mathrm{II}} = pH(S)_{\mathrm{I}} + \frac{\bar{E}}{59.157} \qquad \cdots\cdots(9)$$

式中：

$pH(S)_{\mathrm{I}}$——pH 基准缓冲溶液的 pH 值；

$\bar{E}$——电池电动势的平均值，单位为毫伏(mV)。

9　pH 标准缓冲溶液的 pH 值($pH(S)_{\mathrm{II}}$)的扩展不确定度

本方法的精密度为 0.002 pH，扩展不确定度不大于 0.01 pH($k=3$)。计算方法参见附录 C。

附 录 A
（规范性附录）
铂氢电极、钯氢电极的制备及处理

A.1 铂氢电极、钯氢电极的制备

取约 1 cm^2 的铂片，点焊联结于 1.5 cm 长的铂丝上，再点焊联结于 9 cm 长的紫铜丝上，铂片以上部分用 1 号标准玻璃磨口塞套上后熔封，紫铜丝外套一支德银套管，紫铜丝与套管以焊锡联结。铂氢（钯氢）电极构造见图 A.1。

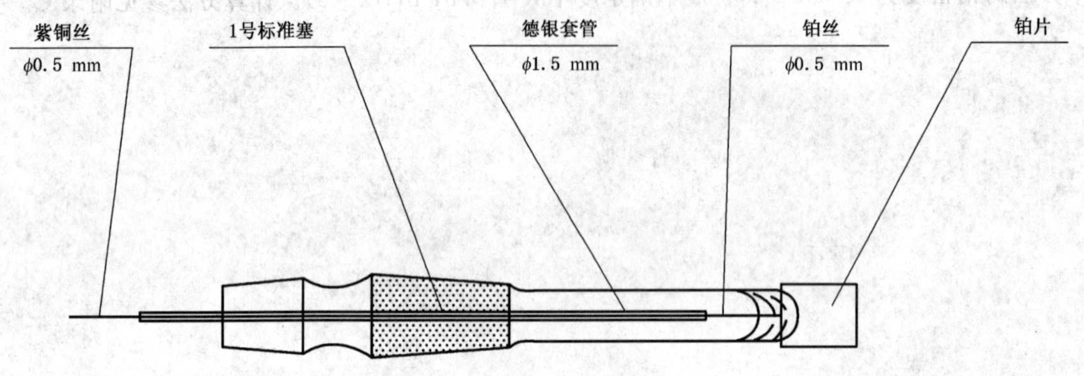

图 A.1 铂氢（钯氢）电极构造

A.2 铂氢电极、钯氢电极的处理

A.2.1 制剂的制备

A.2.1.1 氯化钯盐酸溶液

称取 20 g 氯化钯，溶于 1 000 mL 盐酸标准滴定溶液（1 mol/L）中。

A.2.1.2 乙酸铅氯铂酸溶液

称取 0.05 g 乙酸铅，溶于 1 000 mL 氯铂酸溶液（30 g/L）中。

A.2.2 铂氢电极的处理

铂氢电极铂片用热硫酸清洗，再用水冲洗后，用温热的王水溶液（1＋1）洗至铂片光亮（用过的铂黑电极，可先用滤纸小心擦去上面的铂黑后再清洗），用水再冲洗。洗净的电极在硫酸溶液（2 mol/L）中、电流密度为 30 mA/cm^2 下，阴极极化 10 min，阳极用铂丝或铂片电极。经处理后的电极用水洗去硫酸后，在乙酸铅氯铂酸溶液中镀铂黑，在 180 mA/cm^2 下镀 40 s 至 1 min。再在 120 mA/cm^2 下镀 40 s 至 1 min（新配制的电镀液，电镀时间可缩短些），阳极用铂片或铂丝。镀好的电极应为黑色，表面均匀细密，如有白点应洗净重镀。镀过铂黑的电极用水冲洗后，置于水中，用电磁搅拌洗涤 10 min，然后浸置在超纯水中备用。

A.2.3 钯氢电极的处理

钯氢电极的处理方法同 A.2.2。电镀液为氯化钯盐酸溶液，电流密度为 25 mA/cm^2～30 mA/cm^2，镀 10 min，电镀过程中应不断摇动阴极。

附 录 B
（规范性附录）
盐桥的制备

B.1 无溴氯化钾的制备

取氯化钾(优级纯)，溶于水，煮沸后通氯气除去溴，用水重结晶一次，烘干，于 550 ℃高温炉中灼烧 2 h～3 h。

B.2 饱和氯化钾琼脂糖凝胶的制备

称取 2 g 琼脂糖，加入 100 mL 水，在电炉上加热溶解，配制成琼脂糖凝胶，再加入 35 g 无溴氯化钾，配制成饱和氯化钾琼脂糖凝胶。

B.3 盐桥的制备

测量电池的电池容器洗净烘干后，在两半电池间的盐桥中倒入饱和氯化钾琼脂糖凝胶，冷却后备用。装好后在同一双氢电极电池中进行对比测量，电动势应稳定在±0.05 mV 内。

附 录 C
（资料性附录）
pH 标准缓冲溶液 pH 值的扩展不确定度的计算

C.1 pH 标准缓冲溶液 pH(S)$_{\text{Ⅱ}}$ 的 A 类标准不确定度分量

pH 标准缓冲溶液 pH(S)$_{\text{Ⅱ}}$ 的 A 类标准不确定度分量按式(C.1)计算：

$$u_A[\mathrm{pH(S)_{Ⅱ}}] = \frac{s(\bar{E})}{59.157\sqrt{n}} \qquad \text{(C.1)}$$

式中：

$s(\bar{E})$——n 次测量结果的算术平均值的实验标准偏差。

式(C.1)中

$$s(\bar{E}) = \sqrt{\frac{\sum_{i=1}^{n}(E_i-\bar{E})^2}{n-1}} \qquad \text{(C.2)}$$

C.2 pH 标准缓冲溶液 pH(S)$_{\text{Ⅱ}}$ 的 B 类标准不确定度分量

pH 标准缓冲溶液 pH(S)$_{\text{Ⅱ}}$ 的 B 类标准不确定度分量 $u_B[\mathrm{pH(S)_{Ⅱ}}]$ 按式(C.3)计算：

$$u_B[\mathrm{pH(S)_{Ⅱ}}] = \sqrt{u^2[\mathrm{pH(S)_{Ⅰ}}] + \left(\frac{\mathrm{F}}{\ln 10 \cdot \mathrm{R} \cdot T}\right)^2 \cdot u^2(E) + \left(\frac{-\mathrm{F} \cdot E}{\ln 10 \cdot \mathrm{R} \cdot T^2}\right)^2 \cdot u^2(T)} \qquad \text{(C.3)}$$

式中：

$u[\mathrm{pH(S)_{Ⅰ}}]$——pH 基准缓冲溶液的标准不确定度分量；

$u(E)$——电池电动势标准不确定度分量；

$u(T)$——温度标准不确定度分量。

C.2.1 pH 基准缓冲溶液的标准不确定度分量的计算

pH 基准缓冲溶液的标准不确定度分量 $u[\mathrm{pH(S)_{Ⅰ}}]$ 按式(C.4)计算：

$$u[\mathrm{pH(S)_{Ⅰ}}] = \frac{U[\mathrm{pH(S)_{Ⅰ}}]}{k} \qquad \text{(C.4)}$$

式中：

$U[\mathrm{pH(S)_{Ⅰ}}]$——pH 基准标准物质的扩展不确定度(pH 基准物质证书中给出)；

k——扩展因子(pH 基准物质证书中给出)。

C.2.2 电池电动势标准不确定度分量的计算

电池电动势标准不确定度分量 $u(E)$ 按式(C.5)计算：

$$u(E) = \sqrt{\left(\frac{u_1}{\sqrt{3}}\right)^2 + \left(\frac{u_2}{\sqrt{3}}\right)^2} \qquad \text{(C.5)}$$

式中：

u_1——数字万用表的最大允许误差，单位为毫伏(mV)；

u_2——残余液接界电势的最大允许误差，单位为毫伏(mV)。

C.2.3 温度标准不确定度分量的计算

温度标准不确定度分量 $u(T)$ 按式(C.6)计算：

$$u(T)=\sqrt{\left(\frac{u_3}{\sqrt{3}}\right)^2+\left(\frac{u_4}{\sqrt{3}}\right)^2+\left(\frac{u_5}{\sqrt{3}}\right)^2} \qquad \cdots\cdots(C.6)$$

式中：

u_3——恒温水浴的控温精度，单位为开尔文(K)；

u_4——精密温度计的最大允许误差，单位为开尔文(K)；

u_5——精密温度计的分辨率，单位为开尔文(K)。

C.3 pH 标准缓冲溶液 $pH(S)_{II}$ 的合成标准不确定度

pH 标准缓冲溶液 $pH(S)_{II}$ 的合成标准不确定度 $u[pH(S)_{II}]$ 按式(C.7)计算：

$$u[pH(S)_{II}]=\sqrt{u_A^2[pH(S)_{II}]+u_B^2[pH(S)_{II}]} \qquad \cdots\cdots(C.7)$$

C.4 pH 标准缓冲溶液 $pH(S)_{II}$ 的扩展不确定度

pH 标准缓冲溶液 $pH(S)_{II}$ 的扩展不确定度 $U[pH(S)_{II}]$ 按式(C.8)计算：

$$U[pH(S)_{II}]=k\cdot u[pH(S)_{II}] \qquad \cdots\cdots(C.8)$$

式中：

$u[pH(S)_{II}]$——pH 标准缓冲溶液 $pH(S)_{II}$ 的合成标准不确定度分量；

k——包含因子(一般情况下 $k=3$)。

ICS 71.040.30
G 61

中华人民共和国国家标准

GB 6853—2008
代替 GB 6853—1986

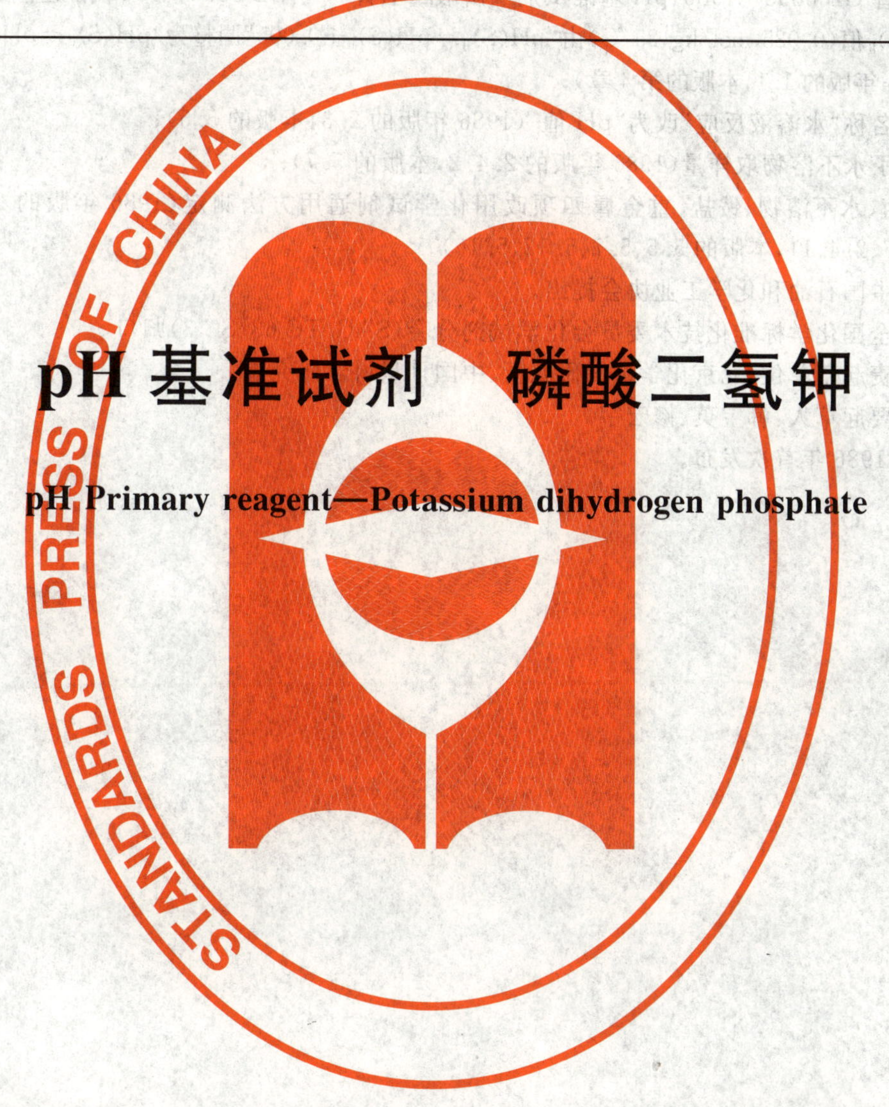

pH 基准试剂　磷酸二氢钾

pH Primary reagent—Potassium dihydrogen phosphate

2008-12-31 发布　　　　2009-06-01 实施

中华人民共和国国家质量监督检验检疫总局
中国国家标准化管理委员会　发布

前　言

本标准第 4 章、5.3 条为强制性，其他条文为推荐性。

本标准代替 GB 6853—1986《pH 基准试剂　磷酸二氢钾》，与 GB 6853—1986 相比主要变化如下：

——$pH(S)_{II}$值(0.025 mol/kg，25 ℃)由“$pH(S)_{II}=pH(S)_{I}\pm 0.005$”调整为“$pH(S)_{II}=pH(S)_{I}\pm 0.01$”(1986 年版的 1.1，本版的第 4 章)；

——项目名称“水溶液反应”改为“pH 值”(1986 年版的 2.3，本版的 5.5)；

——调整了水不溶物取样量(1986 年版的 2.4.2，本版的 5.7)；

——pH 值、水不溶物、铵盐、重金属四项改用化学试剂通用方法测定(1986 年版的 2.3、2.4.2、2.4.7、2.4.11，本版的 5.5、5.7、5.12、5.16)。

本标准由中国石油和化学工业协会提出。

本标准由全国化学标准化技术委员会化学试剂分会(SAC/TC 63/SC 3)归口。

本标准负责起草单位：北京化学试剂研究所、中国计量科学研究院。

本标准主要起草人：韩宝英、修宏宇。

本标准于 1986 年首次发布。

pH 基准试剂　磷酸二氢钾

分子式：KH_2PO_4

相对分子质量：136.09（根据 2007 年国际相对原子质量）

1　范围

本标准规定了 pH 基准试剂中磷酸二氢钾的性状、规格、试验、检验规则和包装及标志。

本标准适用于 pH 基准试剂中磷酸二氢钾的检验。

2　规范性引用文件

下列文件中的条款通过本标准的引用而成为本标准的条款。凡是注日期的引用文件，其随后所有的修改单（不包括勘误的内容）或修订版均不适用于本标准，然而，鼓励根据本标准达成协议的各方研究是否可使用这些文件的最新版本。凡是不注日期的引用文件，其最新版本适用于本标准。

GB/T 601　化学试剂　标准滴定溶液的制备

GB/T 602　化学试剂　杂质测定用标准溶液的制备（GB/T 602—2002，ISO 6353-1：1982，NEQ）

GB/T 603　化学试剂　试验方法中所用制剂及制品的制备（GB/T 603—2002，ISO 6353-1：1982，NEQ）

GB/T 610—2008　化学试剂　砷测定通用方法（ISO 6353-1：1982，NEQ）

GB/T 6682　分析实验室用水规格和试验方法（GB/T 6682—2008，ISO 3696：1987，MOD）

GB 6851　pH 基准试剂　定值通则

GB/T 9723—2007　化学试剂　火焰原子吸收光谱法通则

GB/T 9724　化学试剂　pH 值测定通则（GB/T 9724—2007，ISO 6353-1：1982，NEQ）

GB/T 9725　化学试剂　电位滴定法通则（GB/T 9725—2007，ISO 6353-1：1982，NEQ）

GB/T 9732　化学试剂　铵测定通用方法（GB/T 9732—2007，ISO 6353-1：1982，NEQ）

GB/T 9735　化学试剂　重金属测定通用方法（GB/T 9735—2008，ISO 6353-1：1982，NEQ）

GB/T 9738　化学试剂　水不溶物测定通用方法（GB/T 9738—2008，ISO 6353-1：1982，NEQ）

GB 15346　化学试剂　包装及标志

HG/T 3484　化学试剂　标准玻璃乳浊液和澄清度标准

HG/T 3921　化学试剂　采样及验收规则

3　性状

本试剂为无色结晶，溶于水，不溶于醇。

4　规格

磷酸二氢钾的规格见表 1。

表 1

名 称	pH 基准
混合磷酸盐溶液 $pH(S)_{II}$ 值(0.025 mol/kg,25 ℃)	$pH(S)_{II}=pH(S)_{I}\pm0.01$
含量(KH_2PO_4),w/%	≥99.5
pH(50 g/L,25 ℃)	4.2~4.6
澄清度试验/号	≤2
水不溶物,w/%	≤0.002
干燥失量,w/%	≤0.2
氯化物(Cl),w/%	≤0.001
硫酸盐(SO_4),w/%	≤0.002
硝酸盐(NO_3),w/%	≤0.002
铵盐(NH_4),w/%	≤0.001
钠(Na),w/%	≤0.02
铁(Fe),w/%	≤0.001
砷(As),w/%	≤0.000 5
重金属(以 Pb 计),w/%	≤0.001
氨沉淀物,w/%	≤0.005

5 试验

5.1 警告

本试验方法中使用的部分试剂具有毒性或腐蚀性,一些试验过程可能导致危险情况,操作者应采取适当的安全和健康措施。

5.2 一般规定

本章中除另有规定外,所用标准滴定溶液,标准溶液、制剂及制品,均按 GB/T 601、GB/T 602、GB/T 603的规定制备,实验用水应符合 GB/T 6682 中三级水规格,样品均按精确至 0.01 g 称量,所用溶液以"%"表示的均为质量分数。

5.3 混合磷酸盐溶液 $pH(S)_{II}$ 值(0.025 mol/kg,25 ℃)

按 GB 6851 的规定测定,使用铂双氢电极。混合磷酸盐溶液 $pH(S)_{I}$(0.025 mol/kg KH_2PO_4、0.025 mol/kg Na_2HPO_4)由所用标准物质证书查得。

5.4 含量

称取 4 g 样品,精确至 0.000 1 g。溶于 100 mL 无二氧化碳的水中,按 GB/T 9725 的规定测定,用氢氧化钠标准滴定溶液[$c(NaOH)=1$ mol/L]滴定至 pH 值 9.1 为终点。

磷酸二氢钾的质量分数 w_1,数值以"%"表示,按式(1)计算:

$$w_1=\frac{V\times c\times M}{m\times 1\,000}\times 100 \qquad (1)$$

式中:

V——氢氧化钠标准滴定溶液体积的数值,单位为毫升(mL);

c——氢氧化钠标准滴定溶液浓度的准确数值,单位为摩尔每升(mol/L);

M——磷酸二氢钾摩尔质量的数值,单位为克每摩尔(g/mol)[$M(KH_2PO_4)=136.1$];

m——样品质量的数值,单位为克(g)。

5.5 pH 值

按 GB/T 9724 的规定测定。

5.6 澄清度试验

称取 20 g 样品，溶于 100 mL 水中，其浊度不得大于 HG/T 3484 中规定的澄清度标准 2 号。

5.7 水不溶物

称取 50 g 样品，溶于 250 mL 水中，在水浴上保温 1 h 后，按 GB/T 9738 的规定测定。

5.8 干燥失量

称取 2 g 样品，精确至 0.000 1 g，置于已在硫酸干燥器中干燥至恒量的称量瓶中，于硫酸干燥器中干燥至恒量。

干燥失量的质量分数 w_2，数值以“%”表示，按式(2)计算：

$$w_2 = \frac{m_1 - m_2}{m_1} \times 100 \qquad \cdots\cdots(2)$$

式中：

m_1——干燥前样品质量的数值，单位为克(g)；

m_2——干燥恒量后样品质量的数值，单位为克(g)。

5.9 氯化物

称取 1 g 样品，溶于 25 mL 水中，加 2 mL 硝酸(25%)及 1 mL 硝酸银(17 g/L)，摇匀，放置 10 min。溶液所呈浊度不得大于标准比浊溶液。

标准比浊溶液的制备是取含 0.01 mg 的氯化物(Cl)标准溶液，与样品同时同样处理。

5.10 硫酸盐

称取 0.5 g 样品，溶于 10 mL 水中，加 5 mL“乙醇(95%)”、1 mL 盐酸溶液(10%)，在不断振摇下滴加 3 mL 氯化钡溶液(250 g/L)，稀释至 25 mL，摇匀，放置 10 min。溶液所呈浊度不得大于标准比浊溶液。

标准比浊溶液的制备是取含 0.01 mg 的硫酸盐(SO_4)标准溶液，与样品同时同样处理。

5.11 硝酸盐

称取 0.5 g 样品，溶于 10 mL 水中，加 1 mL 氯化钠溶液(100 g/L)及 1 mL 靛蓝二磺酸钠溶液[$c(C_{16}H_8N_2Na_2O_8S_2)$=0.001 mol/L]，在摇动下于 10 s～15 s 内加入 10 mL 硫酸，放置 10 min。溶液所呈蓝色不得浅于标准比色溶液。

标准比色溶液的制备是取含 0.01 mg 的硝酸盐(NO_3)标准溶液，与样品同时同样处理。

5.12 铵盐

称取 1 g 样品，溶于水，稀释至 75 mL 后，按 GB/T 9732 的规定测定。溶液所呈黄色不得深于标准比色溶液。

标准比色溶液的制备是取含 0.01 mg 的铵(NH_4)标准溶液，与样品同时同样处理。

5.13 钠

按 GB/T 9723—2007 的规定测定。

5.13.1 仪器条件

光源：钠空心阴极灯；

波长：589.0 nm；

火焰：乙炔-空气。

5.13.2 测定方法

称取 1 g 样品，溶于水，稀释至 100 mL。取 10 mL，共四份。按 GB/T 9723—2007 中 7.2.2 的规定测定，结果按 7.2.3 的规定计算。

5.14 铁

称取 1 g 样品，溶于 20 mL 水中，加 2 mL 二水合 5-磺基水杨酸溶液(100 g/L)，摇匀，加 5 mL 氨水溶液(10%)，摇匀。溶液所呈黄色不得深于标准比色溶液。

标准比色溶液的制备是取含 0.01 mg 的铁(Fe)标准溶液,与样品同时同样处理。

5.15 砷

称取 0.5 g 样品,溶于 70 mL 水,按 GB/T 610—2008 中 4.1 的规定测定。溴化汞试纸所呈棕黄色不得深于标准比色试纸。

标准比色试纸的制备是取含 0.002 5 mg 的砷(As)标准溶液,与样品同时同样处理。

5.16 重金属

称取 2 g 样品,溶于水,稀释至 20 mL。取 15 mL,按 GB/T 9735 的规定测定。溶液所呈暗色不得深于标准比色溶液。

标准比色溶液的制备是取剩余的 5 mL 样品溶液及含 0.01 mg 的铅(Pb)标准溶液,稀释至 15 mL,与同体积样品溶液同时同样处理。

5.17 氨沉淀物

称取 15 g 样品,溶于 100 mL 水中(必要时过滤),加 10 mL 氨水,摇匀,静置 12 h～18 h,过滤,用热硝酸铵溶液(20 g/L)洗涤滤渣至洗液无钾离子反应,烘干,炭化,于 800 ℃±50 ℃灼烧至恒量。同时做空白试验。

样品和空白试验的残渣质量之差不得大于 0.75 mg。

6 检验规则

按 HG/T 3921 的规定进行采样及验收。

7 包装及标志

按 GB 15346 的规定进行包装、贮存与运输,并给出标志,其中:

内包装形式:NB-4、NB-5;

外包装形式:WB-1;

包装单位:第 3 类、第 4 类、第 5 类。

ICS 71.040.30
G 61

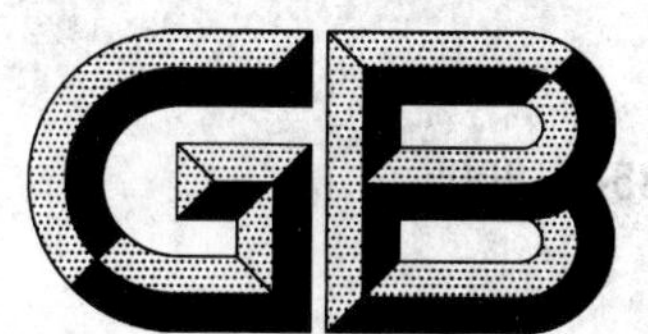

中华人民共和国国家标准

GB 6854—2008
代替 GB 6854—1986

pH 基准试剂　磷酸氢二钠

pH Primary reagent—Disodium hydrogen phosphate

2008-12-31 发布　　2009-06-01 实施

中华人民共和国国家质量监督检验检疫总局
中国国家标准化管理委员会　发布

前言

本标准第4章、5.3条为强制性，其他条文为推荐性。

本标准代替GB 6854—1986《pH基准试剂　磷酸氢二钠》，与GB 6854—1986相比主要变化如下：

——混合磷酸盐溶液$pH(S)_{II}$值(0.025 mol/kg，25 ℃)由“$pH(S)_{II}=pH(S)_{I}\pm0.005$”调整为“$pH(S)_{II}=pH(S)_{I}\pm0.01$”(1986年版的1.1，本版的第4章)；

——项目名称“水溶液反应”改为“pH值”(1986年版的1.3、2.3，本版的第4章、5.5)；

——调整了水不溶物、硫酸盐的取样量(1986年版的2.4.2、2.4.4，本版的5.7、5.9)；

——pH值、重金属两项改用化学试剂通用方法测定(1986年版的2.3、2.4.10，本版的5.5、5.15)。

本标准由中国石油和化学工业协会提出。

本标准由全国化学标准化技术委员会化学试剂分会(SAC/TC 63/SC 3)归口。

本标准负责起草单位：北京化学试剂研究所、中国计量科学研究院。

本标准主要起草人：韩宝英、修宏宇。

本标准于1986年首次发布。

pH 基准试剂　磷酸氢二钠

分子式：Na_2HPO_4

相对分子质量：141.96（根据 2007 年国际相对原子质量）

1　范围

本标准规定了 pH 基准试剂中磷酸氢二钠的性状、规格、试验、检验规则和包装及标志。

本标准适用于 pH 基准试剂中磷酸氢二钠的检验。

2　规范性引用文件

下列文件中的条款通过本标准的引用而成为本标准的条款。凡是注日期的引用文件，其随后所有的修改单（不包括勘误的内容）或修订版均不适用于本标准，然而，鼓励根据本标准达成协议的各方研究是否可使用这些文件的最新版本。凡是不注日期的引用文件，其最新版本适用于本标准 。

GB/T 601　化学试剂　标准滴定溶液的制备

GB/T 602　化学试剂　杂质测定用标准溶液的制备（GB/T 602—2002，ISO 6353-1：1982，NEQ）

GB/T 603　化学试剂　试验方法中所用制剂及制品的制备（GB/T 603—2002，ISO 6353-1：1982，NEQ）

GB/T 610—2008　化学试剂　砷测定通用方法（ISO 6353-1：1982，NEQ）

GB/T 6682　分析实验室用水规格和试验方法（GB/T 6682—2008，ISO 3696：1987，MOD）

GB 6851　pH 基准试剂　定值通则

GB/T 9723—2007　化学试剂　火焰原子吸收光谱法通则

GB/T 9724　化学试剂　pH 值测定通则（GB/T 9724—2007，ISO 6353-1：1982，NEQ）

GB/T 9725　化学试剂　电位滴定法通则（GB/T 9725—2007，ISO 6353-1：1982，NEQ）

GB/T 9735　化学试剂　重金属测定通用方法（GB/T 9735—2008，ISO 6353-1：1982，NEQ）

GB/T 9738　化学试剂　水不溶物测定通用方法（GB/T 9738—2008，ISO 6353-1：1982，NEQ）

GB 15346　化学试剂　包装及标志

HG/T 3484　化学试剂　标准玻璃乳浊液和澄清度标准

HG/T 3921　化学试剂　采样及验收规则

3　性状

本试剂为白色结晶，易潮解，溶于水，不溶于醇。

4　规格

磷酸氢二钠的规格见表 1。

表 1

名　　称	pH 基准
混合磷酸盐溶液 $pH(S)_{II}$ 值（0.025 mol/kg，25 ℃）	$pH(S)_{II} = pH(S)_{I} \pm 0.01$
含量（Na_2HPO_4），w/%	99.0～100.1
pH（20 g/L，25 ℃）	9.1～9.3

表 1（续）

名　　称	pH 基准
澄清度试验/号	≤2
水不溶物，w /%	≤0.002
氯化物(Cl)，w /%	≤0.002
硫酸盐(SO_4)，w /%	≤0.005
硝酸盐(NO_3)，w /%	≤0.001
镁(Mg)，w /%	≤0.001
钾(K)，w /%	≤0.02
铁(Fe)，w /%	≤0.001
砷(As)，w /%	≤0.000 5
重金属(以 Pb 计)，w /%	≤0.000 5

5　试验

5.1　警告

本试验方法中使用的部分试剂具有毒性或腐蚀性，一些试验过程可能导致危险情况，操作者应采取适当的安全和健康措施。

5.2　一般规定

本章中除另有规定外，所用标准滴定溶液，标准溶液、制剂及制品，均按 GB/T 601、GB/T 602、GB/T 603的规定制备，实验用水应符合 GB/T 6682 中三级水规格，样品均按精确至 0.01 g 称量，所用溶液以“%”表示的均为质量分数。

5.3　混合磷酸盐溶液 pH(S)$_{II}$ 值(0.025 mol/kg，25 ℃)

按 GB 6851 的规定进行测定，使用铂双氢电极。混合磷酸盐溶液 pH(S)$_{I}$ (0.025 mol/kg Na_2HPO_4、0.025 mol/kg KH_2PO_4)由所用标准物质证书查得。

5.4　含量

称取 2 g 于 110 ℃±2 ℃干燥至恒量的样品，精确到 0.000 1 g。溶于 100 mL 无二氧化碳的水中，按 GB/T 9725 的规定测定。用盐酸标准滴定溶液[c(HCl)=0.5 mol/L]滴定至 pH 值 4.2 为终点。

磷酸氢二钠的质量分数 w，数值以“%”表示，按式(1)计算：

$$w=\frac{V\times c\times M}{m\times 1\,000}\times 100 \qquad (1)$$

式中：

V——盐酸标准滴定溶液体积的数值，单位为毫升(mL)；

c——盐酸标准滴定溶液浓度的准确数值，单位为摩尔每升(mol/L)；

M——磷酸氢二钠摩尔质量的数值，单位为克每摩尔(g/mol)[$M(Na_2HPO_4)$=141.96]；

m——样品质量的数值，单位为克(g)。

5.5　pH 值

称取 2 g 样品，溶于 100 mL 无二氧化碳的水中，按 GB/T 9724 的规定测定。

5.6　澄清度试验

称取 10 g 样品，溶于 100 mL 水中，其浊度不得大于 HG/T 3484 中规定的澄清度标准 2 号。

5.7　水不溶物

称取 50 g 样品，溶于 250 mL 水中，在水浴上保温 1 h，按 GB/T 9738 的规定测定。

5.8 氯化物

称取 1 g 样品，溶于 25 mL 水，加 2 mL 硝酸（25%）及 1 mL 硝酸银（17 g/L），摇匀，放置 10 min。溶液所呈浊度不得大于标准比浊溶液。

标准比浊溶液的制备是取含 0.02 mg 的氯化物（Cl）标准溶液，与样品同时同样处理。

5.9 硫酸盐

称取 0.2 g 样品，溶于 10 mL 水中，加 5 mL“乙醇（95%）”、1 mL 盐酸溶液（10%），在不断振摇下滴加 3 mL 氯化钡溶液（250 g/L），稀释至 25 mL，摇匀，放置 10 min。溶液所呈浊度不得大于标准比浊溶液。

标准比浊溶液的制备是取含 0.01 mg 硫酸盐（SO_4）标准溶液，与样品同时同样处理。

5.10 硝酸盐

称取 1 g 样品，溶于 10 mL 水中，加 1 mL 氯化钠溶液（100 g/L）及 1 mL 靛蓝二磺酸钠溶液［$c(C_{16}H_8N_2Na_2O_8S_2)=0.001$ mol/L］，在摇动下于 10 s～15 s 内加入 10 mL 硫酸，放置 10 min。溶液所呈蓝色不得浅于标准比色溶液。

标准比色溶液的制备是取含 0.01 mg 的硝酸盐（NO_3）标准溶液，与样品同时同样处理。

5.11 镁

5.11.1 不含镁的磷酸氢二钠溶液的制备

称取 20 g 样品，溶于 200 mL 水中，加 4 mL 盐酸溶液（20%）、4 g 氯化铵，加热至沸，加 40 mL 氨水溶液（10%），摇匀，放置 12 h ～18 h。取上层清液。

5.11.2 测定

称取 10 g 样品，溶于 100 mL 水中，加 2 mL 盐酸溶液（20%）（必要时过滤）、2 g 氯化铵，加热至沸，分数次加入 25 mL 氨水溶液（10%），摇匀，放置 12 h～18 h。所产生沉淀不得大于标准比浊溶液。

标准比浊溶液的制备是取 122 mL 不含镁的磷酸氢二钠溶液及含 0.10 mg 的镁（Mg）标准溶液，加热至沸，加 5mL 氨水溶液（10%），与同体积试液同时同样处理。

5.12 钾

按 GB/T 9723—2007 的规定测定。

5.12.1 仪器条件

光源：钾空心阴极灯；

波长：766.5 nm；

火焰：乙炔-空气。

5.12.2 测定方法

称取 0.5 g 样品，溶于水，稀释至 100 mL。取 20 mL，共四份。按 GB/T 9723—2007 中 7.2.2 的规定测定，结果按 7.2.3 的规定计算。

5.13 铁

称取 1 g 样品，溶于 20 mL 水中，加 1 mL 盐酸溶液（10%）、2 mL 二水合 5-磺基水杨酸溶液（100 g/L），摇匀，加 5 mL 氨水溶液（10%），摇匀。溶液所呈黄色不得深于标准比色溶液。

标准比色溶液的制备是取含 0.01 mg 的铁（Fe）标准溶液，与样品同时同样处理。

5.14 砷

称取 0.5g 样品，溶于 70mL 水，按 GB/T 610—2008 中 4.1 的规定测定。溴化汞试纸所呈棕黄色不得深于标准比色试纸。

标准比色试纸的制备是取含 0.002 5 mg 的砷（As）标准溶液，与样品同时同样处理。

5.15 重金属

称取 4 g 样品，溶于水，用乙酸（冰醋酸）中和，稀释至 20 mL。取 15 mL，按 GB/T 9735 的规定测定。溶液所呈暗色不得深于标准比色溶液。

标准比色溶液的制备是取剩余的 5 mL 样品溶液及含 0.01 mg 的铅(Pb)标准溶液，稀释至 15 mL，与同体积试液同时同样处理。

6 检验规则

按 HG/T 3921 的规定进行采样及验收。

7 包装及标志

按 GB 15346 的规定进行包装、贮存与运输，并给出标志，其中：

内包装形式：NB-4 、 NB-5；

外包装形式：WB-1；

包装单位：第 2 类、第 3 类。

ICS 71.040.30
G 61

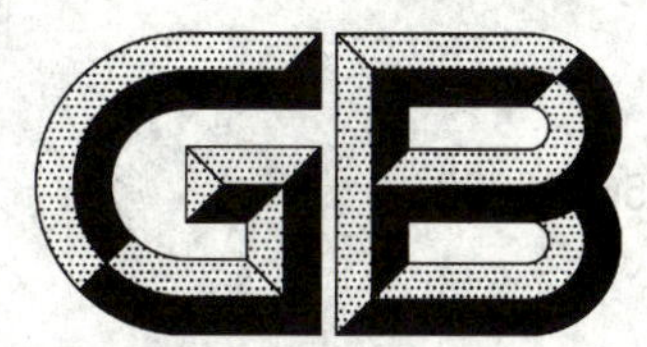

中华人民共和国国家标准

GB 6856—2008
代替 GB 6856—1986

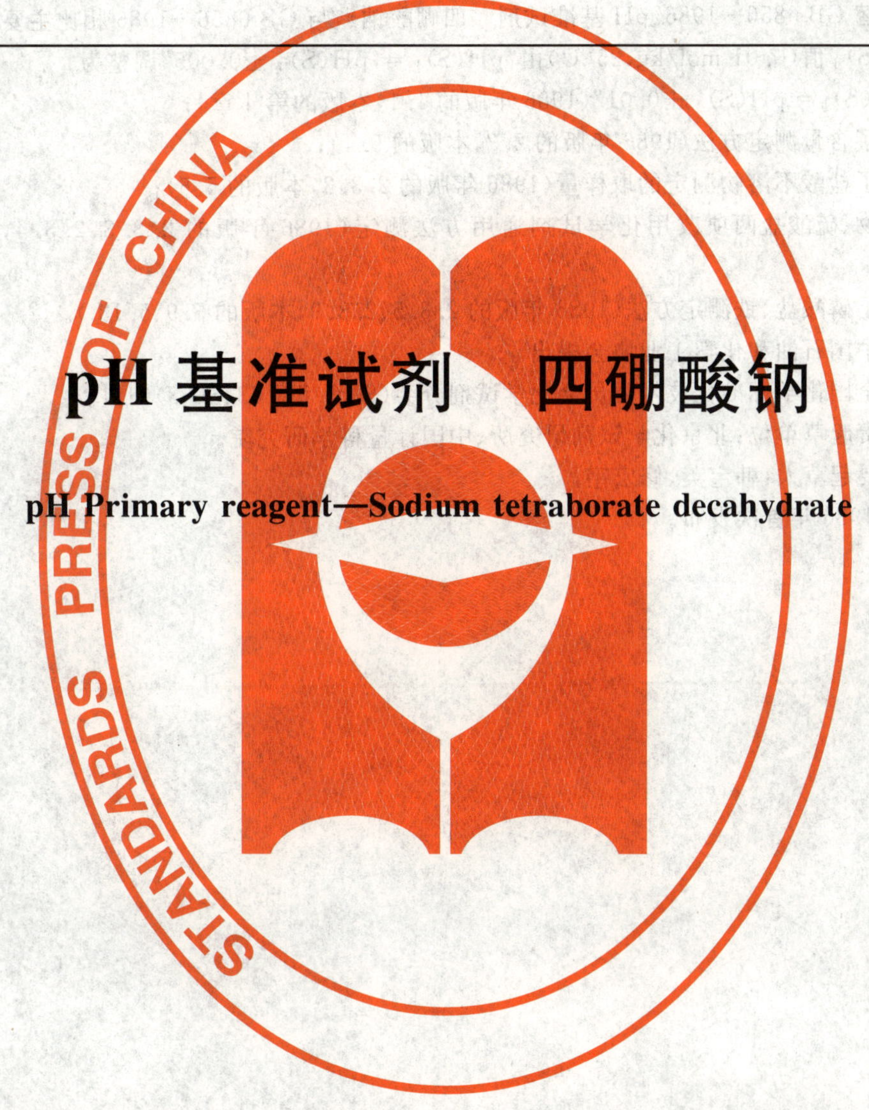

pH 基准试剂　四硼酸钠

pH Primary reagent—Sodium tetraborate decahydrate

2008-12-31 发布　　2009-06-01 实施

中华人民共和国国家质量监督检验检疫总局
中国国家标准化管理委员会　发布

前言

本标准第4章、5.3条为强制性，其他条文为推荐性。

本标准代替GB 6856—1986《pH基准试剂 四硼酸钠》，与GB 6856—1986相比主要变化如下：

——$pH(S)_{II}$值(0.01 mol/kg，25 ℃)由"$pH(S)_{II}=pH(S)_{I}\pm0.005$"调整为"$pH(S)_{II}=pH(S)_{I}\pm0.01$"(1986年版的1.1，本版的第4章)；

——修改了含量测定方法(1986年版的2.2，本版的5.4)；

——调整了盐酸不溶物测定的取样量(1986年版的2.3.2，本版的5.6)；

——氯化物、硫酸盐两项改用化学试剂通用方法测定(1986年版的2.3.3、2.3.4，本版的5.7、5.8)；

——修改了磷酸盐、铁测定方法(1986年版的2.3.5、2.3.9，本版的5.9、5.13)。

本标准由中国石油和化学工业协会提出。

本标准由全国化学标准化技术委员会化学试剂分会(SAC/TC 63/SC 3)归口。

本标准负责起草单位：北京化学试剂研究所、中国计量科学研究院。

本标准主要起草人：韩宝英、修宏宇。

本标准于1986年首次发布。

pH 基准试剂　四硼酸钠

分子式：$Na_2B_4O_7 \cdot 10H_2O$

相对分子质量：381.38（根据 2007 年国际相对原子质量）

1　范围

本标准规定了 pH 基准试剂中四硼酸钠的性状、规格、试验、检验规则和包装及标志。

本标准适用于 pH 基准试剂中四硼酸钠的检验。

2　规范性引用文件

下列文件中的条款通过本标准的引用而成为本标准的条款。凡是注日期的引用文件，其随后所有的修改单（不包括勘误的内容）或修订版均不适用于本标准，然而，鼓励根据本标准达成协议的各方研究是否可使用这些文件的最新版本。凡是不注日期的引用文件，其最新版本适用于本标准。

GB/T 601　化学试剂　标准滴定溶液的制备

GB/T 602　化学试剂　杂质测定用标准溶液的制备（GB/T 602—2002，ISO 6353-1：1982，NEQ）

GB/T 603　化学试剂　试验方法中所用制剂及制品的制备（GB/T 603—2002，ISO 6353-1：1982，NEQ）

GB/T 610—2008　化学试剂　砷测定通用方法（ISO 6353-1：1982，NEQ）

GB/T 6682　分析实验室用水规格和试验方法（GB/T 6682—2008，ISO 3696：1987，MOD）

GB 6851　pH 基准试剂　定值通则

GB/T 9723—2007　化学试剂　火焰原子吸收光谱法通则

GB/T 9727　化学试剂　磷酸盐测定通用方法（GB/T 9727—2007，ISO 6353-1：1982，NEQ）

GB/T 9728　化学试剂　硫酸盐测定通用方法（GB/T 9728—2007，ISO 6353-1：1982，NEQ）

GB/T 9729　化学试剂　氯化物测定通用方法（GB/T 9729—2007，ISO 6353-1：1982，NEQ）

GB/T 9739　化学试剂　铁测定通用方法（GB/T 9739—2006，ISO 6353-1：1982，NEQ）

GB 15346　化学试剂　包装及标志

HG/T 3484　化学试剂　标准玻璃乳浊液和澄清度标准

HG/T 3921　化学试剂　采样及验收规则

3　性状

本试剂为无色透明结晶粉末，易溶于热水及丙三醇，不溶于醇。

4　规格

四硼酸钠的规格见表 1。

表 1

名　称	pH 基准
四硼酸钠溶液 $pH(S)_{II}$ 值（0.01 mol/kg，25 ℃）	$pH(S)_{II} = pH(S)_{I} \pm 0.01$
含量（$Na_2B_4O_7 \cdot 10H_2O$），w/%	≥99.5
澄清度试验/号	≤2

表 1(续)

名 称	pH 基准
盐酸不溶物,w/%	≤0.002
氯化物(Cl),w/%	≤0.000 5
硫酸盐(SO_4),w/%	≤0.005
磷酸盐(PO_4),w/%	≤0.001
碳酸盐(CO_3)	合格
镁及钙(以 Ca 计),w/%	≤0.005
钾(K),w/%	≤0.05
铁(Fe),w/%	≤0.000 1
砷(As),w/%	≤0.000 1
重金属(以 Pb 计),w/%	≤0.000 5

5 试验

5.1 警告

本试验方法中使用的部分试剂具有毒性或腐蚀性,一些试验过程可能导致危险情况,操作者应采取适当的安全和健康措施。

5.2 一般规定

本章中除另有规定外,所用标准滴定溶液,标准溶液、制剂及制品,均按 GB/T 601、GB/T 602、GB/T 603 的规定制备,实验用水应符合 GB/T 6682 中三级水规格,样品均按精确至 0.01 g 称量,所用溶液以"%"表示的均为质量分数。

5.3 四硼酸钠溶液 pH(S)$_{\text{II}}$ 值(0.01 mol/kg,25 ℃)

按 GB 6851 的规定进行测定,使用铂双氢电极。四硼酸钠溶液的 pH(S)$_{\text{I}}$(0.01 mol/kg,25 ℃)由所用标准物质证书查得。

5.4 含量

称取 2.8 g 样品,精确至 0.000 1 g,溶于 100 mL 水中,加 20.00 mL 盐酸标准滴定溶液[c(HCl)=1 mol/L],加 1 滴甲基红指示液(1 g/L),用氢氧化钠标准滴定溶液[c(NaOH)=1 mol/L] 滴定至黄色,此时氢氧化钠标准滴定溶液的用量不计。加 11 g 甘露醇,溶解,加 2 滴酚酞指示液(10 g/L),用氢氧化钠标准滴定溶液[c(NaOH)=1 mol/L]滴定至溶液呈粉红色。

四硼酸钠的质量分数 w,数值以"%"表示,按式(1)计算:

$$w = \frac{V \times c \times M}{m \times 1\ 000} \times 100 \qquad \cdots\cdots(1)$$

式中:

V——氢氧化钠标准滴定溶液体积的数值,单位为毫升(mL);

c——氢氧化钠标准滴定溶液浓度的准确数值,单位为摩尔每升(mol/L);

M——四硼酸钠摩尔质量的数值,单位为克每摩尔(g/mol)[$M(\frac{1}{4}\ Na_2B_4O_7 \cdot 10H_2O)=95.34$];

m——样品质量的数值,单位为克(g)。

5.5 澄清度试验

称取 7 g 样品,溶于 7 mL 盐酸溶液(20%)及 100 mL 热水中,其浊度不得大于 HG/T 3484 中规定的澄清度标准 2 号。

5.6 盐酸不溶物

称取 50 g 样品，溶于 500 mL 热水及 50 mL 盐酸溶液(20%)中，在水浴上保温 1 h，用已在 105 ℃±2 ℃恒量的 4 号玻璃滤埚过滤，用热水洗涤滤渣至洗液无氯离子反应，于 105 ℃±2 ℃的电烘箱中干燥至恒量。滤渣质量不得大于 1.0 mg。

5.7 氯化物

称取 1 g 样品，溶于适量热水中，冷却，加 1 mL 硝酸溶液(25%)，稀释至 20 mL 后，按 GB/T 9729 的规定测定。溶液所呈浊度不得大于标准比浊溶液。

标准比浊溶液的制备是取含 0.005 mg 的氯化物(Cl)标准溶液，稀释至 20 mL，与同体积试液同时同样处理。

5.8 硫酸盐

称取 0.5 g 样品，溶于 20 mL 热水中，冷却，用盐酸溶液(20%)中和，加 0.5 mL 盐酸溶液(20%)酸化后，按 GB/T9728 的规定测定。溶液所呈浊度不得大于标准比浊溶液。

标准比浊溶液的制备是取含 0.025 mg 的硫酸盐(SO_4)标准溶液，稀释至 20 mL，与中和后的试液同时同样处理。

5.9 磷酸盐

称取 0.5 g 样品，溶于适量热水中，加 2 滴饱和 2,4-二硝基酚指示液，滴加硝酸溶液(13%)至黄色刚刚消失，稀释至 10 mL 后，按 GB/T 9727 的规定测定。有机层所呈蓝色不得深于标准比色溶液。

标准比色溶液的制备是取含 0.005 mg 的磷酸盐(PO_4)标准溶液，与样品同时同样处理。

5.10 碳酸盐

称取 2 g 样品，溶于 40 mL 热水中，慢慢加入 5 mL 盐酸溶液(20%)，无气泡产生。

5.11 镁及钙

称取 10 g 样品，溶于 100 mL 热水中，冷却，加 2 mL 硫化钠溶液(20g/L)、1 mL 乙二胺四乙酸镁溶液[c(EDTA-Mg)=0.01 mol/L]及 10 mL 氨-氯化铵缓冲溶液甲(pH≈10)，加 2 滴铬黑 T 指示液，用乙二胺四乙酸二钠标准滴定溶液[c(EDTA)=0.02 mol/L]滴定至溶液由紫红色变为纯蓝色。乙二胺四乙酸二钠标准滴定溶液 [c(EDTA)=0.02 mol/L]的用量不得多于 0.62 mL。

5.12 钾

按 GB/T 9723—2007 的规定测定。

5.12.1 仪器条件

光源：钾空心阴极灯；

波长：766.5 nm；

火焰：乙炔-空气。

5.12.2 测定方法

称取 5 g 样品，溶于适量热水中，冷却，稀释至 50 mL。取 2 mL，共四份。按 GB/T 9723—2007 中 7.2.2 的规定测定，结果按 7.2.3 的规定计算。

5.13 铁

称取 2 g 样品，溶于适量热水中，冷却，稀释至 15 mL，用盐酸溶液(15%)将溶液 pH 调至 2 后，按 GB/T 9739 的规定测定。溶液所呈红色不得深于标准比色溶液。

标准比色溶液的制备是取含 0.002 mg 的铁(Fe)标准溶液，稀释至 15 mL，与同体积样品溶液同时同样处理。

5.14 砷

称取 1 g 样品，溶于适量水中，用硫酸溶液(20%)中和，稀释至 70 mL。按 GB/T 610—2008 中 4.1 的规定测定。溴化汞试纸所呈棕黄色不得深于标准比色试纸。

标准比色试纸的制备是取含 0.000 1 mg 的砷(As)标准溶液，与中和后的试液同时同样处理。

5.15 重金属

称取 4 g 样品，溶于适量热水，用乙酸（冰醋酸）中和，稀释至 40 mL，冷却。取 30 mL，加 0.2 mL 乙酸（30%）及 10 mL 新制备的饱和硫化氢水，摇匀，放置 10 min。溶液所呈暗色不得深于标准比色溶液。

标准比色溶液的制备是取剩余的 10 mL 样品溶液及含 0.01 mg 的铅（Pb）标准溶液，稀释至 30 mL，与同体积样品溶液同时同样处理。

6 检验规则

按 HG/T 3921 之规定进行采样及验收。

7 包装及标志

按 GB 15346 的规定进行包装、贮存与运输，并给出标志，其中：

内包装形式：NB-5、NBY-5；

外包装形式：WB-1；

包装单位：第 2 类、第 3 类。

ICS 71.040.30
G 61

中华人民共和国国家标准

GB 6857—2008
代替 GB 6857—1986

pH 基准试剂　邻苯二甲酸氢钾

pH Primary reagent—Potassium hydrogen phthalate

2008-12-31 发布　　　　2009-06-01 实施

中华人民共和国国家质量监督检验检疫总局
中国国家标准化管理委员会　发布

前　言

本标准第4章、5.3条为强制性，其他条文为推荐性。

本标准代替GB 6857—1986《pH基准试剂　苯二甲酸氢钾》，与GB 6857—1986相比主要变化如下：

——标准名称改为“pH基准试剂　邻苯二甲酸氢钾”；

——$pH(S)_{II}$值(0.05 mol/kg，25 ℃)由“$pH(S)_{II}=pH(S)_{I}\pm0.005$”调整为“$pH(S)_{II}=pH(S)_{I}\pm0.01$”(1986年版的1.1，本版的第4章)；

——修改了含量测定方法(1986年版的2.2，本版的5.4)；

——取消了水溶液反应(1986年版的2.3)；

——澄清度试验由“1号”调整为“2号”(1986年版的2.4.1，本版的5.5)；

——调整了水不溶物、干燥失量、钠的取样量(1986年版的2.4.2、2.4.3、2.4.7，本版的5.6、5.7、5.11)；

——修改了氯化物、铁的测定方法(1986年版的2.4.4、2.4.8，本版的5.8、5.12)；

——铵改用化学试剂通用方法测定(1986年版的2.4.6，本版的5.10)。

本标准由中国石油和化学工业协会提出。

本标准由全国化学标准化技术委员会化学试剂分会(SAC/TC 63/SC 3)归口。

本标准负责起草单位：北京化学试剂研究所、中国计量科学研究院。

本标准主要起草人：韩宝英、修宏宇。

本标准于1986年首次发布。

pH 基准试剂　邻苯二甲酸氢钾

分子式：$C_6H_4CO_2HCO_2K$

相对分子质量：204.22（根据 2007 年国际相对原子质量）

1　范围

本标准规定了 pH 基准试剂中邻苯二甲酸氢钾的性状、规格、试验、检验规则和包装及标志。

本标准适用于 pH 基准试剂中邻苯二甲酸氢钾的检验。

2　规范性引用文件

下列文件中的条款通过本标准的引用而成为本标准的条款。凡是注日期的引用文件，其随后所有的修改单（不包括勘误的内容）或修订版均不适用于本标准，然而，鼓励根据本标准达成协议的各方研究是否可使用这些文件的最新版本。凡是不注日期的引用文件，其最新版本适用于本标准。

GB/T 601　化学试剂　标准滴定溶液的制备

GB/T 602　化学试剂　杂质测定用标准溶液的制备（GB/T 602—2002，ISO 6353-1：1982，NEQ）

GB/T 603　化学试剂　试验方法中所用制剂及制品的制备（GB/T 603—2002，ISO 6353-1：1982，NEQ）

GB 1257—2007　工作基准试剂　邻苯二甲酸氢钾

GB/T 6682　分析实验室用水规格和试验方法（GB/T 6682—2008，ISO 3696：1987，MOD）

GB 6851　pH 基准试剂　定值通则

GB/T 9723—2007　化学试剂　火焰原子吸收光谱法通则

GB/T 9729　化学试剂　氯化物测定通用方法（GB/T 9729—2007，ISO 6353-1：1982，NEQ）

GB/T 9732　化学试剂　铵测定通用方法（GB/T 9732—2007，ISO 6353-1：1982，NEQ）

GB/T 9738　化学试剂　水不溶物测定通用方法（GB/T 9738—2008，ISO 6353-1：1982，NEQ）

GB/T 9739　化学试剂　铁测定通用方法（GB/T 9739—2006，ISO 6353-1：1982，NEQ）

GB 15346　化学试剂　包装及标志

HG/T 3484　化学试剂　标准玻璃乳浊液和澄清度标准

HG/T 3921　化学试剂　采样及验收规则

3　性状

本试剂为无色结晶或白色结晶粉末，溶于水。

4　规格

邻苯二甲酸氢钾的规格见表 1。

表 1

名　　称	pH 基准
邻苯二甲酸氢钾溶液 $pH(S)_{II}$ 值(0.05 mol/kg,25 ℃)	$pH(S)_{II} = pH(S)_{I} \pm 0.01$
含量($C_6H_4CO_2HCO_2K$),w/%	99.95～100.05
澄清度试验/号	≤2
水不溶物,w/%	≤0.003
干燥失量,w/%	≤0.05
氯化物(Cl),w/%	≤0.002
硫化合物(以 SO_4 计),w/%	≤0.006
铵盐(NH_4),w/%	≤0.003
钠(Na),w/%	≤0.005
铁(Fe),w/%	≤0.000 5
重金属(以 Pb 计),w/%	≤0.000 5

5　试验

5.1　警告

本试验方法中使用的部分试剂具有毒性或腐蚀性,一些试验过程可能导致危险情况,操作者应采取适当的安全和健康措施。

5.2　一般规定

本章中除另有规定外,所用标准滴定溶液,标准溶液、制剂及制品,均按 GB/T 601、GB/T 602、GB/T 603的规定制备,实验用水应符合 GB/T 6682 中三级水规格,样品均按精确至 0.01 g 称量,所用溶液以"%"表示的均为质量分数。

5.3　邻苯二甲酸氢钾溶液 $pH(S)_{II}$ 值(0.05 mol/kg,25 ℃)

按 GB 6851 的规定进行测定,使用钯双氢电极。邻苯二甲酸氢钾溶液 $pH(S)_{I}$ 值(0.05 mol/kg,25 ℃)由所用标准物质证书查得。

5.4　含量

按 GB 1257—2007 中 5.3 的规定测定。

5.5　澄清度试验

称取 7.5 g 样品,加 100 mL 水,加热溶解,其浊度不得大于 HG/T 3484 中规定的澄清度标准 2 号。

5.6　水不溶物

称取 40 g 样品,加 400 mL 水,加热溶解,在水浴上保温 1 h 后,按 GB/T 9738 的规定测定。

5.7　干燥失量

称取 5 g 样品,精确至 0.000 1 g,置于已在 105 ℃～110 ℃恒量的称量瓶中,于 105 ℃～110 ℃的电烘箱中干燥至恒量。保留恒量的样品,用于含量测定。

干燥失量的质量分数 w_1,数值以"%"表示,按式(1)计算:

$$w_1 = \frac{m_1 - m_2}{m_1} \times 100 \qquad \cdots\cdots(1)$$

式中:

m_1——干燥前样品质量的数值,单位为克(g);

m_2——干燥恒量后样品质量的数值,单位为克(g)。

5.8 氯化物

称取5 g样品，溶于30 mL热水中，冷却，加10 mL硝酸，过滤，稀释至50 mL。取10 mL，按GB/T 9729的规定测定。溶液所呈浊度不得大于标准比浊溶液。

标准比浊溶液的制备是取含0.02 mg的氯化物(Cl)标准溶液，稀释至10 mL，与同体积试液同时同样处理。

5.9 硫化合物

称取0.5 g样品，置于铂坩埚中，加0.2 g无水碳酸钠，混匀，加2 mL水湿润，在水浴上蒸干，加热至完全炭化，逐渐升温至700 ℃并灼烧至白。如残渣不白，冷却后加少量水润湿，在水浴上蒸干，再灼烧。如此重复操作，至残渣完全变白，冷却，加5 mL水溶解，用盐酸溶液(20%)中和(必要时过滤)，稀释至10 mL，加5 mL“乙醇(95%)”、0.5 mL盐酸溶液(20%)，在不断振摇下滴加3 mL氯化钡溶液(250 g/L)，稀释至25 mL，摇匀，放置10 min。溶液所呈浊度不得大于标准比浊溶液。

标准比浊溶液的制备是取含0.03 mg的硫酸盐(SO_4)标准溶液，与样品同时同样处理。

5.10 铵

称取1 g样品，按GB/T 9732的规定测定。溶液所呈黄色不得深于标准比色溶液。

标准比色溶液的制备是取含0.03 mg的铵(NH_4)标准溶液，与样品同时同样处理。

5.11 钠

按GB/T 9723—2007的规定测定。

5.11.1 仪器条件

光源：钠空心阴极灯；

波长：589.0 nm；

火焰：乙炔-空气。

5.11.2 测定方法

称取1 g样品，溶于水，稀释至100 mL。取20 mL，共四份。按GB/T 9723—2007中7.2.2的规定测定，结果按7.2.3的规定计算。

5.12 铁

称取1 g样品，溶于15 mL热水中，用盐酸溶液(15%)调节溶液pH值至2后，按GB/T 9739的规定测定。溶液所呈红色不得深于标准比色溶液。

标准比色溶液的制备是取含0.005 mg的铁(Fe)标准溶液，与样品同时同样处理。

5.13 重金属

称取4 g样品，溶于40 mL热水中，冷却。取30 mL，加0.2 mL乙酸(30%)及10 mL新制备的饱和硫化氢水，摇匀，放置10 min。溶液所呈暗色不得深于标准比色溶液。

标准比色溶液的制备是取剩余的10 mL样品溶液及含0.01 mg的铅(Pb)标准溶液，稀释至30 mL，与同体积样品溶液同时同样处理。

6 检验规则

按HG/T 3921的规定进行采样及验收。

7 包装及标志

按GB 15346的规定进行包装、贮存与运输，并给出标志，其中：

内包装形式：NB-4、NBY-4、NB-5、NBY-5；

外包装形式：WB-1、WB-2、WB-3；

包装单位：第2类、第3类。

ICS 25.140.30
J 47

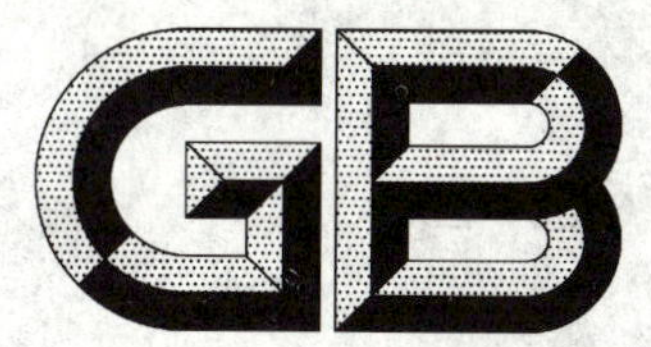

中华人民共和国国家标准

GB/T 6866—2008
代替 GB/T 6866—1986，GB/T 6867—1986

园艺工具通用技术条件

Garden tools—General requirements

2008-12-30 发布 2009-09-01 实施

中华人民共和国国家质量监督检验检疫总局
中国国家标准化管理委员会 发布

前 言

本标准代替 GB/T 6866—1986《园艺工具　分类与命名》和 GB/T 6867—1986《园艺工具　检验规则、标志与包装》。

本标准与 GB/T 6866—1986 和 GB/T 6867—1986 相比主要变化如下：

——修改和调整了园艺工具的分类与命名(GB/T 6866—1986 版的第 1 章、第 2 章，本版的第 3 章)；

——增加了园艺工具的技术要求(本版的第 4 章)；

——修改和调整了园艺工具的检验规则(GB/T 6867—1986 版的第 1 章，本版的第 5 章)。

本标准由中国轻工业联合会提出。

本标准由全国五金制品标准化技术委员会工具五金分技术委员会归口。

本标准由江苏金鹿集团有限公司、上海市工具工业研究所负责起草，海盐联合钢锯厂、上海昆杰五金工具有限公司、宁波长城精工实业有限公司、文登威力工具集团有限公司参加起草。

本标准主要起草人：吴祖训、周兴华、蒋燕花、季胜华、林美德、陈立海、刘玉信、鞠家平、顾青。

本标准所代替标准的历次版本发布情况为：

——GB/T 6866—1986；

——GB/T 6867—1986。

园艺工具通用技术条件

1 范围

本标准规定了园艺工具的分类与命名、检验规则、包装、标志、运输与储存。

本标准适用于作业用园艺工具。

2 规范性引用文件

下列文件中的条款通过本标准的引用而成为本标准的条款。凡是注日期的引用文件，其随后所有的修改单(不包括勘误的内容)或修订版均不适用于本标准，然而，鼓励根据本标准达成协议的各方研究是否可使用这些文件的最新版本。凡是不注日期的引用文件，其最新版本适用于本标准。

GB/T 230.1 金属洛氏硬度试验 第1部分：试验方法(A、B、C、D、E、F、G、H、K、N、T标尺)

GB/T 2828.1 计数抽样检验程序 第1部分：按接收质量限(AQL)检索的逐批检验抽样计划

GB/T 5305 手工具包装、标志、运输与贮存

3 分类与命名

3.1 分类

园艺工具按用途、功能和型式进行分类，见表1。

表1 园艺工具的分类

剪类	刀类	锯类	花卉工具类	叉耙铲类
剪枝剪	园林用刀	手锯	花卉叉铲	叉系工具
高枝剪	胶园用刀	修枝锯	花卉耙锄	耙系工具
整篱剪	农田用刀	高枝锯	花卉移栽工具	铲系工具
果剪	植保用刀			
桑剪				

3.2 命名

园艺工具的命名及图示见表2～表6。表2～表6仅是示例，并不影响对园艺工具的设计。

表2 剪类园艺工具

系列	序号	图示	命名
剪枝剪系列	101	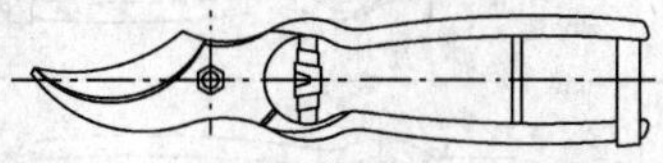	剪枝剪 pruning shears
	102	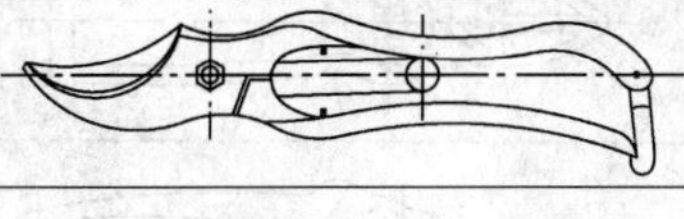	
	103	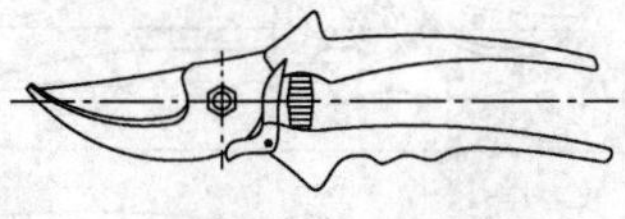	

表 2（续）

系　　列	序　号	图　　示	命　　名
剪枝剪系列	104		剪枝剪 pruning shears
	105		
	106		
高枝剪系列	201		高枝剪 long arm tree pruner
	202		
整篱剪系列	301		整篱剪 hedge shears
	302		
果剪系列	401		果剪 fruit scissors
	402		柑桔剪 orange pliers
桑剪系列	501		桑枝剪 shears for mulberry
	502		叶剪 leaf shears

表 2（续）

系列	序号	图示	命名
其他剪系列	601	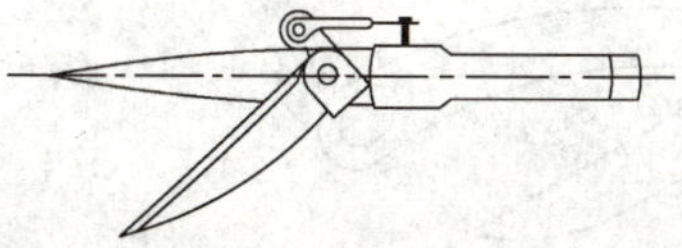	草剪 grass shears

表 3 刀类园艺工具

系列	序号	图示	命名
园林用刀系列	701	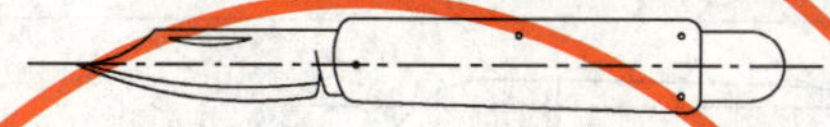	芽接刀 budding knife
	702	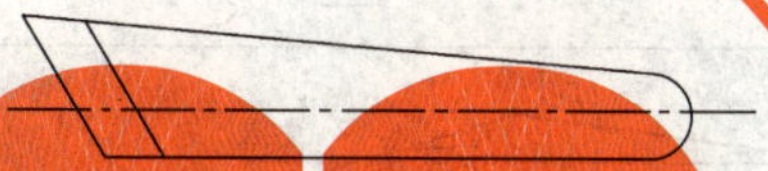	枝接刀 grafting knife
	703		桑刀 mulberry knife
胶园用刀系列	801	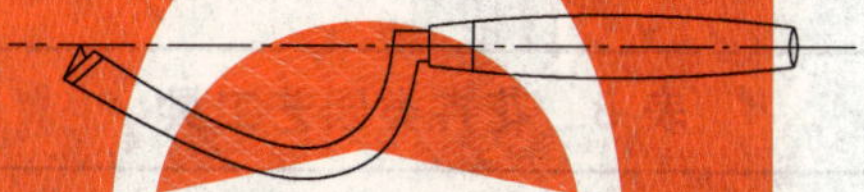	橡胶刀 rubber tapping knife
	802	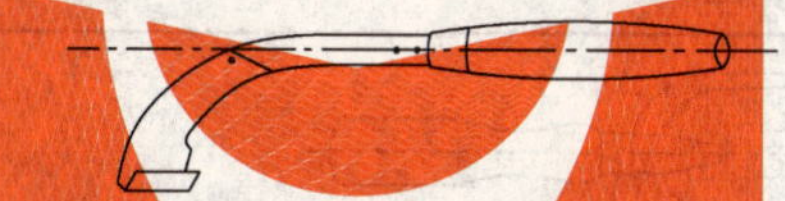	
农田用刀系列	901		镰刀 sickles
	902(a)	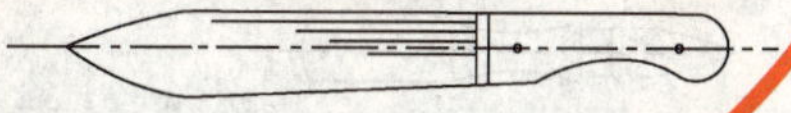	甘蔗刀 matchets
	902(b)	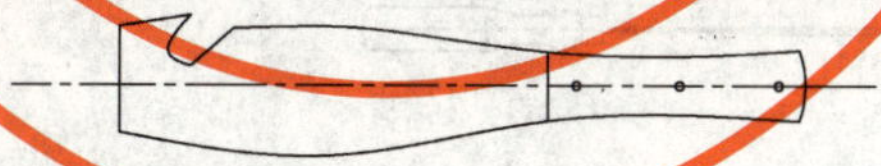	甘蔗刀 matchets
	903		草刀 grass hooks
植保用刀系列	1001	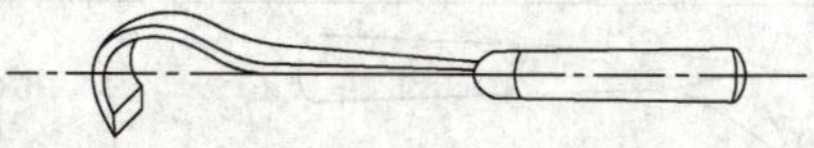	刮树挠 bark cutter
	1002	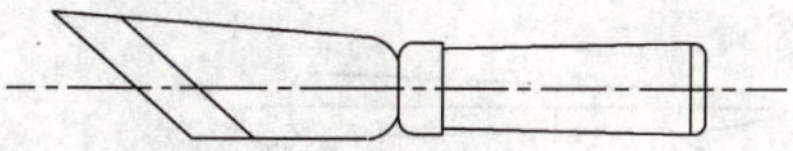	刮树刀 bark knife

表 4 锯类园艺工具

序号	图示	命名
1101	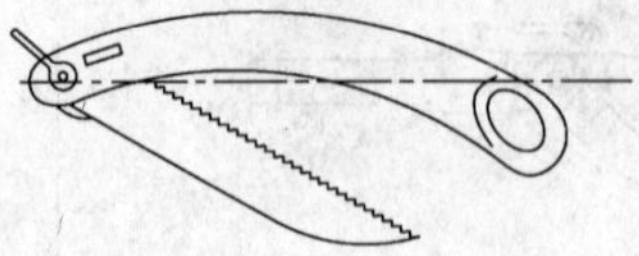	折叠锯 folding saw
1102	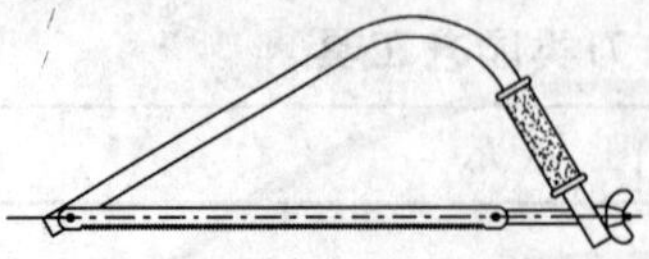	弓锯 bow saw
1103	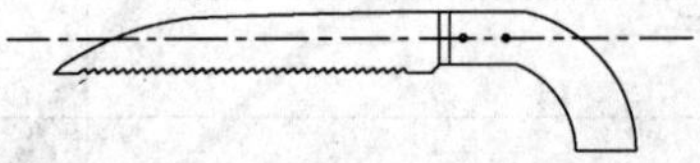	手锯 hand saw
1104	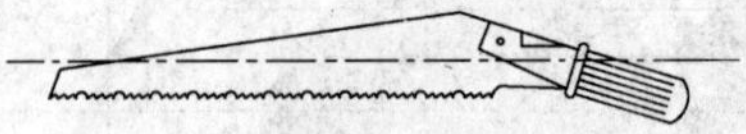	修枝锯 pruning saw
1105	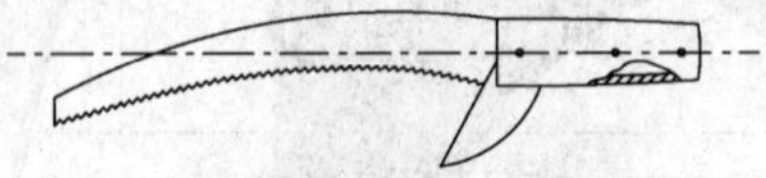	高枝锯 saw with long handle

表 5 花卉类园艺工具

序号	图示	命名
1201	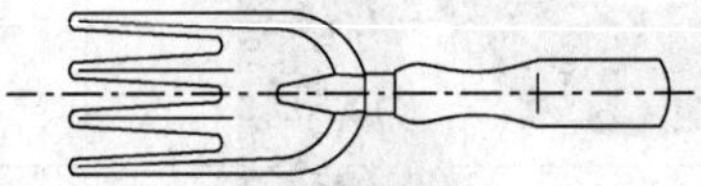	小叉子 small fork
1202	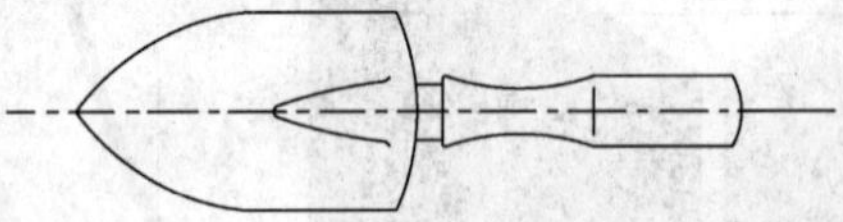	小铲子 small trowel
1203	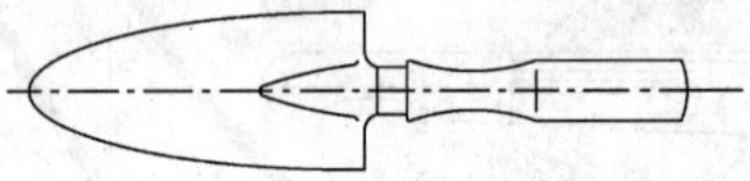	移植器 transplanter
1204	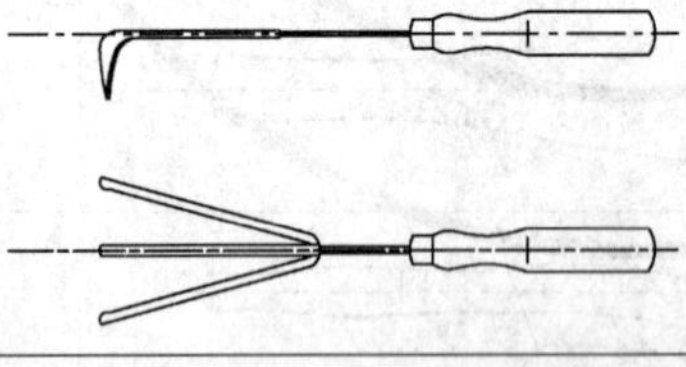	耙子 rake
1205	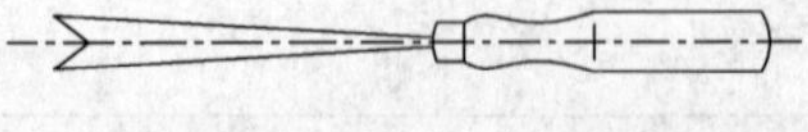	移苗器 weeder
1206	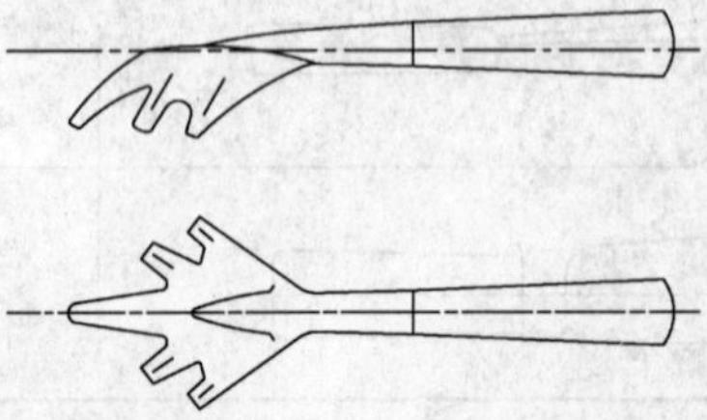	松土器 cultivator

表 5（续）

序　号	图　　示	命　　名
1207		移栽器 bulb planter wooden handle

表 6　叉耙铲类园艺工具

系　　列	序　号	图　　示	命　　名
叉系列	1301	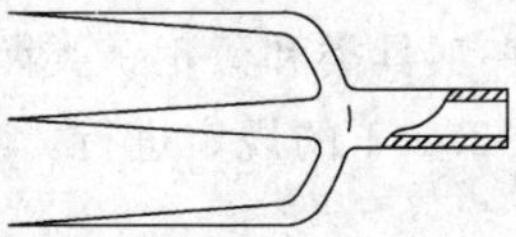	三齿叉 fork 3 prongs
	1302	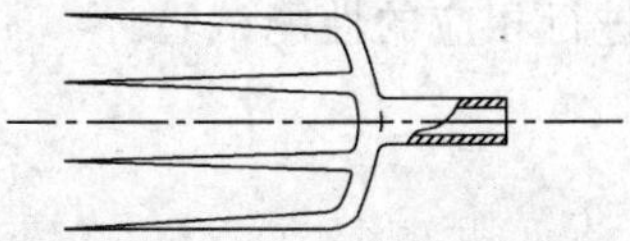	四齿叉 fork 4 prongs
耙系列	1401	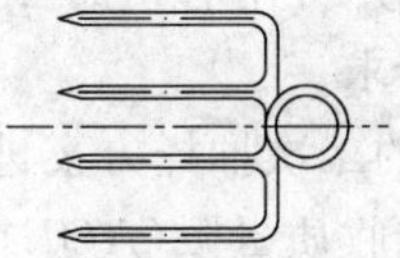	四齿耙 rake 4 teech
	1402	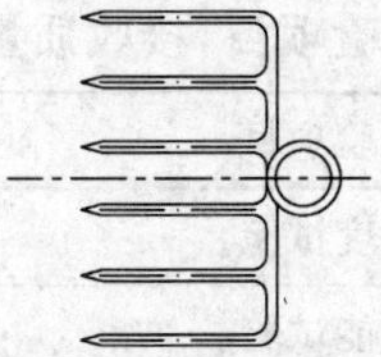	六齿耙 rake 6 teech
	1403	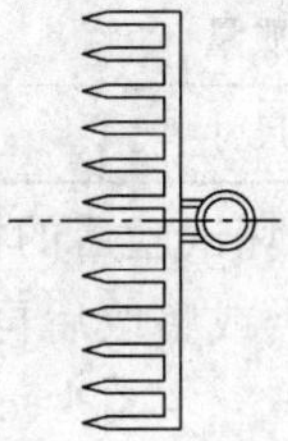	园艺耙 garden rake
	1404	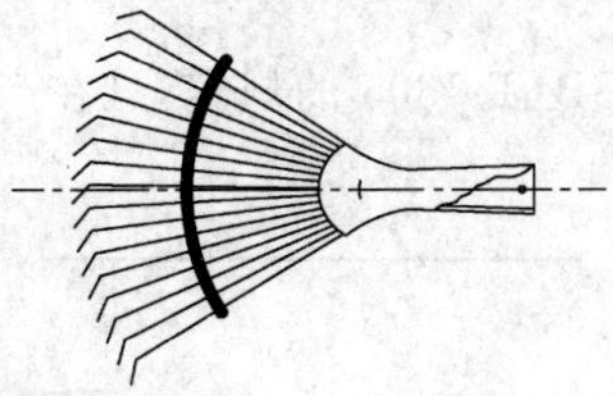	草坪耙 lawn rake
铲系列	1501	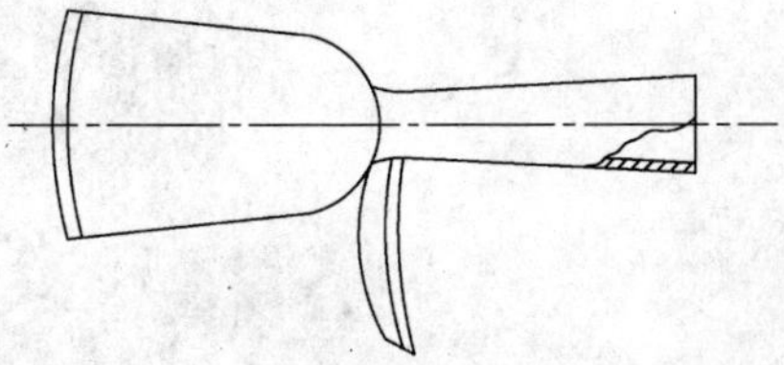	高枝铲 long arm tree trowel

4 技术要求

4.1 手柄

园艺工具的手柄根据用途或使用者的要求，选用合适的材料，应握捏舒适、便于作业。

4.2 表面质量

4.2.1 园艺工具的表面应光滑，无裂纹、毛刺、氧化皮等缺陷。

4.2.2 园艺工具的表面应进行抛光、发黑或电镀等表面处理。

4.2.3 经表面处理的园艺工具应色泽均匀，不应有气孔、露底、起层等现象。

4.3 硬度

4.3.1 园艺工具的工作部分需进行热处理。

4.3.2 剪类园艺工具刃口硬度应不低于 45HRC，锯类园艺工具的锯齿硬度应不低于 44HRC，刀类园艺工具的刃口硬度应不低于 50HRC，花卉工具类和叉粑铲类园艺工具的硬度应符合作业的要求。

4.3.3 园艺工具的硬度试验按照 GB/T 230.1 的规定进行。

4.4 性能

园艺工具应有产品的性能要求并进行相应的性能试验。

5 检验规则

5.1 园艺工具产品应经检验合格后方可出厂并附有产品合格证。

5.2 检验项目按照园艺工具的产品标准要求。

5.3 产品的检验按照 GB/T 2828.1 规定的二次抽样方案进行。

5.4 交收检验的不合格分类、检验项目，接收质量限(AQL)和检验水平按表 7 的规定。

表 7 不合格分类、检验项目，接收质量限(AQL)和检验水平

序号	不合格分类	检验项目	接收质量限(AQL)	检验水平
1	B	硬度试验	4.0	S-2
2		性能试验		
3	C	表面质量	6.5	Ⅰ
4		基本尺寸		

5.5 对交收检验中出现的不合格品及进行破坏试验后的样本，制造厂应予调换。

5.6 经检验拒收的产品，可由制造厂重新分类或整改后再提交验收。

6 包装、标志、运输与贮存

产品包装、标志、运输与贮存按照 GB/T 5305 的规定，且在产品上至少应有生产商的名称或商标。

ICS 39.040.10
Y 11

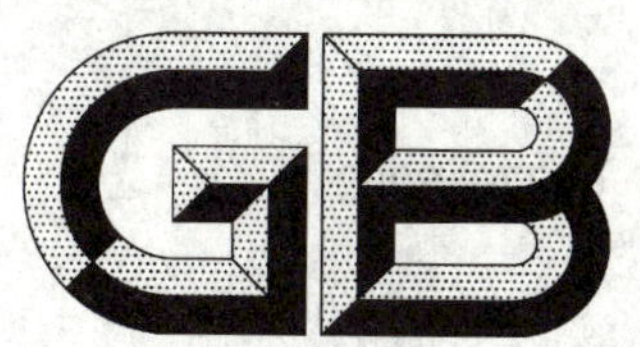

中华人民共和国国家标准

GB/T 6877—2008
代替 GB/T 6877—1986

计时仪器零部件分类、名称和编号 机械手表机心零部件分类、名称和编号

Classification, terminology and numbering for parts and assemblies of the time measuring instruments—Classification, terminology and numbering for parts and assemblies of mechanical wrist watch movements

2008-07-31 发布　　　　2009-05-01 实施

中华人民共和国国家质量监督检验检疫总局
中国国家标准化管理委员会　发布

前　言

本标准代替GB/T 6877—1986《机械计时仪器零部件分类、名称和编号　手表及叉瓦式闹钟零部件分类、名称和编号》。

本标准与GB/T 6877—1986相比主要变化如下：

——增加了“原动系”零部件内容(见2.1)；

——增加了“传动系”零部件内容(见2.2)；

——增加了“擒纵调速系”零部件内容(见2.3)；

——增加了“上条拨针系”零部件内容(见2.4)；

——增加了“夹板类”零部件内容(见2.5)；

——增加了“日历机构”零部件内容(见2.7)；

——增加了“周历、月历、年历、24时、跳时、星辰、月相机构”(见2.8)；

——增加了“快拨机构”(见2.9)；

——增加了“示能机构”(见2.11)；

——增加了“飞返机构”(见2.12)；

——增加了“测时机构”(见2.13)；

——将原“螺钉类”作为通用件调整至标准附件(见附录A)；

——将原“钻石类”作为通用件调整至标准附件(见附录A)；

——取消了“外观类”一章；

——取消了有关“叉瓦式闹钟”的零部件内容；

——取消了原附录A“代号及编号添加方法”的内容；

——增加了新的附录A“机械手表机心通用零件名称及编号”。

本标准的附录A为规范性附录、附录B为资料性附录。

本标准由中国轻工业联合会提出。

本标准由全国钟表标准化技术委员会(SAC/TC 160)归口。

本标准起草单位：天津海鸥表业集团有限公司、轻工业钟表研究所、广州手表厂、深圳市飞亚达精密计时制造有限公司。

本标准主要起草人：马广礼、刘连仲、李东文、陆佩雯、张鸣、周文霞、鲍贤勇。

本标准所代替标准的历次版本发布情况为：

——GB/T 6877—1986。

计时仪器零部件分类、名称和编号 机械手表机心零部件分类、名称和编号

1 范围

本标准规定了机械手表机心零部件的分类、名称和编号。

本标准适用于不同结构和功能的机械手表机心。

2 分类、名称和编号

2.1 原动系 energy supply

机械手表机心的原动系中零部件分类、名称和编号见表1。

表1 原动系

编号	中文名称	英文名称	备注
Z01000	原动组件	movement barrel，complete	
01001	条盒轮	barrel drum	
01002	条盒盖	barrel cover	
01003	条轴	barrel arbor	
B01011	发条部件	mainspring assembly	
01011	发条体	body of mainspring	
01012	发条外钩	mainspring catch piece	
01013	发条铆钉	mainspring rivet	
Z01050	自动原动组件	automatic movement barrel，complete	
B01051	自动条盒轮部件	automatic barrel assembly(arbor，drum and cover)	
01051	自动条盒轮	barrel drum for automatic	
B01061	自动发条部件	mainspring assembly with sliding attachment	
01061	自动发条体	body of mainspring with sliding attachment	
01062	副发条	sliding attachment	
Z01080	第二原动组件	second movement barrel，complete	用于具有两个条盒轮的机心
01081	第二条盒轮	second barrel drum	
01082	第二条盒盖	second barrel cover	
01083	第二条轴	second barrel arbor	

表 1（续）

编号	中文名称	英 文 名 称	备 注
B01101	一轮部件	additional first wheel assembly	适用于多条盒轮结构
01101	一轮片	additional first wheel gear	
01102	一轮轴	additional first wheel axle	

2.2 传动系 transmission

机械手表机心传动系中零部件分类、名称和编号见表 2。

表 2 传动系

编号	中文名称	英 文 名 称	备 注
B02001	二轮部件 （中心轮部件）	intermediate wheel assembly great wheel centre wheel assembly	二轮在表机中心的称中心轮部件
02001	二轮片 （中心轮片）	intermediate wheel gear great wheel gear centre wheel gear	
02002	二齿轴 （中心齿轴）	intermediate wheel pinion great wheel pinion center wheel pinion	
B02011	三轮部件(过轮部件)	third wheel assembly	
02011	三轮片（过轮片）	third wheel gear	
02012	三齿轴（过齿轴）	third wheel pinion	
B02021	双三轮部件	double third wheel assembly	
02021	固定三轮片	fixed third wheel gear	
02022	固定三齿轴	fixed third wheel pinion	
02023	活动三轮片	movable third wheel gear	
B02031	四轮部件	fourth wheel assembly	
02031	四轮片	fourth wheel gear	
02032	四齿轴	fourth wheel pinion	
B02041	秒轮部件	seconds wheel assembly	
02041	秒轮片	seconds wheel gear	
02042	秒齿轴	seconds wheel pinion	
02043	中心秒齿轴	centre seconds wheel pinion	

表 2（续）

编号	中文名称	英 文 名 称	备 注
B02091	偏秒轮部件	eccentric seconds wheel assembly	
02091	偏秒轮片	eccentric seconds wheel gear	
02092	偏秒轮轴	eccentric seconds wheel axle	
02093	偏秒齿轴	eccentric seconds wheel pinion	
B02101	秒簧部件	seconds pinion friction spring assembly	
02101	秒簧	seconds pinion friction spring	
02102	秒簧管	seconds pinion friction spring tube	
02111	偏秒簧	side seconds pinion friction spring	
Z02120	飞轮组件	fly wheel module	作为装饰效果
B02121	飞轮部件	fly wheel assembly	
02121	飞轮片	fly wheel gear	
02122	飞轮轴	fly wheel axle	
02123	飞轮压片	fly wheel cover	
02131	飞轮介轮	fly intermediate wheel	
B02141	飞轮上支架部件	upper frame assembly for fly wheel assembly	
02141	飞轮上支架	upper frame for fly wheel assembly	
02151	上支架轴	upper frame axle	
B02181	飞轮下支架部件	lower frame assembly for fly wheel assembly	
02181	飞轮下支架	lower frame for fly wheel assembly	

2.3 擒纵调速系 distributing and regulating elements

机械手表机心擒纵调速系中零部件分类、名称和编号见表 3。

表 3 擒纵调速系

编号	中文名称	英 文 名 称	备 注
B03001	擒纵轮部件	escape wheel assembly	
03001	擒纵轮片	escape wheel gear	
03002	擒纵齿轴	escape wheel pinion	
B03011	擒纵叉部件	pallet fork assembly	

表 3（续）

编号	中文名称	英 文 名 称	备 注
03011	擒纵叉体	body of pallet fork	
03012	叉头钉	guard pin	
03013	叉轴	pallet staff	
03014	擒纵销	pallet pin	
03021	进瓦	entry pallet	
03022	出瓦	exit pallet	
Z03030	调速组件	timed annular balance module	
Z03040	摆轮组件	balance with staff and double roller module	
B03041	摆轮部件	balance with staff assembly	
03041	摆轮	annular balance screw balance pin pallet escapement balance	
03043	摆轴	balance staff	
B03051	双圆盘部件	double roller assembly hollowed-out double roller assembly	
03051	双圆盘	body of double roller	
03052	圆盘钉	impulse pin	
B03061	游丝部件	timed hairspring assembly	
03061	游丝	hairspring	
03062	内桩	collet	
03063	内桩销	collet pin	
03064	外桩	stud	
03065	外桩销	hairspring pin	
B03071	快慢针部件	regulator assembly two-piece regulator assembly	
03071	快慢针体	body of regulator	
03072	外夹	regulator key	
03073	内夹	regulator pin	
03074	微调杠杆	regulator rod	
03075	鹅颈簧	goose neck-shape regulator rod spring	

表 3（续）

编号	中文名称	英 文 名 称	备 注
03076	微调支架	regulator support	
03077	快慢针头	regulator head	
03078	快慢夹	regulator pointer	
03079	快慢针	regulator	
B03091	外桩环部件	stud support with stud pipe assembly	
03091	外桩环	stud support	
03092	外桩管	stud pipe	

2.4 上条拨针系 winding and handsetting mechanism

机械手表机心上条拨针系中零部件的分类、名称和编号见表 4。

表 4 上条拨针系

编号	中文名称	英 文 名 称	备 注
Z04000	柄轴组件	winding stem with crown module	
04001	柄轴	winding stem	
04002	柄轴密封圈	stem joint	
B04011	（防水）柄头部件	（water-resistant）crown assembly	
04011	柄头	body of crown	
04012	柄帽	crown casing	
04013	柄盖	crown cover	
04014	柄头密封圈	crown joint	
04020	立轮	winding pinion	
04021	离合轮	sliding pinion	
04022	拨针轮	setting wheel	
04023	拨针过轮	intermediate setting wheel	
B04031	跨轮部件	minute wheel assembly	
04031	跨轮片	minute wheel gear	
04032	跨齿轴	minute wheel pinion	
04033	跨轮盖片	minute train cover	
B04036	分轮部件	cannon pinion with driver assembly	
04036	分轮片	cannon pinion driving wheel gear	

表 4（续）

编号	中文名称	英 文 名 称	备 注
04037	分轮	driver cannon pinion	
04038	下分轮	free cannon pinion	
B04051	分介轮部件	cannon intermediate wheel assembly	
04051	分介轮	cannon intermediate wheel	
04053	分介齿轴	cannon intermediate pinion	
04071	时轮	hour wheel	
04081	时轮簧	hour wheel friction spring	
04101	偏分轮片	eccentric cannon pinion driving wheel gear	
04102	偏分轮	eccentric driver cannon pinion	
B04111	偏分跨轮部件	eccentric driver cannon minute wheel assembly	
04111	偏分跨轮片	eccentric driver cannon minute wheel gear	
04112	偏分跨齿轴	eccentric driver cannon minute pinion	
04121	时介轮	intermediate wheel for hour wheel	
B04131	偏时轮部件	eccentric hour wheel assembly	
04131	偏时轮	eccentric hour wheel	
04132	偏时轮轴	eccentric hour wheel axle	
04141	上条轮	crown wheel	
04142	上条轮衬套	crown wheel ring	
04145	上条轮盖片	crown wheel cover	
04151	上条棘轮	ratchet wheel	
B04161	上条摇板部件	crown rocking bar assembly	
04161	上条摇板	crown rocking bar	
B04171	上条介轮部件	intermediate wheel assembly for crown wheel	
04171	上条介轮	intermediate wheel for crown wheel	
04172	上条介齿轴	intermediate pinion for crown wheel	
04173	上条介轮衬套	intermediate wheel ring for crown wheel	

表 4（续）

编号	中文名称	英 文 名 称	备 注
04181	上条介轮簧	intermediate wheel spring for crown wheel	
04244	棘爪	click	
04245	棘爪簧	click spring	
04246	棘爪衬套	click ring	
B04251	拉档部件	setting lever assembly	
04251	拉档	setting lever (without axle)	
04252	拉档轴	setting lever axle	
04253	拉档钉	setting lever pin	
04261	拉档压簧	setting lever spring	
04262	定档簧	setting lever jumper	
B04266	离合杆部件	yoke assembly	
04266	离合杆	yoke	
04267	离合杆簧	yoke spring	
04268	离合杆钉	yoke pin	
04269	离合杆压片	yoke cover	
B04271	止摆部件	annular balance whip assembly	
04271	止摆杆	body of whip	
04272	止摆簧	whip spring	
04273	止摆簧杆	spring whip	
04274	止摆销	whip pin	

2.5 夹板类 framework

机械手表机心的夹板类零部件分类、名称和编号见表 5。

表 5 夹板类

编号	中文名称	英 文 名 称	备 注
Z05000	主夹板组件	main plate module	
B05001	主夹板部件	main plate assembly	
05001	主夹板	main plate	
05003	跨轮桩	minute wheel stud	
05004	叉限位钉	banking pin	
B05006	中心管部件	centre tube assembly with jewel	

表 5（续）

编号	中文名称	英 文 名 称	备 注
05006	中心管	centre tube	
05007	固盘钉(爪)	fixing dial pin (finger)	
B05011	摆下托部件	lower jeweled end-plate assembly for balance	
05011	摆下托	lower end-plate for balance	
B05016	擒下托部件	lower jeweled end-plate assembly for escape wheel	
05016	擒下托	lower end-plate for escape wheel	
B05021	条夹板部件	barrel bridge assembly	
05021	条夹板	barrel bridge	
B05031	中夹板部件	centre wheel bridge assembly	
05031	中夹板	centre wheel bridge	
B05036	秒上托部件	upper jeweled end-plate assembly for seconds wheel	
05036	秒上托	upper end-plate for seconds wheel	
B05041	上夹板部件	train wheel bridge assembly	
05041	上夹板	train wheel bridge	
B05051	叉夹板部件	pallet bridge assembly	
05051	叉夹板	pallet bridge	
Z05060	摆夹板组件	balance bridge module	
B05061	摆夹板部件	balance bridge assembly	
05061	摆夹板	balance bridge	
B05065	摆上托部件	upper jeweled end-plate assembly for balance assembly	
05065	摆上托	upper end-plate for balance	
B05071	秒夹板部件	seconds wheel bridge assembly	
05071	秒夹板	seconds wheel bridge	
B05081	擒夹板部件	escape wheel bridge assembly	

表 5（续）

编号	中文名称	英文名称	备注
05081	擒夹板	escape wheel bridge	
B05085	擒上托部件	upper jeweled end-plate assembly for escape wheel assembly	
05085	擒上托	upper end-plate for escape wheel	
Z05110	底板组件	bottom plate module	
B05111	底板部件	bottom plate assembly	
05111	底板	bottom plate	
05121	垫片	pad	
B05131	盖片部件	cover assembly	
05131	盖片	cover	

2.6 防震装置 shock-resistant devices

机械手表机心的防震装置中零部件分类、名称和编号见表 6。

表 6 防震装置

编号	中文名称	英文名称	备注
Z06000	上防震器组件	upper jeweled shock-absorber module	
06001	上防震座	frame of upper jeweled shock-absorber	
06002	U 形销	U shaped locking clamp	
06003	上防震簧	upper shock absorbing spring	
B06006	上防震碗部件	upper moving frame assembly of shock-absorber	
06006	上防震碗	upper moving frame of shock-absorber	
Z06060	下防震器组件	lower jeweled shock-absorber module	
06061	下防震座	frame of lower jeweled shock-absorber	
06062	下防震簧	lower shock absorbing spring	
B06086	下防震碗部件	lower moving frame assembly of shock-absorber	
06086	下防震碗	lower moving frame of shock-absorber	

2.7 日历机构 calendar mechanism

具有日历机构的机械手表，机心内日历机构的零部件分类、名称和编号见表 7。

表 7 日历机构

编号	中文名称	英文名称	备注
B07001	日过轮部件	intermediate date wheel assembly intermediate calendar wheel assembly	
07001	日过轮片	intermediate date wheel gear	
07002	日过齿轴	intermediate date wheel pinion	
07003	单齿轮	single tooth gear	
07004	双齿轮	double tooth gear	
Z07050	换日轮组件	date indicator driving wheel module calendar driving wheel module day star driving wheel module unlocking yoke driving wheel module unlocking yoke cam driving wheel module	
B07051	换日轮部件	date indicator driving wheel assembly	
07051	换日轮片	date indicator driving wheel gear	
07071	日保险盘	safety disk for date indicator driving wheel	
07072	换日轮垫圈	date indicator driving wheel washer	
07073	换日轮芯	date indicator driving wheel arbor	
B07081	换日凸轮部件	unlocking yoke cam assembly	
07081	换日凸轮	unlocking yoke cam	
B07091	换日头部件	date finger assembly	
07091	换日头	date finger	
07101	换日簧	date finger spring	
07102	换日簧桩	date finger spring stud	
B07111	换日杆部件	date unlocking yoke assembly	
07111	换日杆	date unlocking yoke	
07112	换日杆簧	unlocking yoke spring	
07113	换日簧杆	date unlocking spring-yoke	
07114	换日杆压片	unlocking yoke maintaining plate	
07131	日过轮盖片	intermediate date wheel maintaining plate	
07151	日历环	date indicator	

表 7（续）

编号	中文名称	英文名称	备注
B07152	日历盖片部件	date indicator maintaining plate assembly	
07152	日历盖片	date indicator maintaining plate	
07154	日历垫片	date indicator support	
B07161	日定位杆部件	date jumper assembly	
07161	日定位杆	date jumper	
07163	日定位杆簧	date jumper spring	
07165	日定位杆盖片	date jumper maintaining plate	
07166	日定位簧杆	date spring-jumper	
07167	日定位簧	date spring	
07171	日定位滚子	date roller	
07172	滚子柱	date roller stud	
B07201	双历时轮部件	calendar hour wheel assembly	
07201	双历时轮	calendar hour wheel	
07202	双历轮	calendar wheel	
07212	双历拨头	calendar finger	
07221	双历定位簧杆	calendar spring-jumper	
B07231	日历轮部件	date dial driving wheel assembly	
07231	日历轮	date dial driving wheel	
07232	日历轴	date dial driving axle	
B07241	日个位轮部件	singular date wheel assembly	
07241	日个位轮	singular date wheel	
07242	日个位盘	singular date indicator	
07243	日个位轮轴	singular date wheel axle	
07244	日个位拨头	singular date finger	
07245	日个位介轮	singular date intermediate wheel	
07251	日个位环	singular date indicator	

表 7（续）

编号	中文名称	英 文 名 称	备 注
B07261	日十位轮部件	decimal date wheel assembly	
07261	日十位轮	decimal date wheel	
07262	日十位盘	decimal date indicator	
07263	日十位轮轴	decimal date wheel axle	
07264	日十位介轮	decimal date intermediate wheel	
07271	日十位环	singular date indicator	
07281	日个位定位杆	singular date jumper	
07282	日个位定位杆簧	singular date jumper spring	
07283	日个位定位簧杆	singular date spring-jumper	
07291	日十位定位杆	decimal date jumper	
07292	日十位定位杆簧	decimal date jumper spring	
07294	日十位定位簧杆	decimal date spring-jumper	
07501	日历夹板	main plate for date mechanism	

2.8 周历、月历、年历、24 时、跳时、星辰、月相机构 day, month calendar, annual calendar, 24 hours, jumping hours, star indicator and moon phase mechanism

具有周历、月历、年历、24 时、跳时、星辰、月相等功能的机械手表，机心内周历、月历、年历、24 时、跳时、星辰、月相机构的零部件分类、名称和编号见表 8。

表 8 周历、月历、年历、24 时、跳时、星辰、月相机构

编号	中文名称	英 文 名 称	备 注
Z08000	换周轮组件	day corrector module	
B08001	换周轮部件	day corrector assembly	
08001	换周轮片	day corrector gear	
08002	换周轮轴	day corrector wheel axle	
08003	换周拨头	day finger	
B08011	周历盘部件	day indicator assembly	
08011	周历盘	day dial	
08012	周历轮	day star	
08013	挡圈	day indicator spring-clip	
B08021	周历轮部件	day star assembly	
08021	周历轮片	day star wheel gear	
08022	周历轮轴	day star wheel axle	

表 8（续）

编号	中文名称	英 文 名 称	备 注
08025	周介轮	day star intermediate wheel	
B08031	换周杆部件	day indicator unlocking yoke assembly	
08031	换周杆	day indicator unlocking yoke calendar unlocking yoke	
08032	换周杆套	sleeve for day indicator unlocking yoke	
08041	周历定位杆	day jumper	
08042	周历定位杆簧	day jumper spring	
08043	周历定位簧杆	day spring-jumper	
B08051	周历盖片部件	day indicator cover assembly	
08051	周历盖片	day indicator cover	
B08111	月历轮部件	month indicator driving wheel assembly	
08111	月历轮片	month indicator driving wheel gear	
08112	月历轮轴	month indicator driving wheel axle	
B08121	换月轮部件	month corrector assembly	
08121	换月轮	month corrector wheel gear	
08122	换月轮轴	month corrector wheel axle	
08123	换月拨头	month corrector finger	
08124	换月拨头钉	month corrector finger pin	
08131	月定位杆	month corrector jumper	
08132	月定位杆簧	month corrector jumper spring	
08133	月定位簧杆	month corrector spring-jumper	
B08211	年历轮部件	year indicator driving wheel assembly	
08211	年历轮	year indicator driving wheel gear	
08212	年历盘	year indicator	
08213	年历轮轴	year indicator driving wheel axle	
08221	年定位杆	year indicator jumper	
08222	年定位杆簧	year indicator jumper spring	

表 8（续）

编号	中文名称	英 文 名 称	备 注
08223	年定位簧杆	year indicator spring-jumper	
B08311	24 时轮部件	24 hour wheel assembly	
08311	24 时轮片	24 hour wheel gear	
08312	24 时轮轴	24 hour wheel axle	
08313	24 时轮动片	24 hour wheel moving sheet	
08314	24 时轮压片	24 hour wheel cover	
B08321	24 时过轮部件	24 hour intermediate wheel assembly	
08321	24 时过轮片	24 hour intermediate wheel gear	
08322	24 时过轮轴	24 hour intermediate wheel axle	
08323	24 时过齿轴	24 hour intermediate pinion	
B08331	24 时拨头部件	24 hour finger assembly	
08331	24 时拨头轮轴	24 hour finger wheel axle	
08332	24 时拨头挡片	24 hour finger bumper	
08333	24 时拨头	24 hour finger	
08334	24 时拨头压片	24 hour finger cover	
08341	24 时定位杆	24 hour jumper	
08342	24 时定位杆簧	24 hour jumper spring	
08343	24 时定位簧杆	24 hour spring-jumper	
08344	24 时轮簧	24 hour wheel spring	
B08411	跳时凸轮部件	jumping hours cam assembly	
08411	跳时凸轮	jumping hours cam	
B08421	跳时轮部件	jumping hours wheel assembly	
08421	跳时轮	jumping hours wheel	
08422	跳时盘	jumping hours dial	
08431	跳时定位杆	jumping hours jumper	
08432	跳时定位杆簧	jumping hours jumper spring	
Z08380	星辰轮组件	star indicator module	

表 8 (续)

编号	中文名称	英 文 名 称	备 注
B08381	星辰轮部件	star indicator assembly	
08381	星辰轮片	star indicator wheel gear	
08382	星辰轮轴	star indicator wheel axle	
08383	星辰盘	star indicator dial	
08384	星辰轮压片	star indicator cover	
B08511	月相轮部件	moon phase wheel assembly	
08511	月相轮	moon phase wheel gear	
08512	月相轮轴	moon phase wheel axle	
08513	月相盘	moon dial	
B08521	月相过轮部件	moon phase intermediate wheel assembly	
08521	月相过轮	moon phase intermediate wheel	
08522	月相过齿轴	moon phase intermediate wheel pinion	
注：如果机械手表只具有 2.8 中规定的部分功能，则对应相应机构的分类、名称和编号。			

2.9 快拨机构 correct system

机械手表机心中快拨机构的零部件分类、名称和编号见表 9。

表 9 快拨机构

新编号	中文名称	英 文 名 称	备 注
B09001	摇板部件	corrector wheel rocker assembly	
09001	摇板	rocking plate	
09002	拨针轮桩	setting wheel stud	
09004	快拨过轮	date setting wheel calendar setting wheel	
09005	快拨过齿轴	date setting wheel pinion	
09006	拨周轮	day corrector setting wheel	
09007	拨周齿轴	day corrector setting wheel pinion	
09008	拨周过轮	day setting wheel	
09009	拨周过齿轴	day setting wheel pinion	
Z09020	日快拨轮组件	date corrector module	
B09021	日快拨轮部件	date corrector assembly	
09021	日快拨轮	date corrector setting wheel	

表 9（续）

新编号	中文名称	英 文 名 称	备 注
09023	快拨爪	date pusher-click	
09026	快拨轮簧	date corrector spring	
09031	日快拨杆	date corrector operating lever	
09032	日快拨杆簧	date corrector spring	
09033	日快拨轴	date corrector stud	
09034	日快拨簧杆	date corrector spring-jumper	
B09051	周快拨轮部件	day corrector assembly	
09051	周快拨轮	day corrector setting wheel	
B09055	周快拨杆部件	day corrector operating lever assembly	
09055	周快拨杆	day corrector operating lever	
09056	周快拨杆桩	day corrector operating lever stud	
09057	周快拨杆簧	day corrector operating lever spring	
09058	周历轮套管	day star tube	
09059	周快拨爪	day corrector pawl	
09060	周快拨簧杆	day corrector lever	
09070	双历快拨杆	calendar corrector operating lever	
09071	双历快拨杆簧	calendar corrector operating lever spring	
09080	24 时快拨杆	24-hour date corrector operating jumper	
09081	24 时快拨杆簧	24-hour date corrector operating jumper spring	
09082	24 时快拨簧杆	24-hour date corrector spring-jumper	
B09191	月快拨杆部件	month corrector operating lever assembly	
09191	月快拨杆	month corrector operating lever	
09192	月快拨杆簧	month corrector operating lever spring	
09193	月快拨簧杆	month corrector spring-jumper	
09231	月相快拨杆	moon phase corrector operating lever	
09232	月相快拨杆簧	moon phase corrector operating lever spring	
09233	月相快拨簧杆	moon phase corrector lever spring-jumper	
B09251	年快拨杆部件	year corrector operating lever assembly	
09251	年快拨杆	year corrector operating lever	

表 9（续）

新编号	中文名称	英 文 名 称	备 注
09252	年快拨杆簧	day corrector operating lever spring	
09253	年快拨簧杆	day corrector operating lever stud	

2.10 自动机构 automatic winding mechanism

具有自动上条功能的机械手表，机心内自动机构的零部件分类、名称和编号见表 10。

表 10 自动机构

编号	中文名称	英 文 名 称	备 注
Z10000	自动锤组件	oscillating weight,complete	
B10001	自动锤部件	oscillating weight assembly	
10001	自动锤体	weight	
10002	锤板	body of oscillating weight	
10003	锤轴	oscillating weight axle	
10004	锤轮	bearing wheel	
10005	锤齿轴	oscillating weight pinion	
10006	锤簧	oscillating weight bolt spring	
10007	锤挡片	oscillating weight bolt	
Z10010	滚珠轴承组件	ball bearing module	
B10011	滚珠轴承部件	ball bearing assembly	
10011	外环	bearing ring	
10012	内环	bearing runner	
10013	内环盖、轴承芯	bearing runner cover	
10014	滚珠	bearing ball	
10015	滚珠架	bearing cage	
10016	偏心轴	eccentric axle	
10017	锤上套(轴承套)	upper bearing pad for oscillating weight	无滚珠
10018	锤下套	lower bearing pad for oscillating weight	
Z10020	换向轮组件	reversing wheel module	
B10021	换向轮部件	reversing wheel assembly	
10021	换向轮片	upper reversing wheel gear	
10022	换向轮下片	reversing wheel gear	
10023	内圈	inner ring	
10024	换向压片	cover piece for reversing wheel gear	
10025	换向托片	support piece for reversing wheel gear	

表 10（续）

编号	中文名称	英 文 名 称	备 注
10026	换向轮轴	reversing wheel axle	
10027	换向齿轴	reversing pinion	
10028	换向棘爪	reversing click	
10029	传动轮片	transmission wheel gear	
10030	上轴套	upper reversing wheel axle sleeve	
10031	下轴套	lower reversing wheel axle sleeve	
Z10040	换向二轮组件	reversing second wheel module	
B10041	换向二轮部件	reversing second wheel assembly	
10041	换向二轮片	reversing second wheel gear	
10042	换向二轮轴	reversing second wheel axle	
10061	换向轮簧	reversing wheel spring	
10071	换向摇板	reverser	
10072	换向摇板轮	reversing intermediate wheel	
10073	换向摇板过轮	auxiliary reversing intermediate wheel	
10074	摇摆齿轴	wig-wag pinion	
10075	摇摆齿轴簧	wig-wag pinion spring	
10081	止动棘爪	stop click	
10082	止动棘爪簧	stop click spring	
10083	止逆轮	wolf tooth gear	
B10091	自动棘爪部件	winding click assembly	
10091	自动棘爪	winding click	
10092	自动棘爪套	winding click ring	
B10111	自动一轮部件	winding wheel assembly	
10111	自动一轮片	winding wheel gear	
10112	自动一齿轴	winding wheel pinion	
B10121	自动二轮部件	reduction wheel assembly	
10121	自动二轮片	reduction wheel gear	
10122	自动二齿轴	reduction wheel pinion	

表 10（续）

编号	中文名称	英 文 名 称	备 注
B10131	自动三轮部件	winding third wheel assembly	
10131	自动三轮片	winding third wheel gear	
10132	自动三齿轴	winding third wheel pinion	
B10141	自动四轮部件	winding fourth wheel assembly	
10141	自动四轮片	winding fourth wheel gear	
10142	自动四齿轴	winding fourth wheel pinion	
B10161	自动上条轮部件	ratchet wheel driving wheel assembly crown wheel driving wheel assembly	
10161	自动上条轮片	ratchet wheel driving wheel gear crown wheel driving wheel gear	
10162	自动上条齿轴	ratchet wheel driving wheel pinion crown wheel driving wheel pinion	
Z10100	自动夹板组件	automatic train bridge module	
B10101	自动上夹板部件	automatic train bridge assembly	
10101	自动上夹板	automatic train bridge	
B10151	自动下夹板部件	automatic device framework assembly	
10151	自动下夹板	automatic device framework	

2.11 示能机构 indicating energy mechanism

具有能量显示功能的机械手表，机心内示能机构的零部件分类、名称和编号见表 11。

表 11 能量指示机构

编号	中文名称	英 文 名 称	备 注
B11001	储能一轮部件	accumulator first wheel assembly	
11001	储能一轮片	accumulator first wheel gear	
11002	储能一齿轴	accumulator first pinion	
B11011	储能二轮部件	accumulator second wheel assembly	
11011	储能二轮片	accumulator second wheel gear	
11012	储能二齿轴	accumulator second pinion	

表 11（续）

编号	中文名称	英 文 名 称	备 注
B11021	储能三轮部件	accumulator third wheel assembly	
11021	储能三轮片	accumulator third wheel gear	
11022	储能三齿轴	accumulator third pinion	
B11041	示能一轮部件	energy indicator first wheel assembly	
11041	示能一轮片	energy indicator first wheel gear	
11042	示能一齿轴	energy indicator first pinion	
Z11060	示能二轮组件	energy indicator second wheel module	
B11061	示能二轮部件	energy indicator second wheel assembly	
11061	示能二轮片	energy indicator second wheel gear	
11062	示能二齿轴	energy indicator second pinion	
B11071	示能三轮部件	energy indicator third wheel assembly	
11071	示能三轮片	energy indicator third wheel gear	
11072	示能三齿轴	energy indicator third pinion	
11073	示能三轮轴	energy indicator third wheel axle	
B11081	示能四轮部件	energy indicator fourth wheel assembly	
11081	示能四轮片	energy indicator fourth wheel gear	
11082	示能四齿轴	energy indicator fourth pinion	
B11121	行星轮部件	planet wheel assembly	
11121	行星轮片	planet wheel gear	
11122	行星齿轴	planet pinion	
11123	行星轮轴	planet wheel axle	
B11131	示能指针轮部件	energy indicator pointer wheel assembly	
11131	示能指针轮	energy indicator pointer wheel	
11132	示能指针轮轴	energy indicator pointer wheel axle	
11161	示能齿条	energy indicator toothed bar	
11181	示能底板	energy indicator bottom plate	
11191	示能盖片	energy indicator cover	

2.12 飞返机构 fly-back mechanism

具有飞返功能机械手表，机心内飞返机构的零部件分类、名称和编号见表12。

表12 飞返机构

编号	中文名称	英文名称	备注
12001	飞返秒轮	fly-back seconds wheel	
12011	飞返秒复位轮	fly-back seconds resetting wheel	
12012	飞返秒限位轮	fly-back seconds restriction wheel	
12031	控秒轮	controlling seconds wheel	
12101	飞返分轮	fly-back minutes wheel	
12111	飞返分复位轮	fly-back minutes resetting wheel	
12112	飞返分限位轮	fly-back minutes restriction wheel	
12131	控分轮	controlling minutes wheel	
12201	飞返24时轮	fly-back 24 hours wheel	
12211	飞返24时复位轮	fly-back 24 hours resetting wheel	
12221	飞返24时限位轮	fly-back 24 hours restriction wheel	
12231	控24时轮	controlling 24 hours wheel	
12301	飞返日历轮	fly-back date wheel	
12311	飞返日历复位轮	fly-back date resetting wheel	
12321	飞返日历限位轮	fly-back date restriction wheel	
12331	控日历轮	controlling date wheel	
12401	飞返周历轮	fly-back day wheel	
12411	飞返周历复位轮	fly-back day resetting wheel	
12421	飞返周历限位轮	fly-back day restriction wheel	
12431	控周历轮	controlling day wheel	

2.13 测时机构 time-measuring mechanism

具有测时功能的机械手表，机心内测时机构的零部件分类、名称和编号见表13。

表13 测时机构

编号	中文名称	英文名称	备注
13001	控制轮	controlling wheel	轮系机构
B13011	控制凸轮部件	controlling cam assembly	
13011	定档凸轮	setting cam	
13012	起停凸轮	start-stop cam	
13013	回零凸轮	reset zero cam	
B13021	计秒背轮部件	counting seconds back wheel assembly	

表 13（续）

编号	中文名称	英文名称	备注
13021	计秒背轮片	counting seconds back wheel gear	
13022	计秒背轮套管	counting seconds back wheel tube	
B13031	计秒介轮部件	counting seconds intermediate wheel assembly	
13031	计秒介轮	counting seconds intermediate wheel gear	
13032	计秒介轮轴	counting seconds intermediate wheel axle	
Z13040	计秒轮组件	counting seconds wheel module	
B13041	计秒轮部件	counting seconds wheel assembly	
13041	计秒轮片	counting seconds wheel gear	
13042	计秒轮轴	counting seconds wheel axle	
13043	计分拨头	counting seconds finger	
13051	心形凸轮	heart cam	
B13061	计分介轮部件	counting minutes intermediate wheel assembly	
13061	计分介轮片	counting minutes intermediate wheel gear	
13062	计分介轮轴	counting minutes intermediate wheel axle	
Z13070	计分轮组件	counting minutes wheel module	
B13071	计分轮部件	counting minutes wheel assembly	
13071	计分轮片	counting minutes wheel gear	
13072	计分轮轴	counting minutes wheel axle	
Z13090	计时轮组件	counting hours wheel module	
B13091	计时轮部件	counting hours wheel assembly	
13091	计时轮片	counting hours wheel gear	
13092	计时轮轴	counting hours wheel axle	
13093	计时轮簧	counting hours wheel spring	
13094	计时制动轮	counting hours stop wheel	
Z13150	测时夹板组件	time-measuring bridge module	夹板机构
B13151	测时夹板部件	time-measuring bridge assembly	
13151	测时夹板	time-measuring bridge	

表 13（续）

编号	中文名称	英 文 名 称	备 注
B13201	控制轮定位簧部件	controlling wheel jumper assembly	杆簧机构
13201	控制轮定位簧	controlling wheel jumper	
Z13210	起停杠杆组件	start-stop lever module	
B13211	起停杠杆部件	start-stop lever assembly	
13221	起停杠杆	start-stop lever	
13222	起停杠杆柱	start-stop lever stud	
13223	起停杠杆簧	start-stop lever spring	
13291	回零杠杆	reset lever	
13292	回零锤杆	reset hammer tail	
13351	计秒介轮杠杆簧	counting seconds intermediate wheel lever spring	
13360	计分介轮杠杆	counting seconds intermediate wheel lever	
13391	计分轮定位簧	counting minutes wheel jumper spring	

2.14 闹时机构 alarm mechanism

具有闹时功能的机械手表，机心内闹时机构的零部件分类、名称和编号见表 14。

表 14 闹时机构

编号	中文名称	英 文 名 称	备 注
Z14000	闹原动组件	alarm movement barrel, complete	
B14001	闹条盒轮部件	alarm barrel assembly	
14001	闹条盒轮	alarm barrel drum	
14002	闹条盒盖	alarm barrel cover	
14003	闹条轴	alarm barrel arbor	
B14011	闹发条部件	alarm mainspring assembly	
14011	闹发条	alarm mainspring	
14012	闹发条外钩	alarm mainspring catch piece	
B14021	闹擒纵轮部件	alarm wheel assembly	
14021	闹擒纵轮片	alarm wheel gear	
14022	闹擒纵齿轴	alarm wheel pinion	
14025	闹擒纵叉	alarm pallet fork	

表 14(续)

编号	中文名称	英 文 名 称	备 注
Z14030	打锤组件	alarm hammer module	
B14031	打锤部件	alarm hammer assembly	
14031	打锤	alarm hammer weight	
14032	打锤轴	alarm hammer staff	
14033	长秒针止闹销	alarm stop pin	
B14041	闹柄轴部件	alarm handsetting stem assembly	
14041	闹柄轴	alarm handsetting stem	
14042	闹轮	alarm handsetting wheel	
14043	闹过轮	alarm intermediate wheel	
14044	闹拨针轮	alarm setting wheel	
14045	闹离合轮	alarm sliding pinion	
14046	闹离合杆	alarm yoke	
14047	闹离合杆簧	alarm yoke spring	
14048	闹立轮	alarm winding pinion	
B14051	闹拉档部件	alarm setting lever assembly	
14051	闹拉档	alarm setting lever	
14052	闹拉档轴	alarm setting lever axle	
14053	闹定档簧	alarm setting lever jumper	
14054	闹过轮簧	alarm intermediate spring	
14055	闹过轮压片	alarm intermediate cover	
14060	闹上条轮	alarm crown wheel	
14061	闹上条棘轮	alarm ratchet wheel	
14062	闹上条棘爪簧	alarm ratchet wheel click spring	
14063	闹上条轮衬圈	alarm crown wheel ring	
B14071	闹轮部件	unlocking wheel assembly	
14071	闹轮片	unlocking wheel gear	
14072	闹轮套	unlocking wheel connecting sleeve	
14073	起闹簧	alarm bolt spring	

表 14（续）

编号	中文名称	英文名称	备注
Z14080	后铃组件	bell module	
B14081	后铃部件	bell assembly	
14081	后铃	bell	
14082	止闹套	alarm bolt tube	
14083	止闹闸	alarm bolt	
14084	止闹闸簧	alarm stop spring	
B14121	闹条夹板部件	alarm barrel bridge assembly	
14121	闹条夹板	alarm barrel bridge	
14122	闹轮压片	unlocking wheel cover	
B14141	闹锤体部件	alarm hammer assembly	
14141	闹锤体	alarm hammer	

2.15 通用零件名称及编号

机械手表通用零件的名称及编号见附录 A。

附　录　A
（规范性附录）
机械手表机心通用零件名称及编号

A.1　标记

A.1.1　通用钉类

机械手表机心用螺钉、位钉、位钉管、偏心钉等通用零件的编号由零件的类别顺序号、类别代码，零件外径和零件序号组成，标记为：

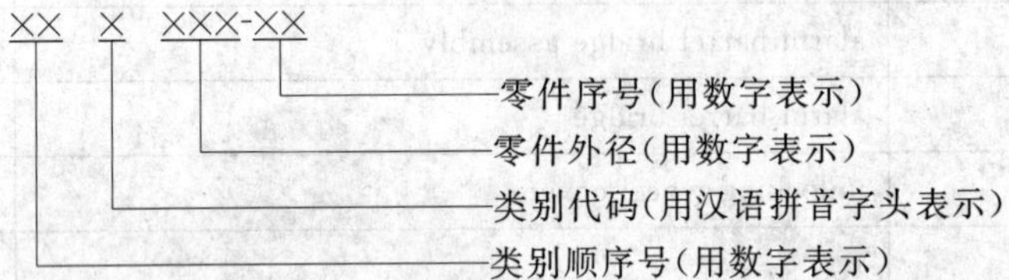

示例 1：类别顺序号为 01、外径为 0.80 mm、零件序号为 10 的 M0.8 螺钉标记为：01L080-10

示例 2：类别顺序号为 02、外径为 0.75 mm、零件序号为 03 的 M0.75 位钉标记为：02W075-03

A.1.2　通用宝石

机械手表机心用宝石类元件编号由宝石的类别顺序号、类别代码、宝石外径和内径、宝石序号组成，标记为：

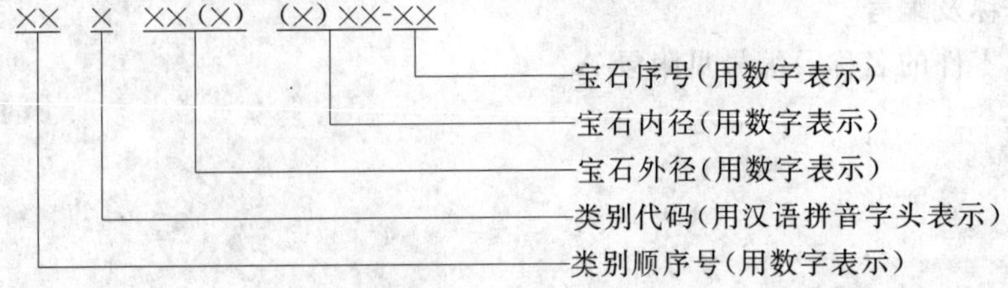

注：括号数字为 0 时可省略不写。

示例 1：类别顺序号为 02、外径为 2.5 mm、内径为 1.4 mm、宝石序号为 01 的宝石元件标记为：02B25140-01

示例 2：类别顺序号为 01、外径为 0.7 mm、内径为 0.11 mm、宝石序号为 04 的宝石元件标记为：01B0711-04

A.2　编号及图示

通用类零件编号及图例见表 A.1。

表 A.1　通用类零件编号

类　别	编　号	图　示	备　注
螺钉类	01L×××-××	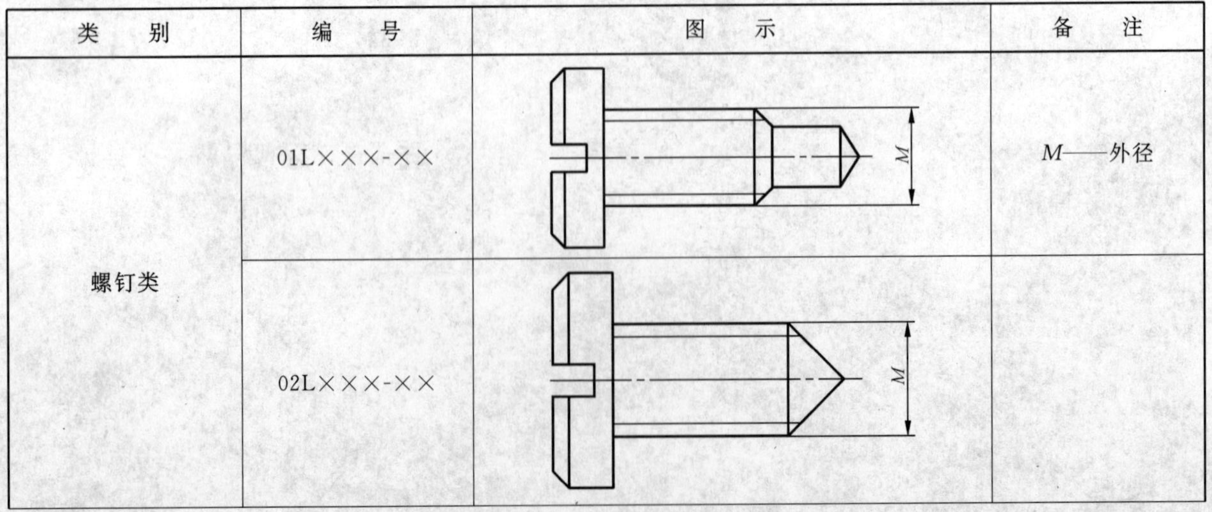	M——外径
	02L×××-××		

表 A.1（续）

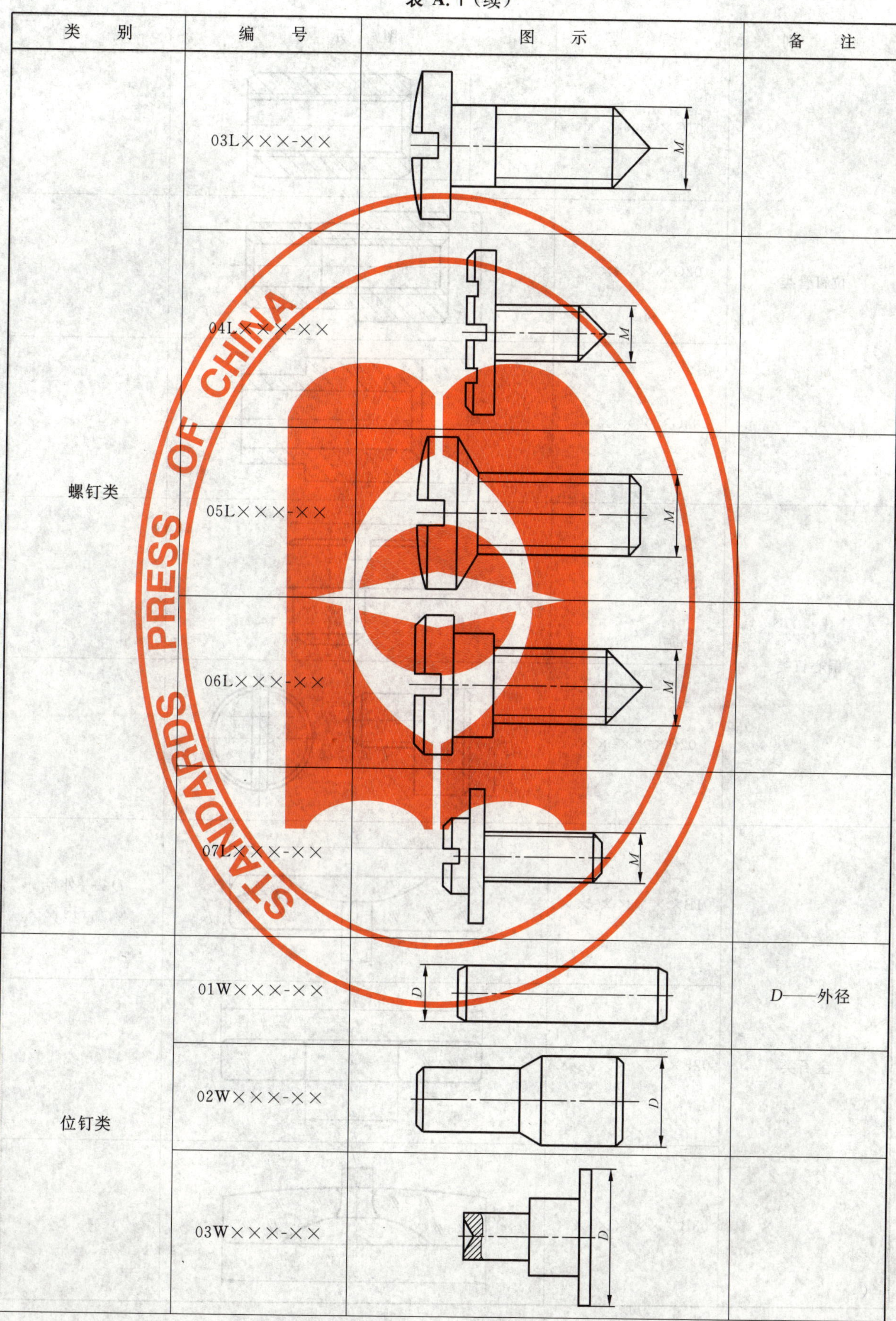

类　别	编　号	图　示	备　注
螺钉类	03L×××-××		
	04L×××-××		
	05L×××-××		
	06L×××-××		
	07L×××-××		
位钉类	01W×××-××		D——外径
	02W×××-××		
	03W×××-××		

表 A.1（续）

类 别	编 号	图 示	备 注
位钉管类	01G×××-××	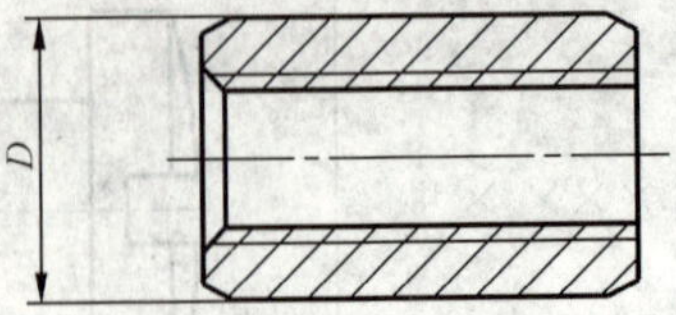 D	
	02G×××-××	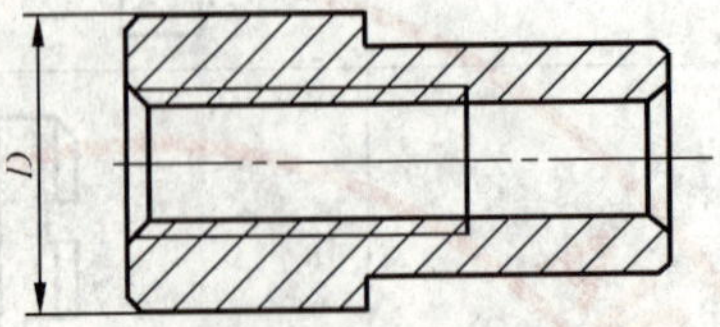 D	
	03G×××-××	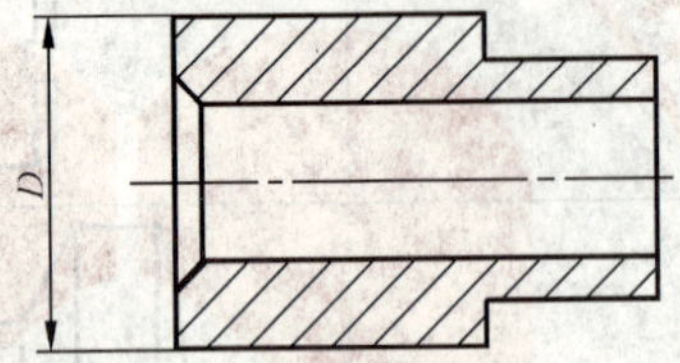 D	
偏心钉类	01P×××-××	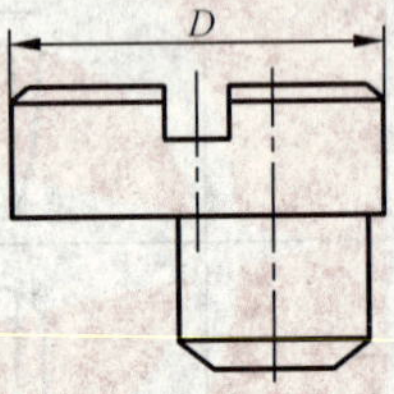 D	
	02P×××-××	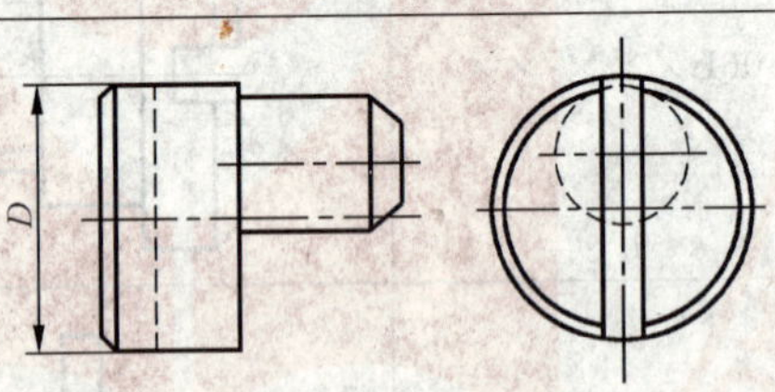 D	
宝石类	01B×××××-××	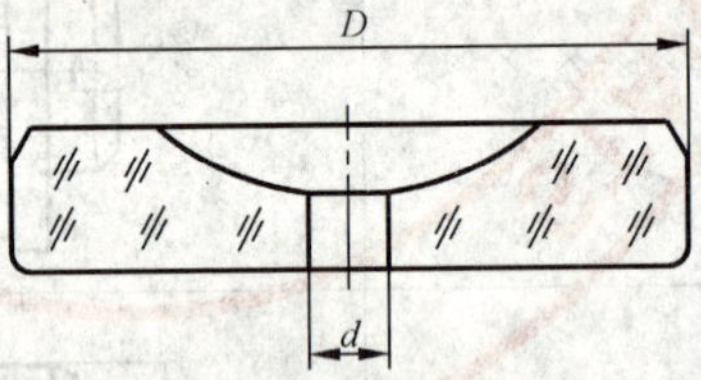 D d	D——外径 d——内径
	02B×××××-××	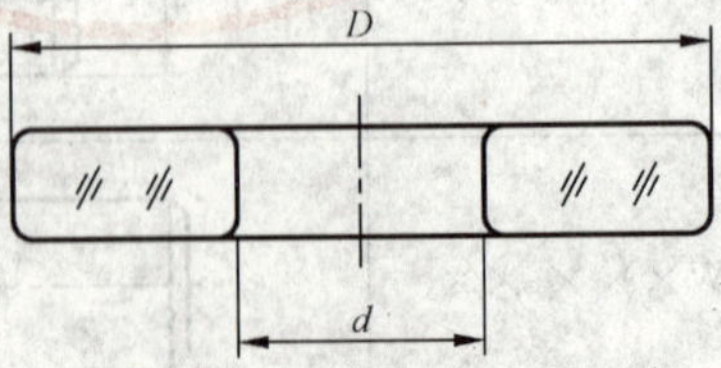 D d	
	03B×××××-××	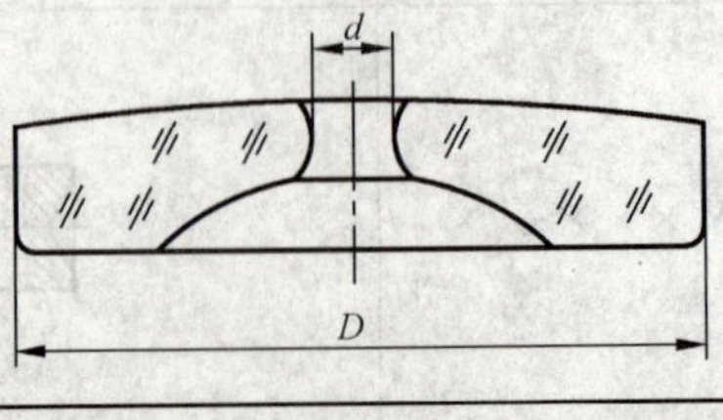 d D	

附 录 B
（资料性附录）
机械手表机心装配示意图

B.1 基础机心

机械手表基础机心装配图见图 B.1、图 B.2、图 B.3、图 B.4。

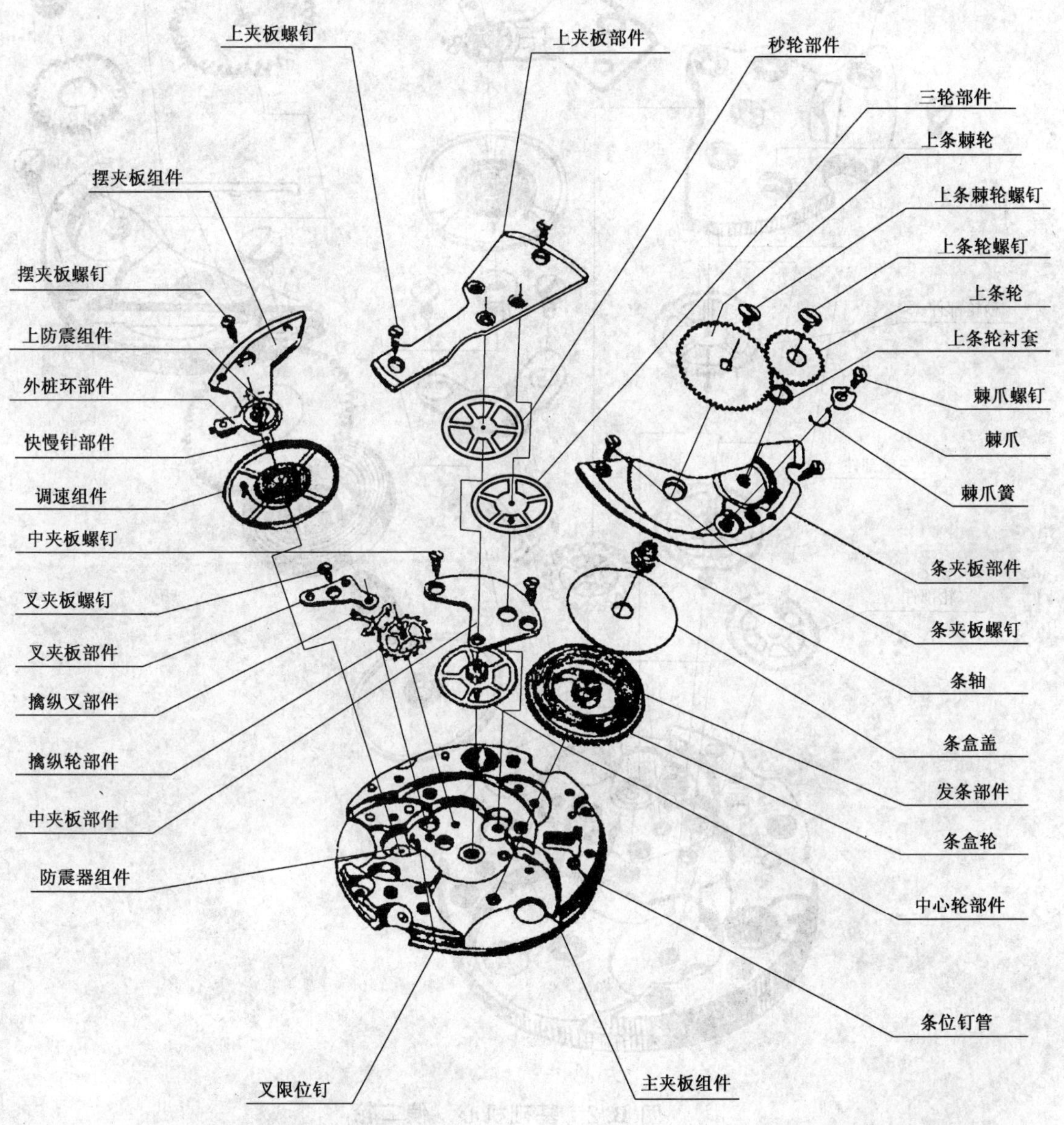

图 B.1 基础机心 直传式

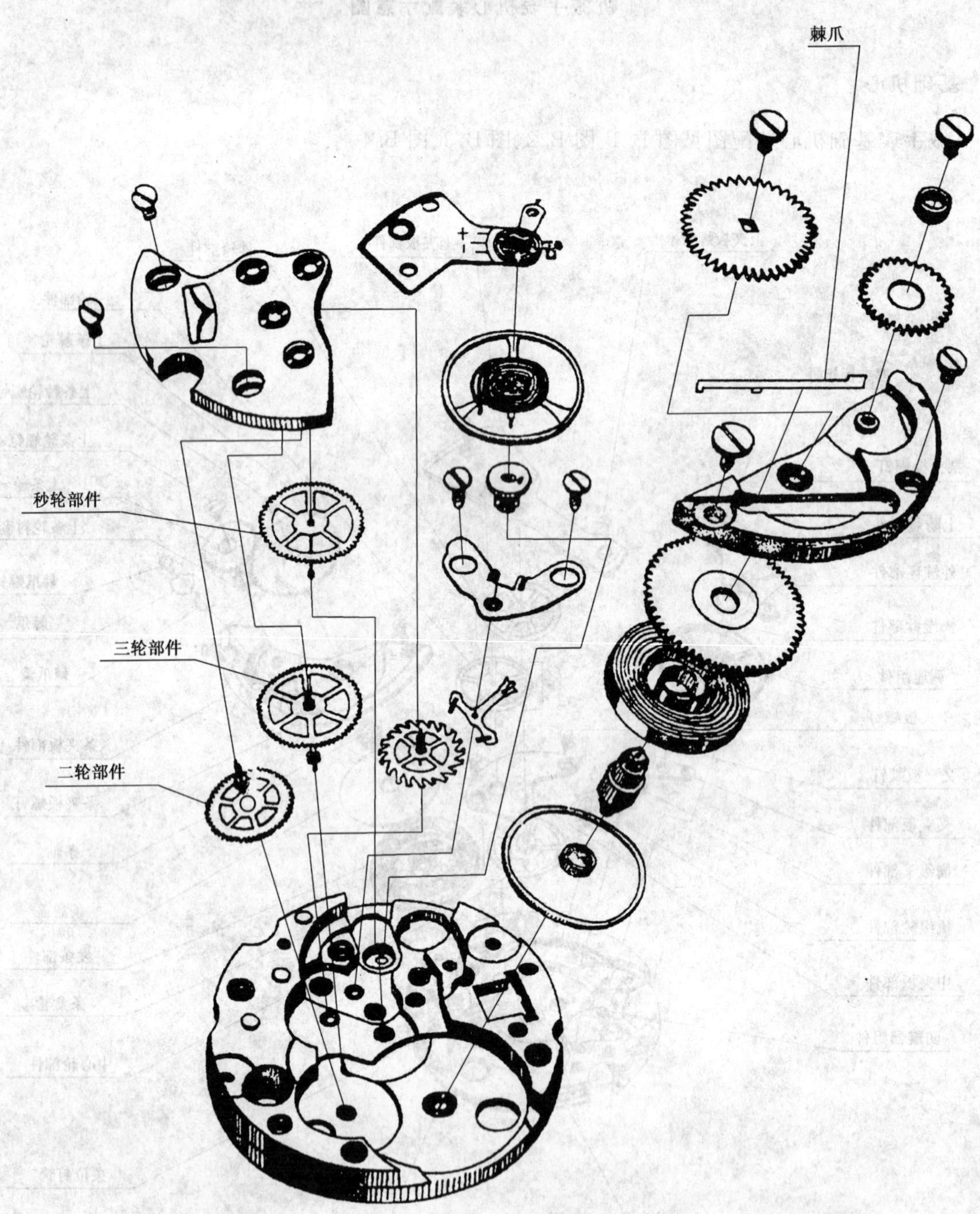

图 B.2　基础机心　偏二轮

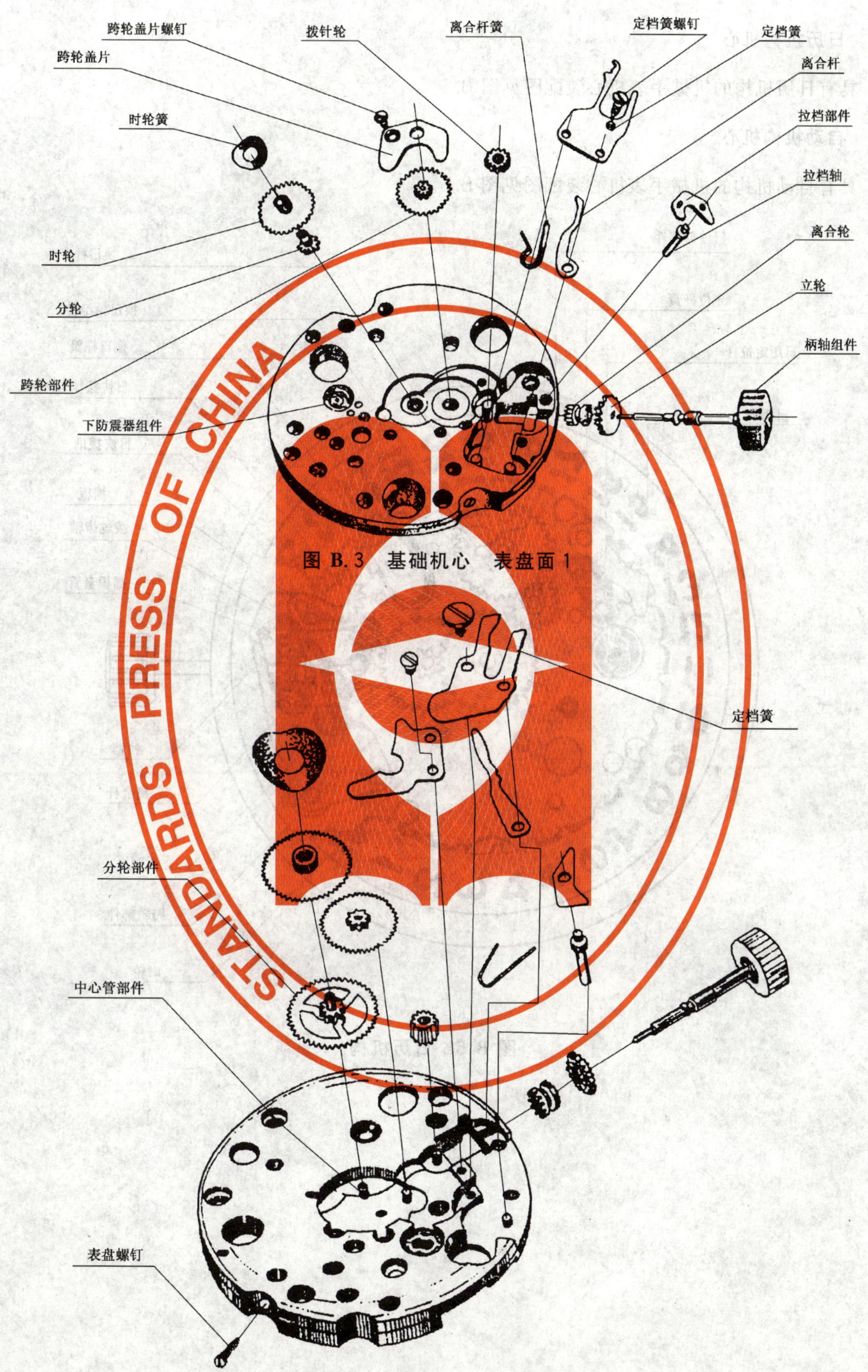

图 B.3 基础机心 表盘面 1

图 B.4 基础机心 表盘面 2

B.2 日历机构机心

具有日历机构的机械手表机心装配图见图 B.5。

B.3 自动机构机心

具有自动机构的机械手表机心装配图见图 B.6。

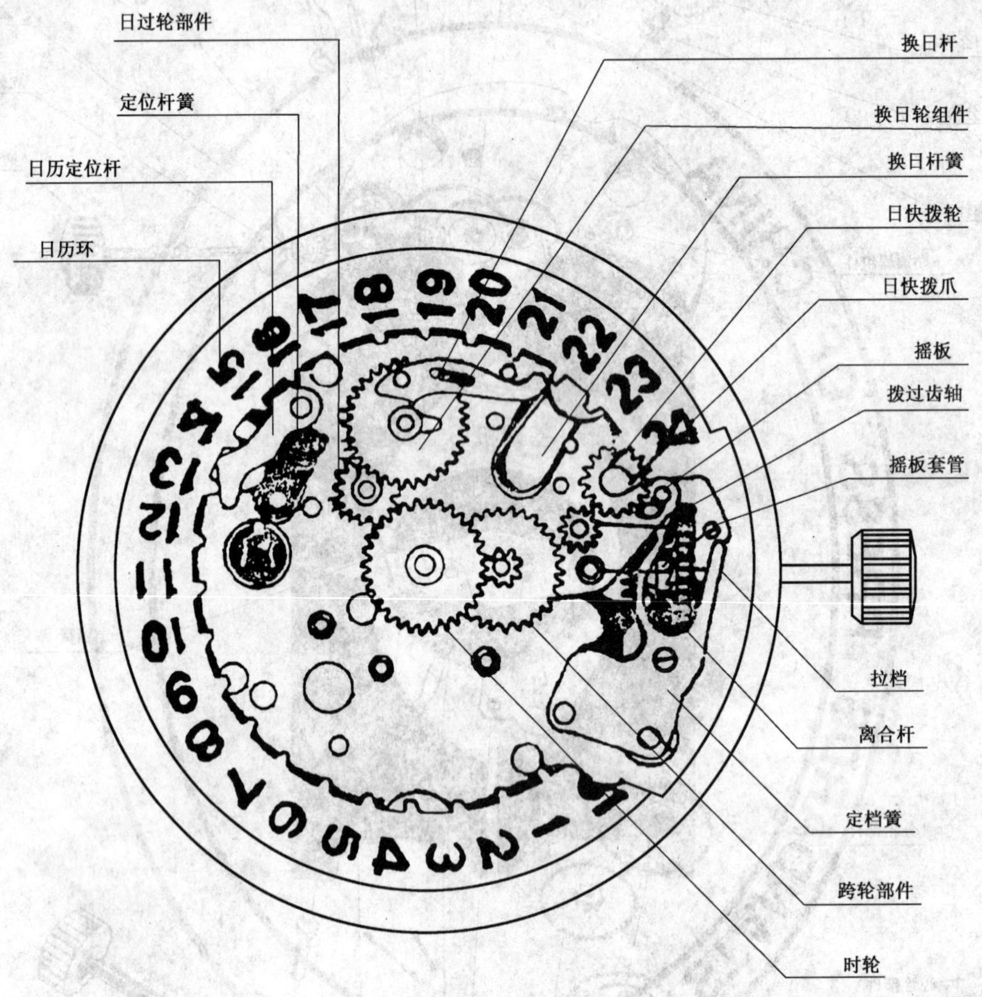

图 B.5 日历机构

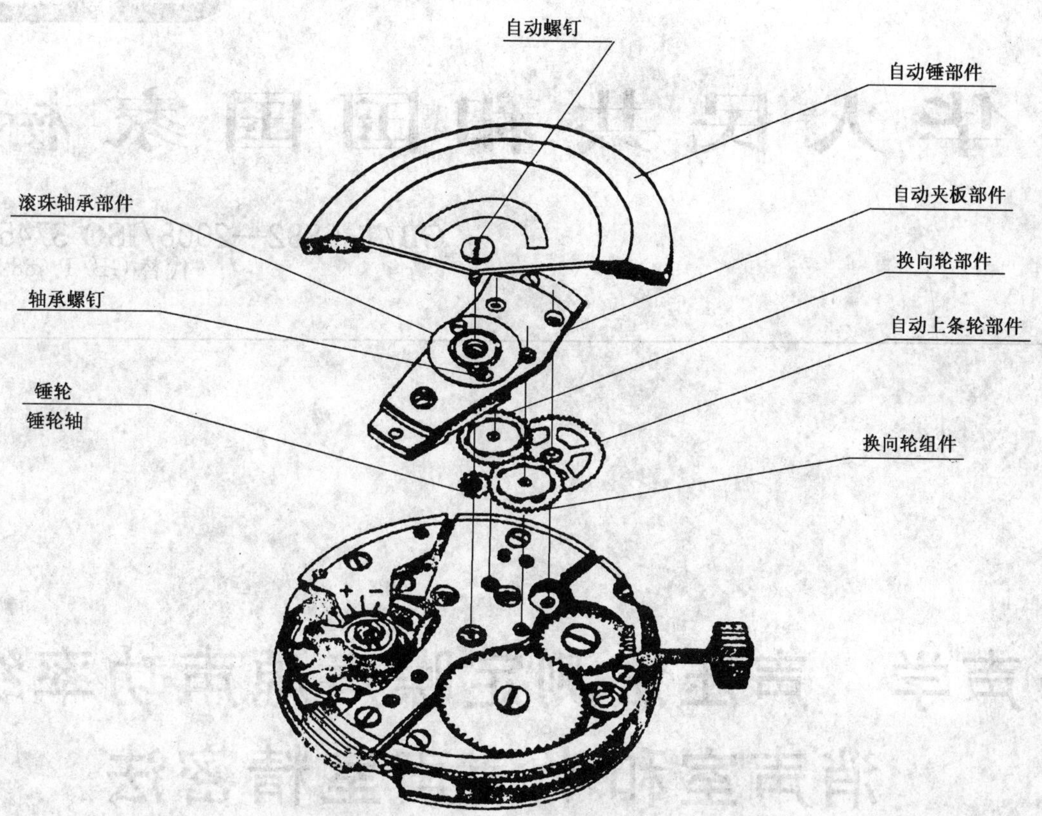

图 B.6 自动机构

ICS 17.140
A 59

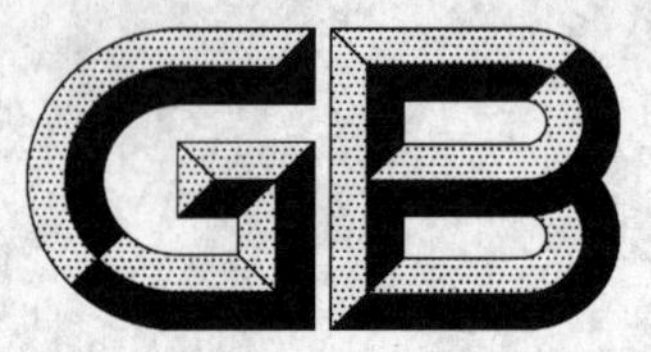

中华人民共和国国家标准

GB/T 6882—2008/ISO 3745:2003
代替 GB/T 6882—1986

声学 声压法测定噪声源声功率级 消声室和半消声室精密法

Acoustics—Determination of sound power levels of noise sources using pressure—Precision methods for anechoic and hemi-anechoic rooms

(ISO 3745:2003,IDT)

2008-07-02 发布　　2009-02-01 实施

中华人民共和国国家质量监督检验检疫总局
中国国家标准化管理委员会　发布

前　言

本标准是声压法测定噪声源声功率级的系列标准之一。

本标准等同采用 ISO 3745:2003《声学　声压法测定噪声源声功率级　消声室和半消声室精密法》,对 GB/T 6882—1986 进行修订。

本标准与 GB/T 6882—1986 比较,增加了以下内容:

——对鉴定声源指向性进行了严格限制;

——声能量级的测定;

——对特定噪声使用的消声室和半消声室的鉴定方法;

——半消声室精密法增加了测点;

——半自由场中传声器的子午线路径;

——半自由场中传声器的螺旋线路径;

——由 1/3 倍频带声功率级计算 A 计权声功率级;

——对测量不确定度的分析。

本标准的附录 A～附录 I 为规范性附录;附录 J、附录 K 为资料性附录。

本标准由中国科学院提出。

本标准由全国声学标准化技术委员会(SAC/TC 17)归口。

本标准主要起草单位:中国科学院声学研究所、南京大学。

本标准主要起草人:章汝威、孙广荣、吕亚东。

本标准所代替历次版本发布情况为:

——GB/T 6882—1986。

引　言

本标准是 GB/T 14367 有关声压法测定噪声源声功率级的系列标准之一，该系列标准规定了测定机器、设备及其附件的声功率级的各种方法。使用本系列标准时，需要根据测试目的和条件，选择 GB/T 14367系列中最合适的一种方法。GB/T 19052—2003 和 GB/T 14367 对如何选择合适的标准提供了指导。GB/T 14367 系列仅仅给出关于被测声源运行和安装的一般原则，对于特定类型的机器或设备，其运行和安装条件有特殊要求的，如果有相应的噪声测试规范，可参考其规范进行测试。

本标准规定了应用具有特定声学性能的消声室或半消声室来测定声源辐射声功率的实验室方法。本标准规定的方法仅仅适用于特定实验室中的室内测量。

本标准规定的实验室方法不仅用于测定声功率级，还可以测定声源的声能量级，对单个猝发声或瞬时声，声功率级不能定义，需要应用声能量来说明这样时间历程的发射声。未来修订 GB/T 14367 系列中的其他标准时，将考虑声能量级的应用。

本标准在测定声功率级或声能量级时，要考虑气象条件。对 1 级测量，尤应如此。

声学　声压法测定噪声源声功率级　消声室和半消声室精密法

1　范围

本标准规定了在消声室和半消声室中测量包围噪声源的测量表面上的声压级,从而确定噪声源的声功率级或声能量级的测量方法。它给出了对测试环境和仪器的要求,同时给出了由测得的表面声压级计算其声功率级或声能量级的方法,保证所得到的结果具有1级准确度。

本标准规定的方法适用于所有类型噪声源的测量。

噪声源可以是设备、机器、组件或附件。可测量声源的最大尺寸取决于测量包络面假想球(或半球)的半径。

2　规范性引用文件

下列文件中的条款通过本标准的引用而成为本标准的条款。凡是注日期的引用文件,其随后所有的修改单(不包括勘误的内容)或修订版均不适用于本标准,然而,鼓励根据本标准达成协议的各方研究是否可使用这些文件的最新版本。凡是不注日期的引用文件,其最新版本适用于本标准。

GB/T 3241—1998　倍频程和分数倍频程滤波器(eqv IEC 61260:1995)

GB/T 3947—1996　声学名词术语

GB/T 14573.1—1993　声学　确定和检验机器设备规定的噪声辐射值的统计学方法　第一部分:概述与定义(neq ISO 7574-1:1985)

GB/T 14573.4—1993　声学确定和检验机器设备规定的噪声辐射值的统计方法　第四部分:成批机器标牌值的确定和检验方法(neq ISO 7574-4:1985)

GB/T 17247.1—2000　声学　户外声传播的衰减　第1部分:大气声吸收的计算(eqv ISO 9613-1:1993)

JJF 1059—1999　测量不确定度评定与表示

IEC 60942:2003　电声　声校准器

IEC 61672-1:2002　电声　声级计　第1部分:技术要求

3　术语和定义

下列术语和定义适用于本标准。

3.1

瞬时声压　instantaneous sound pressure

$p(t)$

在某空间点和指定频带,由于有声波存在时,而引起的某特定时刻叠加在大气静压上的脉动压力值。

注:单位为帕[斯卡](Pa)。

3.2

声压　sound pressure

p

在一段时间内瞬时声压的方均根值。

注:单位为帕[斯卡](Pa)。

3.3

声压级　sound pressure level

L_p

瞬时声压平方与基准声压($p_0=2\times10^{-5}$ Pa)平方之比的以 10 为底的对数的 10 倍。

$$L_p = 10\lg\frac{p^2}{p_0^2} \quad \cdots\cdots(1)$$

注 1：声压级单位为分贝(dB)。

注 2：要指明所用的频率计权或频带宽度和时间计权。例如：具有 S(慢)时间计权的 A 计权声压级是 L_{pAS}。

3.3.1

时间平均声压级　time-averaged sound pressure level

L_{peqT}

在测量时间间隔内，稳态声或脉动声的平均声压级。即在指定时间间隔 T 内，瞬时声压的时间均方与基准声压的平方之比的以 10 为底的对数的 10 倍，单位为 dB。

$$L_{peqT} = 10\lg\left[\frac{1}{T}\int_0^T \frac{p^2(t)}{p_0^2}\mathrm{d}t\right] \quad \cdots\cdots(2)$$

注：通常省略下标“eq”和“T”，因时间平均声压级需要在一确定的测量时间间隔内来测定。

3.3.2

测量时间间隔　measurement time interval

用以确定时间平均声压级的时间间隔。

3.4

测量表面　measurement surface

面积为 S，包围声源并在它上面布置测点的假想表面。

注：在半消声室中，测量表面的终端位于反射平面上。

3.5

表面声压级　surface sound pressure level

$\overline{L}_{pf}$

在测量表面上所有传声器位置处，经背景噪声修正 K_1(3.18)后的时间平均声压级的能量平均。

$$\overline{L}_{pf} = 10\lg\left(\frac{1}{N}\sum_{i=1}^{N}10^{0.1L_{pi}}\right) \quad \cdots\cdots(3)$$

式中：

$\overline{L}_{pf}$——表面声压级，单位为分贝(dB)；

L_{pi}——传声器第 i 个位置，经背景噪声修正后的声压级；

N——传声器的位置数。

注：单位为分贝(dB)。

3.6

声功率　sound power

W

单位时间内声源辐射的空气声能量。

注：单位为瓦(W)。

3.7

声功率级　sound power level

L_W

声源辐射声功率与基准声功率 W_0($W_0=10^{-12}$ W) 之比的以 10 为底的对数的 10 倍。

$$L_W = 10\lg \frac{W}{W_0} \qquad \cdots\cdots (4)$$

注1：单位为分贝(dB)。

注2：应指明频率计权或频带宽度。例如，A计权声功率级为L_{WA}。

3.8

单一事件声压级　single-event sound pressure level

L_{pE}

单一猝发声或瞬时声的声压级，由式(5)给出：

$$L_{pE} = 10\lg\left[\int_{t_1}^{t_2} \frac{p^2(t)}{p_0^2 T_0} \mathrm{d}t\right] \qquad \cdots\cdots (5)$$

式中：

$p(t)$——瞬时声压，单位为帕(Pa)；

p_0——基准声压，$p_0 = 20\ \mu$ Pa；

$t_2 - t_1$——足够长的时间间隔，以便能包含所述事件中所有有意义的声；

$T_0 = 1$ s。

注1：单位为分贝(dB)。

注2：在其他标准中，此量被称为“声暴露级”。

3.9

声能量　sound energy

E

声源辐射的单一猝发声或瞬时声的声能量。

$$E = \int_0^T W(t)\mathrm{d}t \qquad \cdots\cdots (6)$$

注：单位为焦耳(J)。

3.10

声能量级　sound energy level

L_J

被测声源辐射的声能量E(焦耳)和基准声能量E_0[$E_0 = 1$ pJ(10^{-12}J)]之比的以10为底的对数的10倍。

$$L_J = 10\lg \frac{E}{E_0} \qquad \cdots\cdots (7)$$

注1：单位为分贝(dB)。

注2：应指明所用的频率计权或频带宽度。

3.11

自由场　free field

均匀各向同性媒质中边界影响可以忽略不计的声场。

注：实际应用中，自由声场是指在所需考虑的频率范围内边界反射可以忽略不计的声场。

3.12

消声室　anechoic room

可获得自由场的房间。

3.13

一个反射平面上的自由场　free field over a reflecting plane

半自由场　hemi-free field

无限大刚性平面上方的半空间均匀各向同性媒质中其他边界影响可忽略不计的声场。

3.14

半消声室 hemi-anechoic room

在反射面上方可获得自由声场的房间。

3.15

测试频率范围 frequency range of interest

中心频率从 100 Hz 到 10 000 Hz 的 1/3 倍频程所覆盖的频率范围。

注：对于特殊目的，频率范围可以在两端扩展或减缩，此时提供的测试室和仪器准确度应满足所扩展或减缩的频率范围。

3.16

测量半径 measurement radius

球形或半球形测量表面的半径。

3.17

背景噪声 background noise

来自被测声源外，所有其他源的噪声。

注：背景噪声可以包含来自空气声、结构声和仪器的电噪声。

3.18

背景噪声修正 background noise correction

K_{1i}

在每个传声器位置，背景噪声影响测量结果的修正项。

注：K_{1i} 与频率有关，用 dB 表示。

3.19

指向性因数 directivity factor

R_{θ}

[GB/T 3947—1996 中 5.41]

a) 发射换能器在它主轴上远处一定点所辐射的某频率的声压的平方，与声功率相同、频率相同的点源代替换能器后在同一点上所产生的声压的平方的比值。

b) 接收换能器由于沿着换能器主轴传来的某频率的声波所产生的电动势平方，与频率相同、方均根声压相同的扩散场所产生的电动势平方的比值。

注：定义中的远处是指该处已满足球面发散条件。

3.20

指向性指数 directivity index

D_{I}

[GB/T 3947—1996 中 5.42]

指向性因数的以 10 为底的对数的 10 倍。

注：单位为分贝(dB)。

4 测量不确定度

如果一给定噪声源在若干个不同的实验室都按本标准测定该声源的声功率级，所得结果会呈现离散性，可以计算所测声功率级的标准偏差(见 GB/T 14573.4—1993 中 B.2.1 的示例)，它随频率变化。这些标准偏差通常不会超过表 1 中的值，个别情况除外。表 1 给出的值是按 GB/T 14573.1 所定义的再现性标准偏差 σ_R，它考虑了应用本标准方法时测量不确定度的累积效应，但不包括因运行条件(例如旋转速度、供电电压)或安装条件改变引起功率输出的变化的情况。

除非承担测量的实验室或在特定系列噪声源的噪声测试规范特别指定,一般按JJF 1059—1999中定义,在置信度为95%(包含因子$k=2$)时,确定声功率级或声能量级的扩展测量不确定度,将取再现性标准偏差的2倍。

表1 按本标准确定声功率级和声能量级的再现性标准偏差估算值上限

1/3倍频程中心频率/Hz	再现性标准偏差上限值 σ_R/dB	
	消声室	半消声室
50~80[a]	2.0	2.0
100~630	1.0	1.5
800~5 000	0.5	1.0
6 300~10 000	1.0	1.5
12 500~20 000[b]	2.0	2.0
A计权	0.5	0.5

注1:表1中的标准偏差是和测试条件及本标准定义的方法有关,而与噪声源本身无关。标准偏差的一部分是由测量实验室之间的变化而引起,如测试室的几何形状(尺寸)、反射平面的声学性质、测试室边界的吸收、背景噪声以及仪器的类型和校准;另一方面是由于实验技术的不同,包括测量面积的尺寸,传声器测点的位置和点数,声源位置和积分时间,在声源近场作测量时的不确定性也影响标准偏差,这种不确定性依赖于声源的性质,并当测量距离较小和频率较低(低于250Hz)时,不确定度增加。

注2:对于某些声源,再现性标准偏差可以小于表1所列到的值。因此,当能证明合适的实验室之间的测试结果有效时,对给定类型的机器或设备参照本标准制定的噪声测试规范可以阐明标准偏差小于表1所列的值。

[a] 假如声场按第5章方法鉴定是合格的。

[b] 假如仪器允许并已做大气声吸收修正。

表1所列的再现性标准偏差包含了相同声源在相同条件(重复性标准偏差见GB/T 14573.1—1993)下重复测量间的变化,此不确定度通常远小于实验室之间差异性的不确定度。然而,对于特定声源如果要维持稳定的运行和安装条件存在困难,则其重复性标准偏差就会不小于表1给出的值。此时,关于声源难以得到可重复的声功率级数据这一事实要在测试报告中记录并阐明。

注:表1给出的再现性标准偏差是从不同实验室比对测试得到的,该方法提供的有关测量不确定度信息并不符合JJF 1059—1999的要求。制定本标准时,还没有充分的资料可以声明符合JJF 1059—1999要求。但是,附录J给出了需要包括这类信息在内的说明。

5 测试室要求

5.1 概述

按本标准测量所用的测试室是下列两者之一:

a) 提供自由场或反射平面上方自由场的房间,它在测量频率范围满足附录A。

b) 为了测定噪声源的声功率级,提供自由场或反射平面上方自由场的房间,在测量频率范围满足附录B。

本标准的要求应至少在测试频率范围能够满足。如果这些要求仅仅在更加有限的频率范围内满足,应在报告中清楚阐明,并声明仅仅在这些有限频率范围内与"GB/T 6882一致"。

5.2 测试室适用性要求

附录A和附录B介绍了测试室与理想自由场条件或理想半自由场条件的偏差范围的测定方法,并给出了评估测试室适用性判定的要求。关于测试室的鉴定方法见附录A或附录B。

注:如需要在与平方反比定律偏差值的要求超过附录A和B的值的空间内进行测量,见GB/T 3767、GB/T 3768、GB/T 16404、GB/T 16404.2或GB/T 16404.3。

5.3 背景噪声要求

在测量表面上所有传声器位置和测试频率范围内的每个频带，背景噪声级应比被测声源工作时的声压级至少低 10 dB。如果假定从这些频带相加得到的 A 计权背景噪声级比从所有频带相加得到的 A 计权声压级低 10 dB 或 10 dB 以上，则 A 计权声功率测定时，不要求所有频率都满足上述要求。

5.4 温度要求

测量时的空气温度范围是 15 ℃～30 ℃。

注：温度范围的限定是为了保证对于具有不同噪声产生机理的噪声源应用式(15)时，其偏差小于 0.2 dB。

5.5 湿度修正

在空气温度范围 15 ℃～30 ℃，湿度的最大修正量近似为 0.04 dB，可以忽略不计。

6 仪器

6.1 概述

包括传声器和电缆的声学仪器系统应满足 IEC 61672-1:2002 规定的 1 级仪器的要求，所用的滤波器应满足 GB/T 3241—1998 规定 1 级仪器的要求。

传声器应按被校准时的方向取向。

根据测试条件，可按生产厂家说明书或特定测试规范的要求选择更合适的取向，在没有说明书或测试规范的情况下，传声器应在测量表面上最靠近传声器的点上垂直指向测量表面。

测定大气压的仪器的不确定度等于或小于 2%。测定温度的仪器的不确定度等于或小于 1 ℃。测定相对湿度的仪器的不确定度等于或优于 10%。

6.2 校准

每次系列测量之前，应采用具有 IEC 60942:2003 规定的 1 级准确度的声校准器来校准传声器，在测量频率范围内一个或多个频率上进行整个测量系统的校验。

校准器要进行校准，仪器系统要进行符合 IEC 61672-1:2002 要求的周期性校验，具体校验方法可溯源相应标准。

7 被测声源的安装和运行

7.1 概述

被测声源的安装和运行方式对声源辐射的声功率有重要影响。本章规定的被测声源的安装和运行条件是使声功率输出变化最小的条件。如果被测声源的安装和运行条件在其噪声测试规范中有说明时应遵照执行。

7.2 声源位置

在测试室内放置声源时，要有足够的空间，能按 8.2 的要求使测量表面能够包络被测声源。

安装条件和传声器阵列布置的细节应以本标准和该类声源的特定噪声测试规范一般要求为基础。

7.3 声源安装

7.3.1 概述

许多情况下声功率发射与被测声源的支撑或安装条件有关。只要被测设备存在典型的安装条件，应使用或模拟这种条件。

如果某特定测试规范规定了被测声源的支撑或安装条件，则要采用这些条件。如果测试规范规定的特定条件不存在，但存在支撑或安装的主要或典型条件，则采用这些主要或典型条件。所有这些情况，应小心避免测试用安装系统引起的声源声输出的变化。应采取措施减少来自被测声源安装结构的任何声辐射。

注：许多小型声源，虽然它们本身并不是很强的低频声辐射装置，但由于不适当安装方法，使其振动能量传递到足够大表面上使其成为有效的低频辐射装置，而辐射更多的低频声。

7.3.2 手持噪声源

手持噪声源由手把持或控制。如果被测声源因运行原因需要有支撑,支撑结构应较小,并被认为是被测声源的一部分,同时在机器测试规范中应加以说明。

7.3.3 基础安装和墙壁安装噪声源

基础安装和墙壁安装的噪声源应位于反射(声学上“硬”)平面(地面和墙壁)上。桌面设备应置于地面上,除非该设备按其测试规范要求运行时需要放置在桌面或支架上,此时该设备应位于测试桌面的中心位置。

7.4 辅助设备

应确保任何连接到被测声源的送风管道、电缆管线、其他管道不向测试室辐射显著的声能。

被测声源运行所必须有,但又不是声源的一部分的所有辅助设备,如果可能,应置于测试室外。

7.5 被测声源的运行

测量期间,对特定类型的被测机器和设备,如有相关测试规范规定的运行条件,则按有关测试规范规定的条件运行。若没有测试规范,如有可能,声源应采用一种典型的正常使用的方式运行。此时,应选择下列运行条件中的一种或几种:

a) 规定负载和运行条件;

b) 满负载(若与上述条件不同);

c) 无负载(怠速);

d) 相应于正常使用中最大声发生时的运行条件;

e) 仔细规定条件下模拟负载运行;

f) 具有特定工作周期的运行条件。

声源声功率的测定可以用所要求的任意运行条件组(即负载、设备速度、温度)。这些测试条件预先选定,并在测试期间保持恒定。声源应在任何噪声测量前就在所要求的条件下运行。

如果噪声发射与次要运行参量有关,例如被处理材料的类型或使用的工具类型,要尽可能选择引起变化最小的参量并且是典型运行情况。特定机器系列的噪声测试规范应规定测试用的工具和材料。

为特殊目的,规定一种或几种运行条件是合适的,以便使同一系列声源发射的噪声具有较高的再现性,并且能包含声源系列的最普通和典型运行条件。这些运行条件应在特定测试规范中加以规定。

如采用模拟运行条件,要选择能够给出代表被测声源正常使用的声功率级的那些条件。

如果合适的话,对于几种独立运行条件(每种都持续一定的时间周期)的测试结果,则可以通过能量平均组合得到总的运行过程的合成结果。

声学测量期间声源的运行条件,应在测试报告中完整描述。

8 用于测定声功率级的声压级测量

8.1 概述

消声室提供了具有最小不确定度的优选测量环境,但是倘若遵守本标准所规定的预防措施,在半消声室中也可以得到合理的准确度。

8.2 测量表面

8.2.1 测量球面(消声室测量)

在消声室中测量时,用来测量声压级的球形表面的中心最好位于声源的声中心位置上。因为声中心的位置通常是未知的,所以假定的声中心(例如,声源的几何中心)应在测试报告清楚说明。测试球面的半径应等于或大于下列所有要求:

a) 声源最大尺寸的两倍;

b) 测量最低频率的 $\lambda/4$;

c) 1 m。

传声器的位置不应位于按附录A或附录B测量鉴定为合格的区域以外。

注：对于小型低噪声产品，在有限频率范围(见3.15)测量，测试球面的半径可以小于1 m，但不能小于0.5 m。然而，小于1 m的半径本身就对能测试的频率范围施加了限制。

8.2.2 测量半球面(半消声室测量)

在半消声室中测量时，半球形表面的中心应与按8.2.1选定的声中心在地面上的投影相重合。测试半球的半径应等于或大于下列所有要求：

a) 声源最大尺寸的两倍或声源声中心离反射平面距离的3倍，两者中取其尺寸较大者；

b) 测量最低频率的$\lambda/4$；

c) 1 m。

传声器的位置不可位于按附录A或附录B测量鉴定为合格的区域以外。

注：对于小型低噪声产品，在有限频率范围(见3.15)测量，测试半球面的半径可以小于1 m，但不能小于0.5 m。然而，小于1 m半径本身就对能测试的频率范围施加了限制。

8.3 传声器位置

8.3.1 概述

为了获得测试球面(或半球面)的表面声压级，应使用下列四种规定的传声器排列之一，或采用满足8.3.6所要求的用户定义的传声器排列：

a) 采用固定传声器位置的阵列，这些位置分布在测试球面(或半球面)上。可以用单个传声器在相邻位置相继移动；也可以用许多固定传声器，相继采集或同时采集它们的输出信号。

b) 单个传声器沿测试球面(或半球面)上有规则间隔分布的几个圆形路径移动，也可以传声器固定，声源重复作360°的旋转。

c) 单个传声器沿测试球面(或半球面)上有规则间隔分布的几个子午弧线上移动。

d) 单个传声器围绕测试球面(或半球面)的垂直轴的螺旋形路径移动。

8.3.2 固定的传声器位置

8.3.2.1 测试球面(消声室测量)

使用附录C所示的20个传声器位置的阵列。通常，如果在任何测量频率中测得的最高和最低声压级之差(dB)，在数值上小于测点数的一半，则测点数是足够的。如果采用附录C的20个测点的阵列不能满足这个要求，则可旋转声源或旋转附录C原来阵列绕z轴转动180°得到另20点阵列(新阵列的z轴顶部和底部的测点与原阵列顶部和底部测点重合)。这两个阵列40个测点在附录C的测试球面上占有相等的面积。

如果用两阵列的40点不能满足测点数的要求时，则应详细研究球面局部区域的声压级，可观察到这一区域由于声源的高度指向性形成的“声束”。为了测定在可需频率内声压级的最高和最低值，这种研究是需要的。如按照这个方法，传声器位置通常就不必在测量球面上占有相等的面积而应作一些适当的修正(见8.7.2.3)。

8.3.2.2 测试半球面(半消声室测量)

使用附录D所示的20个传声器位置的阵列。通常，如果在任何测量频带内，在20个位置上测得的最高和最低声压级之差(dB)，在数值上小于测点数的一半，则测点数是足够的。如果采用附录D的20个测点的阵列不能满足这个要求，则可旋转声源或旋转附录D原来阵列，绕z轴转动180°得到另外20点阵，这两个阵列40个测点在附录D的测试半球面上占有相等的面积。

如果两阵列的40点还不能满足测点数的要求时，则应详细研究半球面局部区域的声压级，可观察到这一区域由于声源的高度指向性形成的“声束”。为了测定所需频带内声压级的最高值和最低值，这种研究是需要的。如按照这个方法，传声器位置通常就不必在测量半球上占有相等的面积而应作一些适当的修正(见8.7.2.3)。

8.3.3 平行平面内同轴的圆形路径(消声室或半消声室测量)

单个传声器沿圆形路径连续移动,声压级作空间和时间的平均。在半自由场情况,最少要 5 个路径,如附录 E 所示。对发射离散频率音的特殊声源,至少要 20 个路径,每个路径的高度如表 D.1 规定。在自由场情况,这些路径依次增加到 10 个和 40 个,在测量球面的上半球和下半球对称地选择高度。

圆形路径可以均匀地移动传声器或缓慢地旋转被测声源 360°来完成。如使用转台旋转声源,转台表面最好与反射面齐平。任何情况下,转台表面不能高出声源离反射面高度的 10%。

8.3.4 子午线移动(消声室或半消声室测量)

获得球面或半球面表面声压级的第三个方法是用单个传声器围绕通过声源中心的水平轴作半圆形弧线移动(见图 F.1)。垂直速度(dz/dt)保持恒定。传声器支架的角速度是正比于 $1/\cos\phi$ 增加,此处 ϕ 是与水平轴的夹角。传声器输出由电子装置对球面或半球面的表面面积作合适计权后的平方平均,另种方法是用恒定的角速度并按 $\cos\phi$ 进行电子计权。

这样的传声器移动线至少要 8 条,每条围绕声源的方位角有相等的递增量。这也可由放置声源来完成。

8.3.5 螺旋线路径(消声室或半消声室测量)

获得球面或半球面表面声压级的第四个方法是用单个传声器按 8.3.4 的一条子午弧线路径移动的同时,还缓慢地经过至少 5 个整圆周路径,这样就形成了围绕测量表面垂直轴的螺旋路径。另一种得到螺旋形路径的方法,是以恒定的旋转速度旋转声源,至少要完整地转 5 圈,而传声器沿子午弧线路径移动。螺旋形路径的例子见附录 G,角度计权如 8.3.4 中所述。

8.3.6 其他传声器排列

上述要求并不排除其他可改进准确度的传声器排列和测量表面。然而,若用另一种传声器排列和测量表面,应证明它与采用在 8.3.2 至 8.3.5 中确定的那些特定排列之一相比,在测量频率内的任何频带,1/3 倍频带声功率级之间的差异不超过±0.5 dB,采用的测量表面完全包围声源。

注:选择其他排列的意义是改进准确度,而不是简单地减少传声器位置数,或 8.3.2 至 8.3.5 中特定排列的一个折衷方案。参考文献[13]是另一种测量表面和传声器排列的示例。

8.4 测量条件

环境条件对测量传声器产生影响(例如,来自测试设备的强电场或磁场、空气排放、风的冲击等),必须适当选择和放置传声器,以避免这些条件的影响。

10 000 Hz 以上的空气衰减按 GB/T 17247.1—2000 修正。

8.5 测量数据

声压级应在声源典型运行时间内测量(见 7.5),在每个传声器位置用 A 计权和/或所需的每一频带读取声压级。所用仪器要符合第 6 章的要求。

下面的数据应至少在声源的一个或多个完整周期上进行平均:

a) 被测声源运行时的 A 计权声压级和/或频带声压级;

b) 由背景噪声产生的 A 计权声压级和/或频带声压级。

对中心频率等于或小于 160 Hz 的频带,测量时间至少为 30 s;对 A 计权声压级和中心频率等于或大于 200 Hz 的频带,测量时间至少为 10 s。

此外,要测量测试时的气象条件(声源周围的空气大气压、温度和相对湿度)。

8.6 背景噪声级的修正

按 8.3 规定的方法之一在声源不工作时测得背景噪声级。如在每个传声器位置或每个传声器移动路径上,每个频带的背景噪声级 L''_{pi} 比声源运行时测得的声压级 L'_{pi} 低 10 dB~20 dB,则对 L'_{pi} 值要作背景噪声影响修正。背景噪声影响修正是从测得的声压级减去 K_{1i} 值,K_{1i} 值(单位:dB)是在每个频带和每个传声器位置由式(8)计算得到:

$$K_{1i} = -10\lg(1 - 10^{-0.1\Delta L_i}) \qquad (8)$$

式中：$\Delta L_i = L'_{pi} - L''_{pi}$

修正后的声压级 $L_{pi} = L'_{pi} - K_{1i}$

如背景噪声级比声源运行时的声压级低 20 dB 以上，可不作修正。

对于具有低声压级的声源，在测量频率范围内的一些频带，背景噪声级与声源运行时的声压级之差可能小于 10 dB，此时，在这些频带使用最大的修正量 0.5 dB。在报告中若给出这样的数据，则在文本中要清楚地说明这是被测声源声功率级的上限。

此外，如计算 A 计权总声功率级，可用两种不同的方法计算：

a) 应用测试频率范围内每个频带的数据；

b) 除去背景噪声级比声源运行时声压级小于 10 dB 的频带。

如果用这两种方法得到的声级差小于 0.5 dB，则用所有频带数据计算得到的总声级是符合本标准的。如声级差大于 0.5 dB，则用所有频带数据计算得到的总声级代表声功率级的上限，要在报告和图表中加以清楚说明。

8.7 表面声压级的计算

8.7.1 概述

声源的声功率级 L_W 是由球面（或半球面）上平均表面声压级 $\overline{L}_{pf}$ 计算得到。表面声压级 $\overline{L}_{pf}$ 是由测试球面（或半球面）上均方声压的空间平均计算得出。为了从声压级读数得到表面声压级 $\overline{L}_{pf}$，可用 8.7.2～8.7.4给出的方法。

8.7.2 固定传声器位置

8.7.2.1 概述

当用固定传声器位置时，可用 8.7.2.2 或 8.7.2.3 给出的方法之一。

8.7.2.2 等面积

当各传声器位置在测试球面（或半球面）上占有的面积相等时，表面声压级 $\overline{L}_{pf}$ 应用式(9)得到：

$$\overline{L}_{pf} = 10\lg\left(\frac{1}{N}\sum_{i=1}^{N}10^{0.1L_{pi}}\right) \quad \cdots\cdots(9)$$

式中：

$\overline{L}_{pf}$——表面声压级，单位为分贝(dB)(基准值为 20 μPa)；

L_{pi}——在第 i 个传声器位置测得的并经背景噪声修正的声压级，单位为分贝(dB)(基准值为 20 μPa)；

N——传声器位置数。

8.7.2.3 不相等的面积

当各传声器位置在测量表面上占有的面积不相等时，表面声压级 $\overline{L}_{pf}$ 应用式(10)得到，

$$\overline{L}_{pf} = 10\lg\left(\frac{1}{S}\sum_{i=1}^{N}S_i \times 10^{0.1L_{pi}}\right) \quad \cdots\cdots(10)$$

式中：

$\overline{L}_{pf}$——表面声压级，单位为分贝(dB)(基准值为 20μPa)；

L_{pi}——在第 i 个传声器位置测得的并经背景噪声修正后的声压级，单位为分贝(dB)(基准为 20 μPa)；

S_i——第 i 个传声器位置在球面（或半球面）上占有的面积；

S——测量球面（或半球面）的总表面积；

N——传声器位置数。

8.7.3 传声器沿圆形路径移动

当传声器沿圆形路径（见 8.3.3）移动时，表面声压级 $\overline{L}_{pf}$ 由式(9)得到。这里 L_{pi} 是第 i 个移动的平均声压级。

8.7.4 传声器沿子午弧线或螺旋形路径移动

如使用 8.3.4 和 8.3.5 规定的方法，表面声压级 $\overline{L}_{pf}$ 由传声器输出的平方平均得到，同时要对球面的表面面积给出适当的计权。

9 用于测定声能量级的单一事件声压级测量

单个冲击声或瞬时声能量的单一事件声压级测量，方法与第 8 章中规定的声压级的测量方法相同，但要做如下修改。

传声器排列只能使用固定传声器位置，一次测量声源的一个工作周期，工作周期要在记录或报告中仔细地描述。每个传声器位置单一事件声压级 L_{pE} 至少测量 5 次(5 个工作周期)，测量时间间隔要足够长，能把所述单一事件的全部有意义声都包含进来，但又不能太长，以免把事件前后(如环境噪声)非事件的部分也包含在内。

测量时间间隔在测试报告中要详细叙述。除非可以证明所测噪声的工作周期在每个测点是稳定的、可重复的以外，首要推荐在测量表面的所有传声器同时采样。测量结果 $\overline{L}_{pE}$(单位:dB)由式(11)给出：

$$\overline{L}_{pE} = 10\lg\left[\frac{1}{N}\sum_{n=1}^{N}10^{0.1\overline{L}_{pEn}}\right] \quad \cdots\cdots(11)$$

式中：

$\overline{L}_{pEn}$——一个工作周期的单事件表面声压级，单位为分贝(dB)；

N——所用工作周期次数。

为了方便，通常允许仪器在每个传声器位置作 N 个工作周期取平均，测量结果 $\overline{L}_{pE}$(单位:dB)由式(12)给出：

$$\overline{L}_{pE} = L_{pEN} - 10\lg(N) \quad \cdots\cdots(12)$$

式中：

L_{pEN}——在 N 工作周期上测量的单一事件声压级。

背景噪声修正值，采用 8.6 的方法，对被测声源用同样的积分时间在每个传声器位置上测量得到背景噪声的 L_{pE}。

10 声功率级和声能量级的计算

10.1 声功率级

10.1.1 在消声室中的声功率级

在自由场中，在参考气象条件：23 ℃和 $1.013\ 25\times10^5$ Pa，声源的声功率级 L_W(单位:dB)由式(13)计算：

$$L_W = \overline{L}_{pf} + 10\lg\left(\frac{S_1}{S_0}\right) + C_1 + C_2 \quad \cdots\cdots(13)$$

式中：

$$C_1 = -10\lg\left(\frac{B}{B_0}\sqrt{\frac{313.15}{273.15+\theta}}\right) \quad \cdots\cdots(14)$$

$$C_2 = -15\lg\left(\frac{B}{B_0}\sqrt{\frac{296.15}{273.15+\theta}}\right) \quad \cdots\cdots(15)$$

式中：

$\overline{L}_{pf}$——测试球面上表面声压级，单位为分贝(dB)(基准值为 20 μPa)；

S_1——$4\pi r^2$，半径为 r 的测试球面的面积，单位为平方米(m^2)；

S_0——1 m^2；

B——测量时的大气压，单位为帕(Pa)；

B_0——参考大气压，1.013 25×10^5 Pa；

θ——测量时大气温度，单位为摄氏度(℃)。

式(15)在温度范围为 15 ℃≤θ≤30 ℃时使用。

10.1.2 在半消声室中的声功率级

在反射平面上方的自由场中，声源的声功率级 L_W(单位：dB)由式(16)计算

$$L_W = \overline{L}_{pf} + 10\lg\left(\frac{S_2}{S_0}\right) + C_1 + C_2 \quad \cdots\cdots(16)$$

式中：

S_2——$2\pi r^2$，半径为 r 的测试半球面的面积，单位为平方米(m^2)；

S_0——1 m^2。

其他符号与式(13)、式(14)和式(15)的表述相同。

10.1.3 计权声功率级和频带声功率级

使用仪器系统中的计权网络(例如 A 计权)或 1/3 倍频程滤波器，应用式(9)和式(10)可得到表面声压级 $\overline{L}_{pf}$的值。如要得到计权声功率级，用式(13)或式(16)只需计算一次。如要得到频带声功率级，则需对测试频率范围内每个频带作重复计算。计权声功率级也可以从频带功率级获得，计算方法见附录 H。

10.1.4 不同气象条件下的声功率级

同一声源在不同气象条件 B'和 θ'时发射的声功率级 L'_W，从 L_W 计算得到：

$$L'_W = L_W + 15\lg\left[\frac{B'}{B_0}\left(\frac{296.15}{273.15+\theta'}\right)\right] \quad \cdots\cdots(17)$$

10.2 声能量级

10.2.1 在消声室中声能量级

在自由场中，声源的声能量级 L_J 由式(18)计算：

$$L_J = \overline{L}_{pEf} + 10\lg\left(\frac{S_1}{S_0}\right) + C_1 + C_2 \quad \cdots\cdots(18)$$

式中：

$\overline{L}_{pEf}$——单一事件表面声压级在测量球面上的平均值；

其他符号与式(13)、式(14)和式(15)中的相同。

10.2.2 在半消声室中声能量级

在反射平面上自由场中，声源的声能量级 L_J(单位：dB)由式(19)计算：

$$L_J = \overline{L}_{pEf} + 10\lg\left(\frac{S_2}{S_0}\right) + C_1 + C_2 \quad \cdots\cdots(19)$$

式中：

$\overline{L}_{pEf}$——单一事件表面声压级在测量半球面上的平均值；

其他符号与式(13)～式(16)中的相同。

11 记录内容

11.1 概述

按本标准要求做的所有测量，应收集和记录下列可用的资料。

对在测试中不变的那些项目(如测试室的尺寸，仪器系统的序号和频响等)可以保存归档，不需要在每次测量时重新记录。

11.2 被测声源

记录下列内容：

a) 被测声源的描述(包括尺寸)；

b) 运行条件；

c) 安装条件；

d) 声源在测试室中的位置和它的假设的声中心；

e) 如测试对象具有多个噪声源，则要说明测量时这些声源的运行状况。

11.3 声学环境

记录下列内容：

a) 测试室尺寸和有关墙面、天花板及地面物理处理的描述；用简图表明声源位置和房间内容；

b) 按附录 A 或附录 B 对测试室的声学鉴定：

——如用附录 A，则要报告在鉴定时用纯音还是宽带噪声；

——如用附录 B，则用于鉴定的声源与被测声源为同一声源；

——如测试室在缩减的频率范围内鉴定，则要报告缩减的频率范围。

c) 空气温度(℃)、相对湿度(%)和大气压(Pa)。

11.4 仪器

记录下列内容：

a) 用于测量的设备，包括名称、型号、序号和制造厂；

b) 仪器系统的频率响应；

c) 用于校准传声器的方法，校准的日期和地点。

11.5 声学数据

记录下列内容：

a) 传声器路径或阵列的位置和取向(如需要，应提供简图)；要指明传声器相对于房间反射平面、墙面和声源的假设声中心的位置；

b) 为计算 A 计权声功率级(其他计权可选用)的表面声压级 $\overline{L}_{pf}$ 和所需要的每一频带的表面声压级。以 dB(基准值为 20 μPa)表示；

c) 用所有频带计算的声功率级和 A 计权声功率级，以 dB 表示，基准值为 1 pW($=10^{-12}$ W)

d) 用所有频带计算的声能量级和 A 计权声能量级，以 dB 表示，基准值为 1 pJ($=10^{-12}$ J)；

e) 测量日期和地点；

f) 简述噪声的主观印象(可听的离散纯音、频谱含量、瞬态特性等等)；

g) 如需要，指向性指数和指向性因数(见附录 I)。

12 报告内容

报告应注明所得到的声功率级(以 dB 表示，基准值：1 pW)或声能量级(以 dB 表示，基准值：1 pJ)是否完全符合本标准。

附 录 A
（规范性附录）
鉴定消声室和半消声室的一般方法

A.1 总则

消声室和半消声室性能是通过将测试声源发射的声压的空间衰减，与理想的自由声场或半自由声场中声压随离声源距离的平方反比定律的衰减相比较进行评价的。

注：当测试室用于确定声功率以外的目的，某些应用可能要求比这里规定的更为严格的鉴定方法（例如用纯音声源沿每个行径连续测量）。

A.2 仪器和测量设备

A.2.1 概述

包括传声器和电缆的仪器系统符合 IEC 61672-1:2002 规定的 1 级仪器的要求。所用滤波器符合 GB/T 3241—1998 规定的 1 级仪器的要求。

A.2.2 测试声源类型

A.2.2.1 概述

用于鉴定的声源在所用频率范围内近似为点声源。声源应符合 A.2.2.2 的要求且满足以下条件：

a) 具有可确定的声中心的小声源（能够提供符合 A.3.3 规定的传声器路径始点的良好基准）；

b) 相对的无指向性（大体上对室内各表面的能量入射具有相同特性）；

c) 在所用频率范围内有足够的声输出，使对每个传声器行径上所有点的声压信号都比背景噪声信号大 10 dB 以上；

d) 有高的稳定性，使在传声器行进的测量过程中声源辐射的声功率没有变化。

测试声源的设计或选择是实验室或进行鉴定的声学专家的职责。可使用一个或多个声源来覆盖整个测试频率范围，但上面给出的以及 A.2.2.2 中的要求对每个声源在它所应用的频率范围均应满足。

测试声源的声功率级（包括与之相联的信号发生器和放大器），在传声器行进的每次测量过程中对所用频率范围内的每 1/3 倍频带，其变化不超过±0.5 dB（见注）。这可以用测量声源的频带声功率级来证明，按照本标准方法，在相应于典型的传声器路径的时间周期上重复地进行测量，并注意其偏差。

注：这可以用一个“参考传声器”置于室内任一固定位置以证实在测试周期中声源输出满足上述要求。

A.2.2.2 测试声源指向性

当按照下述方法来确定测试声源的指向性时，其均匀性应在表 A.1 给出的允许偏差之内，然而要注意，传声器行进路线不应通过扬声器指向性的极小点。

在房间中央以常规的鉴定位置来安装声源，并以用作鉴定时的声源输出级来工作。选择球坐标系统，声源在 $r=0$ 的中心，$\phi=90°$ 平面是半消声室的刚性地面，或者是消声室中平行于地面或顶面的平面。$\theta=0°$（或 90°、180°、270°）平面应平行于墙面（如房间为矩形）。选择 $r=1.5$ m，$\theta=0°$。以及 $\phi=80°$、60°、40°和 20°位置测量 1/3 倍频带声压级。对消声室在 $\phi=100°$、120°、140°和 160°位置作附加测量。对每个 ϕ 角度，在 $\theta=0°$、45°、90°、135°、180°、225°、270°和 315°位置测量，在半消声室中总共测量 32 个位置，在消声室中测量 64 个位置[1)]。对每个 1/3 倍频带，计算这些测量的平均值以及对平均值的最大最小偏差。如果偏差在允许极限之内，则测试声源适用于作鉴定（对于 $\phi=0$ 直接在源上面这个位置的数据可以作为八个角度每一个角度位置的数据，并用于声源稳定性的校核，但它不要求用于确定声源的指向性）。

---

1) ISO 原文为“56 个位置”，有误。

表 A.1 测试声源指向性的允许偏差

测试室类型	1/3 倍频带/Hz	指向性的允许偏差/dB
消声室	≤630	±1.5
	800～5 000	±2
	6 300～10 000	±2.5
	>10 000	±5.0
半消声室	≤630	±2.0
	800～5 000	±2.5
	6 300～10 000	±3.0
	>10 000	±5.0

对于指向性测量，声源可以在除了被鉴定的房间之外的不同消声室或半消声室中被安装和评价(例如在所用频率范围内已知有好的消声性能的房间)。

注 1. 适于用来鉴定消声室和半消声室的声源在参考资料中描述。

注 2. 对于半消声室的鉴定，在地面中心留一小空穴是有用的，空穴的目的是为安装声源，使它的辐射表面在地板平面上。

频率低于 800 Hz 时，符合 GB/T 19889.3 要求的声源是适用的。可能的替代物是闭箱中的电动扬声器，其尺寸宜小于波长的十分之一。

频率高于 10 kHz，适用的声源可以是声学屏蔽的压缩驱动器(高频头)与末端逐渐变细的柱形管相连。管子长度约为 150 mm[2)]，出口端直径 6 mm。如在更高[3)]的频率使用，可采用更短的管子。

建议使用在距离声源 0.5 m 半径处能够满足 A.2.2.2 要求的声源。声源在远场趋于更加无指向性，声源指向性在近场和远场的差异将使测试室的鉴定更为困难。

A.3 测试声源和传声器的安装

A.3.1 消声室

测试声源的位置应使其假定声中心尽可能接近测试球面的几何中心，并尽可能是房间的中心。

A.3.2 半消声室

A.3.2.1 概述

测试声源的位置应使其假定其声中心尽可能接近测试半球面的几何中心，并尽可能是房间地面的中心。

测试声源应在反射地面的平面上，所以测试声源的声中心尽可能接近反射地面是合适的，但在任何情况下，离地不宜大于 150 mm。如有可能，测试声源的声中心离反射地面距离应在 0.1 波长之内。因此，推荐在反射地面的空穴中安装测试声源(见 A.2.2.2 注 2)。

A.3.2.2 反射平面的尺寸

反射平面应扩展到比测量表面在反射平面上的投影至少大 0.75 m。

A.3.2.3 吸声系数

反射平面的吸声系数在所用频率范围内应小于 0.06。

注：用混凝土结构或面密度为 20 kg/m² 或更大的轻结构能满足要求。

A.3.3 传声器路径

传声器的移动应在不同方向离开测量球面或半球面的几何中心至少有 5 个直线路径。主要的传声

2) ISO 原文为"1.5 m"，有误。

3) ISO 原文为"低"，有误。

器路径是从测量球面或半球面的几何中心到房间的角上(此角指两个墙面与天花板,或两个墙面与地板的交界处),所要求的五个路径中有四个是到角的主要路径。在消声室中,4 个被选择的路径应位于房间的工作区域内,即室内用于常规测量的那部分。当消声室内没有明确工作区域时,所选的角应处于通过房间中心的假想平面内。在半消声室中,应避免很靠近反射地面以及与反射地面平行的路径。

测试声源将以选定的方位放置,并对所有传声器路径都保持这一方位。

在测试声源的声中心不能被清楚地确认的情况下,要恰当地选择代表此中心的点,并且在整个鉴定过程中始终用这一个点。这一个点仅仅用于测量;声中心实际位置的计算见 A.4.3.1。

A.4 测试方法

A.4.1 声的产生

除非有作纯音鉴定的要求,A.2.2 描述的测试声源将由无规噪声激励。应对被鉴定房间在整个频率范围进行 1/3 倍频带分析。在低于 125 Hz 和高于 4 000 Hz 的频率,用连续的 1/3 倍频带的中心频率测试,在 125 Hz 和 4 000 Hz 之间,用连续的倍频带中心频率测试(即:在 125 Hz 和 4 000 Hz 之间,不需要对所有 1/3 倍频带进行测试。)

替代无规噪声的是采用纯音作鉴定。此外,在特定情况下,房间被鉴定是为了测量以辐射纯音为主的声源,这时用纯音来作房间鉴定是唯一可采用的方法。在 A.2.2 中描述的声源在被鉴定房间的整个频率范围对一系列离散频率进行运作,纯音的频率相应于上面规定的 1/3 倍频带的中心频率。

注:用频率分离超过一个频带的多个纯音的混合,可以比对每个单个纯音作一系列的路径要快得多。

如果用无规噪声,测量时间要足够长,使足以得到稳定的声级。

A.4.2 声压级测量

对每个测试信号,传声器应沿 A.3.3 描述的路径移动。声压级的测量将从离测试声源声中心 0.5 m 开始,到用户所希望鉴定的测量表面或更远些结束。声压级沿每个传声器路径以等距离点测量。按本标准,对于被鉴定的测量表面,应沿五个传声器路径的每一条上至少有 10 个测量点被包括在内(总共至少有 50 个点)。此外,测量点之间的距离应不超过 0.1 m。

代替的方法是传声器缓慢地、连续地沿路径移动并记录声压级。

应小心地避免从传声器移动系统来的声反射。

注:由于无规噪声测量需要长的平均时间,所以连续移动仅推荐用于纯音信号。

A.4.3 从平方反比定律确定偏差

A.4.3.1 基于平方反比定律估计声压级的方程

从 A.4.2 规定的位置测得的声压级,在每个测量方向上基于平方反比定律对声压级的估计,将由式(A.1)确定:

$$L_p(r) = 20\lg\left(\frac{a}{r-r_0}\right) \quad \cdots\cdots(\mathrm{A}.1)$$

式中:

$$a = \frac{\left(\sum_{i=1}^{N} r_i\right)^2 - N\sum_{i=1}^{N} r_i^2}{\sum_{i=1}^{N} r_i \sum_{i=1}^{N} q_i = N\sum_{i=1}^{N} r_i q_i}$$

r_0 是沿传声器移动轴线的声中心的补偿。这是声源声中心与测量球面或半球面中心之间的距离差测量值。r_0 由下式给出:

$$r_0 = \frac{\sum_{i=1}^{N} r_i \sum_{i=1}^{N} r_i q_i - \sum_{i=1}^{N} r_i^2 \sum_{i=1}^{N} q_i}{\sum_{i=1}^{N} r_i \sum_{i=1}^{N} q_i - N\sum_{i=1}^{N} r_i q_i}$$

式中：

$q_i = 10^{-0.05L_{pi}}$

L_{pi}——第 i 个测量点的声压级，单位为分贝(dB)；

r_i——从测量球面或半球面中心到测量点的距离；

N——沿每个传声器路径的测量点的数目。

如果可以像式(A.1)那样计算 $L_p(r)$，则可以用其他方法在平方反比定律基础上来估计声压级。

如果用连续行进的方法，则得到声级对距离的模拟记录。应用本附录中的方程，可以从记录得到大数量等距离间隔点上的声压级。点之间间隔的选择应基于 A.4.2 的规定。

A.4.3.2 与平方反比定律的偏差

基于平方反比定律估计的声压级，在所有测量位置上声压级与平方反比定律的偏差由式(A.2)确定：

$$\Delta L_{pi} = L_{pi} - L_p(r_i) \quad \cdots\cdots\cdots\cdots(\text{A.2})$$

式中：

ΔL_{pi}——与平方反比定律的偏差，单位为分贝(dB)；

L_{pi}——第 i 个测量位置的声压级，单位为分贝(dB)；

$L_p(r_i)$——由平方反比定律估计的距离 r_i 处的声压级，单位为分贝(dB)。

A.5 鉴定方法

按 A.4.3.2 得到的用平方反比定律估计出测得声压级的偏差应不超过表 A.2 给出的值。

表 A.2 与平方反比定律理论值相比测得声压级的最大允许偏差

房间类型	1/3 倍频带/Hz	允许偏差/dB
消声室	≤630	±1.5
	800～5 000	±1.0
	≥6 300	±1.5
半消声室	≤630	±2.5
	800～5 000	±2.0
	≥6 300	±3.0
注：用作纯音鉴定的房间比用 1/3 倍频带噪声作鉴定的房间在建造和鉴定方面更为昂贵。		

表 A.2 中的偏差确定了被测噪声源周围的最大空间，在这空间内可以选择测量表面。如果这样确定的测量表面在被测噪声源的近场之外，则此测量表面适于按本标准来确定声功率级和声级能。

表 A.2 中的偏差也确定了可按本标准进行测量的频率范围。如果频率范围不是至少达到 100 Hz 至 10 kHz(见 3.15)，则在此测试室中的测量不能完全与本标准相适应。如果测试室在减少的频率范围上作鉴定满足以下几点，则仍可给出与本标准“相符合”的测量报告，倘若：

a) 在这减少的频率范围内的 1/3 倍频带是连续的；

b) 测试报告清楚地说明这减少的频率范围；

c) 不能用“完全与 GB/T 6882 相符合”这样的字句或暗示有这样的含义。

附 录 B
（规范性附录）
确定噪声源声功率级的消声室和半消声室的另一种鉴定方法

B.1 概述

本方法的目的是为可按本标准对噪声源进行声功率测量的测试室的鉴定提供另一种方法。此方法并不是附录 A 中规定的测试室鉴定方法的替代方法。

提供自由场或反射面上方的自由场的环境，将用作符合本标准的测量。

测试室应足够大并且没有反射物体，半消声室中的反射平面除外。

测试室提供的测量表面将落在：

a） 没有房间边界反射声的声场中；

b） 在被测声源的近场之外。

本附录描述的方法用来确定可能有但不希望有的环境影响，并校核自由场或半自由场条件。对于半消声室中的测量，反射平面应满足 B.2 的要求

B.2 反射平面的性质

B.2.1 概述

半消声室条件下，测量是在测试室中一个反射面上方来进行。

特别当反射面不是地面时，或不是测试室表面的一个整体部分时，要小心运用以保证该平面不因振动而辐射可察觉的声音。

B.2.2 大小

反射平面应扩展到超过测量表面在平面上的投影至少 0.75 m。

B.2.3 吸声系数

反射平面的吸声系数在所用频率范围内应小于 0.06。

注：可用密实的混凝土结构或面密度达 20 kg/m² 或更大的密实的轻结构来满足这一要求。

B.3 用两个不同半径的测量球面或半球面方法（双表面法）

B.3.1 测试声源

通常将被测机器作为此鉴定方法的测试声源。

测量表面只对测试声源或与之非常相似的声源有效。

B.3.2 方法

选择环绕声源的两个球面（消声室）或半球面（半消声室）。第一个表面是按 8.2 用于确定声功率级的测量表面。第一个表面的面积记为 S_1。第二个表面的面积 S_2，其几何形状相似于第一个表面，但距离更远，与声源呈对称形状。两个表面上的背景噪声均要满足 5.3 的规定。

第二个表面（S_2）上传声器的位置要对应于第一个表面（S_1），面积比 S_2/S_1 不小于 2 并尽量大于 4。

从两个表面上平均声压级的测量值，在测试频率范围内对每个频带计算面积计权声级差 δ：

$$\delta = L_{p1} - L_{p2} - 10\lg\frac{S_2}{S_1} \quad \cdots\cdots\cdots\cdots(\text{B.1})$$

式中：

L_{p1}——第一个表面（S_1）上的平均声压级，单位为分贝（dB）；

L_{p2}——第二个表面（S_2）上的平均声压级，单位为分贝（dB）。

如果 $|\delta|$ 的值等于或小于 0.5 dB，则测试室和测量表面（S_1）可认为适用于本标准。

附　录　C
（规范性附录）
自由场中传声器位置阵列

表 C.1 所示为以半径为 r 的球面上等面积的 20 个点，它给出了以声源声中心为原点的传声器位置。

表 C.1　传声器位置

序号	x/r	y/r	z/r
1	−1.00	0	0.05
2	0.49	−0.86	0.15
3	0.48	0.84	0.25
4	−0.47	0.81	0.35
5	−0.45	−0.77	0.45
6	0.84	0	0.55
7	0.38	0.66	0.65
8	−0.66	0	0.75
9	0.26	−0.46	0.85
10	0.31	0	0.95
11	1.00	0	−0.05
12	−0.49	0.86	−0.15
13	−0.48	−0.84	−0.25
14	0.47	−0.81	−0.35
15	0.45	0.77	−0.45
16	−0.84	0	−0.55
17	−0.38	−0.66	−0.65
18	0.66	0	−0.75
19	−0.26	0.46	−0.85
20	−0.31	0	−0.95

附　录　D
（规范性附录）
反射面上方自由场中传声器位置阵列

图 D.1 所示为半径 r 的半球面上等面积的 20 个点。表 D.1 给出了以声源声中心在反射平面上的投影为原点的这些点的坐标位置(x,y,z)。

表 D.1　反射面上方自由场的传声器位置

序号	x/r	y/r	z/r
1	−1.00	0	0.025
2	0.50	−0.86	0.075
3	0.50	−0.86	0.125
4	−0.49	0.85	0.175
5	−0.49	−0.84	0.225
6	0.96	0	0.275
7	0.47	0.82	0.325
8	−0.93	0	0.375
9	0.45	−0.78	0.425
10	0.88	0	0.475
11	−0.43	0.74	0.525
12	−0.41	−0.71	0.575
13	0.39	−0.68	0.625
14	0.37	0.64	0.675
15	−0.69	0	0.725
16	−0.32	−0.55	0.775
17	0.57	0	0.825
18	−0.24	0.42	0.875
19	−0.38	0	0.925
20	0.11	−0.19	0.975

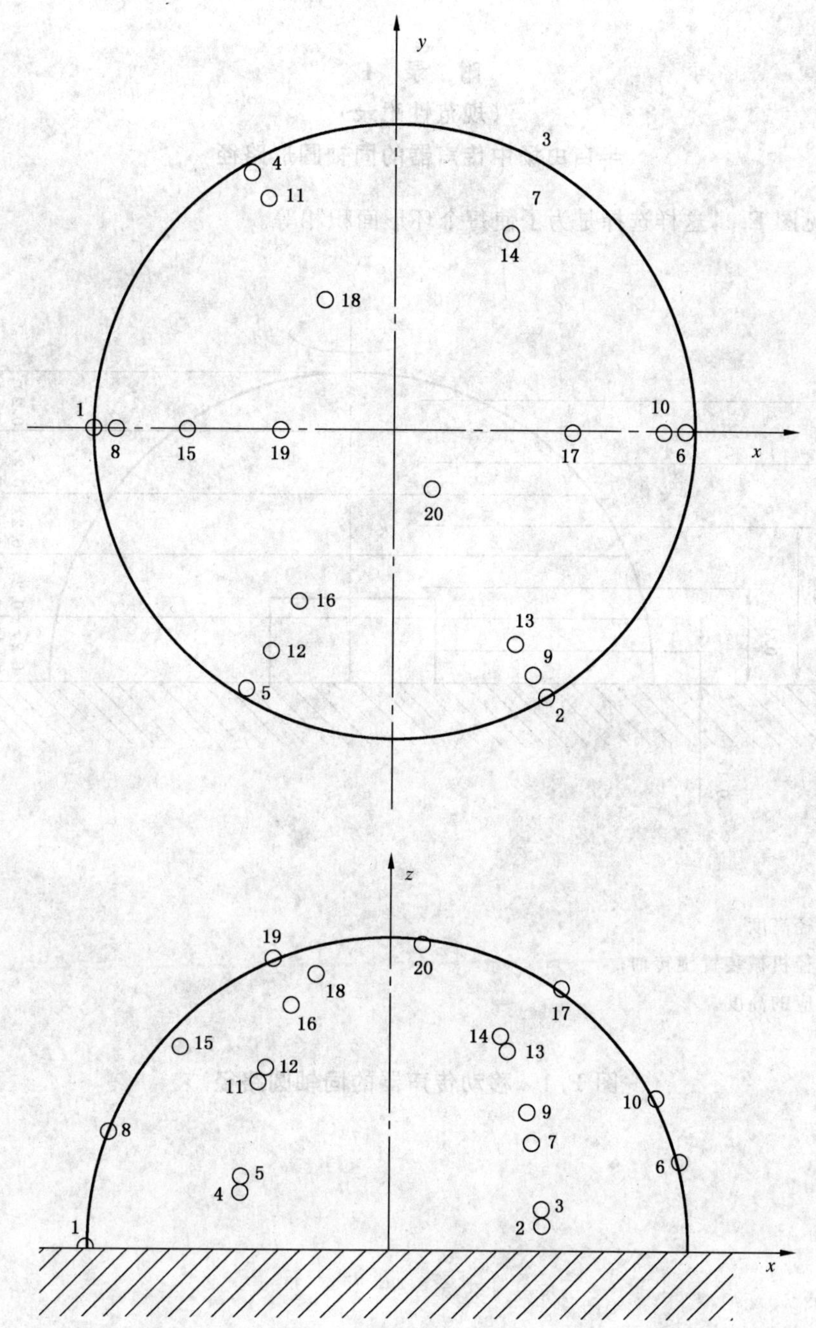

1～20——传声器位置。

图 D.1　半球面上传声器位置

附 录 E
（规范性附录）
半自由场中传声器的同轴圆形路径

选择的路径见图 E.1，这样选择是为了使每个环形面积相等。

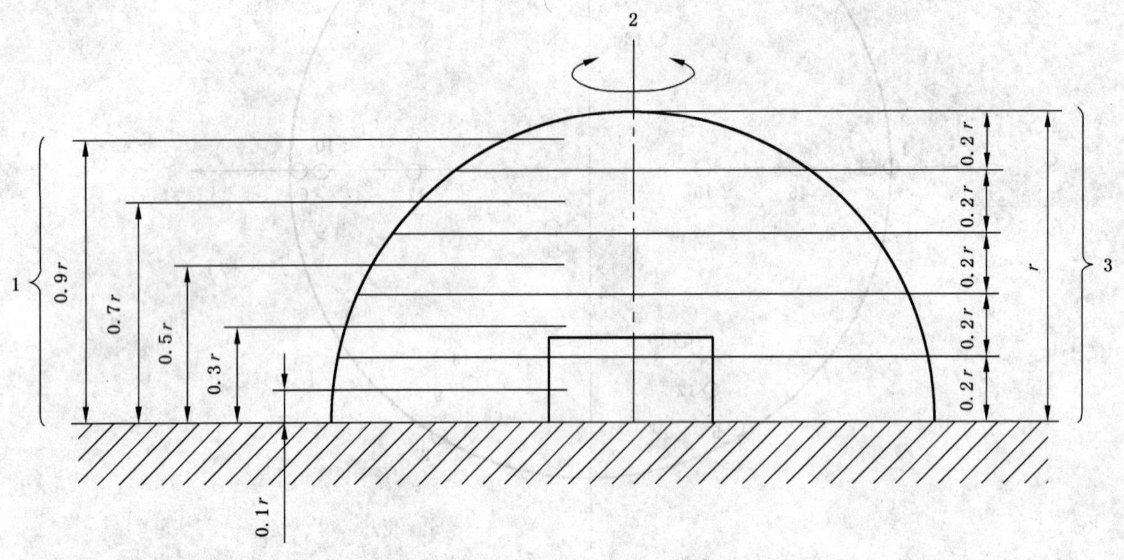

1——传声器路径高度；

2——传声器路径机械装置旋转轴；

3——半球面相应的高度。

图 E.1 移动传声器的同轴圆路径

附 录 F
（规范性附录）
半自由场中传声器的子午弧线路径

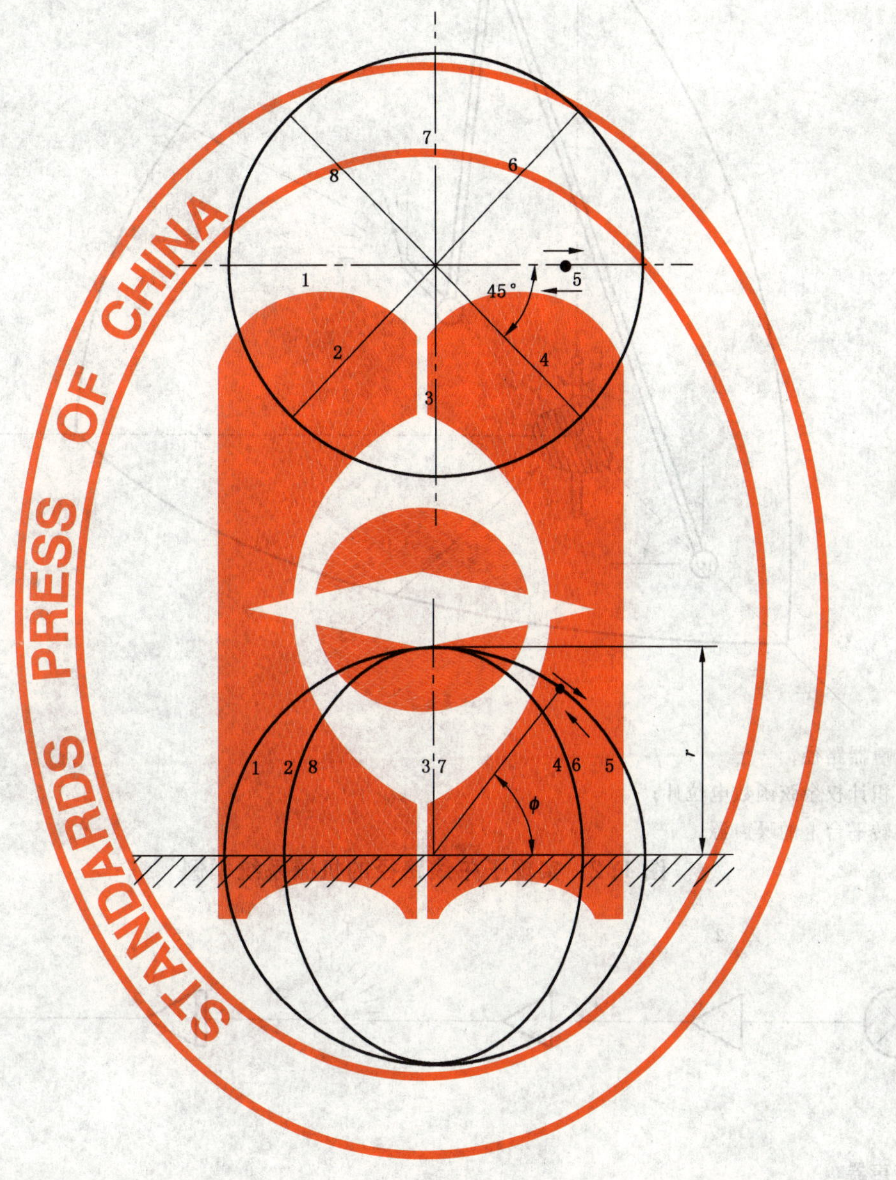

1～8——传声器路径。

图 F.1 移动传声器的子午线路径

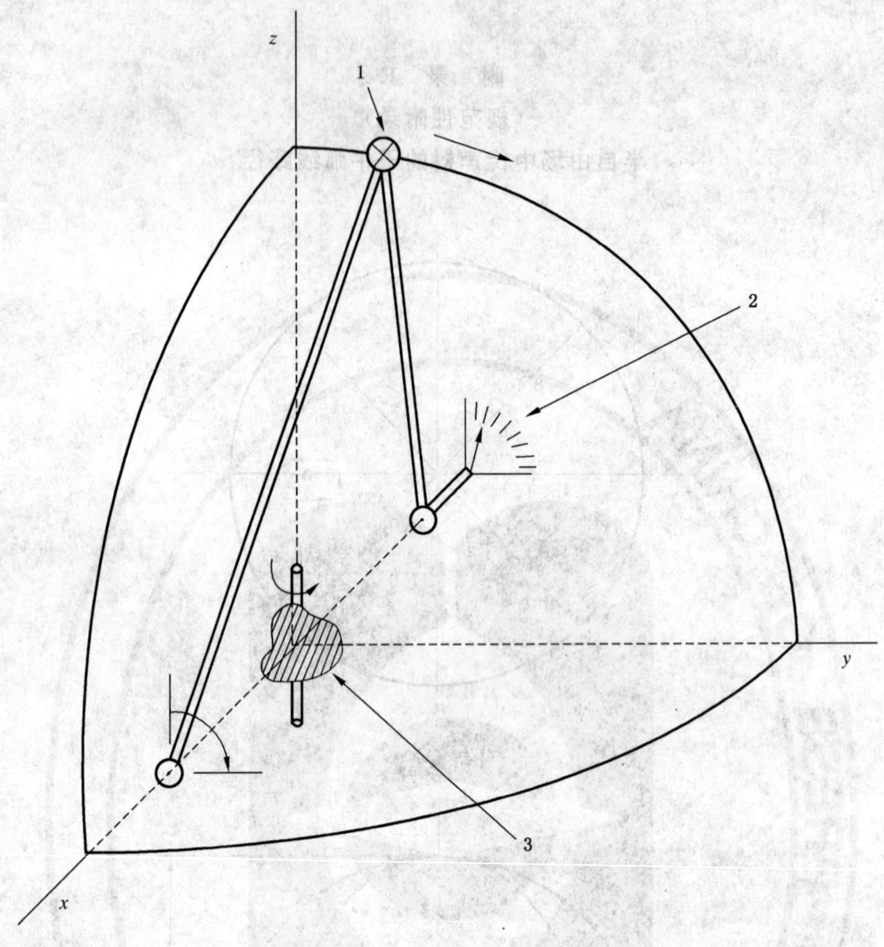

1——传声器路径；
2——面积计权余弦函数电位计；
3——旋转平台上的噪声源。

图 F.2 实现子午线路径的机械系统举例

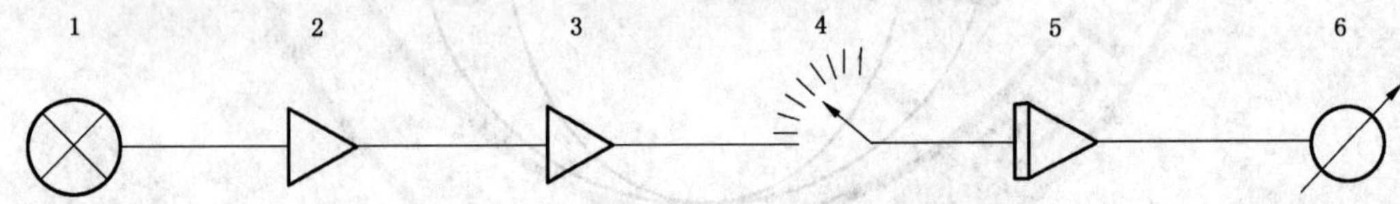

1——传声器；
2——放大器和频谱分析仪；
3——平方律放大器；
4——余弦电位计；
5——积分电路；
6——表头。

图 F.3 电子控制线路举例

附 录 G
（规范性附录）
半自由场中传声器的螺旋线路径

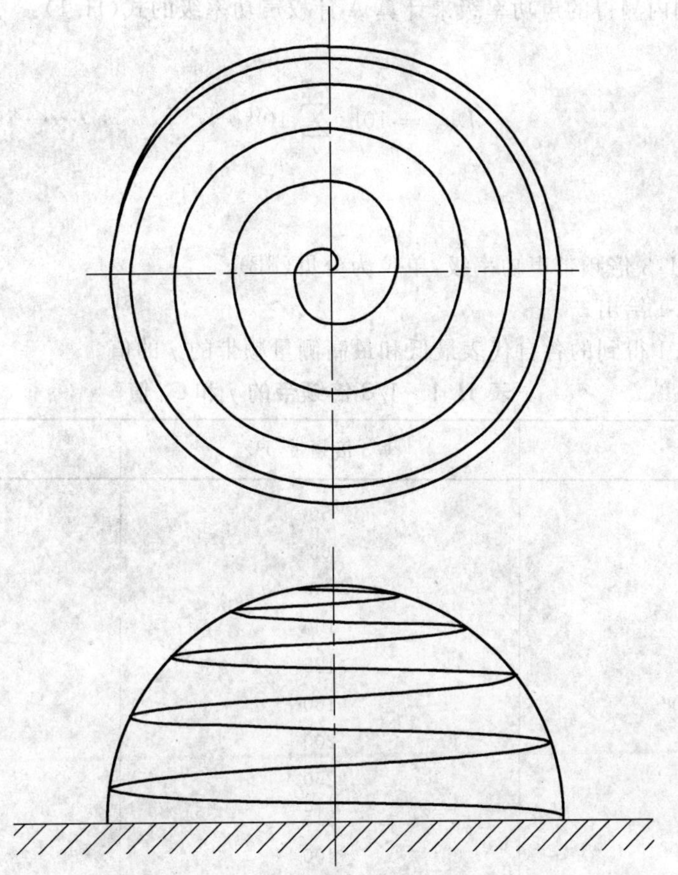

图 G.1 移动传声器的螺旋线路径

附 录 H
（规范性附录）
从 1/3 倍频带声功率级计算 A 计权声功率级

从所用频率范围内测得的声功率级来计算 A 计权声功率级的式(H.1)：

$$L_{WA}=10\lg\sum_{j=j_{\min}}^{j_{\max}}10^{(L_{wj}+C_j)/10} \qquad \cdots\cdots(H.1)$$

式中：

L_{wj}——第 j 个 1/3 倍频带声功率级，单位为分贝(dB)；

j 和 C_j——由表 H.1 给出；

$j_{\min}$，$j_{\max}$——从表 H.1 得到的各自代表最低和最高测量频带的 j 的值。

表 H.1 1/3 倍频带的 j 和 C_j 值

j	1/3 倍频带/Hz	C_j/dB
1	50	−30.2
2	63	−26.2
3	80	−22.5
4	100	−19.1
5	125	−16.1
6	160	−13.4
7	200	−10.9
8	250	−8.6
9	315	−6.6
10	400	−4.8
11	500	−3.2
12	630	−1.9
13	800	−0.8
14	1 000	0
15	1 250	+0.6
16	1 600	+1.0
17	2 000	+1.2
18	2 500	+1.3
19	3 150	+1.2
20	4 000	+1.0
21	5 000	+0.5
22	6 300	−0.1
23	8 000	−1.1
24	1 000	−2.5
25	12 500	−4.3
26	16 000	−6.6
27	20 000	−9.3

附 录 I
（规范性附录）
计算指向性指数和指向性因数

I.1 指向性指数

以 dB 表示的声源的指向性指数将从测量值由式(I.1)计算：

$$D_I = L_{pi} - \overline{L_{ps}} \quad \cdots\cdots\cdots\cdots\cdots\cdots\cdots\cdots\cdots\cdots \text{(I.1)}$$

式中：

L_{pi}——在所要计算 D_I 的特定方向上离声源距离 r 的声压级，单位为分贝(dB)；

$\overline{L_{ps}}$——在以半径为 r 的测试球面上的平均声压级，单位为分贝(dB)。

I.2 指向性因数

在给定方向的声源的指向性因数 Q 由式(I.2)确定：

$$Q = 10^{D_I/10} \quad \cdots\cdots\cdots\cdots\cdots\cdots\cdots\cdots\cdots\cdots \text{(I.2)}$$

附　录　J
（资料性附录）
测量不确定度

J.1　概述

本标准第4章中给出的测量再现性的资料有助于了解测量不确定度的偏差，但这还不全面。特别是它没有指出用不同标准的方法来确定声功率级和声能级之间可能产生的任何系统偏差，也没有给出对测量不确定度各个组成及其大小的详细分析。一般与测量方法相联系的测量不确定度表达可接受的格式是JJF 1059给出的那种格式。该格式合成一个不确定度计算，其中所有不确定度各种来源都视为相同并且被定量，从而可得到组合标准不确定度。在本标准情况下，能使这样一个格式被采用所需的数据，在它被准备时是不能得到的。然而，下面给出了不确定度来源的指示，这些不确定度来源是与所描述的方法和设备相联系的。符合JJF 1059且适用于本标准的不确定度计算的的一般方法是作为资料性内容加以说明。同时也给出了可以用再现性包含的数据估计测量不确定度的方法。

J.2　计算声功率级的表达式

计算声功率级 L_W（单位：dB）一般表达式由式(J.1)给出：

$$L_W = \overline{L_{pf}} + 10\lg\left(\frac{S}{S_0}\right) + \delta_{slm} + \delta_{rep} + \delta_{mic} + \delta_{boun} + \delta_{angle} + \delta_{imp} + \delta_{met} \quad \cdots\cdots\cdots\cdots(\text{J.1})$$

式中：

$\overline{L_{pf}}$——表面声压级，单位为分贝(dB)；

S——测量表面的面积，单位为平方米(m^2)；

S_0——$S_0 = 1\ m^2$；

δ_{slm}——测量仪器误差的容许输入量；

δ_{rep}——引起被测噪声源运行条件误差的容许输入量；

δ_{mic}——有限数量传声器位置误差的容许输入量；

δ_{boun}——测试室边界条件引起误差的容许输入量；

δ_{angle}——声源发射声的方向与测量表面法向之间角度差异的容许输入量；

δ_{imp}——声源向周围发射声能量因辐射阻抗引起误差的容许输入量；

δ_{met}——因气象条件引起误差的容许输入量。

注1：相似于式(J.1)的表示式也用于确定频带声功率级、A计权声功率级以及声能级。

注2：包括在式(J.1)中各项容许误差的引入在本标准刚准备时认为是适用的，但进一步的研究能够揭示出另外的情况。

概率分布（正态、矩形，等等）与每一种输入量的容许误差有关。其期望值（平均值）是输入值的最佳估计，同时其标准偏差是该值离散的量度，称为不确定度。对于式(13)、(16)、(17)、(18)和(19)，这是假定了在式(J.1)中所有误差输入量的平均值等于零。然而，任何特定的被测噪声源声功率级或声能级的确定，不确定度不会消散，它们合并在标准不确定度中与声功率级或声能级联系在一起。

J.3　对测量不确定度的贡献

对与表面声压级值相联系的组合不确定度的贡献，与每个容许误差输入量、它们的概率分布以及灵敏度系数 c_i 有关。灵敏度系数是表征表面声压级值如何受各个输入量的值变化影响的量度。在用于式(J.1)的模式中，所有灵敏度系数均为1。各个输入量的容许误差对整个不确定度的贡献由标准不确定度及其相关的灵敏度系数的乘积给出。因此,推导整个不确定度的所需资料如表 J.1 所示。

表 J.1 确定声功率级和声能级的不确定度计算

量	估计/dB	标准不确定度 μ_i/dB	概率分布	灵敏度系数/c_i	不确定度贡献 $c_i\mu_i$/dB
表面声压级	$\overline{L_{pf}}$				
δ_{slm}	0				
δ_{rep}	0				
δ_{mic}	0				
δ_{boun}	0				
δ_{angle}	0				
δ_{imp}	0				
δ_{met}	0				

表面声压级的标准不确定度是重复性测定的标准偏差。对大多数噪声源而言,从各种贡献来源产生的标准不确定度仍然要由研究来建立。然而对于符合 ISO 6926 的参考声源情况下,确定 A 计权声功率级的不确定度计算,作为一个示例如表 J.2 所示。在此例中,由传声器角度和辐射阻抗的误差平均值是小的,但不完全是零。

表 J.2 参考声源确定 A 计权声功率级的不确定度计算

量	估计/dB	标准不确定度 μ_i/dB	概率分布	灵敏度系数/c_i	不确定度贡献 $c_i\mu_i$/dB
表面声压级	$\overline{L_{pf}}$	0.14	正态	1	0.14
δ_{slm}	0	0.25	正态	1	0.25
δ_{rep}	0	0.10	正态	1	0.10
δ_{mic}	0	0.14	正态	1	0.14
δ_{boun}	0	0.10	正态	1	0.10
δ_{angle}	0.05	0.02	正态	1	0.02
δ_{imp}	0.007	0.004	正态	1	0.004
δ_{met}	0	0.04	正态	1	0.04

J.4 扩展测量不确定度

确定声功率级的组合标准不确定度 $u(L_W)$(声能级与此相似)由式(J.2)给出:

$$u(L_W) = \sqrt{\sum_{i=1}^{8}(c_i u_i)^2} \qquad \cdots\cdots\cdots\cdots(\text{J.2})$$

对于参考声源的例子,声功率级的组合不确定度为 0.352 dB。

JJF 1059 要求说明扩展不确定度 U,使$[L_W-U, L_W+U]$的区间涵盖 L_W 的合理分布值,如 95%的 L_W 的值。为此用一个包含因子 k,则 $U=ku$。包含因子与测量的概率分布有关。

在上述参考声源的例子中,可以假定概率分布的组合是以正态分布与八个输入结果相关联。在此情况下,置信概率为 95%的 k 值为 2,测量的扩展不确定度为 0.70 dB。

J.5 基于再现性数据的测量不确定度

在缺少不确定度分布数据的情况下,由第 4 章给出的再现性的标准偏差,可作为声功率级或声能级确定的组合标准不确定度的估计值。选择包含因子的值,两者的乘积将产生所选置信概率的扩展不确定度的估计值。按惯例,通常置信概率选为 95%。为避免任何误解,所选置信概率与扩展测量不确定度在测试报告中必须说明。

附 录 K
（资料性附录）
测试室设计导则

K.1 总则

为实现自由场条件，测试室应具有：

a) 足够的容积；

b) 在所用的频率范围内有大的声吸收；

c) 除了与被测声源相关联的物体（以及如果有反射平面）外，没有声的反射表面和障碍物；

d) 足够低的本底噪声。

K.2 测试室容积

为了测量在声源的远场条件下进行，推荐测试室容积至少要比待测声功率级的声源体积大 200 倍以上。

K.3 测试室吸收

墙面和天花板的吸声处理，在所用频率范围内，在平面波阻抗管中测得的吸声系数要≥0.99。吸声处理在整个表面上应均匀分布。在消声室中，地面与墙面和天花板作相同处理。在半消声室中，地面应由坚硬光滑的平面构成，其垂直吸声系数在所用频率范围内不大于 0.06。

K.4 吸声处理

令人满意的表面处理是由吸声材料制成的尖劈，安装在消声室墙的内部并指向房间的里面。尖劈的后部可留有小的空腔。表面处理的全部深度（尖劈和空腔深度）将超过 $\lambda/4$，λ 是所测最低频带中心频率的波长。

K.5 不需要的反射

管道、支架、格栅、电缆以及各种支撑体可能产生反射。除了必须放在测试室中的物体和仪器外，都应移到室外。中空的管子应被堵塞或充填吸声材料以防止共振。

K.6 悬空地面结构

消声室内可接受的典型的地面结构是用不锈钢丝拉成的网格，钢丝直径约 2.5 mm，间距 2 cm 至 5 cm。

K.7 背景噪声

声学上背景噪声的问题往往在低频时最严重。为在低频时能够地进行满意的测量，需要在消声室周围围以重实的墙，并且整个构造支撑在隔振器上。在高频，电噪声的影响较难处理。

K.8 空气吸收

在大房间中（空积大于 200 m^3），在高频时需要对室内空气的声吸收作修正。

参 考 文 献

[1] GB/T 19889.3—2005 声学 建筑和建筑构件隔声测量 第3部分:建筑构件空气声隔声的实验室测量

[2] GB/T 14367—2006 声学 噪声源声功率级的测定 基础标准使用指南

[3] GB/T 3767—1996 声学 声压法测定噪声源声功率级 反射面上方近似自由场的工程法

[4] GB/T 3768—1996 声学 声压法测定噪声源声功率级 反射面上方采用包络测量表面的简易法

[5] GB/T 14574—2000 声学 机器和设备噪声发射值的标示和验证

[6] GB/T 16404—1996 声学 声强法测定噪声源声功率级 第1部分:离散点上的测量

[7] GB/T 16404.2—1999 声学 声强法测定噪声源声功率级 第2部分:扫描测量

[8] GB/T 19052—2003 声学 机器和设备发射的噪声,噪声测试规范的起草和表述的准则

[9] JJF 1147—2006 消声室和半消声室声学特性校准规范

[10] MALING,G. C. Jr. ,WISE,R. E. and NOBILE,M. A. Qualification of hemi-anechoic rooms for noise emission measurements. Proc. Inter-Noise 90,1990,685-690.

[11] TOMIOKA,H. ,FUJIMORI,T. ,TAKAHASHI,T. and MIURA,H. Inverse square law versus accuracies of acoustic power level in an anechoic room. Proc. Of Noise Committee,Acoustical Society of Japan,N 86-04-3(April 1986) (Japanese).

[12] HüBNER,G. Qualification procedures for free-field conditions for sound power determination of sound sources and methods for determination of the appropriate environmental correction. J. Acoust. Soc. Am. ,61,1977,454-456.

[13] NOBILE,M. A. ,DONALD,B. and SHAW,J. A. The cylindrical microphone array: A proposal for use in international standards for sound power level measurements. Proc. Noise Con. 2000, December,2000.

ICS 77.160
H 72

中华人民共和国国家标准

GB/T 6886—2008
代替 GB/T 6886—2001

烧结不锈钢过滤元件

Sintered stainless steel filter elements

2008-03-31 发布　　　　2008-09-01 实施

中华人民共和国国家质量监督检验检疫总局
中国国家标准化管理委员会　发布

前　言

本标准代替 GB/T 6886—2001《烧结不锈钢过滤元件》。

本标准与 GB/T 6886—2001 相比，主要有如下变化：

——采用国际标准 ISO 16889 检测特定过滤效率值时所阻挡的颗粒尺寸值作为过滤元件等级的区分标准。

——本标准牌号与原标准牌号的对应关系如下：

SG005 对应原标准中的 SG003；

SG007 对应原标准中的 SG006；

SG015 对应原标准中的 SG016；

SG022 对应原标准中的 SG025；

SG030 对应原标准中的 SG035；

SG045 对应原标准中的 SG050；

SG065 对应原标准中的 SG080；

SG010 不变。

——将元件牌号、规格及尺寸偏差进行了调整，增加了 A4 型元件。

本标准的附录 A 是规范性附录。

本标准由中国有色金属工业协会提出。

本标准由全国有色金属标准化技术委员会归口。

本标准起草单位：西北有色金属研究院、西安宝德粉末冶金有限责任公司。

本标准主要起草人：董领峰、吴引江、朱梅生、袁英、周济、艾建玲、张旭。

本标准所代替标准的历次版本发布情况为：

——GB 6886—1986、GB/T 6886—2001。

烧结不锈钢过滤元件

1 范围

本标准规定了烧结不锈钢过滤元件的要求、试验方法、检验规则和标志、包装、运输、贮存及订货单或合同内容。

本标准适用于粉末冶金方法生产的用于气体和液体净化与分离的不锈钢过滤元件。

2 规范性引用文件

下列文件中的条款通过本标准的引用而成为本标准的条款。凡是注日期的引用文件，其随后所有的修改单(不包括勘误的内容)或修订版均不适用于本标准，然而，鼓励根据本标准达成协议的各方研究是否可使用这些文件的最新版本。凡是不注日期的引用文件，其最新版本适用于本标准。

GB/T 223.5　钢铁及合金化学分析法　还原型硅铝钼酸盐光度法测定酸溶硅含量

GB/T 223.11　钢铁及合金化学分析法　过硫酸铵氧化容量法测定铬量

GB/T 223.17　钢铁及合金化学分析法　二安替吡啉甲烷光度法测定钛量

GB/T 223.25　钢铁及合金化学分析法　丁二酮肟重量法测定镍量

GB/T 223.26　钢铁及合金化学分析法　硫氰酸盐直接光度法测定钼量

GB/T 223.62　钢铁及合金化学分析法　乙酸丁酯萃取光度法测定磷量

GB/T 223.63　钢铁及合金化学分析法　高碘酸钠(钾)光度法测定锰量

GB/T 1220　不锈钢棒

GB/T 5250　可渗透性烧结金属材料　流体渗透性的测定

GB/T 14265　金属材料中氢、氧、氮、碳和硫分析方法通则

ISO 16889:1999　液压传动　过滤器　测定过滤特性的多次通过法

3 术语

3.1

过滤效率(η_X)　filtration efficiency

在给定固体粒子浓度和流量的流体通过过滤元件时，过滤元件对大于某给定尺寸(X)固体颗粒的滤除百分率。

即：

$$\eta_X(\%) = \frac{N_1 - N_2}{N_1} \times 100\%$$

式中：

N_1——过滤性元件上游单位液体容积中大于某给定尺寸(X)的固体颗粒数；

N_2——过滤性元件下游单位液体容积中大于相同尺寸(X)的固体颗粒数。

3.2　渗透性　permeability

在压力梯度下，流体透过过滤元件的能力。

3.3　粘性渗透系数(Ψ_V)　viscous permeability coefficient

当流体阻力仅由黏性损失形成时，单位压力梯度下，单位动力黏度的流体透过过滤元件单位面积的体积流量。

在本标准中，用黏性渗透系数表征渗透性。

4 要求

4.1 过滤元件分类及性能

4.1.1 过滤元件牌号

过滤元件参照 ISO 16889 的规定，按照在液体中过滤效率为 98%时所阻挡的固体颗粒尺寸值进行分类，烧结不锈钢过滤元件分为 8 个牌号，见表 1。

表 1 烧结不锈钢过滤元件的牌号

牌号	SG005	SG007	SG010	SG015	SG022	SG030	SG045	SG065
注：牌号中的 S 代表材质不锈钢，G 代表过滤。								

4.1.2 过滤元件型号

4.1.2.1 管状元件分为 A1、A2、A3、A4 四种型号(见图 1 ～ 图 4)，其中 A1、A3 型元件的底部(图中右端)可以采用焊接或一次成型两种方法，顶部法兰(图中左法兰)为焊接法兰。

4.1.2.2 片状元件见图 5。

4.1.2.3 图中各字母的含义分别见表 4～表 8。

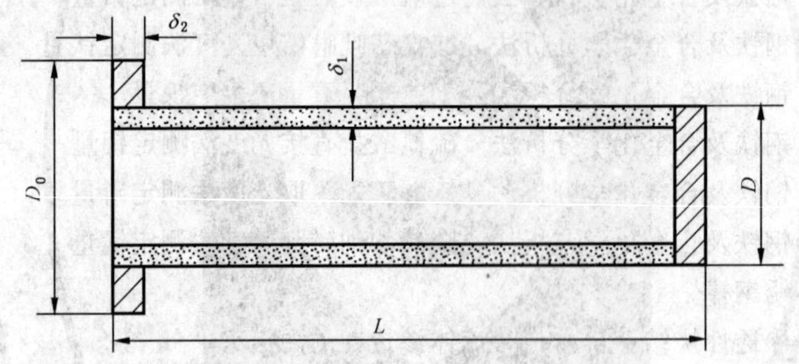

图 1 A1 型

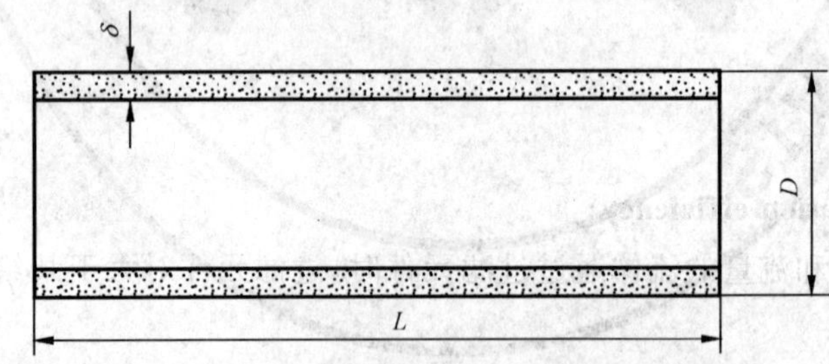

图 2 A2 型

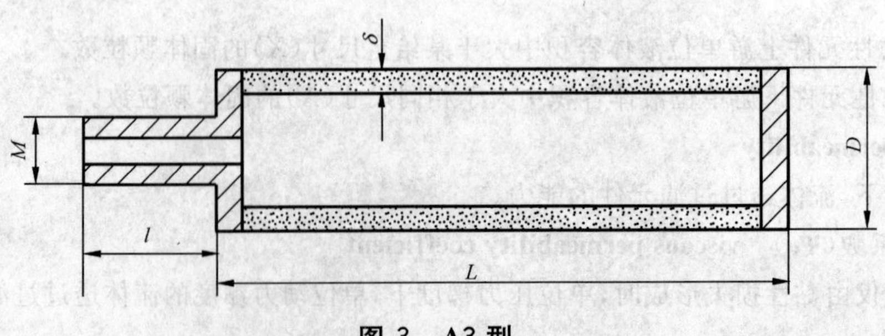

图 3 A3 型

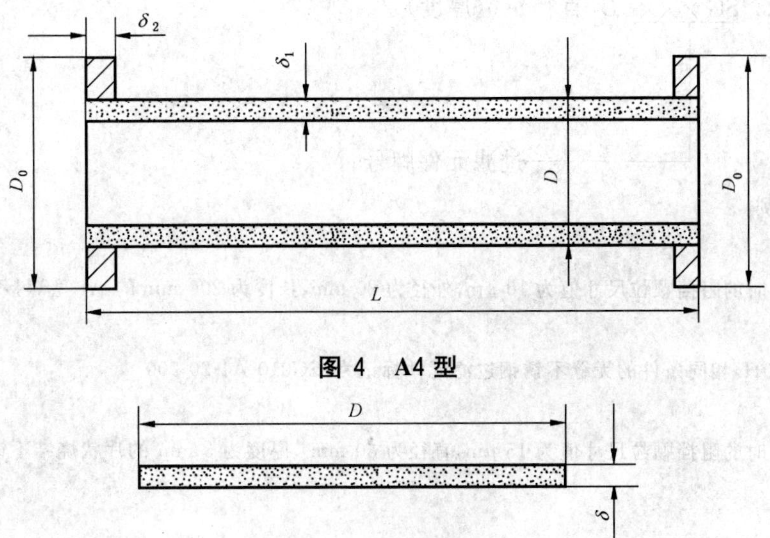

图4 A4型

图5 片状元件

4.1.3 过滤元件性能

各种牌号烧结不锈钢过滤元件的性能应符合表2的规定。

表2 不锈钢过滤元件的性能

牌 号	液体中阻挡的颗粒尺寸值/μm		渗透性（不小于）		耐压破坏强度（不小于）
	过滤效率（98%）	过滤效率（99.9%）	渗透系数/($10^{-12}m^2$)	相对透气系数/[m^3/(h·kPa·m^2)]	MPa
SG005	5	7	0.18	18	3.0
SG007	7	10	0.45	45	3.0
SG010	10	15	0.90	90	3.0
SG015	14	22	1.81	180	3.0
SG022	22	30	3.82	380	3.0
SG030	30	40	5.83	580	2.5
SG045	45	60	7.54	750	2.5
SG065	65	75	12.10	1 200	2.5

注1：管状元件耐压强度为外压试验值。

注2：表中的"渗透系数"值对应的元件厚度为2 mm。

4.1.4 过滤元件标记

4.1.4.1 过滤元件标记方法

管状元件： SG×××-××-××-×× H

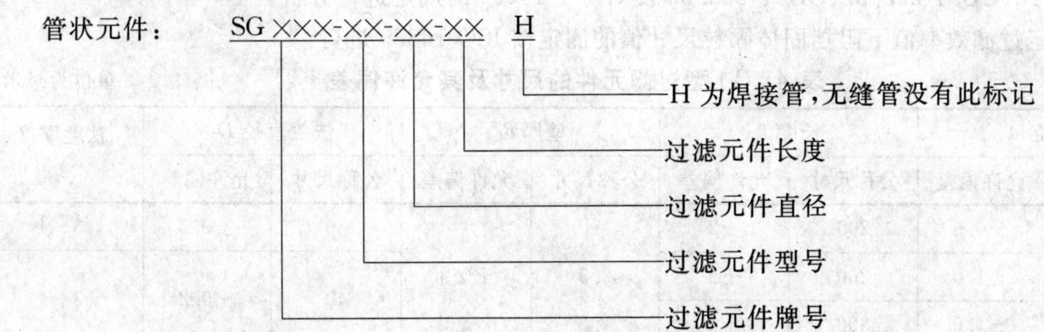

片状元件：　　SG ×××- D(直径)- δ(厚度)

　　　　　　　　└──过滤元件牌号

4.1.4.2　标记示例

示例 1：

过滤效率为 98%时的阻挡颗粒尺寸值为 10 μm,外径为 20 mm、长度为 200 mm 的 A1 型焊接烧结不锈钢过滤元件标记为：

SG010-A1-20-200H,相同条件的无缝不锈钢过滤元件标记为：SG010-A1-20-200。

示例 2：

过滤效率为 98%时的阻挡颗粒尺寸值为 15 μm,直径为 30 mm 、厚度为 3 mm 的片状烧结不锈钢过滤元件标记为：SG015-30-3。

4.2　材质要求

烧结不锈钢过滤元件材质的牌号要求见表 3。

表 3　烧结不锈钢过滤元件及材料的牌号

材质牌号	化学成分
1Cr18Ni9	应符合 GB/T 1220 的规定
0Cr18Ni9	
00Cr19Ni10	
0Cr17Ni12Mo2	
00Cr17Ni14Mo2	

4.3　尺寸及其允许偏差

不同型号过滤元件的尺寸及其允许偏差应符合表 4～表 8 的规定。

4.4　外观质量

过滤元件表面不应有凹坑、浮粉、裂纹、斑点及过烧等缺陷,焊接元件焊缝应没有严重氧化现象。

4.5　其他

需方对过滤元件的规格、尺寸、性能有特殊要求时,由供需双方商定。

5　试验方法

5.1　烧结不锈钢过滤元件的化学成分按 GB/T 223.5、GB/T 223.11、GB/T 223.17、GB/T 223.25、GB/T 223.26、GB/T 223.62、GB/T 223.63 及 GB/T 14265 的规定进行分析。

5.2　在特定过滤效率值下阻挡固体颗粒尺寸值的测定按 ISO 16889 进行。

表 4　A1 型过滤元件的尺寸及其允许偏差　　单位为毫米

直径 D		长度 L		壁厚 δ_1		法兰直径 D_0		法兰厚度 δ_2
公称尺寸	允许偏差	公称尺寸	允许偏差	公称尺寸	允许偏差	公称尺寸	允许偏差	
20	±0.5	200	±2	2.3	±0.4	30	±0.2	3～4
30	±1.0	200	±2			40	±0.2	3～4
30	±1.0	300	±2					

表 4(续)

单位为毫米

直径 D		长度 L		壁厚 δ_1		法兰直径 D_0		法兰厚度 δ_2
公称尺寸	允许偏差	公称尺寸	允许偏差	公称尺寸	允许偏差	公称尺寸	允许偏差	
40	±1.0	200	±2	2.3	±0.4	52	±0.3	3～5
40	±1.0	300	±2					
40	±1.0	400	±3					
50	±1.5	300	±2			62	±0.3	4～6
50	±1.5	400	±3					
50	±1.5	500	±2					
60	±1.5	300	±2	2.5		72	±0.3	4～6
60	±1.5	400	±2					
60	±1.5	500	±2					
60	±1.5	600	±3					
60	±1.5	700	±3					
60	±1.5	750	±3					
90	±2.0	800	±4	3.5	±0.5	110	±1.0	5～12

表 5　A2 型过滤元件的尺寸及其允许偏差

单位为毫米

直径 D		长度 L		壁厚 δ	
公称尺寸	允许偏差	公称尺寸	允许偏差	公称尺寸	允许偏差
20	±0.5	200	±2	2.3	±0.4
30	±1.0	200	±2		
30	±1.0	300	±2		
40	±1.0	200	±2		
40	±1.0	300	±2		
40	±1.0	400	±2		
50	±1.5	300	±2		
50	±1.5	400	±2		
50	±1.5	500	±2		
60	±1.5	300	±2	2.5	
60	±1.5	400	±2		
60	±1.5	500	±2		
60	±1.5	600	±3		
60	±1.5	700	±3		
60	±1.5	750	±3		
90	±2.0	800	±4	3.5	±0.5

表 6 A3 型过滤元件的尺寸及偏差

单位为毫米

<table>
<tr><th colspan="2">直径 D</th><th colspan="2">长度 L</th><th colspan="2">壁厚 δ</th><th colspan="2">管接头</th></tr>
<tr><th>公称尺寸</th><th>允许偏差</th><th>公称尺寸</th><th>允许偏差</th><th>公称尺寸</th><th>允许偏差</th><th>螺纹尺寸</th><th>长度 l</th></tr>
<tr><td>20</td><td>±1.0</td><td>200</td><td>±2</td><td rowspan="9">2.3</td><td rowspan="20">±0.4</td><td rowspan="6">M12×1.0</td><td rowspan="9">28</td></tr>
<tr><td>30</td><td>±1.0</td><td>200</td><td>±2</td></tr>
<tr><td>30</td><td>±1.0</td><td>300</td><td>±2</td></tr>
<tr><td>40</td><td>±1.0</td><td>200</td><td>±2</td></tr>
<tr><td>40</td><td>±1.0</td><td>300</td><td>±2</td></tr>
<tr><td>40</td><td>±1.0</td><td>400</td><td>±2</td></tr>
<tr><td>50</td><td>±1.5</td><td>300</td><td>±2</td><td rowspan="3">M20×1.5</td></tr>
<tr><td>50</td><td>±1.5</td><td>400</td><td>±2</td></tr>
<tr><td>50</td><td>±1.5</td><td>500</td><td>±2</td></tr>
<tr><td>60</td><td>±1.5</td><td>300</td><td>±2</td><td rowspan="11">2.5</td><td rowspan="3">M30×2.0</td><td rowspan="3">40</td></tr>
<tr><td>60</td><td>±1.5</td><td>400</td><td>±2</td></tr>
<tr><td>60</td><td>±1.5</td><td>500</td><td>±2</td></tr>
<tr><td>60</td><td>±1.5</td><td>600</td><td>±2</td><td rowspan="4">M36×2.0</td><td rowspan="4">100</td></tr>
<tr><td>60</td><td>±1.5</td><td>700</td><td>±3</td></tr>
<tr><td>60</td><td>±1.5</td><td>750</td><td>±3</td></tr>
<tr><td>60</td><td>±1.5</td><td>1 000</td><td>±4</td></tr>
<tr><td>70</td><td>±1.5</td><td>500</td><td>±2</td><td rowspan="2">M36×2.0</td><td rowspan="2">40</td></tr>
<tr><td>70</td><td>±1.5</td><td>600</td><td>±3</td></tr>
<tr><td>70</td><td>±1.5</td><td>800</td><td>±3</td><td rowspan="2">M36×2.0</td><td rowspan="2">100</td></tr>
<tr><td>70</td><td>±1.5</td><td>1 000</td><td>±4</td></tr>
<tr><td>90</td><td>±2.0</td><td>600</td><td>±2</td><td rowspan="3">3.5</td><td rowspan="3">±0.5</td><td>M36×2.0</td><td>40</td></tr>
<tr><td>90</td><td>±2.0</td><td>800</td><td>±4</td><td rowspan="2">M48×2.0</td><td rowspan="2">140</td></tr>
<tr><td>90</td><td>±2.0</td><td>1 000</td><td>±4</td></tr>
</table>

表 7 A4 型过滤元件的尺寸及偏差

单位为毫米

<table>
<tr><th colspan="2">直径 D</th><th colspan="2">长度 L</th><th colspan="2">壁厚 δ_1</th><th colspan="2">法兰直径 D_0</th><th rowspan="2">法兰厚度 δ_2</th></tr>
<tr><th>公称尺寸</th><th>允许偏差</th><th>公称尺寸</th><th>允许偏差</th><th>公称尺寸</th><th>允许偏差</th><th>公称尺寸</th><th>允许偏差</th></tr>
<tr><td>20</td><td>±0.5</td><td>200</td><td>±2</td><td rowspan="8">2.3</td><td rowspan="8">±0.4</td><td>30</td><td>±0.2</td><td>3～4</td></tr>
<tr><td>30</td><td>±1.0</td><td>200</td><td>±2</td><td rowspan="2">40</td><td rowspan="2">±0.2</td><td rowspan="2">3～4</td></tr>
<tr><td>30</td><td>±1.0</td><td>300</td><td>±2</td></tr>
<tr><td>40</td><td>±1.0</td><td>200</td><td>±2</td><td rowspan="3">52</td><td rowspan="3">±0.3</td><td rowspan="3">3～5</td></tr>
<tr><td>40</td><td>±1.0</td><td>300</td><td>±2</td></tr>
<tr><td>40</td><td>±1.0</td><td>400</td><td>±2</td></tr>
<tr><td>50</td><td>±1.5</td><td>300</td><td>±2</td><td rowspan="2">62</td><td rowspan="2">±0.3</td><td rowspan="2">4～6</td></tr>
<tr><td>50</td><td>±1.5</td><td>400</td><td>±2</td></tr>
</table>

表 7(续)

单位为毫米

直径 D		长度 L		壁厚 δ_1		法兰直径 D_0		法兰厚度 δ_2
公称尺寸	允许偏差	公称尺寸	允许偏差	公称尺寸	允许偏差	公称尺寸	允许偏差	
50	±1.5	500	±2	2.3	±0.4	62	±0.3	4～6
60	±1.5	300	±2	2.5		72	±0.3	4～6
60	±1.5	400	±2					
60	±1.5	500	±2					
60	±1.5	600	±3					
60	±1.5	700	±3					
60	±1.5	750	±3					
90	±2.5	800	±4	3.5	±0.5	110	±1.0	5～12

表 8　片状元件过滤元件的尺寸及其允许偏差

单位为毫米

直径 D		厚度 δ	
公称尺寸	允许偏差	公称尺寸	允许偏差
10	±0.2	1.5　2.0、2.5、3.0	±0.1
30	±0.2	1.5　2.0、2.5、3.0	±0.1
50	±0.5	1.5　2.0、2.5、3.0	±0.1
80	±0.5	2.5、3.0、3.5、4.0、5.0	±0.2
100	±1.0	2.5、3.0、3.5、4.0、5.0	±0.2
200	±1.5	3.0、3.5、4.0、5.0	±0.3
300	±2.0	3.0、3.5、4.0、5.0	±0.3
400	±2.5	3.0、3.5、4.0、5.0	±0.3

5.3　渗透性的测定按 GB/T 5250 进行。

5.4　耐压破坏强度的测定按附录 A 的规定进行。

5.5　外观质量目视检查。

5.6　过滤元件的尺寸用相应精度的量具测量。

6　检验规则

6.1　检查及验收

6.1.1　产品应由供方质量检验部门进行检查，保证产品质量符合本标准或订货合同的规定，并附质量证明书。

6.1.2　需方可对收到的产品按本标准或订货合同规定进行检查，如果检验结果与本标准或订货合同的规定不符时，应在产品收到之日起三个月内向供方提出，由供需双方协商解决。

6.2　组批

产品应成批提交检验，每批由同一批粉末按相同工艺生产的产品组成。

6.3　检验项目及取样数量

过滤元件检验项目及取样数量见表 9。

表 9 过滤元件的检验项目及取样数量

检验项目	取样数量	要求的章条号	试验方法章条号
渗透性	每批 3%，但不少于 3 个	4.1.3	5.3
过滤元件尺寸	逐件检验	4.3	5.6
外观质量		4.4	5.5
注：需方要求进行化学成分、过滤效率、耐压破坏强度的检验时，应在合同中注明。检验时，每批产品各项性能随机抽取试样，试样数量由供需双方协商。			

6.4 检验结果判定

过滤元件尺寸和表面质量检验不合格时，按件报废。其余项目的检验结果如有一项不符合本标准规定时，则在该批产品中对该项加倍取样进行重复试验，若仍有一项不符合本标准要求时，则该批产品为不合格。

7 标志、包装、运输、贮存

7.1 标志

7.1.1 检验合格的产品应有如下标志或标签：

a) 产品牌号；

b) 生产日期；

c) 产品型号；

d) 产品规格；

e) 产品批号；

f) 供方质量检验部门的检印。

7.1.2 包装箱上应注明：

a) 供方名称；

b) 产品名称；

c) 订货单位及地址；

d) 防潮、防震等字样或标志。

7.2 包装、运输、贮存

7.2.1 产品以塑料袋或纸盒包装，包装好的产品置于运输包装箱内，以软质物隔开并填紧。

7.2.2 产品运输过程中，不得受潮、撞击和滚动。

7.3 质量证明书

每批过滤元件应附有产品质量证明书，注明：

a) 供方名称；

b) 产品名称；

c) 产品牌号；

d) 产品型号；

e) 产品规格；

f) 产品批号；

g) 件数或净重；

h) 各项分析检验结果和质量检验部门检印；

i) 本标准编号；

j) 出厂日期。

8 订货单(或合同)内容

订购本标准所列材料的订货单(或合同)应包括以下内容：

a) 产品名称；

b) 产品牌号；

c) 产品型号；

d) 产品规格；

e) 重量或件数；

f) 本标准要求的“应在合同中注明”的事项；

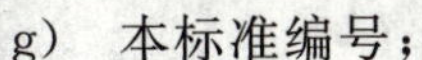

g) 本标准编号；

h) 增加本标准以外的协商结果。

附 录 A
（规范性附录）
烧结金属过滤元件耐压强度试验

A.1 适用范围

本方法适用于管状和片状烧结金属过滤元件，在其孔隙被石蜡堵塞的情况下，测定其承受流体压强的能力。管状元件有耐内压、外压两种强度，一般情况下，优先测量耐内压强度值。

A.2 试验方法

将过滤元件试样置于液压系统管路中，逐渐均匀地向试样加压，直至破裂或达到某特定值，试验系统所示负荷值为试样耐压强度值。

A.3 设备

A.3.1 耐压强度试验系统

试验系统如图 A.1 所示。

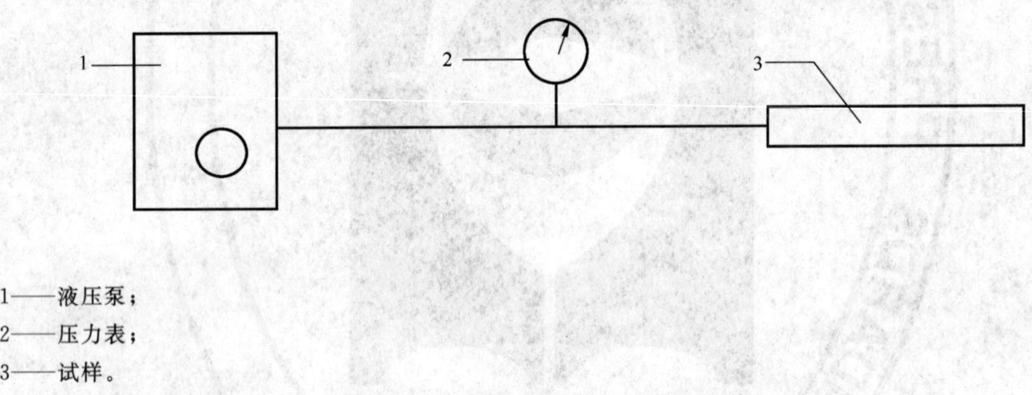

1——液压泵；
2——压力表；
3——试样。

图 A.1 液压强度试验系统示意图

A.3.2 液压泵

液压泵的性能应能保证流体压强大于试验所需的过滤元件的爆破压强，并保证均匀的流速，使压力稳定上升。

A.3.3 压力表

测试精度不低于 1 级的压力表。

A.3.4 试样夹具

有三种结构：分别适用于片状、管状试样外压、内压强度。如图 A.2 所示。

A.4 试样

管状试样长度为 150 mm 片状试样直径为 ϕ50 mm。

A.5 试验步骤

A.5.1 试验样品先作外观检查，不允许有裂纹等缺陷。

A.5.2 将石蜡熔化，保持温度为 60℃～66℃。

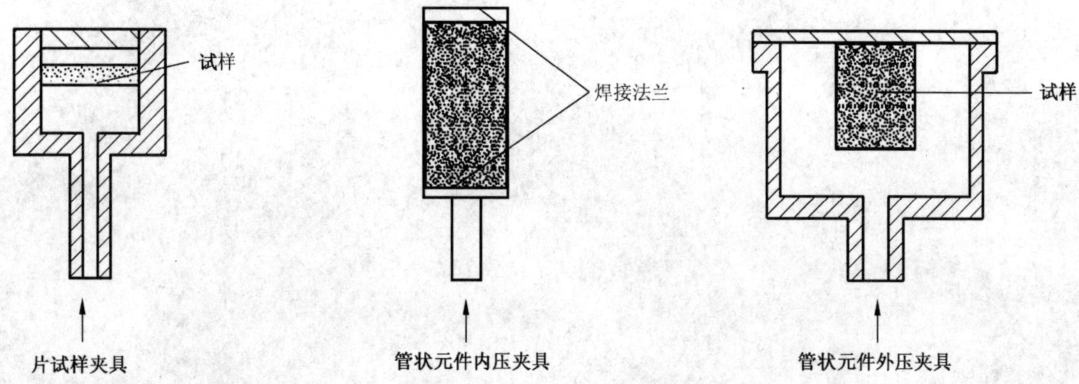

图 A.2　三种试验夹具

A.5.3　将试样浸入熔融石蜡中，3 min 后提出试样冷却，凝固的石蜡在试样表面应当均匀，且保证孔洞全部堵塞封闭。

A.5.4　压力试验的介质为水或液压油等液体，试验液体温度为 15℃～30℃。

A.5.5　将试样固定在夹具上。

A.5.6　启动液压泵，逐步提高压力，升压速度保持在 0.1 MPa/min 左右，观察并记录破坏的压强或是否达到预期的压强。

A.5.7　卸下试样，清洗夹具和管路系统。

A.6　试验报告

试验报告应包括下列项目：

a)　注明本标准号；

b)　必须的详细说明；

c)　测试结果。

ICS 81.080
Q 40

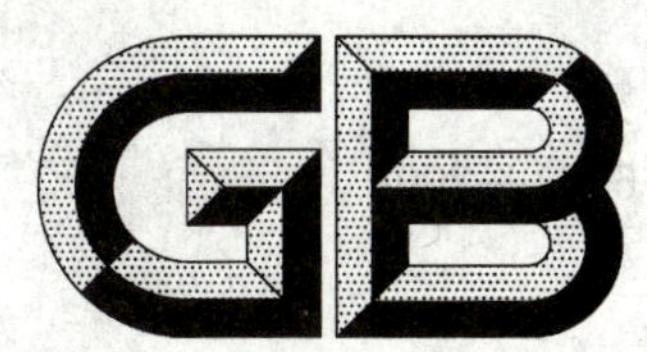

中华人民共和国国家标准

GB/T 6901—2008
代替 GB/T 6901.1～6901.11—2004

硅质耐火材料化学分析方法

Chemical analysis of silica refractories

2008-05-08 发布　　　　2008-11-01 实施

中华人民共和国国家质量监督检验检疫总局
中国国家标准化管理委员会　发布

前 言

本标准是对 GB/T 6901.1～6901.11—2004《硅质耐火材料化学分析方法》的整合修订，本标准与上一版的主要区别如下：

——将原来的 11 个部分合并按章编写，并对标准的结构和格式进行了调整；

——扩展了分析方法的测定范围；

——修改了分析方法的允许差；

——重量-钼蓝光度法[$w(SiO_2)\leqslant 96\%$]增加了铂坩埚熔样法；

——增加了测定高纯硅质材料[$w(SiO_2)\geqslant 98\%$]二氧化硅的差减法；

——增加了测定氧化钙、氧化镁的 EDTA 容量法；

——增加了测定氧化钾、氧化钠的火焰光度法。

本标准代替 GB/T 6901.1～6901.11—2004。

本标准的附录 A 是规范性附录。

本标准由全国耐火材料标准化技术委员会(SAC/TC 193)提出并归口。

本标准起草单位：中钢集团洛阳耐火材料研究院、山西西小坪耐火材料有限公司、中钢集团耐火材料有限公司、中冶集团武汉冶建技术研究有限公司。

本标准主要起草人：梁献雷、郭秋红、郝良军、任国涛、王玉霞、曹海洁、杨红、靖振梅。

本标准所代替标准的历次版本发布情况为：

——GB/T 6901.1～6901.11—1986；

——GB/T 6901.1～6901.11—2004。

硅质耐火材料化学分析方法

1 范围

本标准规定了硅质耐火材料化学分析方法。本标准分析的项目如下：

a) 灼烧减量(LOI)；

b) 二氧化硅(SiO_2)；

c) 氧化铝(Al_2O_3)；

d) 氧化铁(Fe_2O_3)；

e) 二氧化钛(TiO_2)；

f) 氧化钙(CaO)；

g) 氧化镁(MgO)；

h) 氧化钾(K_2O)；

i) 氧化钠(Na_2O)；

j) 氧化锰(MnO)；

k) 五氧化二磷(P_2O_5)。

本标准适用于分析元素的测定范围见表1。

表1 测定范围

分析项目	范围(质量分数)/%	分析项目	范围(质量分数)/%
LOI	≤20	MgO	≤5
SiO_2	≥65	K_2O	≤15
Al_2O_3	≤35	Na_2O	≤15
Fe_2O_3	≤5	MnO	≤1
TiO_2	≤1	P_2O_5	≤5
CaO	≤5		

2 规范性引用文件

下列文件中的条款通过本标准的引用而成为本标准的条款。凡是注日期的引用文件，其随后所有的修改单(不包括勘误的内容)或修订版均不适用于本标准，然而，鼓励根据本标准达成协议的各方研究是否可使用这些文件的最新版本。凡是不注日期的引用文件，其最新版本适用于本标准。

GB/T 6900—2006 铝硅系耐火材料化学分析方法

GB/T 7728—1987 冶金产品化学分析 火焰原子吸收光谱法通则

GB/T 8170 数值修约规则

GB/T 10325 定形耐火制品抽样验收规则

GB/T 12805—1991 实验室玻璃仪器 滴定管(neq ISO 385:1984)

GB/T 12806—1991 实验室玻璃仪器 单标线容量瓶(eqv ISO 1042:1983)

GB/T 12808—1991 实验室玻璃仪器 单标线吸量管(eqv ISO 648:1977)

GB/T 17617—1998 耐火原料和不定形耐火材料 取样(neq ISO 8656-1:1988)

3 仪器和设备

3.1 天平(感量 0.1 mg)。

3.2 铂坩埚或瓷坩埚(30 mL)。

3.3 铂皿(75 mL)。

3.4 自动控温干燥箱。

3.5 高温炉:最高使用温度≥1 100℃,且能自动控温的箱式电炉。

3.6 分光光度计,波长范围约 380 nm~780 nm。

3.7 火焰光度计。

火焰光度计在最佳条件下应达到下列指标:

——稳定性:同一测试溶液在 15 s 内连续进样,仪器读数漂移应不大于 2;

——重现性:同一测试溶液重复测定 7 次,测量值的相对偏差<1.5%。

3.8 原子吸收光谱仪:备有空气-乙炔燃烧器,钙、镁、钾、钠、锰空心阴极灯。空气和乙炔气体要足够纯净,以提供稳定清澈的贫燃火焰。

其"精密度的最低要求"、"特征浓度"、"检出限"和"标准曲线的线性(弯曲程度)"应符合 GB/T 7728—1987 的规定。

3.9 吸量管:GB/T 12808—1991 A 类。

3.10 滴定管:GB/T 12805—1991 A 类。

3.11 容量瓶:GB/T 12806—1991 A 类。

3.12 玻璃漏斗。

4 试样制备

4.1 采样

按 GB/T 10325 和 GB/T 17617—1998 采集实验室样品。

4.2 制备

4.2.1 将实验室样品全部破碎至 6.7 mm 以下,按四分法缩分至约 100 g。

4.2.2 当合同另有取样约定或由于产品形式的限制,无法取得≥100 g 的实验室样品时,可以例外。

4.2.3 将缩分后的样品粉碎至 0.5 mm 以下,继续缩分,并加工成粒度小于 0.090 mm 的试样。

4.2.4 试样分析前应在 105℃~110℃烘 2 h,置于干燥器中冷至室温。

5 通则

5.1 一般规定

分析时,仅使用认可的分析纯试剂和蒸馏水或去离子水或纯度相当的水。

5.2 测定次数

在重复性条件下测定 2 次。

5.3 空白试验

在重复性条件下做空白试验。

5.4 结果表述

所得结果应按 GB/T 8170 修约,保留 2 位小数;当含量<0.10%时结果保留 2 位有效数字;如果委托方供货合同或有关标准另有要求时,按要求的位数修约。

5.5 分析结果的采用

当所得试样的 2 个有效分析值之差不大于表 2 所规定的允许差时,以其算术平均值作为最终分析结果;否则,应按附录 A 的规定进行追加分析和数据处理。

5.6 质量保证和控制

5.6.1 工作曲线应定期(不超过 3 个月)用标准物质校准一次。如果仪器维修或更换部件(如灯泡等),应重新绘制工作曲线,并用同类型标准物质校准。当标准物质的分析值与标准值之差大于表 2 所规定允许差的 0.7 倍时,应重新绘制工作曲线。

5.6.2 一般情况下,标准滴定溶液的浓度应每 2 个月重新标定一次;如果 2 个月内温度变化超过 10℃时,应及时标定一次。重新标定后,应用标准物质进行验证,当标准物质的分析值与标准值之差不大于表 2 所规定允许差的 0.7 倍时,则标定结果有效,否则无效。

仲裁试验时,应随同试样分析同类型标准物质。当标准物质的分析值与标准值之差不大于表 2 所规定允许差的 0.7 倍时,则试样分析值有效,否则无效。

6 试验报告

试验报告应至少包括以下内容:

——委托单位;

——试样名称;

——分析结果;

——使用标准(GB/T 6901—2008);

——与规定的分析步骤的差异(如有必要);

——在试验中观察到的异常现象(如有必要);

——试验日期。

表 2 分析值允许差

<table>
<tr><th rowspan="2">含量范围
(质量分数)/%</th><th colspan="11">各元素分析值允许差/%</th></tr>
<tr><th>LOI</th><th>SiO_2</th><th>Al_2O_3</th><th>Fe_2O_3</th><th>TiO_2</th><th>CaO</th><th>MgO</th><th>K_2O</th><th>Na_2O</th><th>MnO</th><th>P_2O_5</th></tr>
<tr><td>≤0.1</td><td rowspan="2">0.05</td><td rowspan="2">—</td><td rowspan="2">0.04</td><td rowspan="2">0.03</td><td>0.01</td><td>0.02</td><td>0.02</td><td>0.02</td><td>0.02</td><td>0.01</td><td>0.01</td></tr>
<tr><td>>0.1~≤0.5</td><td>0.02</td><td>0.05</td><td>0.05</td><td>0.05</td><td>0.05</td><td>0.02</td><td>0.02</td></tr>
<tr><td>>0.5~≤1</td><td>0.10</td><td rowspan="2">—</td><td>0.10</td><td>0.10</td><td>0.10</td><td>0.10</td><td>0.10</td><td>0.10</td><td>0.10</td><td>0.05</td><td rowspan="2">0.06</td></tr>
<tr><td>>1~≤2</td><td rowspan="2">0.20</td><td>0.15</td><td rowspan="2">0.15</td><td>—</td><td>0.15</td><td>0.15</td><td>0.15</td><td>0.15</td><td>—</td></tr>
<tr><td>>2~≤5</td><td>—</td><td>0.20</td><td>—</td><td>0.20</td><td>0.20</td><td>0.20</td><td>0.20</td><td>—</td><td>0.10</td></tr>
<tr><td>>5~≤15</td><td>0.25</td><td>—</td><td>0.30</td><td>—</td><td>—</td><td>—</td><td>—</td><td>0.30</td><td>0.30</td><td>—</td><td>—</td></tr>
<tr><td>>15~≤35</td><td>0.30</td><td>—</td><td>0.40</td><td>—</td><td>—</td><td>—</td><td>—</td><td>—</td><td>—</td><td>—</td><td>—</td></tr>
<tr><td>>35~≤65</td><td>—</td><td>—</td><td>—</td><td>—</td><td>—</td><td>—</td><td>—</td><td>—</td><td>—</td><td>—</td><td>—</td></tr>
<tr><td>>65~<98</td><td>—</td><td>0.50</td><td>—</td><td>—</td><td>—</td><td>—</td><td>—</td><td>—</td><td>—</td><td>—</td><td>—</td></tr>
<tr><td>≥98</td><td>—</td><td>0.30</td><td>—</td><td>—</td><td>—</td><td>—</td><td>—</td><td>—</td><td>—</td><td>—</td><td>—</td></tr>
<tr><td colspan="12">对于微量成分,当分析值的平均值小于允许差的 2 倍时,其允许差为该分析值的 1/2。</td></tr>
</table>

7 灼烧减量的测定

按 GB/T 6900—2006 第 7 章的规定进行。

8 二氧化硅的测定

二氧化硅的测定可根据含量范围按以下 3 种方法之一进行:

a) 氢氟酸重量法[$94\% \leqslant w(SiO_2) \leqslant 99\%$](8.1);

b) 重量-钼蓝光度法[$w(SiO_2) \leqslant 96\%$](8.2);

c) 差减法[$w(SiO_2)\geqslant 98\%$](8.3)。

8.1 氢氟酸重量法[$94\%\leqslant w(SiO_2)\leqslant 99\%$]

8.1.1 原理

试样经灼烧至恒量后,用氢氟酸、硝酸溶解,蒸干挥散除硅,再以硝酸赶氟。于1 000℃~1 100℃灼烧至恒量。两次称量之差,即为二氧化硅量。

8.1.2 试剂

8.1.2.1 硝酸(ρ1.42 g/mL)。

8.1.2.2 氢氟酸(ρ1.13 g/mL)。

8.1.3 试料量

称取约0.50 g试样,精确至0.1 mg。

8.1.4 测定

8.1.4.1 将试料置于铂坩埚中(3.2),加盖并稍留缝隙,放入1 000℃~1 100℃高温炉(3.5)中,灼烧1 h。取出,稍冷,放入干燥器中冷至室温,称量。重复灼烧(每次15 min),称量,直至恒量(两次灼烧称量的差值不大于0.2 mg即为恒量)。

8.1.4.2 将坩埚置于通风橱内,沿坩埚壁缓缓加入3 mL硝酸(8.1.2.1)、7 mL氢氟酸(8.1.2.2),加盖并稍留缝隙,置于低温电炉上,在不沸腾的情况下,加热约30 min(此时试液应清澈)。用少量水洗净坩埚盖,去盖,继续加热蒸干。取下冷却,再加5 mL硝酸(8.1.2.1)、10 mL氢氟酸(8.1.2.2)重新蒸发至干。

8.1.4.3 沿坩埚壁缓缓加入5 mL硝酸(8.1.2.1)蒸发至干,同样再用硝酸(8.1.2.1)处理两次,然后升温至冒尽黄烟。

8.1.4.4 将坩埚置于高温炉(3.5)内,初以低温,然后升温至1 000℃~1 100℃灼烧30 min,取出,稍冷,放入干燥器中冷至室温,称量。重复灼烧(每次15 min),称量,直至恒量(两次灼烧称量的差值不大于0.2 mg即为恒量)。

8.1.5 分析结果的计算

二氧化硅量用质量分数$w(SiO_2)$计,数值以%表示,按式(1)计算:

$$w(SiO_2)=\frac{m_1-m_2+(m_3-m_4)}{m}\times 100 \qquad (1)$$

式中:

m_1——试料与铂坩埚灼烧后质量的数值,单位为克(g);

m_2——氢氟酸处理并灼烧后残渣与铂坩埚质量的数值,单位为克(g);

m_3——试剂空白与铂坩埚质量的数值,单位为克(g);

m_4——测定试剂空白用铂坩埚质量的数值,单位为克(g);

m——试料质量的数值,单位为克(g)。

8.2 重量-钼蓝光度法[$w(SiO_2)\leqslant 96\%$]

8.2.1 原理

试样用碳酸钠-硼酸混合熔剂熔融,盐酸-硫酸混合溶液浸取,用聚氧化乙烯作凝聚剂凝聚硅酸,经过滤并灼烧成二氧化硅。然后用氢氟酸处理,使硅以四氟化硅的形式除去。氢氟酸处理前后的质量之差即为二氧化硅的主量。再用熔剂处理残渣,稀盐酸浸取,以钼蓝光度法测定滤液中残余的二氧化硅量,两者之和即为试样中二氧化硅的量。

8.2.2 试剂

8.2.2.1 无水碳酸钠。

8.2.2.2 硼酸。

8.2.2.3 混合熔剂:按质量比将10份无水碳酸钠与1份硼酸研细,混匀。

8.2.2.4 混合熔剂：按质量比将2份无水碳酸钠与1份硼酸研细，混匀。

8.2.2.5 钼酸铵[$(NH_4)_6Mo_7O_{24}\cdot 4H_2O$]溶液(50 g/L)，过滤后存放于塑料瓶中。

8.2.2.6 硫酸亚铁铵溶液(40 g/L)：取4 g硫酸亚铁铵[$FeSO_4(NH_4)_2SO_4\cdot 6H_2O$]溶于水中，加5 mL硫酸(1+1)，用水稀释至100 mL，混匀，过滤后使用，用时配制。

8.2.2.7 乙二酸-硫酸混合溶液：取15 g乙二酸($H_2C_2O_4\cdot 2H_2O$)溶于250 mL硫酸(1+8)中，用水稀释至1 000 mL，混匀，过滤后使用。

8.2.2.8 聚氧化乙烯溶液(0.5 g/L)：取0.1 g聚氧化乙烯溶解到200 mL水中，再滴加2滴盐酸，搅拌溶解。保证使用期2周。

8.2.2.9 硝酸银溶液(10 g/L)。

8.2.2.10 氢氟酸(ρ1.13 g/mL)。

8.2.2.11 盐酸(1+1)。

8.2.2.12 盐酸(1+50)。

8.2.2.13 硫酸(1+1)。

8.2.2.14 二氧化硅标准溶液(含SiO_2 0.2 mg/mL)：称取0.200 0 g预先在1 000℃灼烧2 h并冷至室温的二氧化硅(99.99%)于铂坩埚中，加入2 g～3 g无水碳酸钠，盖上坩埚盖并稍留缝隙，置于1 000℃高温炉中熔融5 min～10 min，取出，冷却。置于盛有100 mL沸水的聚四氟乙烯烧杯中，低温加热浸取熔块至溶液清亮，用热水洗出坩埚及盖，冷至室温。移入1 000 mL容量瓶(3.11)中，用水稀释至刻度，摇匀，贮存于塑料瓶中。

8.2.2.15 二氧化硅标准溶液(含SiO_2 0.04 mg/mL)：用吸量管(3.9)移取20 mL二氧化硅标准溶液(8.2.2.14)于100 mL容量瓶(3.11)中，用水稀释至刻度，摇匀。

8.2.3 试料量

称取约0.30 g试样，精确至0.1 mg。

8.2.4 测定

试样的熔融处理按下列2种方法之一进行：

a) 铂皿熔样法(8.2.4.1)；

b) 铂坩埚熔样法(8.2.4.2)。

8.2.4.1 铂皿熔样法

8.2.4.1.1 将试料置于盛有4 g混合熔剂(8.2.2.3)的铂皿(3.3)中，混匀，置于800℃～900℃高温炉(3.5)中，升温至1 000℃～1 100℃熔融5 min～10 min，待试样完全熔解。取出铂皿，冷却。

8.2.4.1.2 分次加入30 mL盐酸(8.2.2.11)和2 mL硫酸(8.2.2.13)，放到电炉上低温加热至熔融物完全溶解。继续加热约40 min，此时溶液呈胶状，取下铂皿。

8.2.4.1.3 加适量纸浆，搅匀，加10.0 mL聚氧化乙烯溶液(8.2.2.8)，搅匀，放置5 min，用短颈漏斗、中速滤纸过滤，滤液用250 mL容量瓶(3.11)承接。将沉淀全部转移到滤纸上，并用热盐酸(8.2.2.12)洗涤沉淀2次，再用热水洗至无氯离子[用硝酸银溶液(8.2.2.9)检查]。以下按8.2.4.3进行。

8.2.4.2 铂坩埚熔样法

8.2.4.2.1 将试料置于盛有3 g～4 g混合熔剂(8.2.2.3)的铂坩埚(3.2)中，混匀。再覆盖1 g～2 g混合熔剂(8.2.2.3)，盖上坩埚盖并稍留缝隙，置于800℃～900℃高温炉中，升温至1 000℃～1 100℃熔融15 min～30 min，取出，旋转坩埚，使熔融物均匀附着于坩埚内壁，冷却。

8.2.4.2.2 用滤纸擦净坩埚外壁，放入盛有煮沸的30 mL盐酸(8.2.2.11)和50 mL水的烧杯中，加热浸出熔融物至溶液清亮(硅高时会有硅酸胶体析出)，以水洗出坩埚及盖，低温加热蒸发溶液至10 mL左右。取下，冷却。

8.2.4.2.3 加入少许纸浆，边搅拌边加入15.00 mL聚氧化乙烯溶液(8.2.2.8)，放置5 min，用慢速定量滤纸过滤，滤液用250 mL容量瓶(3.11)承接。用热盐酸(8.2.2.12)洗涤并将沉淀全部转移到滤纸上，再洗涤3～5次。然后用热水洗至无氯离子[用硝酸银溶液(8.2.2.9)检查]。以下按8.2.4.3进行。

8.2.4.3 将8.2.4.1.3或8.2.4.2.3中的沉淀连同滤纸放到铂坩埚(3.2)中，加4滴硫酸(8.2.2.13)放到700℃以下高温炉中，敞开炉门低温灰化，待沉淀完全变白后，开始升温。升至1 000℃～1 050℃后保温1 h取出稍冷，即放入干燥器中，冷至室温，称量。重复灼烧(每次15 min)，称量，直至恒量(m_1)(当两次称量的差值不大于0.2 mg时，即为恒量)。

8.2.4.4 加数滴水润湿沉淀，加4滴硫酸(8.2.2.13)、10 mL氢氟酸(8.2.2.10)，低温蒸发至冒尽白烟。将坩埚置于1 000℃～1 050℃高温炉中灼烧15 min取出稍冷，即放入干燥器中，冷至室温，称量。重复灼烧(每次15 min)，称量，直至恒量(m_2)。

8.2.4.5 加约1 g混合熔剂(8.2.2.4)到烧后的坩埚中，置于1 000℃～1 050℃高温炉中熔融5 min，取出冷却。加5 mL盐酸(8.2.2.11)浸取，合并到原滤液(8.2.4.1.3或8.2.4.2.3)中，用水稀释到刻度，摇匀。此溶液为试液A，用于测定残余二氧化硅、氧化铝、氧化铁和二氧化钛。

8.2.4.6 用吸量管(3.9)移取10 mL试液A于100 mL容量瓶(3.11)中。加入10 mL水、5 mL钼酸铵溶液(8.2.2.5)，摇匀，于室温下放置20 min(室温低于15℃则在约30℃的温水浴中进行)。

8.2.4.7 加入50 mL乙二酸-硫酸混合溶液(8.2.2.7)，摇匀，放置0.5 min～2 min，加入5 mL硫酸亚铁铵溶液(8.2.2.6)，用水稀释至刻度，摇匀。

8.2.4.8 用10 mm吸收皿，于分光光度计波长690 nm处，以空白试验溶液为参比测量其吸光度。

8.2.5 工作曲线的绘制

用滴定管(3.10)移取0、1.00 mL、2.00 mL、3.00 mL、4.00 mL、5.00 mL、6.00 mL、7.00 mL、8.00 mL二氧化硅标准溶液(8.2.2.15)，分别置于一组100 mL容量瓶(3.11)中，加1 mL盐酸(8.2.2.11)，加水至10 mL。以下按8.2.4.6和8.2.4.7操作，用10 mm吸收皿，于分光光度计波长690 nm处，以试剂空白为参比测量其吸光度，绘制工作曲线或利用仪器工作程序建立回归方程。

8.2.6 分析结果的计算

二氧化硅量用质量分数$w(SiO_2)$计，数值以%表示，按式(2)计算：

$$w(SiO_2)=\frac{m_1-m_2+m_3\times V/V_1-m_4}{m}\times 100 \quad \cdots\cdots(2)$$

式中：

m_1——氢氟酸处理前沉淀与坩埚质量的数值，单位为克(g)；

m_2——氢氟酸处理后沉淀与坩埚质量的数值，单位为克(g)；

m_3——由工作曲线或回归方程求得分取试样溶液中二氧化硅量的数值，单位为克(g)；

m_4——重量法空白试验二氧化硅量的数值，单位为克(g)；

V_1——分取试样溶液体积的数值，单位为毫升(mL)；

V——试样溶液总体积的数值，单位为毫升(mL)；

m——试料质量的数值，单位为克(g)。

8.3 差减法[$w(SiO_2)\geqslant 98\%$]

本方法适用于除硅、铁、铝、钛、钙、镁、磷、锰、钾、钠氧化物以外，其他微量元素之和小于0.05%，$w(SiO_2)\geqslant 98\%$的高纯硅质材料中二氧化硅量的测定。铁、铝、钛、钙、镁、磷、锰、钾、钠氧化物及灼烧减量按相应分析方法进行测量。

二氧化硅量用质量分数$w(SiO_2)$计，数值以%表示，按式(3)计算：

$$w(SiO_2)=100-w(Fe_2O_3)-w(Al_2O_3)-w(TiO_2)-w(CaO)-w(MgO)-w(P_2O_5)-w(MnO)-w(Na_2O)-w(K_2O)-w(LOI) \quad \cdots\cdots(3)$$

式中：

$w(M)$——分别为各分析物的质量分数。

9 氧化铝的测定

氧化铝的测定可根据含量范围按下列 2 种方法之一进行：

a) 铬天青 S 光度法[$w(Al_2O_3)\leqslant 0.75\%$](9.1)；

b) 氟盐置换 EDTA 容量法[$w(Al_2O_3)\geqslant 0.3\%$](9.2)。

9.1 铬天青 S 光度法[$w(Al_2O_3)\leqslant 0.75\%$]

9.1.1 原理

试样用氢氟酸-硫酸挥散除硅，残渣用混合熔剂熔融，稀盐酸浸取。分取部分试样溶液，以锌-EDTA掩蔽铁、锰等离子，在六次甲基四胺溶液缓冲条件下，铝与铬天青 S 生成紫红色络合物，于分光光度计波长 545 nm 处测量吸光度。钛的干扰可加过氧化氢溶液消除。

9.1.2 试剂

9.1.2.1 混合熔剂：按质量比将 2 份无水碳酸钠(优级纯)与 1 份硼酸(优级纯)研细，混匀。

9.1.2.2 盐酸(1+1)，用优级纯盐酸配制。

9.1.2.3 盐酸(1+14)，用优级纯盐酸配制。

9.1.2.4 氢氟酸(ρ1.13 g/mL)。

9.1.2.5 硫酸(1+1)。

9.1.2.6 过氧化氢溶液(3%)。

9.1.2.7 锌-EDTA 溶液：称取 1.276 g 氧化锌于 250 mL 烧杯中，加 100 mL 水和 6 mL 盐酸(1+1)，加热溶解，冷却至室温；另取 5.58 g 乙二胺四乙酸二钠于 500 mL 烧杯中，加 200 mL 水，加 5 mL 氨水(1+1)，加热溶解，冷却至室温。将两溶液按体积比 1+1 混匀混合，用盐酸(1+1)和氨水(1+1)调节溶液 pH 值至(5～6)，移入 1 000 mL 容量瓶中，以水稀释至刻度，混匀。

9.1.2.8 六次甲基四胺溶液(250 g/L)，贮于塑料瓶中。

9.1.2.9 氟化铵溶液(5 g/L)，贮于塑料瓶中。

9.1.2.10 铬天青 S 溶液(1 g/L)，用乙醇(1+9)配制，溶液配制后使用时间不超过一周。

9.1.2.11 氧化铝标准贮存溶液(含 Al_2O_3 0.2 mg/mL)：称取 0.105 8 g 金属铝(不低于 99.99%)于聚四氟乙烯烧杯中，加 50 mL 氢氧化钠溶液(200 g/L)低温加热溶解，冷却。加盐酸(9.1.2.2)中和至呈酸性后再过量 20 mL，加热至溶液清亮，冷却。将溶液移入 1 000 mL 容量瓶(3.11)中，以水稀释至刻度，混匀。

9.1.2.12 氧化铝标准溶液(含 Al_2O_3 4 μg/mL)：移取 20.00 mL 氧化铝标准溶液(9.1.2.11)于 1 000 mL容量瓶(3.11)中，加 10 mL 盐酸(9.1.2.2)，以水稀释至刻度，混匀。此溶液含Al_2O_3 4 μg/mL。

9.1.2.13 氧化铝标准溶液(含 Al_2O_3 2 μg/mL)：移取 10.00 mL 氧化铝标准溶液(9.1.2.11)于 1 000 mL容量瓶(3.11)中，加 10 mL 盐酸(9.1.2.2)，以水稀释至刻度，混匀。

9.1.3 试料量

称取约 0.50 g 试料，精确至 0.1 mg。

9.1.4 测定

9.1.4.1 将试料置于铂坩埚(3.2)中，用少量水润湿，加 1 mL 硫酸(9.1.2.5)、10 mL 氢氟酸(9.1.2.4)，放置 5 min，于低温电炉上加热至冒尽白烟，取下。将坩埚放入 700℃高温炉中，逐渐升温至 1 000℃灼烧 5 min，取出冷却。加入 3 g～4 g 混合熔剂(9.1.2.1)，加盖，置于 1 000℃～1 100℃高温炉中使其完全熔融，取出冷却。

9.1.4.2 用滤纸擦净坩埚外壁，放入盛有煮沸的含 25 mL 盐酸(9.1.2.2)及 50 mL 水的 200 mL 烧杯中，加热浸出熔融物至溶液清亮，用水洗出坩埚及盖，冷却，移入 250 mL 容量瓶中，用水稀释至刻度，摇匀。此溶液为试液 B，用于测定氧化铝、氧化铁、二氧化钛、氧化钙、氧化镁和五氧化二磷。

9.1.4.3 根据试样含氧化铝量，按表3分取2份试液B(9.1.4.2)于2个50 mL容量瓶中，一份作显色液，一份作参比液。

9.1.4.4 对$w(Al_2O_3)$>0.25%的试样需增加稀释步骤。移取20.00 mL试液B(9.1.4.2)于100 mL容量瓶中，加10 mL盐酸(9.1.2.3)，用水稀释至刻度，混匀。然后再移取2份10.00 mL稀释后的试样溶液于2个50 mL容量瓶中，一份作显色液，一份作参比液。

9.1.4.5 显色液：加5 mL锌-EDTA溶液(9.1.2.7)，混匀，放置3 min，加2.0 mL铬天青S溶液(9.1.2.10)，按表3加入六次甲基四胺溶液(9.1.2.8)，以水稀释至刻度，轻轻混匀。放置20 min。试样中有钛存在时，在加锌-EDTA溶液前加6滴过氧化氢溶液(9.1.2.6)。

9.1.4.6 参比液：按(9.1.4.5)操作，不同的是在加铬天青S溶液之前加5滴氟化铵溶液(9.1.2.9)。

9.1.4.7 选择合适的吸收皿(见表3)，于分光光度计波长545 nm处测量显色液的吸光度。

表3 按氧化铝的含量分取试液量

试样中氧化铝质量分数/%	分取试样溶液量/mL	加六次甲基四胺溶液量/mL	吸收皿/mm	工作曲线
0.01～0.05	10.00	10	30	9.1.5.1
>0.05～0.25	5.00	5	5	9.1.5.2
>0.25～0.75	20.00×(10/100)	5	5	9.1.5.2

9.1.5 **工作曲线的绘制**

9.1.5.1 用滴定管(3.10)移取1.00 mL、2.00 mL、3.00 mL、4.00 mL、5.00 mL氧化铝标准溶液(9.1.2.13)于一组50 mL容量瓶中，并按总量10 mL计，分别加入不同量的空白试验溶液。另取10 mL空白试验溶液按9.1.4.6操作制备参比液。以30 mm吸收皿，参比液调零，于分光光度计波长545 nm处测量吸光度，绘制工作曲线或利用仪器程序建立回归方程。

9.1.5.2 用滴定管(3.10)移取1.00 mL、2.00 mL、3.00 mL、4.00 mL、6.00 mL、8.00 mL氧化铝标准溶液(9.1.2.12)，于一组50 mL容量瓶中，并按总量10 mL计，分别加入不同量的空白试验溶液。另取10 mL空白试验溶液按9.1.4.6操作制备参比液。以5 mm吸收皿，参比液调零，于分光光度计波长545 nm处测量吸光度，绘制工作曲线或利用仪器程序建立回归方程。

9.1.6 **分析结果的表述**

氧化铝量用质量分数$w(Al_2O_3)$计，数值以%表示，按式(4)计算：

$$w(Al_2O_3)=\frac{m_1\times10^{-6}}{m\times V_1/V}\times100 \qquad (4)$$

式中：

V_1——分取试样溶液体积的数值，单位为毫升(mL)；

V——试样溶液总体积的数值，单位为毫升(mL)；

m_1——由工作曲线或回归方程求得分取试样溶液中氧化铝量的数值，单位为微克(μg)；

m——试料质量的数值，单位为克(g)。

9.2 **氟盐置换EDTA容量法[$w(Al_2O_3)\geqslant0.3\%$]**

9.2.1 **原理**

试样用硫酸-氢氟酸除硅，混合熔剂熔融，稀盐酸浸取。钛用苯羟乙酸掩蔽。在过量EDTA存在下，调pH值至(3～4)，加热使铝、铁等离子与EDTA络合，加入pH值=5.5的六次甲基四胺缓冲溶液，以二甲酚橙为指示剂，先用乙酸锌标准滴定溶液滴定过量的EDTA，再用氟盐取代与铝络合的EDTA，最后用乙酸锌标准滴定由氟盐取代出的EDTA，求得氧化铝量。

9.2.2 **试剂**

9.2.2.1 混合熔剂：按质量比将2份无水碳酸钠与1份硼酸研细，混匀。

9.2.2.2 氟化铵溶液(100 g/L)。

9.2.2.3 苯羟乙酸(苦杏仁酸)溶液(100 g/L):微热溶解。

9.2.2.4 六次甲基四胺缓冲溶液(pH 值=5.5):称取 200 g 六次甲基四胺于烧杯中,加水溶解,加 40 mL盐酸(ρ1.19 g/mL),加水至 1 000 mL 混匀。

9.2.2.5 EDTA 溶液(10 g/L),此溶液 1 mL 约相当于 1.3 mg Al_2O_3。

9.2.2.6 氨水(ρ0.90 g/mL)。

9.2.2.7 硫酸(1+1)。

9.2.2.8 盐酸(1+1)。

9.2.2.9 氢氟酸(ρ1.13 g/mL)。

9.2.2.10 氢氧化钠溶液(500 g/L)。

9.2.2.11 乙酸锌溶液(10 g/L):称取 10 g 乙酸锌[$Zn(CH_3COO)_2 \cdot 2H_2O$]溶于 1 000 mL 水中,用冰乙酸调至溶液 pH 值至(5.5~6.0)。

9.2.2.12 氧化铝基准溶液 $c(1/2Al_2O_3)$=0.02 mol/L:称取 0.539 6 g 金属铝(99.99%),置于聚四氟乙烯烧杯中,加 20 mL 水及 8 mL~10 mL 氢氧化钠溶液(9.2.2.10),待溶解完全后,滴加盐酸(ρ1.19 g/mL)至沉淀出现再溶解,再过加 10 mL,加热煮沸使溶液透明,冷至室温,移入 1 000 mL 容量瓶(3.11)中,用水稀释至刻度,摇匀。

9.2.2.13 乙酸锌标准滴定溶液 $c[Zn(CH_3COO)_2]$=0.01 mol/L 或 $c[Zn(CH_3COO)_2]$=0.02 mol/L:称取表 4 规定量的乙酸锌[$Zn(CH_3COO)_2 \cdot 2H_2O$],分别溶于 1 000 mL 水中,用冰乙酸调至溶液 pH 值至(5.5~6.0)。

表 4 乙酸锌的配制

$c[Zn(CH_3COO)_2]$/(mol/L)	乙酸锌[$Zn(CH_3COO)_2 \cdot 2H_2O$]的质量/g
0.01	2.2
0.02	4.4

标定:按表 5 规定量用滴定管(3.10)移取 3 份氧化铝基准溶液(9.2.2.12)分别置于 400 mL 烧杯中,加 10 mL 苯羟乙酸溶液(9.2.2.3),加相应量的 EDTA 溶液(9.2.2.5),加水至约 100 mL,加热至 70℃~80℃,加 1 滴~2 滴溴酚蓝溶液(9.2.2.14),用氨水(9.2.2.6)调至溶液刚呈蓝色,加热煮沸 3 min~5 min,取下冷却至室温,以下按(9.2.4.4)~(9.2.4.5) 操作,记下第 2 次滴定消耗乙酸锌标准滴定溶液的体积。3 份氧化铝基准溶液所消耗乙酸锌标准溶液体积(mL)的极差不应超过 0.10 mL,取其平均值,否则,应重新标定。

表 5 乙酸锌的标定

$c[Zn(CH_3COO)_2]$/(mol/L)	分取氧化铝基准溶液(9.2.2.12)/mL	加 EDTA 溶液(9.2.2.5)/mL
0.01	15.00	15
0.02	30.00	20

乙酸锌标准滴定溶液的浓度用物质的量浓度 $c[Zn(CH_3COO)_2]$计,数值以 mol/L 表示,按式(5)计算,保留 4 位有效数字:

$$c[Zn(CH_3COO)_2] = \frac{c_1V_1}{V} \qquad \cdots\cdots(5)$$

式中:

c_1——氧化铝基准溶液(9.2.2.12)浓度的准确数值,单位为摩尔每升(mol/L);

V_1——移取氧化铝基准溶液(9.2.2.12)体积的数值,单位为毫升(mL);

V——滴定 3 份氧化铝基准溶液所消耗乙酸锌标准滴定溶液(9.2.2.13)的平均体积的数值,单位为毫升(mL)。

9.2.2.14 溴酚蓝溶液(1 g/L)。

9.2.2.15 二甲酚橙溶液(5 g/L):贮存于棕色瓶中,可用一周。

9.2.3 **试料量**

称取约0.15 g试料,精确至0.1 mg。

9.2.4 **测定**

9.2.4.1 将试料置于铂坩埚中,用几滴水润湿试料,加8 mL~10 mL氢氟酸(9.2.2.9)、1 mL硫酸(9.2.2.7),放置5 min,置于电炉上加热,直至冒尽白烟。将铂坩埚放到700℃高温炉中,逐渐升温至1 000℃灼烧5 min,取出冷却,加3 g~4 g混合熔剂(9.2.2.1),置于1 000℃~1 100℃高温炉中使其完全熔融,取出,冷却。

9.2.4.2 用滤纸擦净坩埚外壁,放入盛有煮沸的含20 mL盐酸(9.2.2.8)和80 mL水的250 mL烧杯中,加热浸出熔融物至溶液清亮,用水洗出坩埚及盖,再加水至约150mL[或用吸量管(3.9)移取100 mL(8.2.4.5)之试液A,置于400 mL烧杯中,再加水至约150 mL]。

9.2.4.3 加10 mL苯羟乙酸溶液(9.2.2.3),搅拌后加足量EDTA溶液(9.2.2.5),并过量5 mL~10 mL,加热至70℃~80℃,加2滴溴酚蓝溶液(9.2.2.14),用氨水(9.2.2.6)调至溶液刚呈蓝色,加热煮沸3 min~5 min,取下冷至室温。

9.2.4.4 加15 mL六次甲基四胺缓冲溶液(9.2.2.4),加3滴二甲酚橙溶液(9.2.2.15),用乙酸锌溶液(9.2.2.11)滴至试液由黄色变为红色为终点(不记读数)。

9.2.4.5 加10 mL氟化铵溶液(9.2.2.2),搅匀,煮沸3 min~5 min,冷至室温,补加2滴二甲酚橙溶液(9.2.2.15),用乙酸锌标准滴定溶液(9.2.2.13)[$w(Al_2O_3) \leqslant 10\%$时,用$c[Zn(CH_3COO)_2]=0.01$ mol/L的标准滴定溶液。$w(Al_2O_3) > 10\%$时,用$c[Zn(CH_3COO)_2]=0.02$ mol/L的标准滴定溶液]滴定至试液变为红色即为终点。

9.2.5 **分析结果的计算**

氧化铝量用质量分数$w(Al_2O_3)$计,数值以%表示,按式(6)计算:

$$w(Al_2O_3) = \frac{101.961 \times c(V_1 - V_0) \times 10^{-3}}{2m \times V_2/V} \times 100 \qquad (6)$$

式中:

V_1——滴定试样溶液所消耗乙酸锌标准滴定溶液(9.2.2.13)体积的数值,单位为毫升(mL);

V_0——滴定空白所消耗乙酸锌标准滴定溶液(9.2.2.13)体积的数值,单位为毫升(mL);

V_2——分取试样溶液的体积的数值,单位为毫升(mL);

V——试样溶液总体积的数值,单位为毫升(mL);

c——乙酸锌标准滴定溶液浓度的准确数值,单位为摩尔每升(mol/L);

m——试料质量的数值,单位为克(g);

101.961——Al_2O_3的摩尔质量的数值,单位为克每摩尔(g/mol)。

10 氧化铁的测定

10.1 原理

试样用硫酸-氢氟酸挥散除硅后,残渣用混合熔剂熔融,盐酸浸取。用盐酸羟胺将Fe(Ⅲ)还原为Fe(Ⅱ),在弱酸性溶液中,Fe(Ⅱ)与邻二氮杂菲形成橙红色络合物,于分光光度计波长510 nm处测量其吸光度。

10.2 试剂

10.2.1 混合熔剂:按质量比将2份无水碳酸钠与1份硼酸研细,混匀。

10.2.2 盐酸羟胺溶液(100 g/L)。

10.2.3 邻二氮杂菲($C_{12}H_8N_2 \cdot H_2O$)溶液(10 g/L):用乙醇(1+1)配制。

10.2.4 乙酸铵溶液(200 g/L)。

10.2.5 氢氟酸(ρ1.13 g/mL)。

10.2.6 硫酸(1+1)。

10.2.7 盐酸(1+1)。

10.2.8 氧化铁标准溶液(含 Fe_2O_3 1 mg/mL):称取 1.000 0 g 预先在 105℃~110℃烘 2 h 并于干燥器中冷却至室温的氧化铁(99.99%),置于烧杯中,用少许水湿润,加入 40 mL 盐酸(10.2.7),低温加热溶解至溶液清亮,冷至室温,移入 1 000 mL 容量瓶(3.11)中,用水稀释至刻度,摇匀。

10.2.9 氧化铁标准溶液(含 Fe_2O_3 0.1 mg/mL):用吸量管(3.9)移取 50 mL 氧化铁标准溶液(10.2.8),置于 500 mL 容量瓶(3.11)中,用水稀释至刻度,摇匀。

10.2.10 氧化铁标准溶液(含 Fe_2O_3 0.01 mg/mL):用吸量管(3.9)移取 50 mL 氧化铁标准溶液(10.2.9),置于 500 mL 容量瓶(3.11)中,用水稀释至刻度,摇匀。

10.3 试料量

称取约 0.50 g 试样,精确至 0.1 mg。

10.4 测定

10.4.1 将试料置于铂坩埚中,用少量水润湿,加 1 mL 硫酸(10.2.6)、10 mL 氢氟酸(10.2.5),于低温电炉上加热至冒尽白烟,将坩埚置于 700℃高温炉中,逐渐升温至 1 000℃灼烧 5 min,取出冷却。加 3 g~4 g 混合熔剂(10.2.1),盖上坩埚盖并稍留缝隙,置于 1 000℃~1 050℃高温炉中使其完全熔融,取出,冷却。

10.4.2 用滤纸擦净坩埚外壁,放入盛有煮沸的含 25 mL 盐酸(10.2.7)和 50 mL 水的 250 mL 烧杯中,加热浸出熔融物至溶液清亮,用水洗出坩埚及盖,冷至室温,移入 250 mL 容量瓶中,用水稀释至刻度,混匀(此溶液作为试液 C 可供铁、铝、钛比色测定用)。

10.4.3 用吸量管(3.9)移取表 6 规定量的试液 C(10.4.2)或试液 B(9.1.4.2)[也可取相当量的试液 A(8.2.4.5)],置于 100 mL 容量瓶中,用水稀释至约 50 mL。

10.4.4 加入 5 mL 盐酸羟胺溶液(10.2.2)、5 mL 邻二氮杂菲溶液(10.2.3)、10 mL 乙酸铵溶液(10.2.4),用水稀释至刻度,摇匀,放置 30 min。

10.4.5 用合适吸收皿(见表 6),于分光光度计波长 510 nm 处,以空白试验溶液为参比测量其吸光度。

表 6 按氧化铁的含量选择吸收皿

氧化铁质量分数/%	0.050~0.25	>0.25~2.00	>2.00~5.00
吸收皿/mm	30	5	5
标准曲线	10.5.1	10.5.2	10.5.2
试液 C(10.4.2)或试液 B(9.1.4.2)量/mL	20	20	10

10.5 工作曲线的绘制

10.5.1 用滴定管(3.10)移取 0、2.00 mL、4.00 mL、6.00 mL、8.00 mL、10.00 mL、12.00 mL 氧化铁标准溶液(10.2.10),分别置于一组 100 mL 容量瓶(3.11)中,用水稀释至 50 mL,以下按(10.4.4)进行。用 30 mm 吸收皿,于分光光度计波长 510 nm 处,以试剂空白为参比测量其吸光度,绘制工作曲线或利用仪器程序建立回归方程。

10.5.2 用滴定管(3.10)移取 0、2.00 mL、4.00 mL、6.00 mL、8.00 mL、10.00 mL、12.00 mL 氧化铁标准溶液(10.2.9),分别置于一组 100 mL 容量瓶(3.11)中,用水稀释至 50 mL,以下按(10.4.4)进行。用 5 mm 吸收皿,于分光光度计波长 510 nm 处,以试剂空白为参比测量其吸光度,绘制工作曲线或利用仪器程序建立回归方程。

10.6 分析结果的计算

氧化铁量用质量分数 $w(Fe_2O_3)$计,数值以%表示,按式(7)计算:

$$w(Fe_2O_3) = \frac{m_1 \times 10^{-3}}{m \times V_1 / V} \times 100 \qquad \cdots\cdots(7)$$

式中：

V_1——分取试样溶液体积的数值，单位为毫升(mL)；

V——试样溶液总体积的数值，单位为毫升(mL)；

m_1——由工作曲线或回归方程求得分取试样溶液中氧化铁量的数值，单位为毫克(mg)；

m——试料质量的数值，单位为克(g)。

11 二氧化钛的测定

11.1 原理

试样用硫酸-氢氟酸挥散除硅后，残渣用混合熔剂熔融，盐酸浸取。在强酸性介质中钛与二安替比林甲烷形成黄色络合物，于分光光度计波长 390 nm 处测量其吸光度。

11.2 试剂

11.2.1 混合熔剂：按质量比将 2 份无水碳酸钠与 1 份硼酸研细，混匀。

11.2.2 抗坏血酸溶液(20 g/L)，用时配制。

11.2.3 二安替比林甲烷溶液(50 g/L)：用盐酸(1+23)配制。

11.2.4 氢氟酸(ρ1.13 g/mL)。

11.2.5 硫酸(1+1)。

11.2.6 盐酸(1+1)。

11.2.7 二氧化钛标准溶液(含 TiO_2 0.1 mg/mL)：称取 0.100 0 g 预先在 1 000℃灼烧 1 h 并于干燥器中冷却至室温的二氧化钛(99.99%)，置于铂坩埚中，加入 5 g～8 g 焦硫酸钾，置于高温炉中，逐渐升温至 700℃～800℃熔融，熔融物用 200 mL 硫酸(1+9)加热溶解，冷至室温后移入 1 000 mL 容量瓶(3.11)中，用硫酸(5+95)稀释至刻度，摇匀。

11.2.8 二氧化钛标准溶液(含 TiO_2 10 μg/mL)：用吸量管(3.9)移取 50 mL 二氧化钛标准溶液(11.2.7)置于 500 mL 容量瓶(3.11)中，用水稀释至刻度，摇匀。

11.3 试料量

称取约 0.50 g 试料，精确至 0.1 mg。

11.4 测定

11.4.1 将试料置于铂坩埚中，用少量水润湿，加 1 mL 硫酸(11.2.5)、10 mL 氢氟酸(11.2.4)，于低温电炉上加热至冒尽白烟，将坩埚置于 700℃高温炉中，逐渐升温至 1 000℃灼烧 5 min，取出冷却。加 3 g～4 g 混合熔剂(11.2.1)，盖上坩埚盖并稍留缝隙，置于 1 000℃～1 100℃高温炉中使其完全熔融，取出，冷却。

11.4.2 用滤纸擦净坩埚外壁，放入盛有煮沸的含 25 mL 盐酸(11.2.6)和 50 mL 水的 250 mL 烧杯中，加热浸出熔融物至溶液清亮，用水洗出坩埚及盖，冷至室温，移入 250 mL 容量瓶中，用水稀释至刻度，混匀(此溶液作为试液 D 可供铁、铝、钛比色测定用)。

11.4.3 用吸量管(3.9)移取 5 mL～25 mL 试液 D(11.4.2)或试液 C(10.4.2)[或试液 B(9.1.4.2)，也可取相当量的试液 A(8.2.4.5)]，于 50 mL 容量瓶中。

11.4.4 加入 5 mL 抗坏血酸溶液(11.2.2)，混匀，放置 3 min～5 min，再加入 6 mL 二安替比林甲烷溶液(11.2.3)、12 mL 盐酸(11.2.6)，用水稀释至刻度，摇匀，放置 40 min。

11.4.5 用 30 mm 吸收皿，于分光光度计波长 390 nm 处，以空白试验溶液为参比测量其吸光度。

11.5 工作曲线的绘制

用滴定管(3.10)移取 0、0.50 mL、1.00 mL、2.00 mL、4.00 mL、6.00 mL、8.00 mL、10.00 mL 二氧

化钛标准溶液(11.2.8),分别置于一组 50 mL 容量瓶(3.11)中,以下按(11.4.4)进行。用 30 mm 吸收皿,于分光光度计波长 390 nm 处,以试剂空白为参比测量其吸光度。绘制工作曲线或利用仪器程序建立回归方程。

11.6 **分析结果的计算**

二氧化钛量用质量分数 $w(TiO_2)$ 计,数值以%表示,按式(8)计算:

$$w(TiO_2) = \frac{m_1 \times 10^{-6}}{m \times V_1/V} \times 100 \qquad \cdots\cdots(8)$$

式中:

V_1——分取试样溶液体积的数值,单位为毫升(mL);

V—— 试样溶液总体积的数值,单位为毫升(mL);

m_1——由工作曲线或回归方程求得分取试样溶液中二氧化钛量的数值,单位为微克(μg);

m——试料质量的数值,单位为克(g)。

12 氧化钙、氧化镁的测定

氧化钙、氧化镁的测定可根据含量范围按下列方法之一进行:

a) EDTA 容量法测定氧化钙量[$w(CaO) \geqslant 0.5\%$](12.1);

b) EDTA 容量法测定氧化镁量[$w(MgO) \geqslant 0.5\%$](12.2);

c) 原子吸收光谱法测定氧化钙、氧化镁量[$w(CaO) \leqslant 5\%$、$w(MgO) \leqslant 2\%$](12.3)。

12.1 EDTA 容量法测定氧化钙量[$w(CaO) \geqslant 0.5\%$]

12.1.1 **原理**

试样用硫酸-氢氟酸挥散除硅后,残渣用混合熔剂熔融,盐酸浸取,用氨水分离铁、铝、钛等,取部分滤液,用三乙醇胺掩蔽干扰,加氢氧化钠使试样溶液 pH 值≈13,以钙指示剂指示,用 EDTA 标准溶液滴定氧化钙量。

12.1.2 **试剂**

12.1.2.1 混合熔剂:按质量比将 2 份无水碳酸钠与 1 份硼酸研细,混匀。

12.1.2.2 盐酸(1+1)。

12.1.2.3 氢氟酸(ρ1.13 g/mL)。

12.1.2.4 硫酸(1+1)。

12.1.2.5 氢氧化钠溶液(200 g/L)。

12.1.2.6 氨水(1+1)。

12.1.2.7 氯化铵饱和溶液:称取 40 g 氯化铵,溶于 100 mL 水中,混匀。

12.1.2.8 甲基红溶液(1 g/L):称取 0.1 g 甲基红溶于 60 mL 乙醇中,加水至 100 mL,混匀。

12.1.2.9 硝酸铵溶液(10 g/L):称取 1 g 硝酸铵溶于 100 mL 水中,加(1~2)滴甲基红(12.1.2.8),滴加氨水(12.1.2.6),呈弱碱性。

12.1.2.10 三乙醇胺溶液(1+10)。

12.1.2.11 氧化镁溶液(10 g/L):称取 1 g 氧化镁(99.99%)于烧杯中,加少量水,滴加 10 mL 盐酸(12.1.2.2),加热煮沸溶解,用水稀释至 100 mL。

12.1.2.12 氧化钙标准溶液 $c(CaO)=0.01$ mol/L:称取 1.000 9 g 已于 105℃~110℃烘至恒量的碳酸钙(99.99%)于 400 mL 烧杯中,加少量水,盖上表面皿,从杯口滴入 10 mL 盐酸(12.1.2.2),加热微沸使其溶解,取下,冷却至室温,移入 1 000 mL 容量瓶中,用水稀释至刻度,摇匀。

12.1.2.13 EDTA 标准滴定溶液 $c(EDTA)=0.01$ mol/L:称取 3.72 g 乙二胺四乙酸二钠(EDTA)于烧杯中,加水加热溶解,冷却,用水稀释至 1 000 mL,混匀。

标定:移取 3 份 20.00 mL 氧化钙标准溶液(12.1.2.12),分别置于 400 mL 烧杯中,加(3~4)滴氧化镁溶液(12.1.2.11),加水至约 250 mL,加 5 mL 三乙醇胺溶液(12.1.2.10),20 mL 氢氧化钠溶液(12.1.2.5),及少量钙指示剂(12.1.2.14),用 EDTA 标准溶液(12.1.2.13)滴定至溶液由红色变为纯蓝色为终点,3 份氧化钙标准溶液所消耗 EDTA 标准滴定溶液体积的极差应不超过 0.10 mL,取其平均值,否则,应重新标定。

EDTA 标准滴定溶液的浓度用物质的量浓度 $c(\mathrm{EDTA})$ 计,数值以 mol/L 表示,按式(9)计算,保留 4 位有效数字:

$$c(\mathrm{EDTA}) = \frac{V_1 c}{V - V_0} \qquad (9)$$

式中:

V_1——移取氧化钙标准溶液体积的数值,单位为毫升(mL);

c——氧化钙标准溶液浓度的数值,单位为摩尔每升(mol/L);

V——滴定氧化钙标准溶液所用 EDTA 标准滴定溶液体积的平均值,单位为毫升(mL);

V_0——滴定空白时所用 EDTA 标准滴定溶液体积的数值,单位为毫升(mL)。

12.1.2.14 钙指示剂:称取 1 g 钙指示剂(或钙指示剂羧酸钠盐)与 50 g 已于 105℃～110℃烘干的氯化钠研细,混匀,贮于磨口瓶中。

12.1.3 试料量

称取约 0.50 g 试料,精确至 0.1 mg。

12.1.4 测定

12.1.4.1 将试料置于铂坩埚中,用少量水润湿,加 1 mL 硫酸(12.1.2.4)、10 mL 氢氟酸(12.1.2.3),于低温电炉上加热至冒尽白烟,将坩埚置于 700℃高温炉中,逐渐升温至 1 000℃灼烧 5 min,取出冷却。加 3 g～4 g 混合熔剂(12.1.2.1),盖上坩埚盖并稍留缝隙,置于 1 000℃～1 100℃高温炉中使其完全熔融,取出,冷却。

12.1.4.2 用滤纸擦净坩埚外壁,放入盛有煮沸的 25 mL 盐酸(12.1.2.2)和 50 mL 水的烧杯中,加热浸出熔融物至溶液清亮,用水洗出坩埚及盖,冷至室温,移入 250 mL 容量瓶中,用水稀释至刻度,摇匀。

12.1.4.3 移取 100.00 mL 试样溶液(12.1.4.2)或试液 B(9.1.4.2)于 200 mL 烧杯中,加 50 mL 水、10 mL 饱和氯化铵溶液(12.1.2.7),加热煮沸,加(1～2)滴甲基红溶液(12.1.2.8),在搅拌下滴加氨水(12.1.2.6)至溶液呈黄色后,过加(1～2)滴,加热至刚沸腾,取下,静置片刻,待沉淀沉降后立即用快速或中速滤纸过滤于 250 mL 容量瓶中,用热硝酸铵溶液(12.1.2.9)充分洗涤烧杯和沉淀,至滤液接近刻度,冷至室温,用水稀释至刻度,摇匀。此溶液为试液 E,供 EDTA 法测定 CaO、MgO 用。

12.1.4.4 移取 100.00 mL 试液 E(12.1.4.3)于 400 mL 烧杯中,加水至约 250 mL,加 5 mL 三乙醇胺溶液(12.1.2.10),20 mL 氢氧化钠溶液(12.1.2.5)及少量钙指示剂(12.1.2.14),以 EDTA 标准滴定溶液(12.1.2.13)滴定至溶液由红色变为纯蓝色为终点。

12.1.5 分析结果的计算

氧化钙量用质量分数 $w(\mathrm{CaO})$ 计,数值以%表示,按式(10)计算:

$$w(\mathrm{CaO}) = \frac{56.079 \times c(V - V_0) \times 10^{-3}}{m_1} \times 100 \qquad (10)$$

式中:

c——EDTA 标准滴定溶液浓度的准确数值,单位为摩尔每升(mol/L);

V——滴定试样溶液时所用 EDTA 标准滴定溶液体积的数值,单位为毫升(mL);

V_0——滴定空白溶液所用 EDTA 标准滴定溶液体积的数值,单位为毫升(mL);

m_1——分取试料质量的数值,单位为克(g);

56.079——CaO 摩尔质量的数值,单位为克每摩尔(g/mol)。

12.2 EDTA 容量法测定氧化镁量[$w(MgO)\geqslant 0.5\%$]

12.2.1 原理

试样用硫酸-氢氟酸挥散除硅后，残渣用混合熔剂熔融，盐酸浸取，用氨水分离铁、铝、钛等，取部分滤液，用三乙醇胺掩蔽干扰，加氢氧化钠使试样溶液 pH 值≈13，以钙指示剂指示，用 EDTA 标准溶液滴定氧化钙量，另取部分滤液用三乙醇胺掩蔽干扰，加氨性缓冲溶液(pH 值=10)，以铬黑 T 指示，用 EDTA 标准溶液滴定氧化钙、氧化镁合量。

12.2.2 试剂

12.2.2.1 盐酸(1+1)。

12.2.2.2 三乙醇胺(1+10)。

12.2.2.3 氨性缓冲溶液(pH 值=10)：称取 67.5 g 氯化铵溶于水中，加 570 mL 氨水(ρ0.90 g/mL)，用水稀释至 1 000 mL，混匀。

12.2.2.4 氧化镁标准溶液[$c(MgO)=0.01$ mol/L]：称取 0.403 1 g 预先在 950℃～1 000℃灼烧 1 h，并冷却至室温的氧化镁(99.99%)，于 250 mL 烧杯中，加少量水，盖上表皿，由杯嘴慢慢加入 5 mL 盐酸(12.2.2.1)，加热煮沸溶解，冷至室温，移入 1 000 mL 容量瓶中，用水稀释至刻度，摇匀。

12.2.2.5 EDTA 标准滴定溶液[$c(EDTA)=0.01$mol/L]：称取 3.72 g 乙二胺四乙酸二钠(EDTA)于烧杯中，加水加热溶解，冷却，用水稀释至 1 000 mL，混匀。

标定：移取 3 份 15.00 mL 氧化镁标准溶液(12.2.2.4)，分别置于 400 mL 烧杯中，加水至约 250 mL，加 5 mL 三乙醇胺(12.2.2.2)，15 mL 氨性缓冲溶液(12.2.2.3)及少许铬黑 T 指示剂(12.2.2.6)，用 EDTA 标准滴定溶液(12.2.2.5)滴定至溶液由红色变为蓝色为终点。3 份氧化镁标准溶液所消耗 EDTA 标准溶液的体积的极差应不超过 0.10 mL，取其平均值。否则，应重新标定。

EDTA 标准滴定溶液的浓度用物质的量浓度 $c(EDTA)$ 计，数值以 mol/L 表示，按式(11)计算，保留 4 位有效数字：

$$c(EDTA)=\frac{V_1 c}{V-V_0} \qquad \cdots\cdots(11)$$

式中：

V_1——移取氧化镁标准溶液体积的数值，单位为毫升(mL)；

c——氧化镁标准溶液浓度的数值，单位为摩尔每升(mol/L)；

V——滴定氧化镁标准溶液时所用 EDTA 标准滴定溶液体积的数值，单位为毫升(mL)；

V_0——滴定空白溶液时所用 EDTA 标准滴定溶液体积的数值，单位为毫升(mL)。

12.2.2.6 铬黑 T 指示剂：称取 1 g 铬黑 T 和 50 g 预先于 105℃～110℃烘干的氯化钠研细，混匀，贮存于磨口瓶中。

12.2.3 测定

移取 100.00 mL 试液 E(12.1.4.3)于 400 mL 烧杯中，加水至约 250 mL，加 5 mL 三乙醇胺(12.2.2.2)，15 mL 氨性缓冲溶液(12.2.2.3)，少许铬黑 T 指示剂(12.2.2.6)，用 EDTA 标准滴定溶液(12.2.2.5)滴定至溶液由红色变为蓝色为终点。

12.2.4 分析结果的计算

氧化镁量用质量分数 $w(MgO)$ 计，数值以%表示，按式(12)计算：

$$w(MgO)=\frac{40.311\times c(V_1-V_0)\times 10^{-3}}{m_1}\times 100-w(CaO)\times 0.718\,7 \qquad \cdots\cdots(12)$$

式中：

c——EDTA 标准滴定溶液浓度的准确数值，单位为摩尔每升(mol/L)；

V_1——滴定时所用 EDTA 标准滴定溶液体积的数值，单位为毫升(mL)；

V_0——滴定空白所用 EDTA 标准滴定溶液体积的数值，单位为毫升(mL)；

m_1——分取试料质量的数值，单位为克(g)；

40.311——MgO 摩尔质量的数值，单位为克每摩尔(g/mol)；

0.718 7——CaO 换算成 MgO 的系数。

12.3 原子吸收光谱法测定氧化钙、氧化镁量[w(CaO)≤5%、w(MgO)≤2%]

12.3.1 原理

试样用氢氟酸-高氯酸分解后，制成盐酸溶液，加镧作释放剂，于原子吸收光谱仪波长 422.7 nm 和 285.2 nm 处分别测量氧化钙、氧化镁的吸光度。

12.3.2 试剂

12.3.2.1 镧溶液(50 g/L)：称取 58.64 g 氧化镧，置于 400 mL 烧杯中，加少量水润湿，在搅拌下滴加盐酸(12.3.2.4)至溶解完全(约需盐酸 90 mL)，加热煮沸至溶液清亮，冷却，移入 1 000 mL 容量瓶(3.11)中，用水稀释至刻度，摇匀。

12.3.2.2 氢氟酸(ρ1.13 g/mL)：优级纯。

12.3.2.3 高氯酸(ρ1.67 g/mL)：优级纯。

12.3.2.4 盐酸(ρ1.19 g/mL)：优级纯。

12.3.2.5 盐酸(1+1)：用优级纯配制。

12.3.2.6 硝酸(ρ1.42 g/mL)：优级纯。

12.3.2.7 氧化钙标准溶液(含 CaO 1 mg/mL)：称取 1.784 8 g 预先在 140℃烘 2 h 并于干燥器中冷却至室温的碳酸钙(99.99%)，置于 250 mL 烧杯中，加约 100 mL 水，盖上表皿，从杯嘴滴加 10 mL 盐酸(12.3.2.5)溶解，加热煮沸以驱尽二氧化碳。取下冷却，移入 1 000 mL 容量瓶(3.11)中，用水稀释至刻度，摇匀。

12.3.2.8 氧化镁标准溶液(含 MgO 1 mg/mL)：称取 0.500 0 g 预先在 950℃～1 000℃灼烧 1 h 并于干燥器中冷却至室温的氧化镁(99.99%)，置于 250 mL 烧杯中，加少量水，盖上表皿，由杯嘴慢慢加入 10 mL 盐酸(12.3.2.4)，加热煮沸溶解，冷至室温，移入 500 mL 容量瓶(3.11)中，用水稀释至刻度，摇匀。

12.3.2.9 氧化钙-氧化镁混合标准溶液(含 CaO 0.1 mg/mL，MgO 0.02 mg/mL)：用吸量管(3.9)移取 100.00 mL 氧化钙标准溶液(12.3.2.7)和 20.00 mL 氧化镁标准溶液(12.3.2.8)，置于同一个 1 000 mL容量瓶(3.11)中，用水稀释至刻度，摇匀。现配现用。

12.3.3 试料量

称取约 0.1 g～0.5 g 试样，精确至 0.1 mg。

12.3.4 测定

12.3.4.1 将试料置于铂皿(3.3)中，用少量水湿润，加入 2.0 mL 硝酸(12.3.2.6)、2.0 mL 高氯酸(12.3.2.3)、10.0 mL 氢氟酸(12.3.2.2)，加热分解至冒尽白烟，取下，稍冷，用水冲洗铂皿壁，加入 3.0 mL高氯酸(12.3.2.3)，继续加热至冒尽白烟，取下，冷却。加入 3.0mL 盐酸(12.3.2.5)，加热蒸干，取下，冷却。

12.3.4.2 加入 4.0 mL 盐酸(12.3.2.5)、10 mL 水，低温加热至盐类溶解，取下，冷却。移入 100 mL 容量瓶中，加 5.0 mL 镧溶液(12.3.2.1)，用水稀释至刻度，摇匀。

12.3.4.3 用吸量管(3.9)移取 10 mL 试液(12.3.4.2)，置于 100 mL 容量瓶中，加 3.5 mL 盐酸(12.3.2.5)，加 4.5 mL 镧溶液(12.3.2.1)，用水稀释至刻度，摇匀。

12.3.4.4 用空气-乙炔火焰，以水调零，于火焰原子吸收光谱仪波长 422.7 nm 和 283.9 nm 处，分别测量试液(12.3.4.2)或(12.3.4.3)中氧化钙、氧化镁的吸光度，并测量空白试验溶液的吸光度。从标准曲线(12.3.5)或回归方程求出试液中氧化钙、氧化镁浓度及空白值，按(12.3.7.1)计算分析结果。

12.3.5　标准曲线的绘制或建立回归方程

用滴定管(3.10)移取 0、1.00 mL、2.00 mL、4.00 mL、6.00 mL、8.00 mL、10.00 mL 氧化钙-氧化镁混合标准溶液(12.3.2.9),置于一组 100 mL 容量瓶(3.11)中,加 4 mL 盐酸(12.3.2.5),5.0 mL 镧溶液(12.3.2.1),用水稀释至刻度,摇匀。用空气-乙炔火焰,以水调零,于火焰原子吸收光谱仪波长 422.7 nm 和 285.2 nm 处,分别测量氧化钙、氧化镁的吸光度。以氧化钙、氧化镁浓度为横坐标,吸光度(减去零浓度溶液的吸光度)为纵坐标,分别绘制标准曲线或利用仪器程序建立回归方程。

12.3.6　高精度测量法(紧密内插法)

采用高精度测量法,用空气-乙炔火焰,以空白试验溶液调零,于火焰原子吸收光谱仪波长422.7 nm 和 285.2 nm 处,分别测量氧化钙、氧化镁低校准溶液(12.3.5)、试样溶液(12.3.4.2)或(12.3.4.3)和高校准溶液(12.3.5)的吸光度,按(12.3.7.2)计算分析结果。

12.3.7　分析结果的计算

12.3.7.1　标准曲线法

氧化钙或氧化镁量用质量分数 w(CaO 或 MgO)计,数值以%表示,按式(13)计算:

$$w(\text{CaO 或 MgO}) = \frac{(c_1 - c_0) \times V_2 \times 10^{-3}}{m \times V_1/V} \times 100 \quad \cdots\cdots(13)$$

式中:

V_1——分取试样溶液体积的数值,单位为毫升(mL);

V_2——待测试液体积的数值,单位为毫升(mL);

V——试样溶液总体积的数值,单位为毫升(mL);

c_1——由标准曲线或回归方程求得待测试液中氧化钙或氧化镁浓度的数值,单位为毫克每毫升(mg/mL);

c_0——自标准曲线或回归方程求得空白试液中氧化钙或氧化镁浓度的数值,单位为毫克每毫升(mg/mL);

m——试料质量的数值,单位为克(g)。

12.3.7.2　高精度测量法

氧化钙或氧化镁量用质量分数 w(CaO 或 MgO)计,数值以%表示,按式(14)计算:

$$w(\text{CaO 或 MgO}) = \left[c_1 + \frac{c_2 - c_1}{A_2 - A_1} \times (A - A_1)\right] \times \frac{V_2 \times 10^{-3}}{m \times V_1/V} \times 100 \quad \cdots\cdots(14)$$

式中:

V_1——分取试样溶液体积的数值,单位为毫升(mL);

V_2——待测试液体积的数值,单位为毫升(mL);

V——试样溶液总体积的数值,单位为毫升(mL);

c_1——低校准溶液中氧化钙或氧化镁浓度的数值,单位为毫克每毫升(mg/mL);

c_2——高校准溶液中氧化钙或氧化镁浓度的数值,单位为毫克每毫升(mg/mL);

A_1——低校准溶液中氧化钙或氧化镁的吸光度;

A_2——高校准溶液中氧化钙或氧化镁的吸光度;

A——待测试液中氧化钙或氧化镁的吸光度;

m——试料质量的数值,单位为克(g)。

13　氧化钾、氧化钠的测定

氧化钾、氧化钠的测定可根据含量范围按下列 2 种方法之一进行:

a)　原子吸收光谱法[w(K_2O 或 Na_2O)≤5%](13.1);

b)　火焰光度法[w(K_2O 或 Na_2O)>0.1%](13.2)。

13.1 原子吸收光谱法[w(K_2O或Na_2O)≤5%]

13.1.1 原理

试样用氢氟酸-高氯酸分解后，制成硝酸溶液，于原子吸收光谱仪波长766.5 nm和589.0 nm处分别测量氧化钾、氧化钠的吸光度。

13.1.2 试剂

13.1.2.1 氢氟酸(ρ1.13 g/mL)：优级纯。

13.1.2.2 高氯酸(ρ1.67 g/mL)：优级纯。

13.1.2.3 硝酸(1+1)：用优级纯硝酸配制。

13.1.2.4 氧化钾标准溶液(含K_2O 1 mg/mL)：称取0.791 5 g预先在450℃～500℃灼烧1.5 h并于干燥器中冷却至室温的氯化钾(99.99%)，置于250 mL烧杯中，加水溶解后，移入500 mL容量瓶(3.11)中，用水稀释至刻度，摇匀，贮存于塑料瓶中。

13.1.2.5 氧化钾标准溶液(含K_2O 0.1 mg/mL)：用吸量管(3.9)移取50 mL氧化钾标准溶液(13.1.2.4)，置于500 mL容量瓶(3.11)中，用水稀释至刻度，摇匀，贮于塑料瓶中。

13.1.2.6 氧化钠标准溶液(含Na_2O 1 mg/mL)：称取0.943 0 g预先在450℃～500℃灼烧1.5 h并于干燥器中冷却至室温的氯化钠(99.99%)，置于250 mL烧杯中，加水溶解后，移入500 mL容量瓶(3.11)中，用水稀释至刻度，摇匀，贮存于塑料瓶中。

13.1.2.7 氧化钠标准溶液(含Na_2O 0.1 mg/mL)：用吸量管(3.9)移取50 mL氧化钠标准溶液(13.1.2.6)，置于500 mL容量瓶(3.11)中，用水稀释至刻度，摇匀，贮存于塑料瓶中。

13.1.2.8 氧化钾-氧化钠混合标准溶液(含K_2O 10 μg/mL，Na_2O 5 μg/mL)：用吸量管(3.9)移取50 mL氧化钾标准溶液(13.1.2.5)和25 mL氧化钠标准溶液(13.1.2.7)，置于同一个500 mL容量瓶(3.11)中，用水稀释至刻度，摇匀。现配现用。

13.1.3 试料量

称取0.1 g～0.5 g试料，精确到0.1 mg。

13.1.4 测定

13.1.4.1 将试料置于铂皿(3.3)中，用少量水湿润，加入10 mL氢氟酸(13.1.2.1)、2.0 mL高氯酸(13.1.2.2)，加热分解至冒尽高氯酸白烟，取下，稍冷，用水冲洗铂皿壁，加入2.0 mL高氯酸(13.1.2.2)，继续加热至冒尽高氯酸白烟，取下，冷却。

注：也可采用聚四氟乙烯坩埚，在隔热板上加热溶样。

13.1.4.2 加入4.0 mL硝酸(13.1.2.3)、10 mL水，低温加热至盐类溶解，取下，冷却。移入100 mL容量瓶中，用水稀释至刻度，摇匀。

13.1.4.3 用空气-乙炔火焰，以水调零，于火焰原子吸收光谱仪波长766.5 nm和589.0 nm处，分别测量氧化钾、氧化钠的吸光度(含量大于0.1%时，可分取部分试液稀释后测定)并测量空白试验溶液的吸光度。从标准曲线(13.1.5)或回归方程求出试液中的氧化钾、氧化钠浓度及空白值，按(13.1.7.1)计算分析结果。

13.1.5 标准曲线法标准曲线的绘制

用滴定管(3.10)移取0、1.00 mL、2.00 mL、4.00 mL、6.00 mL、8.00 mL、10.00 mL、12.00 mL、14.00 mL、16.00 mL、18.00 mL、20.00 mL氧化钾-氧化钠混合标准溶液(13.1.2.8)，置于一组100 mL容量瓶(3.11)中，加4.0 mL硝酸(13.1.2.3)，用水稀释至刻度，摇匀。用空气-乙炔火焰，以水调零，于火焰原子吸收光谱仪波长766.5 nm和589.0 nm处，分别测量氧化钾、氧化钠的吸光度。以氧化钾、氧化钠浓度为横坐标，吸光度(减去零浓度溶液的吸光度)为纵坐标，分别绘制标准曲线或利用仪器程序建立回归方程。

13.1.6 高精度测量法(紧密内插法)

采用高精度测量法，用空气-乙炔火焰，以空白试验溶液调零，于火焰原子吸收光谱仪波长766.5 nm和589.0 nm测量氧化钾、氧化钠低校准溶液(13.1.5)、待测试液(13.1.4.2)和高校准溶液(13.1.5)的吸光度,按13.1.7.2计算分析结果。

13.1.7 分析结果的计算

13.1.7.1 标准曲线法:氧化钾或氧化钠用质量分数 $w(K_2O$ 或 $Na_2O)$ 计,数值以%表示,按式(15)计算:

$$w(K_2O\text{或}Na_2O) = \frac{(c_1 - c_0) \times V_2 \times 10^{-6}}{m \times V_1/V} \times 100 \quad \cdots\cdots(15)$$

式中:

V_1——分取试样溶液体积的数值,单位为毫升(mL);

V_2——待测试液体积的数值,单位为毫升(mL);

V——试样溶液总体积的数值,单位为毫升(mL);

c_1——由标准曲线或回归方程求得待测试液中氧化钾或氧化钠浓度的数值,单位为微克每毫升($\mu g/mL$);

c_0——由标准曲线或回归方程求得空白试液中氧化钾或氧化钠浓度的数值,单位为微克每毫升($\mu g/mL$);

m——试料质量的数值,单位为克(g)。

13.1.7.2 高精度测量法:氧化钾(氧化钠)用质量分数 $w(K_2O$ 或 $Na_2O)$ 计,数值以%表示,按式(16)计算:

$$w(K_2O\text{或}Na_2O) = \left[c_1 + \frac{c_2 - c_1}{A_2 - A_1} \times (A - A_1)\right] \times \frac{V_2 \times 10^{-6}}{m \times V_1/V} \times 100 \quad \cdots\cdots(16)$$

式中:

V_1——分取试样溶液体积的数值,单位为毫升(mL);

V_2——待测试液体积的数值,单位为毫升(mL);

V——试样溶液总体积的数值,单位为毫升(mL);

c_1——低校准溶液中氧化钾或氧化钠浓度的数值,单位为微克每毫升($\mu g/mL$);

c_2——高校准溶液中氧化钾或氧化钠浓度的数值,单位为微克每毫升($\mu g/mL$);

A_1——低校准溶液中氧化钾或氧化钠的吸光度;

A_2——高校准溶液中氧化钾或氧化钠的吸光度;

A——待测试液氧化钾或氧化钠的吸光度;

m——试料质量的数值,单位为克(g)。

13.2 火焰光度法[$w(K_2O$ 或 $Na_2O)>0.1\%$]

13.2.1 原理

试样用硫酸-氢氟酸分解后,制备成硫酸介质,直接用火焰光度计测定氧化钾、氧化钠辐射线强度。

13.2.2 试剂

13.2.2.1 氢氟酸(ρ1.13 g/mL):优级纯。

13.2.2.2 硫酸(ρ1.84 g/mL):优级纯。

13.2.2.3 氧化钾标准溶液(含 K_2O 2 mg/mL):称取0.791 5 g预先在450℃~500℃灼烧1.5 h并于干燥器中冷却至室温的氯化钾(99.99%),置于250 mL烧杯中,加水溶解后,移入250 mL容量瓶(3.11)中,用水稀释至刻度,摇匀,贮存于塑料瓶中。

13.2.2.4 氧化钠标准溶液(含 Na_2O 2 mg/mL):称取0.943 0 g预先在450℃~500℃灼烧1.5 h并于干燥器中冷却至室温的氯化钠(99.99%),置于250 mL烧杯中,加水溶解后,移入250 mL容量瓶(3.11)中,用水稀释至刻度,摇匀,贮存于塑料瓶中。

13.2.2.5 氧化钾-氧化钠混合标准溶液(含 K_2O 0.5 mg/mL,Na_2O 0.5 mg/mL):用吸量管(3.9)移取50 mL氧化钾标准溶液(13.2.2.3)和50 mL氧化钠标准溶液(13.2.2.4),置于同一个200 mL容量

瓶(3.11)中,用水稀释至刻度,摇匀。现配现用。

13.2.3 试料量

称取 0.1 g~0.5 g 试料,精确到 0.1 mg。

13.2.4 测定

13.2.4.1 将试料置于铂皿(3.3)中,用少量水湿润,加入 1.0 mL 硫酸(13.2.2.2)、10 mL 氢氟酸(13.2.2.1),在低温电炉上加热蒸发至近干,取下,稍冷,再加入 5 mL 氢氟酸(13.2.2.1),继续加热蒸发至干,在蒸发过程中要经常摇动,以防止不溶物结块,稍升高炉温加热分解至冒尽硫酸白烟,取下,稍冷,用水冲洗铂皿壁,加入 1.0 mL 硫酸(13.2.2.2),继续加热至冒尽硫酸白烟,取下,冷却。

注:也可采用聚四氟乙烯坩埚,在隔热板上加热溶样。

13.2.4.2 加入 40 mL 水、1.0 mL 硫酸(13.2.2.2),低温加热至盐类溶解,取下,冷却。移入 100 mL 容量瓶中,用水稀释至刻度,摇匀。氧化钾、氧化钠的质量分数≥5%时,应分取部分试液稀释后测定。

13.2.4.3 用火焰光度计测定氧化钾、氧化钠辐射强度。从标准曲线(13.2.5)或回归方程求出试液中氧化钾、氧化钠浓度及空白值,按 13.2.7.1 计算分析结果。

13.2.5 标准曲线法标准曲线的绘制

用滴定管(3.9)移取 0、1.00 mL、2.00 mL、4.00 mL、6.00 mL、8.00 mL、10.00 mL、12.00 mL、14.00 mL、16.00 mL、18.00 mL、20.00 mL 氧化钾-氧化钠混合标准溶液(13.2.2.5),置于一组 100 mL 容量瓶(3.11)中,加 1.0 mL 硫酸(13.2.2.2),用水稀释至刻度,摇匀。用火焰光度计测量氧化钾、氧化钠辐射强度。以氧化钾、氧化钠浓度为横坐标,辐射强度(减去零浓度溶液的辐射强度)为纵坐标,分别绘制标准曲线或利用仪器程序建立回归方程。

13.2.6 高精度测量法(紧密内插法)

采用高精度测量法,用火焰光度计测量氧化钾、氧化钠低校准溶液(13.2.5)、待测试溶液(13.2.4.2)和高校准溶液(13.2.5)的氧化钾、氧化钠辐射强度,按 13.2.7.2 计算分析结果。

13.2.7 分析结果的计算

13.2.7.1 标准曲线法:氧化钾(氧化钠)用质量分数 $w(K_2O$ 或 $Na_2O)$ 计,数值以%表示,按式(17)计算:

$$w(\mathrm{K_2O}\text{或}\mathrm{Na_2O})=\frac{(c_1-c_0)\times V_2\times 10^{-6}}{m\times V_1/V}\times 100 \qquad (17)$$

式中:

V_1——分取试样溶液体积的数值,单位为毫升(mL);

V_2——待测试液体积的数值,单位为毫升(mL);

V——试样溶液总体积的数值,单位为毫升(mL);

c_1——由标准曲线或回归方程求得待测试液中氧化钾或氧化钠浓度的数值,单位为毫克每毫升(mg/mL);

c_0——由标准曲线或回归方程求得空白试液中氧化钾或氧化钠浓度的数值,单位为毫克每毫升(mg/mL);

m——试料质量的数值,单位为克(g)。

13.2.7.2 高精度测量法:氧化钾(氧化钠)用质量分数 $w(K_2O$ 或 $Na_2O)$ 计,数值以%表示,按式(16)计算:

$$w(\mathrm{K_2O}\text{或}\mathrm{Na_2O})=\left[c_1+\frac{c_2-c_1}{A_2-A_1}\times(A-A_1)\right]\times\frac{V_2\times 10^{-6}}{m\times V_1/V}\times 100 \qquad (18)$$

式中:

V_1——分取试样溶液体积的数值,单位为毫升(mL);

V_2——待测试液体积的数值,单位为毫升(mL);

V——试样溶液总体积的数值,单位为毫升(mL);

c_1——低校准溶液中氧化钾或氧化钠浓度的数值,单位为毫克每毫升(mg/mL);

c_2——高校准溶液中氧化钾或氧化钠浓度的数值,单位为毫克每毫升(mg/mL);

A_1——低校准溶液中氧化钾或氧化钠的辐射强度;

A_2——高校准溶液中氧化钾或氧化钠的辐射强度;

A——待测试液中氧化钾或氧化钠的辐射强度;

m——分取试料质量的数值,单位为克(g)。

14 氧化锰的测定

14.1 原理

试样用氢氟酸-高氯酸分解后,制成盐酸溶液。硅的干扰借氢氟酸分解试样挥散消除。钛的干扰加入锶盐消除影响。于原子吸收光谱仪波长 279.5 nm 处测量氧化锰的吸光度。

14.2 试剂

14.2.1 锶溶液(含 Sr 50 mg/mL):称取 152 g 氯化锶($SrCl_2 \cdot 6H_2O$)于 250 mL 烧杯中,用水溶解,移入 1 000 mL 容量瓶中,用水稀释至刻度,摇匀。

14.2.2 氢氟酸(ρ1.13 g/mL):优级纯。

14.2.3 高氯酸(ρ1.67 g/mL):优级纯。

14.2.4 盐酸(1+1):用优级纯盐酸配制。

14.2.5 氧化锰标准溶液(含 MnO 1 mg/mL):称取 0.387 2 g 金属锰(99.99%),置于 250 mL 烧杯中,加入 10 mL 盐酸(14.2.4),待其溶解后移入 500 mL 容量瓶(3.11)中,用水稀释至刻度,摇匀。

14.2.6 氧化锰标准溶液(含 MnO 0.1 mg/mL):用吸量管(3.9)移取 50 mL 氧化锰标准溶液(14.2.5),于 500 mL 容量瓶(3.11)中,用水稀释至刻度,摇匀。

14.2.7 氧化锰标准溶液(含 MnO 25 μg/mL):用吸量管(3.9)移取 50 mL 氧化锰标准溶液(14.2.5),置于 200 mL 容量瓶(3.11)中,用水稀释至刻度,摇匀。

注:金属锰应预先用硫酸(5+95)处理,溶解表面氧化物,用水洗净,再用无水乙醇洗(3~4)次,自然干燥后使用。

14.3 试料量

称取约 0.1 g~0.5 g 试料,精确至 0.1 mg。

14.4 测定

14.4.1 将试料置于铂皿(3.3)中,用少量水湿润,加入 10 mL 氢氟酸(14.2.2)、2 mL 高氯酸(14.2.3),加热分解至冒尽高氯酸白烟,取下,稍冷,用水冲洗铂皿壁,加入 2 mL 高氯酸(14.2.3),继续加热至冒尽高氯酸白烟,取下,冷却。

14.4.2 加入 2 mL 盐酸(14.2.4)、10 mL 水,低温加热至盐类溶解,取下,冷却。移入 50 mL 容量瓶(3.11)中,加 3 mL 锶溶液(14.2.1)用水稀释至刻度,摇匀。w(MnO)≥0.1%时分取部分溶液稀释后再测量。

14.4.3 用空气-乙炔火焰,以水调零,于火焰原子吸收光谱仪波长 279.5 nm 处,测量其吸光度。从标准曲线(14.5)或回归方程求出试液中氧化锰浓度和空白值,按 14.7.1 计算分析结果。

14.5 标准曲线法标准曲线的绘制

用滴定管(3.10)移取 0、1.00 mL、2.00 mL、3.00 mL、4.00 mL、5.00 mL、6.00 mL 氧化锰标准溶液(14.2.6),置于一组 50 mL 容量瓶(3.11)中,加入 2 mL 盐酸(14.2.4)、3 mL 锶溶液(14.2.1),用水稀释至刻度,摇匀。用空气-乙炔火焰,以水调零,于火焰原子吸收光谱仪波长 279.5 nm 处测量其吸光度。以氧化锰浓度为横坐标,吸光度(减去零浓度溶液的吸光度)为纵坐标,绘制标准曲线或利用仪器程序建立回归方程。

14.6 高精度测量法(紧密内插法)

采用高精度测量法,用空气-乙炔火焰,以水调零,于火焰原子吸收光谱仪波长 279.5 nm 处测量低校准溶液(14.5),待测试溶液(14.4.2)和高校准溶液(14.5)的吸光度,按 14.7.2 计算分析结果。

14.7 分析结果的计算

14.7.1 标准曲线法:氧化锰用质量分数 $w(MnO)$ 计,数值以%表示,按式(19)计算:

$$w(MnO)=\frac{(c_1-c_0)\times V_2\times 10^{-6}}{m\times V_1/V}\times 100 \qquad (19)$$

式中:

V_1——分取试样溶液体积的数值,单位为毫升(mL);

V_2——待测试液体积的数值,单位为毫升(mL);

V——试样溶液总体积的数值,单位为毫升(mL);

c_1——由标准曲线或回归方程求得待测试液中氧化锰浓度的数值,单位为微克每毫升(μg/mL);

c_0——由标准曲线或回归方程求得空白试液中氧化锰浓度的数值,单位为微克每毫升(μg/mL);

m——试料质量的数值,单位为克(g)。

14.7.2 高精度测量法:氧化锰用质量分数 $w(MnO)$ 计,数值以%表示,按式(20)计算:

$$w(MnO)=\left[c_1+\frac{c_2-c_1}{A_2-A_1}\times(A-A_1)\right]\times\frac{V_2\times 10^{-6}}{m\times V_1/V}\times 100 \qquad (20)$$

式中:

V_1——分取试样溶液体积的数值,单位为毫升(mL);

V_2——待测试液体积的数值,单位为毫升(mL);

V——试样溶液总体积的数值,单位为毫升(mL);

c_1——低校准溶液中氧化锰浓度的数值,单位为微克每毫升(μg/mL);

c_2——高校准溶液中氧化锰浓度的数值,单位为微克每毫升(μg/mL);

A_1——低校准溶液中氧化锰的吸光度;

A_2——高校准溶液中氧化锰的吸光度;

A——待测试液氧化锰的吸光度;

m——试料质量的数值,单位为克(g)。

15 五氧化二磷的测定

15.1 原理

试样用盐酸-氢氟酸挥散除硅后,以高氯酸赶氟,再用焦硫酸钾熔融分解不溶物,盐酸浸取。加抗坏血酸、盐酸羟胺及铋盐混合溶液,再加钼酸铵与酒石酸钾钠混合溶液显色,于分光光度计波长 740 nm 处测量其吸光度。

15.2 试剂

15.2.1 焦硫酸钾。

15.2.2 抗坏血酸-盐酸羟胺-硝酸铋混合溶液:称取 2 g 硝酸铋[$Bi(NO_3)_3\cdot 5H_2O$]溶于 20 mL 盐酸(1+1)中。另称取 25 g 抗坏血酸和 25 g 盐酸羟胺溶于 480 mL 盐酸(1+47)中。将上述两种溶液合并,混匀。

15.2.3 钼酸铵-酒石酸钾钠混合溶液:称取 10 g 钼酸铵、25 g 酒石酸钾钠溶于 500 mL 水中,混匀。

15.2.4 氢氟酸(ρ1.13 g/mL)。

15.2.5 高氯酸(ρ1.67 g/mL)。

15.2.6 盐酸(ρ1.19 g/mL)。

15.2.7 盐酸(1+9)。

15.2.8 盐酸(4+96)。

15.2.9 五氧化二磷标准溶液(含 P_2O_5 0.1 mg/mL):称取 0.191 8 g 预先在 105℃~110℃烘 2 h 的磷酸二氢钾(基准试剂)置于烧杯中,加水溶解,移入 1 000 mL 容量瓶中,用水稀释至刻度,摇匀。

15.2.10 五氧化二磷标准溶液(含 P_2O_5 10 μg/mL):用吸量管(3.9)移取 100 mL 五氧化二磷标准溶液(15.2.9)置于 1 000 mL 容量瓶中,用水稀释至刻度,摇匀。

15.3 试料量

称取 0.1 g~0.5 g 试料,精确至 0.1 mg。

15.4 测定

15.4.1 将试料置于铂坩埚中,用少量水润湿,加 10 mL 盐酸(15.2.6)、5 mL 氢氟酸(15.2.4)、1 mL 高氯酸(15.2.5)于低温电炉上加热至冒尽白烟,取下,再加 5 mL 盐酸(15.2.6)、5 mL 氢氟酸(15.2.4),继续加热至冒尽白烟并蒸干,取下。将坩埚置于 700℃高温炉中灼烧 5 min,取出冷却。加 2 g焦硫酸钾(15.2.1),置于高温炉中,在约 700℃熔融 15 min~20 min,取出,冷却。

15.4.2 用滤纸擦净坩埚外壁,放入盛有煮沸的含 10 mL 盐酸(15.2.7)和 50 mL 水的 250 mL 烧杯中,加热浸出熔融物至溶液清亮,用水洗出坩埚及盖,冷至室温,移入 100 mL 容量瓶中,用水稀释至刻度,混匀。

15.4.3 当 $w(P_2O_5)\geqslant 0.5\%$时,应分取部分溶液(15.4.2)进行稀释。

15.4.4 用吸量管(3.9)移取 5 mL~20 mL 试液(15.4.2 或 15.4.3)或试液 B(9.1.4.2),置于 50 mL 容量瓶中,加 5 mL 抗坏血酸-盐酸羟胺-硝酸铋混合溶液(15.2.2),5 mL 钼酸铵-酒石酸钾钠混合溶液(15.2.3),用水稀释至刻度,摇匀,放置 20 min~30 min。

15.4.5 用 30 mm 吸收皿,于分光光度计波长 740 nm 或 700 nm 处,以相应的空白试验溶液为参比测量其吸光度。

15.5 工作曲线的绘制

用滴定管(3.10)移取 0、0.50 mL、1.00 mL、2.00 mL、3.00 mL、4.00 mL 五氧化二磷标准溶液(15.2.10),分别置于一组 50 mL 容量瓶(3.11)中,加 5 mL 盐酸(15.2.8)。以下按 15.4.4 进行,用 30 mm吸收皿,于分光光度计波长 740 nm 或 700 nm 处,以试剂空白为参比测量其吸光度,绘制工作曲线或利用仪器程序建立回归方程。

15.6 分析结果的计算

五氧化二磷用质量分数 $w(P_2O_5)$计,数值以%表示,按式(21)计算:

$$w(P_2O_5)=\frac{m_1\times 10^{-6}}{m\times V_1/V}\times 100 \qquad (21)$$

式中:

V_1——分取试样溶液体积的数值,单位为毫升(mL);

V——试样溶液总体积的数值,单位为毫升(mL);

m_1——由工作曲线或回归方程求得分取试样溶液中五氧化二磷量的数值,单位为微克(μg);

m——试料质量的数值,单位为克(g)。

附　录　A
（规范性附录）
验收分析值程序

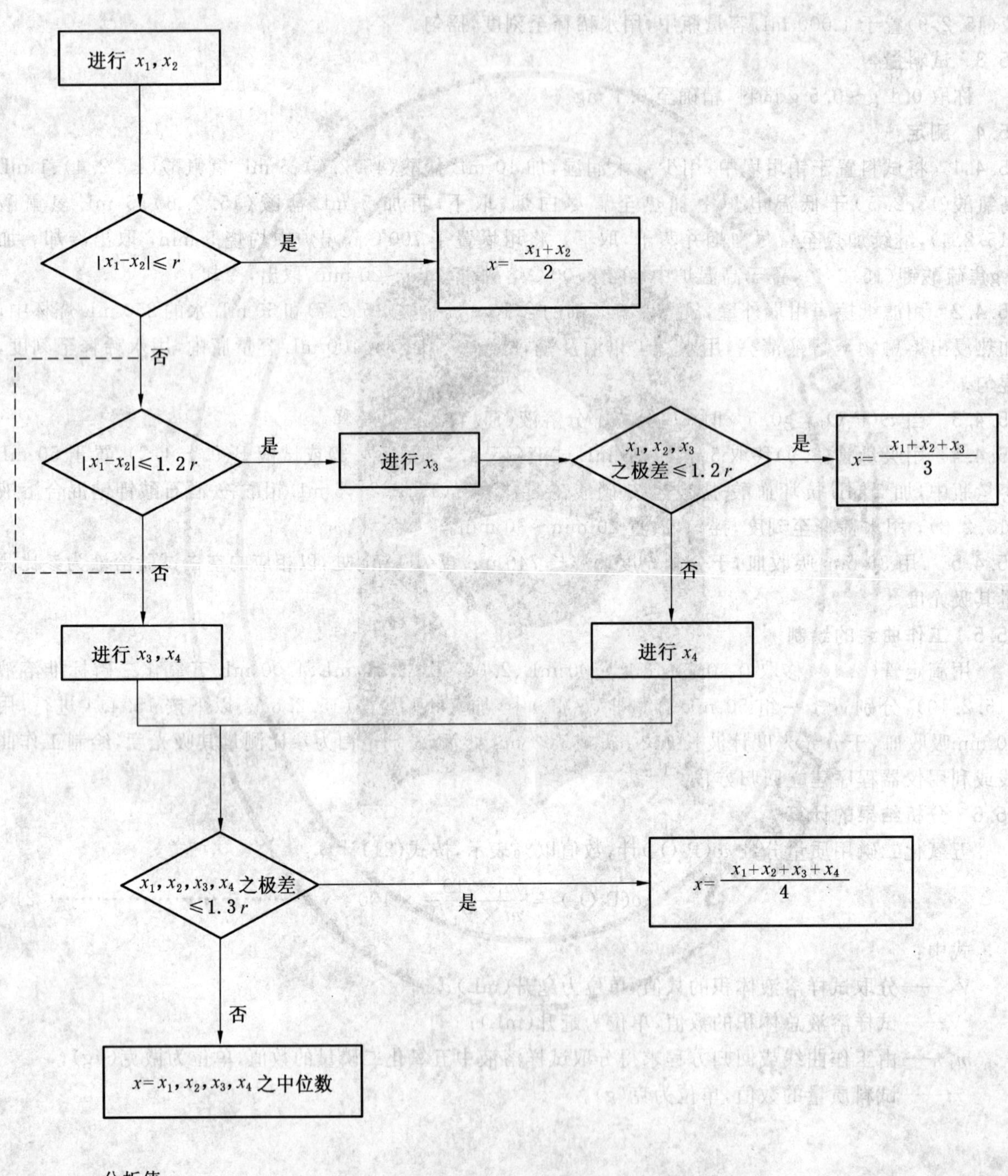

x_i——分析值；

r——允许差。

ICS 71.040.40
G 76

中华人民共和国国家标准

GB/T 6904—2008
代替 GB/T 15893.2—1995,GB/T 6904.1—1986,GB/T 6904.3—1986

工业循环冷却水及锅炉用水中 pH 的测定

Water used in industrial circulating cooling system and boiler—Determination of pH

2008-04-01 发布　　　　2008-09-01 实施

中华人民共和国国家质量监督检验检疫总局
中国国家标准化管理委员会　发布

前言

本标准同时代替 GB/T 15893.2—1995《工业循环冷却水中 pH 的测定　电位法》、GB/T 6904.1—1986《锅炉用水和冷却水分析方法　pH 的测定　玻璃电极法》和 GB/T 6904.3－1986《锅炉用水和冷却水分析方法　pH 的测定　用于纯水的玻璃电极法》。

本标准将 GB/T 15893.2—1995、GB/T 6904.1—1986 和 GB/T 6904.3—1986 进行了合并。

本标准与 GB/T 15893.2—1995、GB/T 6904.1—1986 和 GB/T 6904.3—1986 相比在技术内容上没有差异。

本标准由中国石油和化学工业协会提出。

本标准由全国化学标准化技术委员会水处理剂分会(SAC/TC 63/SC 5)归口。

本标准负责起草单位:天津化工研究设计院。

本标准主要起草人:邵宏谦、李琳、白莹。

本标准所代替标准的版本发布情况为:

——GB/T 15893.2—1995;

——GB/T 6904.1—1986;

——GB/T 6904.3—1986。

工业循环冷却水及锅炉用水中pH的测定

1 范围

本标准规定了工业循环冷却水及锅炉用水中pH的测定方法。

本标准适用于工业循环冷却水及锅炉用水中pH值在0～14范围内的测定，本标准还适用于天然水、污水、除盐水、锅炉给水以及纯水的pH的测定。

2 规范性引用文件

下列文件中的条款通过本标准的引用而成为本标准的条款。凡是注日期的引用文件，其随后所有的修改单(不包括勘误的内容)或修订版均不适用于本标准，然而，鼓励根据本标准达成协议的各方研究是否可使用这些文件的最新版本。凡是不注日期的引用文件，其最新版本适用于本标准。

GB/T 603 化学试剂 试验方法中所用制剂及制品的制备(GB/T 603—2002，ISO 6353-1:1982，NEQ)

GB/T 6682 分析实验室用水规格和试验方法(GB/T 6682—1992，neq ISO 3696:1987)

3 原理

将规定的指示电极和参比电极浸入同一被测溶液中，成一原电池，其电动势与溶液的pH有关。通过测量原电池的电动势即可得出溶液的pH。

4 试剂和材料

本标准所用试剂和水，除非另有规定，应使用分析纯试剂和符合GB/T 6682三级水的规定。

试验中所需杂质标准溶液、制剂及制品，在没有特殊注明时，均按GB/T 603的规定制备。

4.1 草酸盐标准缓冲溶液：$c[KH_3(C_2O_4)_2 \cdot 2H_2O]=0.05$ mol/L。

称取12.61 g四草酸钾溶于无二氧化碳的水中，稀释至1 000 mL。

4.2 酒石酸盐标准缓冲溶液：饱和溶液。

在25℃下，用无二氧化碳的水溶解过量的(约75 g/L)酒石酸氢钾并剧烈振摇以制备其饱和溶液。

4.3 苯二甲酸盐标准缓冲溶液：$c(C_6H_4CO_2HCO_2K)=0.05$ mol/L。

称取10.24 g预先于(110±5)℃干燥1 h的苯二甲酸氢钾，溶于无二氧化碳的水中，稀释至1 000 mL。

4.4 磷酸盐标准缓冲溶液：$c(KH_2PO_4)=0.025$ mol/L；$c(Na_2HPO_4)=0.025$ mol/L。

称取3.39 g磷酸二氢钾和3.53 g磷酸氢二钠溶于无二氧化碳的水中，稀释至1 000 mL。磷酸二氢钾和磷酸氢二钠需预先在(120±10)℃干燥2 h。

4.5 硼酸盐标准缓冲溶液：$c(Na_2B_4O_7 \cdot 10H_2O)=0.01$ mol/L。

称取3.80 g十水合四硼酸钠，溶于无二氧化碳的水中，稀释至1 000 mL。

4.6 氢氧化钙标准缓冲溶液：饱和溶液。

在25℃时，用无二氧化碳的水制备氢氧化钙的饱和溶液。存放时应防止空气中二氧化碳进入。一旦出现混浊，应弃去重配。

不同温度时各标准缓冲溶液的pH值列于表1。

表 1

温度 ℃	pH					
	草酸盐标准缓冲溶液	苯二甲酸盐标准缓冲溶液	酒石酸盐标准缓冲溶液	磷酸盐标准缓冲溶液	硼酸盐标准缓冲溶液	氢氧化钙标准缓冲溶液
0	1.67	4.00	—	6.98	9.46	13.42
5	1.67	4.00	—	6.95	9.39	13.21
10	1.67	4.00	—	6.92	9.33	13.00
15	1.67	4.00	—	6.90	9.28	12.81
20	1.68	4.00	—	6.88	9.23	12.63
25	1.68	4.01	3.56	6.86	9.18	12.45
30	1.69	4.01	3.55	6.85	9.14	12.29
35	1.69	4.02	3.55	6.84	9.11	12.13
40	1.69	4.04	3.55	6.84	9.07	11.98

5 仪器、设备

5.1 酸度计:分度值为 0.02 pH 单位。

5.2 玻璃指示电极:使用前须在水中浸泡 24 h 以上,使用后应立即清洗并浸于水中保存。若玻璃电极表面污染,可先用肥皂或洗涤剂洗。然后用水淋洗几次,再浸入盐酸(1+9)溶液中,以除去污物。最后用水洗净,浸入水中备用。

5.3 饱和甘汞参比电极:使用时电极上端小孔的橡皮塞必须拔出,以防止产生扩散电位影响测定结果。电极内氯化钾溶液中不能有气泡,以防止断路。溶液中应保持有少许氯化钾晶体,以保证氯化钾溶液的饱和。注意电极液络部不被沾污或堵塞,并保持液络部适当的渗出流速。

5.4 复合电极:可代替玻璃指示电极和饱和甘汞参比电极使用,按仪器使用说明书保存电极。

6 分析步骤

6.1 调试:按酸度计说明书调试仪器。

6.2 定位:按试剂和材料所述,分别制备两种标准缓冲溶液,使其中一种的 pH 大于并接近试样的 pH,另一种小于并接近试样的 pH。调节 pH 计温度补偿旋钮至所测试样温度值。按照表 1 所标明的数据,依次校正标准缓冲溶液在该温度下的 pH。重复校正直到其读数与标准缓冲溶液的 pH 相差不超过 0.02 pH单位。

6.3 测定:用分度值为 1℃ 的温度计测量试样的温度。

把试样放入一个洁净的烧杯中,并将酸度计的温度补偿旋钮调至所测试样的温度。浸入电极,摇匀,测定。

注:冲洗电极后用干净滤纸将电极底部水滴轻轻地吸干,注意勿用滤纸去擦电极,以免电极带静电,导致读数不稳定。

7 分析结果的表述

7.1 报告被测试样温度时应精确到 1℃。

7.2 报告被测试样的 pH 时应精确到 0.1 pH 单位。

8 允许差

取平行测定结果的算术平均值为测定结果。平行测定结果的绝对差值不大于 0.1pH 单位。

ICS 71.040.40
G 76

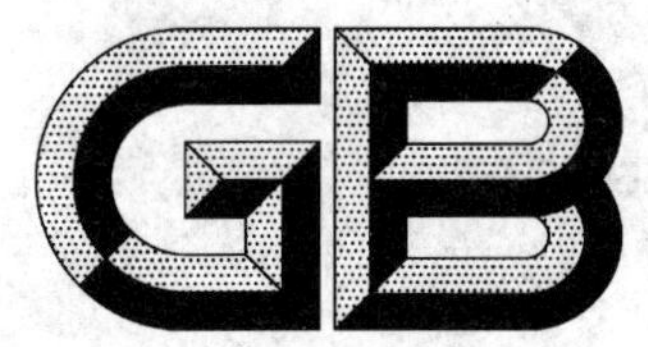

中华人民共和国国家标准

GB/T 6908—2008
代替 GB/T 6908—2005,GB/T 12147—1989

锅炉用水和冷却水分析方法 电导率的测定

Analysis of water used in boil and cooling system—Determination of electrical conductivity

2008-04-01 发布 2008-09-01 实施

中华人民共和国国家质量监督检验检疫总局
中国国家标准化管理委员会 发布

前言

本标准同时代替 GB/T 6908—2005《锅炉用水和冷却水分析方法　电导率的测定》和 GB/T 12147—1989《锅炉用水和冷却水分析方法　纯水电导率的测定》。

本标准与 GB/T 6908—2005 和 GB/T 12147—1989 相比，主要变化如下：

——将 GB/T 6908—2005 和 GB/T 12147—1989 的标准内容进行了修改和合并；

——不再将纯水电导率的测定单独列出，而是根据电导池常数的电极选用来达到测定纯水电导率的目的。

本标准由中国石油和化学工业协会提出。

本标准由全国化学标准化技术委员会水处理剂分会(SAC/TC 63/SC 5)归口。

本标准负责起草单位：天津化工研究设计院。

本标准主要起草人：李琳、白莹、邵宏谦。

本标准所代替标准的版本历次发布情况为：

——GB/T 6908—1986，GB/T 6908—2005；

——GB/T 12147—1989。

锅炉用水和冷却水分析方法
电导率的测定

1 范围

本标准规定了锅炉用水、冷却水、锅炉给水等电导率的测定。

本标准适用于电导率在 0～10^6 μS/cm(25℃)的测定。

本标准也适用于原水及生活用水的电导率的测定。

2 规范性引用文件

下列文件中的条款通过本标准的引用而成为本标准的条款。凡是注日期的引用文件，其随后所有的修改单(不包括勘误的内容)或修订版均不适用于本标准，然而，鼓励根据本标准达成协议的各方研究是否可使用这些文件的最新版本。凡是不注日期的引用文件，其最新版本适用于本标准。

GB/T 6682　分析实验室用水规格和试验方法(GB/T 6682—1992,neq ISO 3696:1987)

GB/T 6907　锅炉用水和冷却水分析方法　水样的采集方法

3 原理

溶解于水的酸、碱、盐电解质，在溶液中解离成正、负离子，使电解质溶液具有导电能力，其导电能力的大小用电导率表示。

4 仪器、设备

一般实验室仪器和下列仪器。

4.1　电导率仪：测量范围 0.01 μS/cm～10^6 μS/cm。

4.2　电导电极(简称电极)。

4.3　温度计：试验室测定时精度为±0.1℃，非实验室测定时精度为±0.5℃。

5 试剂和材料

5.1　水：符合 GB/T 6682 要求。

5.2　氯化钾标准溶液：c(KCl)＝1 mol/L。

称取在 105℃干燥 2 h 的优级纯氯化钾(或基准试剂)74.246 g，用新制备的二级试剂水溶解后移入 1 000 mL 容量瓶中，在(20±2)℃下稀释至刻度，混匀。放入聚乙烯塑料瓶或硬质玻璃瓶中，密封保存。

5.3　氯化钾标准溶液：c(KCl)＝0.1 mol/L。

称取在 105℃干燥 2 h 的优级纯氯化钾(或基准试剂)7.436 5 g，用新制备的二级试剂水溶解后移入 1 000 mL 容量瓶中，在(20±2)℃下稀释至刻度，混匀。放入聚乙烯塑料瓶或硬质玻璃瓶中，密封保存。

5.4　氯化钾标准溶液：c(KCl)＝0.01 mol/L。

称取在 105℃干燥 2 h 的优级纯氯化钾(或基准试剂)0.744 0 g，用新制备的二级试剂水溶解后移入 1 000 mL 容量瓶中，在(20±2)℃下稀释至刻度，混匀。放入聚乙烯塑料瓶或硬质玻璃瓶中，密封保存。

5.5　氯化钾标准溶液：c(KCl)＝0.001 mol/L。

移取 0.01 mol/L 氯化钾标准溶液(5.4)100.00 mL 至 1 000 mL 容量瓶中，用新制备的一级试剂水在(20±2)℃稀释至刻度，混匀。

5.6　氯化钾标准溶液：$c(KCl)=1\times10^{-4}$ mol/L。

在(20±2)℃移取 0.01 mol/L 氯化钾标准溶液(5.4)10 mL 至 1 000 mL 容量瓶中，用新制备的一级试剂水稀释至刻度，混匀。

5.7　氯化钾标准溶液：$c(KCl)=1\times10^{-5}$ mol/L。

在(20±2)℃移取 0.001 mol/L 氯化钾标准溶液(5.5)10 mL 至 1 000 mL 容量瓶中，用新制备的一级试剂水稀释至刻度，混匀。

5.8　氯化钾标准溶液：$c(KCl)=1\times10^{-6}$ mol/L。

在(20±2)℃移取 1×10^{-5} mol/L 氯化钾标准溶液(5.7)100 mL 至 1 000 mL 容量瓶中，用新制备的一级试剂水稀释至刻度，混匀。

氯化钾标准溶液在不同温度下的电导率如表 1 所示。

表 1　氯化钾标准溶液的电导率

溶液浓度/(mol/L)	温度/℃	电导率/(μS/cm)
1	0	65 176
	18	97 838
	25	111 342
0.1	0	7 138
	18	11 167
	25	12 856
0.01	0	773.6
	18	1 220.5
	25	1 408.8
0.001	25	146.93
1×10^{-4}	25	14.89
1×10^{-5}	25	1.498 5
1×10^{-6}	25	$1.498\ 5\times10^{-1}$
注：此表中的电导率已将氯化钾标准溶液配制时所用试剂水的电导率扣除。		

6　水样的采集

按 GB/T 6907 标准规定的方法进行。

7　操作步骤

7.1　电导率仪的校正、操作、读数应按其使用说明书的要求进行。

7.2　根据水样的电导率大小，参照表 2 选用不同电导池常数电极。将选择好的电极用二级试剂水洗净，再冲洗 2～3 次，浸泡备用。测量电导率小于 3 μS/cm 的水样时，需用一级试剂水冲洗浸泡电极。

表 2　不同电导池常数的电极的选用

电导池常数/cm^{-1}	电导率/(μS/cm)
0.001	0.1 以下
0.01	0.1～10
0.1～1.0	10～100
1.0～10	100～100 000
10～50	100 000～500 000

7.3 试验室测量时，取 50 mL～100 mL 水样，放入塑料杯或硬质玻璃杯中，将电极和温度计用被测水样冲洗 2～3 次后，浸入水样中进行电导率、温度的测定，重复取样测定 2～3 次，在试验室测定时测定结果读数相对误差均在±1%以内，即为所测的电导率值。同时记录水样温度。

7.4 非试验室测定时，取 50 mL～100 mL 水样，放入塑料杯或硬质玻璃杯中，将电极和温度计用被测水样冲洗 2～3 次后，浸入水样中进行电导率、温度的测定，重复取样测定 2～3 次，在试验室测定时测定结果读数相对误差均在±3%以内，即为所测的电导率值。同时记录水样温度。

7.5 电导率仪若带有温度自动补偿，应按仪器的使用说明结合所测水样温度将温度补偿调至相应数值；电导率仪没有温度自动补偿，水样温度不是 25℃时，测定数值应按式(1)换算为 25℃的电导率值。

$$S = \frac{S_t K}{1-\beta(t-25)} \quad \cdots\cdots(1)$$

式中：

S——换算成 25℃时水样的电导率，单位为微西每厘米(μS/cm)；

S_t——水温 t℃时测得的电导，单位为微西(μS)；

K——电导池常数，单位为每厘米(cm^{-1})；

β——温度校正系数(通常情况下 β 近似等于 0.02)；

t——测定时水样温度，单位为摄氏度(℃)。

7.6 电导池常数校正

用校正电导池常数的电极测定已知电导率的氯化钾标准溶液(其温度为(25±0.1)℃)的电导率(见表 1)。按式(2)计算电极的电导池常数。若试验室无条件进行校正电导池常数时，应送有关部门校正。

$$K = (S_0 - S_1)/S_2 \quad \cdots\cdots(2)$$

式中：

K——电极的电导池常数，单位为每厘米(cm^{-1})；

S_0——配制氯化钾所用试剂水的电导率，单位为微西每厘米(μS/cm)[(25±0.1)℃]；

S_1——氯化钾标准溶液的电导率，单位为微西每厘米(μS/cm)[(25±0.1)℃]；

S_2——用校正电导池常数的电极测定氯化钾标准溶液的电导，单位为微西(μS)。

8 精密度

试验室测量时测定结果读数相对误差±1%。

非试验室测定时结果读数相对误差±3%。

9 试验报告

试验报告应包括下列各项：

a) 注明采用本标准；

b) 受检产品的完整标识：包括水样名称、采样地点、单位名称等；

c) 水样电导率(25℃)，μS/cm；

d) 试验人员和试验日期。

ICS 71.040.40
G 76

中华人民共和国国家标准

GB/T 6909—2008
代替 GB/T 6909.1—1986,GB/T 6909.2—1986

锅炉用水和冷却水分析方法 硬度的测定

Analysis of water used in boiler and cooling system—Determination of hardness

2008-04-01 发布　　2008-09-01 实施

中华人民共和国国家质量监督检验检疫总局
中国国家标准化管理委员会　发布

前　言

本标准同时代替 GB/T 6909.1—1986《锅炉用水和冷却水分析方法　硬度的测定　高硬度》和 GB/T 6909.2—1986《锅炉用水和冷却水分析方法　硬度的测定　低硬度》。

本标准与 GB/T 6909.1—1986 和 GB/T 6909.2—1986 相比，技术上没有差异，只是将 GB/T 6909.1—1986 和 GB/T 6909.2—1986 进行了合并。

本标准由中国石油和化学工业协会提出。

本标准由全国化学标准化技术委员会水处理剂分会(SAC/TC 63/SC 5)归口。

本标准负责起草单位：天津化工研究设计院。

本标准主要起草人：朱传俊、李琳、邵宏谦。

本标准所代替标准的版本发布情况为：

——GB/T 6909.1—1986；

——GB/T 6909.2—1986。

锅炉用水和冷却水分析方法 硬度的测定

1 范围

本标准适用于天然水、冷却水、软化水、H 型阳离子交换器出水、锅炉给水水样硬度的测定。

使用铬黑 T 作指示剂时，硬度测定范围为 0.1 mmol/L～5 mmol/L，硬度超过 5 mmol/L 时，可适当减少取样体积，稀释到 100 mL 后测定；使用酸性络蓝 K 作指示剂时，硬度测定范围为1 μmol/L～100 μmol/L。

2 规范性引用文件

下列文件中的条款通过本标准的引用而成为本标准的条款。凡是注日期的引用文件，其随后所有的修改单(不包括勘误的内容)或修订版均不适用于本标准，然而，鼓励根据本标准达成协议的各方研究是否可使用这些文件的最新版本。凡是不注日期的引用文件，其最新版本适用于本标准。

GB/T 601 化学试剂 标准滴定溶液的制备

GB/T 603 化学试剂 试验方法中所用制剂及制品的制备(GB/T 603—2002，ISO 6353-1:1982，NEQ)

GB/T 6682 分析实验室用水规格和试验方法(GB/T 6682—1992，neq ISO 3696:1987)

3 高硬度的测定

3.1 方法提要

在 pH 值为 10.0±0.1 的水溶液中，用铬黑 T 作指示剂，以乙二胺四乙酸二钠盐(EDTA)标准滴定溶液滴定至蓝色为终点。根据消耗 EDTA 的体积，即可算出硬度值。

为提高终点指示的灵敏度，可在缓冲溶液中加入一定量的 EDTA 二钠镁盐。如果用酸性铬蓝 K 作指示剂，可不加 EDTA 二钠镁盐。

铁含量大于 2 mg/L、铝含量大于 2 mg/L、铜含量大于 0.01 mg/L、锰含量大于 0.1 mg/L 对测定有干扰，可在加指示剂前用 2 mL L-半胱胺酸盐酸盐溶液和 2 mL 三乙醇胺溶液进行联合掩蔽消除干扰。

3.2 试剂和材料

本标准所用试剂和水，除非另有规定，应使用分析纯试剂和符合 GB/T 6682 三级水的规定。

试验中所需标准滴定溶液、制剂及制品，在没有特殊注明时，均按 GB/T 601、GB/T 603 之规定制备。

3.2.1 氨-氯化铵缓冲溶液

称取 67.5 g 氯化铵，溶于 570 mL 浓氨水中，加入 1 g EDTA 二钠镁盐，并用水稀释至 1 L。

3.2.2 氢氧化钠溶液:50 g/L。

3.2.3 盐酸溶液:1+1。

3.2.4 三乙醇胺溶液:1+4。

3.2.5 L-半胱胺酸盐酸盐溶液:10 g/L。

3.2.6 乙二胺四乙酸二钠标准滴定溶液:c(EDTA)约 0.01 mol/L。

3.2.7 铬黑 T 指示液:5 g/L。

3.3 **分析步骤**

3.3.1 取 100 mL 水样，于 250 mL 锥形瓶中。如果水样混浊，取样前应过滤。

注：水样酸性或碱性很高时，可用氢氧化钠溶液或盐酸溶液中和后再加缓冲溶液。

3.3.2 加 5 mL 氨-氯化铵缓冲溶液，加 2～3 滴铬黑 T 指示剂。

注：碳酸盐硬度很高的水样，在加入缓冲溶液前应先稀释或先加入所需 EDTA 标准溶液量的 80%～90%（记入滴定体积内），否则缓冲溶液加入后，碳酸盐析出，终点拖长。

3.3.3 在不断摇动下，用乙二胺四乙酸二钠标准滴定溶液进行滴定，接近终点时应缓慢滴定，溶液由酒红色转为蓝色即为终点。

同时做空白试验。

3.4 **结果计算**

硬度含量以浓度 c_1 计，数值以 mmol/L 表示，按式(1)计算：

$$c_1 = \frac{(V_1 - V_0)c}{V} \times 1\,000 \qquad \cdots\cdots(1)$$

式中：

V_1——滴定水样消耗 EDTA 标准滴定溶液体积的数值，单位为毫升(mL)；

V_0——滴定空白溶液消耗 EDTA 标准滴定溶液体积的数值，单位为毫升(mL)；

c——EDTA 标准滴定溶液浓度的准确数值，单位为摩尔每升(mol/L)；

V——所取水样体积的数值，单位为毫升(mL)。

3.5 **允许差**

取平行测定结果的算术平均值为测定结果。两次平行测定结果的绝对差值不大于 0.02 mmol/L。

4 低硬度的测定

4.1 **方法提要**

在 pH 为 10.0±0.1 的水溶液中，用酸性铬蓝 K 作指示剂，以乙二胺四乙酸二钠盐(EDTA)标准滴定溶液滴定至蓝色为终点。根据消耗 EDTA 的体积，即可算出硬度值。

铁含量大于 2 mg/L、铝含量大于 2 mg/L、铜含量大于 0.01 mg/L、锰含量大于 0.1 mg/L 对测定有干扰，可在加指示剂前用 2 mL L-半胱胺酸盐酸盐溶液和 2 mL 三乙醇胺溶液进行联合掩蔽消除干扰。

4.2 **试剂和材料**

同 3.2 和下列试剂。

4.2.1 硼砂缓冲溶液

称取 40 g 硼砂($Na_2B_4O_7 \cdot 10H_2O$)，加 10 g 氢氧化钠，溶于水并稀释至 1 L。贮于塑料瓶中。

注：硼砂缓冲溶液也可用氨-氯化铵缓冲溶液代替使用。

4.2.2 酸性铬蓝 K 指示剂：5 g/L。

称取 0.5 g 酸性铬蓝 K($C_{16}H_9O_{12}N_2S_3Na_3$)与 4.5 g 盐酸羟胺，在研体中研匀，加 10 mL 硼砂缓冲溶液，溶解于 40 mL 水中，用 95%乙醇稀释至 100 mL，贮于棕色瓶中备用。使用期不应超过一个月。

4.2.3 乙二胺四乙酸二钠标准滴定溶液：c(EDTA)约 0.005 mol/L。

按 GB/T 601 配制后，稀释 2 倍。

4.3 **分析步骤**

4.3.1 移取 100 mL 水样于 250 mL 锥形瓶中。

注：水样酸性或碱性很高时，可用氢氧化钠溶液或盐酸溶液中和后再加缓冲溶液。

4.3.2 加 1 mL 硼砂缓冲溶液，2～3 滴酸性铬蓝 K 指示剂。

4.3.3 在不断摇动下，用乙二胺四乙酸二钠标准滴定溶液进行滴定，接近终点时应缓慢滴定，溶液由红色转为蓝色即为终点。同时做空白试验。

水样硬度小于 25 μmol/L 时应采用 5 mL 微量滴定管。

4.4 计算

低硬度含量以质量浓度 c_2 计，数值以 μmol/L 表示，按式(2)计算：

$$c_2 = \frac{(V_1 - V_0)c}{V} \times 10^6 \qquad (2)$$

式中：

V_1——滴定水样消耗 EDTA 标准滴定溶液体积的数值，单位为毫升(mL)；

V_0——滴定空白溶液消耗 EDTA 标准滴定溶液体积的数值，单位为毫升(mL)；

c——EDTA 标准滴定溶液浓度的准确数值，单位为摩尔每升(mol/L)；

V——所取水样体积的数值，单位为毫升(mL)。

4.5 允许差

取平行测定结果的算术平均值为测定结果。两次平行测定结果的绝对差值不大于 1.0 μmol/L。

ICS 71.040.40
G 76

中华人民共和国国家标准

GB/T 6912—2008
代替 GB/T 6912.2—1986,GB/T 6912.3—1986

锅炉用水和冷却水分析方法 亚硝酸盐的测定

Analysis of water used in boiler and cooling system—Determination of nitrite

(ISO 6777:1984,Water quality—Determination of nitrite—Molecular absorption spectrometric method,NEQ)

2008-04-01 发布　　　　2008-09-01 实施

中华人民共和国国家质量监督检验检疫总局
中国国家标准化管理委员会　发布

前　言

本标准对应于 ISO 6777:1984《水质　亚硝酸盐的测定　分子吸收分光光度法》(英文版),与 ISO 6777:1984 的一致性程度为非等效。

本标准同时代替 GB/T 6912.2—1986《锅炉用水和冷却水分析方法　硝酸盐和亚硝酸盐的测定　亚硝酸盐紫外光度法》和 GB/T 6912.3—1986《锅炉用水和冷却水分析方法　硝酸盐和亚硝酸盐的测定　α-萘胺盐酸盐光度法》。

本标准与 GB/T 6912.2—1986 和 GB/T 6912.3—1986 相比,主要变化如下:

——将 GB/T 6912.2—1986 和 GB/T 6912.3—1986 的标准内容进行了修改和合并;

——将 α-萘胺盐酸盐光度法改为分子吸收分光光度法。

本标准由中国石油和化学工业协会提出。

本标准由全国化学标准化技术委员会水处理剂分会(SAC/TC 63/SC 5)归口。

本标准负责起草单位:天津化工研究设计院。

本标准主要起草人:刘艳飞、邵宏谦、李琳。

本标准所代替标准的版本发布情况为:

——GB/T 6912.2—1986;

——GB/T 6912.3—1986。

锅炉用水和冷却水分析方法
亚硝酸盐的测定

1 范围

本标准规定了原水、锅炉用水和冷却水中亚硝酸盐含量的测定方法。

本标准中分子吸收分光光度法适用于原水、锅炉用水和冷却水中亚硝酸盐含量为 0 mg/L～0.25 mg/L 的测定；紫外分光光度法适用于原水、锅炉用水和冷却水中亚硝酸盐含量为 0 mg/L～25 mg/L 的测定。

2 规范性引用文件

下列文件中的条款通过本标准的引用而成为本标准的条款。凡是注日期的引用文件，其随后所有的修改单(不包括勘误的内容)或修订版均不适用于本标准，然而，鼓励根据本标准达成协议的各方研究是否可使用这些文件的最新版本。凡是不注日期的引用文件，其最新版本适用于本标准。

GB/T 602 化学试剂 杂质测定用标准溶液的制备(GB/T 602—2002，neq ISO 6353-1:1982)

GB/T 6682 分析实验室用水规格和试验方法(GB/T 6682—1992，neq ISO 3696:1987)

3 分子吸收分光光度法

3.1 原理

在 pH＝1.9 和磷酸存在下，试料中的亚硝酸盐与 4-氨基苯磺酰胺试剂反应生成重氮盐，再与 N-(1-萘基)-1，2-乙二胺二盐酸盐溶液(与 4-氨基苯磺酰胺试剂同时加入)反应形成一种粉红色的染料。在 540 nm 处测量其吸光度。

3.2 试剂和材料

本标准所用试剂，除非另有规定，仅使用分析纯试剂。

安全提示：本标准所使用的强酸具有腐蚀性，显色剂是危险品，使用时应注意。溅到身上时，用大量水冲洗，避免吸入或接触皮肤。

3.2.1 水，GB/T 6682，三级。

3.2.2 磷酸。

3.2.3 磷酸溶液：1＋9。

3.2.4 亚硝酸盐(以 N 计)标准贮备液：100 mg/L。

称取(0.492 2±0.000 2)g 亚硝酸钠(在 105℃至少干燥 2 h)溶于约 750 mL 水中。定量转移到 1 000 mL 容量瓶中，并用水稀释至刻度。在 2℃～5℃条件下贮存于带塞棕色玻璃瓶中，该溶液可稳定放置一个月。

3.2.5 亚硝酸盐(以 N 计)标准溶液：1.00 mg/L。

移取 10.00 mL 亚硝酸盐标准贮备液(3.2.4)至 1 000 mL 容量瓶中，并用水稀释至刻度。需要时当天配制。

3.2.6 显色剂

称取(40.0±0.5)g 4-氨基苯磺酰胺($NH_2C_6H_4SO_2NH_3$)溶于 100 mL 磷酸和 500 mL 水的混合液中。加入(2.00±0.02)g N-(1-萘基)-1，2-乙二胺二盐酸盐($C_{10}H_7$-NH-CH_2NH_2 · 2HCl)，混匀，转移至 1 000 mL 容量瓶中，用水稀释至刻度，摇匀。在 2℃～5℃下贮存于带塞棕色玻璃瓶中，该溶液可稳

定放置一个月。

警告:此试剂是危险品,避免吸入或接触皮肤。

3.3 仪器

一般实验室用仪器和下列仪器。

3.3.1 分光光度计:适用于波长在540 nm的测定,备有10 mm～50 mm之间光程长度的吸收池。

3.4 试样的制备

试样采集后应放在玻璃瓶中,采样后应尽快分析,若试样多时可放在2℃～5℃下保存,含悬浮物的试样应过滤。当亚硝酸盐溶液浓度较高时,可以适当减少取样量。

3.5 分析步骤

3.5.1 校准曲线的绘制

按表1所示的体积用滴定管分别滴加一系列亚硝酸盐标准溶液到9个50 mL容量瓶中,用水稀释至约40 mL。分别加入1.0 mL显色剂,混匀并稀释至刻度,摇匀后静置。20 min后以水作参比,于540 nm处用适当光程长度的比色皿测量溶液的吸光度。

以亚硝酸盐含量(以N计)为横坐标,相对应的吸光度为纵坐标,绘制校准曲线。

表1

亚硝酸盐标准溶液体积/mL	亚硝酸盐含量(以N计)m_N/μg	比色皿的光程长度/mm
0.00	0.00	10和50
0.50	0.50	50
1.00	1.00	10和50
1.50	1.50	50
2.00	2.00	50
2.50	2.50	10和50
5.00	5.00	10
7.50	7.50	10
10.00	10.00	10

3.5.2 测定

移取适量体积的试样于50 mL容量瓶中,用水稀释至约40 mL。加入1.0 mL显色剂,混匀后稀释至刻度,摇匀后静置。20 min后以水作参比,于540 nm处用适当光程长度的吸收池测量溶液的吸光度。然后在校准曲线上查得相应的亚硝酸盐含量(μg)。

3.5.3 色度的校正

若试样的颜色可能干扰吸光度的测量,则按(3.5.2)所述步骤制备一份重复的试料,但用1.0 mL磷酸溶液(3.2.3)代替显色剂。

3.5.4 空白试验

用约40 mL水来代替试样,其他操作手续和所加试剂与测定时相同。

3.6 结果计算

试样校正后的吸光度(A_r)由下列方程式给出:

$$A_r = A_s - A_b$$

若已进行了色度校正,则用下列方程式:

$$A_r = A_s - A_b - A_c$$

式中:

A_s——试样的吸光度;

A_b——空白的吸光度；

A_c——校正色度的配制溶液的吸光度。

亚硝酸盐(以 N 计)含量以质量浓度 ρ_N 计，数值以 mg/L 表示，按式(1)计算：

$$\rho_N = \frac{m_N}{V} \quad \cdots\cdots (1)$$

式中：

m_N——与校正吸光度(A_r)对应的亚硝酸盐(以 N 计)含量的数值，单位为微克(μg)；

V——试样的体积的数值，单位为毫升(mL)。

该结果可以以氮的质量浓度 ρ_N 表示，或以亚硝酸根的质量浓度 $\rho_{NO_2^-}$ (mg/L)表示，或以亚硝酸根的浓度 $c(NO_2^-)$(μmol/L)表示。表 2 列出了相应的换算系数。

表 2

	ρ_N/ mg/L	$\rho_{NO_2^-}$/ mg/L	$c(NO_2^-)$/ μmol/L
ρ_N=1 mg/L	1	3.29	71.4
$\rho_{NO_2^-}$=1 mg/L	0.304	1	21.7
$c(NO_2^-)$=1 μmol/L	0.014	0.046	1

4 紫外分光光度法

4.1 原理

在 219.0 nm 波长处，硝酸盐与亚硝酸盐的摩尔吸光系数相等。水样中某些有机物在该波长可能也有吸收，故干扰测定。因此，取两份水样，其中一份加入氨基磺酸破坏水样中的亚硝酸盐作为空白，在 219.0 nm 处测量另一份水样的吸光度，从而计算水样中亚硝酸盐的含量。

4.2 仪器和设备

4.2.1 紫外-可见分光光度计。

4.2.2 石英吸收池：1 cm。

4.2.3 比色管：25 mL。

4.3 试剂和材料

本方法所用试剂和水，除非另有规定，仅使用分析纯试剂和符合 GB/T 6682 三级水的规定。试验中所需杂质标准溶液，在没有特殊注明时，均按 GB/T 602 之规定制备。

4.3.1 氨基磺酸溶液：10 g/L，现用现配。

4.3.2 亚硝酸盐标准溶液：1 mL 含 0.1 mg NO_2^-。

4.4 分析步骤

4.4.1 校准曲线的绘制

4.4.1.1 移取 0 mL、0.50 mL、1.00 mL、1.50 mL、2.00 mL、2.50 mL、3.00 mL 亚硝酸盐标准溶液，分别加入 6 只 25 mL 比色管中。用水稀释至刻度，摇匀。此系列溶液分别含有 0.00 mg、0.05 mg、0.10 mg、0.15 mg、0.20 mg、0.25 mg、0.30 mg NO_2^-。

4.4.1.2 以水作空白对照，在 219 nm 处，用 1 cm 石英吸收池测定其相应的吸光度，并以吸光度为纵坐标，亚硝酸盐含量(mg)为横坐标绘制校准曲线。

4.4.2 水样的测定

4.4.2.1 移取两份各 10.00 mL 经慢速滤纸过滤的水样，立即分别置于 25 mL 比色管中，一份水样加入 1 mL 氨基磺酸溶液，用水稀释至刻度，摇匀，作为试液 A。

4.4.2.2 另一份水样用水稀释至刻度，摇匀，作为试液 B。

4.4.2.3 以试液 A 作空白，在 219 nm 处，用 1 cm 石英吸收池测定试液 B 的吸光度，从校准曲线上查出相应的亚硝酸盐的含量(mg)。

4.5 结果计算

水中亚硝酸盐(以 NO_2^- 计)含量以质量浓度 ρ_2 计，数值以 mg/L 表示，按式(2)计算：

$$\rho_2 = \frac{m}{10} \times 1\,000 \qquad \cdots\cdots(2)$$

式中：

m——于校准曲线上查得的亚硝酸盐含量的数值，单位为毫克(mg)；

10——移取水样体积的数值，单位为毫升(mL)。

4.6 允许差

亚硝酸盐测定的允许差见表 3。

表 3　　单位为毫克每升

亚硝酸盐含量 ρ	允许差
$\rho \leqslant 3.0$	<0.27
$3.0 < \rho \leqslant 8.0$	<0.61
$8.0 < \rho \leqslant 12.0$	<0.89
$12.0 < \rho \leqslant 17.0$	<1.23
$17.0 < \rho \leqslant 25.0$	<1.78

ICS 71.040.40
G 76

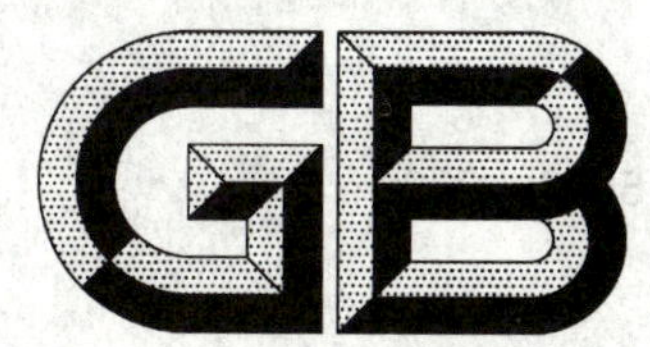

中华人民共和国国家标准

GB/T 6913—2008
代替 GB/T 6913.1～6913.3—1986

锅炉用水和冷却水分析方法 磷酸盐的测定

Analysis of water used in boiler and cooling system—Determination of phosphorus

(ISO 6878:2004, Water quality—Determination of phosporus—Ammonium molybdate spectrometric method, NEQ)

2008-04-01 发布　　　　2008-09-01 实施

中华人民共和国国家质量监督检验检疫总局
中国国家标准化管理委员会　发布

前言

本标准对应于ISO 6878:2004《水质　磷的测定　钼酸铵分光光度法》(英文版),与ISO 6878:2004的一致性程度为非等效。

本标准同时代替GB/T 6913.1—1986《锅炉用水和冷却水分析方法　磷酸盐的测定　正磷酸盐》、GB/T 6913.2—1986《锅炉用水和冷却水分析方法　磷酸盐的测定　总无机磷酸盐》和GB/T 6913.3—1986《锅炉用水和冷却水分析方法　磷酸盐的测定　总磷酸盐》。

本标准与GB/T 6913.1—1986、GB/T 6913.2—1986和GB/T 6913.3—1986相比主要变化如下:

——将GB/T 6913.1—1986、GB/T 6913.2—1986和GB/T 6913.3—1986的标准内容进行了修改和合并;

——将使用的还原剂"氯化亚锡"和"硫酸肼"均改为"抗坏血酸";

——波长由"660 nm"改为"710 nm";

——测定总磷酸盐时,采用"过硫酸钾溶液"做氧化剂代替"过硫酸铵-硫酸钠分解剂"。

本标准附录A、附录B和附录C为资料性附录。

本标准由中国石油和化学工业协会提出。

本标准由全国化学标准化技术委员会水处理剂分会(SAC/TC 63/SC 5)归口。

本标准负责起草单位:济源市清源实业有限公司、天津化工研究设计院。

本标准主要起草人:王志清、朱传俊、白莹、李琳。

本标准所代替标准的版本发布情况为:

——GB/T 6913.1—1986;

——GB/T 6913.2—1986;

——GB/T 6913.3—1986。

锅炉用水和冷却水分析方法
磷酸盐的测定

1 范围

本标准规定了锅炉用水和冷却水中正磷酸盐、总无机磷酸盐、总磷酸盐含量的测定。

本标准适用于锅炉用水和冷却水中正磷酸盐、总无机磷酸盐、总磷酸盐含量(以 PO_4^{3-} 计)在0.05 mg/L～50 mg/L 的测定。

2 规范性引用文件

下列文件中的条款通过本标准的引用而成为本标准的条款。凡是注日期的引用文件,其随后所有的修改单(不包括勘误的内容)或修订版均不适用于本标准,然而,鼓励根据本标准达成协议的各方研究是否可使用这些文件的最新版本。凡是不注日期的引用文件,其最新版本适用于本标准。

GB/T 603　化学试剂　试验方法中所用制剂及制品的制备(GB/T 603—2002,ISO 6353-1:1982,NEQ)

GB/T 6682　分析实验室用水规格和试验方法(GB/T 6682—1992,neq ISO 3696:1987)

3 正磷酸盐含量的测定

3.1 方法提要

在酸性条件下,正磷酸盐与钼酸铵溶液反应生成黄色的磷钼盐锑络合物,再用抗坏血酸还原成磷钼蓝,于 710 nm 最大吸收波长处用分光光度法测定。

反应式为:

$$12(NH_4)_2MoO_4 + H_2PO_4^- + 24H^+ \xrightarrow{KSbOC_4H_4O_6} [H_2PMo_{12}O_{40}]^- + 24NH_4^+ + 12H_2O$$

$$[H_2PMo_{12}O_{40}]^- \xrightarrow{C_6H_8O_6} H_3PO_4 \cdot 10MoO_3 \cdot Mo_2O_5$$

3.2 试剂和材料

本标准所用试剂和水,除非另有规定,应使用分析纯试剂和符合 GB/T 6682 三级水的规定。

试验中所需制剂及制品,在没有特殊注明时,按 GB/T 603 之规定制备。

安全提示:本标准所使用的强酸或强碱具有腐蚀性,使用时应注意。溅到身上时,用大量水冲洗,避免吸入或接触皮肤。

3.2.1　磷酸二氢钾。

3.2.2　硫酸溶液:1+1。

3.2.3　抗坏血酸溶液:100 g/L。

溶解 10 g±0.5 g 抗坏血酸于 100 mL±5 mL 水中,摇匀,贮存于棕色瓶中,在冰箱中可稳定放置2周。

3.2.4　钼酸铵溶液:26 g/L。

称取 13 g 钼酸铵,精确至 0.5 g,称取 0.35 g 酒石酸锑钾($KSbOC_4H_4O_6 \cdot 1/2H_2O$),精确至0.01 g,溶于 200 mL 水中,加入 230 mL 硫酸溶液,混匀,冷却后用水稀释至 500 mL,混匀,贮存于棕色瓶中(有效期 2 个月)。

3.2.5　磷标准贮备溶液:1 mL 含有 0.5 mg PO_4^{3-}。

称取 0.716 5 g 预先在 100℃～105℃干燥并已恒重过的磷酸二氢钾,精确至 0.2 mg,溶于约

500 mL 水中，定量转移至 1 L 容量瓶中，用水稀释至刻度，摇匀。

3.2.6　磷标准溶液：1 mL 含有 0.02 mg PO_4^{3-}。

取 20.00 mL 磷标准贮备溶液(3.2.5)于 500 mL 容量瓶中，用水稀释至刻度，摇匀。

3.3　仪器、设备

3.3.1　分光光度计：带有厚度为 1 cm 的吸收池。

3.4　分析步骤

3.4.1　试样的制备

现场取约 250 mL 实验室样品经中速滤纸过滤后贮存于 500 mL 烧杯中即制成试样(可参照附录 C)。

3.4.2　校准曲线的绘制

分别取 0 mL(空白)、1.00 mL、2.00 mL、3.00 mL、4.00 mL、5.00 mL、6.00 mL、7.00 mL、8.00 mL 磷标准溶液于 9 个 50 mL 容量瓶中，用水稀释至约 40 mL。依次加入 2.0 mL 钼酸铵溶液、1.0 mL 抗坏血酸溶液，用水稀释至刻度，摇匀，于室温下放置 10 min。在分光光度计 710 nm 处，用 1 cm 吸收池，以空白调零测吸光度。以测得的吸光度为纵坐标，相对应的 PO_4^{3-} 量(μg)为横坐标绘制校准曲线。

3.4.3　正磷酸盐含量的测定

参照附录 A 移取适量体积的试样(3.4.1)于 50 mL 容量瓶中，加入 2.0 mL 钼酸铵溶液，1.0 mL 抗坏血酸溶液，用水稀释至刻度，摇匀，室温下放置 10 min。在分光光度计 710 nm 处，用 1 cm 吸收池，以不加试验溶液的空白调零测吸光度。

试验过程中，如存在附录 B 所给出的一些干扰，可采取相应措施消除。

3.5　结果计算

正磷酸盐(以 PO_4^{3-} 计)含量以质量浓度 ρ_1 计，数值以 mg/L 表示，按式(1)计算：

$$\rho_1 = \frac{m_1}{V_1} \qquad \cdots\cdots (1)$$

式中：

m_1——从校准曲线上查得的 PO_4^{3-} 的量的数值，单位为微克(μg)；

V_1——移取试验溶液体积的数值，单位为毫升(mL)。

3.6　允许差

取平行测定结果的算术平均值为测定结果，平行测定结果的绝对差值不大于 0.10 mg/L。

4　总无机磷酸盐含量的测定

4.1　方法提要

在酸性溶液中，聚磷酸盐水解成正磷酸盐，正磷酸盐与钼酸铵反应生成黄色的磷钼锑络合物，再用抗坏血酸还原成磷钼蓝，于 710 nm 最大吸收波长处分光光度法测定。

反应式同 3.1。

4.2　试剂和材料

同 3.2 和下列试剂。

4.2.1　氢氧化钠溶液：80 g/L。

称取 20 g 氢氧化钠，精确至 0.5 g，溶于 250 mL 水中，摇匀，贮存于塑料瓶中。

4.2.2　硫酸溶液：1+35。

4.3　仪器、设备

4.3.1　分光光度计：带有厚度为 1 cm 的吸收池。

4.4　分析步骤

参照附录 A，移取适量体积的试样(3.4.1)至 100 mL 锥形瓶中，用水稀释至约 40 mL。加硫酸溶液(4.2.2)1 mL,小火煮沸至近干,冷却后转移至 50 mL 容量瓶中。加入 2.0 mL 钼酸铵溶液,1.0 mL 抗坏血酸溶液,用水稀释至刻度,摇匀,室温下放置 10 min。在分光光度计 710 nm 处,用 1 cm 吸收池,以空白调零测吸光度。

试验过程中,如存在附录 B 所给出的一些干扰,可采取相应措施消除。

4.5 结果计算

总无机磷酸盐(以 PO_4^{3-} 计)含量以质量浓度 ρ_2 计,数值以 mg/L 表示,按式(2)计算:

$$\rho_2 = \frac{m_2}{V_2} \qquad \cdots\cdots(2)$$

式中:

m_2——从校准曲线(3.4.2)上查得的 PO_4^{3-} 的量的数值,单位为微克(μg);

V_2——移取试验溶液体积的数值,单位为毫升(mL)。

4.6 允许差

取平行测定结果的算术平均值为测定结果,平行测定结果的绝对差值应符合表 1 的规定。

表 1

总无机磷酸盐含量/(mg/L)	允许差/(mg/L)
<10.00	<0.50
>10.00	<1.00

5 总磷酸盐含量的测定

5.1 方法提要

在酸性溶液中,用过硫酸钾作分解剂,将聚磷酸盐和有机膦转化为正磷酸盐,正磷酸盐与钼酸铵反应生成黄色的磷钼锑络合物,再用抗坏血酸还原成磷钼蓝,于 710 nm 最大吸收波长处用分光光度法测定。

反应式同 3.1。

5.2 试剂和材料

同 4.2 和下列试剂。

5.2.1 过硫酸钾溶液:40 g/L。

称取 20 g 过硫酸钾,精确至 0.5 g,溶于 500 mL 水中,摇匀,贮存于棕色瓶中。该溶液有效期为 1 个月。

5.3 仪器、设备

5.3.1 分光光度计:带有厚度为 1 cm 的吸收池。

5.4 分析步骤

参照附录 A,移取适量体积的试样(3.4.1)于 100 mL 锥形瓶中,加入 1.0 mL 硫酸溶液(4.2.2),使 pH 值小于 1。5.0 mL 过硫酸钾溶液,小火煮沸近 30 min。煮沸时,随时添加水使体积保持在 25 mL～30 mL 之间,冷却。用氢氧化钠溶液将 pH 值调节至 3～10,转移至 50 mL 容量瓶中。加入 2.0 mL 钼酸铵溶液、1.0 mL 抗坏血酸溶液,用水稀释至刻度,摇匀,于室温下放置 10 min。在分光光度计 710 nm 处,用 1 cm 吸收池,以空白调零测吸光度。

试验过程中,如存在附录 B 所给出的一些干扰,可采取相应措施消除。

5.5 分析结果的表述

5.5.1 总磷酸盐(以 PO_4^{3-} 计)含量以质量浓度 ρ_3 计,数值以 mg/L 表示,按式(3)计算:

$$\rho_3 = \frac{m_3}{V_3} \qquad \cdots\cdots(3)$$

式中：

m_3——从校准曲线(3.4.2)上查得的 PO_4^{3-} 的量的数值，单位为微克(μg)；

V_3——移取试验溶液体积的数值，单位为毫升(mL)。

5.5.2 有机膦酸盐(以 PO_4^{3-} 计)含量以质量浓度 ρ_4 计，数值以 mg/L 表示，按式(4)计算：

$$\rho_4 = \rho_3 - \rho_2 \qquad \cdots\cdots(4)$$

式中：

ρ_3——总磷酸盐(以 PO_4^{3-} 计)含量的数值，单位为毫克每升(mg/L)；

ρ_2——总无机磷酸盐(以 PO_4^{3-} 计)含量的数值，单位为毫克每升(mg/L)。

5.6 允许差

取平行测定结果的算术平均值为测定结果，平行测定结果的绝对差值应符合表 2 的规定。

表 2

总磷酸盐含量/(mg/L)	允许差/(mg/L)
≤10.00	≤0.50
>10.00	<1.00

附 录 A
（资料性附录）
检测剂量范围的规定

标准中移取试样的量见表 A.1。

表 A.1

试样磷含量(以 PO_4^{3-} 计)/(mg/L)	移取实验溶液的体积/mL	吸收池厚度/cm
0～5.0	12～40	1
5.0～10.0	6～12	1
10.0～20.0	3～6	1

如遇到含 PO_4^{3-} 高于 20 mg/L 的试验溶液，可通过稀释该试验溶液后再进行测定。

附 录 B
（资料性附录）
干扰实验

B.1 硅酸盐

5 mg/L 以内的硅酸盐质量浓度不会干扰。然而，更高质量浓度的硅酸盐会引起吸光度的增加。30 min 的反应时间后，获得表 B.1 的值。

表 B.1 硅酸盐离子对分析结果的影响

硅酸盐质量浓度（以 Si 计）/(mg/L)	对应于磷酸盐的质量浓度（以 P 计）/(mg/L)
10	0.005
25	0.015
50	0.025

B.2 砷酸盐

砷酸盐能产生与正磷酸盐产生的相似的颜色。这种干扰可采用使用硫代硫酸钠将砷酸盐还原成亚砷酸盐来消除。

B.3 硫化硫黄

硫质量浓度在 2 mg/L 以内是可以容许的。高质量浓度的硫可通过酸化样品操作通过氮气还原成可接受浓度。

B.4 氟化物

70 mg/L 以内的氟化物是可以容许的。质量浓度超过 200 mg/L 的氟会抑制显色。

B.5 过渡金属

B.5.1 铁能够影响颜色深度，但 10 mg/L 水平的铁产生的影响小于 5%。由钒酸盐引起的颜色的加深是呈线性的，而且 10 mg/L 的钒酸盐这种影响约为 5%。

B.5.2 Cr(Ⅲ)和 Cr(Ⅵ)的质量浓度在 10 mg/L 以内不产生干扰，但当 Cr 的质量浓度在 50 mg/L 的时候，吸光度增加约为 5%。

B.5.3 10 mg/L 以内的铜不产生干扰。

B.6 海水

盐度变化对颜色深度产生的影响可忽略。

B.7 亚硝酸盐

亚硝酸盐质量浓度超过 3.29 mg/L 时，会引起褪色。稍微过量的氨磺酸能够有效消除亚硝酸盐，100 mg 氨磺酸能够处理 32.9 mg/L 的亚硝酸盐。

附 录 C
（资料性附录）
分析过程中应注意的事项

C.1 实验室样品的过滤

应尽可能快地过滤和分析实验室样品，过滤时间不能超过 10 min。如过滤时间过长则滤纸有可能对磷化合物产生吸附，从而不能保证所有的磷化合物从滤纸上滤过。另外，过滤时间过长会造成聚磷化合物的水解。如果实验室样品温度低于室温，则过滤前应使其恢复至室温。过滤时应弃去开始的 10 mL 滤液。

C.2 玻璃器皿的清洗

用于显色过程的玻璃器皿应经常用 2 mol/L 的氢氧化钠溶液清洗，以除去有色沉淀物。这些有色沉淀物能在玻璃壁上形成黏膜，从而影响测定准确度。

C.3 吸收池的校正

分析试样前，必须对吸收池进行校正，消除不同吸收池之间的差异。

C.4 有机膦化合物的分解

在大量有机物质存在的情况下，使用过硫酸钾分解效果差，这时应使用硝酸和高氯酸分解有机物。操作如下：准确移取一定体积的试验溶液，加入 2 mL 硝酸、1 mL 高氯酸于可调电炉上加热至不出褐色蒸气并出现白色晶体。冷却后加水微热，直到获得清晰透明的溶液。最后用 2 mol/L 的氢氧化钠溶液调整溶液 pH 值至 7～9。

C.5 试样的处理及保存

为确保试样不发生变化，取样后最好立即进行测定。不能立即进行测定时应依次加入氯化钠、氯化汞保护试样。使试样溶液中含氯化钠 50 mg/L、氯化汞 40 mg/L，用玻璃瓶贮存于 0℃～4℃冰箱中。只测总磷含量则无需顾及试样发生变化。

ICS 31.060.70
K 42

中华人民共和国国家标准

GB/T 6916—2008
代替 GB/T 6916—1997

湿热带电力电容器

Power capacitors for damp tropics

2008-06-30 发布

2009-04-01 实施

中华人民共和国国家质量监督检验检疫总局
中国国家标准化管理委员会 发布

前 言

本标准代替 GB/T 6916—1997。

本标准与 GB/T 6916—1997 相比主要变化如下：

——增加了术语和定义；

——环境参数中，增加了相对湿度≥95%时的最高温度：28 ℃；

——列出了电镀件、化学处理件及涂漆层外观和附着力，以及塑料零件外观应符合相关标准规定的质量分级的要求；

——列出了外露绝缘零件、有机材料结构件及结构层经长霉试验后，应符合规定的长霉分级的要求；

——以表格的形式列出盐雾试验的持续时间及合格标准。

本标准由中国电器工业协会提出。

本标准由全国电力电容器标准化技术委员会(SAC/TC 45)归口。

本标准起草单位：西安电力电容器研究所、日新电机(无锡)有限公司。

本标准主要起草人：杨一民、徐歌。

本标准所代替标准的历次版本发布情况为：

——GB 6916—1986、GB/T 6916—1997。

湿热带电力电容器

1 范围

本标准规定了湿热带电力电容器的使用环境条件，以及相应的技术要求、试验方法、检验规则、标志、包装及贮存。

本标准适用于湿热带地区使用的各种类型的电力电容器(以下简称电容器)。

2 规范性引用文件

下列文件中的条款通过本标准的引用而成为本标准的条款。凡是注日期的引用文件，其随后所有的修改单(不包括勘误的内容)或修订版均不适用于本标准，然而，鼓励根据本标准达成协议的各方研究是否可使用这些文件的最新版本。凡是不注日期的引用文件，其最新版本适用于本标准。

GB/T 2422 电工电子产品环境试验 术语(GB/T 2422—1995,eqv IEC 60068-5-2:1990)

GB/T 2423.4—1993 电工电子产品基本环境试验规程 试验 Db:交变湿热试验方法(eqv IEC 60068-2-30:1980)

GB/T 2423.16—1999 电工电子产品环境试验 第2部分:试验方法 试验J和导则:长霉(idt IEC 60068-2-10:1988)

GB/T 2423.17—1993 电工电子产品基本环境试验规程 试验 Ka:盐雾试验方法(eqv IEC 60068-2-11:1981)

GB/T 2900.16 电工术语 电力电容器(GB/T 2900.16—1996,neq IEC 60050-436:1990)

JB/T 4159—1999 热带电工产品通用技术要求

3 术语和定义

除在本标准内明确说明的以外，其余的术语均应符合 GB/T 2900.16—1996、GB/T 2422 的规定。

3.1

严酷等级 severity

试验样品进行环境条件试验所用的一组参数值。

交变湿热试验的试验严酷等级由高温温度和试验周期数的组合确定。

长霉试验的严酷等级由试验的持续时间来确定。

4 使用环境条件

4.1 正常使用环境条件

用于湿热带地区的电容器的正常使用环境条件见表1。

4.2 非正常使用环境条件

使用环境条件超出表1的电容器，其使用环境条件由用户与制造方协商确定。

表 1 正常使用环境条件

序号	环境参数		
1	空气温度/℃	年最高	40
		年最低	−5
		年平均最高	25
		月平均最高(最热月)	35
		日平均最高	35
2	相对湿度≥95%时的最高温度/℃		28
3	霉菌		有
4	含盐空气		有[a]
5	最大降雨强度/mm/min		6
6	太阳辐射最大强度/W/m²		1 000
7	阳光直射下黑色物体表面最高温度/℃		80
8	冷却水最高温度/℃		33

[a] 指沿海地区户外。

5 技术要求和试验方法

5.1 技术要求

5.1.1 凡本标准未作规定的,均应符合一般气候条件相应类型电力电容器标准的规定。

5.1.2 电容器的一般结构要求:

a) 电容器的密封材料应具有良好的防潮、抗霉和耐老化性能,电镀零部件应具有耐盐雾性能。

b) 电容器的涂漆金属件表面应光滑并有良好的防潮性能,漆膜应具有良好的附着力。标牌应具有防腐功能,字迹清晰,牢固可靠。

c) 在选择电容器的金属材料及保护层时,应考虑不同金属的接触腐蚀影响,其材料选择原则和保护方法应符合 JB/T 4159—1999 的规定。

d) 电容器应具有可固定电位的端子,其连接表面应有牢固的导电防锈层,并标出明显的接地符号。

e) 户外用电容器的瓷套应选用加强绝缘型或防污秽型产品,必要时可选用高一级额定电压的瓷套。

5.1.3 电容器经严酷等级 55 ℃,6 d 交变湿热试验后,应满足下列要求:

a) 在试验最后一个循环的低温高湿阶段稳定 4 h 后,应能耐受外绝缘工频电压试验(对脉冲电容器及直流电容器,应能耐受外绝缘直流电压试验)。试验可在试验箱(室)中进行,如因试验条件所限,可将产品移到箱(室)外进行,但间隔时间不得超过 10 min,试验方法和要求与一般气候条件相应类型的电力电容器相同。

b) 绝缘零部件及塑料零件不得有变形、裂纹、发黏等缺陷。

c) 电镀件、化学处理件及涂漆层外观和附着力,以及塑料零件外观应符合 JB/T 4159—1999 中 5.4 规定的质量分级的二级要求:

1) 标牌、导电零件的接触部位、活动零件的关键部位等能影响产品性能的零件(或部位)不得出现腐蚀;

2) 除上述项 1)中的零件外的其他零件(或部位)出现腐蚀破坏面积为该零件主要表面面积 5%～25%的零件数不得超过该产品零部件总数的 20%。

5.1.4 外露绝缘零件、有机结构件及结构层应具有耐霉性能。经 28 d 长霉试验后，应符合 GB/T 2423.16—1999中规定的长霉分级的二级要求，即：肉眼明显看到长霉，但在样品表面的覆盖面积小于 25%。

5.1.5 电镀零部件和化学处理件应具有一定的镀(涂)层厚度，盐雾试验的持续时间和合格标准见表 2。

表 2 盐雾试验的持续时间和合格标准

底金属和镀层类别	试验持续时间/h	合格标准
钢镀锌	48	未出现白色、灰黑色、棕色等颜色的腐蚀产物
钢镀装饰铬[a]	48	未出现棕色或其他颜色的腐蚀产物
铜及铜合金镀镍铬	96	
铜及铜合金镀镍	48	不出现灰白色或绿色的腐蚀产物
铜及铜合金镀银	24	
铜及铜合金镀锡	48	未出现棕色或其他颜色的腐蚀产物
铝及铝合金阳极氧化	48	未出现棕色或其他颜色的腐蚀产物
[a] 此项镀层是指最外层的电镀层，不论何种中间镀层，均采用同一试验持续时间和合格标准。		

5.1.6 电容器的热稳定性试验，按年最高温度加 5 ℃(户内产品)或 10 ℃(户外产品)作为试验时的周围空气温度。

5.2 试验方法

5.2.1 交变湿热试验按 GB/T 2423.4—1993 进行。

5.2.1.1 严酷等级选用高温温度为＋55 ℃，试验周期为 6 d。

5.2.1.2 样品试验前应进行详细外观检查。

5.2.1.3 样品不包装，不通电，按工作状态放置于试验箱(室)中。

5.2.1.4 最后一个循环的低温高湿恒定阶段的试验条件应保持温度在 25 ℃±3 ℃，相对湿度不低于 95%。

5.2.1.5 试验后按 5.1.3 的各项要求进行检验。

5.2.2 长霉试验按 GB/T 2423.16—1999 规定的试验方法 2 进行，试验周期为 28 d，试验后立刻进行检查，应符合 5.1.4 规定的长霉分级的要求。

5.2.3 盐雾试验按 GB/T 2423.17—1993 的规定进行，试验时间和合格标准应符合表 2 的规定。

5.2.4 热稳定性试验时，试验方法按一般气候条件相应类型电力电容器标准的规定进行。对无热稳定性试验要求的电容器则不进行此项试验。

5.3 检验规则

5.3.1 本标准规定的试验项目见表 3。

表 3 试验项目

项号	试验类别	试验项目	技术要求条号	试验方法条号
1	型式试验	交变湿热试验	5.1.2,5.1.3	5.2.1
2		长霉试验	5.1.2,5.1.4	5.2.2
3		盐雾试验	5.1.2,5.1.5	5.2.3
4		热稳定性试验	5.1.6	5.2.4

这些试验均为型式试验，在下列任何一种情况下必须进行这些试验：

a) 新产品试制时；

b) 产品结构、工艺方法及使用材料有改变且其改变影响性能时，此时，允许只进行与这些改变有关的试验项目；

c) 不经常生产的产品间隔五年以上再次生产时；

d) 成批大量生产的产品，与一般气候条件相应类型电力电容器型式试验周期相同。

5.3.2 除上述试验项目之外，电容器还应承受与一般气候条件相应类型电力电容器相同的试验。

5.3.3 交变湿热试验应在按一般气候条件相应类型电力电容器的要求经例行试验合格的产品上进行。并允许以同结构、同材料、同工艺的系列产品中选出确有代表性的一种产品进行，如果试验合格，则认为其他同结构、同材料、同工艺的产品均合格。

5.3.4 长霉试验用零件和化学处理件进行，每种取三件。

5.3.5 盐雾试验用电镀零件和化学处理件进行，每种取三件。

5.3.6 热稳定性试验在一般气候条件相应类型电力电容器型式试验时进行。

5.3.7 交变湿热试验和热稳定性试验允许不在同一试品上进行。

5.3.8 交流电动机电容器不作交变湿热试验和热稳定性试验，长霉试验和盐雾试验按本标准的规定进行。

6 标志、包装、运输及贮存

6.1 标志

电容器的标志是在一般气候条件相应类型电力电容器型号的尾注号中加注湿热带地区使用代号“TH”字样。

6.2 包装、运输

电容器的包装和运输应符合相应产品标准的规定，用户如有特殊要求时，应在订货时予以说明。

6.3 贮存

包装后的电容器除户外产品外，应贮存在有顶盖的仓库内。贮存环境中不得有腐蚀性有害气体。

ICS 65.060.70
B 90

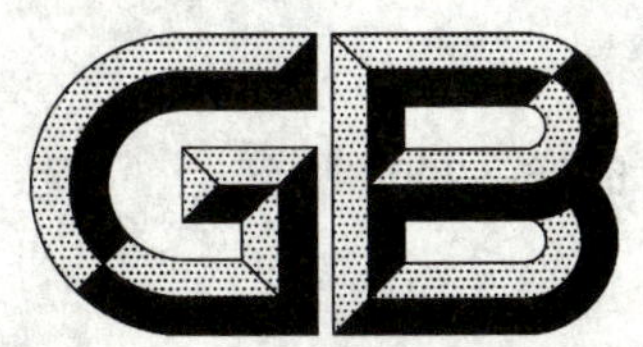

中华人民共和国国家标准

GB/T 6926—2008
代替 GB/T 6926—1999

林业机械　分类词汇

Forestry machinery—Classification and vocabulary

2008-05-27 发布　　　　2009-01-01 实施

中华人民共和国国家质量监督检验检疫总局
中国国家标准化管理委员会　发布

前言

本标准是对 GB/T 6926—1999《林业机械　术语》的修订，此次修订有如下方面的变化：

——直接引用了 GB/T 19365—2003《自行式林业机械　术语、定义和分类》、GB/T 18960—2003《林业机械　油锯　词汇》和 GB/T 18961—2003《林业机械　割灌机和割草机　词汇》中的词汇和定义；

——增加了喷灌机的词汇；

——增加了工厂化育苗装备的词汇；

——对营林机械的分类做了修改；

——对木材生产机械的分类做了修改并删除了部分木材生产机械类词汇；

——重新编制了中英文索引。

本标准由国家林业局提出。

本标准由全国林业机械标准化技术委员会归口。

本标准负责起草单位：国家林业局哈尔滨林业机械研究所。

本标准参加起草单位：东北林业大学。

本标准主要起草人：樊冬温、于建国、刘明刚。

本标准代替标准的历次版本发布情况为：

——GB 6926—1986、GB/T 6926—1999；

——GB 8136—1987。

林业机械　分类词汇

1　范围

本标准规定了营林机械、森林保护机械、木材生产机械和园林机械的分类词汇和定义。

本标准适用于林业机械的设计、技术交流、编著专业书刊和产品的销售和贸易等。

2　规范性引用文件

下列文件中的条款通过本标准的引用而成为本标准的条款。凡是注日期的引用文件，其随后所有的修改单(不包括勘误的内容)或修订版均不适用于本标准，然而，鼓励根据本标准达成协议的各方研究是否可使用这些文件的最新版本。凡是不注日期的引用文件，其最新版本适用于本标准。

GB/T 19534　园林机械　分类词汇

3　分类词汇和定义

3.1　营林机械

3.1.1

种子机械　seed machineries

采集、调制、清选、贮藏和检验种子所用机械设备的总称。

3.1.1.1

采种机　seed harvester

从立木或伐倒木上采摘、收集林木种子的机械。

3.1.1.2

拾种机　cone collector

收集落地林木种子的机械。

3.1.1.3

球果干燥机　cone kiln

利用热气流或其他物理方法干燥球果的机械。

3.1.1.4

球果脱粒机　seed extractor

使种子从球果中分离出的机械。

3.1.1.5

种子去翅机　seed dewinger

去除种翅的机械。

3.1.1.6

种子清选机　seed cleaner

清除夹杂物并将种子分级的机械。

3.1.1.7

种子裹衣机　seed dresser

用专门配制的材料包裹种粒的机械。

3.1.1.8

种子贮藏设备 equipment for seed storage

用于创造适宜条件存放种子以保持其初始活力的设备总称。

3.1.1.9

种子检验设备 equipment for seed testing

检验林木种子使用品质的设备的总称。

3.1.2

林地清理机械 site preparation machineries

在造林前对采伐迹地和灌丛地进行清理作业所用机械设备的总称。

3.1.2.1

割灌机 brush-cutter

装有由金属或塑料制成的刀片,通过刀片的旋转来切割灌木、杂草或非目的树种的机器。

[GB/T 18961—2003[3]的3.2.1]

3.1.2.2

除灌机 scrub slasher

清除灌木的悬挂式或自行式机械。

3.1.2.3

除根机 stump extractor

以拔、掘、推、铣或粉碎等方式清除伐根的机械。

3.1.2.4

伐根集堆机 stump rake

将伐根、枝丫和梢头收集成堆的机械。

3.1.2.5

灌木粉碎机 brush chopper

以旋转的刀、锤、链等粉碎灌木和采伐剩余物的机械。

3.1.3

整地机械 scarification machineries

为植苗或点种而整理场地的机械设备。

[GB/T 18961—2003的2.3.1.13]

3.1.3.1

林用圆盘犁 forestry disc plough

以球面圆盘或齿状球面圆盘为工作部件的林业耕地机械。

3.1.3.2

林用旋耕机 forestry rotavator

以旋转刀齿为工作部件的林业整地机械。

3.1.3.3

深松犁 subsoil ripper

疏松深层土壤而不搅乱土层的深耕机械。

3.1.3.4

筑梯田机 terracer

坡地造林前沿等高线修筑带状台阶式田块的整地机械。

3.1.4

育苗机械 seedling machineries

培育苗木的专用机械设备的总称。

3.1.4.1

筑床机 seed bed former

修筑苗圃苗床的机械。

3.1.4.2

林用播种机 forestry seeder

播种林木种子的机械。

3.1.4.3

喷灌机 irrigation machine

苗木培育中用于喷淋和灌溉的机械。

3.1.4.4

起苗机 plant lifter

苗圃中掘取苗木的机械。

3.1.4.5

苗木换床机 seedling transplanter

苗圃换床时移植苗木的机械。

3.1.4.6

作垄机 ridge former

用于垄作育苗的起垄及垄间培土中耕作业的机械。

3.1.4.7

切条机 branch chopper

将苗干、枝条等种条(原:小树干)截制成插穗的机械。

3.1.4.8

插条机 cutting planter

用于苗圃扦插作业的机械。

3.1.4.9

间苗机 plant thinner

对条播育苗按一定株距除去苗行中多余植株的机械。

3.1.4.10

行间中耕机 inter-row cultivator

苗木生长期间在行间进行除草、松土、培土等作业的机械。

3.1.4.11

切根机 root cutter

用于苗圃截断留床苗木主根的机械。

3.1.4.12

工厂化育苗装备 industrialized seedling nursing equipment

在整个育苗生产过程中,能够实现机械化或自动化装播、培育、运输的各种设备总称。

3.1.4.12.1

育苗容器制作机 container making machine

将不同材料制成各种形状和不同规格的育苗容器的机械。

3.1.4.12.2

容器育苗装播机　filling and sowing equipment

林业容器育苗生产中往容器内填装营养基质和播种的机械设备。

3.1.4.12.3

容器苗运输设备　transporting equipment for containerized seedling

运送容器苗木的机械设备。

3.1.4.12.4

工厂化育苗栽植设备　industrialized seedling planter

能够完成工厂化育苗成品苗木栽植作业的设备。

3.1.5

造林机械　afforestation machineries

以苗木、种子或分殖材料营造和更新森林所用机械设备的总称。

3.1.5.1

挖坑机　planting auger

挖掘植树坑和穴状松土的机械。

3.1.5.2

深栽钻孔机　deep planting auger

插干造林时挖掘小径深孔的机械。

3.1.5.3

植树机　tree planter

栽植苗木的机械。

3.1.5.4

容器苗栽植器　planting tube

栽植容器苗的栽植工具。

3.1.5.5

树木移植机　tree transplanter

用于带土移植树木的机械。

3.1.5.6

飞播造林装置　aircraft seeding unit

飞机播种造林时撒播种子的装置。

3.1.6

施肥机械　fertilizer

林业作业中施放肥料所用机械设备的总称。

3.1.6.1

撒肥机　chemical fertilizer

在苗圃撒布肥料的机械。

3.1.6.2

撒肥车　manure spreader

在苗圃撒布有机肥的专用挂车。

3.1.6.3

液肥喷洒机　liquid fertilizer

在苗圃喷洒液体肥料的机械。

3.2

森林保护机械

3.2.1

喷雾机 sprayer

将药液雾化后喷出的机械。

3.2.2

喷粉机 powder

以气流喷洒灭虫粉剂的机械。

3.2.3

烟雾机 fogger

以释放烟雾来防治病虫害的机械。

3.2.4

生物防治机械 biological control equipment

以生物方法防治森林病虫害所用机械设备的总称。

3.2.5

森林消防车 vehicle for forest-fire fighting

用于森林防火和灭火的车辆。

3.2.6

点火器 drip torch

用于计划火烧的点火工具。

3.2.7

风力灭火机 blower

以集中的高速气流扑灭或控制明火的机械。

3.2.8

喷雾灭火机 fire extinguisher

喷洒灭火液的便携式机械。

3.2.9

飞机灭火装置 aircraft fluid drop system

从飞机上喷洒或投掷灭火材料的装置。

3.2.10

森林消防预警装备 forest fire control and forecasting equipment

对于可以预见或预测到的森林火灾提供预报、预警数据的设备，包括气象设备、地球红外遥感设备、地面红外和视频监测定位系统等。

3.3 木材生产机械

3.3.1

伐木打枝造材机械 felling-delimbing-bucking equipment

将树木伐倒、打掉枝丫及锯切成原木的机械的总称。

3.3.1.1

链锯 chain saw

由原动机、锯链和导板组成的伐木、打枝或造材的机械。链锯分油锯和电链锯。

3.3.1.1.1

油锯 gasoline chain saw

由手把、汽油机和切削部件共同组成的，靠操作者双手操纵的，用锯链切削树木的动力工具。

[GB/T 18960—2003[2] 的 2.2.1]

3.3.1.1.2

高把油锯 high handled chain-saw

专为伐木和造材而设计的一种油锯。

[GB/T 18960—2003 的 2.2.3]

3.3.1.1.3

电链锯 electric chain saw

以电机为原动机的便携式链锯。

3.3.1.2

打枝机 delimber

用于去除树枝的机械设备。

[GB/T 19365—2003[1]的 2.3.1.6]

3.3.1.3

造材机 bucker

将伐倒的树木截成一定长度的机械设备，按其切割方式分为剪式造材机、链锯造材机和圆锯造材机。

[GB/T 19365—2003 的 2.3.1.12 和 3.2.6]

3.3.2

集运机械 skidding-forwarding equipment

通过拖集或装载的方式运输原条、原木或枝桠材的自行式机械设备。

3.3.2.1

集材机 skidder

通过拖集的方式运输原条、原木或枝桠材的自行式机械设备，按其集材或抓取树木的系统分为索道式集材机、抓具式集材机和夹钳式集材机。

[GB/T 19365—2003 的 2.3.1.11 和 3.2.5]

3.3.2.2

索道集材机械 cable logging equipment

利用由绞盘机、钢丝绳和索具组成的起升机构和运行系统拖集、起升、运送木材的机械设备。

3.3.2.3

运材车辆 log hauling vehicles

能够将原木、原条或伐倒木由伐区装车作业点或楞场运到贮木场或用材地点的车辆。

3.3.2.4

汽车运材挂车 log hauling truck trailer

由全挂或半挂牵引车牵引，本身无驱动装置，由海田梁和车立柱或者车箱承载木材的运材车辆。

3.3.3

木材装载搬运机械设备 timber handling equipment

利用抓取器或叉具装卸、搬运木材的机械设备的总称。

3.3.3.1

液压起重臂 hydraulic log loading boom

利用由液压系统控制的臂系和抓具装卸木材的机械设备。

3.3.3.2

木材装载机 log loader

装卸原条或原木，实现归堆或装载目的的机械设备。

[GB/T 19365—2003 的 2.3.1.9]

3.3.3.3

木材叉车　log fork-lift truck

利用可升降叉具装卸、搬运木材的自行式机械。

3.3.3.4

集运机　forwarder

通过装载的方式运输原条、原木或枝桠材的自行式机械设备。

[GB/T 19365—2003 的 2.3.1.8]

3.3.3.5

木材水运机械　wood waterway equipment

在江、河、湖、海上运送木材所用机械设备的总称。

3.3.3.5.1

编排机　rafting machine

能完成将散漂原木编扎成排捆或平型排节作业的机械。

3.3.3.5.2

装排机　raft-loading machine

能完成往木材排上或往船舶上装载木材作业的机械。

3.3.3.5.3

出河机　water-transport elevator

能完成将水运到材从水中起材上岸的机械。

3.3.3.6

林用龙门起重机　forestry gantry crane

桥架由在走行轨道上平行移动的两侧支腿支撑，由沿桥架运行的起重小车悬挂的取物装置进行原条卸车作业，额定起重量在(6～40)t 范围内，起升速度大约为(6～15)m/min，起重小车运行速度为(25～45)m/min 的起重机。

3.3.3.7

林用装卸桥　forestry overhead travelling crane

桥架由在走行轨道上平行移动的两侧支腿支撑，由沿桥架运行的起重小车悬挂的取物装置进行原木归楞、装卸作业，额定起重量在(3～12.5)t 范围内，起升速度大约为(20～50)m/min，起重小车运行速度为(70～120)m/min 的起重机。

3.3.3.8

木材输送机械　log conveying equipment

能在贮木场和木材加工厂内输送木材或木材加工剩余物的机械设备。

3.3.3.8.1

链式输送机　chain conveyor

以链条为牵引构件，承载构件固定在链条上的木材输送机械。

3.3.3.8.2

索式输送机　cable conveyor

以钢丝绳为牵引构件，承载构件夹紧在钢丝绳上的木材输送机械。

3.3.3.8.3

刮板输送机　scraper conveyor

以链条或钢索为牵引构件，由固定在链条或钢索上的刮板输送木材加工剩余物的机械。

3.3.3.8.4

带式输送机　belt-conveyor

以挠性带为牵引构件和承载构件的木材输送机械。

3.3.3.9

绞盘机　winch

由原动机、传动装置、卷筒、制动装置及操作机构组成的，通过钢丝绳将动力传递给其他设备进行集材、装车、运材、推河、出河或贮木场装卸、归楞等作业的固定式或自行式机械。

3.3.4

伐区剩余物收集加工运输机械　harvesting residue recovery-procedding and transporting equipment

收集、加工和运输伐区采伐剩余物的机械设备的总称。

3.3.4.1

木材剥皮机　wood debarker

去除原木、原条或枝丫上的树皮所用机械设备的总称。

3.3.4.1.1

滚筒式剥皮机　drum wood debarker

利用木材相互之间摩擦以及木材与滚筒内壁上的剥刀之间的相互摩擦和撞击除掉树皮的机械。

3.3.4.1.2

转子式剥皮机　rotor wood debarker

原木纵向进给，由转子内绕原木转动的切刀和剥刀除掉树皮的机械。

3.3.4.1.3

铣刀式剥皮机　milling cutter wood debarker

利用旋转的刀具以切削的方法除掉树皮的机械。

3.3.4.1.4

撞击式剥皮机　flail wood debarker

利用重锤或铁链旋转的冲击力除掉树皮的机械。

3.3.4.1.5

水力剥皮机　hydraulic wood debarker

利用高压喷射水流的冲击力除掉树皮的机械。

3.3.4.2

木材削片机　wood chipping equipment

将树木及采伐剩余物削制成一定规格木片的机械。

3.3.4.2.1

鼓式木材削片机　drum wood chipper

利用装在旋转鼓轮上的飞刀削制木片的削片机。

3.3.4.2.2

盘式木材削片机　disc wood chipper

利用装在旋转刀盘上的飞刀削制木片的削片机。

3.3.4.3

木片输送设备　chip conveying and transporting equipment

输送木片所用的机械设备的总称。

3.3.4.3.1

木片运输车　chip van

运输散状木片的专用车辆。

3.3.4.3.2

木片风送机 chip blower

以气力方式输送散状木片的装置。

3.3.4.4

采伐剩余物收集机 harvesting residue collecting machine

收集伐区剩余物，如枝丫、树皮和树根等的机械。

3.3.4.5

木片压捆机 chip baler

压紧和包装散状木片的机械。

3.3.4.6

采伐剩余物压捆机 harvesting balers

压紧和捆扎枝丫的机械。

3.3.5

联合伐木机 harvester

具有伐木和其他加工功能的自行式多功能机械设备。按抓具型式分为单抓具联合伐木机和双抓具联合伐木机；按作业功能分为伐木—削片机、伐木—打枝机、伐木—打枝—归堆机、伐木—打枝—造材—归堆机和伐木—打枝—造材—集运机。

[GB/T 19365—2003 的 2.3.2.7 和 3.2.10]

3.3.5.1

伐木归堆机 feller-buncher

用于伐木和归堆的机械设备，按其靠近树木的方式分为移动式和摆动式。

[GB/T 19365—2003 的 2.3.2.2 和 3.2.8]

3.3.5.2

伐木集材机 feller-skidder

具有自行和装载功能，用于伐倒立木并通过拖集方式运输的机械设备。

[GB/T 19365—2003 的 2.3.2.4]

3.3.5.3

伐木打枝归堆机 feller-limber-buncher

能完成伐木、打枝、归堆作业的联合机。

3.3.5.4

装卸归楞机械 loading-unloading-stacking equipment

能完成贮木场木材卸车、归楞、装车作业的机械。

3.4 园林机械

按 GB/T 19534。

参 考 文 献

[1] GB/T 19365—2003 自行式林业机械 术语、定义和分类(ISO 6814:2000,IDT)
[2] GB/T 18960—2003 林业机械 油锯 词汇(ISO 6531:1999,IDT)
[3] GB/T 18961—2003 林业机械 割灌机和割草机 词汇 (ISO 7112:1999,IDT)

中 文 索 引

H

J

L

M

P

Q

R

S

W

X

Y

Z

英 文 索 引

M

P

R

S

T

V

W

ICS 21.220.10
J 18

中华人民共和国国家标准

GB/T 6931.1—2008
代替 GB/T 6931.1—1986

带传动术语 第1部分：带传动基本术语

Belt drives vocabulary—
Part 1:Belt drives basic vocabulary

2008-04-16 发布　　　　2008-10-01 实施

中华人民共和国国家质量监督检验检疫总局
中国国家标准化管理委员会　发布

前　言

GB/T 6931《带传动术语》分为三个部分：

——第1部分：带传动基本术语；

——第2部分：V带和多楔带传动术语；

——第3部分：同步带传动术语。

本部分为GB/T 6931的第1部分。

本部分是对GB/T 6931.1—1986《带传动基本术语》的修订。

本部分与GB/T 6931.1—1986相比主要变化如下：

——在带传动类型中增加3.1.3“多楔带传动”；

——多楔带的定义不同；

——将附录中A.3“同步带”细分为“梯形齿同步带”和“曲线齿同步带”。

本部分的附录A为资料性附录。

本部分由中国机械工业联合会提出并归口。

本部分起草单位：中机生产力促进中心、无锡市贝尔特胶带有限公司。

本部分主要起草人：秦书安、朱国有、吴贻珍、黄刚。

本部分由中机生产力促进中心负责解释。

本部分所代替标准的历次版本发布情况为：

——GB/T 6931.1—1986。

带传动术语
第1部分:带传动基本术语

1 范围

GB/T 6931的本部分规定了带传动的基本术语、定义及符号。

2 规范性引用文件

下列文件中的条款通过GB/T 6931的本部分的引用而成为本部分的条款。凡是注日期的引用文件,其随后所有的修改单(不包括勘误的内容)或修订版均不适用于本部分,然而,鼓励根据本部分达成协议的各方研究是否可使用这些文件的最新版本。凡是不注日期的引用文件,其最新版本适用于本部分。

GB/T 6931.2—2008 带传动术语 V带和多楔带传动术语(ISO 1081:1995,MOD)

GB/T 6931.3—2008 带传动术语 同步带传动术语(ISO 5288:2001,MOD)

3 传动

3.1

带传动 belt drives

由带和带轮组成传递运动和(或)动力的传动,分摩擦传动和啮合传动两类。

3.1.1

平带传动 flat belt drives

由一条平带与两个或多个带轮组成的摩擦传动,带的工作面与带轮的轮缘表面接触。

3.1.2

V带传动 V-belt drives

由一条或数条V带和V带轮组成的摩擦传动。V带安装在相应的轮槽内,仅与轮槽的两侧接触,而不与槽底接触。

3.1.3

多楔带传动 V-ribbed belt drives

由多楔带与两个或多个带轮组成的传动,其中至少一个带轮带有楔槽。带轮的轴线与带的纵截面垂直。

3.1.4

圆带传动 round belt drives

由圆带和带轮组成的摩擦传动。

3.1.5

同步带传动 synchronous belt drives

由同步带与两个或多个同步带轮组成的啮合传动,其同步运动和(或)动力通过带齿与轮齿相啮合传递。

3.2

传动形式 type of belt drives

3.2.1

开口传动　open-belt drives

带轮两轴线平行、两轮宽的中心平面重合，转向相同的带传动(见图1)。

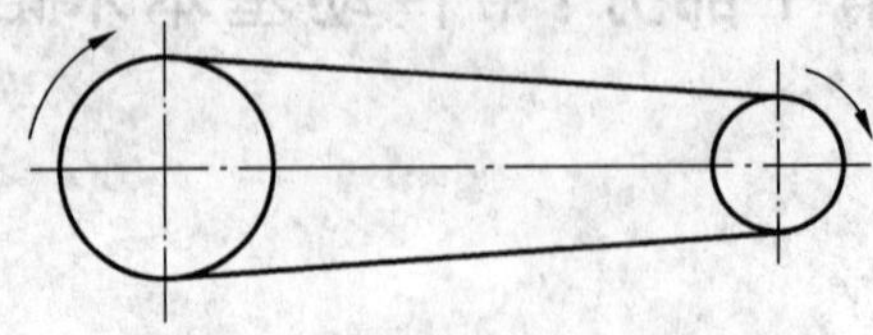

图 1

3.2.2

交叉传动 cross-belt drives

带轮两轴线平行、两轮宽的中心平面重合，转向相反的带传动(见图2)。

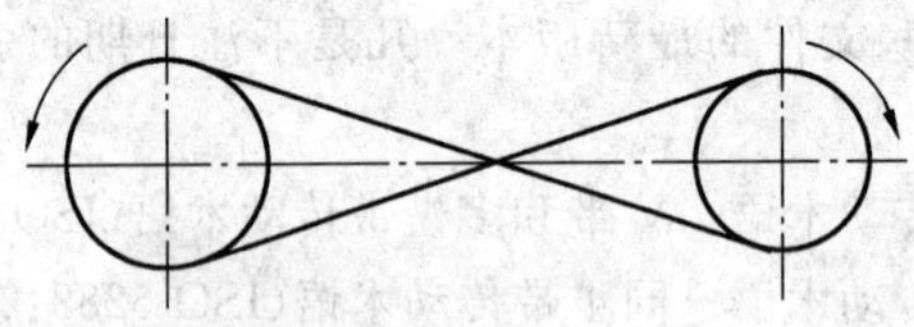

图 2

3.2.3

半交叉传动　quarter-twist belt drives

带轮两轴线在空间交错的带传动，交错角度通常为90°(见图3)。

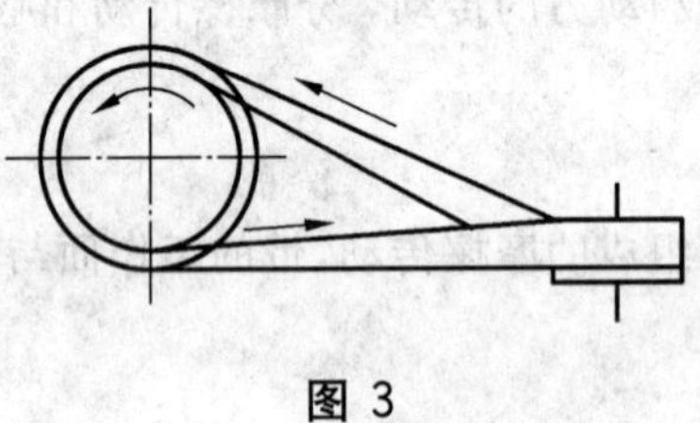

图 3

3.2.4

角度传动　angle drives

带轮两轴线相交的带传动(见图4)。

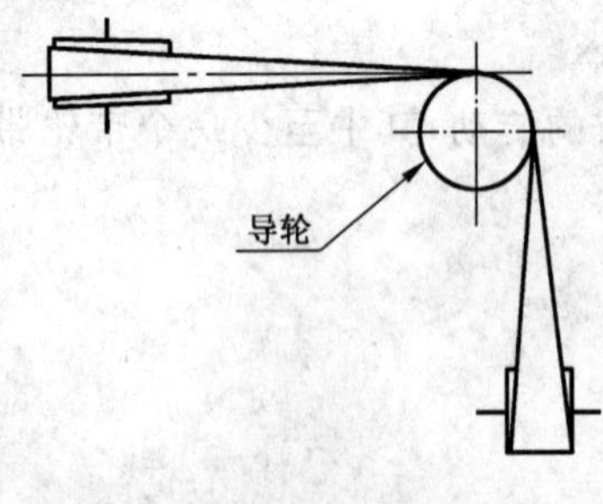

图 4

3.3

带轮　pulley

3.3.1

主动轮　driving pulley

传动中用于驱动带运动的轮。

3.3.2

从动轮　driven pulley

传动中被带驱动的轮。

3.3.3

塔轮　step pulley

由几个不同直径、按大小顺序排列的带轮组(见图 5)。

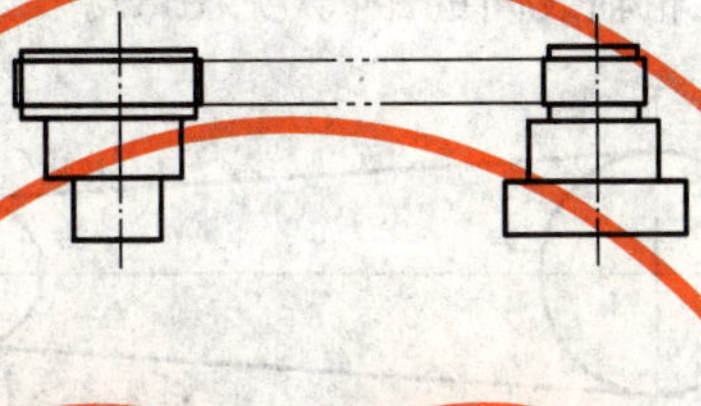

图 5

3.3.4

锥轮　cone pulley

形状为截圆锥体的带轮,用于无级变速传动(见图 6)。

图 6

3.3.5

导轮　idler pulley

在半交叉传动或角度传动中,引导带的运动方向,使其导入边对准轮宽的中心平面的空转带轮(见图 4)。

3.3.6

张紧轮　tension pulley

为改变带轮的包角或控制带的张紧力而压在带上的随动轮(见图 7)。

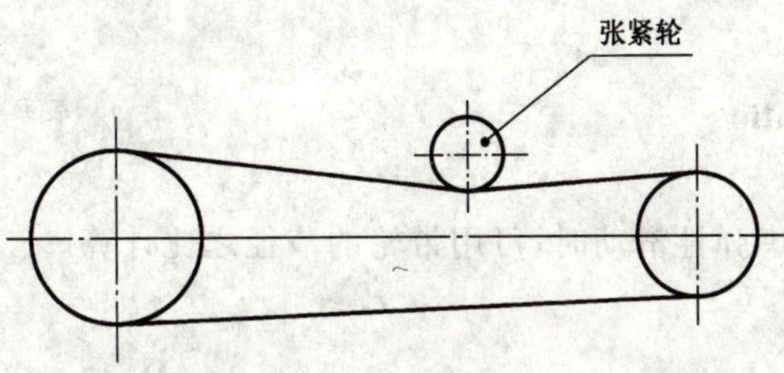

图 7

4 参数

4.1

几何参数 geometric parameter

4.1.1

中心距 centre distance

a

当带处于规定的张紧力时，两带轮轴线间的距离(见图8)。

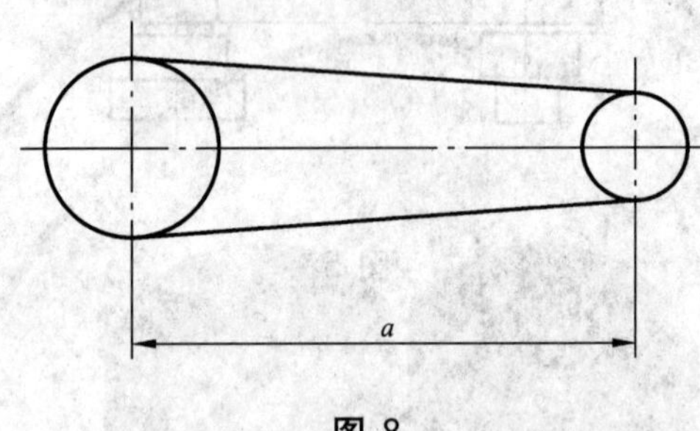

图 8

4.1.2

带长 belt length

对于平带为内周长度，对于V带为基准长度或有效长度，对于同步带为节线长度(见GB/T 6931.2—2008《带传动术语　V带和多楔带传动术语》中4.2.1、5.2.1，GB/T 6931.3—2008《带传动术语　同步带传动术语》中3.1.4)。

4.1.3

包角 angle of contact

α

带与带轮接触弧所对的带轮圆心角。

4.2

运动参数 kinematic parameter

4.2.1

转速 rotational speed

n

单位时间带轮的转数。

4.2.2

带速 belt speed (velocity of belt)

v

带运动中的节线速度。

4.2.3

传动比 transmission ratio

i

带轮角速度之比。不考虑弹性滑动时，可用带轮的节径之比计算。

4.2.4

滑动率 sliding ratio

ε

传动中由于带的滑动引起的从动轮圆周速度的降低率。

4.2.5

效率　efficiency

η

传动中有效功率与输入功率之比。

4.3

载荷参数　load parameter

4.3.1

初拉力　initial tension

F_0

带运行前张紧在带轮上的拉力。

4.3.2

紧边拉力　tight side tension

F_1

带运行时，紧边(拉力较大的一边)的拉力。

4.3.3

松边拉力　slack side tension

F_2

带运行时，松边(拉力较小的一边)的拉力。

4.3.4

有效拉力　effective tension

F

带运行时，紧边拉力与松边拉力之差。

4.3.5

离心拉力　centrifugal tension

F_c

带随带轮作弧线运行时，由于离心力所产生的拉力。

5　传动带

在带传动中，用以传递运动和(或)动力的带。

5.1

平带　flat belt

横截面为矩形或近似为矩形的传动带，其工作面为宽平面。

5.2

V带　V-belt

横截面为等腰梯形或近似为等腰梯形的传动带，其工作面为两侧面(见图9)。

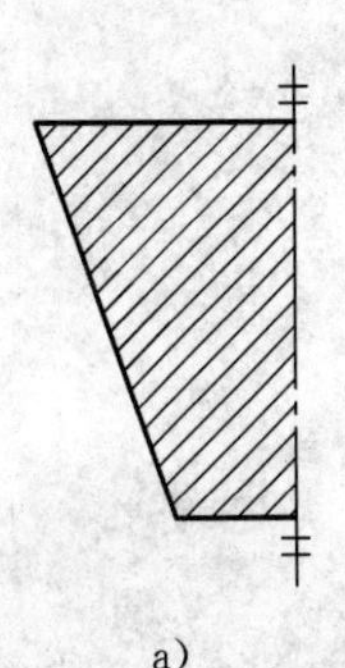

a)

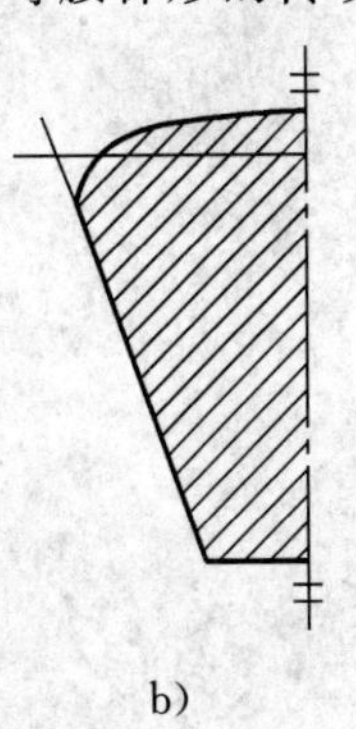

b)

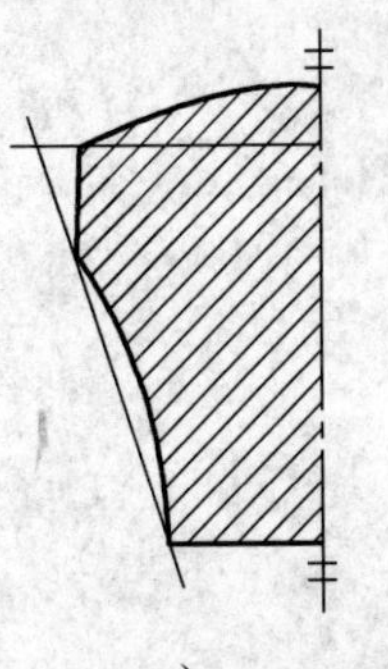

c)

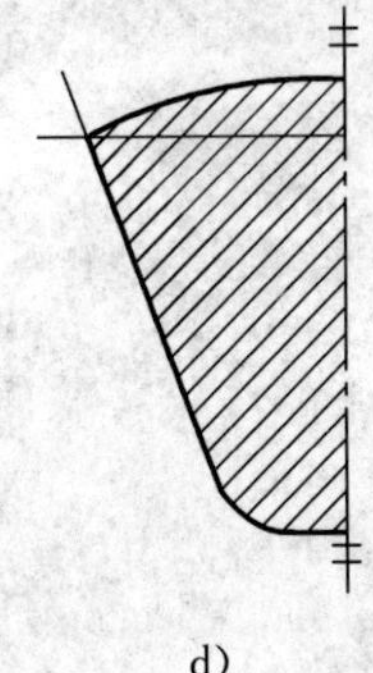

d)

图9

5.3

多楔带　V-ribbed belt

工作表面具有等距纵向楔，并与相同形状轮槽紧密楔合的环形传动带，其工作面为楔侧面(见图10)。

图 10

5.4

圆带　round belt

横截面为圆形或近似为圆形的传动带。

5.5

同步带　synchronous belt

纵向截面具有等距横向齿的环形传动带(见图11)。

图 11

附 录 A
（资料性附录）
平带、V 带和同步带主要类型的术语

A.1 平带

A.1.1

皮革平带 leather belt

由皮革制成的平带。

A.1.2

普通平带 conventional belt

以挂胶帆布为承载层的平带。

A.1.3

编织平带 cotton belt

由纤维线（棉、毛、丝等）编织成的无接头平带。

A.1.4

复合平带 laminated belt

高强度传动平带 high duty transmission flat or power flat belt

由尼龙片或涤纶绳为承载层，工作面贴铬鞣革或弹胶体等层压而成的平带。

A.2 V 带

A.2.1

普通 V 带 classical V-belt

楔角[1]为 40°，相对高度[2]约为 0.7 的 V 带。

A.2.2

窄 V 带 narrow V-belt

楔角为 40°、相对高度约为 0.9 的 V 带。

A.2.3

宽 V 带 wide V-belt

相对高度约为 0.3 的 V 带。

A.2.4

半宽 V 带 half wide V-belt

相对高度约为 0.5 的 V 带。

A.2.5

大楔角 V 带 wide angle V-belt

楔角为 60°的 V 带。

A.2.6

汽车 V 带 automotive V-belt

汽车、拖拉机等内燃机专用的 V 带。

1） 楔角：V 带两侧边的夹角。

2） 相对高度：见 GB/T 6931.2—2008 中 3.1.6。

A.2.7

齿形 V 带　cogged V-belt

具有均布横向齿的 V 带(见图 A.1)。

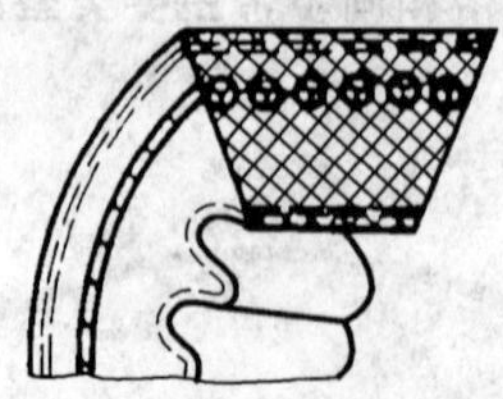

图 A.1

A.2.8

联组 V 带　joined V-belt

几条相同的普通 V 带或窄 V 带在顶面联成一体的 V 带组(见图 A.2)。

图 A.2

A.2.9

接头 V 带　open end V-belt

按需要截取一定长度的普通 V 带,用专用接头连接成的环形带(见图 A.3)。

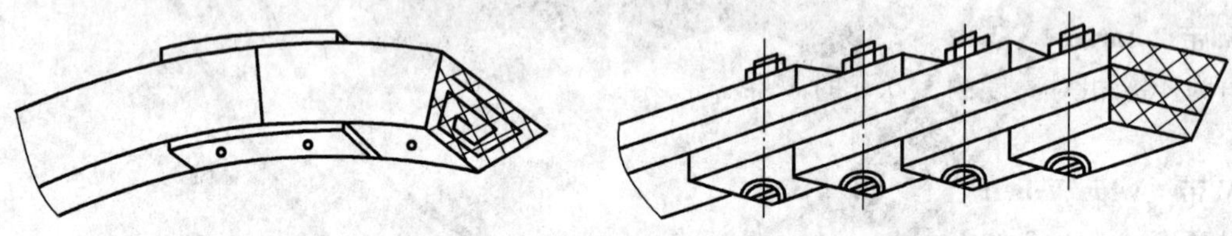

图 A.3

A.2.10

双面 V 带　hexagonal belt

横截面为六角形或近似为六角形的传动带,其工作面为四个侧面(见图 A.4)。

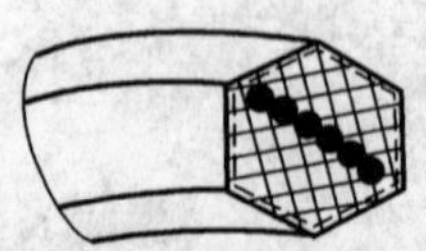

图 A.4

A.3 同步带

A.3.1

梯形齿同步带 trapeziform toothed synchronous belt

纵向截面为矩形或近似为矩形,工作表面具有等距横向梯形齿的同步带。

A.3.2

曲线齿同步带 curvilinear toothed synchronous belt

纵向截面为曲线形等距横向齿的同步带。

ICS 21.220.10
J 18

中华人民共和国国家标准

GB/T 6931.2—2008
代替 GB/T 6931.2—1986

带传动术语
第2部分:V带和多楔带传动术语

Belt drives vocabulary—
Part 2:V-belts and V-ribbed belt drives vocabulary

(ISO 1081:1995,Belt drives—V-belts and V-ribbed belts,and corresponding grooved pulleys—Vocabulary,MOD)

2008-04-16 发布　　　　2008-10-01 实施

中华人民共和国国家质量监督检验检疫总局
中国国家标准化管理委员会　发布

前　言

GB/T 6931《带传动术语》分为三个部分：

——第 1 部分：带传动基本术语；

——第 2 部分：V 带和多楔带传动术语；

——第 3 部分：同步带传动术语。

本部分为 GB/T 6931 的第 2 部分。

本部分修改采用 ISO 1081:1995《带传动　V 带和多楔带及带轮　术语》。本部分与 ISO 1081:1995 相比，主要差异如下：

——V 带、带传动、速比、双面带、联组带的定义在 GB/T 6931.1 中已给出，本部分未列入；

——部分标准符号改为与我国原有术语一致，以便于使用，如节宽由 w_p 改为 b_p，顶宽由 w 改为 b，高度由 T 改为 h，带轮槽角由 α 改为 φ，基准线差 b_d 改为 Δ_d，多楔带楔间距 p_b 改为 e。

本部分是对 GB/T 6931.2—1986《V 带传动术语》的修订。

本部分与 GB/T 6931.2—1986 相比主要变化如下：

——增加规范性引用文件；

——增加第 6 章“多楔带和带轮的术语、定义及符号”。

本部分由中国机械工业联合会提出并归口。

本部分起草单位：中机生产力促进中心、无锡市贝尔特胶带有限公司。

本部分主要起草人：秦书安、朱国有、吴贻珍、黄刚。

本部分由中机生产力促进中心负责解释。

本部分所代替标准的历次版本发布情况为：

——GB/T 6931.2—1986。

带传动术语
第2部分:V带和多楔带传动术语

1 范围

GB/T 6931的本部分规定了V带传动中V带和V带轮,多楔带传动中多楔带和多楔带轮的术语、定义及符号。

定义、阐述带轮和带的尺寸时,既可根据基准宽度制,也可根据有效宽度制,这两种制度相互独立并行。

本部分中的通用名词及定义是普遍适用的,与采用哪种制度定义带轮无关。

2 规范性引用文件

下列文件中的条款通过GB/T 6931的本部分的引用而成为本部分的条款。凡是注日期的引用文件,其随后所有的修改单(不包括勘误的内容)或修订版均不适用于本部分,然而,鼓励根据本部分达成协议的各方研究是否可使用这些文件的最新版本。凡是不注日期的引用文件,其最新版本适用于本部分。

GB/T 6931.1 带传动术语 第1部分:带传动基本术语

3 V带和V带轮通用术语、定义及符号

GB/T 6931.1确立的及下列术语和定义适用于本标准。

3.1

带 belt

3.1.1

节线 pitch line

当带垂直其底边弯曲时,在带中保持原长度不变的任意一条周线(见图1)。

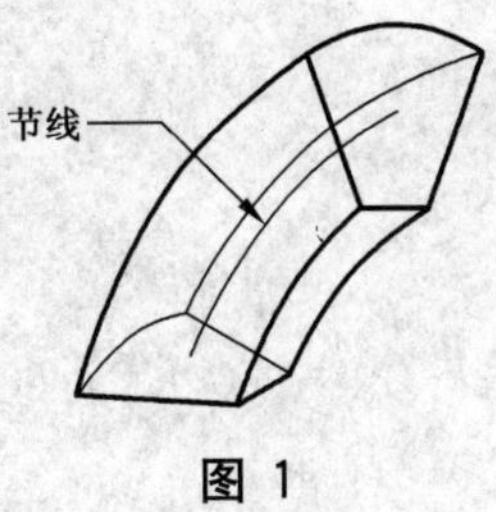

图 1

3.1.2

节面 pitch zone

由全部节线构成的面(见图2)。

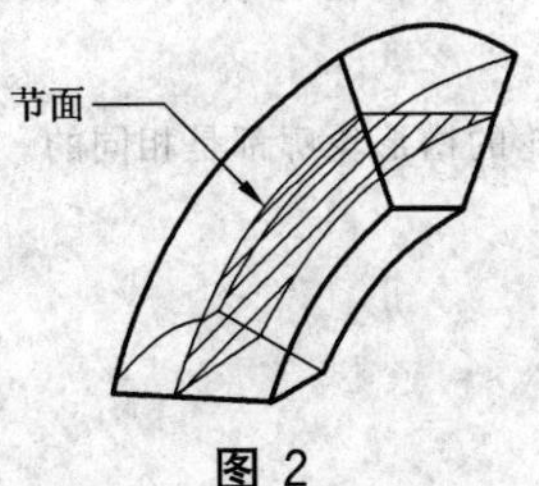

图 2

3.1.3

节宽　pitch width

b_p

带的节面宽度。当带垂直其底边弯曲时，该宽度保持不变(见图3)。

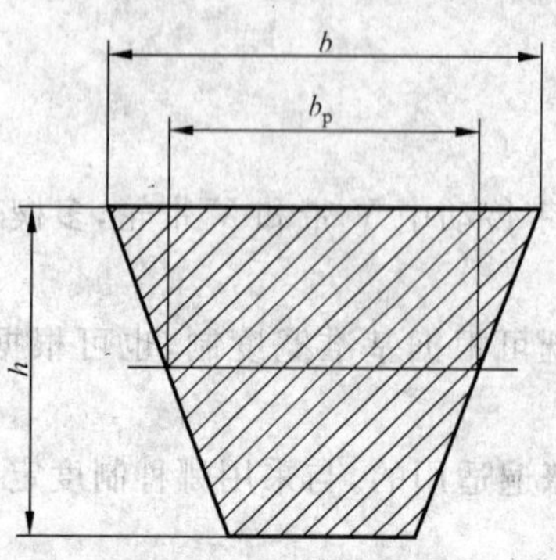

图 3

3.1.4

顶宽　top width

b

横截面中梯形轮廓的最大宽度(见图3)。

3.1.5

高度　height

h

横截面中梯形轮廓的高度(见图3)。

3.1.6

相对高度　relative height

h/b_p

带的高度与其节宽之比，系无量纲的值。

注：四种V带相对高度的近似值：

窄V带：0.9

普通V带：0.7

半宽V带：0.5

宽V带：0.3

3.2

带轮　pulley

3.2.1

V带轮　V-grooved pulley

环绕带轮的轴线具有一条或数条沟槽的带轮，其沟槽形状由截去或未截去尖角的对称V形环绕带轮轴线旋转而形成。

注：允许采用圆形槽底。一般情况下，带轮的槽形轮廓都是相同的。

3.2.2

槽角　angle of pulley groove

φ

轮槽横截面两侧边的夹角(见图4)。

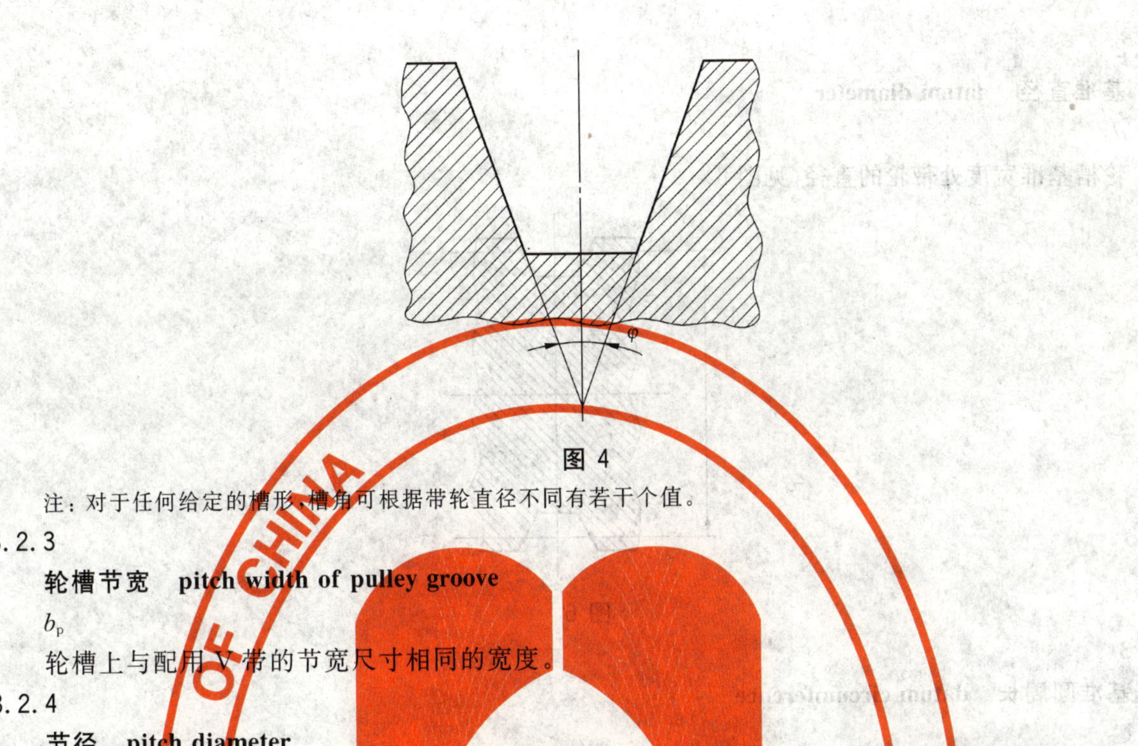

图 4

注：对于任何给定的槽形，槽角可根据带轮直径不同有若干个值。

3.2.3

轮槽节宽　pitch width of pulley groove

b_p

轮槽上与配用 V 带的节宽尺寸相同的宽度。

3.2.4

节径　pitch diameter

d_p

轮槽节宽处的带轮直径。

3.2.5

节圆周长　pitch circumference

C_p

直径等于节径的圆周长。

4　与基准宽度制有关的 V 带和带轮术语，定义及符号

4.1

带轮　pulley

4.1.1

基准宽度　datum width

b_d

表示槽形轮廓宽度的一个无公差规定的值，该宽度通常和所配用 V 带的节面处于同一位置，其值应在规定公差范围内与 V 带的节宽一致(见图 5)。

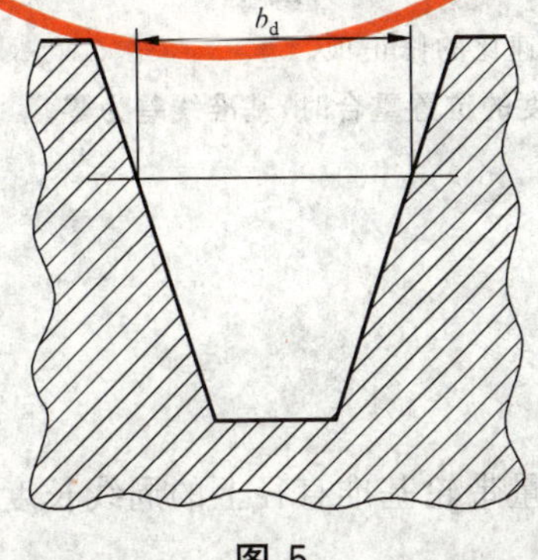

图 5

注 1：轮槽的基准宽度曾称为节宽，然而，仅在 V 带的节面与带轮的基准宽度重合时，基准宽度才应等于节宽。

注 2：在横截面上轮槽的两侧边环绕基准宽度的两个端点旋转，可得到不同的槽角(见 3.2.2)。

4.1.2

基准直径 datum diameter

d_d

轮槽基准宽度处带轮的直径(见图6)。

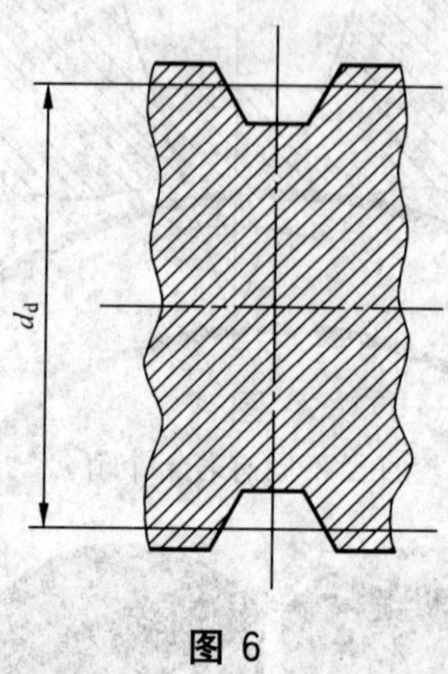

图 6

4.1.3

基准圆周长 datum circumference

C_d

直径等于基准直径的圆周长。

4.1.4

基准线差 datum line differential

Δ_d

节宽与基准宽度的位置在径向的偏移(见图7)。

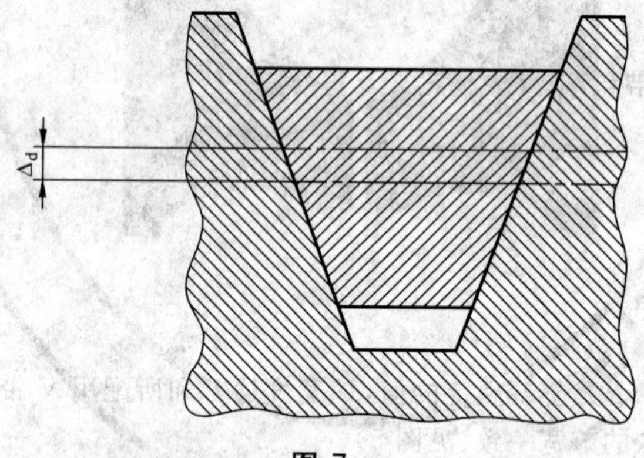

图 7

注1：基准线确定后，基准线差是计算速比的修正项。

注2：当V带的节面与带轮的基准宽度的位置重合时，基准线差为零。

4.2

带 belt

4.2.1

基准长度 datum length

L_d

V带在规定的张紧力下，位于测量带轮基准直径上的周线长度。

注1：基准长度曾称为节线长度。

注2：测量V带基准长度的推荐方法：使用带有两相同基准直径带轮的测量装置，将所测得带轮中心距的两倍加上一个带轮的基准圆周长即为基准长度。

5 与有效宽度制有关的V带和带轮术语、定义及符号

5.1

带轮 pulley

5.1.1

有效宽度 effective width

b_e

表示槽形轮廓宽度的一个无公差规定的值，该宽度通常位于轮槽两直侧边的最外端。对于测量带轮和大多数机加工的带轮，有效宽度应在规定公差范围内与轮槽的实际顶宽一致（见图8）。

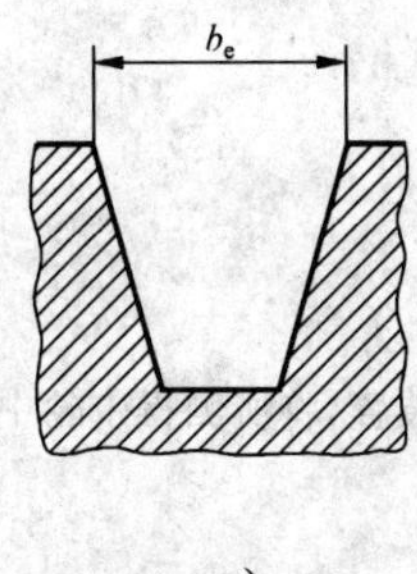

a)

b)

图8

注：轮槽的两侧边环绕有效宽度的两个端点旋转时，可得到不同的槽角（见3.2.2）。

5.1.2

有效直径 effective diameter

d_e

轮槽有效宽度处带轮的直径（见图9）。

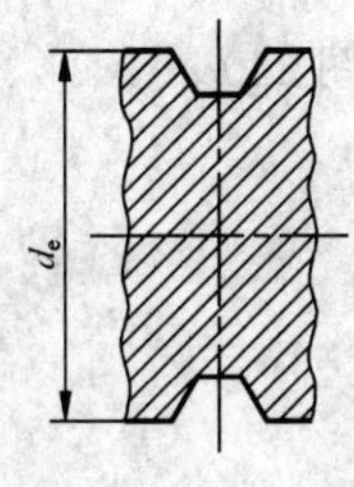

a)

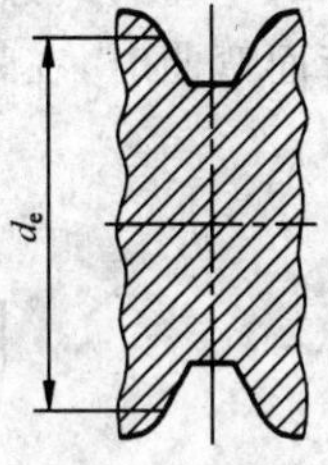

b)

图9

5.1.3

有效圆周长 effective circumference

C_e

直径等于有效直径的圆周长。

5.1.4

有效线差 effective line differential

Δ_e

节宽与有效宽度的位置在径向间的偏移（见图10）。

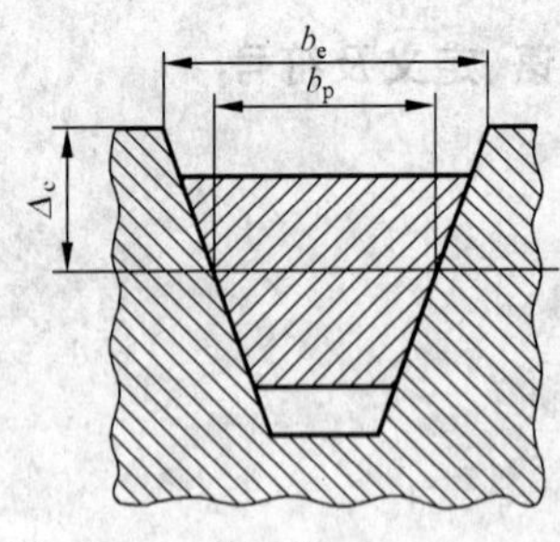

图 10

注：有效直径确定后，有效线差是计算速比的修正项。

5.2

带　belt

5.2.1

有效长度　effective length

L_e

V带在规定的张紧力下，位于测量带轮有效直径上的周线长度。

注：测量V带有效长度的推荐方法：使用带有两个相同有效直径带轮的测量装置，将所测得带轮中心距的两倍加上一个带轮的有效圆周长即为有效长度。

6　多楔带和带轮的术语、定义及符号

6.1

带　belt

6.1.1

多楔带　V-ribbed belt

表面具有等距纵向楔并与相同形状轮槽紧密楔合的环形传动带，其工作面是楔侧面。

6.1.2

节线　pitch line

当带垂直其背面弯曲时，在带中保持原长度不变的任意一条周线(见图11)。

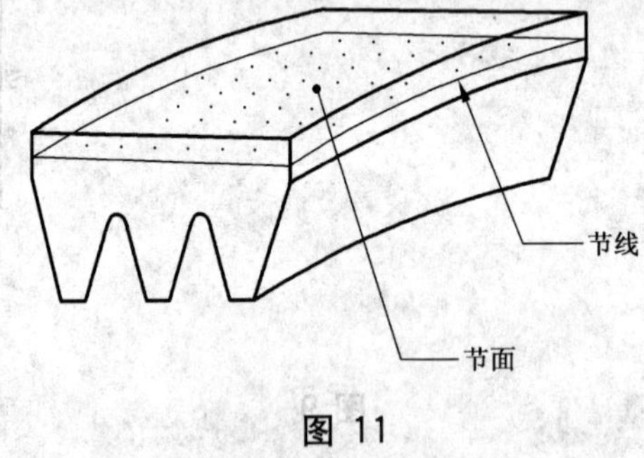

图 11

6.1.3

节面　pitch zone

由全部节线构成的面(见图11)。

6.1.4

有效长度　effective length

L_e

多楔带在规定的张紧力下，位于测量带轮有效直径上的周线长度。

注：测量多楔带有效长度的推荐方法：使用带有两个相同有效直径带轮的测量装置，将所测得带轮中心距的两倍加上一个带轮的有效圆周长即为有效长度。

6.1.5

楔间距　rib pitch

e

两相邻楔中心平面间的距离(见图12)。

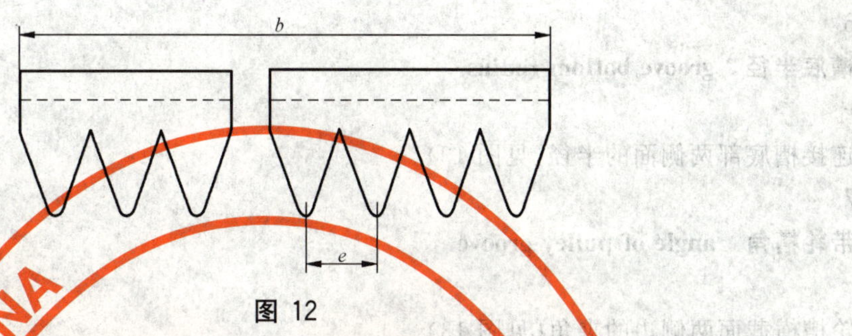

图12

6.1.6

公称带宽　nominal belt width

b

带的背面横向尺寸等于楔节距和楔数的乘积(见图12)。

6.2

带轮　pulley

6.2.1

多楔带轮　V-ribbed pulley

环绕带轮的轴线具有若干沟槽的带轮,其沟槽形状由对称V形环绕带轮轴线以不变的间距旋转而形成。

6.2.2

平带轮　flat pulley

圆柱带轮,既能与多楔带背面,也能与多楔带的楔顶面配合工作。

6.2.3

轮槽　pulley groove

带轮与带楔配合的一个环状V形槽。

6.2.4

槽间距　groove pitch

e

两相邻轮槽中心平面间的距离(见图13)。

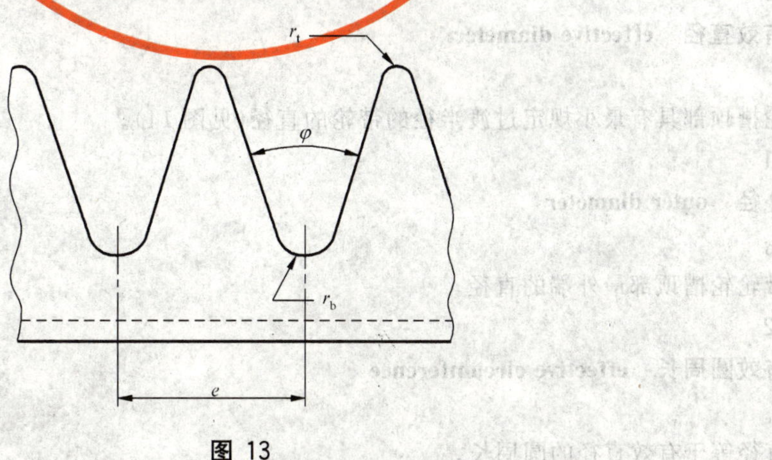

图13

6.2.5

过渡半径　transitional radius

r_t

连接槽顶部两侧面的半径(见图 13)。

6.2.6

槽底半径　groove bottom radius

r_b

连接槽底部两侧面的半径(见图 13)。

6.2.7

带轮槽角　angle of pulley groove

φ

轮槽横截面两侧边的夹角(见图 13)。

6.2.8

节径　pitch diameter

d_p

多楔带与其带轮楔合时,带的节线构成的带轮直径(见图 14)。

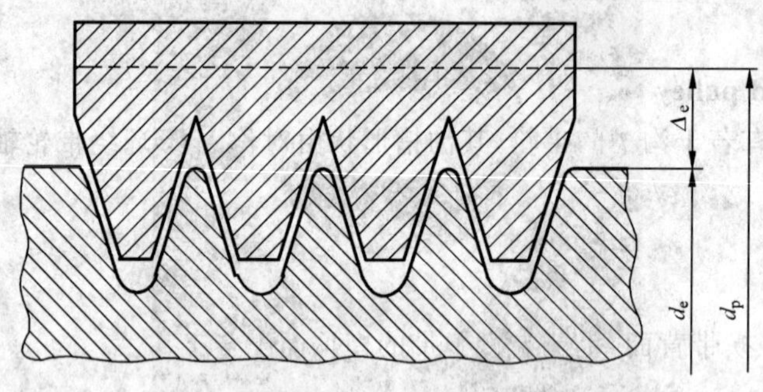

图 14

6.2.9

节圆周长　pitch circumference

C_p

直径等于节径的圆周长。

6.2.10

有效直径　effective diameter

d_e

轮槽顶部具有最小规定过渡半径的带轮的直径(见图 14)。

6.2.11

外径　outer diameter

d_o

带轮轮槽顶部最外端的直径。

6.2.12

有效圆周长　effective circumference

C_e

直径等于有效直径的圆周长。

6.2.13

有效线差　effective line differential

Δ_e

有效圆周与节圆周间的径向偏移(见图14)。

注：当给出有效直径时，有效线差是计算传动比时的修正项。